W0299548

DELIUS KLASING

Dr. Etzold
Diplom-Ingenieur für Fahrzeugtechnik

So wird's gemacht

pflegen – warten – reparieren

Band 105

**Renault Mégane
Coach/Classic/
Grandtour/Scénic**

Benziner
1,4 l/ 51 kW (70 PS) 3/96 – 3/99
1,4 l/ 55 kW (75 PS) 4/99 – 9/01
1,6 l/ 55 kW (75 PS) 1/96 – 9/01
1,6 l/ 66 kW (90 PS) 1/96 – 3/99
1,6 l/ 70 kW (95 PS) 4/99 – 10/02
1,6 l/ 79 kW (107 PS) 4/99 – 10/02
2,0 l/ 83 kW (113 PS) 1/96 – 9/00
2,0 l/103 kW (140 PS) 9/00 – 10/02
2,0 l/110 kW (150 PS) 1/96 – 8/00

Diesel
1,9 l/ 47 kW (64 PS) 1/96 – 3/99
1,9 l/ 59 kW (80 PS) 9/01 – 10/02
1,9 l/ 66 kW (90 PS) 3/96 – 3/99
1,9 l/ 72 kW (98 PS) 4/99 – 8/01
1,9 l/ 75 kW (102 PS) 9/01 – 10/02

Delius Klasing Verlag

Redaktion: Günter Skrobanek
Christine Etzold (Bild)

Bibliografische Information der Deutschen Nationalbibliothek

Die Deutsche Nationalbibliothek verzeichnet diese Publikation in der Deutschen Nationalbibliografie; detaillierte bibliografische Daten sind im Internet über http://dnb.d-nb.de abrufbar.

8. Auflage / B
ISBN 978-3-7688-0978-8

Alle Angaben ohne Gewähr
Umschlaggestaltung: Ekkehard Schonart
Druck: Kunst- und Werbedruck, Bad Oeynhausen
Printed in Germany 2013

Delius Klasing Verlag, Siekerwall 21, D-33602 Bielefeld
Tel.: 0521/559-0, Fax: 0521/559-115
e-mail: info@delius-klasing.de
www.delius-klasing.de
http://sowirdsgemacht.com

Lieber Leser,

die Automobile werden von Modellgeneration zu Modellgeneration technisch immer aufwendiger und komplizierter. Ohne eine Anleitung kann man mitunter nicht einmal mehr die Glühlampe eines Scheinwerfers auswechseln. Und so wird verständlich, daß von Jahr zu Jahr immer mehr Heimwerker zum »So wird´s gemacht«-Handbuch greifen.

Doch auch der kundige Hobbymonteur sollte bedenken, daß der Fachmann viel Erfahrung hat und durch die Weiterschulung und seinen Erfahrungsaustausch über den neuesten Technikstand verfügt. Mithin kann es für die Überwachung und Erhaltung der Betriebs- und Verkehrssicherheit des eigenen Fahrzeugs sinnvoll sein, in regelmäßigen Abständen eine Fachwerkstatt aufzusuchen.

Grundsätzlich muß sich der Heimwerker natürlich darüber im klaren sein, daß man mit Hilfe eines Handbuches nicht automatisch zum Kfz-Mechaniker wird. Auch deshalb sollten Sie nur solche Arbeiten durchführen, die Sie sich zutrauen. Das gilt insbesondere für jene Arbeiten, die die Verkehrssicherheit des Fahrzeugs beeinträchtigen können. Gerade in diesem Punkt sorgt das »So wird´s gemacht«-Handbuch jedoch für praktizierte Verkehrssicherheit. Durch die Beschreibung der Arbeitsschritte und den Hinweis, die Sicherheitsaspekte nicht außer acht zu lassen, wird der Heimwerker vor der Arbeit entsprechend sensibilisiert und informiert. Auch wird darauf hingewiesen, im Zweifelsfall die Arbeit lieber von einem Fachmann ausführen zu lassen.

Vor jedem Arbeitsgang empfiehlt sich ein Blick in das vorliegende Buch. Dadurch werden Umfang und Schwierigkeitsgrad der Reparatur offenbar. Außerdem wird deutlich, welche Ersatz- oder Verschleißteile eingekauft werden müssen und ob unter Umständen die Arbeit nur mit Hilfe von Spezialwerkzeug durchgeführt werden kann. Besonders empfehlenswert: Wenn Sie eine elektronische Kamera zur Hand haben, dann sollten Sie komplizierte Arbeitsschritte für den Wiedereinbau fotografisch dokumentieren.

Für die meisten Schraubverbindungen ist das Anzugsdrehmoment angegeben. Bei Schraubverbindungen, die in jedem Fall mit einem Drehmomentschlüssel angezogen werden müssen (Zylinderkopf, Achsverbindungen usw.), ist der Wert **f e t t** gedruckt. Nach Möglichkeit sollte man generell jede Schraubverbindung mit einem Drehmomentschlüssel anziehen. Übrigens: Für viele Schraubverbindungen sind Innen- oder Außen-Torxschlüssel erforderlich.

Als ich Anfang der siebziger Jahre den ersten Band der »So wird´s gemacht«-Buchreihe auf den Markt brachte, wurden im Automobilbau nur ganz wenige elektronische Bauteile eingesetzt. Inzwischen ist das elektronische Management allgegenwärtig; ob bei der Steuerung der Zündung, des Fahrwerks oder der Gemischaufbereitung. Die Elektronik sorgt auch dafür, daß es in verschiedenen Bereichen keine Verschleißteile mehr gibt. Das Überprüfen elektronischer Bauteile ist wiederum nur noch mit teuren und speziell auf das Fahrzeugmodell abgestimmten Prüfgeräten möglich, die dem Heimwerker in der Regel nicht zur Verfügung stehen. Wenn also verschiedene Reparaturschritte nicht mehr beschrieben werden, so liegt das ganz einfach am vermehrten Einsatz von elektronischen Bauteilen.

Das vorliegende Buch kann nicht auf jedes technische Fahrzeug-Problem eingehen. Dennoch hoffe ich, daß Sie mit Hilfe der Beschreibungen viele Arbeiten am Fahrzeug durchführen können. Eines sollten Sie jedoch bei Ihren Arbeiten am eigenen Auto beachten: Ständig werden am aktuellen Modell Änderungen in der Produktion durchgeführt, so daß sich die im Buch veröffentlichten Arbeitsanweisungen und Einstelldaten für Ihr spezielles Modell geändert haben könnten. Sollten Zweifel auftreten, erfragen Sie bitte den aktuellen Stand beim Kundendienst des Automobilherstellers.

Hinweis: Der vorliegende Band gilt für den RENAULT MÉGANE (Limousine, Coach, Grandtour, Classic) und für den SCÉNIC, der anfangs unter der Bezeichnung MÉGANE SCÉNIC erhältlich war. Die meisten der verwendeten Abbildungen beziehen sich auf die Limousine, gelten aber auch für die anderen Versionen und den SCÉNIC. Sollten spezifische Unterschiede vorhanden sein, die unbedingt zu beachten sind, so wird jeweils darauf hingewiesen und entsprechende Arbeitshinweise gegeben.

Rüdiger Etzold

Inhaltsverzeichnis

Motor

Der RENAULT MÉGANE wird von flüssigkeitsgekühlten 4-Zylinder-Reihenmotoren angetrieben. Das Triebwerk ist im Motorraum quer zur Fahrtrichtung eingebaut. Alle Motorversionen besitzen einen Grauguß-Motorblock mit einer 5fach gelagerten Kurbelwelle. Der Zylinderkopf ist aus Leichtmetall gefertigt. Die Vorteile des Leichtmetall-Zylinderkopfes gegenüber einem aus Grauguß liegen in der besseren Wärmeleitfähigkeit und dem geringeren spezifischen Gewicht .

Zum Einsatz kommen 3 unterschiedliche Motortypen:

E-Motor (1,4-l-Benzinmotor E7J)

Der Motor wurde 1988 vorgestellt und wird von RENAULT »Energy-Motor« (E-Motor) genannt. Bei diesem Motor werden die V-förmig gegenüberliegenden Ein- und Auslaßventile über Kipphebel von der Nockenwelle betätigt. Der Zylinderkopf ist nach dem Querstrom-Prinzip konstruiert. Das heißt, frisches Kraftstoff-Luftgemisch wird auf der einen Seite angesaugt und verbranntes Gas auf der gegenüberliegenden Seite in den Abgaskrümmer ausgestoßen. Dadurch ist ein schneller Gaswechsel sichergestellt.

In dem aus Grauguß bestehenden Motorblock sind stählerne Kolbenlaufbuchsen eingesetzt. Zwischen den Laufbuchsen bewegt sich die Kühlflüssigkeit, daher werden sie auch nasse Laufbuchsen genannt. Bei hohem Verschleiß oder Riefen an den Zylinderwänden können die Laufbuchsen ausgewechselt werden. Anschließend müssen dann allerdings neue Kolben eingebaut werden. Im unteren Teil des Motorblocks befindet sich die Kurbelwelle, die von den Kurbelwellenlagern abgestützt wird. Über Gleitlager sind die Pleuel, die die Verbindung zu den Kolben herstellen, mit der Kurbelwelle verbunden. Den unteren Abschluß des Motors bildet die Ölwanne, in der sich das für die Schmierung und Kühlung erforderliche Motoröl sammelt. Der Zylinderkopf ist auf dem Motorblock aufgeschraubt.

Für die Motorschmierung sorgt eine Zahnradölpumpe, die im Zylinderblock integriert ist und über eine Rollenkette von der Kurbelwelle angetrieben wird. Das im Ölsumpf angesaugte Öl gelangt über Bohrungen und Leitungen zu den Lagern der Kurbel- und Nockenwelle sowie in die Zylinderlaufbahnen und zur Kipphebellagerung.

Die Kühlmittelpumpe sitzt direkt im Motorblock und wird über den Zahnriemen angetrieben, der auch die Nockenwelle antreibt. Zu beachten ist, daß der Kühlmittelkreislauf ganzjährig mit einer Mischung aus Kühlerfrost- und Korrosionsschutzmittel sowie kalkarmem Wasser befüllt sein muß.

Der Hochspannungsverteiler der wartungsfreien, elektronischen Zündung ist am Zylinderkopf angeflanscht und wird von der Nockenwelle angetrieben.

F-Motor (2,0-l-Benzinmotor F3R/F4R/F7R, 1,9-l-Dieselmotor F8Q/F9Q)

Der F-Motor wurde erstmals 1983 in verschiedene RENAULT-Modelle eingebaut. Der Motorblock ist aus Grauguß gefertigt, die Zylinderlaufbahnen sind Bestandteil des Motorblocks. Bei hohem Verschleiß oder Riefen in den Zylinderwänden können die Zylinder von einer Fachwerkstatt gehont, also ausgeschliffen werden. Anschließend müssen dann allerdings Kolben mit Übermaß eingebaut werden.

Oben im Leichtmetall-Zylinderkopf befindet sich die Nockenwelle. Sie wird über einen Zahnriemen von der Kurbelwelle angetrieben. Die Nockenwelle betätigt über Tassenstößel die senkrecht hängenden Ein- und Auslaßventile. Das Ventilspiel wird an den Tassenstößeln durch Einlegen von Scheiben unterschiedlicher Stärke eingestellt.

Beim 16V-Motor sind zwei obenliegende Nockenwellen jeweils für die Ein- oder Auslaßventile zuständig. Für jeden Zylinder sind 4 Ventile vorhanden, je 2 Einlaß- und Auslaßventile. Die in V-Form angeordneten Ventile werden über Hydrostößel geöffnet. Da das Ventilspiel von den Hydrostößeln automatisch ausgeglichen wird, ist bei diesem Motor das Einstellen des Ventilspiels nicht nötig; der Ventiltrieb ist wartungsfrei. Die Auslaßventile sind mit Natrium gefüllt, dadurch erhöht sich deren Standfestigkeit.

Die in der Ölwanne angeordnete Ölpumpe wird durch eine Nebenwelle angetrieben. Der Antrieb der Nebenwelle erfolgt durch den Zahnriemen, der auch die Nockenwelle antreibt.

Die Kühlmittelpumpe ist im Motorblock integriert und wird von dem Keilriemen angetrieben, der auch den Generator antreibt.

Zündung und Einspritzanlage arbeiten vollelektronisch und sind bis auf Zündkerzen- und Filterwechsel wartungsfrei.

K-Motor (1,6-l-Benzinmotor K4J/K4M/K7M)

Der Motor K7M ist eine Weiterentwicklung des E-Motors und seit 1995 auf dem Markt. Der Motorblock besitzt im Gegensatz zum E-Motor integrierte Laufbuchsen. Dadurch konnte der Zylinderabstand reduziert und die Zylinderbohrung vergrößert werden, was bei gleichbleibenden Außenmaßen eine Vergrößerung des Hubraums von 1,4- auf 1,6-l ermöglichte.

Zusammen mit einer geänderten Gemischaufbereitung mit Mehrstelleneinspritzung und verteilerlosem Zündsystem werden höhere Motorleistungen erreicht.

Die 1,4- und 1,6-l-Benzinmotoren mit den Bezeichungen K4J beziehungsweise K4M sind Neuentwicklungen, die mit Beginn der 2. Modellgeneratione des MÉGANE auf den Markt kamen. Die Motoren verfügen über 16 Ventile, die von 2 obenliegenden Nockenwellen betätigt werden. Der Antrieb der Nockenwellen erfolgt über einen Zahnriemen.

Die vollelektronische Zündung dieser Motoren ist wartungsfrei, für jeden Zylinder ist eine separate Zündspule vorhanden, die sich direkt auf der betreffenden Zündkerze befindet. Zündkabel sind nicht vorhanden.

1,9-l-dCi-Motor (Common-Rail-Direkteinspritz-Dieselmotor)

Die Kraftstoffpumpe fördert den Dieselkraftstoff aus dem Tank und baut bereits bei niedrigen Motordrehzahlen einen konstant hohen Druck von ca. 1350 bar auf.

Von der Kraftstoffpumpe führt eine gemeinsame Kraftstoffleitung (Common Rail) zu den einzelnen Zylindern des dCi-Triebwerks. Die gemeinsame Kraftstoffleitung dient als Druckspeicher und verteilt den Kraftstoff mit konstantem Druck an die Einspritzventile. Die erforderliche Kraftstoff-Einspritzmenge wird vom Motor-Steuergerät über die elektromagnetischen Einspritzventile den einzelnen Zylindern exakt zugeteilt. Schließt der Mikrocomputer des Motor-Steuergeräts beispielsweise die Magnetventile, ist die Kraftstoffeinspritzung sofort wieder beendet. Mit anderen Worten: Druckerzeugung und Kraftstoffeinspritzung erfolgen unabhängig voneinander. Das hat den Vorteil, daß die Einspritzung bedarfs- und abgasoptimiert, aber unabhängig von der Motordrehzahl erfolgen kann.

Der Kraftstoff wird mit Mehrstrahl-Einspritzdüsen in 2 Stufen eingespritzt. Zunächst erfolgt eine Voreinspritzung von einer geringen Menge Kraftstoff, wodurch die Zündbedingungen für die Hauptkraftstoffmenge verbessert werden. Daraus resultiert eine weichere und damit auch leisere Verbrennung, ähnlich wie bei der Wirbelkammereinspritzung. Im Gegensatz zu anderen Dieseldirekteinspritzern mit nockengesteuerten Systemen läßt sich die Voreinspritzung beim dCi-Triebwerk variabel an jede Fahrsituation anpassen.

Motoridentifizierung

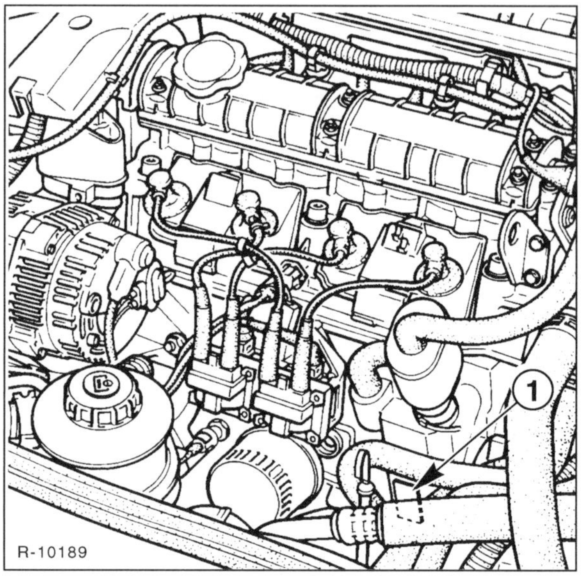

Zur Identifizierung des Motors ist an der Vorderseite, in der Nähe vom Ölmeßstab, ein rechteckiges Schild –1– angenietet.

In der oberen Zeile steht der Motortyp und in der unteren Zeile die Motor-Kennummer, gefolgt von der fortlaufenden Fabrikationsnummer des Motors.

Die Bezeichnung des Motortyps erfolgt durch eine Kombination von 2 Buchstaben und 1 Ziffer, zum Beispiel: **F3R**.

Aufschlüsselung

1. Buchstabe **Motortyp**	2. Zahl **Zylinderkopftyp**	3. Buchstabe **Hubr. in cm³**
E Energy-Motor, nasse Laufbuchsen	**3** Ventile in Reihe nebeneinander, Einspritzanlage	**C** 901 – 975 **E** 1051 – 1125 **F** 1126 – 1200 **J** 1351 – 1425
K Integrierte Laufbuchsen	**4** 16-V-Motor	**M** 1576 – 1650 **N** 1651 – 1750
F Graugußgehäuse, trockene Laufbuchsen	**7** Halbkugelförmige Brennräume, Einspritzanlage	**P** 1751 – 1850 **Q** 1851 – 1950 **R** 1951 – 2050
	8 Dieselmotor	
	9 Dieselmotor mit Direkteinspritzung	

Die wichtigsten Motordaten

Modellbezeichnung	1.4e/Eco	1.4e	1.4 16V RT/RXE/Sport	1.6 RN/RT	1.6e RT	1.6 16V RT/RXi/RXE/Sp.	2.0 RT
Motorbezeichung	E7J	E7J	K4J	K7M	K7M	K4M	F3R
Fertigung von – bis	3/96 - 3/99	4/99 - 9/01	4/99 - 10/02	1/96 - 9/01	1/96 - 3/99	4/99 - 10/02	1/96 - 9/00
Hubraum cm^3	1.390	1.390	1.390	1.598	1.598	1.598	1.998
Leistung kW bei 1/minl PS bei 1/min	51/6.000 70/6.000	55/5.500 75/5.500	70/6.000 95/6.000	55/5.000 75/5.000	66/5.000 90/5.000	79/5.750 107/5.750	83/5.400 113/5.400
Drehmoment Nm bei 1/min	105/4.000	114/4.000	127/3.750	130/3.400	137/4.000	148/3.750	168/4.250
Bohrung ∅ mm	75,8	75,8	79,5	79,5	79,5	79,5	82,7
Hub mm	77,0	77,0	70	80,5	80,5	80,5	93,0
Verdichtung	9,5	9,5	10	9,0	9,7	10	9,8
Kraftstoff bleifrei ROZ	Super/95	Super/95	Super/95	Super/95	Super/95	Super/95	Super/95
Einspritzung	Zentral	Multipoint	Multipoint	Multipoint	Multipoint	Multipoint	Multipoint
Zündfolge	1-3-4-2	1-3-4-2	1-3-4-2	1-3-4-2	1-3-4-2	1-3-4-2	1-3-4-2
Füllmengen: Motoröl Liter Kühlmittel Liter	 3,0 6,0	 3,0 6,0	 4,1 6,9	 3,25 6,0	 3,25 6,0	 4,1 6,9	 6,0 7,0

Modellbezeichnung	2.0 16V	2.0 16V RXi/Sport	1.9D RN	1.9 dT RT	1.9 dTi RT/RXE	1.9 dTi	1.9 dCi
Motorbezeichung	F4R	F7R	F8Q	F8Q (Turbo)	F9Q (Turbo)	F9Q	F9Q
Fertigung von – bis	10/00 - 10/02	1/96 - 9/00	1/96 - 3/99	3/96 - 3/99	4/99 - 8/01	9/01 - 10/02	9/01 - 10/02
Hubraum cm^3	1.998	1.998	1.870	1.870	1.870	1.870	1.870
Leistung kW bei 1/minl PS bei 1/min	103/5.500 140/5.500	110/6.000 150/6.000	47/4.500 64/4.500	66/4.250 90/4.250	72/4.000 98/4.000	59/4.000 80/4.000	75/4.000 102/4.000
Drehmoment Nm bei 1/min	200/4.250	185/4.500	118/2.250	176/2.000	200/2.000	160/2.000	200/1.500
Bohrung ∅ mm	82,7	82,7	80,0	80,0	80,0	80,0	80,0
Hub mm	93,0	93,0	93,0	93,0	93,0	93,0	93,0
Verdichtung	11,5	9,8	21,5	20,5	20,5	18,3	19,0
Kraftstoff bleifrei ROZ	Super/95	Super/95	Diesel	Diesel	Diesel	Diesel	Diesel
Einspritzung	Multipoint	Multipoint	Diesel-VE	Diesel-VE	Diesel-VE	Diesel-VE	Common Rail
Zündfolge	1-3-4-2	1-3-4-2	1-3-4-2	1-3-4-2	1-3-4-2	1-3-4-2	1-3-4-2
Füllmengen: Motoröl Liter Kühlmittel Liter	 6,0 7,0	 6,0 7,0	 5,0 7,5	 5,0 7,0	 5,5 7,5	–	–

VE = Verteiler-Einspritzung.
Benzinmotoren können kurzfristig bei leichtem Leistungsverlust mit bleifreiem Normalbenzin (ROZ 91) gefahren werden. Super Plus (98 ROZ) kann ebenfalls getankt werden.

Motor aus- und einbauen

Der Motor wird zusammen mit dem Getriebe nach oben ausgebaut. Vor dem Motorausbau deshalb auch das Kapitel »Getriebe aus- und einbauen« durchlesen. Abgas- und Ansaugkrümmer sowie Einspritzanlage und Generator/Anlasser bleiben am Motor angebaut. Zum Ausbau der Motor-Getriebeeinheit wird ein Kran benötigt.

Da auch auf der Wagenunterseite einige Verbindungen gelöst werden müssen, werden vier Unterstellböcke sowie zum Aufbocken des Wagens ein Rangierheber benötigt. Vor der Montage im Motorraum sollten die Kotflügel mit Decken geschützt werden.

Je nach Baujahr und Ausstattung können die elektrischen Leitungen beziehungsweise Unterdruck- oder Kühlmittelschläuche unterschiedlich im Motorraum verlegt sein. Da im einzelnen nicht auf jede Variante eingegangen werden kann, empfiehlt es sich, die jeweilige Leitung mit Tesaband zu kennzeichnen, bevor sie abgezogen wird.

Elektrische Steckverbindungen sind in der Regel mit Metallklammern gesichert. Vor dem Lösen Klammern an den seitlichen Bügeln zusammendrücken.

Beschrieben wird der Motorausbau am Beispiel der Limousine mit 1,6-l-Benzinmotor (K7M).

Grundsätzlich ist beim Aus- und Einbau des Motors darauf zu achten, daß Leitungen, Kabel und Schläuche, sowie alle sonstigen Verbindungen zum Aufbau abgebaut werden. Gegebenenfalls die Teile entsprechend markieren, so daß sie beim Einbau an der richtigen Stelle eingebaut werden können.

Ausbau

- Batterie-Massekabel (–) abklemmen. **Achtung:** Dadurch können elektronische Speicher gelöscht werden, wie zum Beispiel der Radiocode. Hinweise im Kapitel »Batterie aus- und einbauen« beachten.
- Motorhaube ausbauen, siehe Seite 194.
- Stellung der Vorderräder zur Radnabe mit Farbe kennzeichnen. Dadurch kann das ausgewuchtete Rad wieder in derselben Position montiert werden. Radschrauben bei auf dem Boden stehendem Fahrzeug lösen. Fahrzeug vorn aufbocken und Vorderräder abnehmen.
- Falls vorhanden, Motor-Unterschutz ausbauen.
- Getriebeöl ablassen, siehe Seite 296.
- Kühlflüssigkeit ablassen, siehe Seite 68.

Linke Fahrzeugseite:

- Bremssattel vorn links ausbauen und mit Draht am Federbein aufhängen, siehe Seite 160.

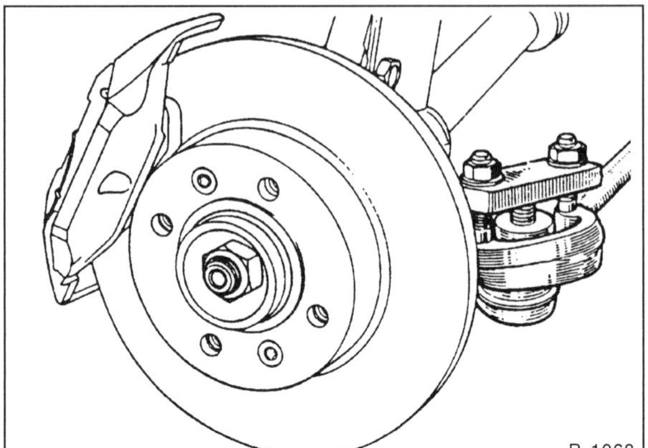
R-1063

- Linken Spurstangenkopf am Achsschenkel herausdrücken, siehe auch Seite 153.
- Die 3 Befestigungsschrauben der linken Gelenkwellenmanschette am Getriebe abschrauben.

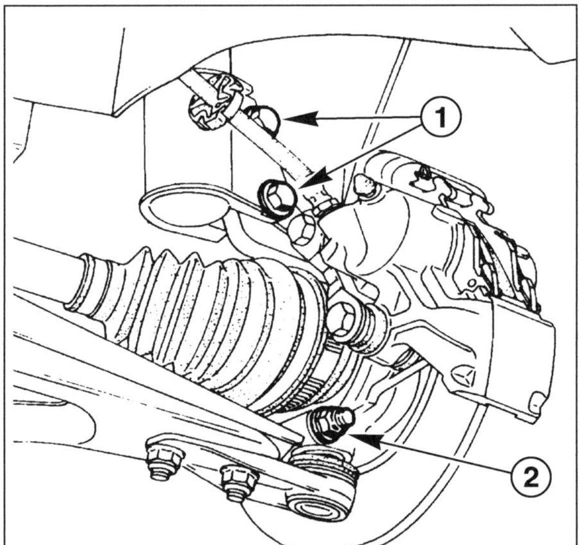

R-3030

- Mutter –2– abschrauben und Klemmschraube herausziehen.
- Querlenker nach unten aus dem Radlagergehäuse herausziehen. Ist dies nicht von Hand möglich, Montiereisen zwischen Unterboden und Lenker ansetzen und Querlenker heraushebeln.
- 2 Schrauben –1– für untere Federbeinbefestigung am Radlagergehäuse abschrauben und herausziehen.

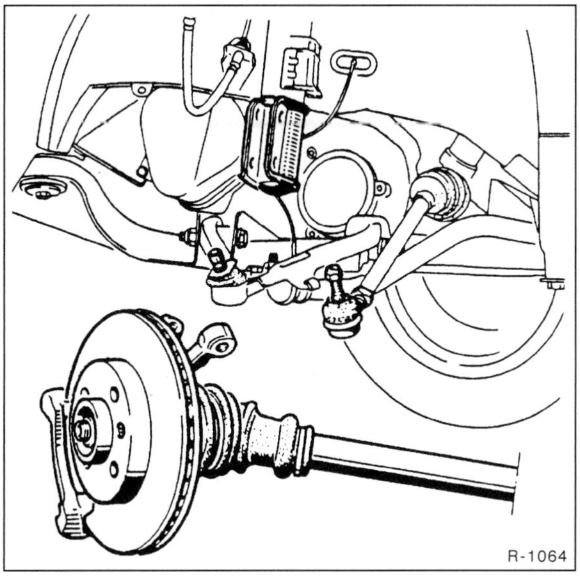

● Achsschenkel nach außen ziehen, dabei gleitet die Gelenkwelle aus dem Getriebe. **Achtung:** Gelenke nicht zu stark abwinkeln, Gelenkmanschetten nicht beschädigen.

Rechte Fahrzeugseite:

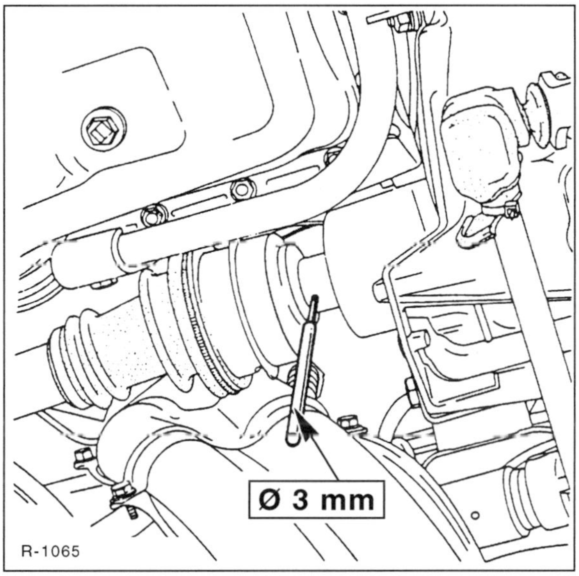

● Spannstift der rechten Antriebswelle mit Hilfe eines geeigneten Durchschlags (∅ = 3 mm) heraustreiben.

● Spurstangenkopf am Achsschenkel herausdrücken, siehe Seite 153.

● Obere Schraube der unteren Federbeinbefestigung abschrauben und herausnehmen. Mutter an der unteren Schraube –3– nur lösen, nicht abschrauben.

● Achsschenkelträger nach außen schwenken, dabei trennt sich die Gelenkwelle vom Getriebe. Gelenkwelle mit Schnur oder Draht am Lenkgetriebe anbinden.

● Hitzeschild am Abgaskrümmer abschrauben.

● Vorderes Abgasrohr und Katalysator ausbauen, siehe Seite 110.

● Schaltstange am Getriebe abbauen, siehe Seite 121.

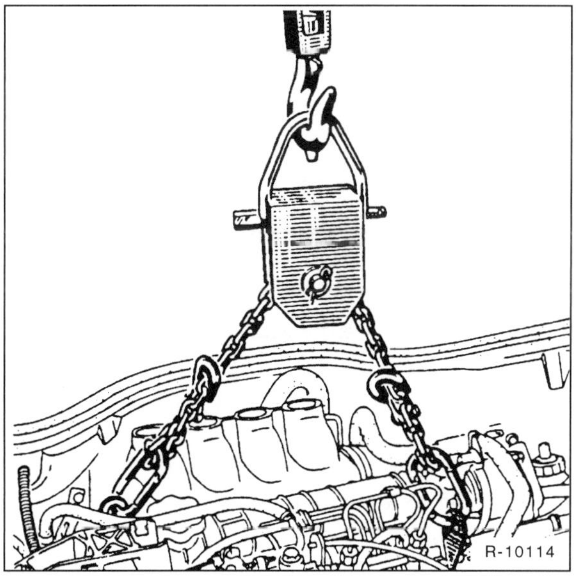

● Motor an den Haltelaschen anseilen und leicht vorspannen (anheben).

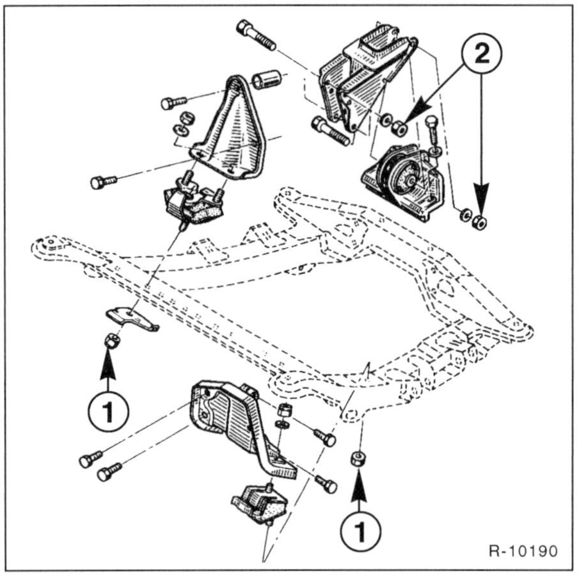

- Muttern –1– für Motor- und Getriebelager abschrauben.
- Muttern –2– für Halterung der Stabilisatorstrebe abschrauben.

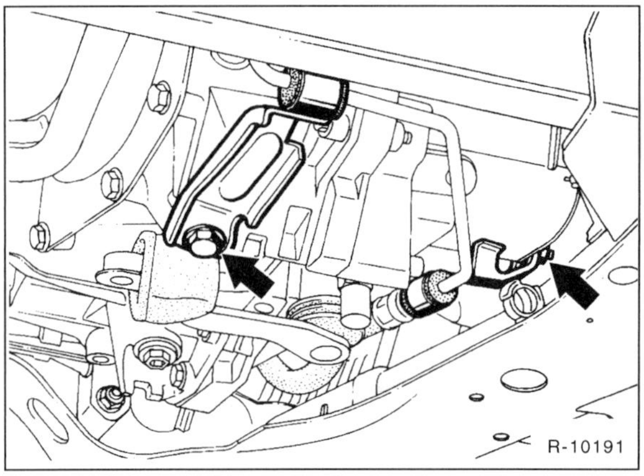

- Halter für Hydraulikleitung der Servolenkung abschrauben.
- Falls vorhanden, Tachowelle am Getriebe abbauen.
- Stecker vom Schalter für Rückfahrscheinwerfer am Getriebe abziehen.
- Strebe zwischen beiden Stoßdämpferdomen abschrauben.
- Luftfilter ausbauen, siehe Seite 90.
- Gaszug am Drosselklappengehäuse aushängen und zur Seite legen, siehe Seite 89.
- Kupplungsseilzug am Getriebe abbauen, siehe Seite 118.

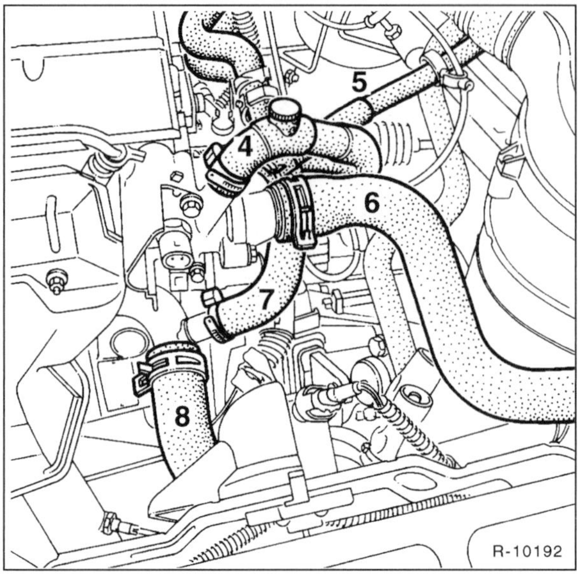

- Kühlmittelschläuche –4/5/6/7/8– abziehen. Dazu Schlauchschellen öffnen und ganz zurückschieben. Die Klemmschellen können mit einer handelsüblichen Rohrzange gespreizt werden. Zur Erleichterung kann die Spezialzange HAZET 798-12 verwendet werden.
- Kühlmittel-Ausgleichbehälter abschrauben und mit angeschlossenen Schläuchen am Radkasten aufhängen.
- Schlauch für Bremskraftverstärker am Saugrohr abziehen, vorher Klemmschelle mit Seitenschneider durchkneifen. Beim Einbau Schraubschelle verwenden.
- **1,4-l-Motor (E7J):** Kühler ausbauen, siehe Seite 74.
- **1,4-l-Motor (E7J):** Zündmodul ausbauen, siehe Seite 80.
- Schlauch und Stecker am Fühler für Saugrohrdruck abziehen. Der Fühler ist an der Spritzwand angeschraubt, oberhalb des Vorratsbehälters für Bremsflüssigkeit.

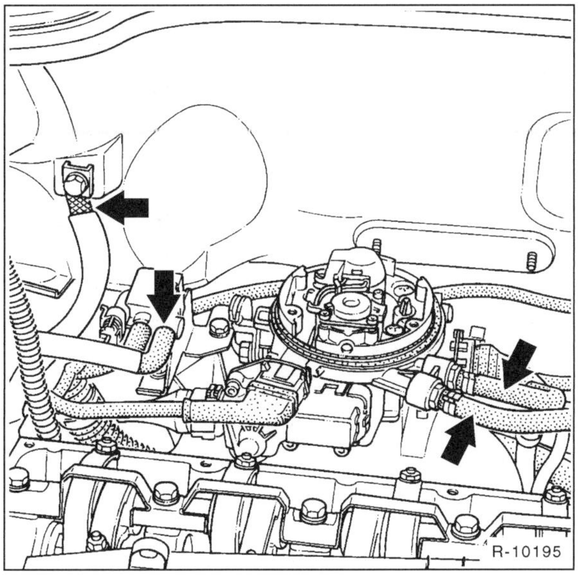

- **1,4-l-Motor (E7J):** Kraftstoffleitungen mit Tesaband kennzeichnen, damit sie beim Einbau nicht verwechselt werden. Kraftstoffvor- und Rücklaufleitung abziehen, vorher Schlauchklemmen lösen. Beim Abziehen Lappen unterlegen und eventuell auslaufenden Kraftstoff auffangen. Leitungen umgehend mit geeignetem Stopfen verschließen. Dazu saubere Schrauben mit entsprechendem Durchmesser in die Schläuche stecken.

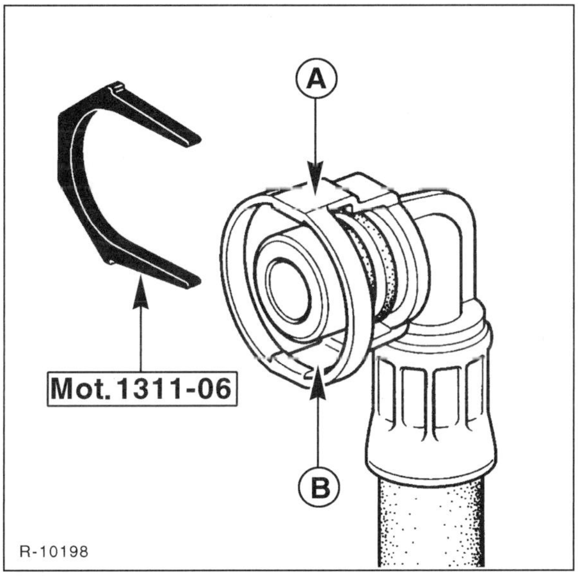

- **Alle außer 1,4-l-Motor:** Kraftstoffzuleitung lösen und abziehen. Dazu seitlich auf den Verschluß drücken und dadurch die Haltelaschen –A– und –B– anheben. Befindet sich das Ausbauwerkzeug nicht am Schlauchanschluß, Spezialwerkzeug Mot.1311-06 seitlich in den Verschluß einstecken und andrücken.
- Masseband –Motor-Aufbau– abschrauben.
- Schlauch vom Elektroventil des Aktivkohlesystems abziehen.
- Stecker am Druckschalter für Servolenkung und Klimaanlage abziehen. Der Druckschalter sitzt unterhalb vom Vorratsbehälter der Servolenkung im unteren Querträger.
- Stecker für Kühlerlüfter abziehen.
- Stecker vom Thermoschalter am Kühler abziehen.

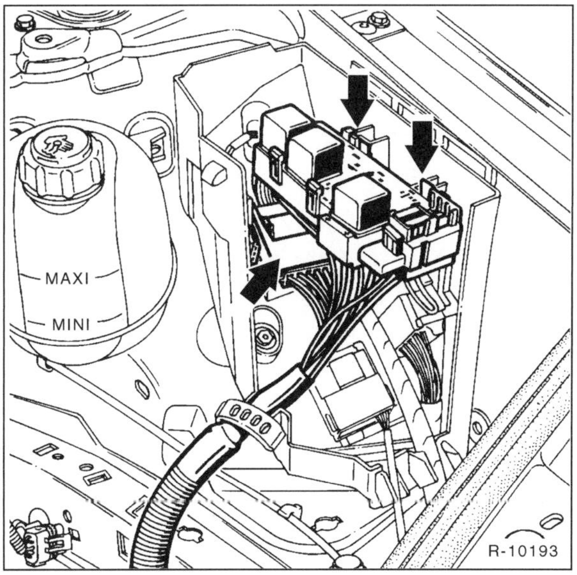

- Relaisträger im Motorraum nach oben aus der Führung herausziehen.
- Stecker für Relaisträger abziehen.
- Motor-Steuergerät mit Halter abschrauben und mit Draht am Motor anbinden.
- Elektrische Leitungen vom Anlasser abklemmen.

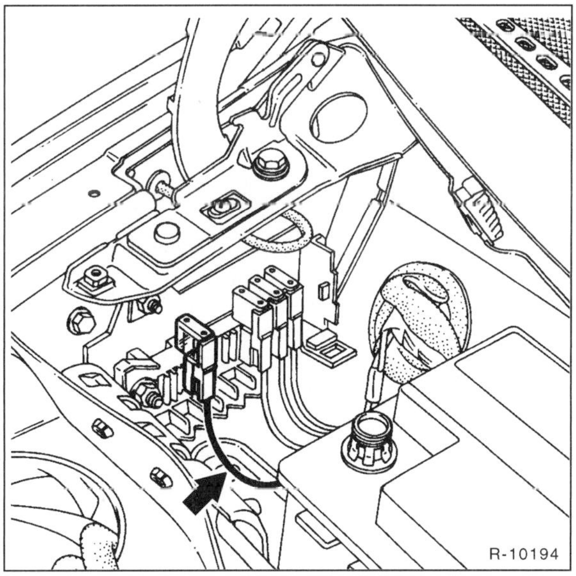

- Versorgungskabel für Einspritzanlage im Wasserkasten abklemmen.
- Keilriemen/Keilrippenriemen ausbauen, siehe Seite 53/54.

- Riemenscheibe von der Servopumpe abbauen, siehe Seite 154.

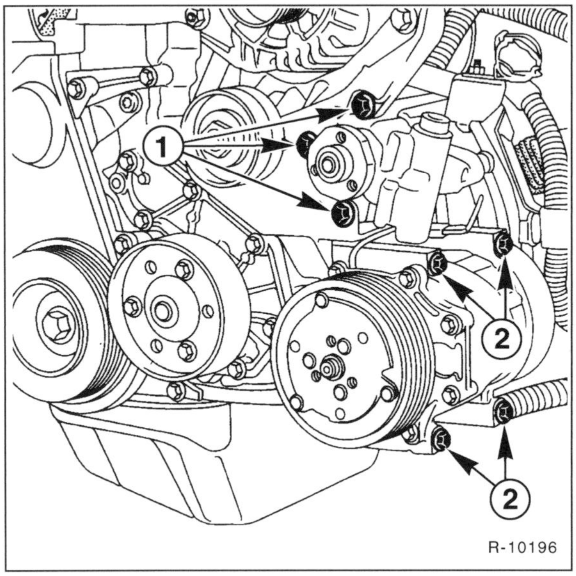

- Servopumpe und Kompressor für Klimaanlage abschrauben –1/2– und am Aufbau aufhängen. **Achtung: Hydraulik- beziehungsweise Kältemittelkreislauf nicht öffnen**. Das Kältemittel der Klimaanlage kann bei Hautberührung zu Erfrierungen führen. **Verletzungsgefahr!**
- Niederdruckschlauch der Klimaanlage an der Halterung des Luftfilters befestigen.
- Motor etwas anheben, bis die 3 Schrauben an der Halterung der Stabilisierungsstrebe sowie die Halterung des Getriebes abgeschraubt und herausgenommen werden können.
- Motor/Getriebe-Einheit nach oben vorsichtig herausheben, dabei Triebwerk von Hand führen, damit der Aufbau nicht beschädigt wird.

Einbau

- Motorlager, Kühlmittel-, Öl- und Kraftstoffschläuche auf Porosität oder Risse prüfen, falls erforderlich erneuern.
- Wurden Motor/Getriebe getrennt, Kupplungs-Mitnehmerscheibe auf ausreichende Belagdicke sowie Belagzustand prüfen. Bei fortgeschrittenem Verschleiß beziehungsweise hoher Kilometerleistung Kupplung komplett austauschen. Falls das Kupplungsausrücklager beim Treten des Kupplungspedals Geräusche verursachte, Lager auswechseln.
- Kupplungsausrücklager und Verzahnung der Antriebswelle reinigen und dünn mit MoS_2-Fett schmieren.
- Prüfen, ob die beide Zentrierbolzen zur Zentrierung von Motor und Getriebe im Motorblock vorhanden sind, gegebenenfalls Paßhülsen einsetzen, siehe Seite 121.
- Die Schrauben –Motor/Getriebe– mit **45 Nm** für M-10-Schrauben und **55 Nm** für M-12-Schrauben festziehen.
- Motor mit Getriebe vorsichtig in den Motorraum einführen. Beim Absenken darauf achten, daß das Triebwerk sorgfältig geführt wird, um Beschädigungen am Aufbau zu vermeiden.
- Muttern für Motor- und Getriebelager beiziehen, nicht festschrauben.
- Motor/Getriebe-Einheit durch Schüttelbewegungen spannungsfrei ausrichten. Sämtliche Schrauben und Muttern mit richtigem Anzugsdrehmoment festziehen, siehe unter »Motoraufhängung« auf Seite 21.
- Stabilisierungsstrebe am Getriebe mit **65 Nm** und am Tragrahmen mit **75 Nm** anschrauben.
- Getriebehalterung mit **45 Nm** anschrauben.
- Niederdruckschlauch des Klimakompressors aus der Halterung des Luftfilters lösen.
- Servopumpe und Kompressor für Klimaanlage anschrauben.
- Riemenscheibe für Servopumpe einbauen, siehe Seite 154.
- Keilriemen/Keilrippenriemen einbauen, siehe Seite 53/54.
- Versorgungskabel für Einspritzanlage im Wasserkasten anklemmen.
- Elektrische Leitungen am Anlasser anklemmen, siehe Seite 256.
- Motor-Steuergerät einbauen, siehe Seite 82.
- Schlauch am Elektroventil des Aktivkohlesystems aufschieben.
- Mehrfachstecker am Sicherungskasten im Motorraum aufstecken.
- Relaisträger im Motorraum anschrauben.
- **1,4-l-Motor:** Kühler einbauen, siehe Seite 74.
- **1,4-l-Motor**: Zündmodul einbauen, siehe Seite 80.
- Stecker am Thermoschalter aufstecken.
- Stecker für Kühlerlüfter aufstecken.
- Stecker am Druckschalter für Servolenkung und Klimaanlage aufstecken.
- Masseband –Motor-Aufbau– anschrauben.
- Stecker und Schlauch am Fühler für Saugrohrdruck aufstecken.
- Schlauch für Bremskraftverstärker am Saugrohr aufstecken und mit Schelle sichern.
- **1,4-l-Motor (E7J)**: Kraftstoffleitungen entsprechend den beim Ausbau angebrachten Markierungen aufstecken und mit Schlauchschellen befestigen. Dabei Kraftstoffvor- und Rücklaufleitung nicht verwechseln.
- **Alle außer 1,4-l-Motor:** Kraftstoffschläuche aufschieben und einrasten.
- Kühlmittel-Ausgleichbehälter anschrauben.
- Kühlmittelschläuche aufschieben und mit Schellen sichern, siehe unter Ausbau.
- Kupplungsseilzug am Getriebe anbauen, siehe Seite 118.

- Gaszug am Drosselklappengehäuse einhängen, siehe Seite 89.
- Luftfilter einbauen, siehe Seite 90.
- Strebe zwischen beiden Stoßdämpferdomen anschrauben.
- Stecker am Schalter für Rückfahrscheinwerfer aufstecken.
- Falls vorhanden, Tachowelle am Getriebe anbauen.
- Halter für Hydraulikleitung der Servolenkung anschrauben.
- Schaltstange am Getriebe anbauen, siehe Seite 121.
- Vorderes Abgasrohr und Katalysator einbauen, siehe Seite 110.
- Hitzeschild am Abgaskrümmer anschrauben.
- Linke und rechte Gelenkwelle einbauen, siehe Seite 138.
- Federbein am Achsschenkel mit **170 Nm** anschrauben.
- Spurstangenköpfe einbauen, siehe Seite 153.
- Achsgelenk einbauen, siehe Seite 135.
- Bremssattel einbauen, siehe Seite 160.
- Kühlflüssigkeit auffüllen und Kühlsystem entlüften, siehe Seite 68.
- Getriebeöl auffüllen, siehe Seite 296.
- Motorölstand prüfen, gegebenenfalls auffüllen, siehe Seite 291.
- Falls vorhanden, Motor-Unterschutz einbauen.
- Vorderräder so ansetzen, daß die beim Ausbau angebrachten Markierungen übereinstimmen. Vorher Zentriersitz der Felge an der Radnabe sowie die Kegelfläche der Radschrauben mit Wälzlagerfett leicht einfetten. Gewinde der Radschrauben **nicht** fetten oder ölen. Räder anschrauben. Fahrzeug ablassen und Radschrauben über Kreuz mit **90 Nm** festziehen.
- Motorhaube einbauen, siehe Seite 194.
- Batterie-Massekabel (–) anklemmen.
- Zeituhr einstellen.
- Falls erforderlich, Diebstahlcode für Radio eingeben.

Speziell 113-PS-Motor (F3R)

- Innenkotflügel vorn links und rechts ausbauen, siehe Seite 192/193.
- Abdeckung der Pendelaufhängung am Motor (Motorlager) ausbauen.
- Halterung des Motor-Steuergerätes abbauen.
- Befestigungsklammer für Niederdruckschlauch der Klimaanlage von der Halterung an der Pendelaufhängung des Getriebes abbauen.

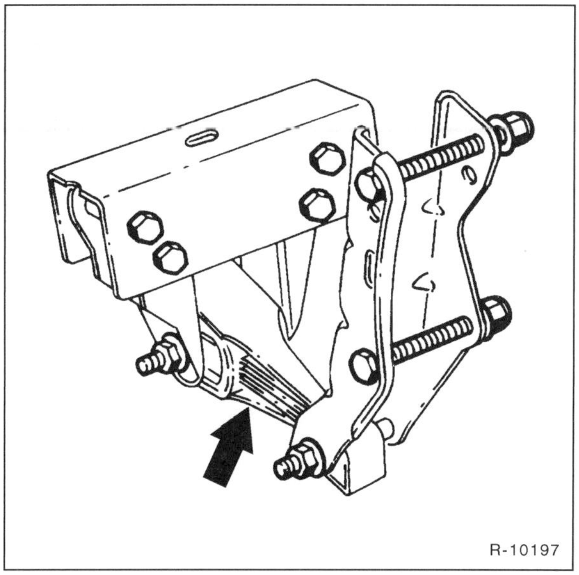

- Stabilisierungsstrebe abschrauben und herausnehmen.

Speziell Dieselmotor

- Innenkotflügel vorn links und rechts ausbauen, siehe Seite 192/193.
- Schläuche und Stecker an den Elektroventilen für beschleunigten Leerlauf und Abgasrückführung abziehen.
- Vorglüh-Steuergerät ausbauen und am Motor befestigen. Kabelstrang beiseite legen.
- Höhenmesser ausbauen.
- Kraftstoffzuleitung am Kraftstoffilter lösen und abziehen.
- Rücklaufleitung zum Kraftstoffilter an der Einspritzpumpe abbauen.
- Befestigungslasche der Batterie abbauen.

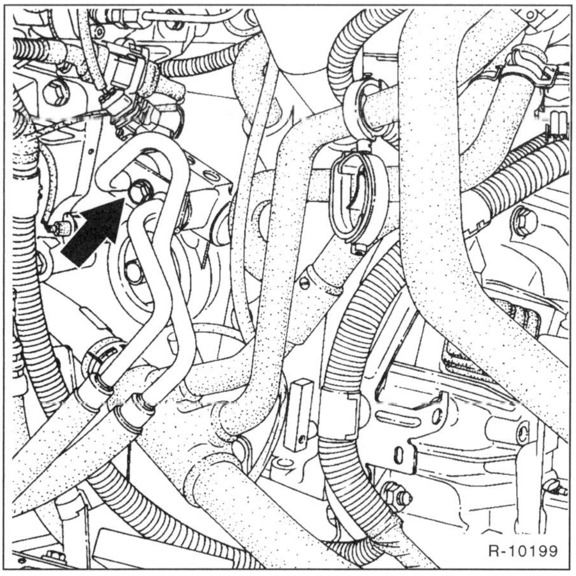

- Schläuche des Ölkühlers am Kühler abschrauben. Anschlüsse mit geeigneten Stopfen verschließen und Schläuche beiseite legen.

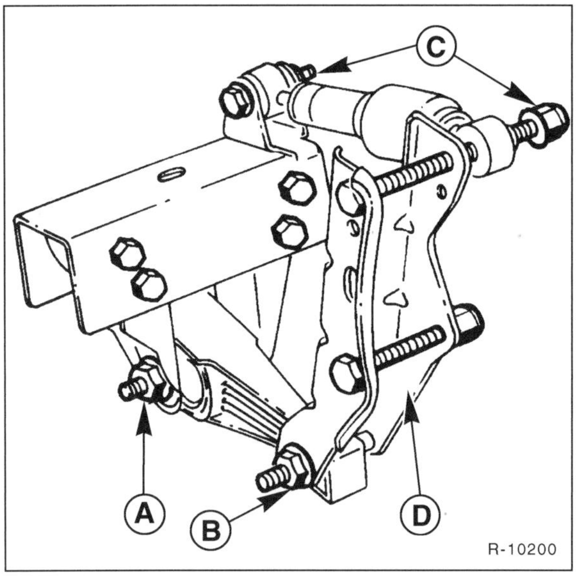

- Mutter –A– lösen, nicht abschrauben.
- Mutter –B– abschrauben, Schraube herausziehen.
- Druckdämpfer abschrauben –C–.
- Hintere Getriebehalterung –D– abschrauben.

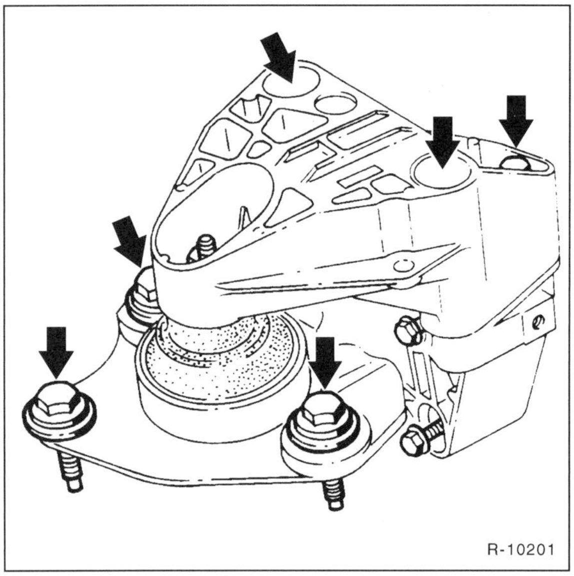

- Abdeckung für Halteplatte der Pendelaufhängung vorn rechts ausbauen.
- Schwingungsbegrenzer der Pendelaufhängung vorn rechts ausbauen. **Achtung:** Nach dem Einbau, Schwingungsbegrenzer einstellen. Dazu wird das RENAULT-Spezialwerkzeug Mot.1289-03 benötigt.

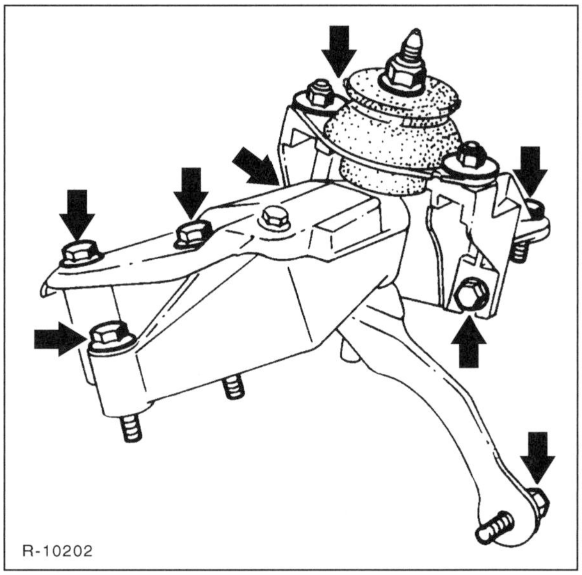

- Halterung des Getriebes abschrauben.

Schwingungsbegrenzer einstellen (1,9-l-Dieselmotor, 2,0-l-Benzinmotor)

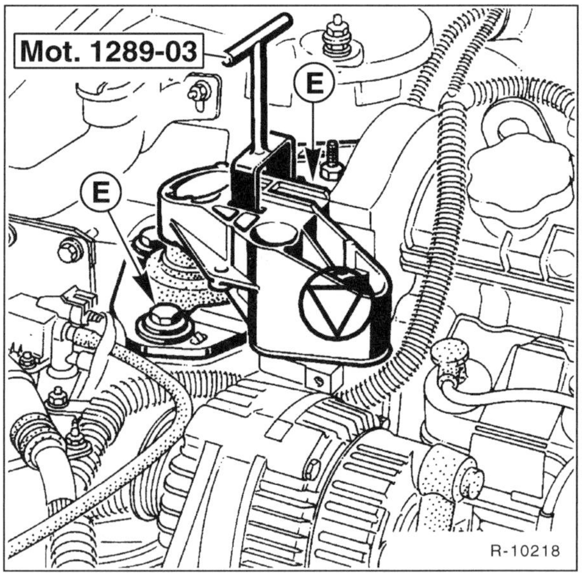

- Beide Schrauben –E– des Schwingungsbegrenzers am vorderen Motorlager lösen. Zentrierwerkzeug Mot.1289-03 in die Aussparungen der Halteplatte einsetzen. Die Abbildung zeigt den Benzinmotor.
- In dieser Stellung die Schrauben –E– mit **60 Nm** festziehen.

Motoraufhängung

1,4-/1,6-l-Benzinmotor E7J/K7M

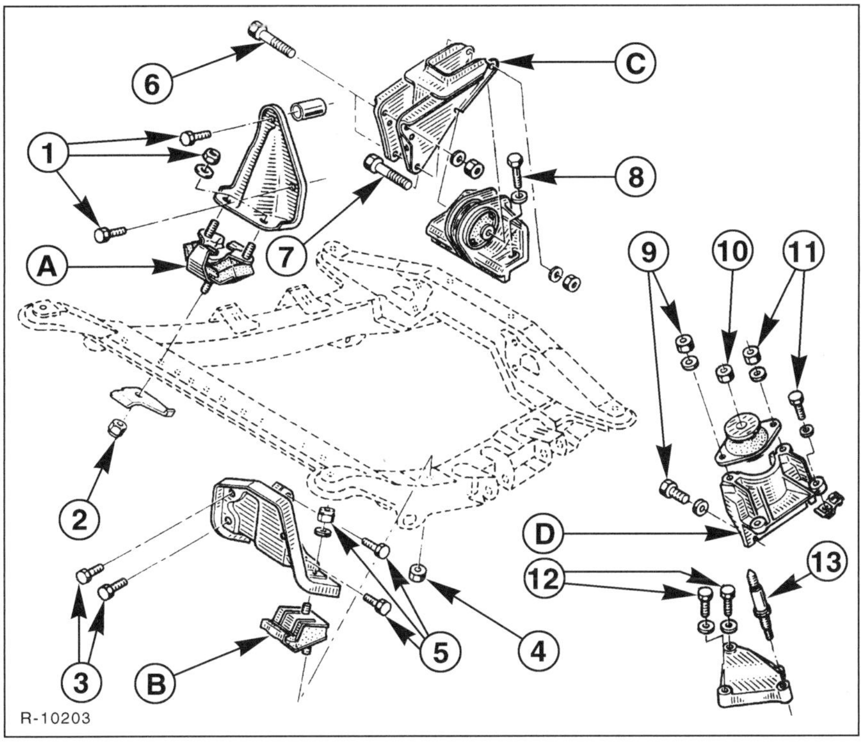

A – Motorlager
- 1 – 40 Nm
- 2 – 45 Nm

B – Getriebelager (Schaltgetriebe)
- 3 – 40 Nm
- 4 – 45 Nm
- 5 – 40 Nm

C – Halterung (Stabilisatorstrebe)
- 6 – 65 Nm
- 7 – 75 Nm
- 8 – 55 Nm

D – Getriebelager (Automatikgetriebe)
- 9 – 25 Nm
- 10 – 75 Nm
- 11 – 25 Nm
- 12 – 40 Nm
- 13 – 60 Nm

2,0-l-Benzinmotor, 1,9-l-Dieselmotor

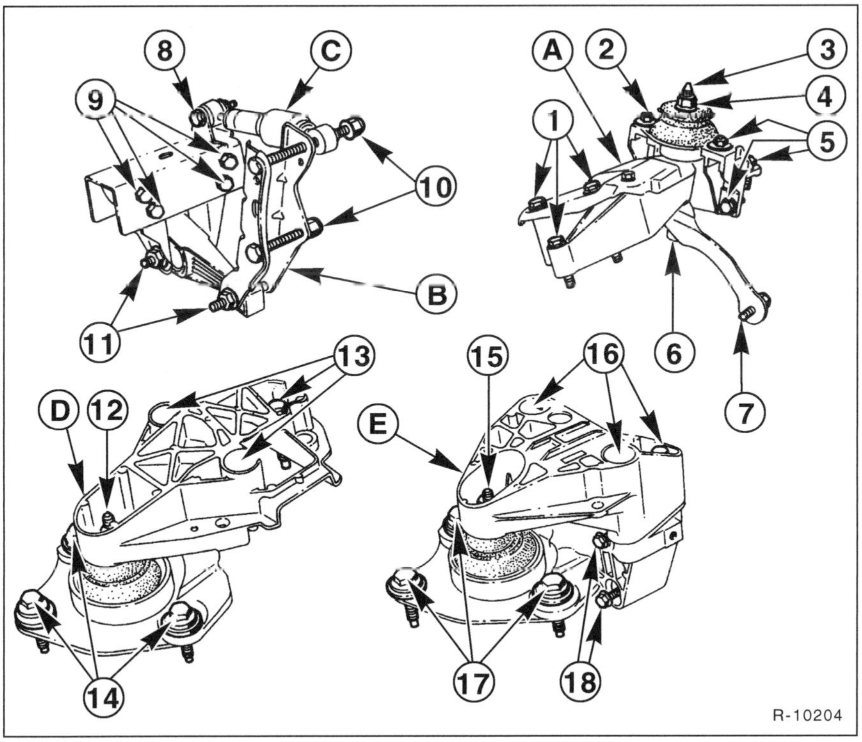

A – Getriebelager
- 1 – **55 Nm,** 16V-Motor: **40 Nm**
- 2 – 25 Nm
- 3 – Schraube, 60 Nm
- 4 – 75 Nm
- 5 – 25 Nm
- 6 – Mutter, 40 Nm
- 7 – 40 Nm

B – Stabilisierungsstrebe
- 8 – 35 Nm
- 9 – 60 Nm
- 10 – 65 Nm
- 11 – 60 Nm

C – Druckdämpfer (Diesel)

D – Motorlager/Pendelaufhängung (Diesel)
- 12 – 45 Nm
- 13 – 40 Nm
- 14 – 60 Nm

E – Motorlager/Pendelaufhängung (2,0-l-Benzinmotor)
- 15 – 45 Nm
- 16 – 40 Nm
- 17 – 60 Nm
- 18 – **20 Nm,** 16V-Motor: **30 Nm**

Zahnriemen aus- und einbauen/ spannen

Ausführlich beschrieben wird der Ausbau am **1,4-/1,6-l-Benzinmotor** (E7J/K7M). Insbesondere beim Scenic sind verschiedene vorbereitende Arbeiten notwendig, um die Zahnriemenabdeckung ausbauen zu können und den Zahnriemen aus- und einzubauen; entsprechend vorgehen. Hinweise für die anderen Motoren und für den Scenic stehen am Ende des Kapitels.

Allgemeine Hinweise

- Bei ausgebautem Zahnriemen dürfen Kurbelwelle oder Nockenwelle nicht verdreht werden, sonst können geöffnete Ventile gegen Kolben stoßen und dadurch beschädigt werden. Falls die Nockenwelle über einen größeren Winkel verdreht werden muß, darauf achten, daß kein Kolben im Oberen Totpunkt (OT) steht, sonst können Ventile oder Kolben beschädigt werden. Gegebenenfalls Kurbelwelle ca. 90° (¼ Umdrehung) vor oder nach OT stellen. Dabei Riemenscheibe jedoch insgesamt nicht weiter als 90° verdrehen.
- Nachdem der Zahnriemen gespannt ist, müssen nochmals sämtliche OT-Markierungen auf gleichzeitige Übereinstimmung geprüft werden. Ist dies nicht der Fall, darf der Motor nicht gestartet werden. Es können sonst schwere Motorschäden entstehen, indem geöffnete Ventile gegen die Kolben stoßen. Stimmen eine oder mehrere Markierungen nicht überein, Zahnriemen wieder ausbauen und kompletten Einbau- und Spannvorgang wiederholen.
- Ein gelaufener Zahnriemen muß nach dem Ausbau immer erneuert werden.
- Zum Prüfen der exakten Zahnriemenspannung wird das RENAULT-Prüfgerät Mot.1273 benötigt, das auch zum Prüfen der Keilriemen-/Keilrippenriemenspannung verwendet wird. Steht dieses Werkzeug nicht zur Verfügung, kann die Zahnriemenspannung nur behelfsmäßig eingestellt werden. **Achtung:** Die Zahnriemenspannung muß **dann jedoch umgehend in einer Werkstatt überprüft werden. Bis dahin sind hohe Motordrehzahlen zu vermeiden.**
- Falls der Zahnriemen behelfsmäßig gespannt wird, empfiehlt sich ein Probelauf des Motors bei abgenommener Zahnriemenabdeckung. **Achtung:** Verletzungsgefahr durch drehende Teile. Dabei Zahnriemenspannung bei laufendem Motor sichtprüfen. Ein flatternder Zahnriemen ist zu wenig gespannt, ein pfeifender Zahnriemen zu stark gespannt. **Achtung 1,9-/2,0-l-Motor: Falls der Keilrippenriemen nicht montiert wurde, Motor nur ganz kurz laufen lassen,** da er sonst durch die fehlende Kühlmittelzirkulation überhitzt wird.

Ausbau

- Batterie-Massekabel (–) abklemmen. **Achtung:** Dadurch können elektronische Speicher gelöscht werden, wie zum Beispiel der Radiocode. Hinweise im Kapitel »Batterie aus- und einbauen« beachten.
- Stellung des rechten Vorderrades zur Radnabe mit Farbe kennzeichnen. Dadurch kann das ausgewuchtete Rad wieder in derselben Position montiert werden. Beim Lösen der Radschrauben muß das Fahrzeug auf dem Boden stehen. Fahrzeug vorn aufbocken und Vorderrad abnehmen.
- Innenkotflügel vorn rechts ausbauen, siehe Seite 192.
- Keilriemen ausbauen, siehe Seite 53.
- Kurbelwellen-Riemenscheibe abschrauben und abnehmen. Damit sich beim Lösen der Schraube die Kurbelwelle nicht mitdreht, 1. Gang einlegen, Handbremse anziehen und dadurch Motor blockieren.

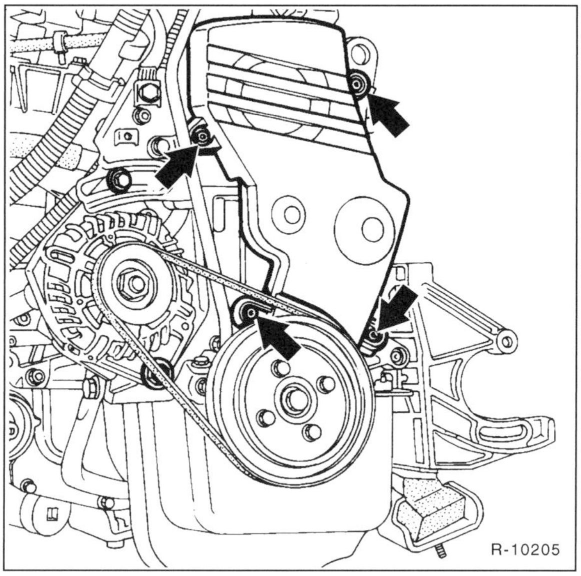

- Zahnriemenschutz abschrauben und abnehmen.
- Zentralschraube am Kurbelwellen-Zahnrad einschrauben. Getriebe in Leerlaufstellung bringen.

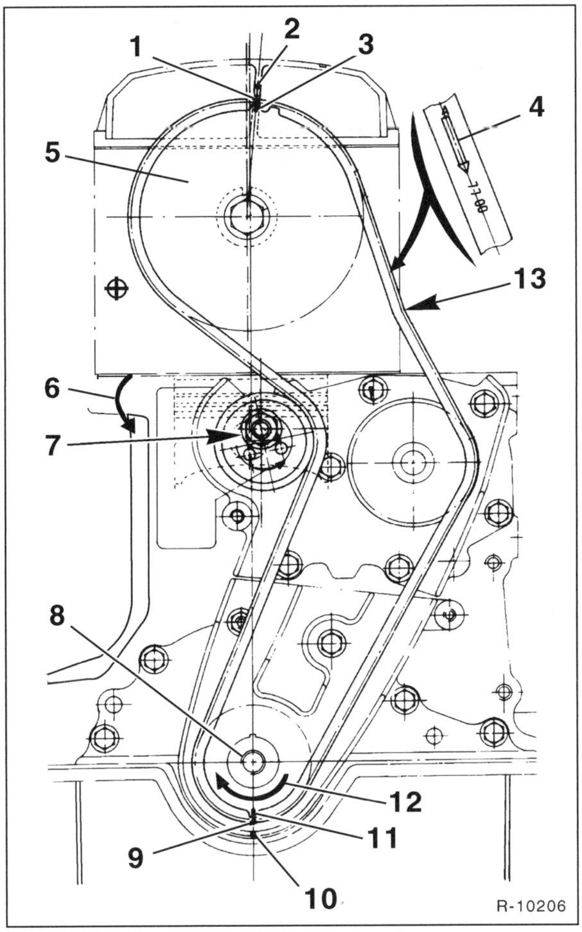

- Kurbelwelle an der Zentralschraube –8– in Motordrehrichtung –12– verdrehen, bis die Markierung –3– an der Nockenwellen-Riemenscheibe –5– mit der Markierung –2– am Zylinderkopfdeckel übereinstimmt. Der Motor steht dann auf OT für Zylinder 1.
  2. Möglichkeit zum Verdrehen des Motors: 5. Gang einlegen und das linke Vorderrad durch Helfer von Hand verdrehen lassen.
- Klemmutter 7 mit Ringschlüssel lösen, Spannrolle entgegen der Pfeilrichtung –6– drehen und dadurch Zahnriemen entspannen.
- Zahnriemen abnehmen, anschließend Stellung der Zahnräder nicht mehr verändern. **Achtung:** Falls die Nockenwelle über einen größeren Winkel verdreht werden muß, darauf achten, daß kein Kolben im Oberen Totpunkt (OT) steht, sonst können Ventile oder Kolben beschädigt werden. Gegebenenfalls Kurbelwelle ca. 90° (1/4 Umdrehung) vor oder nach OT stellen. Dabei Riemenscheibe jedoch insgesamt nicht weiter als 90° verdrehen.

Einbau

Achtung: Zahnriemen immer erneuern. Der ausgebaute Zahnriemen darf **nicht** nochmals verwendet werden.

- **Neuen** Zahnriemen so auflegen, daß der Pfeil –4– auf der Außenseite des Riemens in Motordrehrichtung zeigt. Dabei am Nockenwellen-Zahnrad –5– beginnen. Darauf achten, daß die Markierungen am Zahnrad –3–, auf dem Zahnriemen –1– und am Zylinderkopfdeckel –2– übereinstimmen. 13 – Meßpunkt für Zahnriemenspannung.
- Anschließend Zahnriemen auf Kühlmittelpumpen- und Kurbelwellen-Zahnrad sowie auf die Spannrolle auflegen. Darauf achten, daß die Markierungen von Kurbelwellen-Zahnrad –11–, Zahnriemen –9– und Steuergehäuse –10– übereinstimmen.

Achtung: Beim Auflegen des Zahnriemens darf weder die Nockenwellen- noch die Kurbelwellenstellung verändert werden. Sonst können schwerwiegende Schäden am Motor entstehen, beziehungsweise der Motor gibt nicht mehr seine volle Leistung ab. Nachdem der Zahnriemen gespannt wurde, Einstellung von Nockenwelle und Kurbelwelle nochmals kontrollieren.

- Spannrolle in Pfeilrichtung –6– drehen und dadurch Zahnriemen spannen. Klemmutter –7– anziehen.

Zahnriemenspannung mit Spezialwerkzeug prüfen/einstellen

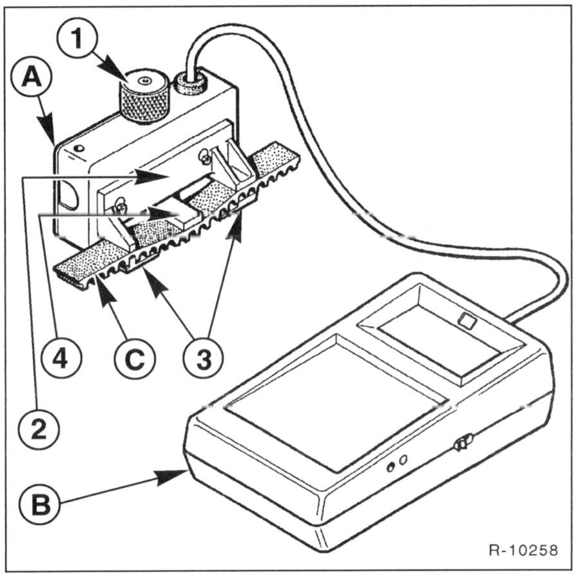

Die Fachwerkstatt verwendet zum Prüfen der exakten Zahnriemenspannung das RENAULT-Prüfgerät Mot.1273.

A – Meßgeber	1 – Rändelknopf
B – Anzeigegerät	2 – Druckbrücke
C – Zahnriemen	3 – Anschläge
	4 – Druckkeil

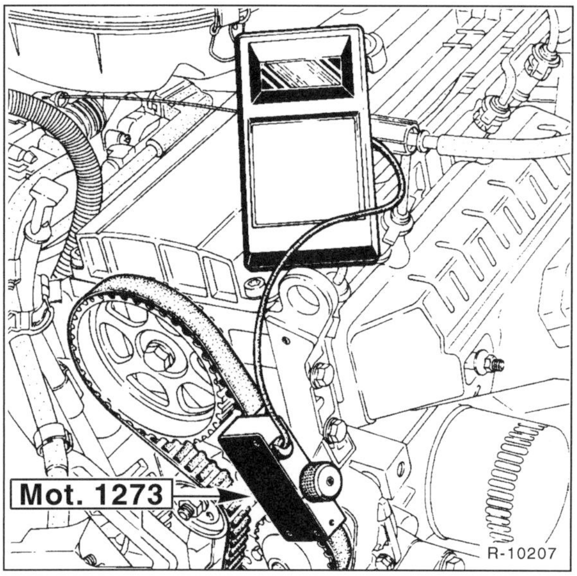

- RENAULT-Meßgeber des Spezialwerkzeuges am Zahnriemen aufsetzen.
- Rändelknopf des Meßgebers bis zum Lösen drehen (3 Klickgeräusche).
- Klemmutter an der Spannrolle lösen und Spannrolle gegen den Zahnriemen drehen, bis das Meßgerät 30 Einheiten anzeigt. Klemmutter mit **50 Nm** festziehen. Zum Drehen der Spannrolle verwendet die Fachwerkstatt das Spezialwerkzeug Mot.1135-01.
- Meßgeber abbauen und Kurbelwelle an der Zentralschraube um 3 Umdrehungen in Motordrehrichtung weiterdrehen.
- Zahnriemenspannung erneut prüfen. Wird der Sollwert von 30 Einheiten ± 10% nicht erreicht, Einstellung wiederholen.

Zahnriemenspannung ohne Spezialwerkzeug prüfen/einstellen

Ohne Spezialwerkzeug kann die Zahnriemenspannung nur behelfsmäßig eingestellt werden. **Achtung: Die Zahnriemenspannung muß dann jedoch umgehend in einer Werkstatt überprüft werden. Bis dahin sind hohe Motordrehzahlen zu vermeiden.**

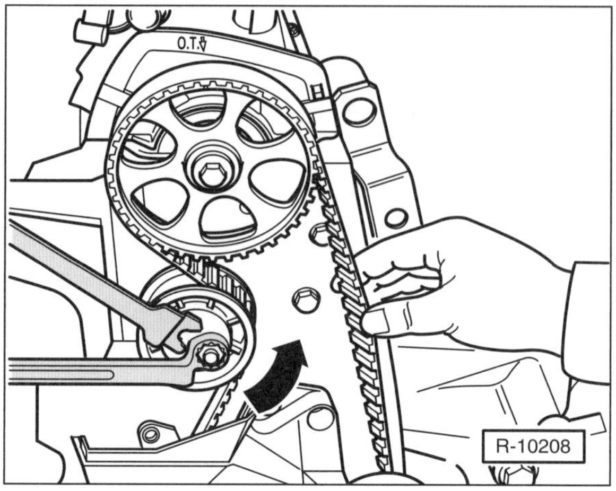

- Zahnriemen spannen, bis sich der Riemen zwischen Umlenkrolle und Kühlmittelpumpenrad von Hand gerade um ca. 90° verdrehen läßt. Klemmutter festziehen.
- Durchbiegung des Zahnriemens prüfen: Dazu Zahnriemen an der Position –13– in Abbildung R-10206 mit dem Daumen und einer Kraft von ca. 30 N (entspricht ca. 3 kg) eindrücken. Die Durchbiegung soll bei richtig gespanntem Zahnriemen 6,0 ± 0,5 mm betragen. Zum Messen der Durchbiegung von Helfer ein Lineal auf den Zahnriemen am Nockenwellen- und Kühlmittelpumpenrad auflegen lassen und Abstand des durchgedrückten Zahnriemens zum Lineal mit Meterstab messen.
- Mutter der Zahnriemenspannrolle mit **50 Nm** festziehen. **Achtung**: Die Mutter der Spannrolle muß fest genug angezogen werden, um jegliches Lösen zu vermeiden, sonst können schwere Motorschäden auftreten.
- Kurbelwelle an der Zentralschraube um 3 Umdrehungen in Motordrehrichtung weiterdrehen und Zahnriemenspannung erneut prüfen. Gegebenenfalls Einstellung wiederholen.

- OT-Stellung des Motors bei gespanntem Zahnriemen prüfen: Die Markierungen –1/2/3– sowie –9/10/11– in Abbildung R-10206 müssen gleichzeitig übereinstimmen. Andernfalls Zahnriemen abnehmen, erneut auflegen und spannen.
- Zahnriemenabdeckung anschrauben.
- Zentralschraube an der Kurbelwelle herausdrehen. Kurbelwellen-Riemenscheibe ansetzen und mit **neuer** Schraube und **20 Nm** festschrauben. Anschließend Schraube um **68° ± 6°** weiterdrehen.

Hinweis: Schlüssel ansetzen, mit Winkelmesser Drehwinkel abmessen und einen Kreidestrich am Steuergehäuse anbringen. Anschließend Schlüssel in einem Zug bis zur Markierung drehen.

- Keilriemen einbauen und spannen, siehe Seite 53.
- Innenkotflügel vorn rechts einbauen, siehe Seite 192.

- Vorderrad so ansetzen, daß die beim Ausbau angebrachten Markierungen übereinstimmen. Vorher Zentriersitz der Felge an der Radnabe sowie die Kegelfläche der Radschrauben mit Wälzlagerfett leicht einfetten. Gewinde der Radschrauben **nicht** fetten oder ölen. Vorderrad anschrauben. Fahrzeug ablassen und Radschrauben über Kreuz mit **90 Nm** festziehen.
- Batterie-Massekabel (–) anklemmen.
- Zeituhr einstellen.
- Falls erforderlich, Diebstahlcode für Radio eingeben.

Speziell 113-PS-Motor (F3R)

- Motor-Steuergerät mit Halterung ausbauen, siehe Seite 82.
- Strebe zwischen den Federbeindomen abschrauben.

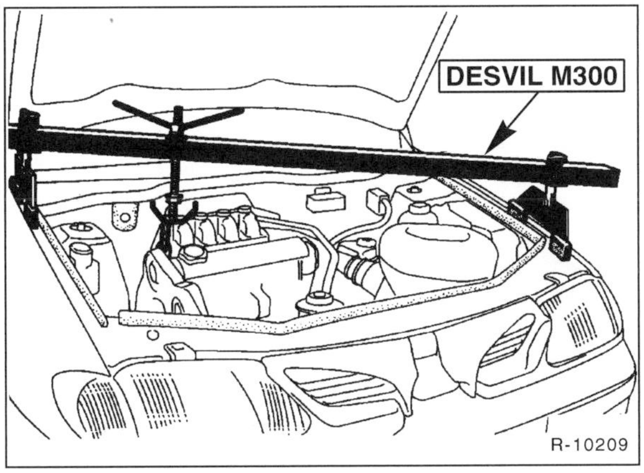

- Motor mit Motorheber etwas anheben. Dazu 2 handelsübliche Karabinerhaken an den Motor-Aufhängeösen am Zylinderkopf einhängen und durch ein Seil mit dem Motorheber verbinden. Steht die Aufhängevorrichtung nicht zur Verfügung, Seil durch die Laschen am Motor ziehen und kräftiges Rohr durch das Seil schieben und auf entsprechenden Böcken lagern. **Achtung:** Rohr nicht auf den Kotflügeln lagern. Hinweise für den Scenic stehen am Ende des Kapitels.

Achtung: Falls erforderlich, zusätzliche Motor-Hebelasche anfertigen und anschrauben, siehe Seite 63.

- Kunststoffabdeckung von der Halteplatte des Motorlagers abbauen.
- Halteplatte des Motorlagers abschrauben.

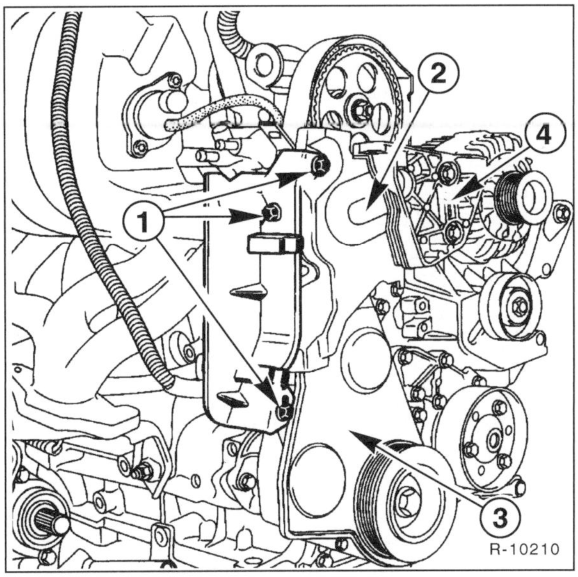

- Schrauben –1– herausdrehen und Halterung des Kraftstoffschlauchs abnehmen.
- Mittlere und untere Zahnriemenabdeckungen –2/3– ausbauen.
- Halterung –4– des Motorlagers am Zylinderkopf abschrauben.

Hinweis: Der Zahnriemen kann nur bei abgebautem Halter abgenommen werden.

- Motor auf Zünd-OT stellen, dazu Kurbelwelle verdrehen, bis die Markierung auf dem Nockenwellen-Zahnrad senkrecht nach oben zeigt, siehe Seite 22.

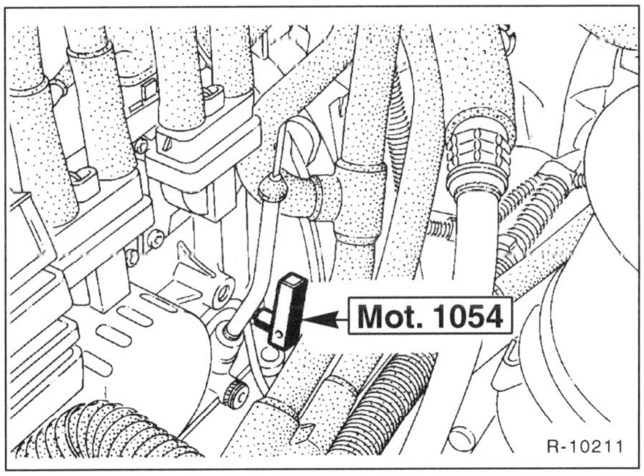

- Stopfen für die OT-Öffnung am Motorblock herausziehen und durch die Öffnung einen geeigneten Dorn, beispielsweise Mot.1054, in die Kurbelwelle einsetzen. Gegebenenfalls Kurbelwelle etwas hin- und herdrehen. Die Kurbelwelle wird durch den Dorn in OT-Stellung arretiert.
- Klemmutter der Spannrolle lösen und Spannrolle vom Zahnriemen wegdrücken. **Hinweis:** Wenn der Schlüssel mit dem Arm nach oben angesetzt und die Mutter mit einem Ruck gelöst wird, dann wird gleichzeitig der Zahnriemen entspannt.

- Zahnriemen so auflegen, daß sich der Pfeil für die Laufrichtung unterhalb der Spannrolle befindet und die Markierungen des Zahnriemens mit den Markierungen von Nockenwellen- und Kurbelwellen-Zahnrädern übereinstimmen.

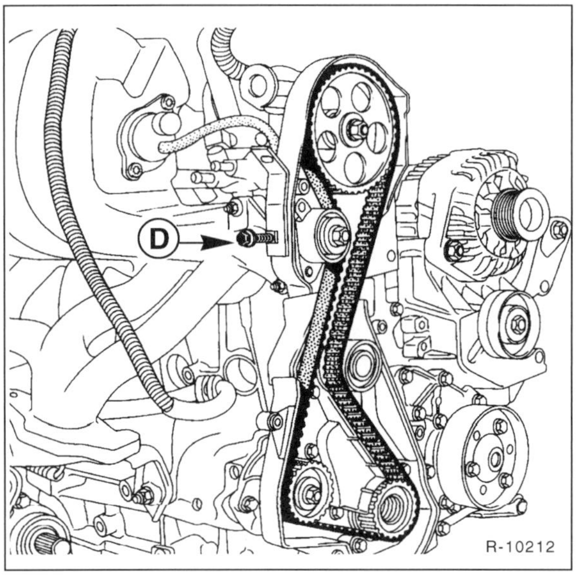

- Verschlußschraube seitlich aus dem Motorsteuergehäuse herausdrehen. Stattdessen Schraube –D– (M6x45) einschrauben und dadurch den Zahnriemen spannen. M6x45 = Gewindedurchmesser 6 mm, Schraubenlänge = 45 mm.

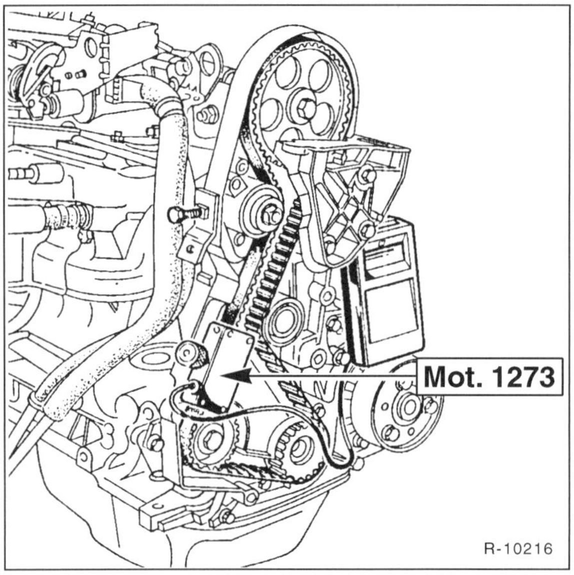

- Sollwert für Zahnriemenspannung mit Spezialwerkzeug Mot.1273: 29 Einheiten.
- Sollwert für behelfsmäßige Zahnriemenspannung: Durchdrückung mittig zwischen Nockenwellenrad und Zwischenwellenrad 7,5 ± 0,5 mm bei einem Druck von ca. 30 N (entspricht ca. 3 kg).
- Klemmutter der Spannrolle mit **40 Nm** festziehen.
- Spannschraube –D– herausdrehen.
- Kurbelwellen-Riemenscheibe mit **120 Nm** anschrauben.
- Dorn aus OT-Öffnung herausziehen und Öffnung mit Stopfen verschließen.
- Motorlager einbauen und Schwingungsbegrenzer einstellen, siehe Seite 20/21.
- Motor-Steuergerät mit Halterung einbauen, siehe Seite 82.
- Strebe zwischen den Federbeindomen anschrauben.

Speziell 150-PS-Motor (F7R)

- Strebe zwischen den Federbeindomen abschrauben.
- Untere Motorabdeckung ausbauen.
- Motor abfangen und Motorlager ausbauen, wie beim 113-PS-Motor.
- Masseband –Motor-Aufbau– abschrauben.
- Hydraulikbehälter für Servolenkung abschrauben und mit angeschlossenen Leitungen am Aufbau aufhängen.

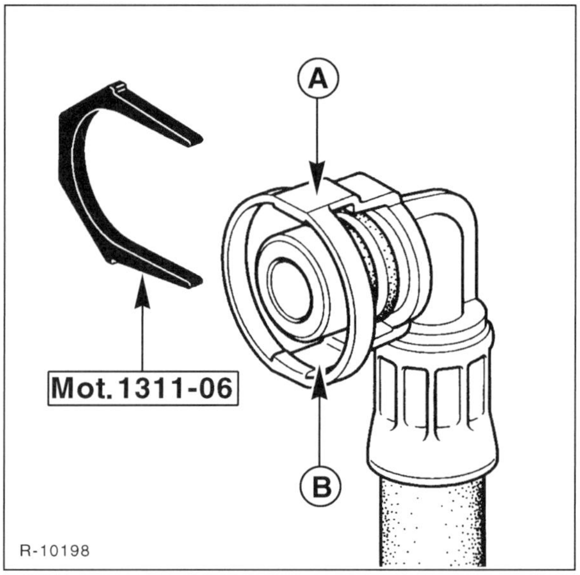

- Kraftstoffzu- und rücklaufschläuche lösen und abziehen. Dazu seitlich auf den Verschluß drücken und dadurch die Haltelaschen –A/B– anheben. Befindet sich das Ausbauwerkzeug nicht am Schlauchanschluß, Spezialwerkzeug Mot.1311-06 seitlich in den Verschluß einstecken und andrücken.

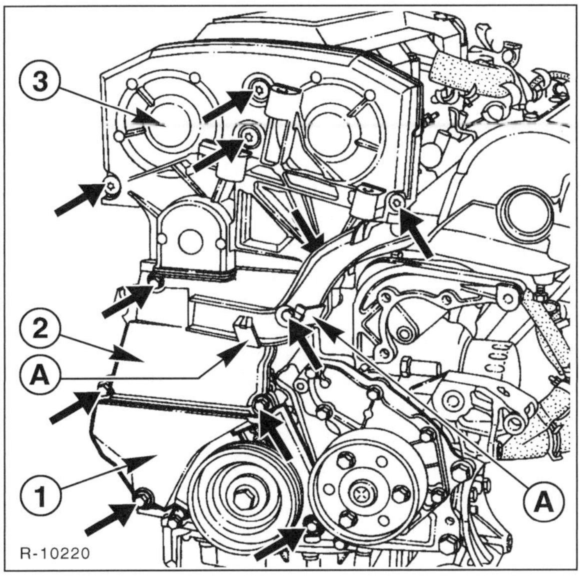

- Schläuche vom Steuergehäusedeckel abziehen, dazu die Blechlaschen –A– aufbiegen.
- Vorderes Abgasrohr ausbauen, siehe Seite 109.
- Zahnriemenabdeckungen –1– mit 2 Schrauben, –2– mit 4 Schrauben und –3– mit 5 Schrauben in der Reihenfolge von 1 bis 3 abschrauben.
- Luftfilter ausbauen, siehe Seite 90.

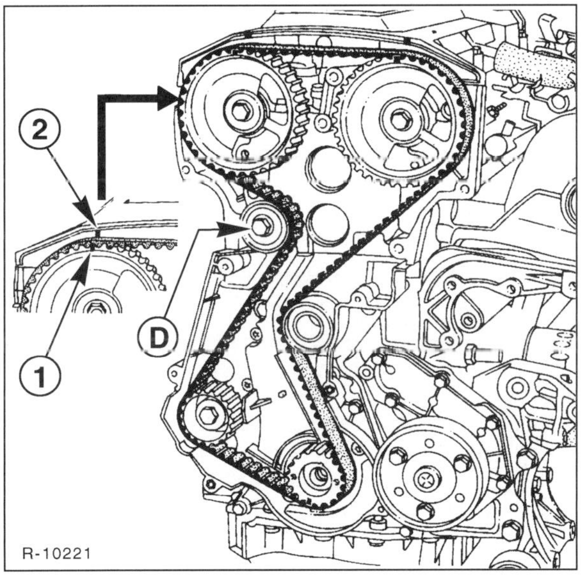

- Motor auf Zünd-OT stellen. Dabei müssen die Markierungen der Nockenwellenräder –1– mit den Markierungen am Zylinderkopfdeckel –2– übereinstimmen. Gleichzeitig muß die Markierung am Kurbelwellen-Zahnrad gegenüber der Markierung am Steuergerhäuse stehen.
- Kurbelwelle mit Dorn arretieren, wie beim 113-PS-Motor.
- Klemmutter der Spannrolle lösen und Spannrolle vom Zahnriemen wegdrücken. **Hinweis:** Wird der Schlüssel mit dem Arm nach oben angesetzt und die Mutter mit einem Ruck gelöst, dann wird gleichzeitig der Zahnriemen entspannt.

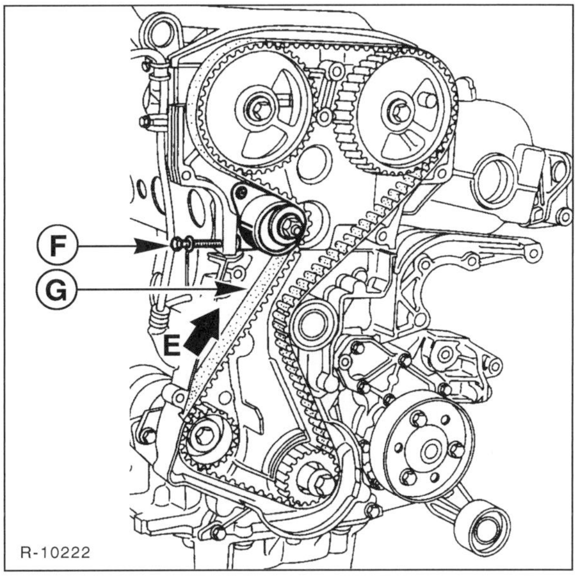

- Zahnriemen so auflegen, daß sich der Pfeil –E– für die Laufrichtung unterhalb der Spannrolle befindet und die Markierungen des Zahnriemens mit den Markierungen von Nockenwellen- und Kurbelwellen-Zahnrädern übereinstimmen.
- Verschlußschraube seitlich aus dem Motorsteuergehäuse herausdrehen. Stattdessen Schraube –F– (M6x45) einschrauben und dadurch den Zahnriemen spannen. M6x45 = Gewindedurchmesser 6 mm, Schraubenlänge = 45 mm.
- In Position –G– mit dem Daumen kräftig auf den Zahnriemen drücken, damit sich die Spannung verteilt.
- Geber für Spannungsmesser in Position –G– ansetzen. Sollwert für Zahnriemenspannung mit Spezialwerkzeug Mot.1273: 32 ± 3 Einheiten.
- Sollwert für behelfsmäßige Zahnriemenspannung: Durchdrückung mittig zwischen den beiden Nockenwellenrädern 3 ± 0,5 mm bei einem Druck von ca. 30 N (entspricht ca. 3 kg).
- Klemmutter der Spannrolle mit **50 Nm** festziehen.
- Zahnriemen-Spannschraube herausdrehen und Verschlußschraube einsetzen.
- Zahnriemenabdeckungen anschrauben, dabei mit der oberen Abdeckung beginnen.
- Kurbelwellen-Riemenscheibe mit **100 Nm** anschrauben.
- Kraftstoffschläuche aufschieben und einrasten.
- Schläuche am Steuergehäusedeckel in die Führung legen, Blechlaschen umbiegen.
- Hydraulikbehälter für Servolenkung anschrauben.
- Masseband –Motor-Aufbau– anschrauben.

- Vorderes Abgasrohr ausbauen, siehe Seite 109.
- Untere Motorabdeckung einbauen.
- Dorn aus OT-Öffnung herausziehen, und Öffnung mit Stopfen verschließen.

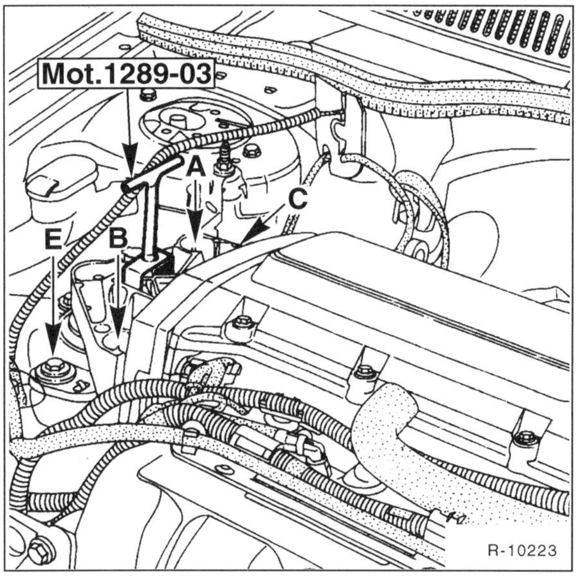

- Abdeckung für Motorlager anschrauben. Schrauben in der Reihenfolge –A–, –B– und –C– mit **40 Nm** festziehen.
- Einstellwerkzeug in Schwingungsbegrenzer einsetzen und die beiden Schrauben –E– mit **60 Nm** festziehen.
- Strebe zwischen den Federbeindomen anschrauben.
- Luftfilter einbauen, siehe Seite 90.

Speziell Dieselmotor

- Motor abfangen und Motorlager ausbauen, wie beim 113-PS-Motor.

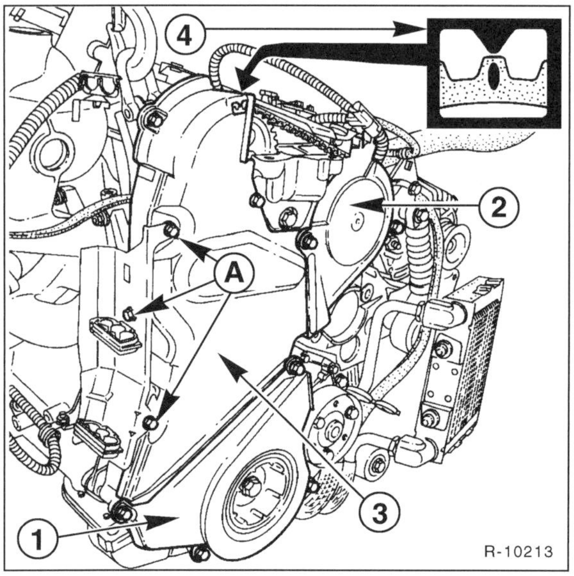

- Motor auf OT (oberen Totpunkt) für Zylinder 1 stellen.
- Dazu Kurbelwelle an der Zentralschraube der Riemenscheibe in Motordrehrichtung verdrehen, bis die Markierung auf dem Nockenwellen-Zahnrad mit der Markierung an der Abdeckung übereinstimmt –4–.
- Untere Abdeckung –1– abschrauben.
- Keilrippenriemen ausbauen, siehe Seite 54.
- Kurbelwelle mit Dorn arretieren, wie beim 113-PS-Motor.
- Halterung für Kraftstoffschlauch abschrauben –A–.
- Zahnriemenabdeckungen –2– und –3– abschrauben und herausnehmen.
- Klemmutter für Spannrolle lösen und Zahnriemen entspannen. **Achtung:** Mutter nicht mehr als 1 Umdrehung lösen, sonst kann die Spannrolle herausfallen.

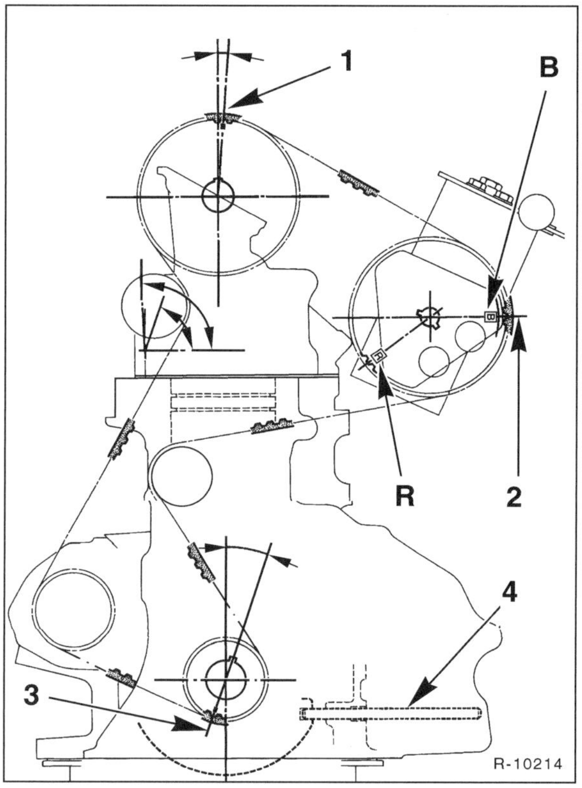

- Neuen Zahnriemen so auflegen, daß folgende OT-Markierungen gleichzeitig übereinstimmen:
  1 – Zahnriemen/Nockenwellenrad.
  2 – Zahnriemen/Einspritzpumpe. **Achtung:** Unterschiedliche Stellung des Einspritzpumpenrades je nach eingebautem Fabrikat. B = Stellung des BOSCH-Einspritzpumpenrades, R = Stellung des LUCAS-Einspritzpumpenrades.
  3 – Zahnriemen/Kurbelwellenrad.
  4 – Dorn zur Arretierung der Kurbelwelle.

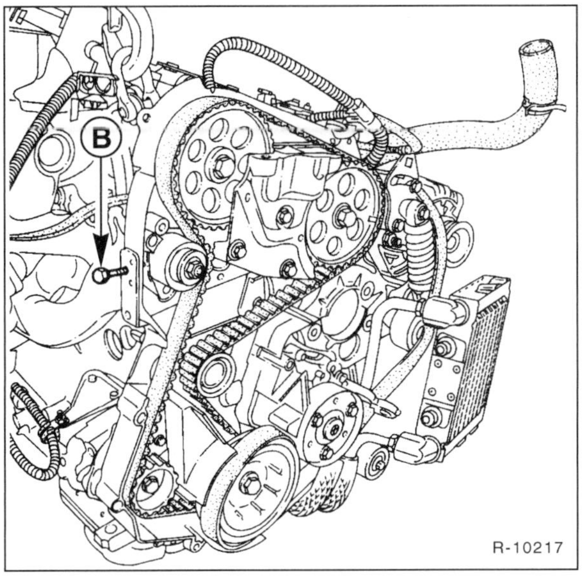

- Verschlußschraube seitlich aus dem Motorsteuergehäuse herausdrehen. Stattdessen Schraube –B– (M6x45) einschrauben und dadurch den Zahnriemen spannen. M6x45 = Gewindedurchmesser 6 mm, Schraubenlänge = 45 mm.

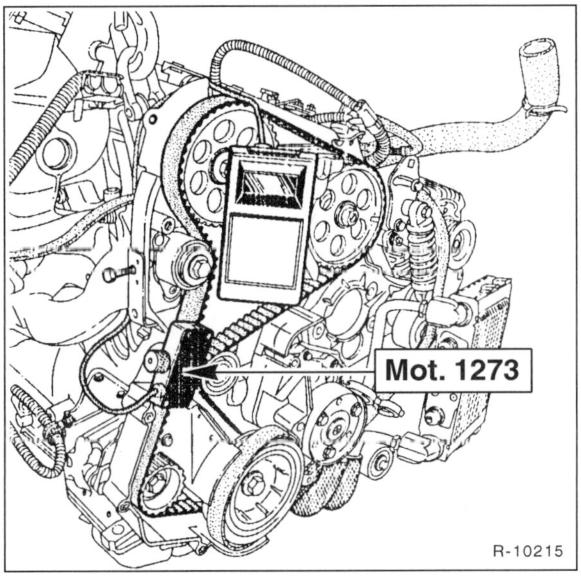

- Sollwert für Zahnriemenspannung mit RENAULT-Spezialwerkzeug Mot.1273: 38 Einheiten.
- Sollwert für behelfsmäßige Zahnriemenspannung: Durchdrückung mittig zwischen Nockenwellenrad und Einspritzpumpenrad 6 ± 1 mm bei einem Druck von ca. 30 N (entspricht ca. 3 kg).
- Klemmutter der Spannrolle mit **50 Nm** festziehen.
- Zahnriemen-Spannschraube herausdrehen.
- Kurbelwellen-Riemenscheibe mit **120 Nm** anschrauben.
- Dorn aus OT-Öffnung herausziehen und Öffnung mit Stopfen verschließen.

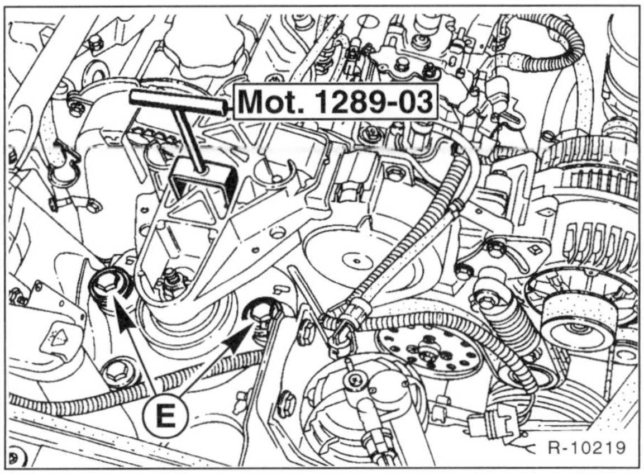

- Motorlager einbauen und Schwingungsbegrenzer einstellen, siehe Seite 20/21.
- Strebe zwischen den Federbeindomen anschrauben.
- Förderbeginn der Einspritzpumpe baldmöglichst prüfen, gegebenenfalls einstellen lassen (Werkstattarbeit).

Speziell Scenic

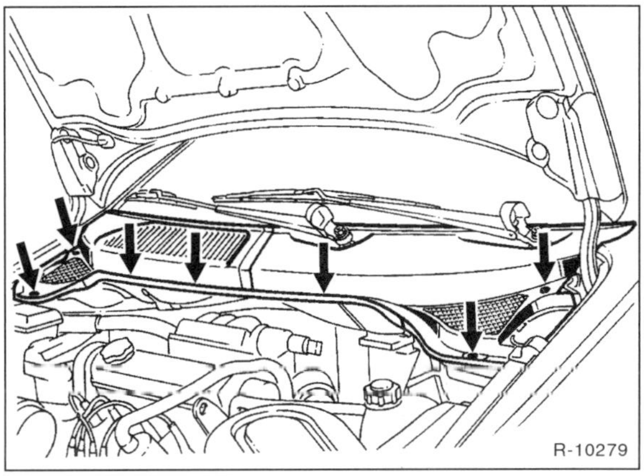

- Scheibenwischerarme ausbauen, siehe Seite 276.
- Windlaufbleche abschrauben –Pfeile–.

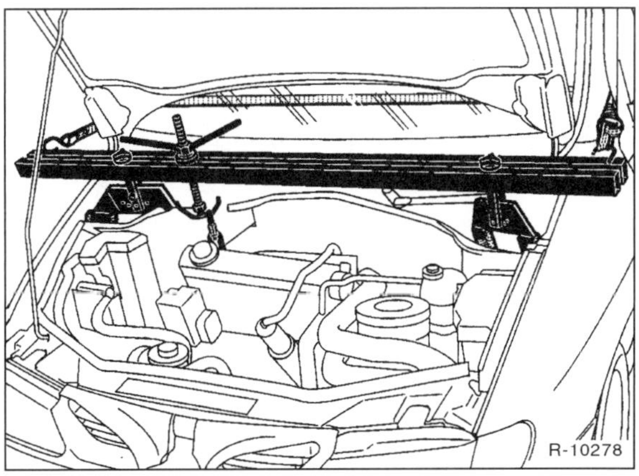

- Beim Vorspannen des Motors, Vorspannvorrichtung wie dargestellt anbringen. Vorrichtung um den Frontscheibenrahmen (A-Säulen) herum angurten.

Speziell 1,4-/1,6-l-Benzinmotor (K4J/K4M)

Hinweis: Das Kurbelwellen-Zahnriemenrad sowie die Nockenwellen-Zahnriemenräder dürfen nicht abgenommen werden (Werkstattarbeit). Es werden verschiedene RENAULT-Spezialwerkzeuge benötigt, deshalb diesen Abschnitt ganz durchlesen, bevor mit der Arbeit begonnen wird. Auf diese Weise kann besser abgeschätzt werden, ob man diese Arbeit selbst durchführen kann.

- Schutzkappen der Federbeindome abnehmen.

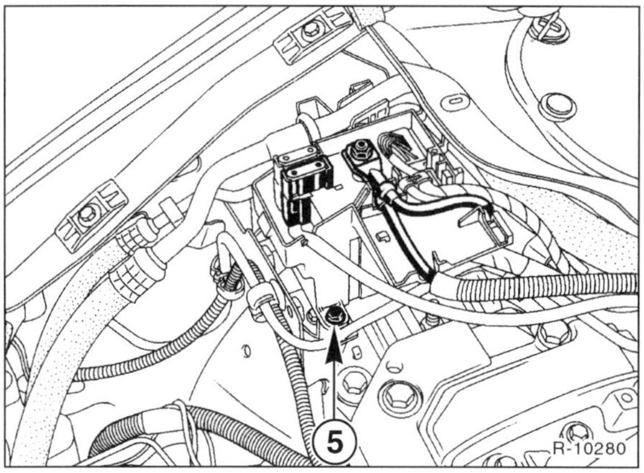

- Anschlußgehäuse abschrauben –5– und herausnehmen.
- Darunterliegende Anschlußgehäuseeinheit mit 3 Muttern abschrauben.

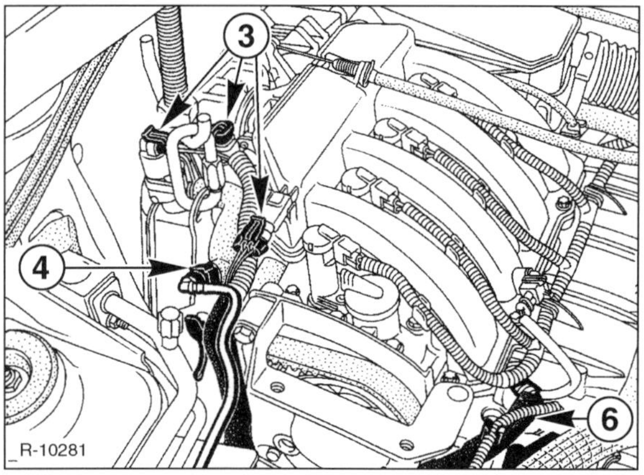

- Stecker –3– und Leitung –4– abklemmen.
- Schraube –6– für Kabelstrang lösen.
- Kabelstrang an der oberen Zahnriemenabdeckung lösen.
- Kraftstoffleitungen an der unteren Zahnriemenabdeckung lösen.

- Stopfen an den Nockenwellenenden –1– entfernen, dazu die Stopfen mit einem Schraubendreher durchstoßen. Die Stopfen sind in der Abbildung nicht dargestellt. Sie müssen nach jedem Ausbau erneuert werden.
- Motor an der Kurbelwellen-Riemenscheibe im Uhrzeigersinn verdrehen. Die Nuten in den Nockenwellenenden müssen wie in der Abbildung dargestellt stehen.
- Stopfen für OT-Dorn –2– (Mot. 1489) entfernen und OT-Dorn bis zum Anschlag einschieben bzw. einschrauben.
- Kurbelwelle im Uhrzeigersinn verdrehen, bis die Kurbelwelle am OT-Dorn anliegt. Die Nuten in den Nockenwellenenden müssen nun waagerecht stehen.
- Kurbelwelle blockieren, dazu das Schwungrad an der Verzahnung mit einem Schraubendreher blockieren. Kurbelwellen-Riemenscheibe abschrauben.
- Blech im Motorraum zwischen Keilriemen und Längsträger vom Längsträger abschrauben.
- Untere und obere Zahnriemenabdeckung abschrauben und abnehmen.

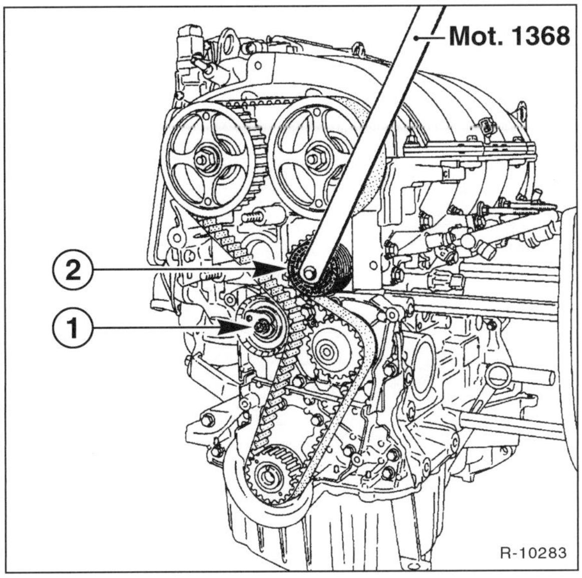

- Zahnriemen entspannen, dazu die Mutter –1– der Zahnriemenspannrolle lösen.
- Umlenkrolle –2– mit dem Werkzeug Mot. 1368 oder mit einem gekröpften 50er Torxschlüssel abbauen.

Hinweis: Darauf achten, daß das Kurbelwellen-Zahnriemenrad beim Abnehmen des Zahnriemens nicht herunterfällt.

Achtung: Vor dem Zusammenbau Kurbelwellenende bei abgenommenem Zahnriemenrad und Auflageflächen des Zahnriemenrads und des Keilriemenrads fettfrei reinigen. Sonst können schwerwiegende Motorschäden entstehen.

- Zahnriemenspannrolle und Umlenkrolle nach jedem Ausbau erneuern.
- Sicherstellen, daß die Nuten in den Nockenwellenenden waagerecht stehen.

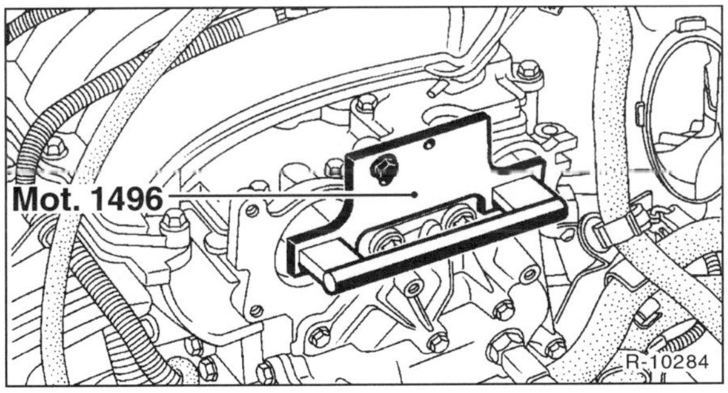

- Werkzeug Mot. 1496 anbringen. Es greift in die Nuten der Nockenwellenenden ein.
- Sicherstellen, daß die Kurbelwelle am OT-Dorn anliegt. Die Nut in der Kurbelwelle zeigt dann nach oben.
- Neue Zahnriemenspannrolle auf den Befestigungsbolzen aufschieben und ganz leicht anziehen. Der Stift an der Spannrolle muß in der darunterliegenden Nut sitzen.
- Zahnriemen auflegen.
- Umlenkrolle einsetzen und mit dem Werkzeug Mot. 1368 und **45 Nm** anziehen, siehe Abbildung R-10283.

Zahnriemenspannung einstellen

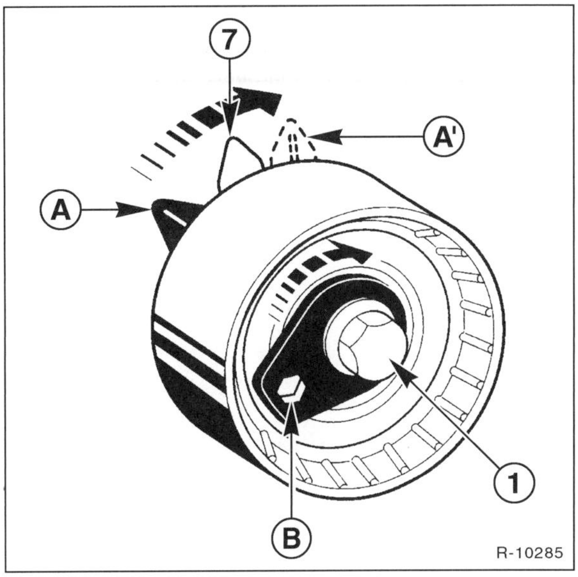

- Mit einem 6-mm-Innensechskantschlüssel in –B– den beweglichen Zeiger –A– in Pfeilrichtung verstellen. Zeiger –A– muß um 7 - 8 mm zum festen Zeiger –7– überstehen. Also in Position –A'– bringen.
- Spannrolle mit **7 Nm** voranziehen –1–.
- Kurbelwellenriemenscheibe einbauen. Schraube für Riemenscheibe einschrauben; die Schraube darf aber die Riemenscheibe noch nicht berühren, ein Abstand von 2 - 3 mm muß erhalten bleiben. **Achtung:** Die alte Schraube darf wiederverwendet werden, wenn sie eine Länge von 49,1 mm nicht überschreitet; alte Schraube vor dem Einsetzen ölen. Bei Verwendung einer neuen Schraube darf diese nicht geölt werden.
- Bei weiterhin blockierter Kurbelwelle, Schraube für Kurbelwellenriemenscheibe endgültig anziehen. Dazu die Schraube mit **20 Nm** anziehen und anschließend um **135° ±15° weiterdrehen** (3/8 Umdrehung).
- OT-Dorn von der Kurbelwelle und Einstelllineal von den Nockenwellenenden abnehmen.
- Kurbelwelle um 2 Umdrehungen durchdrehen. Dabei vor dem Ende der 2. Umdrehung den OT-Dorn Mot. 1489 erneut einschrauben. Kurbelwelle am Dorn zur Anlage bringen und Dorn wieder entfernen.
- Spannrolle mit dem 6-mm-Innensechskantschlüssel festhalten und die Befestigungsmutter um maximal 1 Umdrehung lösen.
- Den beweglichen Zeiger –A– beziehungsweise –A'– am festen Zeiger –7– ausrichten, siehe Abbildung R-10285.
- In dieser Stellung die Spannrolle mit **27 Nm** anziehen.
- Kurbelwelle um 2 Umdrehungen durchdrehen. Wenn die Kurbelwelle im OT-steht müssen die Zeiger an der Spannrolle miteinander übereinstimmen.
- Bei eingeschraubtem OT-Dorn muß sich das Lineal Mot. 1496 an den Nockenwellen ansetzen lassen. Falls nicht, Einstellung wiederholen.

Zylinderkopf aus- und einbauen

Zylinderkopf nur bei abgekühltem Motor ausbauen. Abgas- und Ansaugkrümmer bleiben angeschlossen. Beschrieben wird der Ausbau am **1,4-/1,6-l-Motor** (E7J/K7M), für die anderen Motor-Versionen werden spezielle Hinweise gegeben.

Eine defekte Zylinderkopfdichtung ist an einem oder mehreren der folgenden Merkmale erkennbar:

- Leistungsverlust.
- Kühlflüssigkeitsverlust. Weiße Abgaswolken bei warmem Motor.
- Ölverlust.
- Kühlflüssigkeit im Motoröl, Ölstand nimmt nicht ab, sondern zu. Graue Farbe des Motoröls, Schaumbläschen am Ölmeßstab, Öl dünnflüssig.
- Motoröl in der Kühlflüssigkeit.
- Kühlflüssigkeit sprudelt stark.
- Keine Kompression auf 2 benachbarten Zylindern.

Ausbau

- Batterie-Massekabel (–) abklemmen. **Achtung:** Dadurch können elektronische Speicher gelöscht werden, wie zum Beispiel der Radiocode. Hinweise im Kapitel »Batterie aus- und einbauen« beachten.
- Zahnriemen ausbauen, siehe Seite 22.
- Luftfilter ausbauen, siehe Seite 90.
- Zylinderkopfdeckel abschrauben.

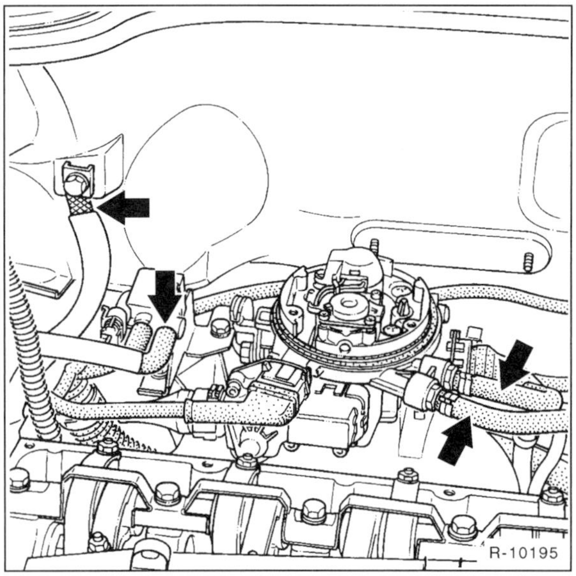

- **1,4-l-Motor (E7J):** Kraftstoffleitungen an der Einspritzeinheit abziehen. Quetschschellen gegebenenfalls mit einem Seitenschneider durchtrennen und durch Schraubschellen ersetzen. Falls Kraftstoffleitungen farblich nicht markiert sind, Leitungen mit Tesaband kennzeichnen, damit sie beim Einbau nicht verwechselt werden. Beim Abziehen der Kraftstoffleitungen einen Lappen unterlegen und den eventuell auslaufenden Kraftstoff auffangen.
- Leitungen umgehend mit geeignetem Stopfen verschließen. Dazu saubere Schrauben mit entsprechendem Durchmesser in die Schläuche stecken.

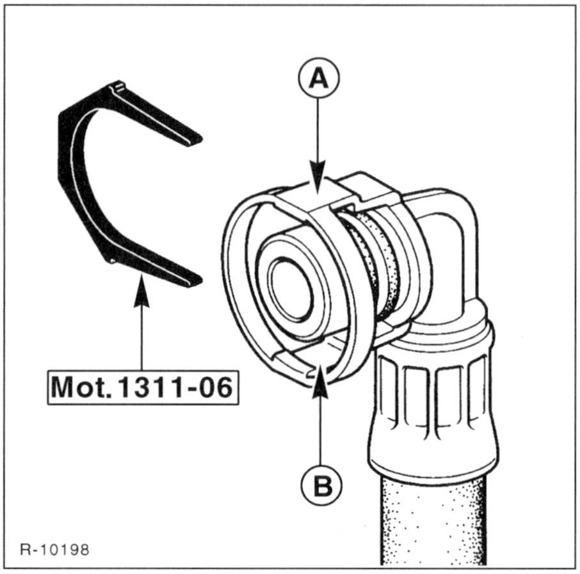

- **Alle außer 1,4-l-Motor:** Kraftstoffzuleitung lösen und abziehen. Dazu seitlich auf den Verschluß drücken und dadurch die Haltelaschen –A/B– anheben. Befindet sich das Ausbauwerkzeug nicht am Schlauchanschluß, Spezialwerkzeug Mot.1311-06 seitlich in den Verschluß einstecken und andrücken.
- Masseband –Motor-Aufbau– abschrauben.
- Schlauch und Stecker vom Elektroventil des Aktivkohlesystems abziehen.
- **1,4-l-Motor (E7J):** Mehrfachstecker von der Einspritzeinheit abziehen.
- Befestigungen der elektrischen Kabelstränge vom Zylinderkopf lösen und Kabel zur Seite legen. Einbaulage und Befestigungsstellen für den späteren Einbau markieren.
- Obere Befestigungsschraube vom Ölmeßstab herausdrehen.
- Unterdruckschlauch für Bremskraftverstärker am Saugrohr abziehen. Falls vorhanden, Quetschschelle mit einem Seitenschneider durchtrennen, beim Einbau durch Schraubschelle ersetzen.
- Schlauch und Stecker am Fühler für Saugrohrdruck abziehen. Der Fühler ist an der Spritzwand angeschraubt, oberhalb des Vorratsbehälters für Bremsflüssigkeit.
- Gaszug am Drosselklappengehäuse aushängen und zur Seite legen, siehe Seite 89.
- Kühlmittel ablassen, siehe Seite 68.

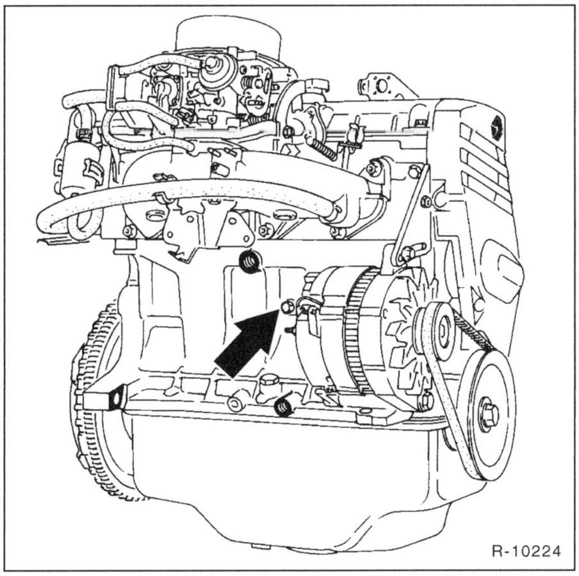

- Kühlmittel am Motorblock ablassen. Dazu Ablaßschraube –Pfeil– am Motorblock herausdrehen. Auffangbehälter unterstellen. Anschließend Ablaßschraube sofort wieder einsetzen und mit 10 Nm festschrauben.

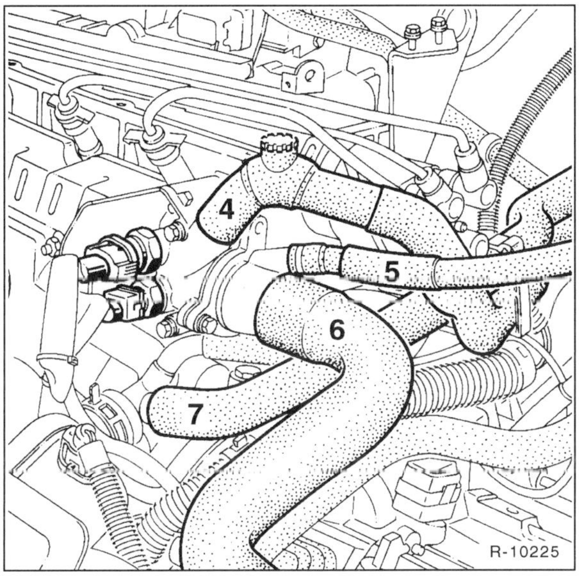

- Sämtliche Kühlmittelschläuche –4 - 7– vom Thermostatgehäuse abziehen. Dazu Schlauchklemmen mit Zange entspannen und ganz zurückschieben. Falls vorhanden, Quetschschellen mit einem Seitenschneider durchtrennen und beim Einbau durch Schraubschellen ersetzen.
- Stecker von den Temperaturfühlern am Thermostatgehäuse abziehen.

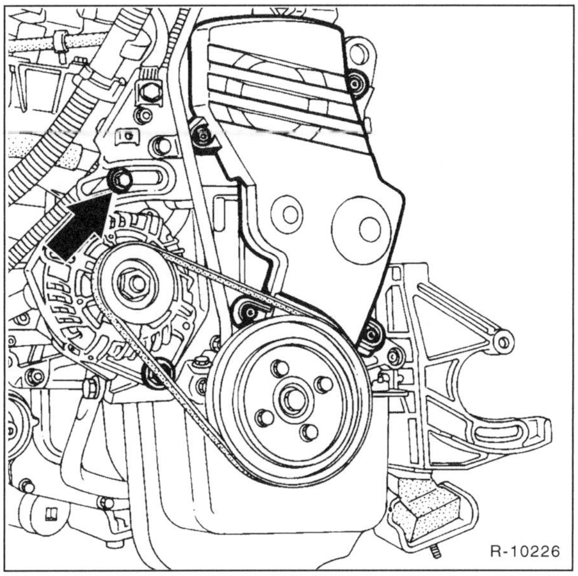

- Obere Befestigungsschraube für Generator herausdrehen.
- Hitzeschutzblech vom Abgaskrümmer abschrauben.
- Vorderes Abgasrohr ausbauen, siehe Seite 109.

1,6-l-Motor (K7M)

- Alle Zylinderkopfschrauben über Kreuz ½ Umdrehung lösen, anschließend Schrauben ganz herausdrehen und abnehmen. Dazu wird ein Außentorx-Steckschlüsseleinsatz E12 benötigt.

- Zylinderkopf abheben. Läßt sich der Zylinderkopf nicht abheben, Holzkeil ansetzen und mit Hammer vorsichtig nach oben schlagen –Pfeilrichtung A–.

1,4-l-Motor (E7J)

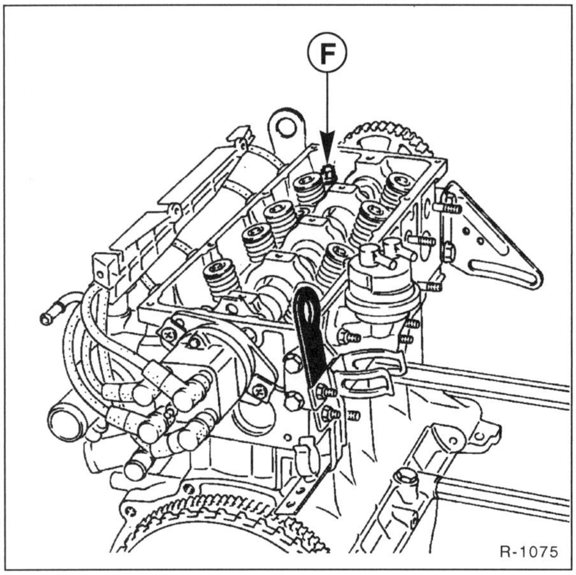

- Alle Zylinderkopfschrauben über Kreuz ½ Umdrehung lösen. Dazu wird ein Außentorx-Steckschlüsseleinsatz E12 benötigt. **Achtung:** Die Schraube –F– an der Zahnriemenseite des Zylinderkopfes **nicht** herausdrehen. An dieser Schraube befindet sich die Zentrierhülse. Die restlichen Schrauben herausdrehen und abnehmen.

Achtung: Die Zylinderkopfdichtung klebt in der Regel an Zylinderkopf, Motorblock und den Laufbuchsen. Der Zylinderkopf darf daher nicht angehoben werden, da hierdurch die Laufbuchsen gelöst werden und deren Sitzflächen verschmutzen.

- Zylinderkopf seitlich um die Zentrierhülse beziehungsweise die Befestigungsschraube –F– herum drehen und so vom Motorblock lösen. Dazu mit einem Gummihammer in waagerechter Drehrichtung gegen das andere Ende des Zylinderkopfes schlagen.
- Befestigungsschraube –F– herausdrehen. Zylinderkopf abheben.

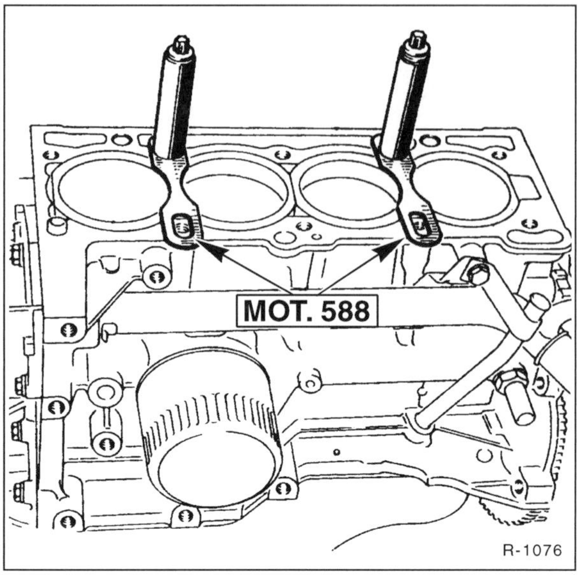

- In der Werkstatt werden die Laufbuchsen mit dem RENAULT-Laufbuchsenhalter Mot.588 fixiert, damit sich die Laufbuchsen beim Bewegen des Fahrzeugs beziehungsweise beim Durchdrehen des Motors nicht verkanten können. Wenn das Fahrzeug nicht bewegt und die Kurbelwelle nicht verdreht wird, kann dieser Arbeitsgang entfallen.

Achtung: Zylinderkopf nach dem Ausbau nicht auf der Dichtfläche absetzen, dabei könnten voll geöffnete Ventile beschädigt werden. Deshalb Zylinderkopf auf 2 Holzleisten ablegen.

Einbau

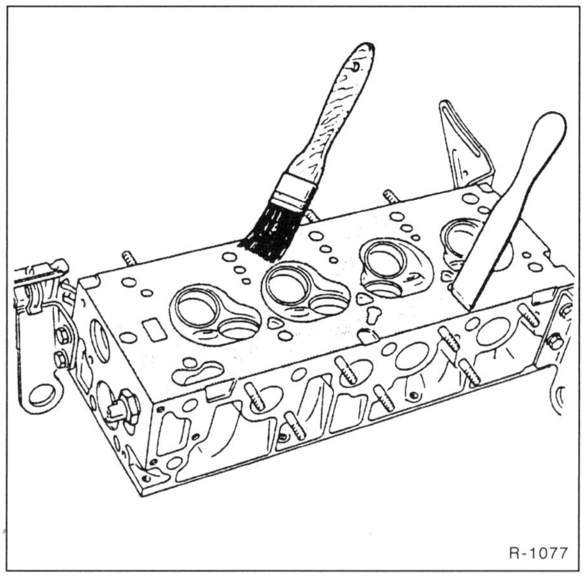

- Vor dem Einbau Motorblock und Zylinderkopf mit geeignetem Schaber von Dichtungsresten freimachen. **Darauf achten, daß keine Dichtungsreste in die Bohrungen fallen.** Bohrungen mit Lappen verschließen.

Achtung: Die Dichtfläche des Leichtmetall-Zylinderkopfes niemals mit einem Metallschaber reinigen. Eventuell Reinigungsmittel »Decap-joint«, erhältlich bei RENAULT, aufstreichen. 10 Minuten einwirken lassen, dann Dichtungsreste mit einem Holzspachtel entfernen.

- **1,4-l-Motor (E7J):** Falls vorhanden, Laufbuchsenhalter demontieren. Überstand der Laufbuchsen prüfen, siehe Seite 42.

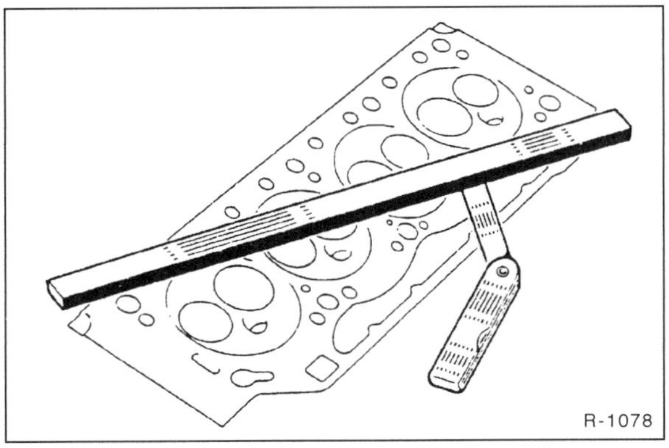

R-1078

- Zylinderkopf mit Stahllineal in Längs- und Querrichtung sowie diagonal auf Planheit prüfen. Die maximal zulässige Verformung darf 0,05 mm betragen, andernfalls Zylinderkopf ersetzen. Der Zylinderkopf darf **nicht** nachgearbeitet werden.
- Zylinderkopf auf Risse, Zylinderlauffläche auf Riefen überprüfen.
- Bohrungen der Zylinderkopfschrauben im Motorblock sorgfältig von Öl und anderen Rückständen reinigen. Bohrungen mit Preßluft ausblasen, oder Schraubendreher mit Lappen umwickeln und Flüssigkeit aufsaugen. Das Öl kann auch mit einer handelsüblichen Spritze abgesaugt werden. Wenn das Öl in den Bohrungen verbleibt, baut sich Druck beim Einschrauben der neuen Schrauben auf, was zum Reißen des Motorblocks oder zu einem falschen Anzugsdrehmoment führen kann.
- Zylinderkopfdichtung grundsätzlich ersetzen. Kein zusätzliches Dichtmittel verwenden.

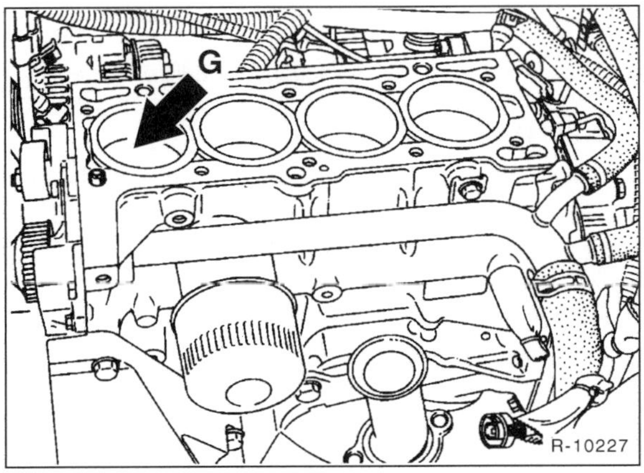

R-10227

- **1,4-l-Motor (E7J):** Prüfen, ob die Zentrierhülse –G– im Motorblock vorhanden ist, gegebenenfalls Zentrierhülse einsetzen.

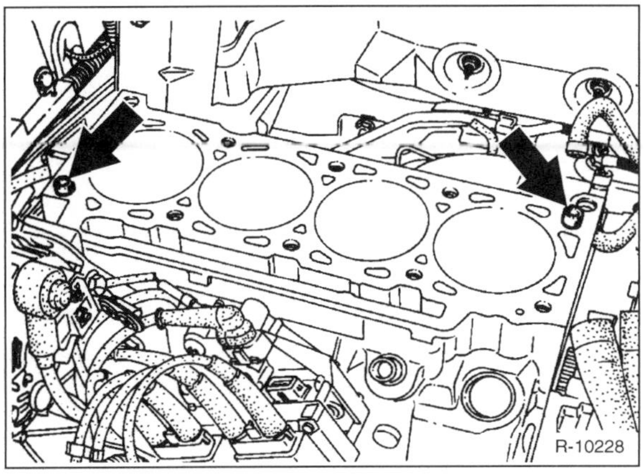

R-10228

- **1,6-l-Motor (K7M):** Prüfen, ob die Zentrierhülsen im Motorblock vorhanden sind, gegebenenfalls Zentrierhülsen einsetzen.
- Neue Dichtung so auflegen, daß keine Bohrungen verdeckt werden.
- Zylinderkopf aufsetzen.
- Grundsätzlich **neue** Zylinderkopfschrauben verwenden. Zylinderkopfschrauben am Gewinde und an den Auflagen der Schraubenköpfe mit sauberem Motoröl leicht einölen.
- Zylinderkopfschrauben mit Unterlegscheiben einsetzen und handfest anziehen. **Achtung:** Die Zylinderkopfschrauben sind unterschiedlich lang, die kürzeren Schrauben auf der Einlaßseite einsetzen.

Achtung: Das Anziehen der Zylinderkopfschrauben ist mit größter Sorgfalt durchzuführen. Vor dem Anziehen der Schrauben sollte der Drehmomentschlüssel auf seine Genauigkeit überprüft werden. Außerdem ist die Anzugsreihenfolge genau einzuhalten.

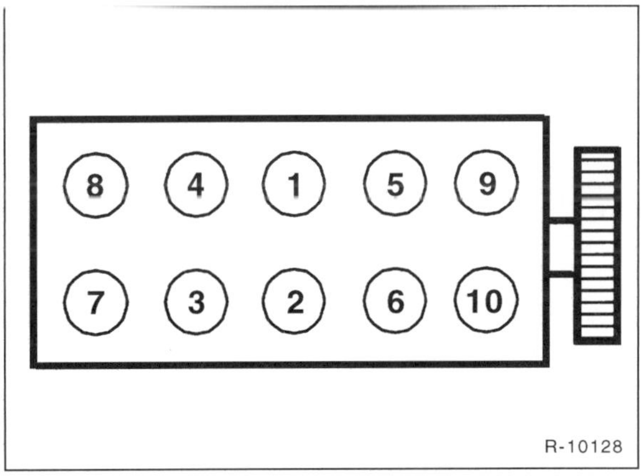

R-10128

- Die Zylinderkopfschrauben werden in 9 Stufen angezogen. In den Stufen 1 und 2 die Zylinderkopfschrauben in der Reihenfolge von 1 bis 10 anziehen.

1,4-l-Motor (E7J):

1. Stufe: mit Drehmomentschlüssel **20 Nm**

2. Stufe: alle Schrauben mit einem starren Schlüssel um **97° ± 2°** weiterdrehen

3. Stufe: mindesten 3 Minuten warten, bis sich die Zylinderkopfdichtung gesetzt hat

4. Stufe: Schrauben **1** und **2** lösen, alle anderen Schrauben bleiben angezogen

5. Stufe: Schrauben **1** und **2** zunächst mit **20 Nm** anziehen, dann um **97° ± 2°** weiterdrehen

6. Stufe: Schrauben **3, 4, 5, 6** lösen, alle anderen Schrauben bleiben angezogen

7. Stufe: Schrauben **3, 4, 5, 6** zunächst mit **20 Nm** anziehen, dann um **97° ± 2°** weiterdrehen

8. Stufe: Schrauben **7, 8, 9, 10** lösen, alle anderen Schrauben bleiben angezogen

9. Stufe: Schrauben **7, 8, 9, 10** zunächst mit **20 Nm** anziehen, dann um **97° ± 2°** weiterdrehen

---

1,6-l-Motor (K7M):

1. Stufe: mit Drehmomentschlüssel **20 Nm**

2. Stufe: alle Schrauben mit einem starren Schlüssel um **100° ± 6°** weiterdrehen

3. Stufe: mindesten 3 Minuten warten, bis sich die Zylinderkopfdichtung gesetzt hat

4. Stufe: Schrauben **1** und **2** lösen, alle anderen Schrauben bleiben angezogen

5. Stufe: Schrauben **1** und **2** zunächst mit **20 Nm** anziehen, dann um **110° ± 6°** weiterdrehen

6. Stufe: Schrauben **3, 4, 5, 6** lösen, alle anderen Schrauben bleiben angezogen

7. Stufe: Schrauben **3, 4, 5, 6** zunächst mit **20 Nm** anziehen, dann um **110° ± 6°** weiterdrehen

8. Stufe: Schrauben **7, 8, 9, 10** lösen, alle anderen Schrauben bleiben angezogen

9. Stufe: Schrauben **7, 8, 9, 10** zunächst mit **20 Nm** anziehen, dann um **110° ± 6°** weiterdrehen

---

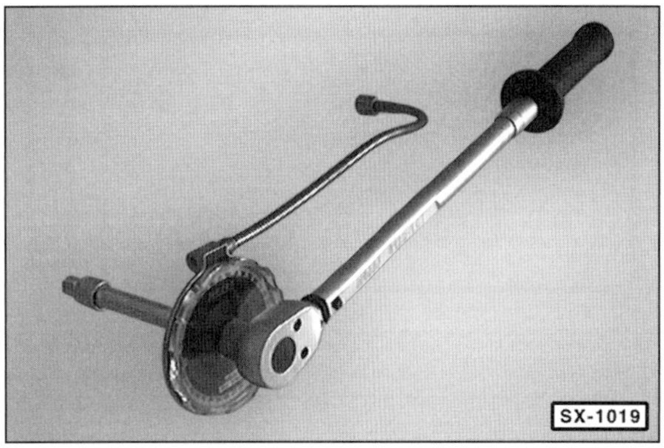

Achtung: Um den Drehwinkel beim Anziehen einzuhalten, ist es sinnvoll, entsprechende Markierungen am Zylinderkopf anzubringen. Dazu Schlüssel auf Schraube aufsetzen und im Abstand von 97° eine Markierung mit Kreide anbringen, oder aus Pappe eine 97°-Winkelscheibe ausschneiden. Es kann auch eine Winkelscheibe, zum Beispiel HAZET 6690, für den Schraubenanzug verwendet werden.

Achtung: Die Zylinderkopfschrauben dürfen bei warmem Motor **nicht** nachgezogen werden.

- Vorderes Abgasrohr einbauen, siehe Seite 109.
- Hitzeschutzblech für Abgaskrümmer anschrauben.
- Obere Befestigungsschraube für Generator anschrauben.
- Zahnriemen einbauen, siehe Seite 22.
- Stecker für Temperaturfühler am Thermostatgehäuse aufschieben.
- Sämtliche Kühlmittelschläuche am Thermostatgehäuse aufschieben und mit Schellen sichern.
- Gaszug am Drosselklappengehäuse einhängen, siehe Seite 89.
- Stecker und Schlauch am Fühler für Saugrohrdruck aufstecken.
- Unterdruckschlauch für Bremskraftverstärker am Saugrohr aufschieben und mit Schelle sichern.
- Obere Befestigungsschraube für Ölmeßstab reindrehen.
- Mehrfachstecker an der Einspritzeinheit aufstecken.
- Schlauch und Stecker für Elektroventil des Aktivkohlesystems aufschieben.
- Kabelstränge am Zylinderkopf in derselben Position wie vor dem Ausbau fixieren.
- Masseband –Motor-Aufbau– anschrauben.
- **1,4-l-Motor (E7J):** Kraftstoffleitungen entsprechend den beim Ausbau angebrachten Markierungen aufstecken und mit Schlauchschellen befestigen. Dabei Kraftstoffvor- und rücklaufleitung nicht verwechseln.
- **Alle außer 1,4-l-Motor:** Kraftstoffschläuche aufschieben und einrasten.
- Zylinderkopfdeckel anschrauben.
- Luftfilter einbauen, siehe Seite 90.
- Kühlmittel auffüllen, siehe Seite 68.
- Ölstand im Motor prüfen, gegebenenfalls Öl nachfüllen. Wurde der Zylinderkopf aufgrund einer defekten Zylinderkopfdichtung abgebaut, Öl und Ölfilter wechseln, da sich im Motoröl Kühlflüssigkeit befinden kann.
- Batterie-Massekabel (–) anklemmen.
- Zeituhr einstellen.
- Falls erforderlich, Diebstahlcode für Radio eingeben.

Speziell 113-PS-Motor

- Batterie-Massekabel (–) abklemmen. Achtung: Dadurch können elektronische Speicher gelöscht werden, wie zum Beispiel der Radiocode. Hinweise im Kapitel »Batterie aus- und einbauen« beachten.
- Luftfilter ausbauen, siehe Seite 90.
- Sämtliche Zündkerzenstecker abziehen.

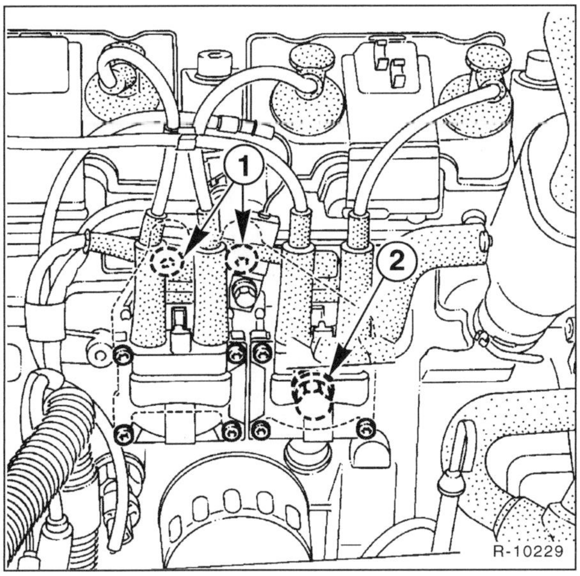

- Zündspulen mit Halterung abschrauben und herausnehmen.

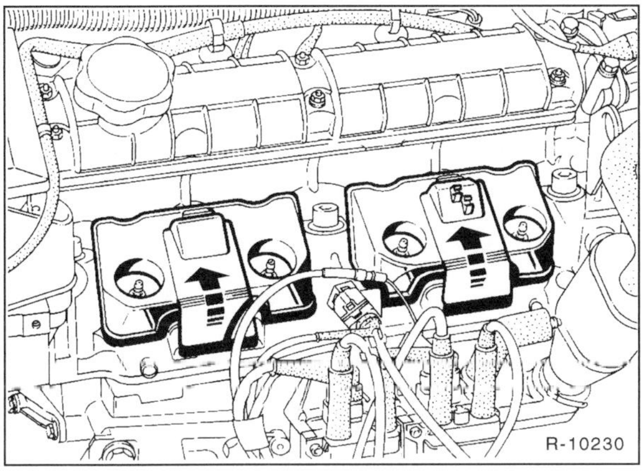

- Abdeckungen der Zündspulen ausbauen.
- Elektrische Leitungen mit Tesaband kennzeichnen und abziehen von:
  - Klopfsensor
  - Geber für Zylindererkennung
  - Fühler für Saugrohrdruck (ebenfalls Schlauch abziehen)
  - Leerlaufregelventil
  - Temperaturfühler für Ansaugluft und Kühlflüssigkeit
  - Drosselklappen-Potentiometer
  - Einspritzventilen
- Schlauch für Kurbelgehäuse-Entlüftung abziehen.
- Schlauch vom Elektroventil für Aktivkohlesystem abziehen.
- Unterdruckschlauch für Bremskraftverstärker am Saugrohr abziehen. Falls vorhanden, Quetschschelle mit einem Seitenschneider durchtrennen, beim Einbau durch Schraubschelle ersetzen.
- Gaszug am Drosselklappengehäuse aushängen und zur Seite legen, siehe Seite 89.
- Kühlmittel ablassen, siehe Seite 68.

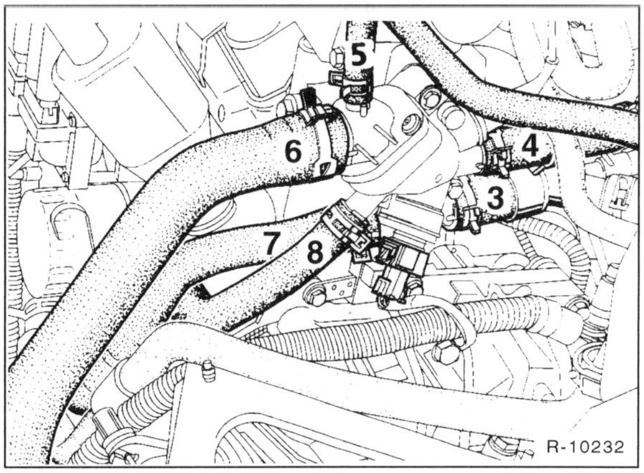

- Sämtliche Kühlmittelschläuche (–3– bis –8–) vom Thermostatgehäuse abziehen. Dazu Schlauchklemmen mit Zange entspannen und ganz zurückschieben. Falls vorhanden, Quetschschellen mit einem Seitenschneider durchtrennen und beim Einbau durch Schraubschellen ersetzen.
- Zahnriemen ausbauen, siehe Seite 22.

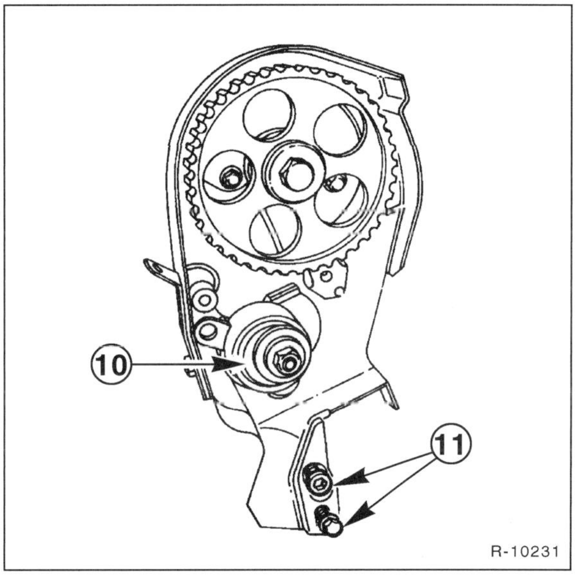

- Zahnriemen-Spannrolle –10– abschrauben.
- 2 Schrauben –11– für hintere Zahnriemenabdeckung herausdrehen.

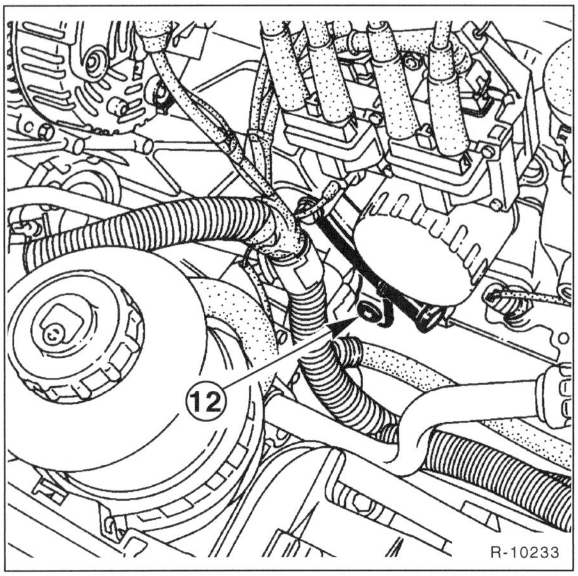

● Befestigungsschraube –12– für Kühlmittelschlauch abschrauben.

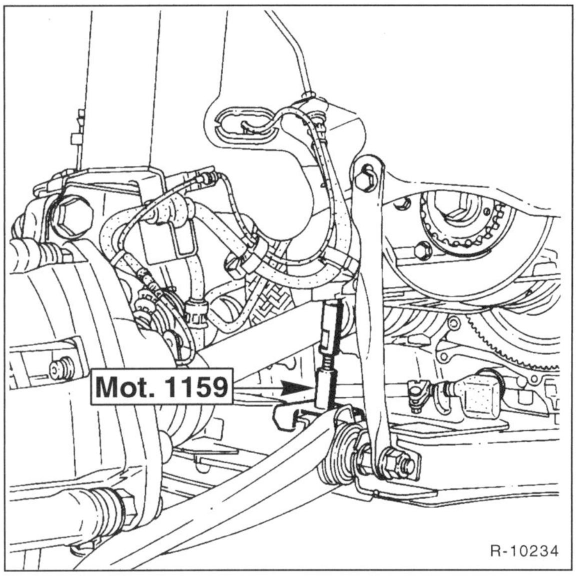

● Damit der Motorheber abgebaut werden kann, Motor unter der Ölpumpe am rechten Tragrahmen abstützen. Die Werkstatt verwendet dazu das Spezialwerkzeug Mot.1159. Falls das Werkzeug vorhanden ist, muß für den Einsatz im MÉGANE die untere Auflage um 30 mm gekürzt werden, damit das Werkzeug wie abgebildet eingesetzt werden kann.

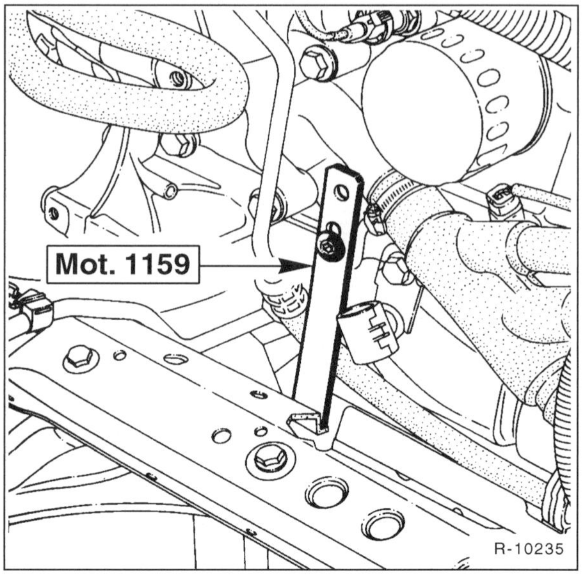

● Motor unter der Kühlmittelpumpe abstützen. Die Werkstatt verwendet dazu die Lasche des Spezialwerkzeugs Mot.1159. Lasche wie abgebildet anschrauben.

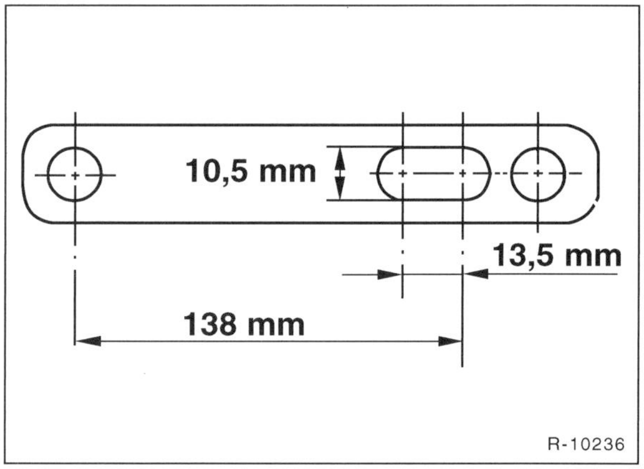

● Gegebenenfalls Lasche nach den angegebenen Maßen selbst anfertigen.

● Drosselklappengehäuse ausbauen, siehe Seite 95.

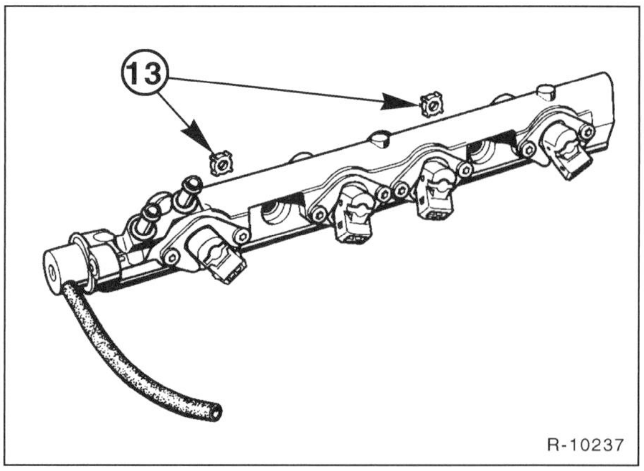

● Einspritzventile ausbauen. Dabei darauf achten, daß die Dichtungen –13– nicht herausfallen, siehe Seite 97.

- Alle Zylinderkopfschrauben über Kreuz ½ Umdrehung lösen, anschließend Schrauben ganz herausdrehen und abnehmen. Dazu wird ein Innensechskant-Steckschlüsseleinsatz SW10 benötigt, beispielsweise HAZET 986-10 Lg.
- Zylinderkopf abheben.

Einbau

Der Einbau erfolgt wie beim 1,6-l-Motor beziehungsweise in umgekehrter Ausbaureihenfolge.

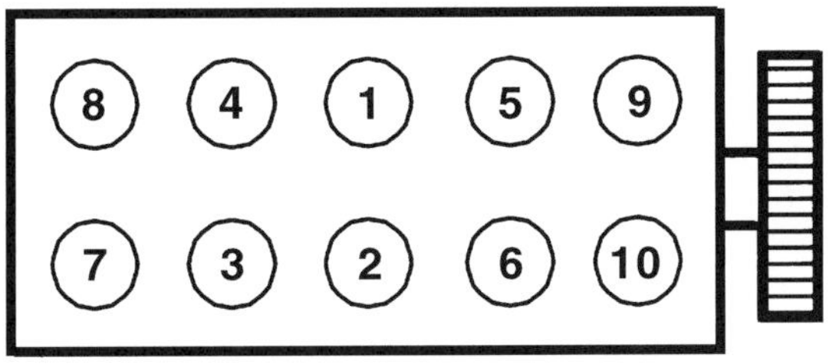

R-10128

- Die Zylinderkopfschrauben werden in 5 Stufen angezogen. In den Stufen 1 und 2 die Zylinderkopfschrauben in der Reihenfolge von 1 bis 10 anziehen.

Speziell 113-PS-Motor

1. Stufe: mit Drehmomentschlüssel **30 Nm**

2. Stufe: alle Schrauben mit einem starren Schlüssel um **50° ± 4°** weiterdrehen

3. Stufe: mindestens 3 Minuten warten, bis sich die Zylinderkopfdichtung gesetzt hat

4. Stufe: Schrauben **1** und **2** um 180° (½ Umdrehung) lösen, alle anderen Schrauben bleiben angezogen

5. Stufe: Schrauben **1** und **2** zunächst mit **25 Nm** anziehen, dann um **123° ± 7°** weiterdrehen

Anzugsstufen 4 und 5 nacheinander für die Schrauben 3-4, 5-6, 7-8, 9-10 wiederholen

Achtung: Die Zylinderkopfschrauben dürfen bei warmem Motor nicht nachgezogen werden.

Speziell 150-PS-Motor

- Für die Zylinderkopfschrauben wird ein Steckschlüsseleinsatz für Innentorxschrauben (T55) benötigt, zum Beispiel: HAZET 992 SLg-T55.

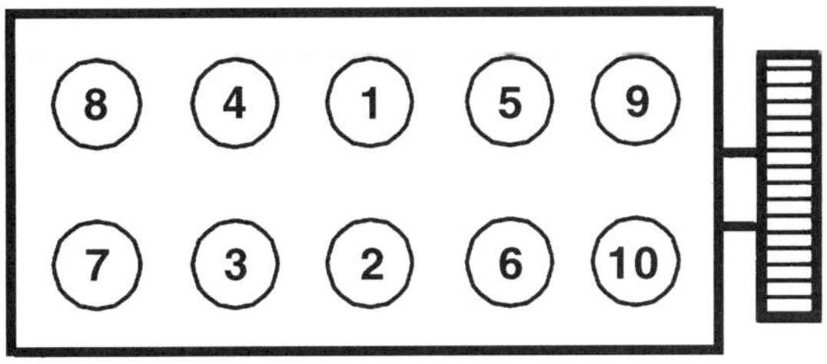

R-10128

- Die Zylinderkopfschrauben werden in 4 Stufen in der Reihenfolge von 1 bis 10 angezogen.

1. Stufe: mit Drehmomentschlüssel **30 Nm**

2. Stufe: alle Schrauben mit einem starren Schlüssel um **50° ± 2°** weiterdrehen

3. Stufe: mindestens 3 Minuten warten, bis sich die Zylinderkopfdichtung gesetzt hat

4. Stufe: Jede Schraube einzeln vollständig lösen und anschließend zunächst mit **25 Nm** anziehen, dann um **107° ± 2°** weiterdrehen

Achtung: Die Zylinderkopfschrauben müssen nach Warmlauf des Motors folgendermaßen nachgezogen werden:

- Motor starten und warmfahren. Anschließend Motor im Leerlauf drehen lassen, bis der Kühlerventilator einschaltet.
- Motor abstellen.

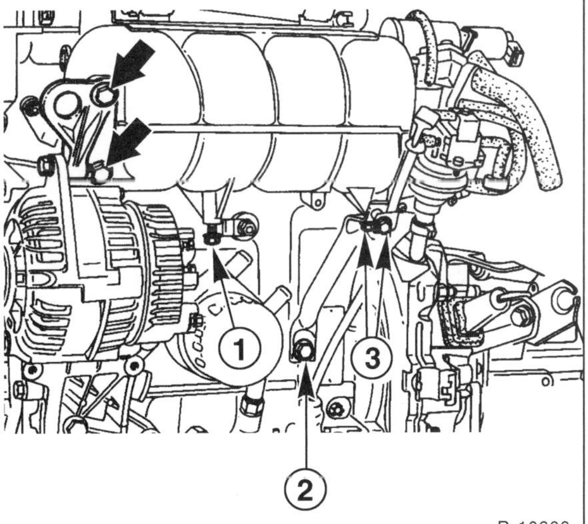

R-10238

- Schrauben –1–, –2–, –3– unter dem Ansaugkrümmer lösen.
- 2 Schrauben für Lasche von Generator/Krümmer lösen –Pfeile–.

- Motor abkühlen lassen und Zylinderkopfschrauben entsprechend Abbildung R-10128 folgendermaßen nachziehen:

1. Stufe: Schrauben **1** und **2** komplett lösen, alle anderen Schrauben bleiben angezogen

2. Stufe: Schrauben **1** und **2** zunächst mit **25 Nm** anziehen, dann um **107°** ± **2°** weiterdrehen

Anzugsstufen nacheinander für die Schrauben 3-4, 5-6, 7-8, 9-10 wiederholen

- Schrauben unter dem Krümmer sowie für Generatorlasche festziehen.

Speziell Dieselmotor

- Batterie-Massekabel (–) abklemmen. **Achtung:** Dadurch können elektronische Speicher gelöscht werden, wie zum Beispiel der Radiocode. Hinweise im Kapitel »Batterie aus- und einbauen« beachten.
- Luftfilter ausbauen, siehe Seite 90.
- Zahnriemen ausbauen, siehe Seite 22.

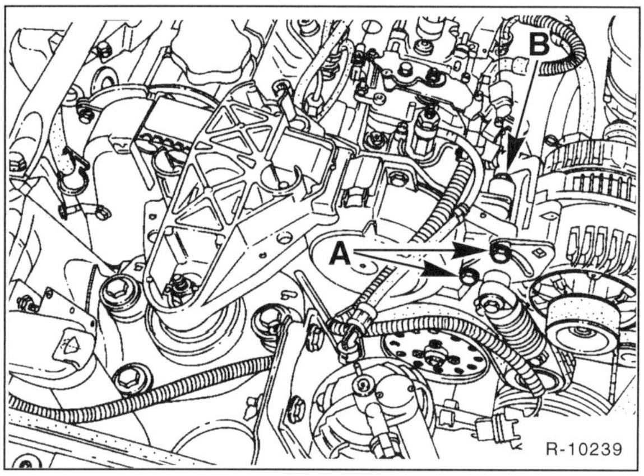

- Schrauben –A– für Keilriemenspanner und Schraube –B– für obere Generatorbefestigung abschrauben.
- Vorderes Abgasrohr ausbauen, siehe Seite 109.
- Masseband –Motor-Aufbau– abschrauben.
- Kraftstoff-Rücklaufleitung an der Einspritzpumpe abbauen.
- Haltelasche der Kraftstoff-Rücklaufleitung am Krümmer abschrauben.

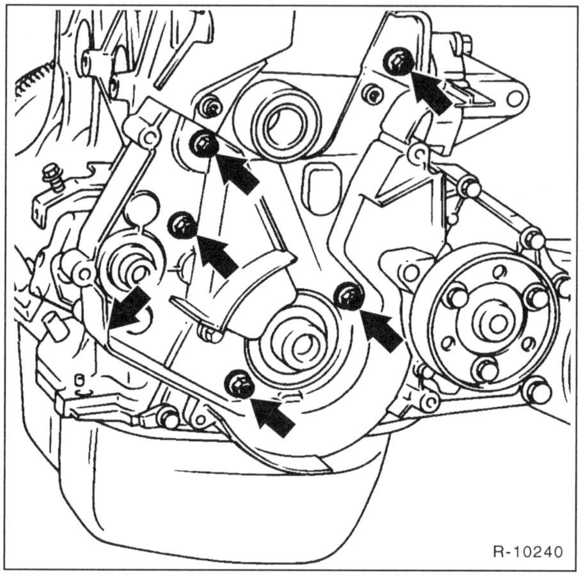

- Hintere Zahnriemenabdeckung abschrauben.
- Ölfilter ausbauen, siehe Seite 289.
- Elektrische Leitungen am Generator abklemmen und Kabelstrang zur Seite legen.
- Damit der Motorheber abgebaut werden kann, Motor unter der Öl- und Kühlmittelpumpe abstützen, wie beim 113-PS-Motor beschrieben.

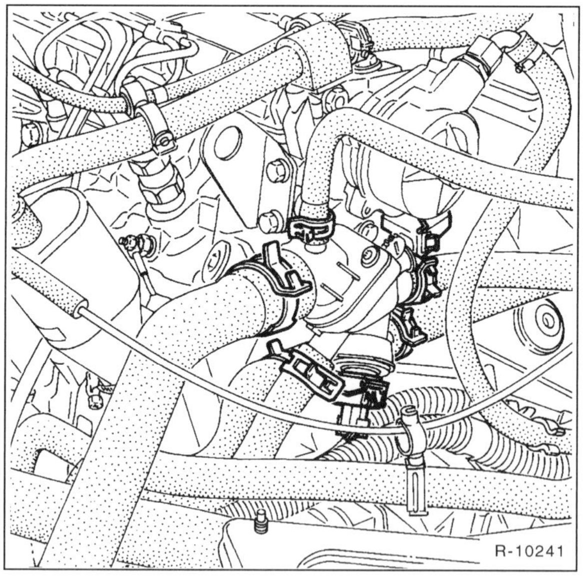

- Sämtliche Kühlmittelschläuche vom Thermostatgehäuse abziehen. Dazu Schlauchklemmen mit Zange entspannen und ganz zurückschieben. Falls vorhanden, Quetschschellen mit einem Seitenschneider durchtrennen und beim Einbau durch Schraubschellen ersetzen.
- Stecker von den Temperaturgebern am Thermostatgehäuse abziehen.

- Unterdruckschlauch für Bremskraftverstärker von der Vakuumpumpe abziehen. Falls vorhanden, Quetschschelle mit einem Seitenschneider durchtrennen, beim Einbau durch Schraubschelle ersetzen.
- Gaszug aushängen und zur Seite legen, siehe Seite 89.
- Beide Schläuche für Kurbelgehäuse-Entlüftung am Ölabscheider abziehen.
- Stecker von der Einspritzpumpe abziehen.
- Schläuche von den Elektroventilen abziehen.

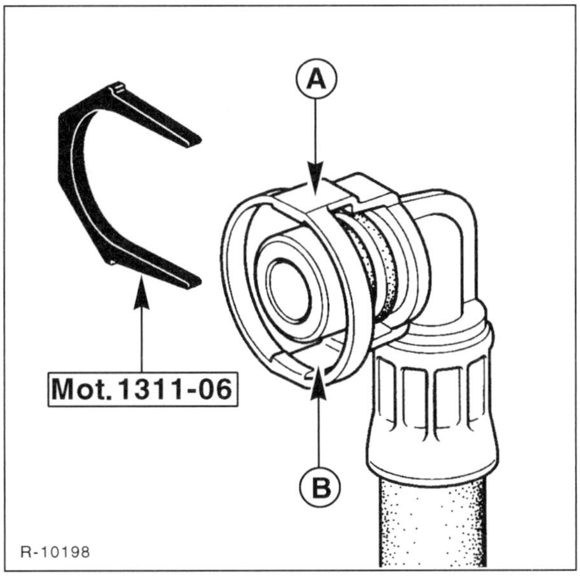

R-10198

- Kraftstoffzuleitung am Kraftstoffilter lösen und abziehen. Dazu seitlich auf den Verschluß drücken und dadurch die Haltelaschen –A/B– anheben. Befindet sich das Ausbauwerkzeug nicht am Schlauchanschluß, Spezialwerkzeug Mot.1311-06 seitlich in den Verschluß einstecken und andrücken.
- Alle Zylinderkopfschrauben über Kreuz ½ Umdrehung lösen, anschließend Schrauben ganz herausdrehen und abnehmen. Dazu wird ein Innentorx-Steckschlüsseleinsatz T55 benötigt, zum Beispiel: HAZET 992 SLg-T55.
- Zylinderkopf lösen, dabei die untere Partie des Nockenwellengehäuses beiseiteschieben. **Achtung:** Der Zylinderkopf kann nicht zur Seite geschwenkt werden, da er mit 2 Hülsen zentriert ist.
- Zylinderkopf nach oben abheben.

Einbau

Der Einbau erfolgt wie beim 1,6-l-Motor beziehungsweise in umgekehrter Ausbaureihenfolge.

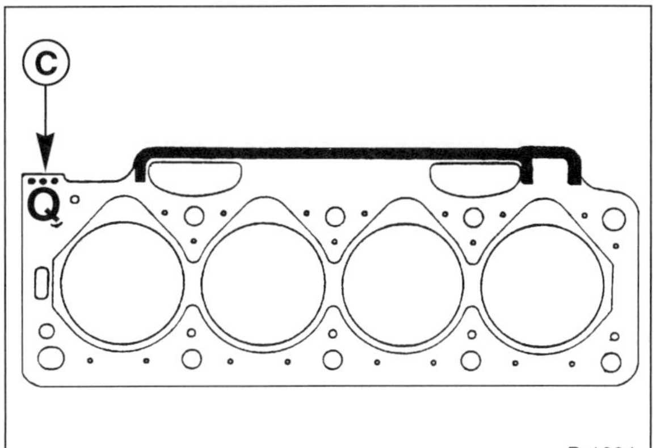

R-1084

Achtung: Je nach Kolbenüberstand sind Dichtungen in 3 unterschiedlichen Dicken eingebaut. Die Dichtungsstärken sind durch 0, 2 oder 3 Punkte an Stelle –C– gekennzeichnet. Bei Ersatz nur Dichtung mit gleicher Punktezahl wie ausgebaut verwenden. Die Kennzeichnung der Zylinderkopfdichtung ist auch bei eingebautem Zylinderkopf sichtbar, und zwar im Bereich der vorderen linken Ecke des Motors, in Fahrtrichtung gesehen.

Außerdem ist darauf zu achten, daß sich beim Auflegen des Zylinderkopfs alle Kolben auf halber Höhe befinden, also kein Kolben auf OT (Oberem Totpunkt) steht, sonst können Motorschäden entstehen. Gegebenenfalls Kurbelwelle ¼ Umdrehung weiterdrehen, nach Einbau wieder auf ursprüngliche Stellung zurückdrehen, siehe auch Kapitel »Zahnriemen aus- und einbauen«.

Wurden Kurbelwelle, Motorblock, Pleuel oder Kolben ersetzt, muß die Stärke der Zylinderkopfdichtung neu ermittelt werden. Dazu muß der Kolbenüberstand gemessen werden.

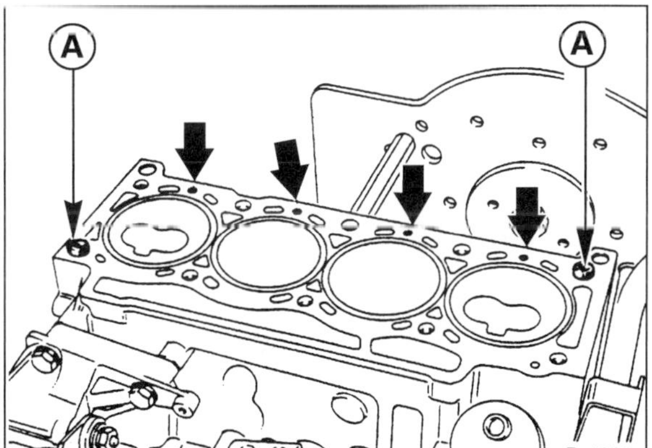

R-1083

- Neue Dichtung so auflegen, daß keine Bohrungen verdeckt werden, insbesondere Ölbohrungen –Pfeile– beachten. Darauf achten, daß die Zentrierhülsen –A– vorhanden sind.

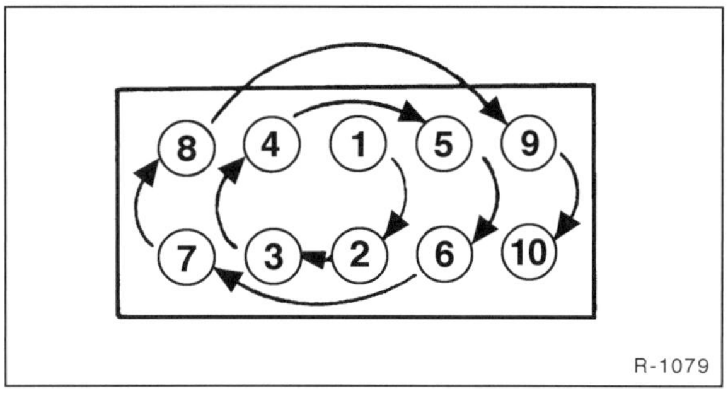

- Die Zylinderkopfschrauben werden in 5 Stufen angezogen. In den Stufen 1 und 2 die Zylinderkopfschrauben in der Reihenfolge von 1 bis 10 anziehen.

Speziell 1,4-/1,6-l-Benzinmotor (K4M/K4J)

Achtung: Der Aus- und Einbau des Zylinderkopfs ist nur mit Spezialwerkzeugen möglich und sollte daher der Fachwerkstatt vorbehalten bleiben. Hier die wichtigsten Hinweise und Anzugsmomente:

Nach dem Ausbau, Länge der Zylinderkopfschrauben messen. Die maximale Länge beträgt 117,7 mm. Wenn eine Schraube die maximale Länge überschreitet sind alle Zylinderkopfschrauben zu ersetzen. Gebrauchte Schrauben vor dem Einsetzen leicht ölen, neue Schrauben nicht ölen.

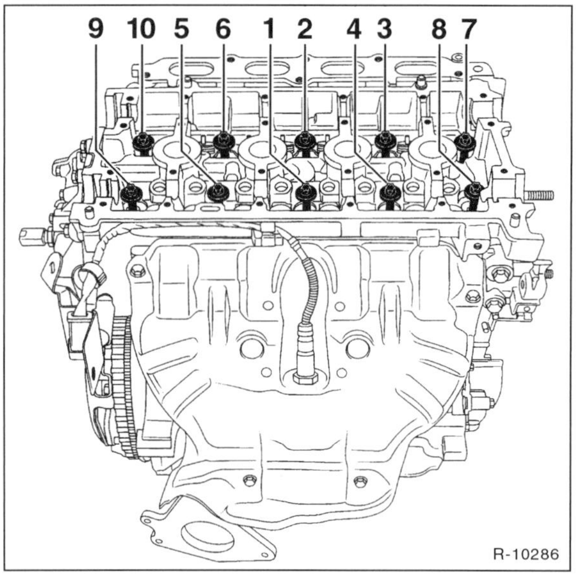

1. Stufe: mit Drehmomentschlüssel **20 Nm**

2. Stufe: alle Schrauben mit einem starren Schlüssel um 240° ± 6° weiterdrehen.

Achtung: Die Zylinderkopfschrauben dürfen nicht weiter nachgezogen werden.

Speziell Dieselmotor

1. Stufe: mit Drehmomentschlüssel **30 Nm**

2. Stufe: alle Schrauben mit einem starren Schlüssel um **50° ± 4°** weiterdrehen

3. Stufe: mindesten 3 Minuten warten, bis sich die Zylinderkopfdichtung gesetzt hat

4. Stufe: Schrauben **1** und **2** um 180° (½ Umdrehung) lösen, alle anderen Schrauben bleiben angezogen

5. Stufe: Schrauben **1** und **2** zunächst mit **25 Nm** anziehen, dann um **213° ± 7°** weiterdrehen

Anzugsstufen 4 und 5 nacheinander für die Schrauben 3-4, 5-6, 7-8, 9-10 wiederholen

Achtung: Beim **Turbodieselmotor (90 PS)** müssen die Zylinderkopfschrauben nach dem Warmlauf des Motors folgendermaßen nachgezogen werden:

- Motor starten und warmfahren. Anschließend Motor im Leerlauf drehen lassen, bis der Kühlerventilator einschaltet.
- Motor abstellen und auf Umgebungstemperatur abkühlen lassen.
- Zylinderkopfdeckel abschrauben und Zylinderkopfschrauben in der Reihenfolge von 1 bis 10 mit **starrem Schlüssel** um den Winkel **120° ± 7°** weiterdrehen.

Achtung: Beim **Saugdieselmotor (64 PS)** und beim **Turbodieselmotor (98 PS)** dürfen die Zylinderkopfschrauben bei warmem Motor **nicht** nachgezogen werden.

Überstand der Laufbuchsen prüfen

1,4-l-Benzinmotor (E7J)

Prüfen

- Zylinderkopf ausbauen.

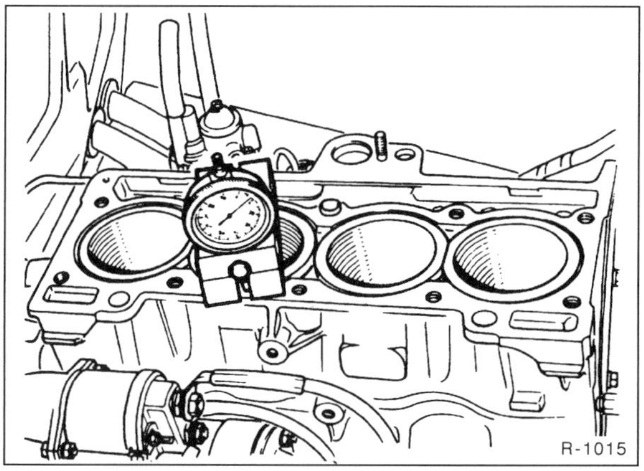

- Auflageplatte mit handelsüblicher Meßuhr am Motorblock anschrauben.
- Mit der Meßuhr Überstand der Laufbuchsen gegenüber dem Motorblock messen.
- Der Überstand muß **zwischen 0,02 mm und 0,09 mm** betragen.
- Werden neue Laufbuchsen montiert, Messung ohne Dichtring (am Fuß der Laufbuchse) vornehmen.
- Die Differenz des Überstehmaßes zwischen zwei nebeneinanderliegenden Laufbuchsen darf nicht über 0,05 mm betragen.

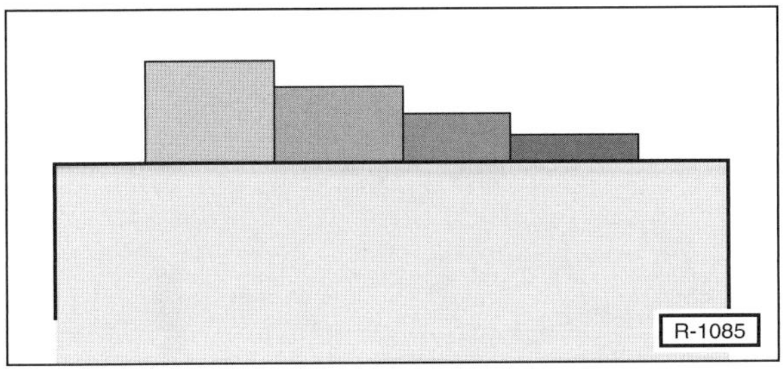
R-1085

- Der Wert der Überstehmaße muß von Zylinder 1 bis 4 ständig ansteigen oder abfallen, sonst müssen die Laufbuchsen neu geordnet werden (Werkstattarbeit).

Nockenwelle aus- und einbauen

113-PS-Benzinmotor, Dieselmotor

Ausbau

- Oberen Zahnriemenschutz ausbauen.

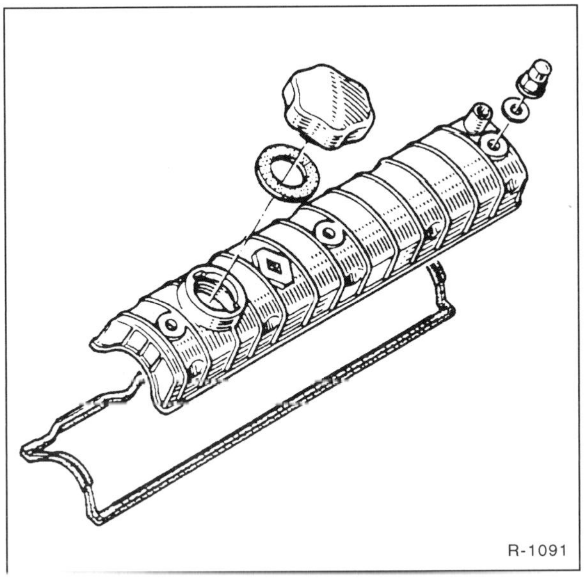
R-1091

- Zylinderkopfdeckel abschrauben und mit Dichtung abnehmen.
- Kurbelwelle auf OT Zylinder 1 stellen, siehe Seite 22.

Achtung: Motorstellung nicht mehr verändern.

- Zahnriemen entspannen und nur oben vom Nockenwellenrad abnehmen, siehe Seite 22.

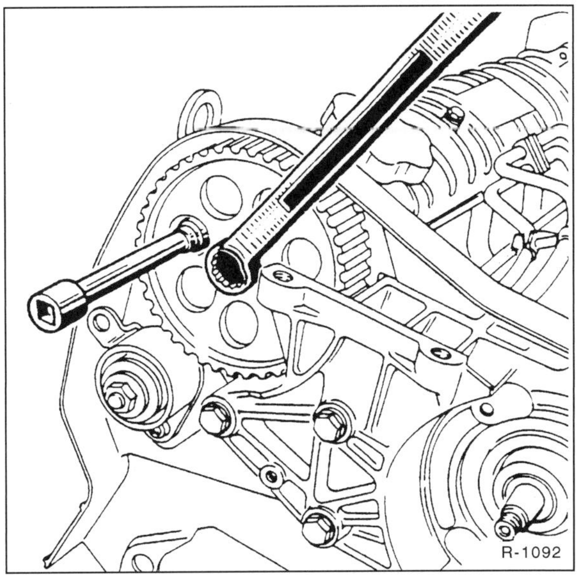
R-1092

- Nockenwellenrad von vorn mit einem 10er Steckschlüssel arretieren. Nockenwellenrad abschrauben und abnehmen, gegebenenfalls mit leichten Schlägen eines Gummihammers abtreiben. Scheibenfeder für Nockenwelle entfernen.
- **Dieselmotor:** Vakuumpumpe ausbauen, siehe Seite 52.

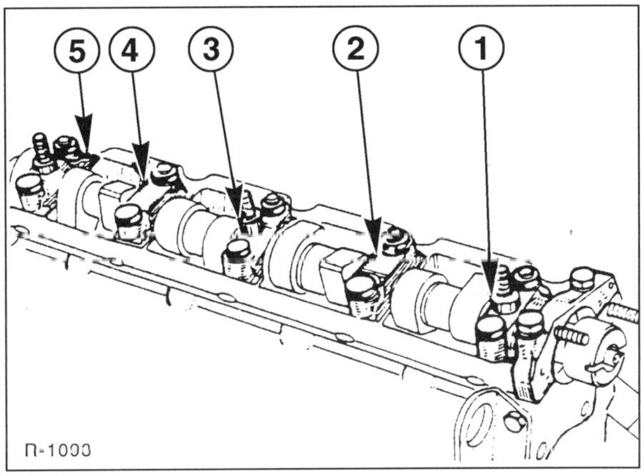

R-1093

- Sämtliche Lagerdeckel in Reihenfolge und Einbaurichtung kennzeichnen, siehe Abbildung.
- Zuerst Lagerdeckel 5, 1 und 3 ausbauen, dann Lagerdeckel 2 und 4 abwechselnd über Kreuz lösen.
- Nockenwelle herausnehmen.

R-1094

Achtung: Falls die Tassenstößel herausgenommen werden, diese kennzeichnen, damit sie an gleicher Stelle wieder eingesetzt werden können.

Einbau

- Vor dem Einbau kann die Nockenwelle gegebenenfalls von einer Werkstatt auf Schlag und Axialspiel geprüft werden.
- Neuen Dichtring für Nockenwelle einsetzen. Vorher Dichtlippe und äußeren Rand des Dichtringes leicht einölen.
- Falls die Tassenstößel herausgenommen waren, Tassenstößel an der gleichen Stelle wieder einsetzen. Tassenstößel leicht einölen und beim Einsetzen nicht verkanten.

Achtung: Die Tassenstößel dürfen nicht vertauscht werden.

- Nockenwelle einölen und in den Zylinderkopf einlegen. **Achtung:** Dabei müssen die Nocken für Zylinder 1 nach oben zeigen. Der Zylinder 1 befindet sich an der Schwungradseite des Motors.

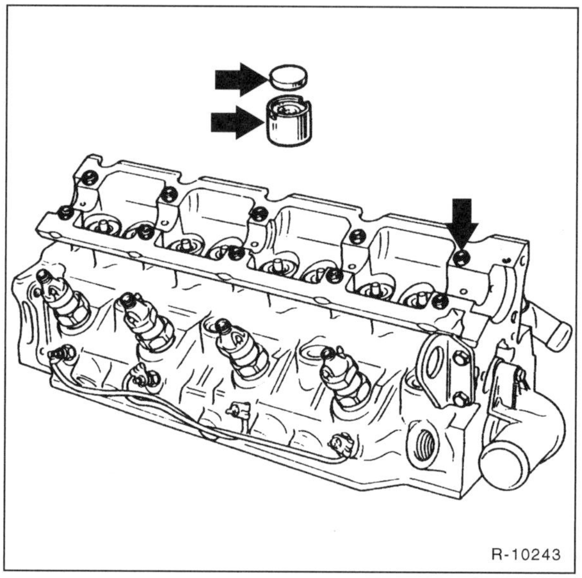
R-10243

- Prüfen, ob die Zentrierstifte –unterer Pfeil– für die Lagerdeckel eingesetzt sind, gegebenenfalls einsetzen.

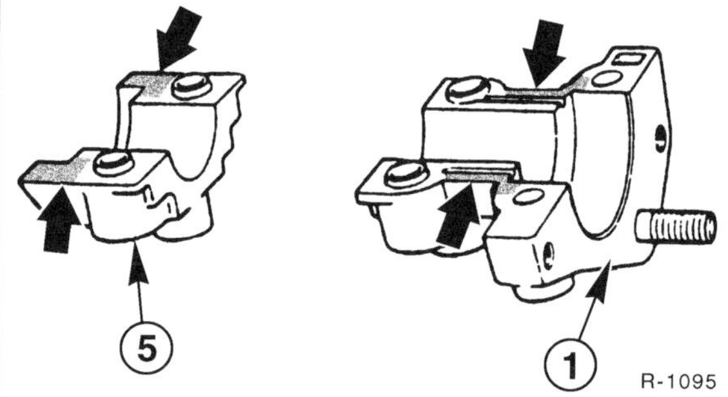

R-1095

- Lagerdeckel entsprechend der beim Ausbau angebrachten Markierungen einsetzen. **Achtung:** Auf die schraffierten Bereiche der Lagerdeckel Nr. 1 und Nr. 5 etwas Dichtmittel, zum Beispiel CAF 4/60 THIXO von RENAULT, oder CURIL auftragen.
- Gewinde der Lagerschrauben mit Dichtmittel bestreichen, damit kein Öl über die Gewinde im Zylinderkopf austreten kann. Als Dichtmittel kann zum Beispiel Loctite Frenetanch verwendet werden.
- Befestigungsschrauben der Lagerdeckel mit Drehmomentschlüssel festziehen. Das Anzugsmoment richtet sich nach dem Gewindedurchmesser: Schrauben mit ∅ **6 mm: mit 10 Nm**, ∅ **8 mm: mit 20 Nm** anziehen.
- Scheibenfeder für Nockenwellenrad in die Nut der Nockenwelle einsetzen. Nockenwellenrad aufsetzen und mit **50 Nm** festziehen. Dabei Nockenwellenrad mit Dorn gegenhalten.
- Zahnriemen auf Nockenwellenrad auflegen. **Achtung:** Auf richtige Stellung der Kurbelwelle, beim Dieselmotor zusätzlich der Einspritzpumpe achten, siehe Seite 22.

- Zahnriemen spannen, siehe Seite 22.
- **Dieselmotor:** Vakuumpumpe einbauen, siehe Seite 52.
- Gegebenenfalls Ventilspiel prüfen, siehe Seite 48.
- Zylinderkopfdeckel mit Deckeldichtung aufsetzen und Schrauben für Zylinderkopfdeckel vorsichtig mit 10 Nm festziehen. Poröse oder zerquetschte Deckeldichtung ersetzen.
- Zahnriemenschutz einbauen.

Hydraulische Tassenstößel

150-PS-Benzinmotor

Der 16V-Motor ist mit hydraulischen Tassenstößeln ausgerüstet. Dadurch muß das Ventilspiel im Rahmen der Wartung **nicht** mehr eingestellt werden; außerdem ergibt sich eine Geräuschminderung im Ventiltrieb.

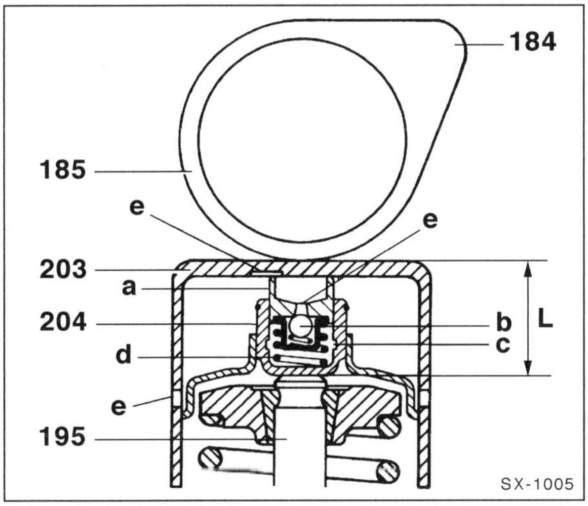

Bei laufendem Motor wird der Tassenstößel –203– entlastet, wenn der Nocken –184– der Nockenwelle –185– nach oben zeigt.

Die Feder –d– drückt dann das Ausgleichelement –204– auseinander, so daß es unten am Ventilschaft –195– anliegt und oben der Druckbolzen –a– den Tassenstößel –203– gegen die Nockenwelle drückt. In dieser Stellung kann über kleine Bohrungen –e– Motoröl in oder aus dem Arbeitsraum –c– fließen. Sobald der Tassenstößel durch den Nocken der sich drehenden Nockenwelle wieder belastet wird, schließt sich das Kugelventil –b– und das eingeschlossene Öl wirkt, da es sich nicht verdichten läßt, wie ein fester Körper. Die Länge –L– wird also bei jeder Umdrehung der Nockenwelle den entsprechenden Größenänderungen der Bauteile im Ventiltrieb angepaßt.

Äußerliches Kennzeichen der hydraulischen Tassenstößel sind eine umlaufende Ölnut und fehlende Einstellscheiben. Reparaturen an den Hydrostößeln sind nicht möglich.

Achtung: Geräusche im Ventiltrieb beim Anlassen des Motors sind normal. Beim Motorstillstand wird je nach Stellung des Nockens mehr oder weniger Öl aus dem einzelnen Ventilstößel herausgedrückt. Dies führt zu Geräuschen, bis sich die Hydrostößel bei laufendem Motor wieder mit Motoröl gefüllt haben. Unter Umständen kann dieser Vorgang so lange dauern, bis der Motor seine Betriebstemperatur erreicht hat. Um eine einwandfreie Funktion der Hydrostößel zu gewährleisten, befindet sich im Zylinderkopf eine Ölrücklaufsperre, welche verhindert, daß sich die Ölkanäle im Zylinderkopf bei abgestelltem Motor vollständig entleeren.

Ventil aus- und einbauen

Beschrieben wird der Aus- und Einbau beim 1,4-/1,6-l-Benzinmotor (E7J/K7M). Auf Unterschiede zu den anderen Motoren wird hingewiesen. Beim 1,4-/1,6-l-Benzinmotor (K4J/K4M) sollte diese Arbeit in der Fachwerkstatt durchgeführt werden.

Ausbau

- Zylinderkopf ausbauen, siehe Seite 32.

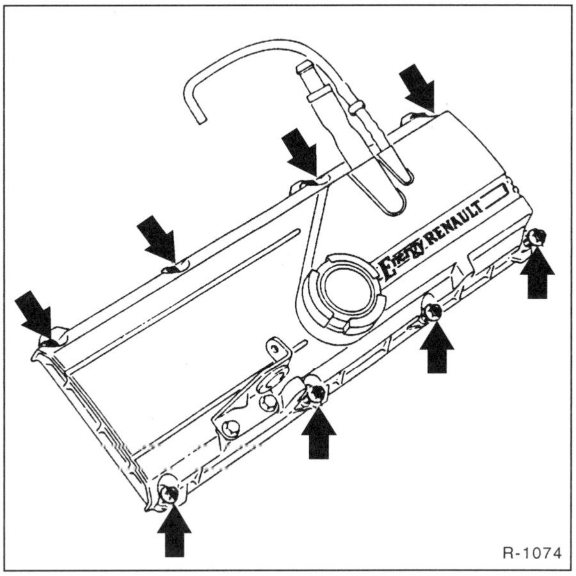

- Zylinderkopfdeckel abschrauben.

Achtung: Werden Teile der Ventilsteuerung wieder verwendet, müssen diese an gleicher Stelle eingebaut werden. Damit keine Verwechslungen vorkommen, empfiehlt es sich, ein entsprechendes Ablagebrett anzufertigen.

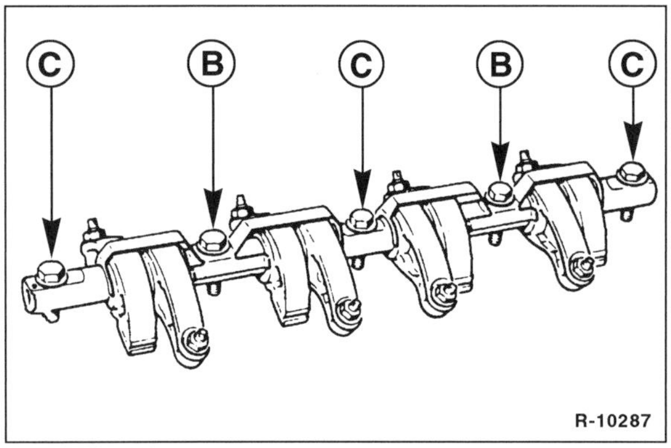

● Die Kipphebelachse mit Kipphebeln ausbauen. Vorher den Sitz der Schrauben markieren, damit sie an gleicher Stelle wieder eingebaut werden. Die beiden gelben Schrauben –B– sind aus Vollmaterial, die drei schwarzen Schrauben –C– sind Hohlschrauben (Ölkanäle).

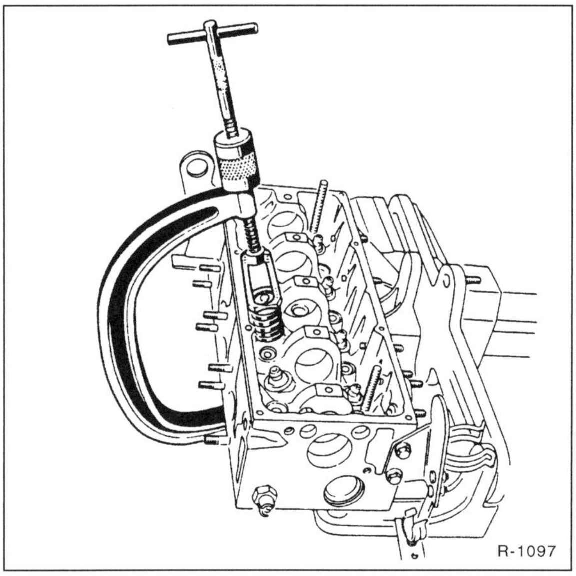

● Ventilfedern ausbauen. Hierzu benutzen die Werkstätten ein Spezialwerkzeug (FACOM U43L). Man kann die Ventilkegelstücke – und damit die Ventile einschließlich der Ventilfedern – auch mit Hilfe einer handelsüblichen Ventilfederzange ausbauen.

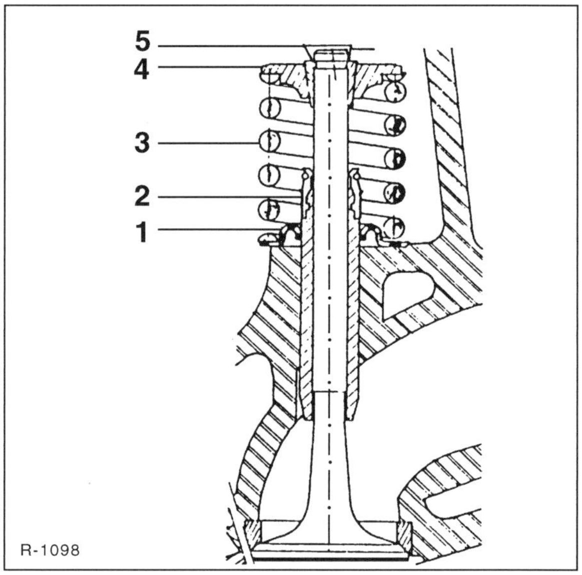

1 – Unterer Ventilteller, 2 – Ventilschaftabdichtung, 3 – Ventilfeder, 4 – Oberer Ventilfederteller, 5 – Ventilkegelstücke.

● Ventilfedern zusammendrücken und Ventilkegelstücke herausnehmen. Ventilfederteller oben und Ventilfedern abnehmen. Ventil herausziehen.

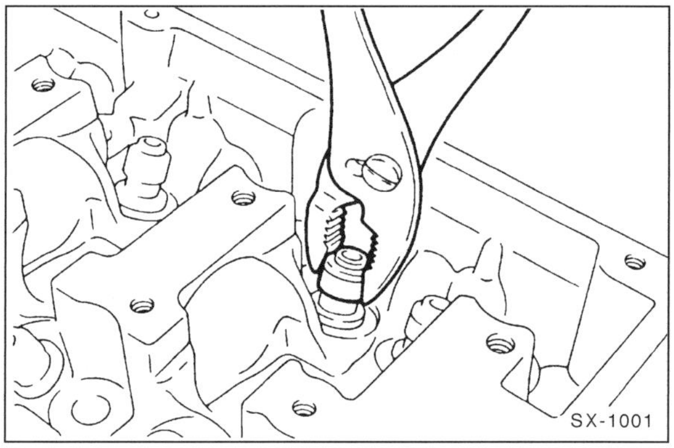

● Ventilschaftabdichtung herausziehen.

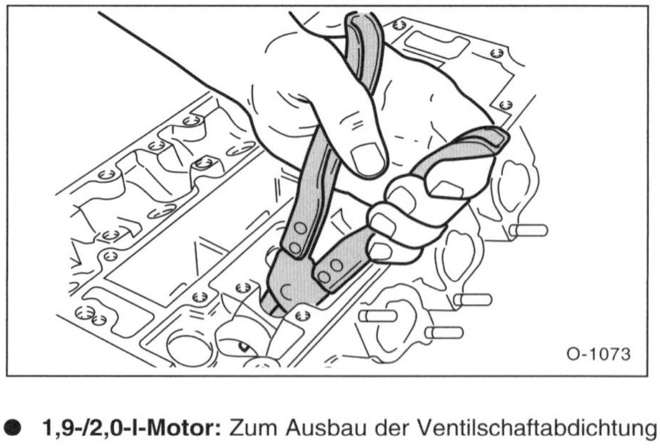

● **1,9-/2,0-l-Motor:** Zum Ausbau der Ventilschaftabdichtung benutzen die Werkstätten eine Spezialzange, zum Beispiel HAZET 791-2.

● Untere Federauflage herausnehmen.

Einbau

- Ventilschaft leicht einölen und jedes Ventil an gleicher Stelle wie vor dem Ausbau einsetzen. Neue Ventile auf ihren Sitzen leicht mit Schleifpaste einschleifen lassen.
- Alle Teile sorgfältig reinigen und bewegliche Teile mit Motoröl schmieren.

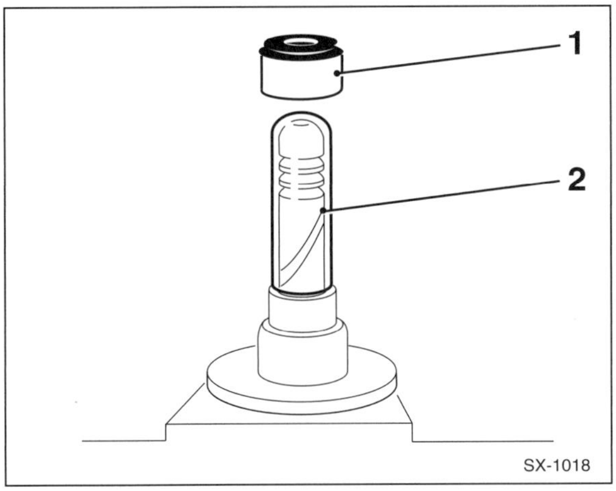

SX-1018

- Um Beschädigungen der Ventilschaftabdichtungen –1– zu vermeiden, vor dem Einbau Ventilschaft –2– an den Anlageflächen der Ventilkegelstücke mit glattem Klebeband abkleben. Nach dem Einbau Klebeband entfernen.

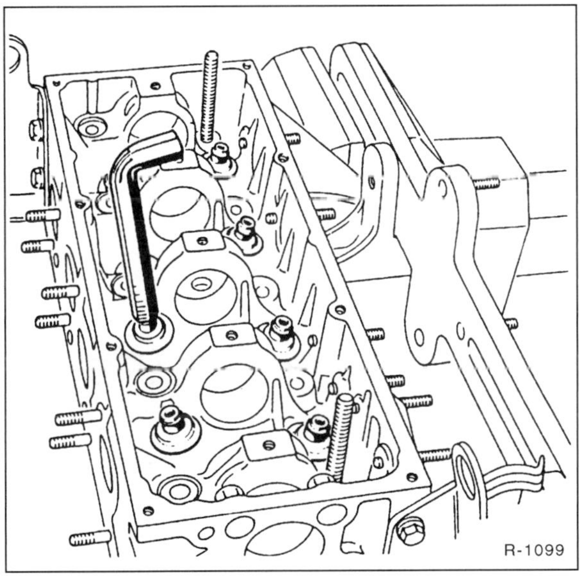

R-1099

- Ventilschaftabdichtungen **grundsätzlich erneuern.** Neue Ventilschaftabdichtung mit einem 11er (1,4-/1,6-l-Benzinmotor E7J/K7M) beziehungsweise 12er (2,0-l-Benzinmotor, 1,9-l-Dieselmotor) Rohrschlüssel, Typ Nervus, aufschieben.
- Ventile einsetzen.
- Untere Federauflage einsetzen.
- Ventilfedern und Ventilteller oben einsetzen.
- Ventilfedern mit Ventilfederzange zusammendrücken und Ventilkegelstücke so einsetzen, daß sie in den Nuten des Ventils einrasten. Ventilfederzange entspannen und nächstes Ventil einsetzen. Die Keile der Aus- und Einlaßventile sind baugleich.

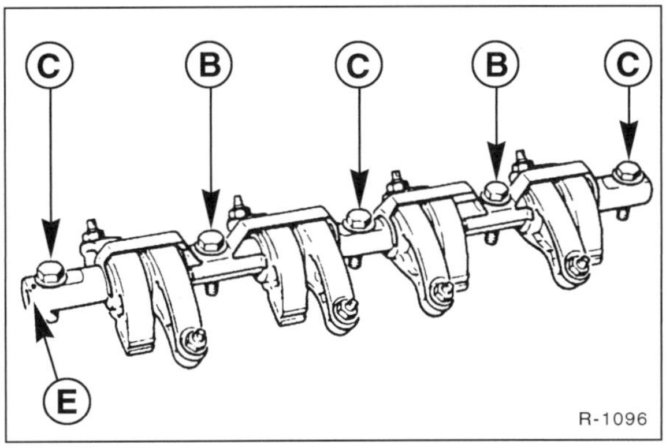

R-1096

- Kipphebelrampe einsetzen, die beiden gelben Schrauben in –B– und die drei schwarzen Schrauben in –C– einsetzen und mit **25 Nm** festziehen. Dabei sicherstellen, daß die Einstellschrauben der Kipphebel auf den Ventilschäften aufliegen. **Achtung:** Kipphebelrampe nicht seitenverkehrt einsetzen. Die Markierung –E– muß zur Zahnriemenseite des Motors zeigen.
- Zylinderkopfdichtung erneuern, Zylinderkopf einbauen, siehe Seite 32.
- Ventilspiel einstellen, siehe Kapitel »Wartung«.

Speziell 113-PS-Benzinmotor, Dieselmotor

- Nockenwelle ausbauen, siehe Seite 43.

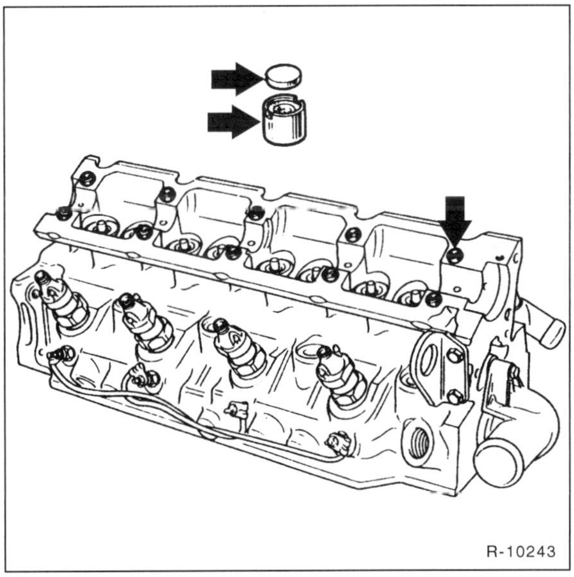

R-10243

- Tassenstößel markieren und herausnehmen.

- Nach Einbau der Ventile alle Tassenstößel nach der Kennzeichnung in den Zylinderkopf einsetzen und zugehörige Einstellscheiben auflegen. Vorher Stößelbohrung im Zylinderkopf, Stößel innen und außen sowie Einstellscheiben beidseitig mit sauberem Motoröl bestreichen.
- Nockenwelle einbauen, siehe Seite 43.

Speziell 150-PS-Benzinmotor

- Hydraulische Tassenstößel mit einem Gummisauger aus dem Zylinderkopf herausziehen.

Achtung: Hydraulische Tassenstößel in umgekehrter Einbaulage (Tassenboden nach unten) ablegen, damit das Öl im Tassenstößel nicht ausläuft.

- Nach Einbau der Ventile hydraulische Tassenstößel mit Motoröl bestreichen und in den Zylinderkopf einsetzen.

Hinweis: Falls das Öl aus dem hydraulischen Stößel herausgelaufen ist, Stößel vor dem Einbau unbedingt mit Motoröl füllen.

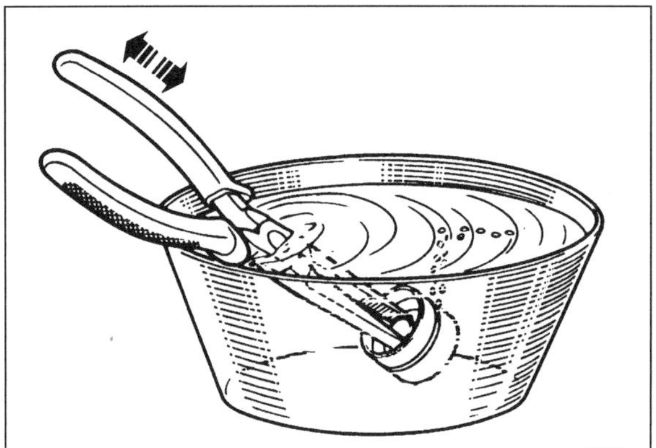
R-10244

- Dazu Hydrostößel in einen Behälter mit sauberem Motoröl tauchen.
- Öffnung des Stößels mit einer Flachzange nach oben ausrichten und Stößel mehrere Male hin- und herbewegen. Dadurch kann die eventuell vorhandene Luft entweichen.

Ventilspiel prüfen/einstellen

Um unterschiedliche Wärmeausdehnungen im Ventiltrieb zu kompensieren, muß ein gewisses Ventilspiel vorhanden sein.

Bei zu geringem Spiel verändern sich die Steuerzeiten, die Verdichtung ist schlecht, die Motorleistung nimmt ab, der Motorlauf ist unregelmäßig. In extremen Fällen können sich die Ventile verziehen oder die Ventile beziehungsweise Ventilsitze verbrennen.

Bei zu großem Spiel stellen sich starke mechanische Geräusche ein, die Steuerzeiten verändern sich, der Motor gibt wegen mangelhafter Zylinderfüllung weniger Leistung ab, der Motorlauf ist unregelmäßig.

Das Einstellen der Ventile hat nur dann den gewünschten Erfolg, wenn die Ventile einwandfrei abdichten, diese kein unzulässiges Spiel in den Ventilführungen haben und am Schaftende nicht eingeschlagen sind.

Das Ventilspiel ist jeweils nach Reparaturen, oder wenn Geräusche am Ventiltrieb auftreten, zu prüfen beziehungsweise einzustellen. Eine Prüfung im Rahmen der Wartung ist nicht vorgesehen.

Das Ventilspiel soll bei kaltem Motor geprüft beziehungsweise eingestellt werden.

Hinweis: Auf richtige Zuordnung zum eingebauten Motor achten.

Achtung 150-PS-Motor: Das Ventilspiel braucht nicht eingestellt zu werden, da hydraulische Tassenstößel eingebaut sind, die jegliches Ventilspiel automatisch ausgleichen.

Prüfen

- Zum Prüfen und Einstellen des Ventilspiels müssen die jeweiligen Ventile entlastet werden. Das geschieht durch Verdrehen der Nockenwelle. Die Nockenwelle kann auf unterschiedliche Weise verdreht werden:
  Methode 1: Fahrzeug auf ebene Fläche stellen. 5. Gang einlegen, Handbremse lösen und Fahrzeug auf einer ebenen Fläche etwas vor- oder zurückschieben.
  Methode 2: 5. Gang einlegen, Handbremse anziehen. Fahrzeug so anheben, daß ein Vorderrad frei drehbar ist. Angehobenes Vorderrad von Hand verdrehen.
  Methode 3: Fahrzeug auf ebene Fläche stellen. Getriebe in Leerlaufstellung bringen, Handbremse anziehen. Kurbelwellenriemenscheibe an der Zentralschraube mit Stecknuß verdrehen.

Achtung: Zum leichteren Durchdrehen des Motors können die Zündkerzen ausgebaut werden.

1,4-/1,6-l-Benzinmotor (E7J/K7M):

- Luftfilter ausbauen, siehe Seite 90.
- Gaszug am Drosselklappengehäuse aushängen und zur Seite legen, siehe Seite 89.

R-10147

- Unterdruckschlauch –1– am Zylinderkopfdeckel abziehen.
- Stecker –2– am Einspritzgehäuse abziehen, dabei Drahtsicherung eindrücken.

- Schrauben –Pfeile– lösen und Zylinderkopfdeckel abnehmen, siehe Abbildung.

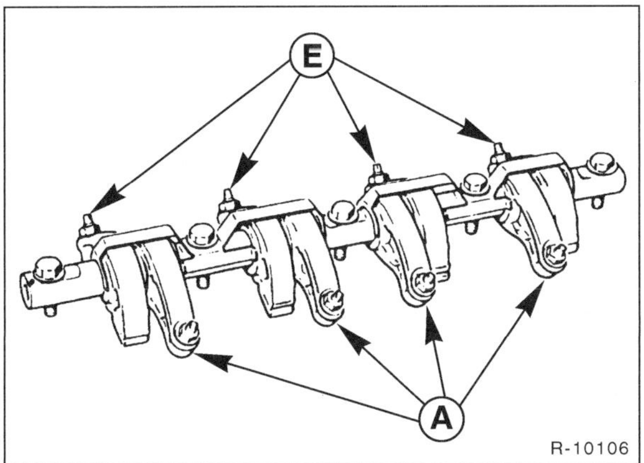

R-10106

- Die Reihenfolge der Ventile im Zylinderkopf ist: **EA-EA-AE-AE,** wobei **A** für **Auslaßventil** und **E** für **Einlaßventil** steht. Die Anordnung ist leicht erkennbar, da sich die Einlaßventile auf der Seite des Ansaugkrümmers, die Auslaßventile hingegen auf der Seite des Abgaskrümmers befinden.
- Nockenwelle so verdrehen, daß das **Auslaßventil** für Zylinder **1** voll geöffnet ist. Der 1. Zylinder befindet auf der linken Seite beim Schwungrad. Die Zylinder werden der Reihe nach von 1 bis 4 vom Getriebe zum Keilriemen hin gezählt.

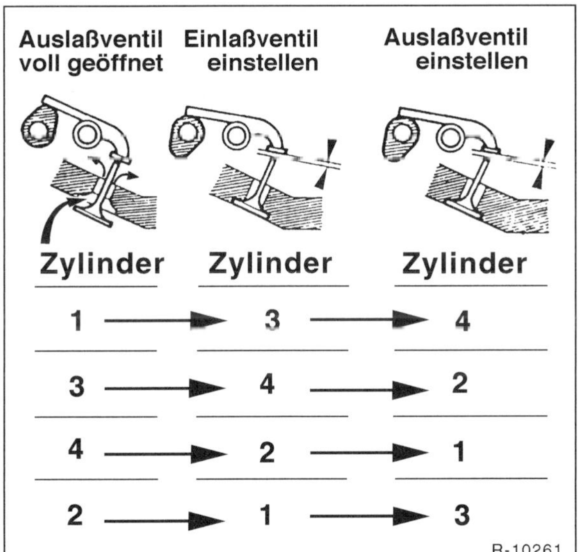

R-10261

- Das Ventil ist voll geöffnet, wenn der Kipphebel das Ventil so tief wie möglich nach unten gedrückt hat; wie in der Abbildung ganz links.
- In dieser Motorstellung (**Auslaßventil** für Zylinder **1** voll geöffnet), können das **Einlaßventil** für Zylinder **3** und das **Auslaßventil** für Zylinder **4** eingestellt werden, siehe Tabelle.
- Ventilspiel mit Fühlerblattlehre zwischen Kipphebel und Ventilschaftende messen.

Sollwerte für Ventilspiel (Motor kalt):
Einlaßventil: 0,10 mm
Auslaßventil: 0,25 mm

Hinweis: Den Motor bezeichnet man als »kalt«, wenn die Motortemperatur der Umgebungstemperatur (etwa +20° C) entspricht.

- Das Ventilspiel ist richtig eingestellt, wenn sich die Fühlerblattlehre saugend durchziehen läßt.
- Fahrzeug wieder etwas verschieben, bis das Auslaßventil für Zylinder 3 voll geöffnet ist, dann Einlaßventil für Zylinder 4 und Auslaßventil für Zylinder 2 einstellen, siehe Tabelle in Abbildung R-10261.
- Auf diese Weise das Ventilspiel für sämtliche Ventile prüfen beziehungsweise einstellen.

Einstellen

R-10141

- Falls der Sollwert nicht erreicht wird, Kontermutter mit einem Gabel- oder Ringschlüssel SW 10 ca. ½ Umdrehung lösen. Dabei an den Abflachungen der Einstellschraube mit einem kleinen Maulschlüssel oder einer Kombizange gegenhalten. Beim 1,6-l-Motor wird zum Gegenhalten ein Innentorxschlüssel benötigt.
- Einstellschraube mit einem entsprechenden Vierkant-Schlüssel oder einer Kombizange verdrehen und dadurch das Ventilspiel einstellen.
- Anschließend Einstellschraube mit Kontermutter sichern.
- Ventilspiel nochmal kontrollieren, dann Motor weiterdrehen.
- Auf dieselbe Weise Spiel für sämtliche Ventile prüfen beziehungsweise einstellen.

Achtung: Zweckmäßigerweise die Kipphebel der bereits eingestellten Ventile mit Farbstift markieren.

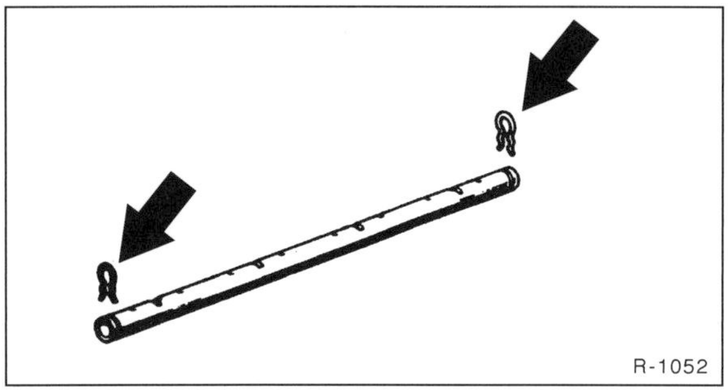
R-1052

- Nach dem Einstellen der Ventile prüfen, ob die Befestigungsklammern der Kipphebelachse richtig eingesetzt und nicht gelöst sind.
- Zylinderkopfdeckel anschrauben. Schrauben nicht zu fest anziehen, sonst wird die Deckeldichtung gequetscht und dadurch undicht.
- Stecker an der Einspritzeinheit aufschieben und einrasten.
- Unterdruckschlauch am Zylinderkopfdeckel aufschieben.
- Gaszug am Drosselklappengehäuse einhängen und einstellen, siehe Seite 89.
- Luftfilter einbauen, siehe Seite 90.

113-PS-Benzinmotor, Dieselmotor

- Zylinderkopfdeckel ausbauen, siehe Seite 32.

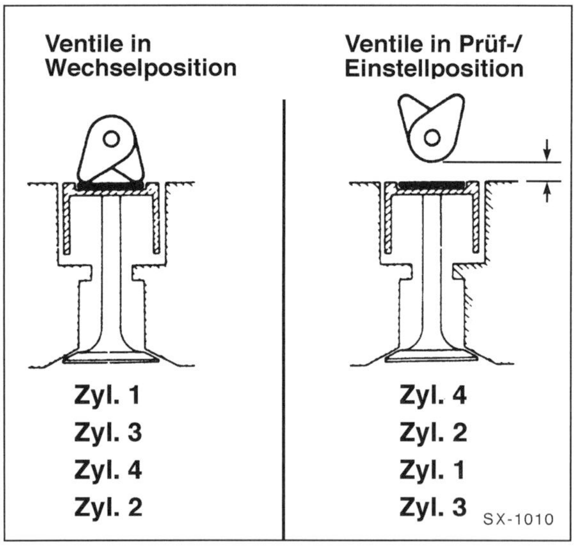

SX-1010

- Nockenwelle so stellen, daß die Nocken für die Ventile des 1. Zylinders gleichmäßig nach unten zeigen, siehe linken Teil der Abbildung. Die Ein- und Auslaßventile für Zylinder 1 befinden sich dann in Wechselposition. Der Zylinder 1 befindet sich an der Schwungradseite des Motors.
- Die Nocken für die Ventile des 4. Zylinder stehen nun gleichmäßig nach oben, siehe rechten Teil der Abbildung.

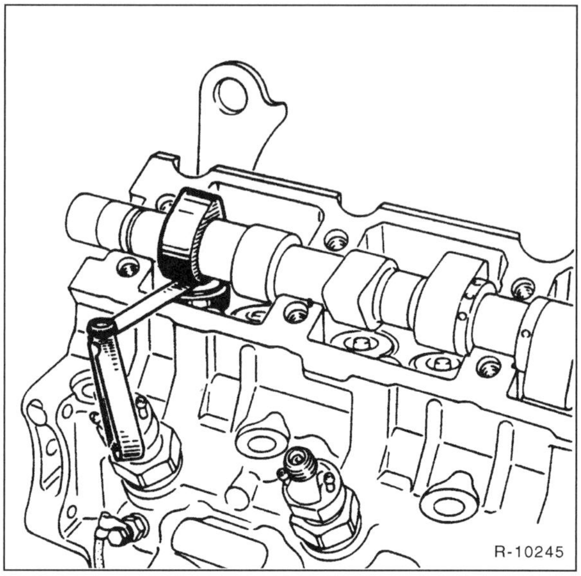
R-10245

- In dieser Stellung Ventilspiel für die Ventile des 4. Zylinders prüfen. Dazu Fühlerblattlehre zwischen Einstellscheibe des Tassenstößels und Nockengrundkreis der Nockenwelle einführen.
- Die Lehre muß sich saugend durchschieben lassen, andernfalls Ventilspiel einstellen.
- Falls das Ventilspiel eingestellt werden muß, Stärke der Fühlerblattlehre so lange wechseln, bis der Istwert des Ventilspiels ermittelt ist. Meßwert notieren.

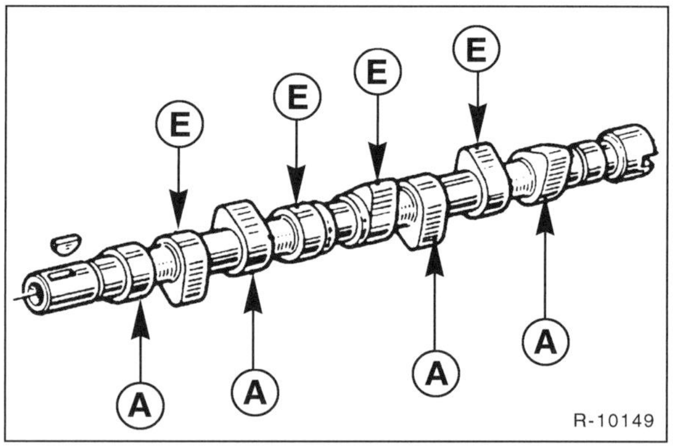

R-10149

Achtung: Reihenfolge von Ein- und Auslaßventilen beachten. E = Einlaßventilnocken, A = Auslaßventilnocken.

Sollwerte für Ventilspiel (Motor kalt):
Einlaßventil: 0,20 mm
Auslaßventil: 0,40 mm

Hinweis: Den Motor bezeichnet man als »kalt«, wenn die Motortemperatur der Umgebungstemperatur entspricht.

- Fahrzeug weiter verschieben, bis sich die Ventile für Zylinder 3 in Wechselposition befinden. In dieser Stellung Ventilspiel für Zylinder 2 prüfen, siehe Abbildung.
- Ventilspiel für die restlichen Zylinder in der Reihenfolge prüfen, wie in der Abbildung SX-1010 angegeben.

Einstellen

- Ventilstößel so drehen, daß die Stößelnut nach vorn zeigt.

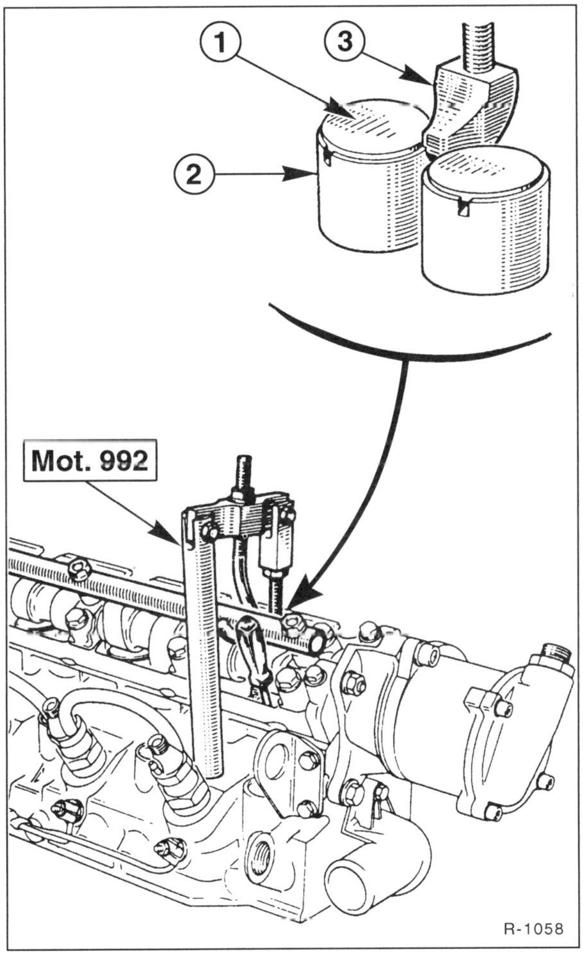

- Das Ventilspiel wird eingestellt durch Auswechseln der Einstellscheiben –1– auf den Tassenstößeln –2–. Dazu müssen die Tassenstößel mit einem Niederhalter –3– heruntergedrückt werden. **Achtung:** Da der Niederhalter genau zwischen die Abstände der Tassenstößel passen muß, ist hierfür das Spezialwerkzeug RENAULT Mot.992 erforderlich. Das RENAULT-Werkzeug wird in ähnlicher Ausführung von verschiedenen Firmen angeboten, zum Beispiel von MABECO, Postfach 130307, Remscheid.
- Tassenstößel niederdrücken und Einstellscheibe mit einem Schraubendreher oder einer Reißnadel aus dem Stößel heraushebeln und mit einem Stabmagneten herausziehen.

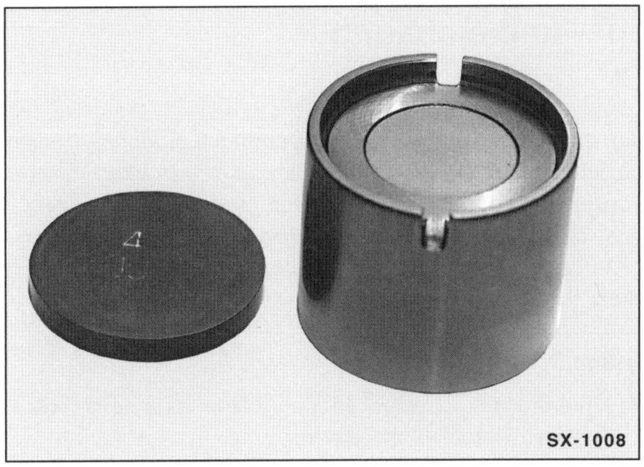

- Dicke der bisherigen Einstellscheibe ermitteln. Mit einer Bügelmeßschraube die Stärke der bisher eingebauten Einstellscheibe messen, Ergebnis notieren. Die Stärke der Einstellscheibe ist auch an der Unterseite eingraviert.

Zur Berechnung der neuen Einstellscheibendicke folgende Formel anwenden:

N = T + A – S

N = Dicke der neu einzusetzenden Scheibe
T = Dicke der ausgebauten Scheibe
A = Gemessenes Ventilspiel
S = Ventilspiel-Sollwert

Beispiel:

Dicke der ausgebauten Einstellscheibe »T«	3,85 mm
Meßwert zwischen Nocken und Tassenstößel »A«	+ 0,30 mm
	= 4,15 mm
Sollwert Ventilspiel »S«	– 0,20 mm
Dicke der neuen Einstellscheibe »N«	= 3,95 mm

- Neue Einstellscheibe mit Öl benetzen und einlegen. **Achtung:** Beim Einlegen der Einstellscheibe darauf achten, daß sie mit der Kennzeichnung nach unten eingelegt wird. Lieferbar sind Scheiben in folgenden Stärken: 3,25 mm bis 4,30 mm im Abstand von 0,05 mm, sowie 4,40 mm und 4,50 mm.
- Auf diese Weise sämtliche Ventile einstellen.
- Anschließend Ventilspiel nochmals prüfen.

Hinweis: Einstellscheiben können in der Regel mehrmals verwenden werden, solange sie keine deutlich sichtbaren Verschleißspuren aufweisen. Ist beispielsweise die Dicke nicht mehr abzulesen, Einstellscheibe nicht wiederverwenden.

- Zylinderkopfdeckel mit Deckeldichtung aufsetzen und Schrauben für Zylinderkopfdeckel vorsichtig mit 10 Nm festziehen. Poröse oder zerquetschte Deckeldichtung ersetzen.
- Zylinderkopfdeckel einbauen, siehe Seite 32.

Vakuumpumpe prüfen/ aus- und einbauen

1,9-l-Dieselmotor

Die Vakuumpumpe (Unterdruckpumpe) befindet sich beim Dieselmotor seitlich am Zylinderkopf und wird von der Nockenwelle angetrieben. Die Pumpe erzeugt den nötigen Unterdruck für den Bremskraftverstärker, da beim Dieselmotor im Gegensatz zum Benzinmotor kein ausreichender Unterdruck im Saugrohr vorhanden ist.

Prüfen

- Unterdruckmanometer an die Vakuumpumpe anschließen und Motor laufen lassen.
- Die Vakuumpumpe muß bei betriebswarmem Motor bei einer Drehzahl von 4000/min nach 3 Sekunden einen Unterdruck von mindestens 700 mbar erzeugen.

Ausbau

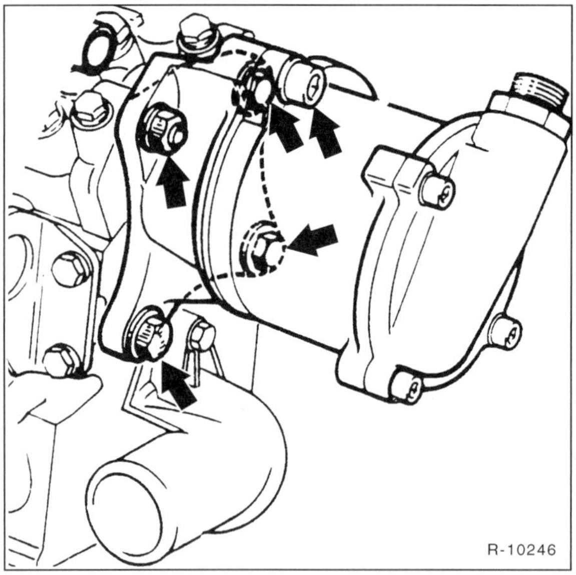

- Vakuumpumpe abschrauben und herausnehmen.

Einbau

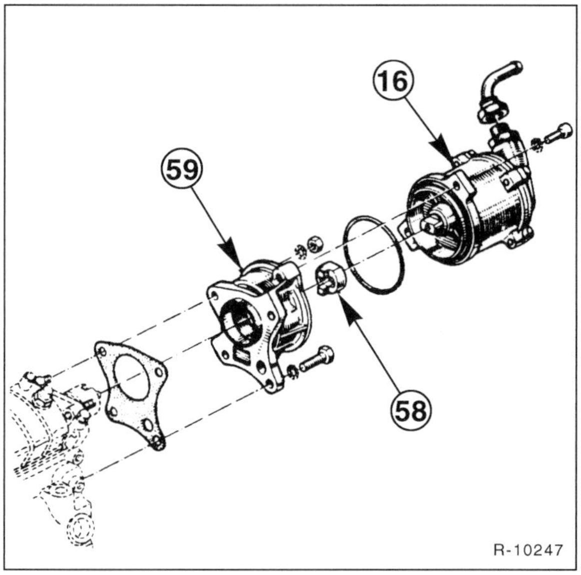

- Vakuumpumpe –16– mit neuer Dichtung anschrauben.

Hinweis: Wenn die Pumpe ausgetauscht wird, muß die Mitnehmerklaue –58– immer ersetzt werden. 59 – Halteflansch der Vakuumpumpe.

Kompression prüfen

Die Kompressionsprüfung erlaubt Rückschlüsse über den Zustand des Motors. Und zwar läßt sich bei der Prüfung feststellen, ob die Ventile oder die Kolben (Kolbenringe) in Ordnung beziehungsweise verschlissen sind. Außerdem zeigen die Prüfwerte an, ob der Motor austauschreif ist beziehungsweise komplett überholt werden muß. Für die Prüfung wird ein Kompressionsdruckprüfer benötigt, der für Benzinmotoren recht preiswert in Fachgeschäften angeboten wird.

Achtung: Für den Dieselmotor wird ein Kompressionsdruckprüfer mit größerem Meßbereich, bis ca. 40 bar, benötigt.

Der Druckunterschied zwischen den einzelnen Zylindern darf maximal 1,5 bar betragen. Falls ein oder mehrere Zylinder gegenüber den anderen einen Druckunterschied von mehr als 1,5 bar haben, ist dies ein Hinweis auf defekte Ventile, verschlissene Kolbenringe beziehungsweise Zylinderlaufbahnen.

- Zur Prüfung der Kompression den Motor warmfahren. Nach Erreichen der Kühlmittel-Betriebstemperatur noch etwa 5 km weiterfahren, damit auch eine ausreichende Motoröltemperatur ≥ +80° C sichergestellt ist.
- Getriebe in Leerlaufstellung bringen und Handbremse anziehen.

Benzinmotor:

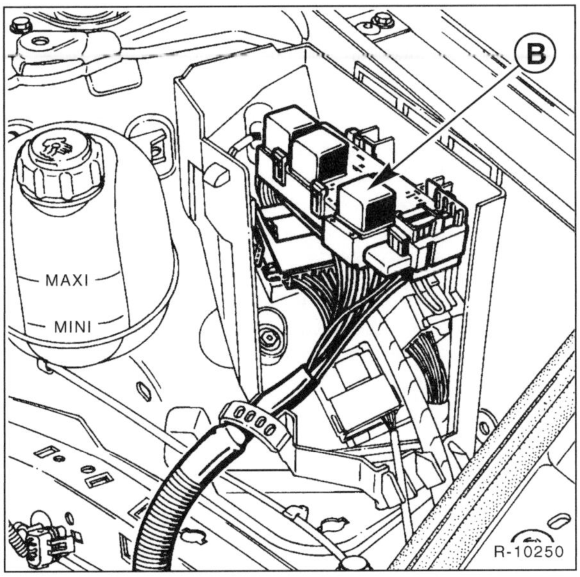

- Kraftstoffpumpenrelais –B– abziehen, damit beim Starten kein Benzin eingespritzt wird.
- Sämtliche Zündkerzenstecker abziehen. Hierzu gibt es eine spezielle Zange, zum Beispiel HAZET 1849-1.
- Anschließend Zündkerzen-Nischen im Zylinderkopf mit Preßluft ausblasen, und alle Zündkerzen mit einem geeignetem Zündkerzenschlüssel herausschrauben.

Dieselmotor:

- Steckverbindung für Absteller trennen, damit kein Kraftstoff durch die Einspritzdüsen in den Brennraum eingespritzt wird.
- Alle Glühkerzen ausbauen.

- Motor mit Anlasser ein paarmal durchdrehen, damit Rückstände und Ruß herausgeschleudert werden. **Achtung:** Während der Motor durchgedreht wird, **nicht über den Motorraum beugen. Verletzungsgefahr** durch herausgeschleuderte Partikel.
- Kompressionsdruckprüfer entsprechend der Bedienungsanleitung in die Zündkerzen-/Glühkerzenöffnung drücken oder einschrauben.
- Von Helfer Gaspedal ganz durchtreten lassen und während der ganzen Prüfung mit dem Fuß festhalten.
- Motor ca. 8 Umdrehungen drehen lassen, bis kein Druckanstieg mehr auf dem Meßgerät erfolgt.
- Nacheinander sämtliche Zylinder prüfen und Prüfwerte miteinander vergleichen.

Benzinmotor:

- Relais für Kraftstoffpumpe und Einspritzanlage aufstecken.
- Zündkerzen einschrauben und Zündkabel aufstecken, siehe Seite 80/292.

Dieselmotor:

- Steckverbindung für Absteller verbinden.
- Alle Glühkerzen einbauen, siehe Seite 102.

Keilriemen aus- und einbauen/ prüfen/spannen

1,4-/1,6-l-Benzinmotor (E7J/K7M), ohne Klimaanlage

Ausbau

- Stellung des rechten Vorderrades zur Radnabe mit Farbe kennzeichnen. Dadurch kann das ausgewuchtete Rad wieder in derselben Position montiert werden. Beim Lösen der Radschrauben muß das Fahrzeug auf dem Boden stehen. Fahrzeug vorn aufbocken und Vorderrad abnehmen.
- Innenkotflügel vorn rechts ausbauen, siehe Seite 192.

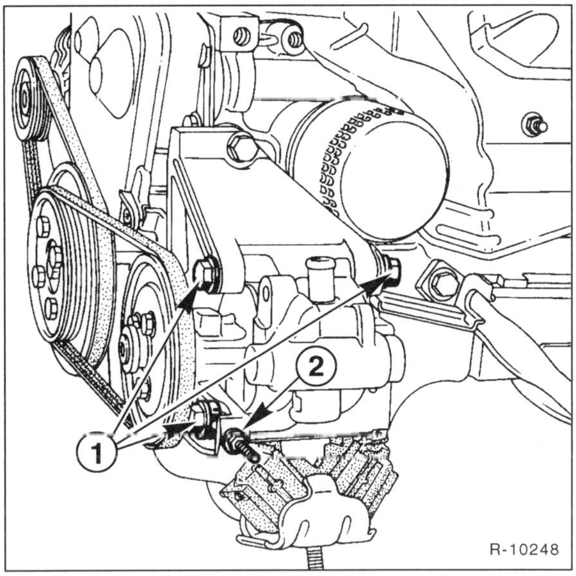

- Befestigungsschrauben –1– für Servopumpe lösen.
- Mutter –2– für Spannschraube lösen und Keilriemen für Servolenkung entspannen.
- Keilriemen für Servolenkung von den Riemenscheiben abnehmen.

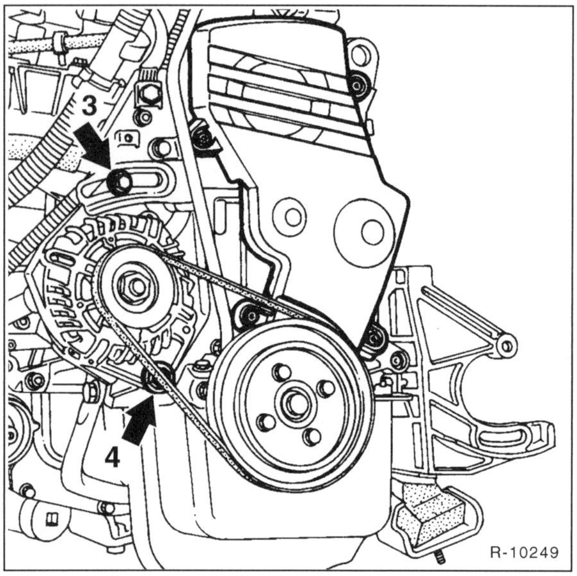

- Klemmschraube –3– und Lagerschraube –4– lösen.
- Generator zum Motor hin schwenken und Keilriemen entspannen.
- Keilriemen für Generator von den Riemenscheiben abnehmen.

Einbau

- Vor dem Einbau Keilriemen überprüfen. Falls die Flanken ausgefranst, Risse oder Bruchstellen vorhanden sind, Keilriemen in jedem Fall ersetzen.
- Keilriemen für Generator auf die Riemenscheiben auflegen.
- Generator vom Motor wegdrücken und dadurch Keilriemen spannen.
- Klemmschraube und Lagerschraube festziehen.
- Keilriemen für Servolenkung auf die Riemenscheiben auflegen.
- Einstellmutter der Spannschraube anziehen und dadurch Keilriemen spannen.
- Befestigungsschrauben der Servopumpe festziehen.

Keilriemenspannung prüfen

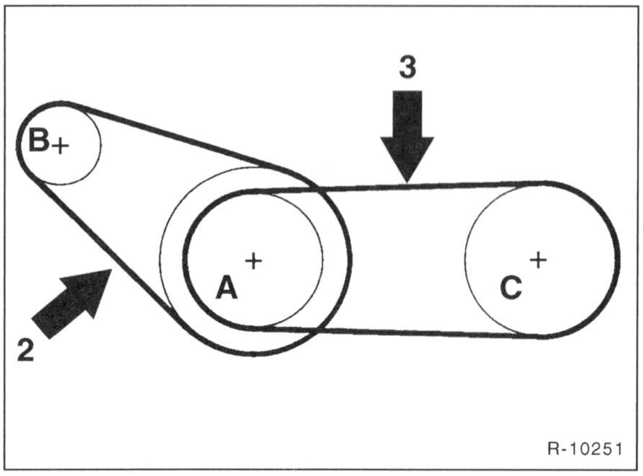

- Die Spannung des Keilriemens wird an der Position –2– für den Generator-Keilriemen und an Position –3– für den Servo-Keilriemen geprüft. A = Kurbelwellen-Riemenscheibe, B = Generator-Riemenscheibe, C = Servopumpen-Riemenscheibe.
- In der Werkstatt wird die Keilriemenspannung mit dem RENAULT-Werkzeug Mot.1273 geprüft, mit dem auch die Zahnriemenspannung geprüft wird. Sollwerte für beide Riemen: 84 ± 6 Einheiten. **Hinweis:** Wird die Keilriemenspannung bei einem gelaufenen Keilriemen geprüft, dann muß der Keilriemen bei einem Wert unter 52 Einheiten nachgespannt werden.
- Steht das Spezialwerkzeug nicht zur Verfügung, Keilriemen an den in der Abbildung angegebenen Positionen mit dem Daumen eindrücken und Durchbiegung abschätzen.
  Sollwert: ca. 3 mm.

Achtung: Bei einem neuen Keilriemen Spannung nach ca. 10 Minuten Laufzeit nochmals prüfen.

- Innenkotflügel vorn rechts einbauen, siehe Seite 192.
- Vorderrad so ansetzen, daß die beim Ausbau angebrachten Markierungen übereinstimmen. Vorher Zentriersitz der Felge an der Radnabe sowie die Kegelfläche der Radschrauben mit Wälzlagerfett leicht einfetten. Gewinde der Radschrauben **nicht** fetten oder ölen. Vorderrad anschrauben. Fahrzeug ablassen und Radschrauben über Kreuz mit **90 Nm** festziehen.

Keilrippenriemen aus- und einbauen/ prüfen/spannen

1,4-/1,6-l-Benzinmotor (E7J/K7M) mit Klimaanlage
1,9-l-Dieselmotor, 2,0-l-Benzinmotor

Der Keilrippenriemen ist breiter als der Keilriemen und hat Rippen auf der Lauffläche. Er treibt sämtliche Nebenaggregate an. Da die Riemenspannung bei allen Motoren durch eine automatische Spannrolle konstant gehalten wird, braucht der Keilrippenriemen nicht nachgespannt zu werden und ist nahezu wartungsfrei.

Ein Keilrippenriemen muß ersetzt werden bei:

- Versprödung und Rißbildung
- Geräuschen (zum Beispiel durch Ölbenetzung)
- Beschädigungen wie: Querrisse in den Rippen, Rippenausbrüche, Einlagerungen von Schmutz und kleinen Steinen zwischen den Rippen, Ausfransungen oder Flankenverschleiß der Gummirippen.

Achtung: Einen ausgebauter Keilrippenriemen **nicht** wiederverwenden, sondern immer ersetzen.

Ausbau

- Stellung des rechten Vorderrades zur Radnabe mit Farbe kennzeichnen. Dadurch kann das ausgewuchtete Rad wieder in derselben Position montiert werden. Beim Lösen der Radschrauben muß das Fahrzeug auf dem Boden stehen. Fahrzeug vorn aufbocken und Vorderrad abnehmen.

- Innenkotflügel vorn rechts ausbauen, siehe Seite 192.

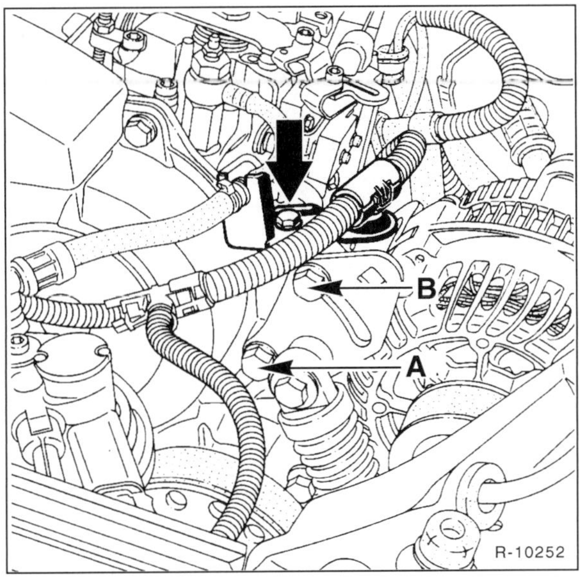

- **Dieselmotor:** Haltelasche für Kraftstoffschlauch abschrauben.

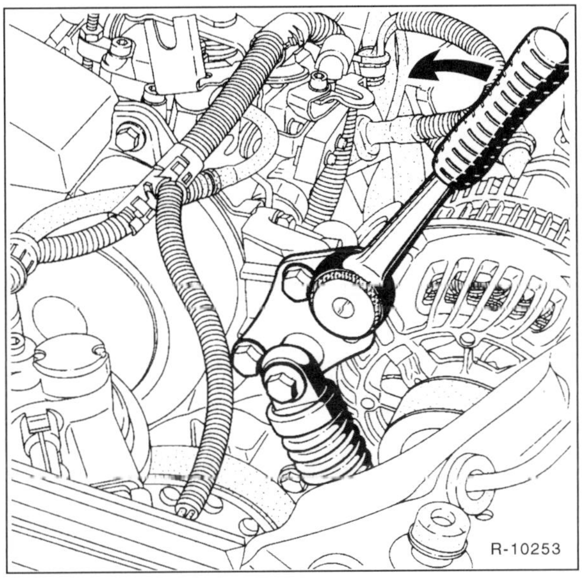

- Vierkantschlüssel, SW 9 mm, in die Vierkantöffnung der Spannerplatte einsetzen.
- Platte mit Schlüssel festhalten und die Schrauben –A– und –B– lösen, bis jeweils der Schraubenbund übersteht.
- Schlüssel in Pfeilrichtung schwenken und dadurch Keilrippenriemen entspannen.
- **Dieselmotor:** Untere Abdeckung für Keilrippenriemen/Zahnriemen abschrauben.
- Keilrippenriemen abnehmen.

Einbau

- Keilrippenriemen auf die Riemenscheiben auflegen.

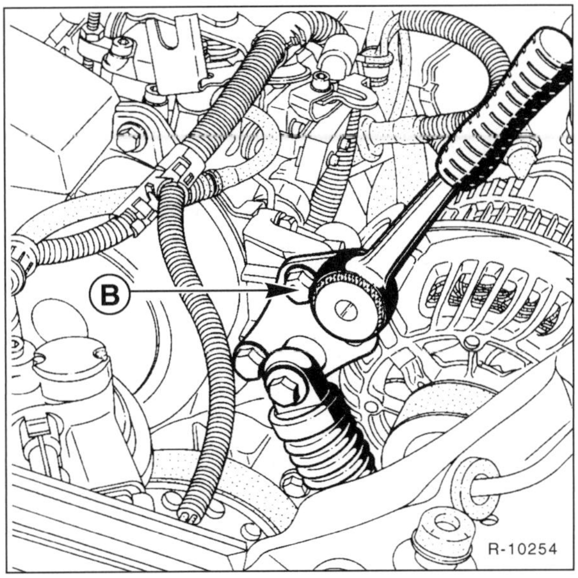

- Platte des Automatikspanners mit 9 mm-Vierkant-Schlüssel bis zum Anschlag der Schraube –B– spannen.
- Riemenspannung prüfen und mit Vierkant-Schlüssel einstellen. In dieser Stellung beide Schrauben für Spannerplatte festziehen.

Riemenspannung prüfen

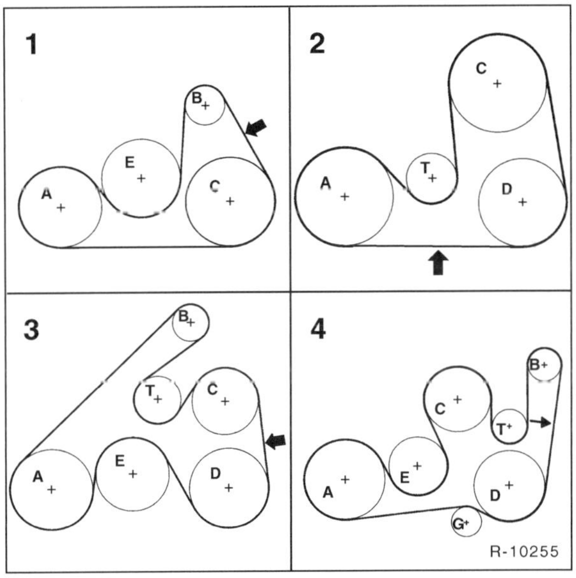

- Die Spannung des Keilrippenriemens wird an den in der Abbildung durch einen Pfeil gekennzeichneten Positionen geprüft. A = Kurbelwellen-Riemenscheibe, B = Generator-Riemenscheibe, C = Servopumpen-Riemenscheibe, D = Kompressor-Riemenscheibe (Klimaanlage), E = Kühlmittelpumpe, G = Umlenkrolle, T = Spannrolle.

- In der Werkstatt wird die Keilriemenspannung mit dem RENAULT-Werkzeug Mot.1273 geprüft, mit dem auch die Zahnriemenspannung geprüft wird. **Hinweis:** Wird die Spannung bei einem gelaufenen Keilrippenriemen geprüft, dann muß der Keilrippenriemen nachgespannt werden, wenn der Mindestwert unterschritten wird.

Abb.	Motor/Leistung bzw. Bezeichnung	Klima-anlage	Sollwert	Mindest-wert
1	2,0-l/113 PS	ohne	107 ± 3	62
1	Dieselmotor, 2,0-l-Benziner/150 PS	ohne	97 ± 3	67
2	1,4-/1,6-l (E7J/K7M)	mit	110 ± 7	75
3	2,0-l/113 PS	mit	109 ± 3	62
4	Dieselmotor, 2,0-l-Benziner/150 PS	mit	69 ± 8	61

- Steht das Spezialwerkzeug nicht zur Verfügung, Keilrippenriemen an den in der Abbildung angegebenen Positionen mit dem Daumen eindrücken und Durchbiegung abschätzen.
  Sollwert: ca. 3 mm.

Achtung: Bei einem neuen Keilriemen Spannung nach ca. 10 Minuten Laufzeit nochmals prüfen.

Hinweis: Wird die Spannung eines längere Zeit gelaufenen Keilrippenriemens geprüft, Riemen nur nachspannen, wenn er sich bei der Prüfung mehr als 6 mm durchdrücken läßt.

Sollwerte für Fahrzeuge mit Klimaanlage: Riemenspannung bei kaltem Motor: ca. 2 mm, bei betriebswarmem Motor: ca. 3mm, Nachspannen bei einem Wert über 3,5 mm.

- Innenkotflügel vorn rechts einbauen, siehe Seite 192.
- Vorderrad so ansetzen, daß die beim Ausbau angebrachten Markierungen übereinstimmen. Vorher Zentriersitz der Felge an der Radnabe sowie die Kegelfläche der Radschrauben mit Wälzlagerfett leicht einfetten. Gewinde der Radschrauben **nicht** fetten oder ölen. Vorderrad anschrauben. Fahrzeug ablassen und Radschrauben über Kreuz mit **90 Nm** festziehen.

Speziell 113-PS-Motor

- Halterung für Motor-Steuergerät abschrauben. Steuergerät auf dem Motor ablegen.

Keilrippenriemen entspannen:

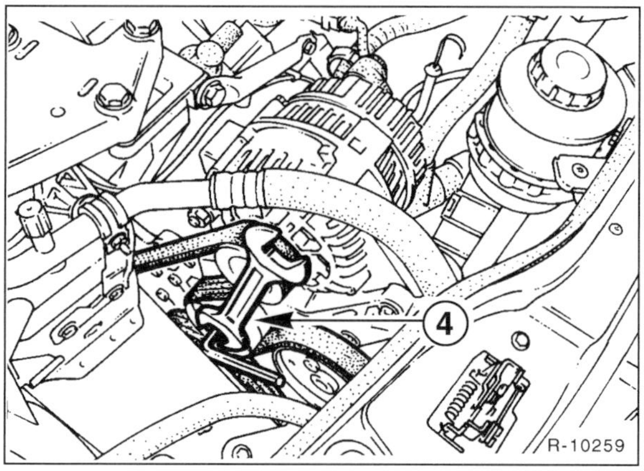

- Klemmschraube für Spannrolle –4– mit Innensechskantschlüssel, SW 7 mm, um ¼ Umdrehung lösen. Dabei äußere Mutter mit Maulschlüssel, SW 22 mm, gegenhalten. **Achtung:** Ein handelsüblicher Innnensechskantschlüssel muß aus Platzgründen in der Regel um 12 mm gekürzt werden.
- Durch Drehen der Spannrolle mit dem Maulschlüssel Keilrippenriemen entspannen.

Achtung: Das Lösen des Spanners mit dem Maulschlüssel führt zur Zerstörung der Einstellzähne und somit auch zur Zerstörung der Halterung für Klimakompressor oder Servopumpe.

- Motor-Steuergerät mit Halterung anschrauben.

Speziell 150-PS-Motor

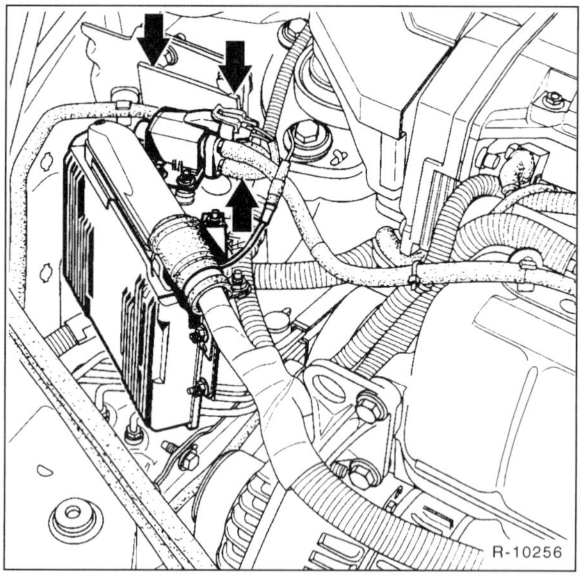

- Halterung für Motor-Steuergerät abschrauben. Steuergerät auf dem Motor ablegen.
- Schlauch für Aktivkohlefilter abziehen.

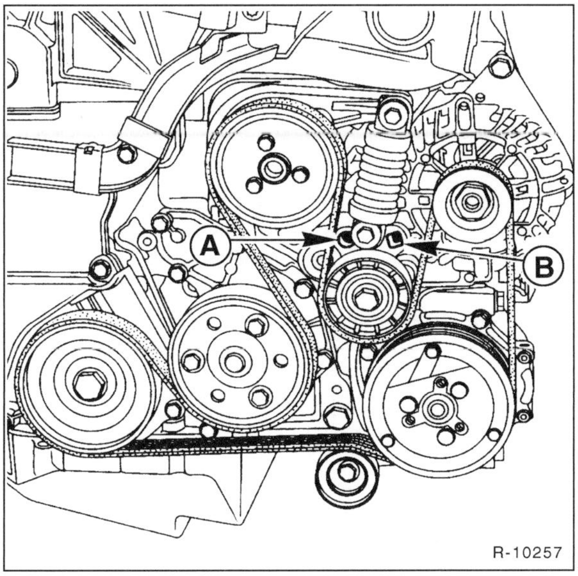

- Geeigneten Dorn (OT-Dorn Mot.1318) in die Öffnung –A– einsetzen.
- 10 mm-Vierkant-Schlüssel in die Öffnung –B– einsetzen.
- **Keilrippenriemen entspannen:** Schlüssel nach rechts drehen und dadurch Riemenspanner zusammendrücken. Anschließend die Spannplatte nach links schwenken und den Dorn soweit zur Seite drücken, daß er auf dem gemeinsamen Träger für die Nebenaggregate abgestützt wird.
- **Keilrippenriemen spannen:** Schlüssel etwas nach links schwenken und Dorn herausnehmen. Anschließend Schlüssel langsam nach rechts drehen, bis die Federkraft des Spanners ausgeglichen ist.
- Schlauch für Aktivkohlefilter aufschieben.
- Motor-Steuergerät mit Halterung anschrauben.

Speziell 1,4-/1,6-l-Benzinmotor (K4J/K4M) mit Klimaanlage

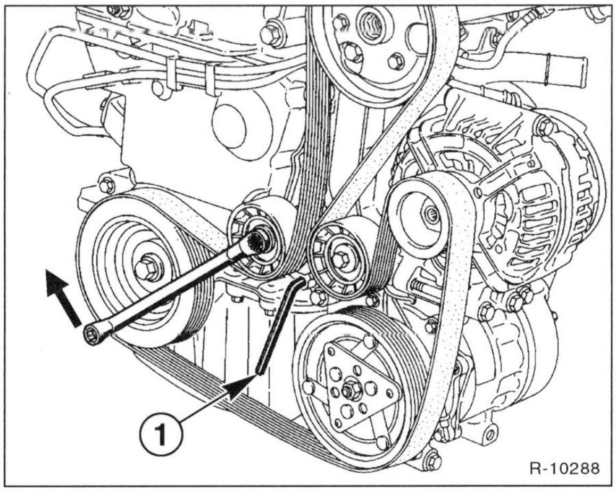

- Automatische Spannrolle mit einem Ringschlüssel SW 13 so weit nach links schwenken, bis der Spanner mit einem 6-mm-Innensechskantschlüssel festgestellt werden kann.
- Die Spannung des Keilrippenriemens braucht nicht eingestellt zu werden. Sie wird von der automatischen Spannrolle auf dem richtigen Wert gehalten.

Speziell 1,4-/1,6-l-Benzinmotor (K4J/K4M) ohne Klimaanlage

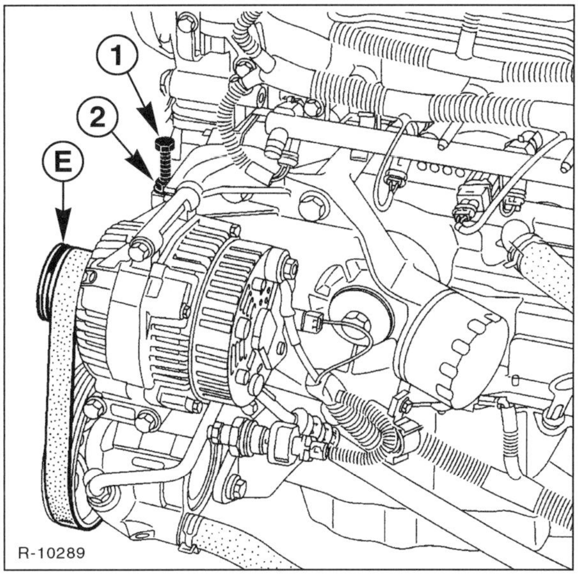

- Beide Befestigungsschrauben des Keilriemenspanners lösen. Die Schrauben befinden sich unterhalb der Schraube –1–.
- Der Meßpunkt für die Keilriemenspannung befindet sich am Riemenverlauf unten, zwischen Kurbelwellen-Riemenscheibe und der Hydraulikpumpe für Lenkhilfe.
- Die Riemenspannung wird mit dem Meßgerät Mot. 1273 gemessen, siehe dazu die Abschnitte für die anderen Motoren. Einstellwert für neuen Riemen: 108 ± 6 Einheiten auf der Anzeige. Nachspannen bei einem Meßwert unter 60.
- Die Einstellung der Riemenspannung erfolgt mit der Schraube –1–. Kontermutter –2– vorher lösen und anschließend wieder anziehen.

Achtung: Der Keilrippenriemen hat 5 Rippen. An den Riemenscheiben von Generator und Hydraulikpumpe der Servolenkung sind jedoch 6 entsprechende Vertiefungen am Umfang vorhanden. Beim Einbau unbedingt darauf achten, dass die Vertiefung –E– am Ende der Riemenscheibe von Generator und Hydraulikpumpe frei bleibt.

Störungsdiagnose Motor

Wenn der Motor nicht anspringt, Fehler systematisch einkreisen. Damit der Motor überhaupt anspringen kann, müssen beim Benzinmotor immer zwei Grundvoraussetzungen erfüllt sein: Das Kraftstoff-Luftgemisch muß bis in die Zylinder gelangen und der Zündfunke muß an den Zündkerzenelektroden überschlagen. Als erstes ist deshalb immer zu prüfen, ob überhaupt Kraftstoff gefördert wird. Wie man dabei vorgeht, steht in den Kapiteln »Kraftstoffanlage« und »Einspritzanlage«.

Um festzustellen, ob ein Zündfunke vorhanden ist, Zündkerzen herausschrauben, in Zündkerzenstecker stecken und einzeln gegen Masse halten. Dabei Kerzenstecker oder Zündkabel **nicht** mit der Hand festhalten, sondern eine gut isolierte Zange nehmen. Von Hilfsperson Motor starten lassen. **Achtung:** Um Schäden am Katalysator zu vermeiden, darf dabei kein Benzin eingespritzt werden. Daher Kraftstoffpumpenrelais abziehen. Wenn kein Zündfunke überspringt, Fehler entsprechend dem Kapitel »Zündanlage« aufspüren. **Achtung: Sicherheitshinweise für elektronische Zündanlage beachten.**

Beim Dieselmotor Vorglüh- und Kraftstoffanlage prüfen.

Störung: Der Motor springt schlecht oder gar nicht an.

Ursache		Abhilfe
Bedienungsfehler beim Starten.	**Benzinmotor:**	■ Kupplung treten, Automatikgetriebe in »P« oder »N« stellen. Zündschlüssel drehen und Anlasser betätigen, dabei **kein Gas geben**. Sobald der Motor läuft, Schlüssel loslassen. **Bei kaltem Motor:**Grundsätzlich sofort losfahren, nur bei strengem Frost Motor ca. 30 Sekunden warmlaufen lassen. Bei Temperaturen unter – 20° C: Zündung einschalten, einige Sekunden warten, bis die Wegfahrsperre die Anlaßbereitschaft freigibt, dann den Motor starten. **Hinweis:** Nach Unterbrechung der Stromversorgung (Batterie abgeklemmt, Sicherung defekt, ...) müssen die Türen mit der Fernbedienung entriegelt werden, bevor der Motor gestartet werden kann. **Achtung:** Häufige vergebliche Startversuche hintereinander können den Katalysator schädigen, da unverbranntes Benzin in den Katalysator gelangt und bei Erwärmung explosionsartig verbrennt.
	Dieselmotor:	■ **Bei kaltem Motor:** Glühzündung einschalten, bis die Vorglüh-Kontrollampe erlischt. Kupplung durchtreten, Automatikgetriebe in »P« oder »N«stellen. Sofort nach Verlöschen der Kontrollampe Motor anlassen, dabei kein Gas geben. Sobald der Motor läuft, Zündschlüssel loslassen. ■ **Bei warmem Motor:** Es braucht nicht vorgeglüht zu werden, der Motor kann sofort angelassen werden.
Benzinmotor: Zündanlage defekt.		■ Zündanlage überprüfen.
Dieselmotor: Vorglühanlage defekt.		■ Vorglühanlage prüfen.
Kraftstoffanlage defekt, verschmutzt.		■ Kraftstoffpumpe und -leitungen überprüfen.
Anlasser dreht zu langsam.		■ Batterie laden. Anlasserstromkreis überprüfen.
Kompressionsdruck zu niedrig.		■ Ventilspiel prüfen und einstellen, Ventile prüfen, Zylinderkopfdichtung ersetzen, beziehungsweise Motor überholen.
Falsche Steuerzeiten.		■ Steuerzeiten überprüfen, Zahnriemen erneuern.

Motor-Schmierung

Für die RENAULT MÉGANE-Motoren sind Mehrbereichsöle vorgeschrieben. Das hat den Vorteil, daß das Motoröl nicht jahreszeitbedingt (Sommer/Winter) gewechselt werden muß. Mehrbereichsöle bauen auf einem dünnflüssigen Einbereichsöl (z. B. 15 W) auf. Durch sogenannte Verdickerer wird das Öl im heißen Zustand stabilisiert, so daß für jeden Betriebszustand die richtige Schmierfähigkeit gegeben ist.

Das »W« in der SAE-Bezeichnung weist das Öl als wintertauglich aus.

Bei Leichtlaufölen handelt es sich um Mehrbereichsöle, denen unter anderem Reibwertverminderer zugesetzt wurden, wodurch sich die Reibung innerhalb des Motors vermindert. Für das Leichtlauföl wird als Grundöl ein sogenanntes Synthetiköl verwendet. Beim Kauf eines Leichtlauföles sollte man darauf achten, daß es von RENAULT freigegeben wurde.

Anwendungsbereich/Viskositätsklassen

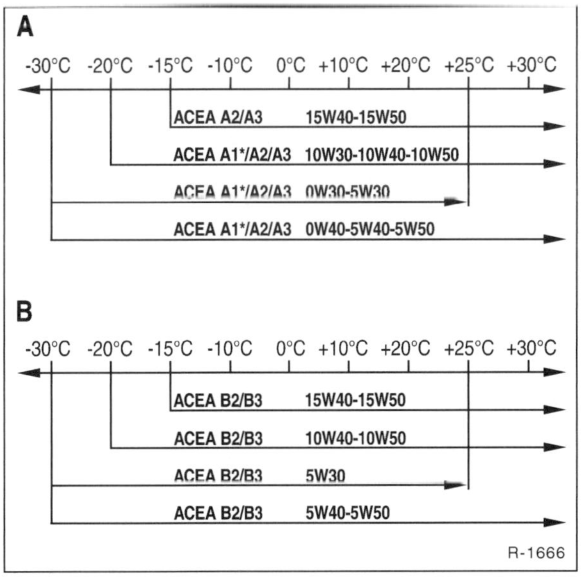

A = Motoröle für Benzinmotoren
B = Motoröle für Dieselmotoren
* = Leichtlauföl, nicht für 2,0-l-Benzinmotor (150 PS)

Da die Einsatzbereiche benachbarter SAE-Klassen sich überschneiden, können kurzfristige Temperaturschwankungen unberücksichtigt bleiben. Es ist zulässig, Öle verschiedener Viskositätsklassen miteinander zu mischen, wenn einmal Öl nachgefüllt werden muß und die Außentemperaturen nicht mehr der Viskositätsklasse des im Motor befindlichen Öles entsprechen.

Zusatzschmiermittel – gleich welcher Art – sollen weder dem Kraftstoff noch dem Schmieröl beigemischt werden.

Spezifikation des Motoröls

Die Qualität eines Motoröls wird durch das amerikanische API-System gekennzeichnet (API: American Petroleum Institut). Europäische Hersteller richten sich ebenfalls nach diesem System.

Die Kennzeichnung erfolgt durch jeweils zwei Buchstaben. Der erste Buchstabe gibt den Anwendungsbereich an: **S** = Service, für **Ottomotoren** geeignet; **C** = Commercial, für **Dieselmotoren** geeignet. Der zweite Buchstabe gibt die Qualität in alphabetischer Reihenfolge an.Von höchster Qualität sind Öle der API Spezifikation **SH** für Ottomotoren und **CF** für Dieselmotoren.

Europäische Ölhersteller geben noch zusätzlich eine »CCMC«-Spezifikation an. Die CCMC-Spezifikationen berücksichtigen insbesondere die europäische Motorentechnologie. Öle für Benzinmotoren erhalten je nach Qualität die Klassen CCMC-G1 bis -G5; Dieselmotoröle für Pkw gibt es in den Spezifikationen CCMC-PD1 und der höherwertigen Spezifikation CCMC-PD2.

Die europäische CCMC-Kommission wurde von der **»ACEA«** (Association des Constructeurs Européens de l'Automobile) abgelöst, welche weitere Tests und Qualitätsstufen festlegt. Öle für PKW-Benzinmotoren erhalten je nach Qualität die Klassen ACEA A1-96 bis A3-96; Dieselmotoröle erhalten die Klassen B1-96 bis B3-96. Von höchster Qualität sind Öle **A3** für Ottomotoren und **B3** für Dieselmotoren. **»96«** steht für den Beginn der Gültigkeit der ACEA-Klassifikation im Jahr 1996. Motoröle mit höheren Jahreszahlangaben können ebenfalls verwendet werden.

Achtung: Motorenöle, die vom Öl-Hersteller ausdrücklich als Öle für Diesel-Motoren bezeichnet werden, sind für Otto-Motoren nicht geeignet. Es gibt Öle, die sowohl für den Otto- wie auch für den Diesel-Motor geeignet sind. In diesem Fall sind beide Spezifikationen (Beispiel: CCMC-G5/PD2 oder API SG/CD) auf der Öldose vermerkt.

Das richtige Motoröl für den RENAULT MÉGANE

Benzinmotor: Das Motoröl sollte die Mindestnormen API-SH, CCMC-G4, ACEA-A2-96 für Mehrbereichsöle und API-SJ, CCMC-G5, ACEA-A3-96 für Leichtlauföle erfüllen.

Dieselmotor: Das Motoröl sollte die Mindestnormen API-CF, CCMC-PD2, ACEA-B2-96 oder B3-96 erfüllen.

Ölverbrauch

Bei einem Verbrennungsmotor versteht man unter dem Ölverbrauch diejenige Ölmenge, die als Folge des Verbrennungsvorganges verbraucht wird. Auf keinen Fall ist Ölverbrauch mit Ölverlust gleichzusetzen, wie er durch Undichtigkeiten an Ölwanne, Zylinderkopfdeckel usw. auftritt.

Normaler Ölverbrauch entsteht durch Verbrennung jeweils kleiner Mengen im Zylinder; durch Abführen von Verbrennungsrückständen und Abrieb-Partikeln. Zudem verschleißt das Öl durch hohe Temperaturen und hohe Drücke, denen es im Motor fortwährend ausgesetzt ist. Auch äußere Betriebsverhältnisse, wie Fahrweise sowie Fertigungstoleranzen haben einen Einfluß auf den Ölverbrauch. Der Ölverbrauch darf höchstens 1,0 l/1000 km betragen.

Unbedingt muß Öl nachgefüllt werden, wenn die »Nachfüll«-Markierung erreicht ist. **Achtung:** Nicht Öl über die »Maximal«-Markierung einfüllen. Wurde zuviel Öl eingefüllt, muß das überschüssige Öl abgelassen werden. Sonst kann der Katalysator beschädigt werden, da unverbranntes Öl in die Abgasanlage gelangt.

Der Ölkreislauf

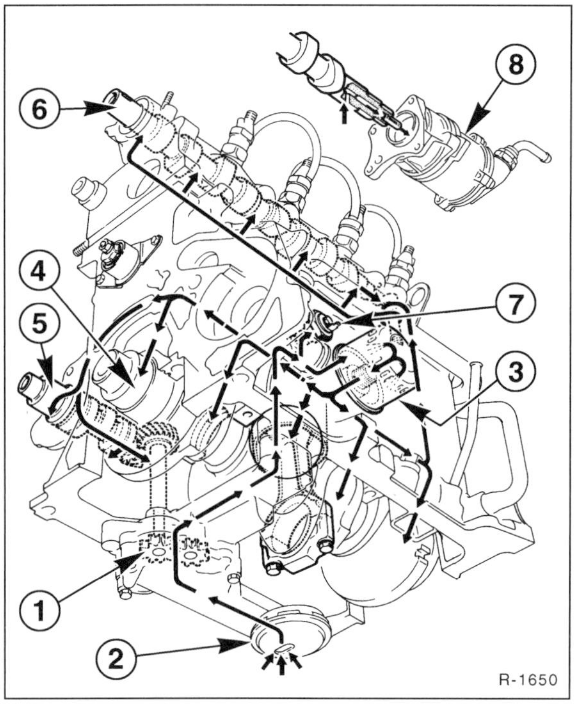

Die Ölpumpe –1– saugt das Motoröl über den Ölsaugkorb –2– aus der Ölwanne an und drückt es in den Hauptstrom-Ölfilter –3–. An der Druckseite der Ölpumpe befindet sich ein Überdruckventil (Öldruckregelventil). Bei zu hohem Öldruck öffnet das Ventil, und ein Teil des Öls kann in die Ölwanne zurückfließen.

Durch die Mittelachse der Filterpatrone gelangt das gefilterte Öl in den Hauptölkanal. Bei verstopftem Ölfilter leitet ein Kurzschlußventil das Öl direkt und ungefiltert in den Hauptölkanal. Bei zu geringem Öldruck im Hauptölkanal öffnet ein Kontakt im Öldruckschalter –7– und die Ölwarnleuchte im Schalttafeleinsatz leuchtet auf.

Vom Hauptölkanal zweigen Kanäle ab zur Schmierung der Lager von Kurbelwelle –4–, Zwischenwelle –5– und Nockenwelle –6–. Durch schräge Bohrungen in der Kurbelwelle wird das Öl an die Pleuellager geleitet und von dort gegen Kolbenbolzen und Zylinder gespritzt.

Durch eine Bohrung in der Nockenwelle wird beim Dieselmotor die Vakuumpumpe –8– geschmiert.

Öldruck prüfen

- Ölstand kontrollieren.
- Motor warmfahren. Nach Erreichen der Kühlmittel-Betriebstemperatur noch etwa 5 km weiterfahren, damit auch eine ausreichende Motoröltemperatur von ca. +80° C sichergestellt ist.

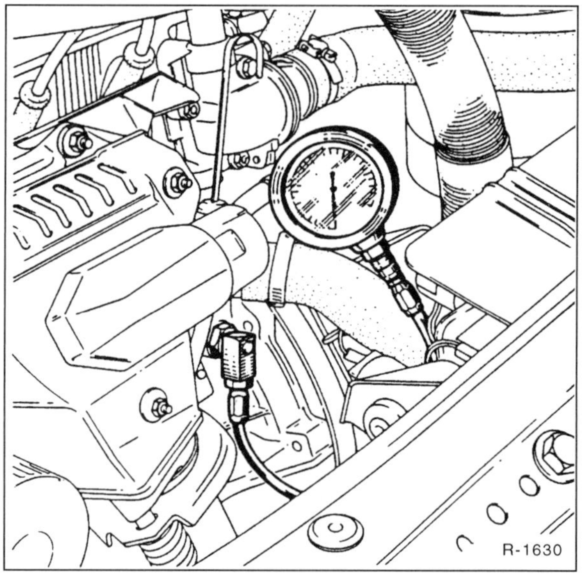

- Kabel vom Öldruckschalter abziehen und Öldruckschalter herausschrauben. Die Abbildung zeigt den 1,4-/1,6-l-Benzinmotor (E7J/K7M). Bei den anderen Motoren befindet sich der Öldruckschalter links neben dem Ölfilter beziehungsweise in der Nähe des Ölfilters.
- Anstelle des Öldruckschalters Öldruckgeber mit Manometer einschrauben.
- Motor starten, mit Prüfdrehzahl laufen lassen und Öldruck ablesen.

1,4-/1,6-l-Benzinmotor

Mindest-Öldruck: ◆ Bei Leerlaufdrehzahl: **1,0 bar.**
◆ Bei 3.000/min: **3,0 bar.**

2,0-l-Benzinmotor, 1,9-l-Dieselmotor

Mindest-Öldruck:
- Bei 1.000/min: **1,2 bar.**
- Bei 3.000/min: **3,5 bar.**

- Öldruckschalter mit neuem Dichtring einsetzen und mit **35 Nm** festziehen.
- Falls der Öldruck vom Sollwert abweicht, siehe »Störungsdiagnose Ölkreislauf«.

Öldruckschalter prüfen

- Batterie-Massekabel (–) abklemmen. **Achtung:** Dadurch können elektronische Speicher gelöscht werden, wie zum Beispiel der Radiocode. Hinweise im Kapitel »Batterie aus- und einbauen« beachten.
- Elektrisches Kabel vom Öldruckschalter abziehen. Öldruckschalter herausschrauben. Der Öldruckschalter befindet sich am Motorblock neben dem Ölmeßstab oder links neben dem Ölfilter.

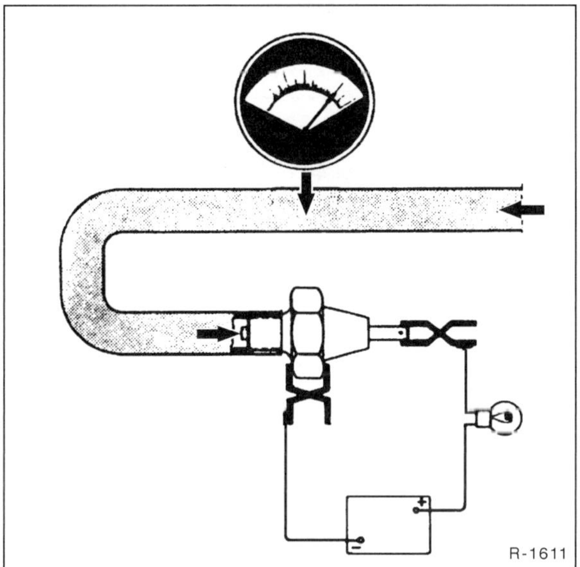

R-1611

- Öldruckschalter mit Hilfsleitungen und Prüflampe an die Batterie anschließen. Die Prüflampe muß aufleuchten. Anstelle von Batterie und Prüflampe kann auch ein Ohmmeter angeschlossen werden, das Ohmmeter muß Durchgang, also 0 Ω, anzeigen. Andernfalls Öldruckschalter ersetzen.
- Schlauch mit Manometer und Druckluftanschluß auf das Gewinde vom Schalter aufschieben. Der Schlauch muß dicht sitzen. Druck von 0 bar an langsam erhöhen. Bei einem Druck von mehr als 0,35 bar muß die Prüflampe erlöschen, beziehungsweise das Ohmmeter ∞ (unendlich) anzeigen. Ansonsten Öldruckschalter ersetzen.
- Öldruckschalter mit neuem Dichtring und **35 Nm** festschrauben.
- Batterie-Massekabel (–) anklemmen.
- Zeituhr einstellen.

Speziell 150-PS-Motor

Der Öldruckgeber wird geprüft, wenn die Öldruckanzeige im Schalttafeleinsatz von den normalen Werten abweicht.

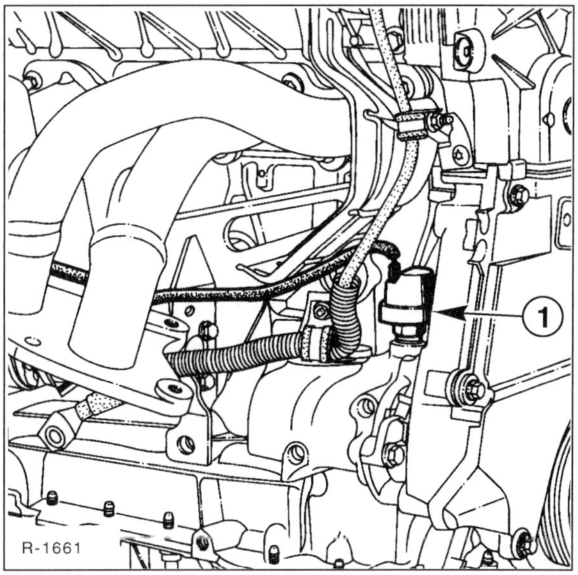

R-1661

- Öldruckgeber –1– prüfen. Dazu Stecker vom Geber abziehen.
- Ohmmeter am Geber anschließen.
- Motor starten und im Leerlauf drehen lassen. Das Meßgerät muß einen Widerstand von 155 Ω anzeigen.
- Drehzahl auf 3000/min erhöhen. Das Meßgerät muß einen Widerstand von 45 Ω anzeigen.
- Öldruck prüfen.
- Ist der Öldruck in Ordnung und die Widerstandswerte des Gebers weichen deutlich von den Sollwerten ab, Öldruckgeber ersetzen.

Ölwanne aus- und einbauen

1,4-/1,6-l-Motor (E7J/K7M)

Beschrieben wird der Ausbau der Ölwanne am 1,4-/1,6-l-Benzinmotor (E7J/K7M) mit Blech-Ölwanne. Zum Ausbau der Aluminium-Ölwanne muß die Motor/Getriebe-Einheit ausgebaut werden. **Achtung:** Zum Ausbau der Ölwanne des 1,4-/1,6-l-Benzinmotors (K4J/K4M) müssen Teile der Hydraulikanlage der Servolenkung ausgebaut werden. Daher kann die Ölwanne nur von der Fachwerkstatt ausgebaut werden.

Ausbau

Achtung: Einige Arbeiten sind in den Kapiteln »Motor aus- und einbauen« sowie »Getriebe aus- und einbauen« näher erläutert. Deshalb auch diese Kapitel durchlesen.

- Batterie-Massekabel (–) abklemmen. **Achtung:** Dadurch können elektronische Speicher gelöscht werden, wie zum Beispiel der Radiocode. Hinweise im Kapitel »Batterie aus- und einbauen« beachten.

- Kühlmittel-Ausgleichbehälter ausbauen und am Thermostatgehäuse unterhalb des oberen Kühlerschlauches aufhängen.
- Oberen Kühlerschlauch am Thermostatgehäuse abziehen und eventuell auslaufende Kühlflüssigkeit auffangen. Vorher Schlauchschelle öffnen und ganz zurückschieben.
- Stellung der Vorderräder zur Radnabe mit Farbe kennzeichnen. Dadurch kann das ausgewuchtete Rad wieder in derselben Position montiert werden. Beim Lösen der Radschrauben muß das Fahrzeug auf dem Boden stehen. Fahrzeug vorn aufbocken und Vorderräder abnehmen.
- Falls vorhanden, Motor-Unterschutz ausbauen.
- Motoröl ablassen, siehe Seite 289.
- Innenkotflügel ausbauen, siehe Seite 192.
- Vorderes Abgasrohr mit Katalysator ausbauen, siehe Seite 109.
- Schaltstange am Getriebe abbauen, siehe Seite 121.

Linke Fahrzeugseite:

- Bremssattel vorn links ausbauen und mit Draht am Federbein aufhängen, siehe Seite 160.
- Linke Spurstange am Achsschenkel mit handelsüblichem Spezialwerkzeug herausdrücken, siehe auch Seite 153.
- Die 3 Befestigungsschrauben der linken Gelenkwellenmanschette am Getriebe abschrauben.
- Mutter für Achsgelenk abschrauben und Klemmschraube herausziehen.
- Querlenker nach unten aus dem Radlagergehäuse herausziehen. Ist dies nicht von Hand möglich, Montiereisen zwischen Unterboden und Lenker ansetzen und Querlenker heraushebeln.
- 2 Schrauben für untere Federbeinbefestigung am Radlagergehäuse abschrauben und herausziehen.
- Achsschenkel nach außen ziehen, dabei gleitet die Gelenkwelle aus dem Getriebe. **Achtung:** Dabei Gelenke nicht zu stark anwinkeln, Gelenkmanschetten nicht beschädigen.

Rechte Fahrzeugseite:

- Spannstift der rechten Antriebswelle mit Hilfe eines geeigneten Durchschlags heraustreiben, siehe Seite 138.
- Spurstangenkopf am Achsschenkel herausdrücken, siehe Seite 153.
- Obere Schraube der unteren Federbeinbefestigung abschrauben und herausnehmen. Mutter an der unteren Schraube nur lösen, nicht abschrauben.
- Achsschenkelträger nach außen schwenken, dabei trennt sich die Gelenkwelle vom Getriebe.

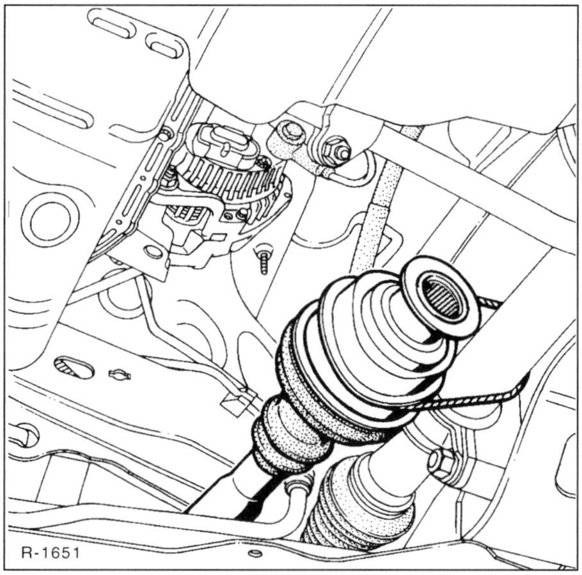

- Antriebswelle an der Lenkung mit Schnur oder Draht aufhängen.

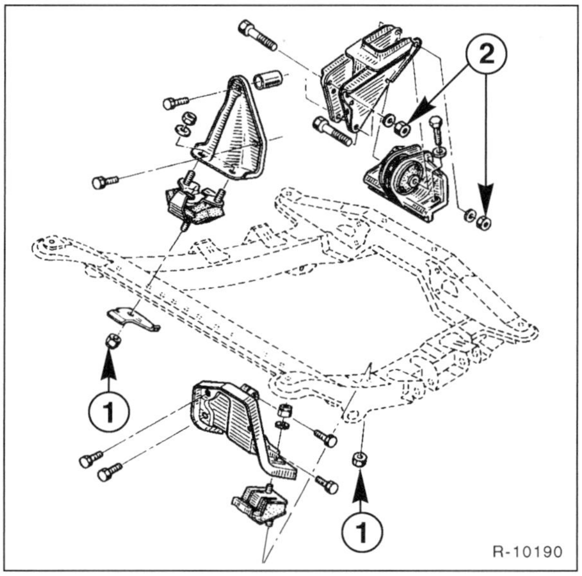

- Muttern –1– für Motor- und Getriebelager abschrauben.
- Muttern –2– für Halterung der Stabilisatorstrebe abschrauben.
- Strebe zwischen beiden Stoßdämpferdomen abschrauben.
- Masseband Motor/Aufbau abschrauben.
- Falls vorhanden, Tachowelle am Getriebe abbauen.
- Ausgleichbehälter für Servolenkung abbauen und mit angeschlossenen Leitungen zur Seite legen.
- Schlauch für Bremskraftverstärker am Saugrohr abziehen, vorher Klemmschelle mit Seitenschneider durchkneifen. Beim Einbau Schraubschelle verwenden.

- Schlauch vom Elektroventil des Aktivkohlesystems abziehen.
- Schlauch für Kurbelgehäuse-Entlüftung abziehen.
- Stecker vom Drosselklappenpotentiometer abziehen.

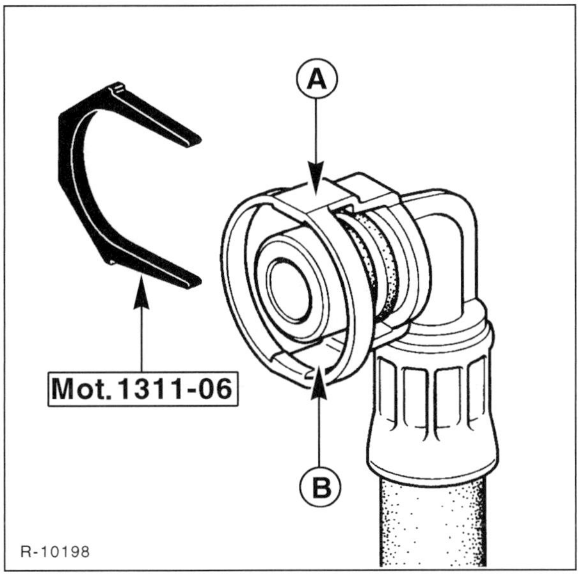

- **1,6-l-Benzinmotor (K7M):** Kraftstoffzuleitung lösen und abziehen. Dazu seitlich auf den Verschluß drücken und dadurch die Haltelaschen –A/B– anheben. Befindet sich das Ausbauwerkzeug nicht am Schlauchanschluß, Spezialwerkzeug Mot.1311-06 seitlich in den Verschluß einstecken und andrücken.
- **1,4-l-Benzinmotor (E7J):** Kraftstoffleitungen mit Tesaband kennzeichnen, damit sie beim Einbau nicht verwechselt werden. Kraftstoffvor- und Rücklaufleitung abziehen, vorher Schlauchklemmen lösen. Beim Abziehen Lappen unterlegen und eventuell auslaufenden Kraftstoff auffangen. Leitungen umgehend mit geeignetem Stopfen verschließen. Dazu saubere Schrauben mit gleichem Gewindedurchmesser in die Schläuche stecken.

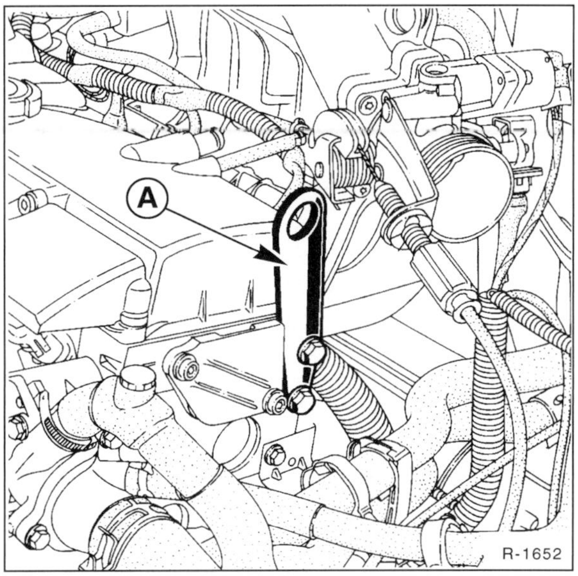

- **1,6-l-Benzinmotor (K7M):** Motor-Hebelasche –A– am Zylinderkopf anschrauben. Die Lasche kann entsprechend den folgenden Maßen selbst angefertigt werden.

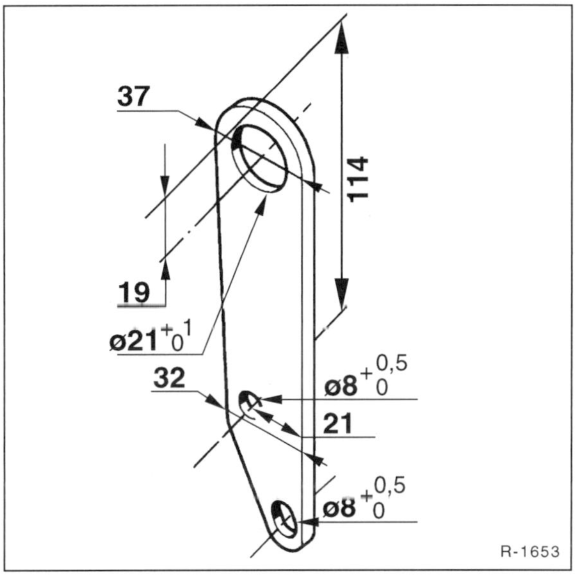

Angegebene Maße für Hebelasche in mm.

- Kupplungsseilzug am Halter Längsträger aushängen.

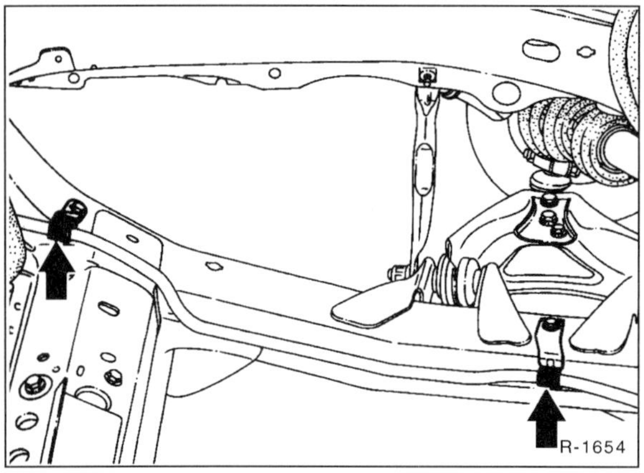

- Hydraulikschlauch für Servolenkung am Tragrahmen abschrauben und zur Seite legen. Dazu Halteschellen für Hydraulikleitung abschrauben.

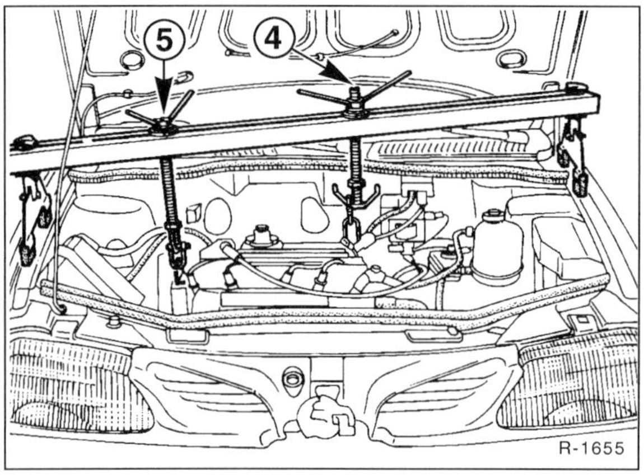

- Motor an Motorheber anhängen. Dazu 2 Karabinerhaken an den Motor-Aufhängeösen einhängen und durch ein Drahtseil mit dem Motorheber verbinden. Steht die Vorrichtung nicht zur Verfügung, entsprechendes Seil durch die Laschen am Motor ziehen und kräftiges Rohr durch das Seil schieben und auf entsprechenden Böcken lagern. **Achtung:** Rohr nicht auf den Kotflügeln lagern.
- **Scenic:** Motor aufhängen, siehe Seite 14.

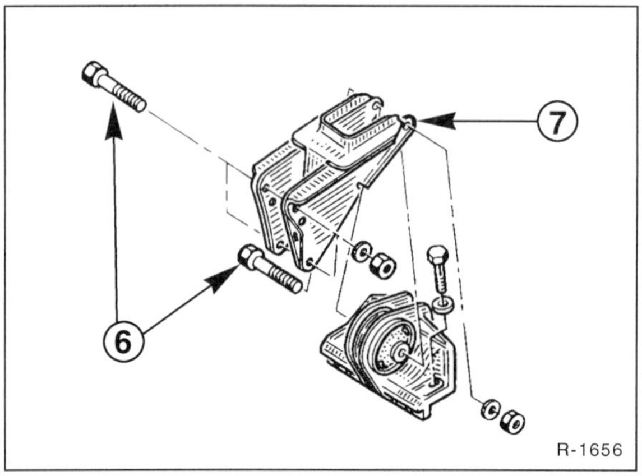

- Motor mit Motorheber soweit anheben, bis die 3 Schrauben –6– herausgeschraubt werden können.

- Halterung –7– der Motorstütze nach unten herausnehmen.

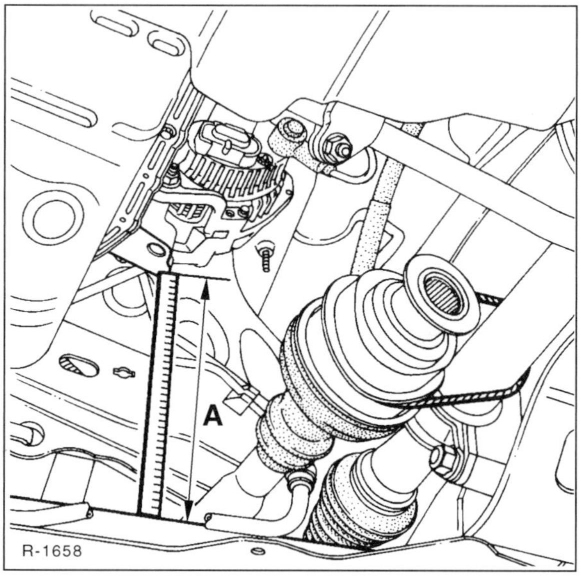

- Motor auf der Zahnriemenseite weiter anheben, bis der Abstand zwischen Motorblock und Tragrahmen A ≈ 26 cm beträgt. Dazu Hebeöse –5– anziehen, siehe Abbildung R-1655.

Achtung: Darauf achten, daß beim Anheben des Motors der Hauptkabelstrang des Sicherungskastens nicht zwischen dem Gehäuse des 5. Ganges und dem Längsträger eingeklemmt wird.

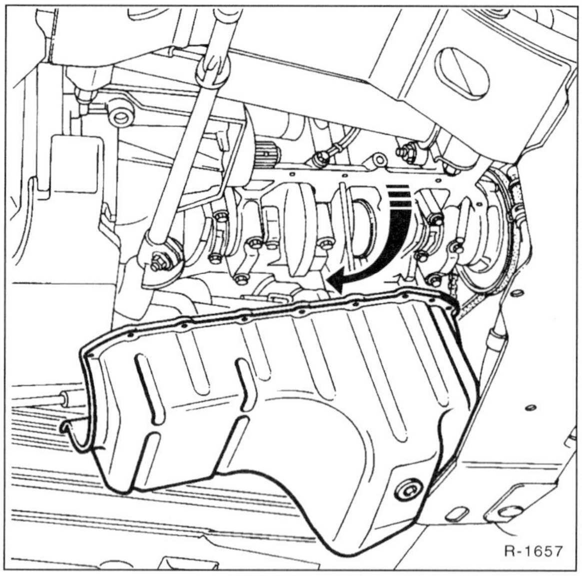

- Ölwanne abschrauben und in Pfeilrichtung abnehmen, gegebenenfalls mit Schraubendreher vorsichtig abheben.

Einbau

- Dichtflächen der Ölwanne und Motorblock mit Fettlöser abreiben und trocknen. Als Reinigungsmittel kann beispielsweise Spiritus oder Aceton verwendet werden.
- Motorblock, Kurbeltrieb und Ölpumpe sorgfältig abreiben. Die Abdichtung der Ölwanne kann sonst durch herabfließendes Öl beeinträchtigt werden.

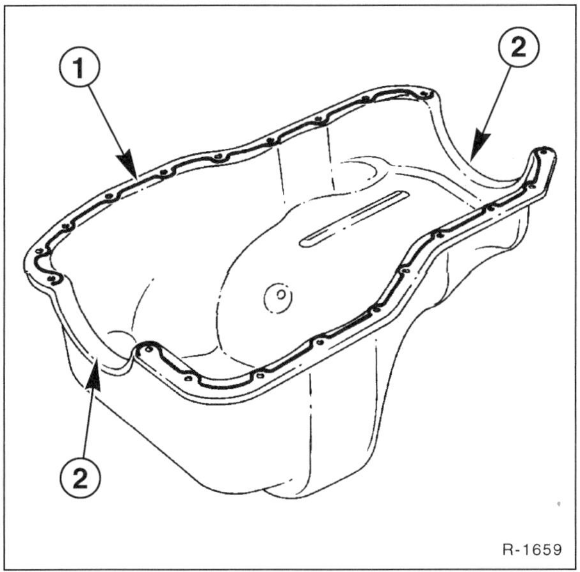

- Abdichtpaste RHODORSIL 5661 als Band –1– mit 3 mm ∅, wie in der Abbildung dargestellt, auf die Dichtflächen der Ölwanne auftragen.
- An jedem Ölwannenende –2– **neue** Dichtgummis einsetzen.
- Vor dem Ansetzen der Ölwanne prüfen, ob im Bereich der Dichtflächen Öl heruntergelaufen ist. Gegebenenfalls Öl abwischen und betreffende Stelle mit Fettlöser abreiben. **Achtung:** Nur Abwischen genügt nicht.
- Ölwanne vorsichtig ansetzen. Wenn das Dichtmittel beim Ansetzen verrutscht, Ölwanne nochmals abnehmen und betreffende Stelle mit Dichtmittel ausbessern.
- Zuerst die beiden mittleren Schrauben einsetzen und handfest anziehen. Dann die restlichen Schrauben reindrehen. Unterlegscheiben nicht vergessen.
- Schrauben für Ölwanne gleichmäßig ganz leicht festziehen, Anzugsdrehmoment max. 10 Nm.
- Halterung der Motorstütze einsetzen und Motor soweit absenken, bis die 3 Befestigungsschrauben eingesetzt werden können. Muttern anschrauben, nicht festziehen.
- Hydraulikschlauch für Servolenkung mit Halteschellen am Tragrahmen anschrauben.
- Kupplungsseilzug am Längsträger befestigen, siehe Seite 118.
- Zusätzliche Motor-Hebelasche am Zylinderkopf abschrauben.
- Kraftstoffschläuche aufschieben und einrasten.
- Stecker für Drosselklappenpotentiometer aufstecken.
- Schlauch für Kurbelgehäuse-Entlüftung aufschieben.
- Schlauch vom Elektroventil des Aktivkohlesystems aufschieben.
- Schlauch für Bremskraftverstärker am Saugrohr aufschieben und mit Schraubschelle sichern.
- Ausgleichbehälter für Servolenkung anbauen.
- Falls vorhanden, Tachowelle am Getriebe anbauen.
- Masseband Motor/Aufbau anschrauben.
- Strebe zwischen beiden Stoßdämpferdomen anschrauben.
- Muttern für Motor- und Getriebelager beiziehen, nicht festschrauben.
- Motor/Getriebe-Einheit durch Schüttelbewegungen spannungsfrei ausrichten. Sämtliche Schrauben und Muttern mit richtigem Anzugsdrehmoment festziehen, siehe unter »Motoraufhängung« auf Seite 20/21.
- Schaltstange am Getriebe anbauen, siehe Seite 121.
- Vorderes Abgasrohr mit Katalysator einbauen, siehe Seite 109.
- Linke und rechte Gelenkwelle einbauen, siehe Seite 138.
- Federbein am Achsschenkel mit **170 Nm** anschrauben.
- Spurstangenköpfe einbauen, siehe Seite 153.
- Achsgelenk einbauen, siehe Seite 135.
- Bremssattel einbauen, siehe Seite 160.
- Falls vorhanden, Motor-Unterschutz einbauen.
- Vorderräder so ansetzen, daß die beim Ausbau angebrachten Markierungen übereinstimmen. Vorher Zentriersitz der Felge an der Radnabe sowie die Kegelfläche der Radschrauben mit Wälzlagerfett leicht einfetten. Gewinde der Radschrauben **nicht** fetten oder ölen. Räder anschrauben. Fahrzeug ablassen und Radschrauben über Kreuz mit **90 Nm** festziehen.
- Oberen Kühlerschlauch am Thermostatgehäuse aufschieben und mit Schlauchschelle sichern.
- Kühlmittel-Ausgleichbehälter einbauen.
- Kühlmittelstand prüfen, gegebenenfalls Kühlmittel auffüllen, siehe Seite 68.

Achtung: Trocknungszeit für Dichtmittel von ca. 1 Stunde abwarten.

- Öl auffüllen und mit Peilstab Ölstand prüfen.
- Batterie-Massekabel (–) anklemmen.
- Zeituhr einstellen.
- Falls erforderlich, Diebstahlcode für Radio eingeben.
- Probefahrt durchführen und Ölwanne auf Dichtigkeit prüfen, eventuell alle Schrauben vorsichtig nachziehen.

Speziell 2,0-l-Benzinmotor (außer 16V-Motor), 1,9-l-Dieselmotor

- Abdeckung der Pendelaufhängung am Motor ausbauen.

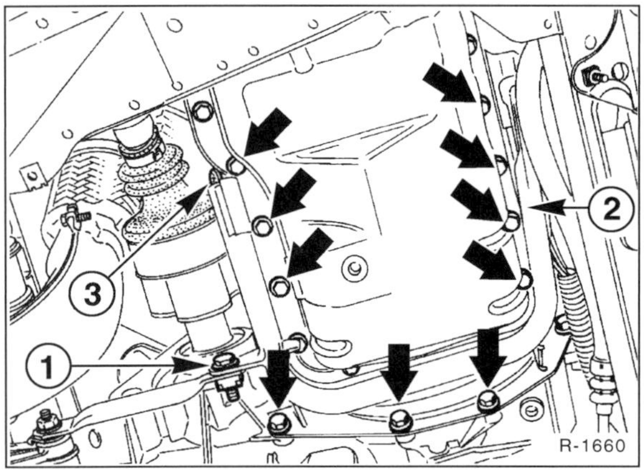

- Schraube –1– für Stabilisierungsstrebe herausschrauben.
- Strebe Motor/Getriebe –2– abschrauben. **Achtung:** Für die Schraube –3– muß aufgrund beengter Platzverhältnisse unter Umständen ein gekürzter Torxeinsatz (Bit) T50 zusammen mit einem 8 mm Ringschlüssel verwendet werden.
- Schrauben für Ölwanne gleichmäßig mit **15 Nm** festziehen.
- Nach dem Absenken des Motors Motorlager/Pendelaufhängung einstellen und festschrauben, siehe Seite 20/21.

Hinweis: Die Ölwanne des 1,4-/1,6-l-Benzinmotors (K4J/K4M) kann nur von der RENAULT-Werkstatt aus- und eingebaut werden, da hierbei Teile der hydraulischen Servolenkung ausgebaut werden müssen.

Störungsdiagnose Ölkreislauf

Störung	Ursache	Abhilfe
Kontrolleuchte leuchtet nicht nach Einschalten der Zündung.	Öldruckschalter defekt.	■ Zündung einschalten, Leitung vom Öldruckschalter abziehen und gegen Masse halten. Wenn die Kontrollampe leuchtet, Schalter ersetzen.
	Strom zum Schalter unterbrochen, Kontakte korrodiert.	■ Elektrische Leitung und Anschlüsse prüfen.
	Kontrollampe defekt.	■ Kontrollampe ersetzen.
Kontrollicht erlischt nicht nach Anspringen des Motors.	Öl sehr warm.	■ Unbedenklich, wenn Kontrollicht beim Gasgeben erlischt.
Kontrollicht erlischt nicht beim Gasgeben bzw. leuchtet während der Fahrt.	Öldruck zu gering.	■ Ölstand prüfen, ggf. auffüllen; Öldruck nach Vorschrift prüfen.
	Elektrische Leitung zum Öldruckschalter hat Kurzschluß gegenüber Masse.	■ Kabel am Schalter abziehen und isoliert ablegen (nicht gegen Masse legen), Zündung einschalten. Wenn die Kontrollampe aufleuchtet, Leitung überprüfen.
	Öldruckschalter defekt.	■ Schalter auswechseln.
Zu niedriger Öldruck im gesamten Drehzahlbereich.	Zu wenig Öl im Motor.	■ Motoröl nachfüllen.
	Ansaugsieb in der Saugglocke verschmutzt, Saugrohr gebrochen.	■ Ölwanne ausbauen, Ansaugsieb reinigen, ggf. Saugrohr ersetzen.
	Ölpumpe verschlissen.	■ Ölpumpe ausbauen und prüfen, gegebenenfalls ersetzen.
	Lagerschaden.	■ Motor demontieren.
Zu niedriger Öldruck im unteren Drehzahlbereich.	Öldruckregelventil klemmt in offenem Zustand durch Verschmutzung.	■ Öldruckregelventil ausbauen und prüfen.
Zu hoher Öldruck bei Drehzahlen über 2.000/min.	Öldruckregelventil öffnet nicht wegen Verschmutzung.	■ Öldruckregelventil ausbauen und prüfen.

Motor-Kühlung

Der Kühlmittelkreislauf

Schemazeichnung 1,6-l-Benzinmotor (K7M) mit Schaltgetriebe

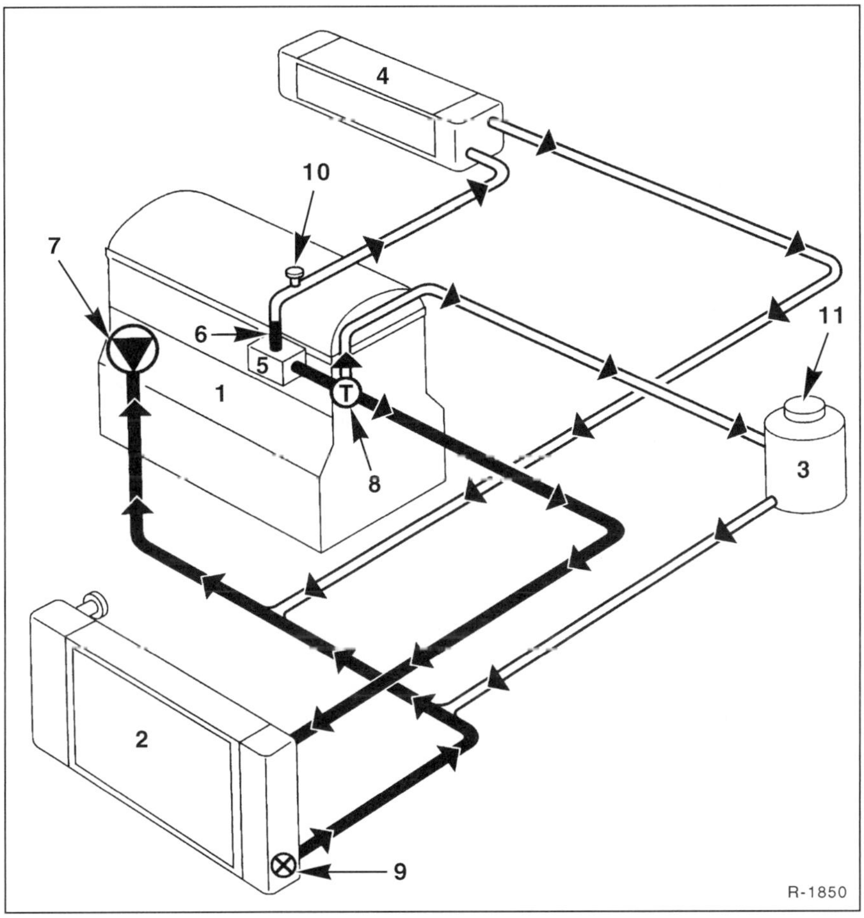

1 – Motor
2 – Kühler
3 – Ausgleichbehälter
4 – Wärmetauscher für Heizung
5 – Thermostatgehäuse
6 – Leitungskalibrierung 3mm ∅
7 – Kühlmittelpumpe
8 – Kühlmittelregler (Thermostat)
9 – Thermoschalter für Kühlerlüfter
10 – Entlüftungsschraube
11 – Deckel für Ausgleichbehälter
1,6- (K7M)/2,0-l-Benzinmotor: Öffnungsdruck des Ausgleichventils (blau): 1,6 bar.
1,6- (K4M)/1,4-l-Benzinmotor, 1,9-l-Dieselmotor: Öffnungsdruck des Ausgleichventils (braun): 1,2 bar.

Füllmengen:

1,4-l-Benzinmotor (E7J): 6,0 l
1,4-l-Benzinmotor (K4J): 6,9
1,6-l-Benzinmotor (K7M): 6,0 l
1,6-l-Benzinmotor (K4M): 6,9 l
1,9-l-Dieselmotor: 7,5 l
2,0-l-Benzinmotor: 7,0 l

Das Kühlsystem besteht im wesentlichen aus Kühler, Kühlmittelpumpe, Thermostat und elektrisch betriebenem Lüfter.

Der Kühlmittelkreislauf wird thermostatisch geregelt. Solange der Motor kalt ist, zirkuliert das Kühlmittel nur im Motorblock und im Wärmetauscher der Heizung. Mit zunehmender Erwärmung öffnet der Thermostat (Kühlmittelregler) den Kühlmittelstrom durch den Kühler. Das Kühlmittel wird von der Kühlmittelpumpe bewegt, die durch einen Keilriemen angetrieben wird. Die Kühlflüssigkeit durchströmt den Kühler von oben nach unten und wird dabei durch den an den Kühlrippen vorbeistreichenden Fahrtwind gekühlt.

Ein elektrisch betriebener Lüfter sorgt für zusätzliche Kühlung. Sobald die Kühlmitteltemperatur auf ca. +92° C steigt, schaltet ein Thermoschalter über ein Relais den Lüfter zu. Sinkt die Kühlmitteltemperatur unter +82° C, schaltet der Thermoschalter den Lüfter wieder aus.

Der Ausgleichbehälter dient als Vorratsbehälter für Kühlmittel und fängt das sich bei Erwärmung ausdehnende Kühlmittel auf. Nachgefüllt wird das Kühlmittel nur über den Ausgleichbehälter.

Achtung: Bei Arbeiten in der Nähe des Lüfters bei warmem Motor darauf achten, daß der Lüfter unversehens einschalten kann, wenn durch Stauwärme die Temperatur im Bereich des Thermoschalters ansteigt. **Verletzungsgefahr!**

Achtung: Bei Arbeiten am Kühlsystem unbedingt darauf achten, daß **kein Kühlmittel auf den Zahnriemen** gelangt. Der Glykolanteil des Kühlmittels kann das Gewebe des Zahnriemens so schädigen, daß der Riemen nach einiger Betriebszeit reißt, wodurch schwerwiegende Motorschäden auftreten können.

Kühler-Frostschutzmittel

Die Kühlanlage wird vom Werk mit einer Mischung aus kalkarmem Wasser und Kühlerfrost- und Korrosions-Schutzmittel aufgefüllt. Das Kühlkonzentrat verhindert Frost- und Korrosionsschäden und hebt außerdem die Siedetemperatur des Wassers an. Deshalb muß das Kühlsystem unbedingt ganzjährig mit Kühlerfrost- und Korrosionsschutzmittel gefüllt sein.

Achtung: Nur von RENAULT freigegebene Kühlkonzentrate verwenden, zum Beispiel GLACEOL RX (Typ D). Das Kühlkonzentrat muß für Aluminium-Bauteile geeignet sein.

Da der Korrosionsschutz-Anteil in der Kühlflüssigkeit nach einiger Zeit an Wirkung verliert, sollte die Kühlflüssigkeit gewechselt werden, wenn Aluminiumteile des Kühlsystems erneuert wurden.

Für den Wasseranteil nur entmineralisiertes oder destilliertes Wasser verwenden.

Kühlmittel-Mischungsverhältnis

Motor	Frostschutz bis	– 25°C	– 40° C
1,4-/1,6-l E7J/K7M	Kühlkonzentrat	2,25 l	3,0 l
	Wasser	3,75 l	3,0 l
1,4-/1,6-l K4J/K4M	Kühlkonzentrat	2,4 l	3,45 l
	Wasser	4,5 l	3,45 l
2,0-l	Kühlkonzentrat	2,5 l	3,5 l
	Wasser	4,5 l	3,5 l
1,9-l Diesel	Kühlkonzentrat	2,75 l	3,75 l
	Wasser	4,75 l	3,75 l

Der Frostschutz sollte in unseren Breiten bis ca. –25° C reichen.

Achtung: Der Anteil des Kühlkonzentrates in der Kühlflüssigkeit sollte 60% nicht überschreiten, da sich dann der Frostschutz wieder vermindert. Außerdem verringert sich die Kühlleistung.

Kühlmittel wechseln

Achtung: Wird die Kühlflüssigkeit im Rahmen einer Reparatur abgelassen, sollte sie zur Wiederverwendung aufgefangen werden, da die Kühlflüssigkeit ein Frost- und Korrosionsschutzmittel enthält. Wird allerdings die Kühlmittelpumpe, der Kühler oder der Zylinderkopf ersetzt, Kühlflüssigkeit grundsätzlich erneuern. Nur von RENAULT freigegebenen Kühlmittelzusatz verwenden, zum Beispiel GLACEOL RX (Typ D).

Hinweis: Kühlmittel ist leicht giftig. Gemeinde- und Stadtverwaltungen informieren darüber, wie das alte Kühlmittel entsorgt werden soll.

Ablassen

- Verschlußdeckel vom Ausgleichbehälter abschrauben. Gummidichtung am Deckel auf Porosität oder Beschädigung prüfen.

Achtung: Bei heißem Motor vor dem Öffnen des Deckels einen dicken Lappen auflegen, um Verbrühungen durch heiße Kühlflüssigkeit oder Dampf zu vermeiden. **Deckel nur bei Kühlmitteltemperaturen unter +90° C abnehmen.**

- Falls vorhanden, untere Motorabdeckung ausbauen.
- Sauberes Auffanggefäß unter Kühler und Motor stellen.

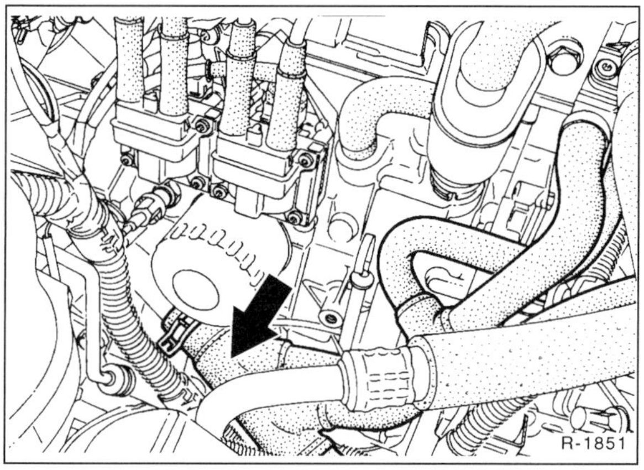

- Unteren Schlauch vom Kühler abziehen, vorher Klemmschelle mit Zange entspannen und ganz zurückschieben. Falls vorhanden, Quetschschellen mit einem Seitenschneider durchtrennen und beim Einbau durch Schraubschellen ersetzen. Die Abbildung zeigt den 113 PS-Motor.
- Falls auch das Kühlmittel aus dem Motor abgelassen werden muß, beispielsweise bei Motorreparaturen, Ablaßschraube am Motorblock herausdrehen.

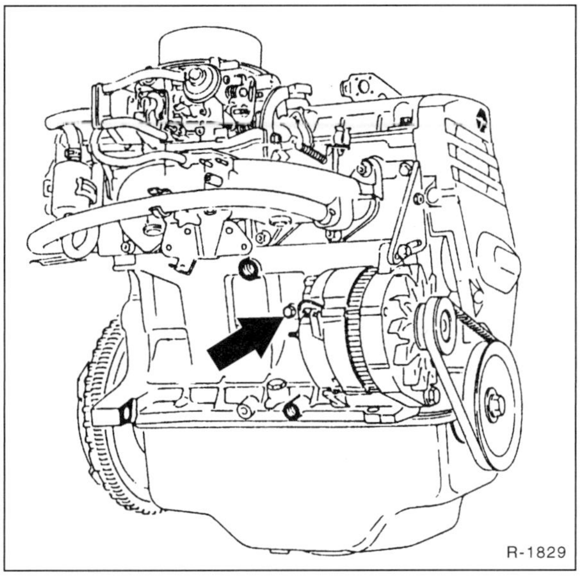
R-1829

● **1,4-/1,6-l-Benzinmotor (E7J/K7M):** Die Ablaßschraube befindet sich hinten am Motorblock in der Nähe des Generators.

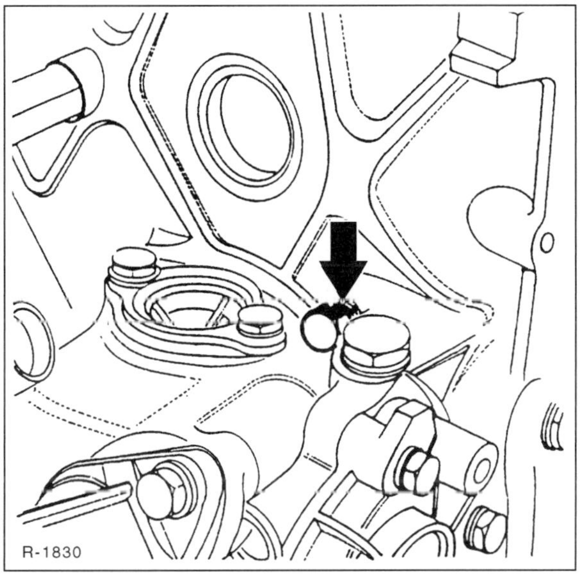
R-1830

● **2,0-l-Benzinmotor, 1,9-l-Dieselmotor:** Die Ablaßschraube befindet sich hinten am Motorblock oberhalb der Zwischenwelle.

● **1,4-/1,6-l-Benzinmotor (K4J/K4M):** Das Kühlsystem wird ganz entleert indem der untere Kühlerschlauch vom Kühler abgezogen wird.

● Kühlmittel ganz ablaufen lassen.

● Ablaßschraube am Motorblock mit neuem Dichtring einschrauben und mit 10 Nm festziehen.

● Unteren Kühlmittelschlauch am Kühler aufschieben und mit Schelle sichern.

● Falls vorhanden, untere Motorabdeckung einbauen.

Auffüllen/Entlüften

R-1831

● Entlüftungsschraube oben am Kühler öffnen. Je nach Version befindet sich die Entlüftungsschraube links oder rechts am Kühler.

● Je nach Motor zusätzliche Entlüftungsschrauben öffnen:

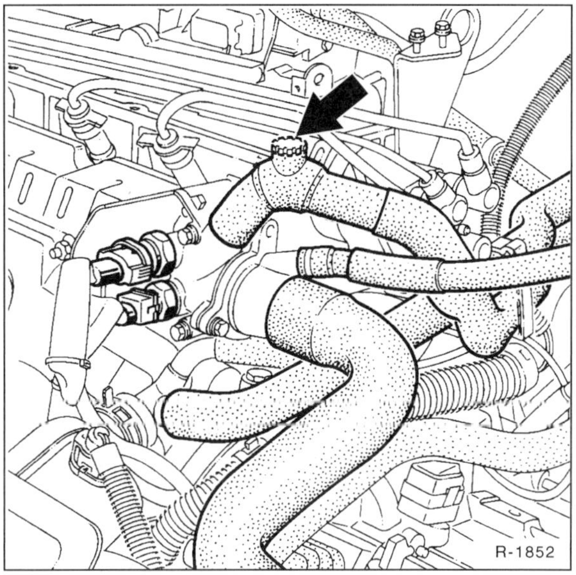
R-1852

● **Alle Motoren außer 2,0-l-Benzinmotor (150 PS) und 1,4-/1,6-l-Benzinmotor (K4J/K4M):** In der Kühlmittelleitung zum Wärmetauscher der Heizung. Die Abbildung zeigt den 1,4-/1,6-l-Benzinmotor (E7J/K7M). Beim 2,0-l-Benzinmotor und beim 1,9-l-Dieselmotor befindet sich die Entlüfterschraube in der Nähe der Spritzwand.

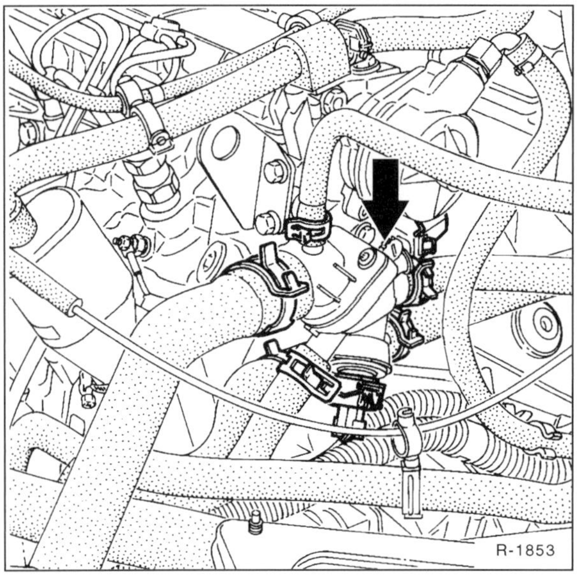

- **113 PS und Diesel:** Oben am Thermostatgehäuse. Die Abbildung zeigt den Dieselmotor.

- **1,4-/1,6-l-Benzinmotor (K4J/K4M):** Die Entlüftungsschraube –Pfeil– befindet sich auf der Schwungradseite des Motors, im Thermostatgehäuse.
- Kühlsystem über den Einfüllstutzen am Ausgleichbehälter mit einer Mischung aus Kühlkonzentrat und entmineralisiertem oder destilliertem Wasser füllen.
- Sobald die Kühlflüssigkeit in gleichmäßigem Strahl an den Entlüftungsöffnungen austritt, Entlüfterschrauben schließen.
- Kühlmittel im Ausgleichbehälter bis zur Markierung »MAXI« auffüllen.
- Motor anlassen und ca. 4 Minuten mit 2500/min (150-PS-Motor: 1500/min) laufen lassen. Bei laufendem Motor Kühlmittelstand beobachten, gegebenenfalls zwischendurch nachfüllen.
- Verschlußdeckel aufsetzen und festdrehen.
- Motor anlassen und ca. 20 Minuten mit 2500/min (16V-Motor: 1500/min) laufen lassen, bis der der Kühlerlüfter einschaltet (ist für die automatische Entlüftung erforderlich).
- Verschlußdeckel für Ausgleichbehälter nochmals nachziehen, dazu Lappen über den Deckel legen.
- Flüssigkeitsstand im Ausgleichbehälter prüfen. Falls erforderlich, nach dem Abkühlen des Motors Kühlmittel bis zur Markierung »MAXI« auffüllen.

Achtung: Entlüftungsschrauben niemals bei laufendem Motor öffnen. Bei unzureichend entlüftetem Kühlsystem kann es in einigen Bereichen zu Überhitzungen kommen.

- Kühlsystem, insbesondere Schlauchanschlüsse sowie Ablaßschraube und Kühlmittelpumpe, auf Dichtheit prüfen.

Kühlsystem druckprüfen

Undichtigkeiten im Kühlsystem und die Funktion des Überdruckventils im Verschlußdeckel des Ausgleichbehälters können mit einem speziellen Druckprüfer überprüft werden.

Beschrieben wird die Prüfung mit dem RENAULT-Prüfgerät, es kann aber auch der HAZET-Kühlsystem-Tester 4800-1, 4800-2, 4800-10 verwendet werden.

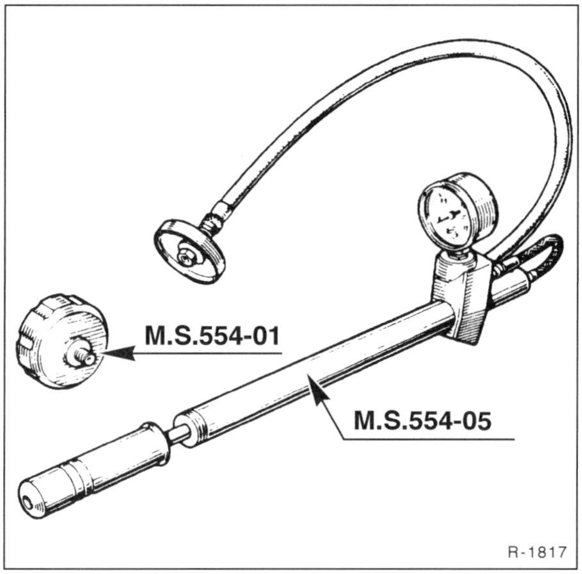

- Anstelle des Verschlußdeckels für den Ausgleichbehälter das Anschlußstück M.S.554-01 anschrauben.
- Motor auf Betriebstemperatur bringen, der untere Schlauch am Kühler muß warm sein.
- Motor abstellen.
- Druckprüfgerät M.S.554-05 am Anschlußstück M.S.554-01 anschrauben.
- Kühlsystem durch Pumpen unter Druck setzen. Und zwar muß der Druck um 0,1 bar unter dem Öffnungsdruck des Ausgleichventils im Deckel liegen. Der Öffnungsdruck steht auf dem Verschlußdeckel:
  - ◆ 1,6- (K7M)/2,0-l-Benzinmotor: Öffnungsdruck des Ausgleichventils (blau): 1,6 bar.
  - ◆ 1,6- (K4M)/1,4-l-Benzinmotor, 1,9-l-Dieselmotor: Öffnungsdruck des Ausgleichventils (braun): 1,2 bar.

- Der aufgebaute Druck muß ca. 2 Minuten konstant gehalten werden. Fällt der Druck ab, undichte Stelle im Kühlsystem ermitteln. Durch den erhöhten Druck läuft an der Leckstelle Kühlflüssigkeit aus.
- Anschlußstück des Druckprüfers M.S.554-05 langsam abschrauben und dadurch Druck entweichen lassen. Zur Sicherheit Lappen um Anschlußstück legen. **Achtung:** Verbrühungsgefahr durch heiße Kühlflüssigkeit.

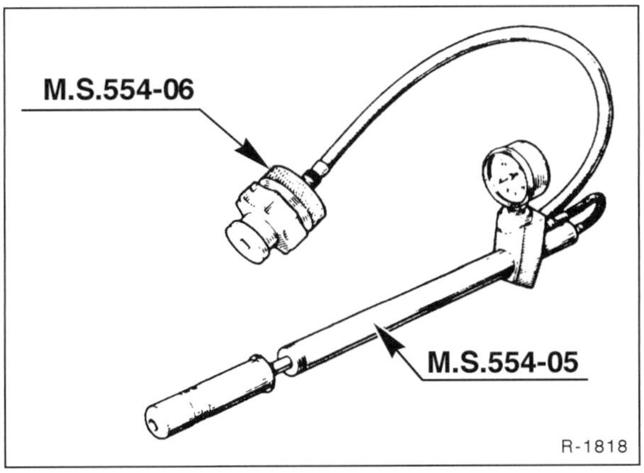

- Ausgleichventil prüfen. Das Ausgleichventil sitzt im Deckel des Ausgleichbehälters. Es hat die Aufgabe, ab einem bestimmten Überdruck das Kühlsystem zu öffnen, damit Schäden durch Überdruck vermieden werden. Der Öffnungsdruck steht auf dem Verschlußdeckel:
  - ◆ 1,6- (K7M)/2,0-l-Benzinmotor: Öffnungsdruck des Ausgleichventils (blau): 1,6 bar.
  - ◆ 1,6- (K4M)/1,4-l-Benzinmotor, 1,9-l-Dieselmotor: Öffnungsdruck des Ausgleichventils (braun): 1,2 bar.
- Zur Prüfung RENAULT-Anschlußstück M.S.554-06 auf das Prüfgerät schrauben und dann Verschlußdeckel wie in der Abbildung gezeigt anschließen.
- Druck aufbauen. Der Druck muß sich im Bereich des Öffnungsdruckes ± 0,1 bar stabilisieren. Andernfalls Deckel ersetzen.
- Verschlußdeckel am Ausgleichbehälter anschrauben, vorher Gummidichtring auf Beschädigung sichtprüfen, gegebenenfalls erneuern.

Achtung: Verschlußdeckel für Ausgleichbehälter in jedem Fall auswechseln, wenn das Ausgleichventil bereits Kühlflüssigkeit durchgelassen hat.

Thermoschalter prüfen

Der Thermoschalter ist in den Kühler eingeschraubt. Er befindet sich oberhalb des unteren Kühlmittelschlauchs und schaltet den elektrischen Lüfter zu, wenn die Kühlflüssigkeit eine bestimmte Temperatur erreicht hat. Der Schalter ist zu prüfen, wenn bei heißem Kühler der Elektrolüfter nicht einschaltet. **Prüfvoraussetzungen:** Thermostat und Überdruckventil im Verschlußdeckel des Ausgleichbehälters sind in Ordnung. Bei einem Defekt an diesen Teilen kann der Thermoschalter den Lüfter nicht zuschalten, weil er dann nicht durch die Kühlflüssigkeit erwärmt wird.

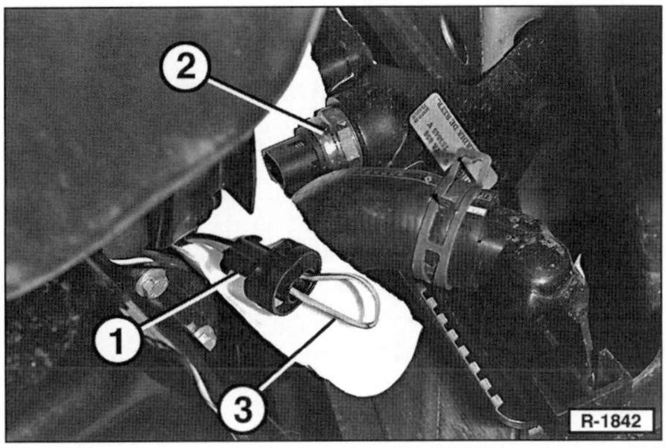

- Stecker –1– vom Thermoschalter –2– abziehen und beide Kontakte im Stecker mit kurzer Prüfleitung –3– verbinden.
- Zündung einschalten. Wenn der Lüfter jetzt anläuft, Thermoschalter ersetzen.
- Andernfalls Stecker am Lüftermotor auf festen Sitz und guten Kontakt prüfen. Elektrische Leitungen, Relais und Lüftermotor nach Schaltplan prüfen.
- Neuen Thermoschalter mit neuem Dichtring anschrauben und Funktion überprüfen. Motor warmfahren und solange im Leerlauf drehen lassen, bis der Lüfter für Kühlmittel einschaltet.

Kühlmittel-Temperaturfühler prüfen/aus- und einbauen

Der Temperaturfühler mißt die Motortemperatur und gibt sie an das Benzineinspritz-Steuergerät weiter. Der Fühler beinhaltet ein NTC-Element (NTC = Negativer Temperatur-Coeffizient), das seinen Widerstand bei steigender Temperatur verringert. Bei defektem Fühler nimmt das Steuergerät als Ersatzwert eine Kühlmitteltemperatur an, die dem betriebswarmen Motor entspricht. Das führt bei niedrigen Außentemperaturen und kaltem Motor zu Startschwierigkeiten und unruhigem Motorlauf.

Temperaturfühler prüfen

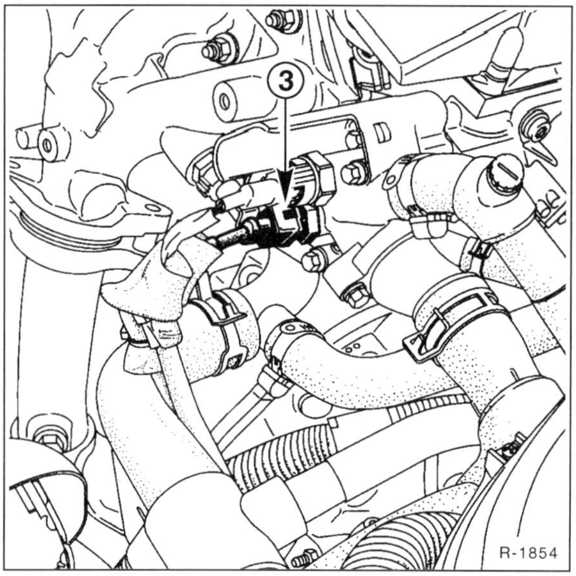

R-1854

- Mehrfachstecker vom Temperaturfühler –3– abziehen, dazu Drahtsicherung eindrücken. **Achtung:** Immer am Stecker, nicht am Kabel ziehen. Die Abbildung zeigt den 1,4-/1,6-l-Benzinmotor (E7J/K7M).
- Voltmeter zwischen Stecker des Temperaturfühlers und Masse anschließen.
- Zündung einschalten und prüfen, ob Spannung anliegt. Liegt keine Spannung an, Leitung auf Durchgang prüfen.
- Ohmmeter an die beiden Kontakte des Temperaturfühlers anschließen und Widerstand prüfen. Der gemessene Widerstand sollte bei kaltem Motor dem Wert entsprechen, der in der Sollwert-Tabelle für die Umgebungstemperatur angegeben ist.
- Falls der gemessene Widerstand 0 Ω oder ∞ Ω beträgt, Temperaturfühler ersetzen.
- Stimmt der Meßwert nicht mit dem Sollwert überein, Fühler herausschrauben.

Achtung: Damit beim Ausbau des Fühlers kein Kühlmittel ausläuft, Kühlmittel vorher zum Teil ablassen und auffangen.

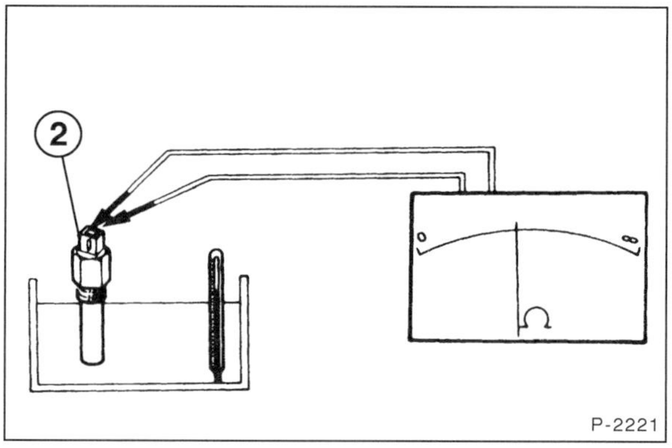

P-2221

- Temperaturfühler –2– in ein mit Wasser gefülltes Gefäß tauchen. Dabei Temperaturfühler mit Draht aufhängen, ohne daß er mit der Gefäßwand in Berührung kommt.
- Ohmmeter anklemmen.
- Wasser im Gefäß allmählich erwärmen und bei den angegebenen Temperaturen die gemessenen Widerstandswerte mit Sollwerten vergleichen.

Temperatur	Widerstand
+4° C	7,5 ± 0,5 kΩ
+20° C	3,5 ± 0,5 kΩ
+80° C	335 ± 35 Ω
+90° C	240 ± 30 Ω.

- Falls die Werte nicht übereinstimmen, Temperaturfühler ersetzen.
- Temperaturfühler einschrauben und nicht zu fest anziehen. Stecker aufschieben und einrasten.
- Kühlmittel auffüllen und Kühlsystem entlüften.
- Probefahrt durchführen und Temperaturfühler-Anschluß auf Dichtigkeit überprüfen.

Kühlmittelregler (Thermostat) aus- und einbauen/prüfen

Der Kühlmittelregler (Thermostat) öffnet mit zunehmender Erwärmung des Motors den Kühlmittelkreislauf durch den Kühler. Bleibt der Kühlmittelregler durch einen Defekt geschlossen, wird der Motor zu heiß. Erkennbar ist das am Aufleuchten der Temperatur-Kontrollampe, während gleichzeitig der Kühler kalt bleibt. Ein defekter Thermostat kann aber auch nach dem Abkühlen der Kühlflüssigkeit weiterhin geöffnet bleiben. Dies erkennt man daran, daß der Motor nicht mehr seine Betriebstemperatur erreicht beziehungsweise daß im Winter die Heizleistung nachläßt.

Achtung: Wenn der Motor nach kurzer Fahrstrecke heiß wird, kann das auch daran liegen, daß sich der Kühler aufgrund von Kalkablagerungen zugesetzt hat, der Lüfter ausgefallen ist oder der Keilriemen gerissen ist.

Ausbau

- Batterie-Massekabel (–) abklemmen. **Achtung:** Dadurch können elektronische Speicher gelöscht werden, wie zum Beispiel der Radiocode. Hinweise im Kapitel »Batterie aus- und einbauen« beachten.
- Kühlmittel ablassen und auffangen.

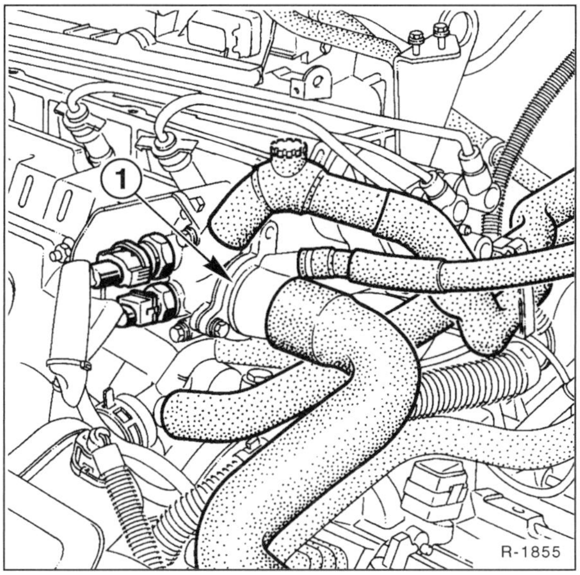

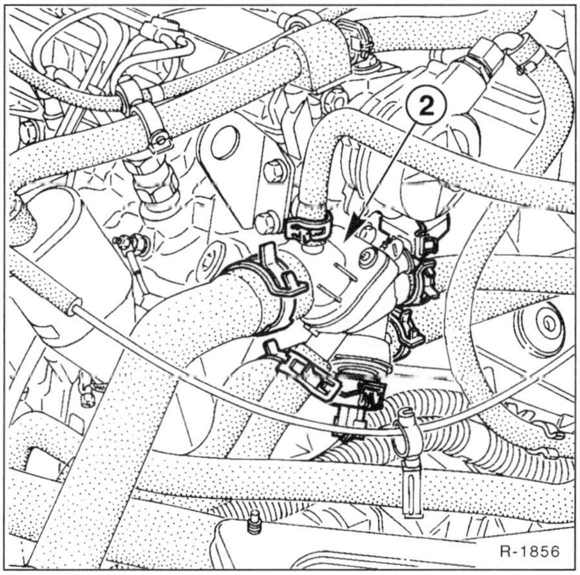

- Deckel –1/2– vom Thermostatgehäuse abschrauben und zur Seite legen.
  1 – 1,4-/1,6-l-Benzinmotor (E7J/K7M)
  2 – 2,0-l-Benzinmotor, 1,9-l-Dieselmotor

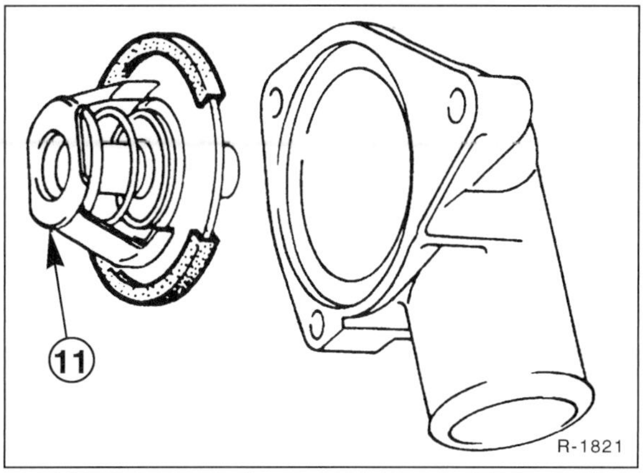

- Einbaulage des Kühlmittelreglers –11– im Kühlmittelstutzen notieren. Regler herausnehmen. Die Abbildung zeigt den Dieselmotor.

Prüfen

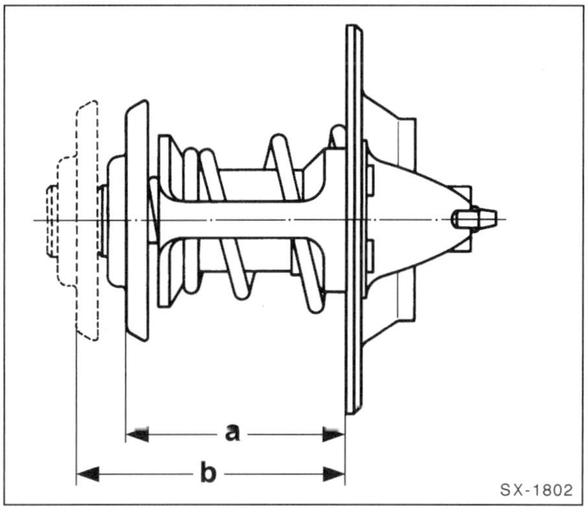

- Höhe des Thermostats messen und als Maß »a« notieren.

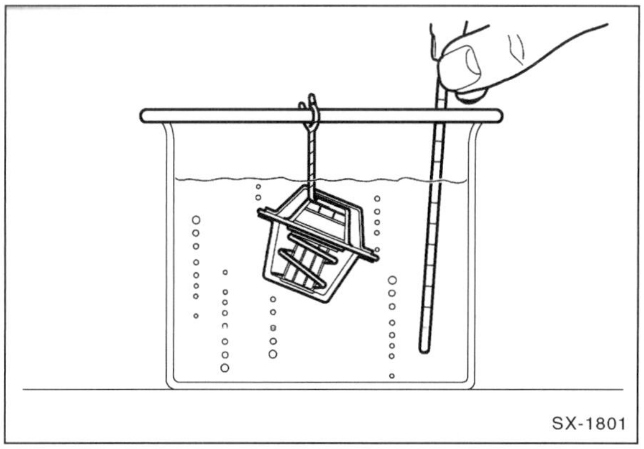

- Kühlmittelregler im Wasserbad langsam erwärmen. Dabei darf der Thermostat nicht die Gefäßwand berühren. Der Thermostat muß vollständig eingetaucht sein. Temperatur mit einem geeigneten Thermometer kontrollieren.

- Bei einer Temperatur von ca. +89° C beginnt der Thermostat mit der Öffnung der Regelklappe.
- Die größte Öffnung erreicht der Kühlmittelregler bei ca. +101° C. Die Regelklappe muß jetzt ca. 7,5 mm vom Anschlag abgehoben haben. Maximaler Öffnungshub = Maß »b« minus Maß »a« = 7,5 mm.

Achtung: Da die Temperatur für das Öffnungsende des Kühlmittelreglers über dem Siedepunkt des Wassers liegt, dient der angegebene Wert für den Öffnungshub nur als Anhaltswert.

- Anschließend prüfen, ob sich der Regler beim Abkühlen wieder schließt, andernfalls Regler ersetzen.

Einbau

- Regler in den Auslaßstutzen der Kühlmittelpumpe einsetzen.

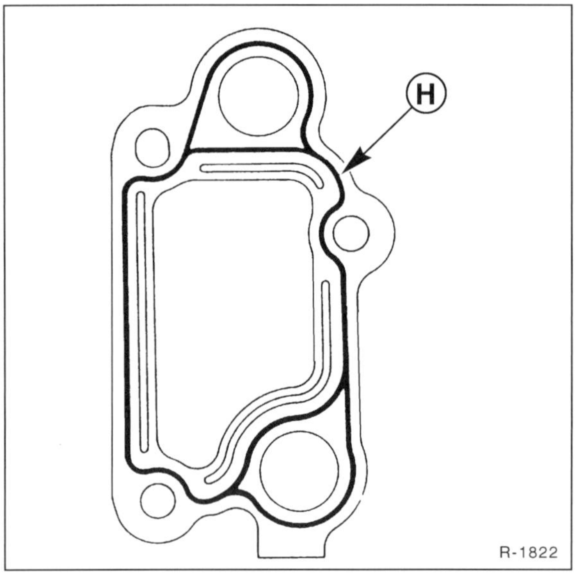

R-1822

- **1,4-/1,6-l-Benzinmotor (E7J/K7M):** Dichtflächen am Zylinderkopf und Thermostatgehäuse reinigen. Auf die Dichtfläche eine Raupe Dichtmittel »LOCTITE 518« auftragen. Die Dichtmittelraupe –H– muß zwischen 0,6 und 1 mm breit sein und wie auf der Abbildung angegeben aufgetragen werden.
- **2,0-l-Benzinmotor, 1,9-l-Dieselmotor:** Deckel für Thermostatgehäuse mit neuer Gummidichtung ansetzen.
- Deckel für Thermostatgehäuse anschrauben.
- Batterie-Massekabel (–) anklemmen.
- Zeituhr einstellen.
- Falls erforderlich, Diebstahlcode für Radio eingeben.
- Kühlmittel auffüllen und Kühlsystem entlüften.

Kühler aus- und einbauen

Nach längerer Laufzeit des Fahrzeuges können sich die dünnen Kanäle im Kühler durch Rückstände im Kühlmittel und Kalkablagerungen zusetzen. Dadurch läßt die Kühlleistung stark nach und der Motor wird zu warm. In diesem Fall hilft nur ein Austauschen des Kühlers.

Ausbau

- Batterie-Massekabel (–) abklemmen. **Achtung:** Dadurch können elektronische Speicher gelöscht werden, wie zum Beispiel der Radiocode. Hinweise im Kapitel »Batterie aus- und einbauen« beachten.
- Fahrzeug aufbocken.
- Falls vorhanden, untere Motorabdeckung ausbauen.
- Kühlmittel ablassen.
- Stecker am Kühlerlüfter abziehen.

Scenic mit Klimaanlage

- Beide vorderen Blinkleuchten ausbauen, siehe Seite 264.

- Oberen Kühlmittelschlauch am Kühler abziehen, vorher Klemmschellen mit Zange entspannen und ganz zurückschieben. Falls vorhanden, Quetschschellen mit einem Seitenschneider durchtrennen und beim Einbau durch Schraubschellen ersetzen.
- Kabel vom Thermoschalter am Kühler abziehen.
- Kabel für Kühlerlüfter abziehen.
- Gegebenenfalls Stecker für Relais abziehen.

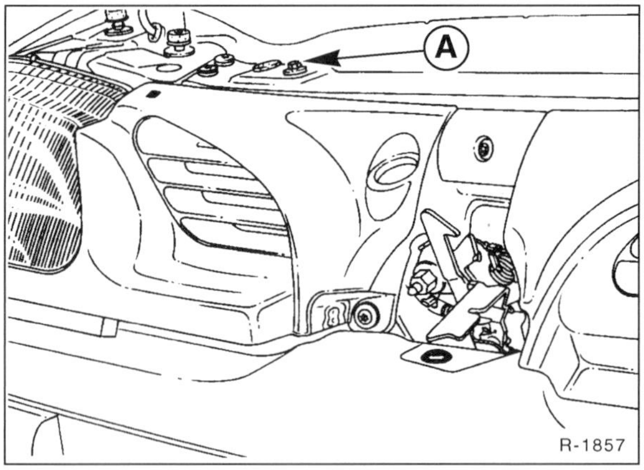

R-1857

- 2 Schrauben –A– der oberen Kühlerbefestigung herausdrehen.

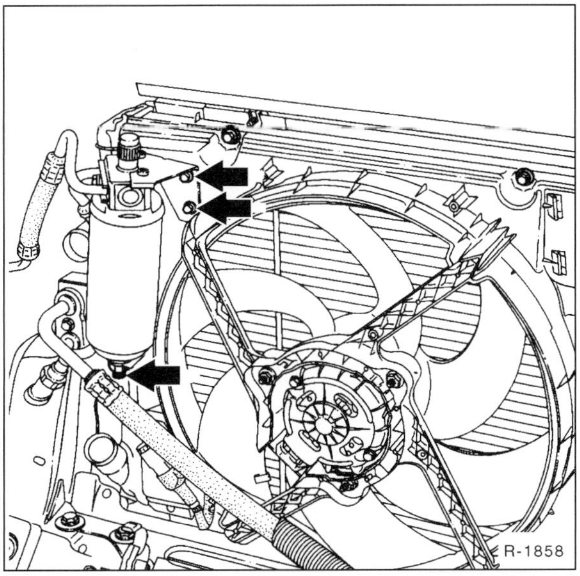

- **Klimaanlage:** Trocknerflasche abschrauben –Pfeile– und mit angeschlossenen Schläuchen am Motor aufhängen. **Achtung: Kältemittelkreislauf nicht öffnen.** Das Kältemittel der Klimaanlage kann bei Hautberührung zur Erfrierungen führen. **Verletzungsgefahr!**
- Kühlergrill ausbauen, siehe Seite 190.

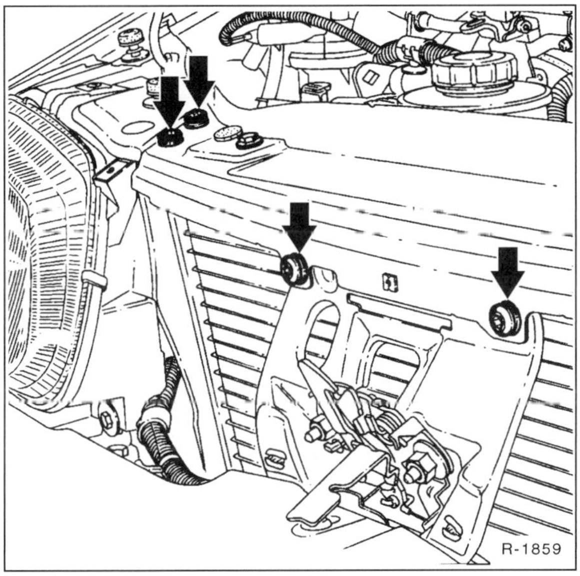

- Oberen Querträger abschrauben (6 Schrauben) und herausnehmen.
- Luftansaugschlauch ausbauen, siehe Seite 90.
- Vorratsbehälter der Servolenkung lösen und mit angeschlossenen Schläuchen am Motor aufhängen.
- Lüfter mit 4 Schrauben am Kühler abschrauben und herausnehmen.

- **Klimaanlage:** Kondensator am Kühler mit 4 Schrauben abschrauben.
- Kühler herausnehmen.

Achtung: Die Kühlerlamellen sind mitunter recht scharfkantig, es empfiehlt sich deshalb, zum Herausheben des Kühlers Arbeitshandschuhe zu verwenden.

Hinweis: Falls der Kühler länger als 48 Stunden ausgebaut bleibt, Kühler mit klarem Wasser durchspülen, mit Preßluft ausblasen und Öffnungen verstopfen. Der Kühler kann auch mit Kühlflüssigkeit gefüllt und mit verschlossenen Öffnungen abgelegt werden. Sonst bildet sich Korrosion, was eine spätere Undichtigkeit zur Folge hat.

Einbau

- Falls erforderlich, Thermoschalter und Lüfter auf neuen Kühler umbauen.
- Sämtliche Kühlmittelschläuche auf Einschnitte, Risse und sonstige Beschädigungen überprüfen und, falls erforderlich, auswechseln. Gummitüllen der Kühlerhalterung auf einwandfreien Zustand prüfen.
- Kühler in die Führungen einsetzen.
- Lüfter anschrauben.
- **Klimaanlage:** Kondensator anschrauben.
- Querträger anschrauben.
- Oberen und unteren Kühlmittelschlauch aufschieben und mit Schellen sichern.
- Vorratsbehälter für Servolenkung einbauen.
- Luftansaugschlauch einbauen.
- Kühlergrill einbauen, siehe Seite 190.
- **Klimaanlage:** Trocknerflasche anschrauben.
- Kühler oben am Querträger anschrauben.
- Falls vorhanden, untere Motorabdeckung einbauen.
- Fahrzeug ablassen

Scenic mit Klimaanlage

- Blinkleuchten einbauen, siehe Seite 000.

- Anschlußkabel an Thermoschalter, Lüfter und gegebenenfalls Relais aufstecken.

- Kühlmittel auffüllen.
- Batterie-Massekabel (–) anklemmen.
- Zeituhr einstellen.
- Falls erforderlich, Diebstahlcode für Radio eingeben.
- Motor warmlaufen lassen und Schlauchanschlüsse auf Dichtheit prüfen.
- Kühlmittelstand kontrollieren, gegebenenfalls Kühlmittel nachfüllen.

Kühlmittelpumpe aus- und einbauen

Die Kühlmittelpumpe kann nicht instand gesetzt werden. Bei einem Defekt ist die gesamte Pumpe auszutauschen. Wenn bei heißem Motor im Bereich der Kühlmittelpumpe Kühlflüssigkeit am Motorblock herunterläuft, ist in der Regel die Wellendichtung defekt. In diesem Fall ebenfalls Kühlmittelpumpe komplett ersetzen.

1,4-/1,6-l-Benzinmotor

Die Kühlmittelpumpe befindet sich im Motorblock und wird vom Zahnriemen der Motorsteuerung angetrieben.

Ausbau

- Batterie-Massekabel (–) abklemmen. **Achtung:** Dadurch können elektronische Speicher gelöscht werden, wie zum Beispiel der Radiocode. Hinweise im Kapitel »Batterie aus- und einbauen« beachten.
- Kühlmittel ablassen.
- Zahnriemenabdeckung ausbauen und Zahnriemen entspannen, siehe Seite 22.
- Spannrolle für Zahnriemen abschrauben.

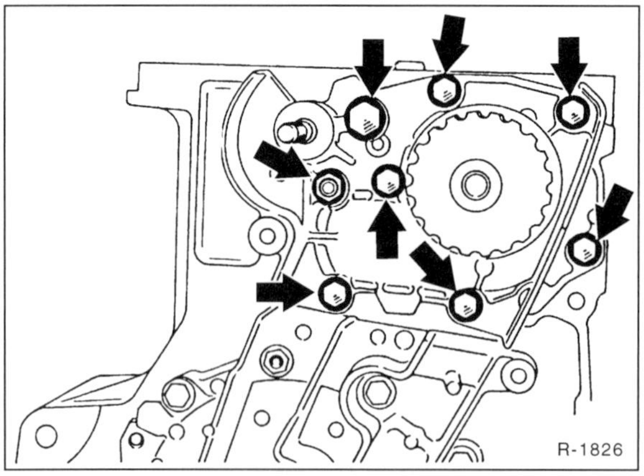

- Kühlmittelpumpe abschrauben –Pfeile–. Pumpe aus dem Motorblock herausnehmen. In der Abbildung ist die Kühlmittelpumpe bei ausgebautem Zylinderkopf dargestellt.

Einbau

- Dichtungsreste und andere Rückstände von Kühlmittelpumpe und Motorblock entfernen. Dazu Dichtflächen zuerst mit einer scharfen Klinge reinigen, dann mit trockenem Lappen abwischen.

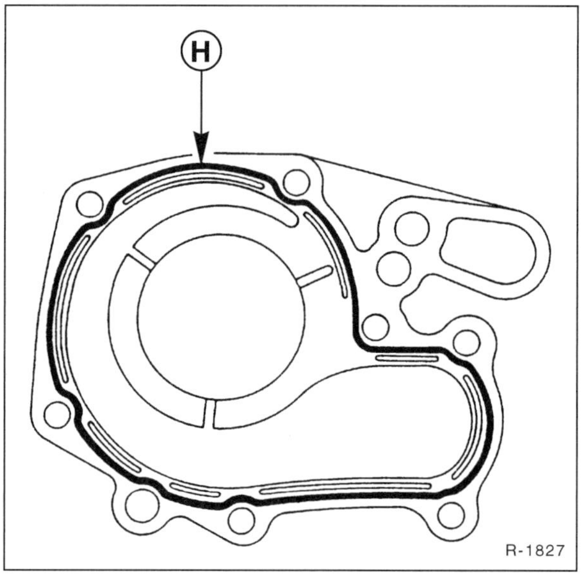

- Dichtmasse –H–, wie in der Abbildung gezeigt, auf das Pumpengehäuse auftragen. Dazu Dichtmasse in einem Stück auftragen, also ohne Unterbrechung. Die Dichtmassenraupe sollte dabei etwa einen Durchmesser von 0,6 bis 1,0 mm aufweisen. Darauf achten, daß die beiden Enden des Dichtmassen-Strangs gut miteinander verbunden sind. Als Dichtmasse kann beispielsweise »LOCTITE 518« verwendet werden.
- Neue Pumpe vorsichtig einsetzen, die Pumpe darf im Motorblock nicht verdreht werden. Schrauben nicht zu fest anziehen, Anzugsdrehmoment 15 Nm. Beim 1,4-/1,6-l-Benzinmotor (K4M/K4J): M6-Schrauben = **10 Nm**, M8-Schrauben = **22 Nm**.
- Spannrolle einsetzen und Mutter für Spannrolle aufschrauben.
- Zahnriemen einbauen und spannen, siehe Seite 22.
- Mindestens 1 Stunde warten, bis die Dichtmasse ausgehärtet ist. Erst dann Kühlmittel auffüllen.
- Batterie-Massekabel (–) anklemmen.
- Zeituhr einstellen.
- Falls erforderlich, Diebstahlcode für Radio eingeben.
- Motor warmfahren. Danach Fahrzeug auf trockener Fläche abstellen und Kühlanlage auf Dichtheit prüfen.

Speziell 2,0-l-Benzinmotor, 1,9-l-Dieselmotor

Die Kühlmittelpumpe sitzt unten, seitlich im Motorblock. Sie wird vom Keilrippenriemen angetrieben, der auch den Generator antreibt.

Ausbau

- Batterie-Massekabel (–) abklemmen. **Achtung:** Dadurch können elektronische Speicher gelöscht werden, wie zum Beispiel der Radiocode. Hinweise im Kapitel »Batterie aus- und einbauen« beachten.
- 3 Schrauben für Riemenscheibe an der Kühlmittelpumpe lockern. Zum Gegenhalten Schraubendreher durch eine Bohrung der Riemenscheibe stecken.
- Keilrippenriemen ausbauen, siehe Seite 54.
- Riemenscheibe an der Kühlmittelpumpe abschrauben.
- Kühlmittel ablassen.

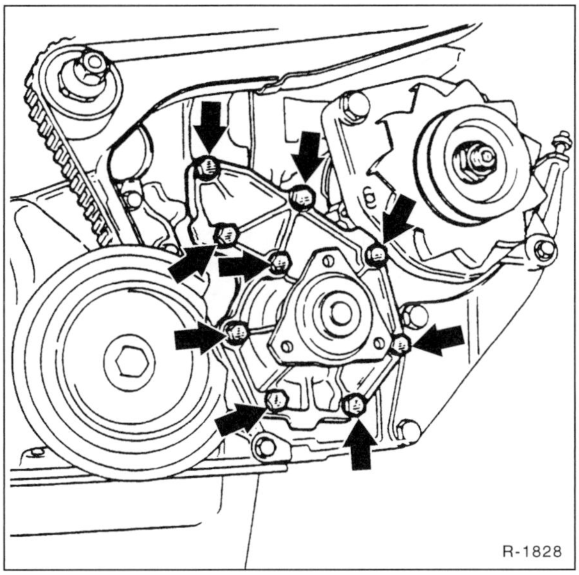

- Befestigungsschrauben –Pfeile– für Kühlmittelpumpe am Motorblock abschrauben, Kühlmittelpumpe mit Dichtung abnehmen.

Einbau

- Dichtungsreste und andere Rückstände von Kühlmittelpumpe und Motorblock entfernen. Dazu Dichtflächen zuerst mit einer scharfen Klinge reinigen, dann mit trockenem Lappen abwischen.
- Dichtung ersetzen, kein zusätzliches Dichtmittel verwenden. Dichtflächen müssen trocken und sauber sein.
- Kühlmittelpumpe einsetzen, Schrauben mit **20 Nm** festziehen.
- Riemenscheibe anschrauben.
- Keilrippenriemen einbauen, siehe Seite 54.
- Schrauben für Riemenscheibe festziehen.
- Kühlmittel auffüllen und Kühlsystem entlüften, siehe Seite 68.
- Batterie-Massekabel (–) anklemmen.
- Zeituhr einstellen.
- Falls erforderlich, Diebstahlcode für Radio eingeben.
- Nach Probefahrt Dichtigkeit der Kühlanlage prüfen.

Störungsdiagnose Motor-Kühlung

Störung: Die Kühlmitteltemperatur ist zu hoch, Anzeige steht im Warnfeld, Warnleuchte leuchtet.

Ursache	Abhilfe
Zu wenig Kühlflüssigkeit im Kreislauf.	■ Kühlmittelstand im Ausgleichbehälter muß zwischen den Markierungen »MINI« und »MAXI« liegen. Gegebenenfalls Kühlmittel nachfüllen. Kühlsystem auf Dichtheit prüfen.
Kühlmittelregler (Thermostat) öffnet nicht, Kühlflüssigkeit zirkuliert nur im kleinen Kreislauf.	■ Prüfen, ob der obere Kühlmittelschlauch am Kühler warm wird. Wenn nicht, Regler ausbauen und prüfen, gegebenenfalls Regler ersetzen. Unterwegs: Thermostat ausbauen. Ohne Thermostat erreicht der Motor seine normale Betriebstemperatur später oder gar nicht, deshalb defekten Thermostat alsbald ersetzen.
Kühlerlamellen verschmutzt.	■ Kühler von der Motorseite her mit Preßluft durchblasen.
Kühler innen durch Kalkablagerungen oder Rost zugesetzt. Kühler wird nur im oberen Teil warm, unterer Kühlmittelschlauch vom Kühler wird nicht warm.	■ Kühler erneuern.
Elektrolüfter läuft nicht.	■ Stecker an Thermoschalter und Lüftermotor auf festen Sitz und guten Kontakt prüfen. **Achtung:** Verletzungsgefahr durch drehenden Lüfter! ■ Thermoschalter prüfen. Unterwegs: Thermoschalter überbrücken. Der Lüfter läuft dann immer mit, solange die Zündung eingeschaltet ist. In der Regel ist die Zusatzkühlung durch den Lüfter nur im Stadt- und Kurzstreckenverkehr erforderlich. ■ Prüfen, ob Spannung am Stecker für Lüftermotor anliegt (Zündung eingeschaltet, Stecker für Thermoschalter überbrückt). Wenn ja, Lüftermotor ersetzen.
Ausgleichbehälter-Verschlußdeckel defekt.	■ Kühlsystem prüfen, Druckprüfung durchführen.
Kühlmitteltemperaturanzeige defekt.	■ Anzeigegerät/Geber überprüfen.
Kühlmittelpumpe defekt.	■ Kühlmittelpumpe ausbauen und überprüfen.
Keilrippenriemenspannung zu gering oder Keilrippenriemen gerissen (nur 1,9-/2,0-l-Benzinmotor).	■ Keilrippenriemen/Riemenspanner prüfen.

Zündung/Zündkerzen

In der Zündanlage wird der Zündfunken erzeugt, der das angesaugte Kraftstoffluftgemisch in Brand setzt. Um einen kräftigen Zündfunken erzeugen zu können, wird in den Zündspulen die Batteriespannung von 12 Volt auf über 30.000 Volt umgeformt.

Der Dieselmotor besitzt keine Zündanlage, da sich aufgrund der hohen Verdichtung die Luft so weit erwärmt, daß nach Einspritzen des Kraftstoffes die Zündung von selbst erfolgt.

Die Benzinmotoren des RENAULT MÉGANE sind mit einer kennfeldgesteuerten Zündanlage ausgestattet, deren Auslösung und Regelung im Motor-Steuergerät integriert ist. Das Steuergerät gibt elektrische Impulse an die Zündspulen ab. Synchronisiert wird die Zündanlage durch Signale, die ein Impulsgeber an das Steuergerät abgibt. Der Impulsgeber sitzt am Getriebeflansch und erfaßt die Kurbelwellendrehzahl.

1,4-l-Benzinmotor (E7J): Die in der Zündspule erzeugte Zündspannung wird über den Zündverteiler-Läufer und das Zündkabel zu der jeweiligen Zündkerze geleitet. An den Zündkerzen-Elektroden springt der Zündfunke über, der das Kraftstoffluftgemisch im Zylinder entzündet.

1,6-l-Benzinmotor (K7M) und 2,0-l-Benzinmotor: Die Zündung ist als Direktzündung ausgelegt. Sie besitzt keinen herkömmlichen Zündverteiler mehr. Stattdessen erfolgt die Verteilung der Zündspannung auf die einzelnen Zylinder durch bewegungslos arbeitende, elektronisch gesteuerte Bauteile. Erzeugt wird die Zündspannung durch 2 Doppel-Zündspulen, die am Zylinderkopf sitzen.

1,4-/1,6-l-Benzinmotor (K4J/K4M): Die Zündung ist prinzipiell wie die des 1,6-l- (K7M) -Motors und 2,0-l-Benzinmotors ausgelegt, siehe oben. Allerdings ist für jede Zündkerze eine eigene Zündspule vorhanden. Die 4 Zündspulen sind in die Zündkerzenstecker integriert, die sich direkt auf den Zündkerzen befinden. Zündkabel sind keine vorhanden.

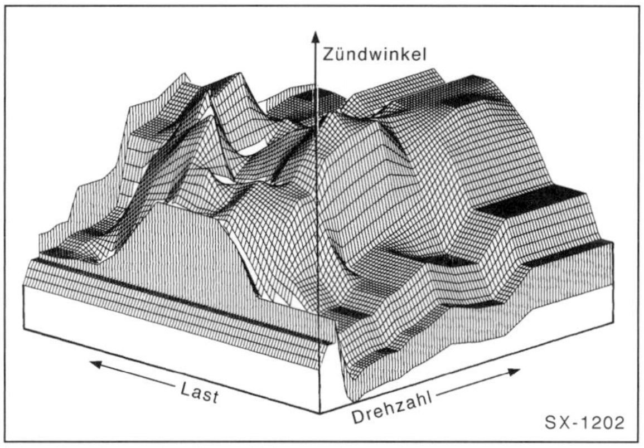

Zur Ermittlung des richtigen Zündzeitpunktes stützt sich das Steuergerät auf ein elektronisch gespeichertes Zündkennfeld. Dadurch läßt sich die Zündanlage leicht an unterschiedliche Fahrzustände anpassen.

Der Zündzeitpunkt wird bei den 1,6-l- und 2,0-l-Motoren auch von einem Klopfsensor beeinflußt. Da der Kraftstoffverbrauch bei hoher Verdichtung am geringsten ist, werden die modernen Motoren möglichst hoch verdichtet. Durch die hohe Verdichtung kann es jedoch zu einer unkontrollierten Verbrennung kommen, man spricht dann vom Motorklopfen. Das Motorklopfen führt auf Dauer zu Motorschäden. Um das zu vermeiden, ist ein Klopfsensor erforderlich. Er registriert die falsche Verbrennung und meldet dies dem Steuergerät, welches dafür sorgt, daß die Zündung vorübergehend in Richtung spät verändert wird.

Alle Bestandteile der Zündanlage sind aufeinander abgestimmt und gewährleisten, daß der Zündzeitpunkt stets optimal ist. Die Einstellung des Zündzeitpunkts ist nicht mehr möglich.

Bei Arbeiten an der elektronischen Zündanlage sind bestimmte Punkte zu beachten, um Verletzungen von Personen oder die Zerstörung der Zündanlage zu vermeiden.

Sicherheitsmaßnahmen zur Zünd- und Einspritzanlage

Bei elektronischen Zündanlagen beträgt die Zündspannung bis zu 30 kV (Kilovolt). Unter ungünstigen Umständen, zum Beispiel bei Feuchtigkeit im Motorraum, können Spannungsspitzen die Isolation durchschlagen. Werden dann Teile der Zündanlage berührt, kann dies zu Elektroschocks führen.

Um Verletzungen von Personen und/oder die Zerstörung des elektronischen Motor-Steuergerätes zu vermeiden, ist bei Arbeiten an Zünd- und Einspritzanlage folgendes zu beachten:

- Zündkabel nicht bei laufendem Motor bzw. bei Anlaßdrehzahl mit der Hand berühren bzw. abziehen.
- Mehrfachstecker von Zünd- und Einspritzanlage nur bei ausgeschalteter Zündung abziehen oder aufstecken. Auf einwandfreien Sitz aller Stecker achten.
- Das An- und Abklemmen von Meßgeräteleitungen (Drehzahlmesser/Zündungstester) nur bei ausgeschalteter Zündung vornehmen.
- Motor nicht ohne fest angeschlossene Batterie starten.
- **Nie** bei laufendem Motor die Batterie abklemmen.
- Beim Laden oder Schnelladen Batterie vom Bordnetz trennen.
- Starthilfe nur mit 12-Volt-Batterie und Starthilfekabel geben, **keinen** Schnellader verwenden.
- Bei Temperaturen über +80° C (Trockenofen), Steuergerät ausbauen.
- Nur hochohmige Spannungsprüfer (Voltmeter, Dioden-Spannungsprüfer) verwenden. Spannung nicht mit Prüflampe prüfen.
- Bei Elektro- und Punktschweißen Batterie vom Bordnetz abklemmen und Steuergeräte ausbauen.
- Bevor eine Prüfung der Einspritzanlage erfolgt, muß gewährleistet sein, daß Zündung und Kerzen den Vorschriften entsprechen.
- Motorwäsche nur bei ausgeschalteter Zündung durchführen.
- Personen mit einem Herzschrittmacher sollen keine Arbeiten an der elektronischen Zündanlage durchführen.

Zündkabel prüfen

- Zündung ausschalten.
- Kerzenstecker abziehen, dabei nur am Stecker und nicht an den Kabeln ziehen.
- Zündkabel von der Zündspule abziehen. Vor dem Abziehen Markierungen anbringen, damit die Zündkabel gemäß der Zündreihenfolge wieder aufgesteckt werden. Die Zylinderzuordnung steht auch auf den Original-Zündkabeln.

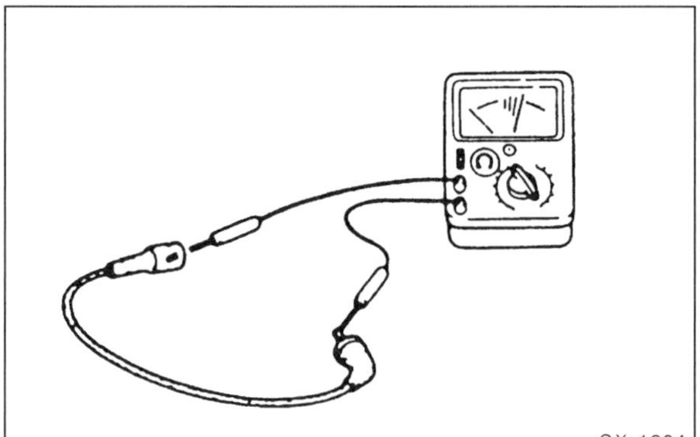

SX-1204

- Mit Ohmmeter Widerstand der Zündleitungen prüfen. Der **Sollwert** liegt in Abhängigkeit von der Kabellänge bei 3 – 20 kΩ.
- Bei zu hohem Widerstand, Kabelanschlüsse reinigen und Prüfung wiederholen, gegebenenfalls Kabel erneuern.
- Isolation der Zündleitungen prüfen, dazu Kabel im Bereich der Kerzenstecker in engem Radius biegen und auf Risse kontrollieren, gegebenenfalls alle Zündkabel ersetzen.
- Zündkerzenstecker und Zündkabel entsprechend der angebrachten Markierungen gemäß der Zündreihenfolge 1 – 3 – 4 – 2 aufstecken. Zylinder 1 ist der Zylinder an der Schwungradseite des Motors.

Zündspulen aus- und einbauen

Ausbau, 1,4-l-Motor (E7J)

Die Zündspule sitzt an der Stirnwand oberhalb vom Bremsflüssigkeitsbehälter.

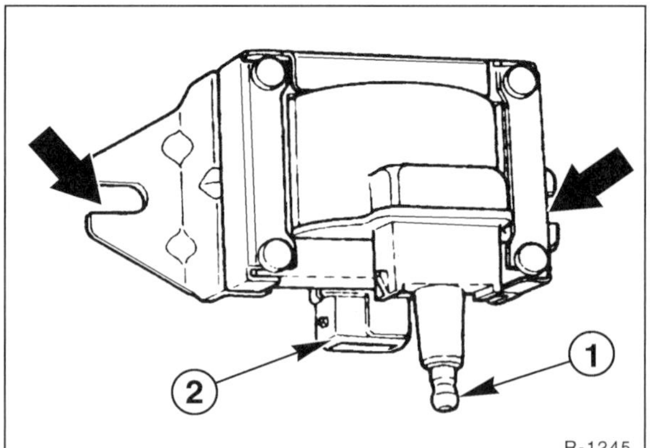

R-1245

- Hochspannungskabel zum Zündverteiler am Anschluß –1– der Zündspule abziehen.
- Mehrfachstecker an Stelle –2– abziehen, dabei Drahtsicherung zusammendrücken.
- Zündspule mit Halter abschrauben –Pfeile– und abnehmen.

Einbau

- Zündspule anschrauben.
- Hochspannungskabel und Mehrfachstecker anschließen.

Ausbau, 1,6-l-Motor (K7M)

Beim 1,6-l-Motor (K7M) sind 2 Doppelzündspulen am Ventildeckel angeflanscht. Vor Arbeiten am Ventiltrieb müssen die Zündspulen mit Halterung ausgebaut werden.

- Zündung ausschalten.

- Zündkabelstecker –1– von den Zündspulen abziehen. Dabei an den Steckern, nicht an den Kabeln ziehen. Es ist einige Kraft zum Abziehen notwendig. Nach dem Abziehen Markierungen anbringen, damit die Zündkabel richtig wieder aufgesteckt werden.
- Kabel für Kondensator am schwarzen Stecker –2– trennen. Dazu Kabelführung –3– aufclipsen.

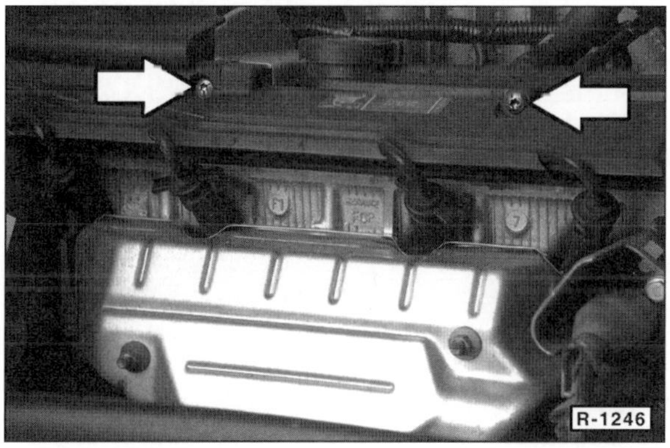

- Zündkabelführung am Zylinderkopf abschrauben –Pfeile–.

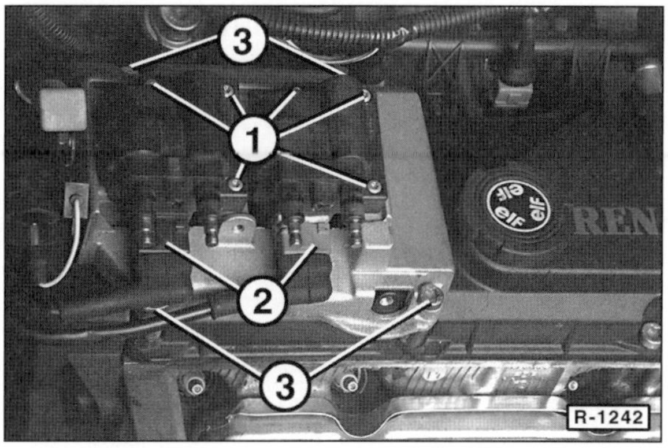

- Zündspulen mit 6 Schrauben –1– vom Halter abschrauben.
- Mehrfachstecker –2– vorn an den Zündspulen abziehen.
- Zündspulenhalter mit 4 Schrauben –3– vom Zylinderkopf abschrauben. Die rechte obere Schraube –3– ist verdeckt.

Einbau

- Zündspulenhalter am Zylinderkopf anschrauben.
- Mehrfachstecker auf Zündspulen aufstecken.
- Zündspulen an Halter anschrauben.
- Kabel für Kondensator verbinden. Kabel in Kabelführung einlegen und Kabelführung zuclipsen.
- Zündkabelstecker entsprechend der angebrachten Markierungen auf die Zündspulen aufstecken.

Speziell 1,4-/1,6-l-Benzinmotor (K4J/K4M)

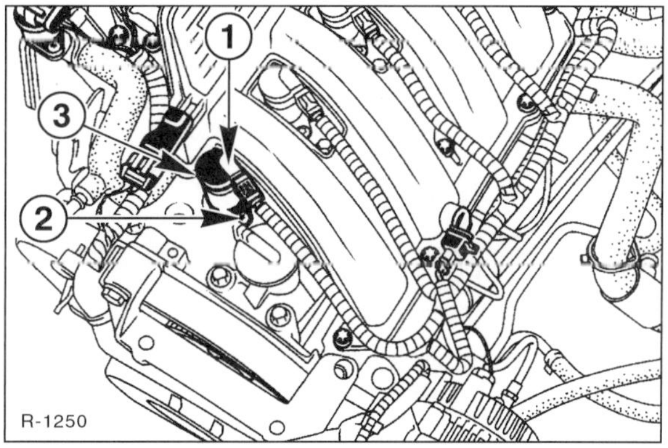

- Stecker –1– von der Zündspule vorsichtig abziehen. Dabei nur am Stecker, nicht am Kabel ziehen.
- Schraube –2– herausdrehen.
- Zündspule –3– von der Zündkerze abziehen.
- Beim Einbau, Schraube –2– mit **15 Nm** anziehen.

Hinweis: Jeweils 2 Zündspulen werden in Reihe an das Motor-Steuergerät angeschlossen. Anschluß **1** am Steuergerät = **Zylinder 2 und 3**. Anschluß **32** am Steuergerät = **Zylinder 1 und 4**.

Klopfsensor aus- und einbauen

Der Klopfsensor sitzt am Zylinderkopf. Er ermöglicht dem Zünd-Steuergerät die Erkennung und Vermeidung der schädlichen klopfenden Verbrennung.

Ausbau

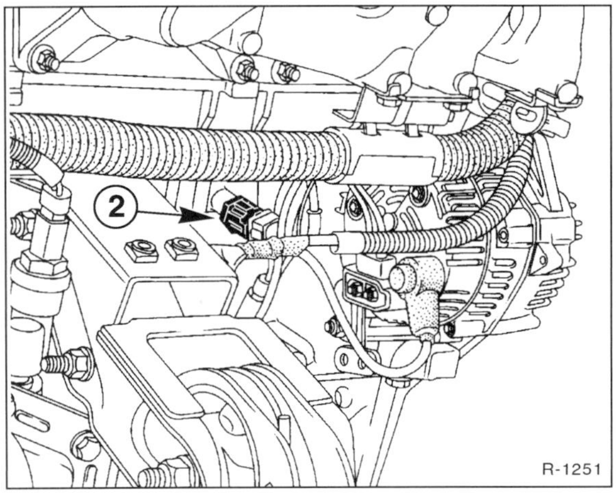

- **1,4-/1,6-l-Benzinmotor (E7J/K7M):** Stecker am Sensor –2– abziehen. Der Sensor sitzt hinten am Motorblock im Bereich des Generators. Sensor herausschrauben.

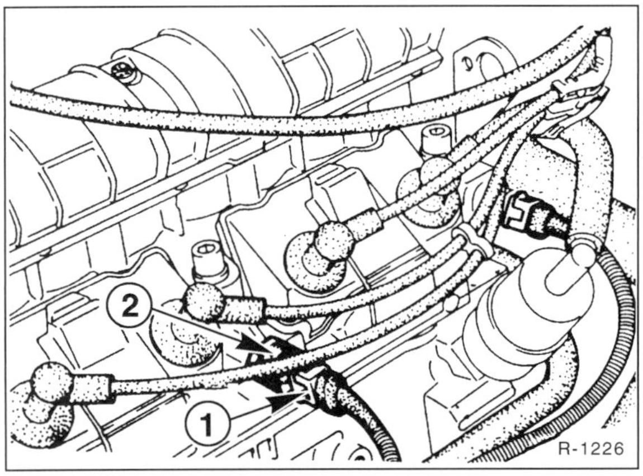

- **1,4-/1,6-l-Benzinmotor (K4J/K4M), 2,0-l-Benzinmotor:** Stecker –1– der elektrischen Kabelverbindung am Sensor abziehen. Der Sensor sitzt vorn am Zylinderkopf. Sensor –2– herausschrauben. Dargestellt ist der 2,0-l-Benzinmotor.

Einbau

- Anlageflächen Motorblock/Klopfsensor sorgfältig reinigen.
- Klopfsensor mit **25 Nm** festziehen. **Achtung:** Drehmoment unbedingt beachten, da es für die korrekte Funktion des Sensors wichtig ist. Auf äußerste Sauberkeit beim Einschrauben achten.
- Kabelstecker zusammenfügen.

Motor-Steuergerät aus- und einbauen

Achtung: Nach Einbau eines neuen Steuergerätes muß dieses von RENAULT auf das Fahrzeug codiert und programmiert werden. Dazu wird ein Diagnose-/Eingabegerät benötigt. Beispielsweise werden der Code der Wegfahrsperre sowie der Getriebetyp eingegeben.

Ausbau

- Vor dem Ausbau des Steuergeräts empfiehlt es sich, den Fehlerspeicher von einer RENAULT-Werkstatt auslesen und ausdrucken zu lassen. Dadurch kann festgestellt werden, welcher Fehler vorliegt, siehe auch Seite 92.
- Batterie-Massekabel (–) abklemmen. **Achtung:** Hinweise im Kapitel »Batterie aus- und einbauen« beachten.

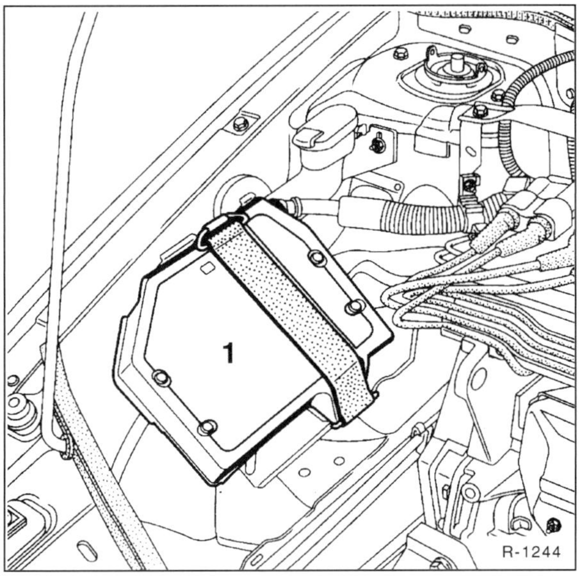

- Gummiband am Steuergerät –1– aushaken. Beim 2,0-l-Motor, Steuergerät vom Halter abschrauben. Das Steuergerät befindet sich im Motorraum am rechten Radkasten.
- Steuergerät entnehmen und Sicherungsklammer am Anschlußstecker hochklappen, Steckverbindung trennen.

Einbau

- Beim Ersatzteilkauf zur Identifizierung zweckmäßigerweise das ausgebaute Steuergerät mitnehmen.
- Steckverbindung am Steuergerät zusammenfügen. Sicherungsklammer umklappen.
- Steuergerät einsetzen und befestigen.
- Batterie-Massekabel (–) anklemmen. Zeituhr einstellen. Radiosender programmieren.
- Ist das Steuergerät neu: Steuergerät von RENAULT-Werkstatt codieren lassen.

Zündkerzentechnik

Die Zündkerze besteht aus der Mittel-Elektrode, dem Isolator mit Gehäuse und der Masse-Elektrode. Die Mittel-Elektrode ist gasdicht im Isolator befestigt, der Isolator ist fest mit dem Gehäuse verbunden. Zwischen Mittel- und Masse-Elektrode springt der Zündfunke über, der das Kraftstoffluftgemisch entzünden soll. Von der Zündkerze hängen Startbereitschaft, Leerlaufverhalten, Beschleunigung und Höchstgeschwindigkeit ab. Man sollte deshalb nicht ohne Grund von dem vom Werk vorgeschriebenen Zündkerzentyp abweichen, der unter anderem von der Wärmewert-Kennzahl bestimmt wird.

Die Wärmewert-Kennzahl gibt den Grad der Wärmebelastbarkeit einer Zündkerze an. Je niedriger die Wärmewert-Kennzahl einer Kerze ist, desto höher ist die Wärmebelastbarkeit. Die Kerze kann also die Wärme besser ableiten, wodurch schädliche Glühzündungen (Motorklopfen) verhindert werden. Eine Kerze mit hoher Wärmebelastbarkeit hat allerdings den Nachteil, daß ihre Selbstreinigungstemperatur ebenfalls höher liegt. Sie neigt daher schneller zum Verrußen, insbesondere dann, wenn der Motor häufig seine Betriebstemperatur während der Fahrt nicht erreicht (Stadtverkehr, Kurzstreckenverkehr im Winter). In der Regel werden »kalte« Zündkerzen (Wärmewert-Kennzahl ab 06) bei »heißen« Motoren eingesetzt, also bei Triebwerken denen hohe Motorleistung abgefordert wird.

Durch den Kupferkern (Cu) in der Mittelelektrode und noch mehr durch die Silber-Mittelelektrode wird die Wärmeleitfähigkeit und damit die Wärmebelastbarkeit erhöht.

Die Wärmewert-Kennzahl ist im Zündkerzencode enthalten. Der Code schlüsselt sich wie folgt auf:

Bosch-Zündkerze

Beispiel: **W R 9 D C 0 R**

① ② ③ ④ ⑤ ⑥ ⑦

① W = Gewinde M 14 x 1,25 mit Flachdichtsitz, SW 21; F = Gewinde M 14 x 1,25 mit Flachdichtsitz, SW 16; M = Gewinde M 18 x 1,5 mit Flachdichtsitz, SW 25; H = Gewinde M 14 x 1,25 mit Kegeldichtsitz, SW 16; D = Gewinde M 18 x 1,5 mit Kegeldichtsitz, SW 21; SW = Schlüsselweite.

② R = Mit Widerstand, zur Entstörung. Die Funktion der Zündanlage wird dadurch nicht beeinflußt.

③ Wärmewert-Kennzahl. Die Wärmewertskala wird von 06 (»kalt«) bis 13 (»warm«) angegeben. Dabei entspricht die Kennzahl 7 dem alten Wärmewert 175 (frühere Bezeichnung), 6 – 200,5 – 225 usw.

④ A = Gewindelänge 12,7 mm, normale Funkenlage; B = Gewindelänge 12,7 mm, vorgezogene Funkenlage; C = Gewindelänge 19 mm, normale Funkenlage; D = Gewindelänge 19 mm, vorgezogene Funkenlage.

⑤ = Elektrodenwerkstoff der Mittelelektrode: Ohne Angabe = Cr-Ni-Legierung, C = Ni-Cu-Verbund-Mittelelektrode, S = Silber-Mittelelektrode, P = Platin-Mittelelektrode,

⑥ 0 = Standard-Zündkerze mit verstärkter Mittelelektrode.

⑦ R = 1kΩ Abbrandwiderstand.

Die richtige Zündkerze für den RENAULT MÉGANE

Motor-leistung	Motor-code	Zündkerzen									
		BOSCH	EA*	NGK	EA*	EYQUEM	EA*	CHAMPION	EA*	BERU	EA*
51 kW	E7J	FR7DC0	0,8	BCP 5 ES	0,8	FC 52 LS	0,9	RC9YCC	0,9	14FR-7DU	0,8
55 kW	K7M	FR7DC0	0,8	BCP 5 ES	0,8	FC 52 LS	0,9	RC10YCC	0,9	14FR-7DU	0,8*
66 kW	K7M	FR7DC0	0,8	BCP 5 ES	0,8	FC 52 LS	0,9	RC9YCC	0,9	14FR-7DU	0,8*
70 kW	K4J	FR8LDC	0,8	–	–	–	–	–	–	14FLR-8LDUX	1,0
79 kW	K4M	FR8LDC	0,8	BKR 5 EK	0,8	–	–	–	–	14FLR-8LDUX	1,0
83 kW	F3R	WR8DC04	0,9	–		C 52 LS	0,9	RN9YCC	0,9	14R-8DU4	0,9
110 kW	F7R	–	–	–	–	RFC 57 LS3	0,9	–	–	14R-8DU4	0,9

*) EA = Elektrodenabstand der Zündkerzen in mm. Anzugsmoment: 25 Nm.

Achtung: Da neuere Modelle bei gleicher Motorleistung mit einer geänderten Zündanlage ausgestattet sein können, empfiehlt es sich, sicherheitshalber vor dem Neukauf zu prüfen, welche Zündkerzen eingebaut sind. Außerdem befindet sich auf dem Motor-Zylinderkopfdeckel ein Aufkleber, welche Kerzen vorgeschrieben sind. Um die aktuelle Zündkerze für Ihren Fahrzeugmotor zu ermitteln, benötigt der Fachhandel die **Fahrzeug-Ident-Nummer** (FIN) sowie die **3 Schlüsselnummern** aus dem Kfz-Schein. Diese Nummern sollten beim Kauf von Zündkerzen angegeben werden.

Störungsdiagnose Zündanlage

Feststellen, ob ein Zündfunke vorhanden ist. Dazu Zündkerzen herausschrauben, in Zündkerzenstecker stecken und einzeln gegen Masse halten. Dabei Kerzenstecker oder Zündkabel **nicht** mit der Hand festhalten, sondern eine gut isolierte Zange nehmen. Von Helfer Motor starten lassen. **Achtung:** Um Schäden am Katalysator zu vermeiden, darf dabei kein Benzin eingespritzt werden. Daher Kraftstoffpumpenrelais abziehen, siehe Kapitel »Kraftstoffanlage«. **Achtung:** Sicherheitshinweise für elektronische Zündanlage beachten.

Hinweis: Es empfiehlt sich, zuerst den Fehlerspeicher der Motorsteuerung abzufragen (Werkstattarbeit).

Störung: Der Motor springt schlecht oder gar nicht an.

Ursache	Abhilfe
Widerstand in Zündkerzenleitung/Zündkerzenstecker zu hoch.	■ Zündleitung/Zündkerzenstecker erneuern.
Zündkerzenstecker in falscher Reihenfolge aufgesteckt.	■ Zündkerzenstecker nach Zündfolge 1-3-4-2 aufstecken.
Zündkerzen wegen zu vieler Startversuche naß.	■ Zündkerzen ausbauen und trocknen.
Zündkerzen außen feucht und verschmutzt.	■ Zündkerzen reinigen, trocknen, Silikonschutzkappe auf Zündkerze und Stecker schieben.
Leistung der Zündspule zu gering.	■ Elektrische Leitungen an der Zündspule auf festen Sitz und guten Kontakt prüfen.
Zündspule gerissen, Brandkanäle.	■ Zündspule erneuern.
Zündkerze defekt.	■ Grundsätzlich alle Zündkerzen ersetzen. Nur bei ganz geringer Laufleistung einzelne Zündkerze austauschen.
Kein Zündfunke vorhanden, Verteilerkappe feucht, verschmutzt.*	■ Verteilerkappe reinigen und trocknen, innen mit Kontaktspray einsprühen.
Risse in der Verteilerkappe, Brandkanäle.*	■ Verteilerkappe erneuern.
Schleifkohle in der Zündverteilerkappe abgenutzt.*	■ Verteilerkappe erneuern.
Verteilerläufer defekt.*	■ Verteilerläufer erneuern (Werkstattarbeit).

*) Nur beim 1,4-l-Benzinmotor E7J. Die anderen Motoren haben eine verteilerlose Zündanlage.

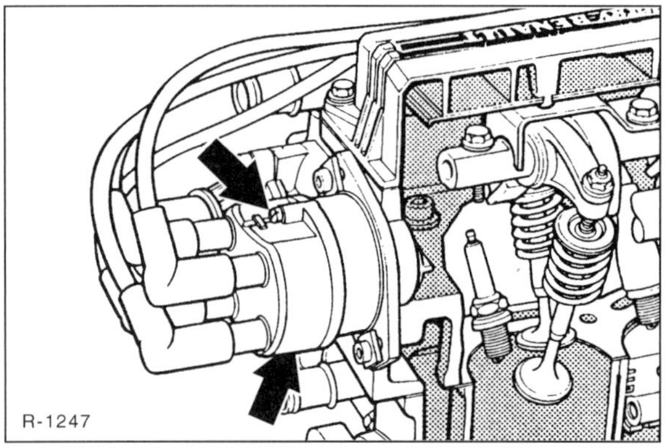

R-1247

1,4-l-Benzinmotor (E7J): Verteilerkappe nach Lösen der Schrauben –Pfeile– abnehmen. Die Verteilerkappe muß innen trocken und ohne Brandkanäle sein. Die Schleifkohle in der Mitte der Verteilerkappe muß im eingebauten Zustand auf den Verteilerläufer drücken und darf nicht beschädigt oder stark abgenutzt sein, sonst Verteilerkappe erneuern.

Kraftstoffanlage

Zur Kraftstoffanlage gehören der Kraftstoffbehälter, die Kraftstoffpumpe (bei den Benzinmotoren im Tank eingebaut) und die Kraftstoffleitungen sowie die Kraftstoff-Einspritzanlage mit Kraftstoff- und Luftfilter.

Der aus Kunststoff gefertigte Kraftstoffbehälter ist unter der Rücksitzbank vor der Hinterachse angeordnet. Der jeweilige Kraftstoffvorrat wird dem Fahrer am Schalttafeleinsatz angezeigt. Durch ein geschlossenes Entlüftungssystem wird der Tank belüftet. Die schädlichen Benzindämpfe der Tankentlüftung werden in einem Aktivkohlespeicher aufgefangen und dem Motor kontrolliert zur Verbrennung zugeführt.

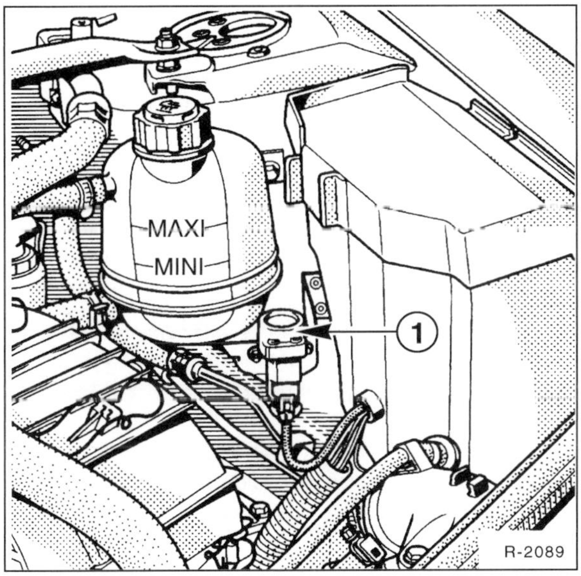

Neuere Modelle besitzen einen Sicherheitsschalter, der bei einem Unfall mit einer Aufprallgeschwindigkeit ab etwa 25 km/h die Kraftstoffpumpe abschaltet. Dadurch wird die Kraftstoffzufuhr unterbrochen. Der Schalter –1– befindet sich im Motorraum unterhalb des Kühlmittel-Ausgleichbehälters. Der Schalter kann wieder eingeschaltet werden, indem die Taste oben am Schalter gedrückt wird.

Achtung: Riecht es nach einem Zusammenstoß nach ausgelaufenem Kraftstoff, ist vor Deaktivierung des Schalters zur Vermeidung von Bränden zunächst die Leckstelle zu beseitigen. Außerdem wird bei Auslösung des Schalters ein Fehler im Motor-Steuergerät (Diesel: in der Zentralelektronik) gespeichert, der in der RENAULT-Werkstatt gelöscht werden muß.

Kraftstoff sparen beim Fahren

Wesentlichen Einfluß auf den Kraftstoffverbrauch hat die Fahrweise des Fahrzeuglenkers. Hier einige Tips für den intelligenten Umgang mit dem Gaspedal.

- Nach dem Motorstart gleich losfahren, auch bei Frost.
- Motor bei voraussichtlichen Stops über 40 Sekunden Dauer abschalten.
- Im höchstmöglichen Gang fahren.
- Möglichst gleichmäßige Geschwindigkeiten über längere Strecken fahren, hohe Geschwindigkeiten meiden. Vorausschauend fahren. Nicht unnötig bremsen.
- Keine unnötige Zuladung mitführen, Aufbauten am Fahrzeug, beispielsweise Dachgepäckträger, möglichst abbauen.
- Immer mit richtigem, nie mit zu niedrigem Reifendruck fahren.
- Das Verkehrsmittel mit Bedacht wählen. Örtliche und zeitliche Verkehrsspitzen nach Möglichkeit meiden.

Sicherheits- und Sauberkeitsregeln bei Arbeiten an der Kraftstoffversorgung

Bei Arbeiten an der Kraftstoffversorgung sind die folgenden Regeln zur Sicherheit und Sauberkeit sorgfältig zu beachten:

- **Kein offenes Feuer, nicht rauchen, keine glühenden oder sehr heißen Teile in die Nähe des Arbeitsplatzes bringen. Unfallgefahr! Feuerlöscher bereitstellen.**
- **Unbedingt für gute Belüftung des Arbeitsplatzes sorgen. Kraftstoffdämpfe sind giftig.**
- Das Kraftstoffsystem steht unter Druck. Beim Öffnen der Anlage können Benzinspritzer auftreten, daher austretenden Kraftstoff mit einem Lappen auffangen. **Schutzbrille tragen.**
- Verbindungsstellen und deren Umgebung vor dem Lösen gründlich reinigen.
- Ausgebaute Teile auf einer sauberen Unterlage ablegen und abdecken. Folien oder Papier verwenden. Keine fasernden Lappen benutzen!
- Geöffnete Bauteile sorgfältig abdecken bzw. verschließen, wenn die Reparatur nicht umgehend ausgeführt wird.
- Ersatzteile erst unmittelbar vor dem Einbau aus der Verpackung nehmen. Nur saubere Teile einbauen.
- Keine Teile verwenden, die unverpackt (z. B. in Werkzeugkästen usw.) aufgehoben wurden.
- Bei geöffneter Kraftstoff-Anlage möglichst nicht mit Druckluft arbeiten. Das Fahrzeug möglichst nicht bewegen.
- Dieselkraftstoff darf nicht auf Kühlerschläuche des Motors gelangen, da diese sonst angegriffen werden. Dieselkraftstoff gegebenenfalls sofort mit feuchtem Lappen abwischen.

Kraftstoffpumpenrelais prüfen

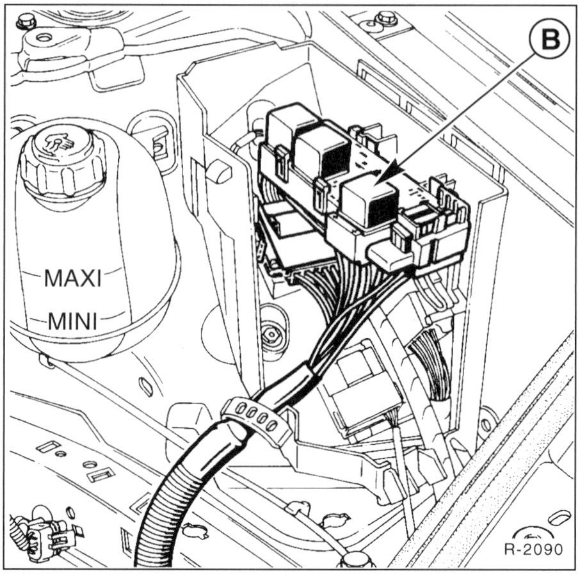

Das Kraftstoffpumpenrelais –B– befindet sich am Relaisträger links im Motorraum. Es versorgt die elektrische Kraftstoffpumpe mit Strom.

Wenn zur Prüfung der Einspritzanlage die Kraftstoffpumpe laufen soll, ohne daß der Motor läuft, Relais abziehen und die Klemme 3 und Klemme 5 mit kurzer Hilfsleitung verbinden, Durchmesser der Leitung 1,5 mm.

Achtung: Zur Prüfung des Kraftstoffpumpenrelais muß die Batterie geladen sein. Weitere Hinweise zur Relaisprüfung beachten im Kapitel »Elektrische Anlage«.

- Sicherung für Einspritzanlage prüfen. Die aktuelle Sicherungsbelegung befindet sich im Deckel des Sicherungskastens.
- Kraftstoffpumpenrelais –B– abziehen.
- Die Klemmen 3 und 5 im Relaissockel mit kurzer Prüfleitung verbinden. Die Klemmenbezeichnungen sind an den Relaiskontakten beschriftet. Die empfindlichen Relaiskontakte nicht mit dem Draht beschädigen. Die Pumpe muß jetzt hörbar laufen.
- Läuft die Pumpe an, Kraftstoffpumpenrelais ersetzen. Läuft die Pumpe nicht an, Zuleitungen zum Relais und zur Kraftstoffpumpe auf Durchgang prüfen, gegebenenfalls Leitung ersetzen.

Fördermenge der Kraftstoffpumpe prüfen

Benzinmotoren

Hinweis: Beim Dieselmotor wird der Kraftstoffdruck in der Leitung zwischen Filter und Einspritzpumpe gemessen, hierzu Fachwerkstatt aufsuchen.

Unbedingt auf gute Belüftung des Arbeitsplatzes achten. Kraftstoffdämpfe sind giftig, kein offenes Feuer, nicht rauchen, Brandgefahr! Feuerlöscher bereitstellen.

- Voraussetzung für eine exakte Prüfung ist eine intakte und geladene Batterie.
- Hintere Sitzbank anheben und runde Abdeckung für Tankgeber abziehen.

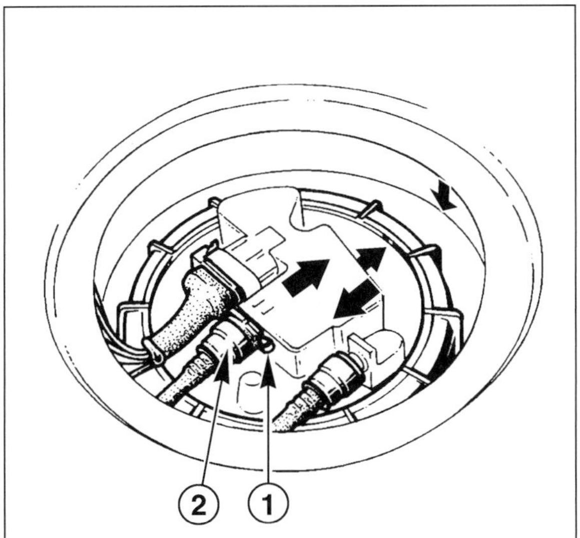

R-2091

- Klammer –1– an roter Kupplung für Kraftstoffrücklauf –2– mit Flachzange abziehen. **Hinweis:** Bei manchen Fahrzeugen mit 1,4-/1,6-l-Benzinmotor (K4J/K4M) ist keine Rücklaufleitung vorhanden. Rücklaufleitung mit Zange Mot. 1265 von FACOM abklemmen, siehe Seite 294.

Achtung: Das Kraftstoffsystem steht unter Druck. Austretenden Kraftstoff mit einem Lappen auffangen.

- Am Schnellverbinder der Leitung einen kraftstoffesten Schlauch mit 8 mm Durchmesser aufschieben und in ein Meßgefäß mit ca. 2 l Inhalt führen.
- Kraftstoffpumpenrelais abziehen. Das Relais befindet sich im Relaiskasten links hinten im Motorraum, siehe Seite 86.
- Am Relaissockel Klemme 1 und 3 mit Prüfleitung verbinden (Durchmesser 1,5 mm) und Kraftstoffpumpe ca. 30 Sekunden laufen lassen, siehe Kapitel »Kraftstoffpumpenrelais prüfen«.
- Die Fördermenge muß **in 30 Sekunden ca. 1,3 l** betragen, nur **beim 1,4-l-Benzinmotor (E7J) ca. 0,83 l. Beim 1,4-/1,6-l-Benzinmotor (K4J/K4M) muß die Kraftstoffpumpe ca. 1 - 1,3 Liter in 60 Sekunden fördern.**
- Wird zu wenig Kraftstoff gefördert, Versorgungsspannung der Pumpe prüfen. Ein Spannungsabfall von 1 Volt bewirkt einen Fördermengenverlust von ca. 10%. Gegebenenfalls Batterie laden oder erneuern.
- Ist die Fördermenge weiterhin zu klein, Kraftstoffpumpe ersetzen.
- Kraftstoffleitung aufschieben, dabei muß sie einrasten. Sicherungsklemme –1– einsetzen.
- Motor starten und Dichtigkeit vom Anschluß prüfen.
- Abdeckung für Tankgeber einsetzen, Rücksitzbank zurückklappen.

Kraftstoffpumpe/Tankgeber aus- und einbauen/prüfen

Der Tankgeber und die Benzin-Kraftstoffpumpe sitzen oben im Kraftstoffbehälter. Bei Benzinmotoren bilden die Pumpe und der Tankgeber eine untrennbare Einheit. Bei manchen Fahrzeugen ist an der Kraftstoffpumpe keine Rücklaufleitung vorhanden, der Druckregler befindet sich dann direkt an der Pumpe.

Beim Dieselmotor ist nur der Tankgeber ohne Pumpe vorhanden, der Kraftstoff wird von der Einspritzpumpe gefördert.

Mit sinkendem Kraftstoffspiegel sinkt auch der Schwimmer im Tankgeber ab. Durch einen Schleifkontakt am Schwimmer erhöht sich dabei der elektrische Widerstand des Gebers. Dadurch sinkt die Spannung am Schalttafeleinsatz und die Kraftstoffvorratsanzeige geht in Richtung »leer« zurück.

Sinkt der Schwimmer weiter ab, wird ab einer bestimmten Stellung der Warnkontakt geschlossen und an der Schalttafel leuchtet ein orangefarbener Punkt auf.

Ausbau

Unbedingt auf gute Belüftung des Arbeitsplatzes achten. Kraftstoffdämpfe sind giftig, kein offenes Feuer, nicht rauchen, Brandgefahr! Feuerlöscher bereitstellen.

Achtung: Zum Ausbau eines Tankgebers darf der Kraftstofftank **nicht** gefüllt sein. Daher Tank entweder leerfahren oder Kraftstoff mit einer geeigneten Pumpe in einen entsprechend großen Behälter absaugen. Kraftstoffdämpfe sind giftig, nicht einatmen. Arbeiten möglichst im Freien durchführen und für gute Belüftung sorgen.

- Batterie-Massekabel (–) abklemmen. **Achtung:** Dadurch werden elektronische Speicher gelöscht, wie zum Beispiel der Radiocode. Hinweise im Kapitel »Batterie aus- und einbauen« beachten.
- Hintere Sitzbank anheben und runde Abdeckung für Tankgeber abziehen.

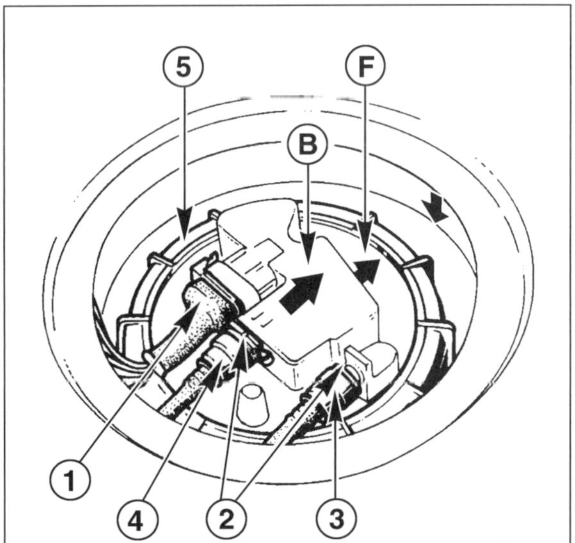

R-2092

- Mehrfachstecker –1– abziehen.

- Klammern –2– an den Kupplungen für Kraftstoffschläuche mit Flachzange abziehen.
- Die Kraftstoffleitungen können nur mit der Spezialzange Mot. 1265 (Diesel: Mot. 1265-01) von FACOM abgeklemmt werden, siehe Seite 294.
- Kraftstoffzulauf- –3– und Rücklaufleitung –4– mit der Spezialzange abziehen. Beim Abziehen der Kraftstoffleitungen einen Lappen unterlegen und eventuell auslaufenden Kraftstoff auffangen. Die Schnellverbinder haben eine Farbmarkierung, damit sie beim Einbau nicht vertauscht werden. Der Rücklauf ist gegenüber Pfeil –B–. 5 – Überwurfmutter, F – Markierung zeigt in Längsrichtung nach hinten.

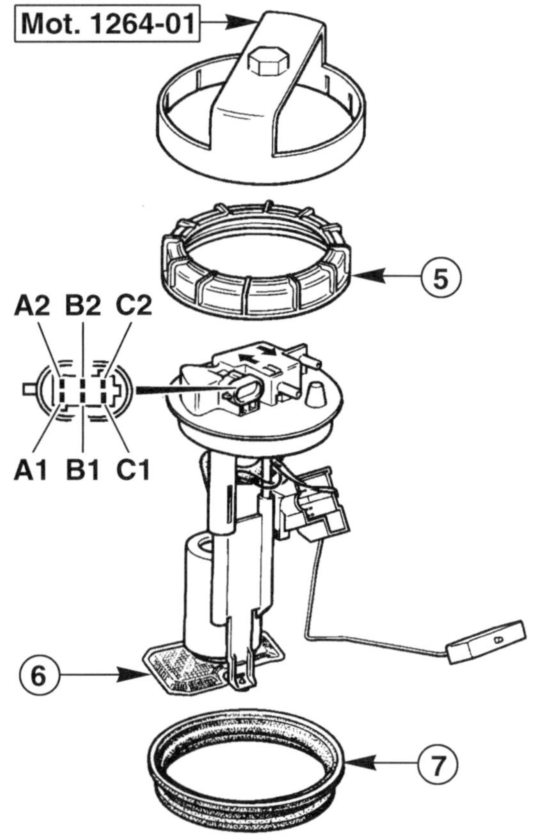

R-2093

- Überwurfmutter –5– linksherum vorsichtig lösen. Die Werkstatt verwendet dazu das Werkzeug FACOM Mot. 1264-01. Die Mutter kann auch mit einem Holzstab und leichten Hammerschlägen gelöst werden. **Achtung:** Es dürfen keine Funken entstehen.
- Tankgeber hochziehen, zur Seite schwenken und herausnehmen. Dabei Lappen unterlegen und eventuell austretenden Kraftstoff auffangen.

Achtung: Überwurfmutter –5– für Tankgeber wieder aufschrauben, wenn zwischen Aus- und Einbau des Tankgebers mehrere Stunden vergehen. Sonst können Verformungen auftreten, die das spätere Aufschrauben verhindern.

Anschlußbelegung (siehe Abbildung R-2093)

Nr.	Bezeichnung
A1	Masse
A2	Kontrollampe für Kraftstoffreserve
B1	Tankgeberanzeige
B2	Frei
C1	Kraftstoffpumpe-Plus (+)
C2	Kraftstoffpumpe-Minus (–)

Tankgeber prüfen, Limousine

Ausgebauten Tankgeber senkrecht halten und Schwimmer in angegebene Höhe H bewegen, dabei Widerstand zwischen den Anschlüssen **A1 und B1** messen. Die angegebenen Werte sind nur Richtwerte, sie dürfen etwas abweichen. Widerstand messen, siehe auch Seite 235.

Anzeige der Tankuhr	Schwimmerhöhe	Widerstand
4/4	161 mm	max. 7 Ω
3/4	142 mm	54,5 ± 7 Ω
1/2	120 mm	98 ± 10 Ω
1/4	100 mm	155 ± 16 Ω
Reservestand	23 mm	300 ± 20 Ω

Einbau

- Sieb –6– der Kraftstoffpumpe auf Verschmutzung prüfen, gegebenenfalls reinigen.
- Dichtung –7– für Deckel auf Porosität oder Beschädigung prüfen, gegebenenfalls ersetzen.
- Tankgeber und Kraftstoffpumpe in den Tank so einsetzen, daß nach dem Festziehen die Kraftstoffschläuche aufgeschoben werden können. Darauf achten, daß die Markierung –F– in Fahrzeuglängsachse nach hinten zeigt.
- Ringmutter –5– ansetzen und festziehen (Anhaltewert: max. 60 Nm). Mutter mit Holzstab und leichten Hammerschlägen anziehen. Dabei Keil jeweils an mehreren Stellen des Umfangs ansetzen.
- Kraftstoffleitungen entsprechend den Farbmarkierungen aufstecken und einrasten. Dazu ist kein Spezialwerkzeug erforderlich.
- Klammern –2– an den Kupplungen für Kraftstoffschläuche einsetzen.
- Mehrfachstecker auf Tankgeber aufschieben.
- Abdeckung für Tankgeber einsetzen, Rücksitzbank zurückklappen.
- Batterie-Massekabel (–) anklemmen. Zeituhr einstellen. Radiosender programmieren.

Gaszug aus- und einbauen/einstellen

Achtung: Der Gaszug ist sehr knickempfindlich und daher beim Einbau besonders sorgfältig zu behandeln. Ein einziger leichter Knick kann zum späteren Bruch im Fahrbetrieb führen. Züge, die geknickt wurden, dürfen deswegen **nicht** eingebaut werden.

Hinweis: Beim Dieselmotor F9Q ist kein Gaszug vorhanden. Die Stellung des Gaspedals wird über ein Potentiometer am Gaspedal erfaßt und an das Motor-Steuergerät beziehungsweise an die Verteilereinspritzpumpe übermittelt.

Ausbau

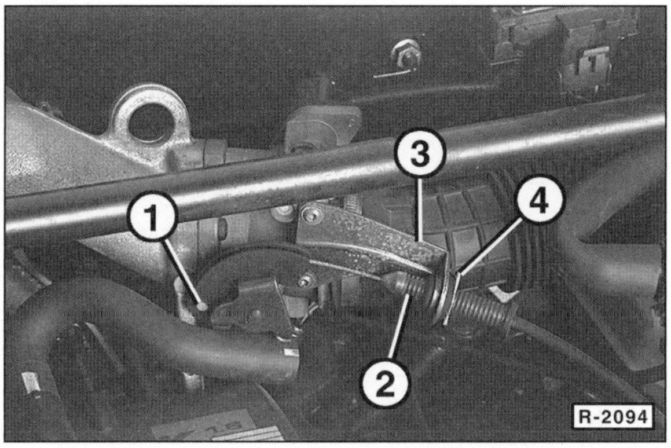

- Drosselklappenhebel (Dieselmotor F8Q/F8Q Turbo: Einspritzpumpenhebel) mit der Hand bis zum Vollgasanschlag drücken.
- Nippel –1– des Gaszugs durch den Schlitz im Drosselklappensegment herausziehen.
- Gaszug –2– durch die Bohrung im Widerlager (Halter) –3– herausziehen, Gummitülle herausdrücken. 4 – Steckraste.
- Gaszug im Motorraum aus den Führungen ausclipsen. **Achtung**: Für den leichteren Einbau empfiehlt es sich, die Einbaulage und die Befestigungspunkte am Gaszug mit Farbe zu markieren und die Markierungen auf den neuen Gaszug zu übertragen.
- Gaszug am Gaspedal aushängen und in den Motorraum durchziehen. Dabei Tülle in der Spritzwand herausdrücken.

Einbau

- Gaszug durch die Spritzwand in den Innenraum durchziehen und am Gaspedal einhängen.
- Gummitülle in die Bohrung der Spritzwand einsetzen. Dabei auf gute Abdichtung achten.
- Gaszug im Motorraum genauso wie den bisherigen Seilzug verlegen und in die Halter einclipsen.
- Gummitülle auf das Gaszugseil aufschieben.
- Gaszug am Widerlager durch die Bohrung schieben, Gummitülle in die Bohrung einsetzen und Gaszughülle einschieben.
- Drosselklappenhebel (Dieselmotor F8Q/F8Q Turbo: Einspritzpumpenhebel) mit der Hand bis zum Vollgasanschlag drücken.
- Nippel des Gaszugs durch den Schlitz im Drosselklappensegment einsetzen und Drosselklappenhebel langsam loslassen. Dabei Seilzug im Drosselklappensegment einlegen.
- Sicherungsklammer –4– in der gleichen Position wie beim bisherigen Gaszug aufstecken, siehe Abbildung R-2094.
- Gaszug-Einstellung prüfen.

Einstellen

- Gaspedal voll durchtreten lassen (Helfer).

- Gaszug durch Umstecken der Steckraste –4– am Widerlager –3– so einstellen, daß am Drosselklappenhebel (Dieselmotor F8Q/F8Q Turbo: Einspritzpumpenhebel) die Vollgasstellung gerade erreicht wird. Die Abbildung zeigt den 1,4-l-Motor.
- Drosselklappenhebel (Dieselmotor F8Q/F8Q Turbo: Einspritzpumpenhebel) mit der Hand bis zum Vollgasanschlag drücken. Es muß ein geringes Spiel vorhanden sein. Das Spiel darf jedoch nicht größer als 1 mm sein.

Luftfilter aus- und einbauen

Ausbau 1,4-l-Benzinmotor (E7J)

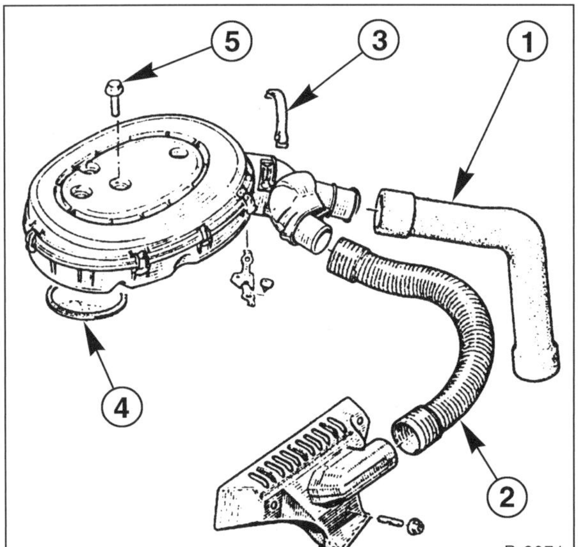

R-2071

- Befestigungsschrauben –5– für Luftfiltergehäuse herausdrehen.
- Frischluftschlauch –1– und Warmluftschlauch –2– abziehen, vorher Schellen ganz lösen. (3 – Schelle für Ansaugluftvorwärmung)
- Gummi-Spannband am Ansaugstutzen aushängen.
- Motor-Entlüftungsschlauch unten am Luftfiltergehäuse abziehen.
- Luftfiltergehäuse abnehmen.

Ausbau 1,6-l-Benzinmotor (K7M) und Dieselmotor

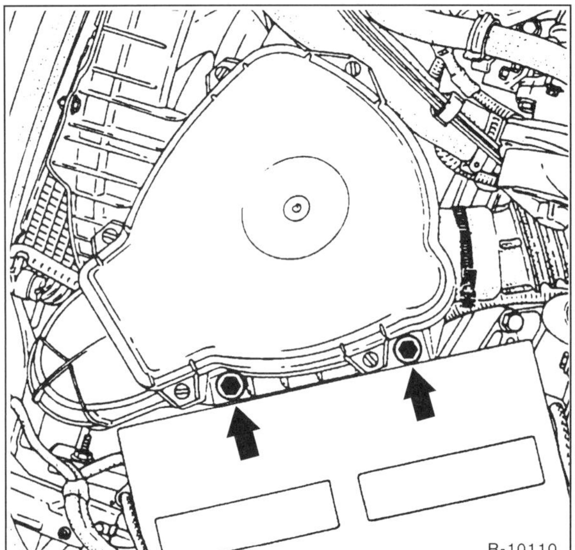

R-10110

- 2 Befestigungsschrauben –Pfeile– für Luftfiltergehäuse herausdrehen.

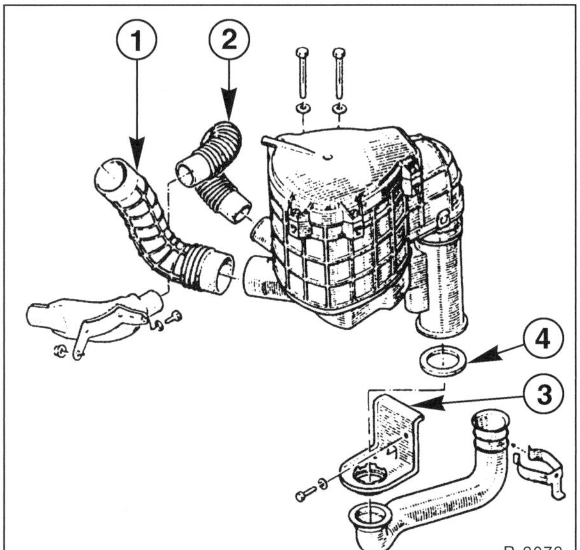

R-2072

- Frischluftschlauch –1– und Warmluftschlauch –2– (wo vorhanden) vom Luftfiltergehäuse abziehen, vorher Schellen ganz lösen.
- Gegebenenfalls Halterung –3– am Aufbau abschrauben und abnehmen.

Ausbau 2,0-l-Benzinmotor

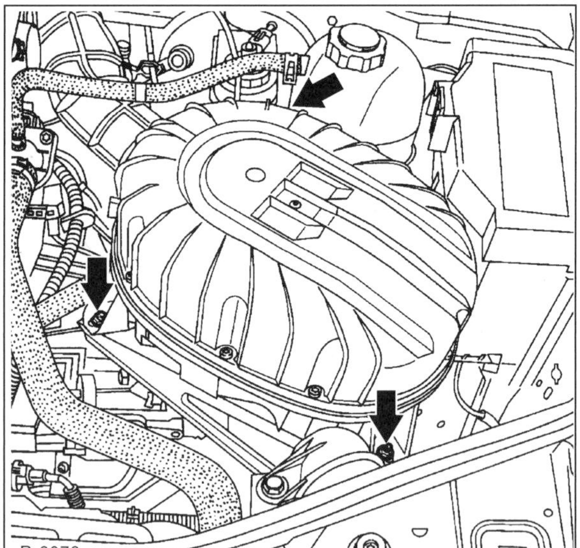

R-2073

- 2 Befestigungsschrauben –obere 2 Pfeile– für Luftfiltergehäuse herausdrehen.
- Luftschlauch –Pfeil unten– abziehen, vorher Schelle ganz lösen.

Einbau

- 1,4-l-Motor: Motorentlüftungsschlauch unten am Filtergehäuse aufschieben.
- Luftfiltergehäuse ansetzen. Dabei Dichtung –4– nicht vergessen, siehe Abbildungen. Beschädigte Dichtungen erneuern.

- Ansaugstutzen am Halter mit Spannband befestigen.
- Frischluft- und Warmluftschlauch aufschieben und mit Schelle sichern.
- Luftfiltergehäuse anschrauben.

Speziell 1,4-/1,6-l-Benzinmotor (K4J/K4M), Limousine und Scenic

Ausbau

- Unterdruckleitung für Bremskraftverstärker vom Ansaugkrümmer abziehen.

Scenic

- Scheibenwischerarme ausbauen, siehe Seite 276.
- Wasserkastenabdeckung abschrauben und herausnehmen.
- Trennwand zwischen Motorraum und Wasserkasten aus der Halterung herausziehen und herausnehmen.

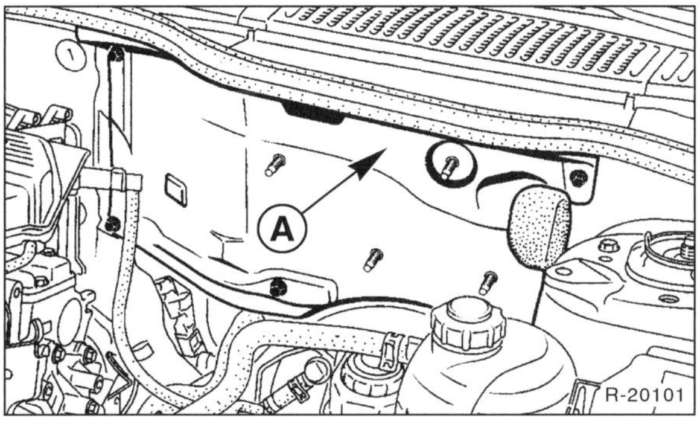

- **Limousine:** Schutzblech für Wasserkasten –A– abschrauben und abnehmen.

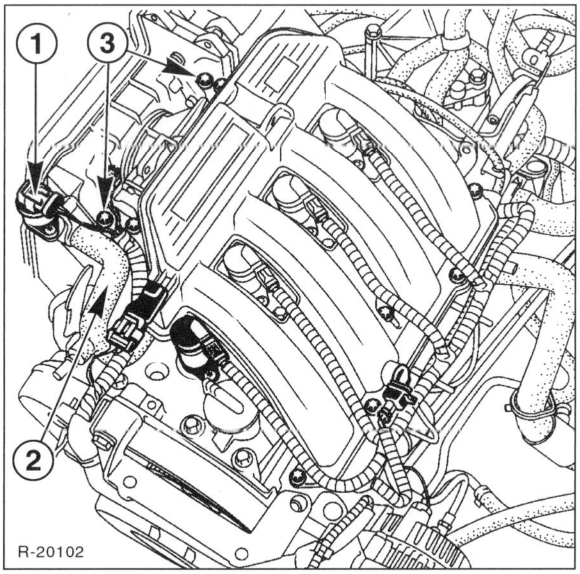

- Stellglied –1– abschrauben.
- Kraftstoffdampfleitung –2– abziehen.
- Luftfiltergehäuse öffnen und Filtereinsatz herausnehmen. Dazu die beiden Schrauben am Gehäuseoberteil herausdrehen.
- Luftschlauch vom Luftfiltergehäuse abziehen.
- Schrauben –3– herausdrehen und Luftfiltergehäuse herausnehmen.
- Filtergehäuse nach rechts schieben und herausnehmen.

Einbau

- Filtergehäuse einsetzen und anschrauben.
- Luftschlauch am Luftfiltergehäuse aufschieben und mit Schlauchschelle fixieren.
- Luftfiltereinsatz in das Luftfiltergehäuse einsetzen und Luftfilterdeckel mit 2 Schrauben anschrauben.
- Kraftstoffdampfleitung aufschieben und befestigen. Stellglied anschrauben.
- **Limousine:** Schutzblech für Wasserkasten ansetzen und anschrauben.

Scenic

- Trennwand zwischen Motorraum und Wasserkasten in die Halterung einsetzen.
- Wasserkastenabdeckung einsetzen und anschrauben.
- Scheibenwischerarme einbauen, siehe Seite 276.

- Unterdruckleitung für Bremskraftverstärker am Ansaugkrümmer aufschieben und befestigen.

Benzin-Einspritzanlage

Die Benzinmotoren sind mit elektronischen Einspritzanlagen unterschiedlicher Ausführung ausgestattet. Der 1,4-l-Benzinmotor (E7J) ist mit der Mono-Jetronic von BOSCH ausgestattet. Der 1,4-l-Benzinmotor (K4J), sowie die 1,6-l- und 2,0-l-Benzinmotoren haben Mehrstellen-Einspritzanlagen (multi point injection, abgekürzt MPI) von SIEMENS.

Die Vorteile der Benzineinspritzung gegenüber einem Vergaser sind:

- Genau dosierte Kraftstoffmenge in jedem Betriebszustand des Motors, dadurch geringerer Verbrauch bei guten Fahrleistungen.
- Reduzierung der Abgas-Schadstoffe durch exakte Kraftstoffzumessung.
- Abgasreinigung durch lambdageregelten Katalysator möglich.
- Steuerung von Zündung und Einspritzung in einem Steuergerät, gemeinsame Nutzung von Sensoren.
- Eigendiagnose des Steuergerätes, dadurch schnelleres Auffinden von Defekten.
- Das Steuergerät ist mit einem Fehlerspeicher ausgestattet. Treten während des Betriebs Defekte in der Einspritzanlage beziehungsweise der Zündung auf, so werden diese im Speicher abgelegt. Dies wird durch Aufleuchten der Motor-Kontrolleuchte im Schalttafeleinsatz angezeigt. Abgespeicherte Fehler können mit Hilfe eines RENAULT-Auslesegerätes abgefragt werden. Sollte die Einspritzanlage beziehungsweise der Motor nicht einwandfrei arbeiten, so kann man sich gegen Kostenerstattung in der RENAULT-Werkstatt die Fehler abrufen lassen, um dann gegebenenfalls den Defekt zu beheben.

Die Einspritzanlage besitzt langzeitstabile Bauteile und ist praktisch wartungsfrei, nur der Luftfiltereinsatz und der Kraftstoffilter müssen nach dem Wartungsplan gewechselt werden. Wesentliche Einstell- und Reparaturarbeiten können nur mit Hilfe von teuren RENAULT-Prüfgeräten durchgeführt werden, so daß diese Arbeiten nur noch von entsprechend ausgerüsteten Fachwerkstätten ausgeführt werden können.

Sicherheits- und Sauberkeitsregeln zur Einspritzanlage

Achtung: Bei Arbeiten an der Kraftstoffanlage ist auf peinliche Sauberkeit zu achten, siehe Seite 86.

- Die Kraftstoffanlage steht unter Druck. Deshalb vor dem Auswechseln von Teilen Druck im System abbauen. Hierzu Kraftstoffleitung vorsichtig lösen und beim Abziehen Lappen um die Leitung legen.
- Bevor eine Prüfung der Einspritzanlage erfolgt, muß gewährleistet sein, daß die Zündung in Ordnung ist, das heißt Zündung und Kerzen müssen den Vorschriften entsprechen.
- Mehrfachstecker des Steuergerätes nur bei ausgeschalteter Zündung abziehen oder aufstecken. Auf einwandfreien Sitz aller Stecker achten.
- Motor nicht starten ohne fest angeschlossene Batterie.
- Beim Schnelladen Batterie abklemmen. Zum Starten des Motors **keinen** Schnellader verwenden.
- Steuergerät nicht Temperaturen über +80° C aussetzen.

Zünd- und Einspritzanlage prüfen

Für eine sinnvolle und vollständige Fehlersuche beziehungsweise Fehlerbehebung sind markenspezifische Meßgeräte unabdingbar. Diese Meßgeräte sind teuer und in der Regel nur in der Fachwerkstatt vorhanden. Daher wird im folgenden nur eine Grundprüfung beschrieben:

- Spannung und Ladezustand der Batterie prüfen, siehe Seite 247.
- Alle Sicherungen prüfen, siehe Seite 242.
- Sämtliche Stecker und Steckverbindungen des betroffenen elektronischen Systems abziehen und aufstecken. Festen Sitz der Steckverbindungen und Fixierung der Kabel im Motorraum prüfen.
- Alle Masseverbindungen auf festen Sitz und einwandfreien Kontakt prüfen.
- Schläuche und Leitungen auf Undichtigkeiten prüfen. Dabei auf Porosität, Risse, lockeren Sitz auf den Anschlüssen achten.

Schemazeichnung der Mono-Jetronic

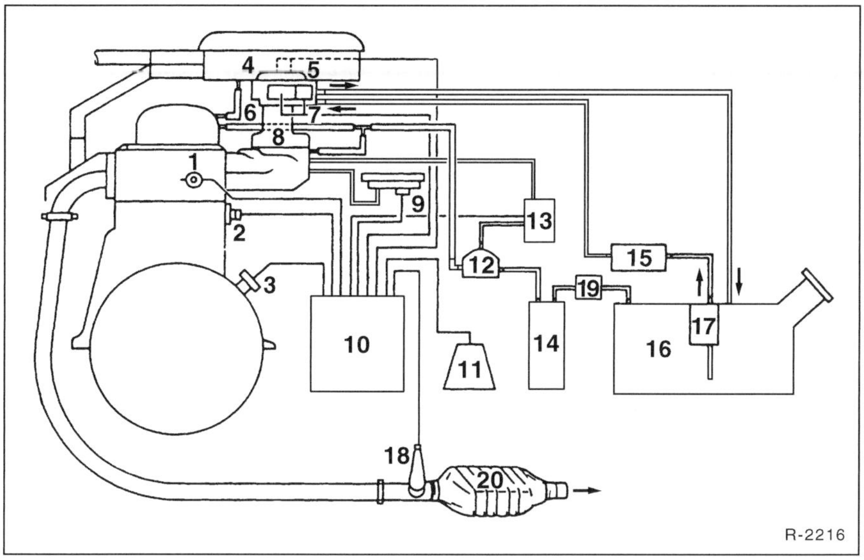

1 – **Temperaturfühler Kühlmittel**
2 – **Klopfsensor**
3 – **Impulsgeber für Drehzahl/OT**
4 – **Einspritzventil**
5 – **Temperaturfühler Ansaugluft**
6 – **Drosselklappenpotentiometer**
7 – **Motor für Leerlaufregulierung**
8 – **Drosselklappengehäuse**
9 – **Fühler für Saugrohrdruck**
10 – **Steuergerät**
11 – **Zündspule (Leistungsmodul)**
12 – **Unterdruck-Entlüftungsventil**
13 – **Elektroventil**
14 – **Aktivkohlefilter**
15 – **Kraftstoffilter**
16 – **Kraftstofftank**
17 – **Kraftstoffpumpe**
Einbauort: Im Tank.
18 – **Lambdasonde**
19 – **Rückschlagventil**
20 – **Katalysator**

Funktionsweise der Mono-Jetronic (1,4-l-Motor)

Die Mono-Motronic ist eine elektronische Benzineinspritzung, die den Kraftstoff intermittierend, also stoßweise in das Ansaugrohr einspritzt. Dabei hat die Mono-Motronic, im Gegensatz zu den anderen Einspritzsystemen, nur **ein** zentrales Einspritzventil für alle Zylinder, ist also eine sogenannte Einpunkteinspritzung. Die Verteilung des Kraftstoffs auf die einzelnen Zylinder erfolgt durch das Sammelsaugrohr, wie bei einem herkömmlichen Vergaser.

Die Luftmenge wird vom Motor über den Luftfilter angesaugt und gelangt in die Einspritzeinheit. Im Gehäuse der Einspritzeinheit befindet sich eine durch den Gaszug betätigte Drosselklappe. Als Maß für die angesaugte Luftmenge wird der Saugrohr-Unterdruck zusammen mit der momentanen Motordrehzahl genommen. Der Fühler für Saugrohrdruck sitzt an der Spritzwand und ist mit einer Unterdruckleitung mit dem Saugrohr verbunden. Bei einer Störung am Saugrohr-Druckfühler wird der Saugrohrdruck aus der Drosselklappenstellung und der Motordrehzahl ermittelt. Die Drehzahl wird über den induktiven Impulsgeber, der auch für die Zündung benötigt wird, am Motor-Schwungrad abgenommen.

Das Steuergerät regelt entsprechend der gemessenen Luftmenge und der jeweiligen Motordrehzahl die Einspritzzeit und dadurch die Einspritzmenge. Bei längerer Öffnung des Einspritzventils wird mehr Kraftstoff eingespritzt. Damit die Einspritzmenge immer gleich bleibt, regelt ein Druckregler in der Einspritzeinheit den Kraftstoffdruck im Verhältnis zum Ansaugluftdruck auf 1 bar. Zusätzliche Fühler und Geber sorgen in jeder Fahrsituation für die richtig bemessene Kraftstoffmenge.

- Der Leerlaufschalter übermittelt dem Steuergerät die Leerlaufstellung der Drosselklappe.
- Das Steuergerät öffnet oder schließt über einen Stellmotor (Drosselklappensteller) die Drosselklappe und regelt so die Leerlaufdrehzahl auf den Sollwert.
- Der Temperaturfühler am Motorblock mißt die Motortemperatur.
- Der Lufttemperaturfühler im Halter für Einspritzventil mißt die Temperatur der angesaugten Luft.
- Lambdasonde (Sauerstoffsensor) sowie Aktivkohle-Tankentlüftung sind weitgehend baugleich wie bei der MPI-Einspritzanlage.

Motorraumübersicht 1,6-l-Benzinmotor (K7M)

1 – Einspritzsteuergerät
2 – Klopfsensor
3 – Fühler für Kühlmitteltemperatur
4 – Geber für Oberen Totpunkt (OT)
5 – Ventil für Aktivkohlebehälter
7 – Leerlaufsteller
8 – Drosselklappen-Potentiometer
9 – Fühler für Ansauglufttemperatur
10 – Saugrohr-Druckfühler
11 – Aktivkohlefilter
12 – Zündspule Zylinder 1 und 4
13 – Zündspule Zylinder 2 und 3
14 – Kraftstoffpumpenrelais
15 – Entstörungs-Kondensator
16 – Luftfilter
17 – Lambdasonde
18 – Druckschalter der Lenkhilfe
19 – Ventil für Abgasrückführung
20 – Luftpumpe
21 – Luftfilter

Funktionsweise der MPI (1,6-/2,0-l-Benzinmotor)

Die elektronische Mehrpunkt-Einspritzanlage MPI verfügt über 4 Einspritzdüsen, eine für jeden Zylinder, die in Zündreihenfolge sequentiell (einzeln) betätigt werden und den Kraftstoff direkt vor die Einlaßventile einspritzen. Beim 1,6-l-Benzinmotor (K7M) erfolgt die Einspritzung halbsequentiell, das heißt, die Einspritzventile der Zylinder 1 und 4 sowie 2 und 3 werden zusammen betätigt. Die aktuelle Motorstellung wird dem Steuergerät von 2 Impulsgebern übermittelt: Ein Geber sitzt am Motor-Schwungrad, ein weiterer Geber mißt die Nockenwellenumdrehung.

Der Kraftstoff wird von der elektrischen Kraftstoffpumpe aus dem Kraftstoffbehälter angesaugt und gelangt über den Kraftstoffilter zum Verteilerrohr und dann zu den Einspritzdüsen. Ein Druckregler am Verteilerrohr hält den Druck im Kraftstoffsystem in Abhängigkeit vom Ansaugrohr-Unterdruck konstant auf 3 bar.

Als Hauptgröße für die Kraftstoffzumessung dient dem Steuergerät der Unterdruck im Motor-Ansaugkrümmer. Der Unterdruck im Ansaugkrümmer hängt von der aktuellen Drosselklappenstellung (Gaspedalstellung) sowie der Motordrehzahl ab. Zusammen dienen sie als Maß für die angesaugte Luftmenge. Der Fühler für Saugrohrdruck sitzt an der Spritzwand und ist mit einer Unterdruckleitung mit dem Saugrohr verbunden.

Zusätzlich wird die Winkelstellung der vom Gaspedal betätigten Drosselklappe über ein Potentiometer erfaßt und dem Steuergerät als Vergleichswert für die angesaugte Luftmenge übermittelt. Dieser Wert ist notwendig zur Anpassung an Fahrzustände wie bespielsweise schnelle Beschleunigung, oder wenn der Saugrohr-Druckfühler ausfällt (Notlauffunktion).

Das Steuergerät der Zünd-/Einspritzanlage regelt entsprechend der gemessenen Luftmenge und der jeweiligen Motordrehzahl die Einspritzzeit und dadurch die Einspritzmenge nach einem vorgegebenen Kennfeld. Bei längerer Öffnung eines Einspritzventils wird mehr Kraftstoff eingespritzt. Zusätzliche Fühler und Geber sorgen in jeder Fahrsituation für die richtig bemessene Kraftstoffmenge.

- Der Leerlaufschalter übermittelt dem Steuergerät die Leerlaufstellung der Drosselklappe. Das Steuergerät regelt die Leerlaufdrehzahl mit dem Leerlaufsteller auf den Sollwert.
- Der Leerlaufsteller (Magnetventil) regelt die Luftzufuhr des Motors unter Umgehung der Drosselklappe. Dadurch wird unter allen Betriebsbedingungen und Motorbelastungen der Leerlauf des Motors stabilisiert.
- Der Temperaturfühler am Kühlmittelstutzen mißt die Motortemperatur, der Lufttemperaturfühler im Ansaugrohr die Temperatur der angesaugten Luft.
- Die Lambdasonde (Sauerstoffsensor) ist im vorderen Abgasrohr eingeschraubt und mißt den Sauerstoffgehalt im Abgasstrom. Das Steuergerät hält anhand der Signale die Abgaszusammensetzung auf dem besten Wert für den Katalysator.
- Das Magnetventil für Tankentlüftung wird je nach Betriebszustand des Motors angesteuert. Auftretende Kraftstoffdämpfe im Tank werden von einem Aktivkohlefilter gespeichert und über das Ventil der Verbrennung zugeführt. Die Kraftstoffdämpfe werden also durch den Aktivkohlefilter größtenteils wirtschaftlich genutzt und gelangen nicht ins Freie.

● 1,6-l- und 16V-Motor: Ein Abgasrückführventil sitzt am Abgaskrümmer und führt dem Abgas bei heißem Motor eine dosierte Menge Frischluft zu, damit es schon vor dem Katalysator nachverbrennt. Dadurch werden vor allem die schädlichen Stickoxide verringert, siehe Seite 108.

Katalysator/Lambdaregelung prüfen

Wenn bei der Kontrolle des CO-Wertes der Höchstwert überschritten wurde, muß der Katalysator in folgender Reihenfolge überprüft werden.

- Vergewissern, daß kein bleihaltiger Kraftstoff getankt wurde. Die RENAULT-Werkstatt kann mit Hilfe eines Diagnosegeräts die Funktion der Lambdasonde prüfen und abklären, ob der Motor mit bleihaltigem Benzin betrieben wurde. Wurde bleihaltiger Kraftstoff getankt, vor Ersatz von Bauteilen mindestens 2 Tankfüllungen unverbleiten Kraftstoff fahren, damit Einspritzsystem und Abgasanlage durchgespült werden.
- CO-Meßgerät anschließen und bei kaltem Motor CO-Gehalt im Abgas messen und notieren. Da der Katalysator noch nicht anspricht, liegt der CO-Gehalt wesentlich über 0,5 Vol.%.
- Motor auf Betriebstemperatur bringen, bis der Kühlerlüfter sich zweimal ein- und wieder ausgeschaltet hat.
- Abgase im Leerlauf und bei einer Drehzahl von 2500 bis 3000/min messen. Maximal zulässiger CO-Wert: 0,3 Vol.%.
- Liegt der CO-Wert über 0,3 Vol.%, Kabel für Lambdasonde abziehen. Die Lambdasonde sitzt im Abgasrohr vor dem Katalysatorgehäuse. Ist der CO-Wert bei abgezogener und angeschlossener Lambdasonde gleich, Lambdasonde ersetzen, siehe Seite 112.
- Prüfung mit neuer Lambdasonde wiederholen. Ist der CO-Wert immer noch zu hoch, folgende Bauteile des Fahrzeugs prüfen:
  - Batteriespannung
  - Kraftstoffversorgung
  - Zündanlage
  - Fahrleistungen (Probefahrt)
  - Dichtigkeit der Abgasanlage
- Wurde kein Fehler gefunden, Katalysator ausbauen und kontrollieren:
  - auf Schäden am Katalysatorgehäuse (Sichtkontrolle);
  - Katalysatorgehäuse kippen. Sind dabei Geräusche hörbar, ist der Katalysatorkern gebrochen.
- Wurden Schäden festgestellt, Katalysator auswechseln.

Drosselklappengehäuse aus- und einbauen

1,6-/2,0-l-Benzinmotoren

Das Drosselklappengehäuse muß für verschiedene Montagearbeiten im Motorraum ausgebaut werden.

Ausbau

- Luftfilter ausbauen, siehe Seite 90.

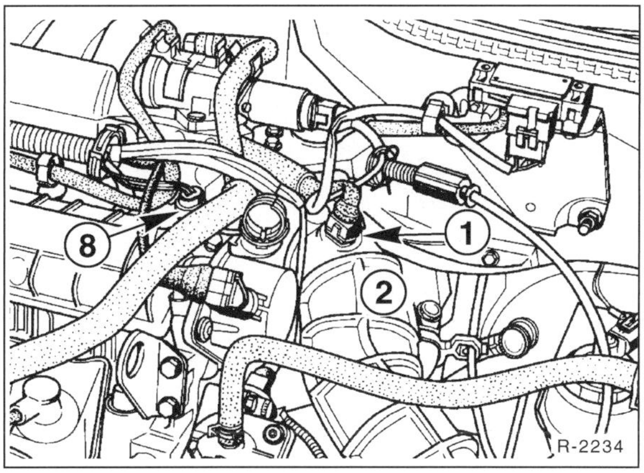

- Stecker vom Ansaugluft-Temperaturfühler –1– sowie Drosselklappen-Potentiometer –8– abziehen.
- Schraubschelle für Luftansaugschlauch –2– am Drosselklappenstutzen abschrauben. Schlauch abziehen.
- Gaszug am Drosselklappengehäuse aushängen, siehe Seite 89.
- Schlauch für Motorentlüftung abziehen.
- Kühlmittelschläuche –6– an den mit Linien gekennzeichneten Stellen mit Klemmzangen, zum Beispiel HAZET 4590-2 oder FACOM Mot. 453-01, abklemmen, siehe Abbildung R-2235. Wird dies nicht beachtet, läuft beim nächsten Arbeitsschritt etwas Kühlflüssigkeit aus.
- Schlauchklemmen lösen und Kühlmittelschläuche –6– abziehen.

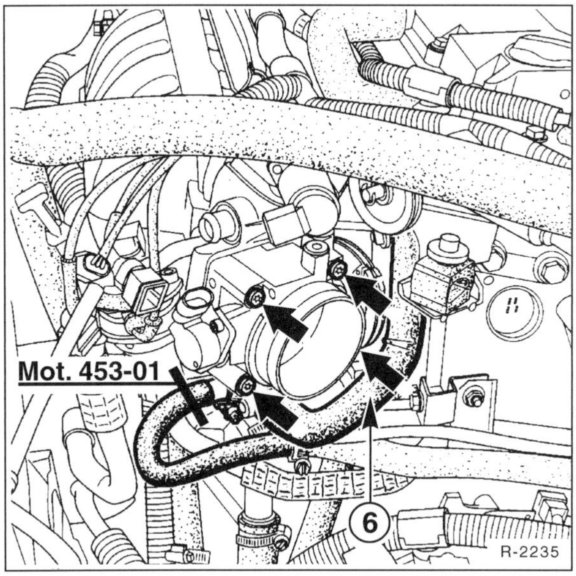

- 4 Schrauben –Pfeile– abschrauben und Drosselklappengehäuse abnehmen.

Einbau

- Flachdichtung zwischen Drosselklappengehäuse und Ansaugrohr erneuern. Alte Dichtung zuvor restlos entfernen.
- Drosselklappengehäuse mit 4 Schrauben und 15 Nm gleichmäßig festziehen.
- Kühlmittelschläuche aufstecken und Schlauchklemmen festziehen. Klemmzangen entfernen.
- Schlauch für Motorentlüftung –5– aufstecken, siehe Abbildung R-2234.
- Stecker auf Ansaugluft-Temperaturfühler sowie Drosselklappen-Potentiometer aufstecken.
- Gaszug einhängen und einstellen, siehe Seite 89.
- Luftansaugschlauch mit Schraubschelle am Drosselklappengehäuse befestigen. Dabei muß die Schraube der Schelle auf der dem Gaszug gegenüberliegenden Seite plaziert werden.
- Luftfilter einbauen, siehe Seite 90.
- Kühlsystem auffüllen und entlüften, siehe Seite 68.

Einspritzventile prüfen

1,4-/1,6-/2,0-l-Benzinmotoren (außer 1,4-l-Motor E7J)

Undichte Ventile bewirken Heißstartschwierigkeiten. Defekte Einspritzventile lassen den Motor bisweilen nachdieseln und führen zu Motoraussetzern.

- Motor im Leerlauf laufen lassen.
- Mit einem Stethoskop bei laufendem Motor bei jedem einzelnen Ventil prüfen, ob es klackt. Dieses Klacken erfolgt durch das Öffnen und Schließen der Düse.
- Steht kein Stethoskop zur Verfügung, kann man auch mit einem Schraubendreher oder einem Finger fühlen, ob das Einspritzventil arbeitet.
- Werden keine oder außergewöhnliche Betriebsgeräusche festgestellt, so sind die Spannungsversorgung, der Widerstand und die Dichtheit des Einspritzventils zu prüfen.

Spannungsversorgung und Widerstand prüfen

- Spannungsversorgung prüfen. Dazu Stecker für die Einspritzventile abziehen und Diodenprüflampe zwischen die beiden Steckkontakte der Zuleitung anschließen. Anlasser betätigen (Helfer). Die Leuchtdiode muß flackern.
- Flackert die Leuchtdiode nicht, kann der Fehler an einer Leitungsunterbrechung oder dem Steuergerät selbst liegen.
- Zündung ausschalten.
- Ohmmeter zwischen die beiden Steckkontakte an jedem Einspritzventil anschließen und Widerstand messen. Weicht der Widerstand an einem Ventil ab, dieses ersetzen. Der **Sollwert** beträgt 13,5Ω bis 15,5Ω.
- Gegebenenfalls defektes Einspritzventil ersetzen.

Dichtheit prüfen

- Einspritzventile ausbauen, Ventile und Kraftstoffleitungen bleiben am Verteilerrohr angeschlossen.
- Elektrische Anschlüsse auf die Einspritzventile aufsetzen.
- Einspritzventile in ein geeignetes Meßgefäß halten.
- Anlasser von Hilfsperson einige Sekunden betätigen lassen, dabei Strahlbilder der Einspritzventile miteinander vergleichen. Der Kraftstoffstrahl muß kegelförmig austreten und bei allen Einspritzventilen gleich aussehen.
- Zündung ausschalten.
- Stecker für die Einspritzventile abziehen.
- Zündung ca. 5 Sekunden einschalten, Anlasser nicht betätigen. Dann Dichtheit prüfen: Pro Minute darf nicht mehr als 1 Tropfen Kraftstoff aus den Einspritzdüsen austreten.
- Ventile einbauen.

Einspritzventile aus- und einbauen

Hinweis: Beschrieben wird der Ausbau am 1,6-l-Benzinmotor (K7M). Bei den 2,0-l-Benzinmotoren ist in entsprechender Weise zu verfahren. Hinweise zum 1,4-/1,6-l-Benzinmotor (K4J/K4M) stehen am Ende des Kapitels.

Ausbau

- Verbindungsstrebe zwischen den Stoßdämpferdomen abschrauben.

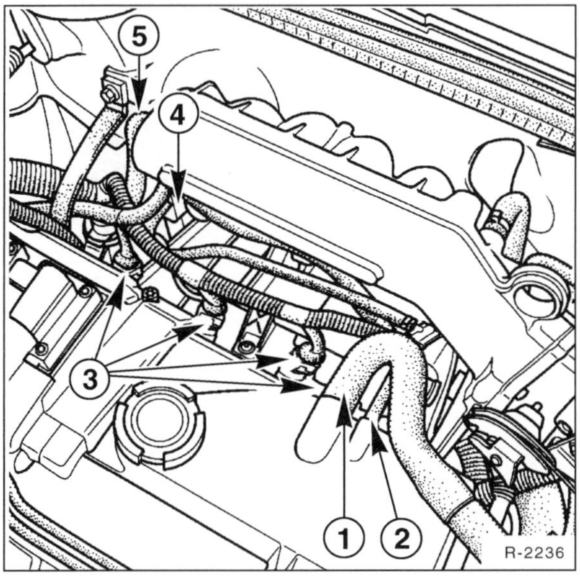

- Schläuche –1– und –2– der Motorentlüftung am Zylinderkopfdeckel abziehen.
- Stecker für Einspritzventile –3– und für Aktivkohlebehälter-Ventil –4– abziehen.
- Unterdruckleitung –5– am Kraftstoffdruckregler abziehen.

- Kraftstoffzulauf –6– und -rücklauf –7– am Kraftstoffverteiler wie folgt lösen:

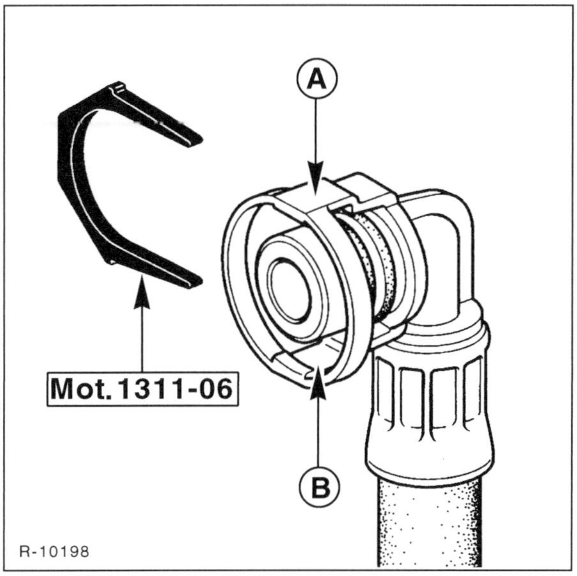

- Dazu seitlich auf den Verschluß drücken und dadurch die Haltelaschen –A– und –B– anheben. Falls sich das Ausbauwerkzeug nicht am Schlauchanschluß befindet, RENAULT-Spezialwerkzeug Mot.1311-06 seitlich in den Verschluß einstecken und andrücken.

- Befestigungsschrauben –Pfeile– für Kraftstoffverteiler herausschrauben.
- Kraftstoffverteilerrohr komplett mit den Einspritzventilen nach oben aus dem Zylinderkopf ziehen. Die Einspritzventile sind nur eingesteckt und lassen sich herausziehen.

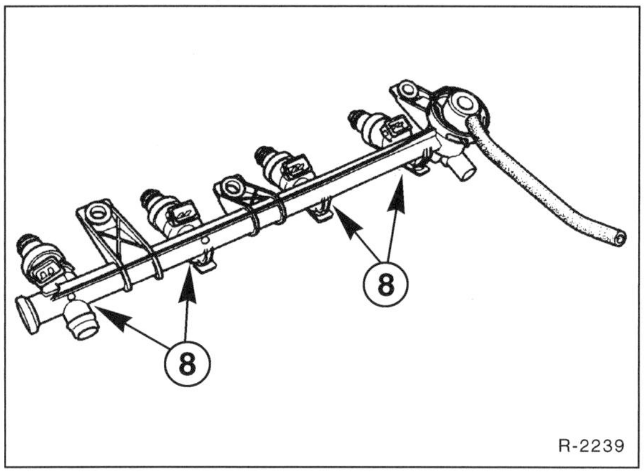

- Sicherungen –8– seitlich abziehen und Einspritzventile abnehmen.

Einbau

- Ventile in das Kraftstoffverteilerrohr einsetzen und mit Klammern sichern.

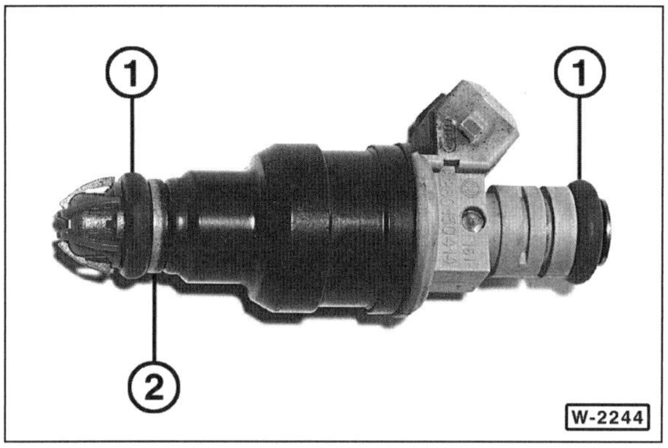

- O-Ringe –1– mit Vaseline oder Getriebeöl SAE 90 bestreichen.
- Einspritzventile mit Verteilerrohr in den Zylinderkopf gleichmäßig eindrücken.

Achtung: Beim Wiedereinstecken der Ventile darauf achten, daß die O-Ringe –1– nicht beschädigt werden. Defekte O-Ringe ersetzen, dabei Lage des Dichtrings –2– beachten. Dichtringe vor dem Einsetzen nur mit Vaseline oder Getriebeöl bestreichen.

- Verteilerrohr mit 3 Schrauben und **8 Nm**, also nur leicht am Zylinderkopf anschrauben.
- Kraftstoffzulauf und Kraftstoffrücklauf am Verteilerrohr aufstecken, dabei muß ein »Klick«-Geräusch beim Einrasten zu hören sein.
- Schläuche –1– und –2– der Motorentlüftung am Zylinderkopfdeckel aufstecken, siehe Abbildung R-2236.
- Stecker für Einspritzventile und für Aktivkohlebehälter-Ventil aufstecken.
- Unterdruckleitung am Kraftstoffdruckregler aufstecken.
- Verbindungsstrebe zwischen den Stoßdämpferdomen anschrauben.

Speziell 1,4-/1,6-l-Benzinmotor (K4J/K4M)

Hinweis: Manche Fahrzeuge sind mit einem Kraftstoffverteilerrohr ohne Kraftstoffrücklaufleitung ausgestattet. In diesem Fall befindet sich der Kraftstoffdruckregler nicht am Verteilerrohr sondern an der Kraftstoffpumpe im Tank, siehe Kapitel »Kraftstoffanlage«.

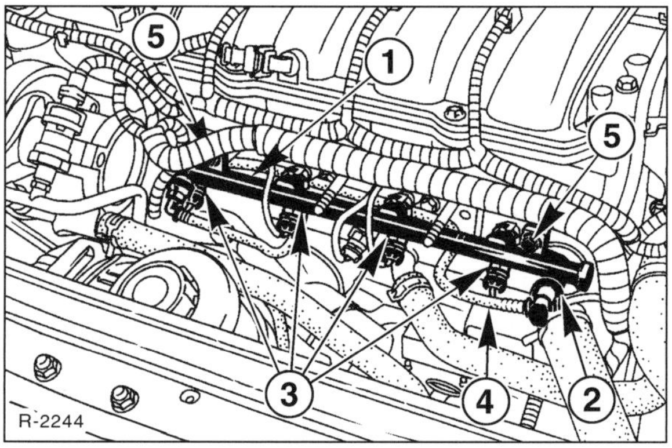

- Abdeckung für Kraftstoffverteilerrohr –1– abnehmen.
- Kraftstoffzufuhr- und -rücklaufschlauch aus der Halterung lösen, aber nicht abziehen. **Hinweis:** Bei manchen Fahrzeugen ist kein Rücklaufschlauch vorhanden. In diesem Fall ist auch kein Kraftstoffdruckregler –2– am Verteilerrohr vorhanden.
- Unterdruckschlauch –4– für Kraftstoffdruckregler –2– abziehen. **Hinweis:** Bei Fahrzeugen ohne Kraftstoffrücklauf ist auch der Unterdruckschlauch nicht vorhanden.
- Stecker von den Einspritzventilen –3– abziehen.
- 2 Schrauben –5– herausdrehen. Kraftstoffverteilerrohr –1– zusammen mit den Einspritzventilen –3– abnehmen.

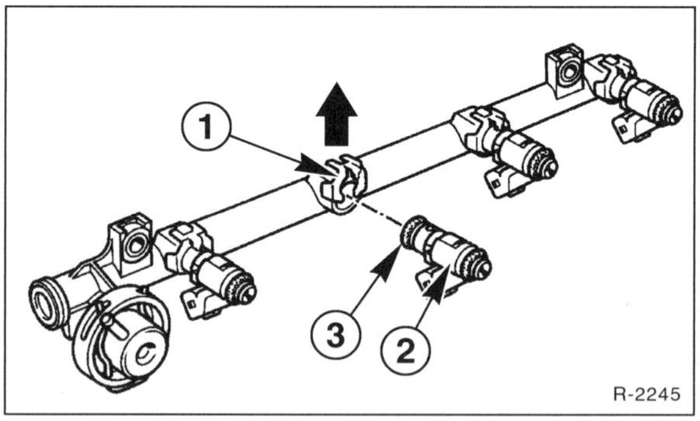

- Befestigungsklammern –1– abziehen –Pfeilrichtung–.
- Einspritzventil –2– aus dem Verteilerrohr herausziehen.
- O-Ring –3– vor dem Einbau des Einspritzventils unbedingt erneuern.
- Der Zusammenbau erfolgt in umgekehrter Ausbaureihenfolge.
- 2 Befestigungsschrauben –5– (in Abbildung R-2244) mit **9 Nm** anziehen. Darauf achten, daß die Kraftstoffschläuche und Stecker sicher sitzen.

Störungsdiagnose Benzin-Einspritzanlage

Bevor anhand der Störungsdiagnose der Fehler aufgespürt wird, müssen folgende Prüfvoraussetzungen erfüllt sein: Bedienungsfehler beim Starten ausschließen. Sowohl für den kalten wie warmen Motor gilt: Gaspedal während des Startvorgangs nicht betätigen, Kupplungspedal treten.

Kraftstoff im Tank, Motor mechanisch in Ordnung, Batterie geladen, Anlasser dreht mit ausreichender Drehzahl, Zündanlage ist in Ordnung, keine Undichtigkeiten an der Kraftstoffanlage, Verschmutzungen im Kraftstoffsystem ausgeschlossen, Kurbelgehäuse-Entlüftung in Ordnung, elektrische Masseverbindung (Motor-Getriebe-Aufbau) vorhanden. Fehlerspeicher abfragen (Werkstattarbeit). **Achtung:** Wenn Kraftstoffleitungen gelöst werden, müssen diese vorher mit Kaltreiniger oder Benzin gesäubert werden.

Störung	Ursache	Abhilfe
Motor springt nicht an.	Elektro-Kraftstoffpumpe läuft beim Betätigen des Anlassers nicht an (keine Laufgeräusche hörbar).	■ Prüfen, ob Spannung an der Pumpe anliegt. Elektrische Kontakte auf gute Leitfähigkeit überprüfen.
	Sicherung defekt.	■ Sicherung für Kraftstoffpumpe überprüfen.
	Kraftstoffpumpenrelais defekt.	■ Relais überprüfen.
	Einspritzventile erhalten keine Spannung.	■ Stecker von den Ventilen abziehen, Prüflampe anschließen und Starter betätigen. Prüflampe muß schwach flackern. Wenn die Lampe schwach leuchtet: Steuergerät ersetzen; wenn die Prüflampe nicht leuchtet: Relais überprüfen.
Der kalte Motor springt schlecht an, läuft unrund.	Temperaturfühler defekt.	■ Temperaturfühler Kühlmittel/Ansaugluft prüfen.
Der Motor setzt aus.	Elektrische Verbindungen zur Kraftstoffpumpe zeitweise unterbrochen.	■ Steckverbindungen und Anschlüsse von elektrischen Leitungen an der Kraftstoffpumpe und dem Kraftstoffpumpen-Relais auf feste und widerstandslose Verbindung prüfen. Sicherung und Kontaktstellen am Kraftstoffpumpen-Relais prüfen. Kontakte reinigen bzw. erneuern.
	Kraftstoff-Fördermenge zu gering.	■ Kraftstoffpumpen-Fördermenge prüfen lassen.
	Kraftstofffilter verstopft.	■ Kraftstofffilter erneuern.
	Kraftstoffpumpe defekt.	■ Kraftstoffpumpe prüfen.
	Einspritzventil defekt.	■ Einspritzventile prüfen.
Der Motor hat Übergangsstörungen.	Luftansaugsystem undicht.	■ Ansaugsystem prüfen. Dazu Motor im Leerlauf drehen lassen und Dichtstellen sowie Anschlüsse im Ansaugtrakt mit Benzin bestreichen. Wenn sich die Drehzahl kurzfristig erhöht, undichte Stelle beseitigen. **Achtung:** Benzindämpfe sind giftig, nicht einatmen!
	Temperaturfühler defekt.	■ Temperaturfühler Kühlmittel/Ansaugluft prüfen.
	Kraftstoffsystem undicht.	■ Sichtprüfung an allen Verbindungsstellen im Bereich des Motors und der elektrischen Kraftstoffpumpe. Alle Anschlüsse nachziehen.
Der heiße Motor springt nicht an.	Druck im Kraftstoffsystem zu hoch.	■ Kraftstoffdruck prüfen lassen, gegebenenfalls Druckregler ersetzen.
	Rücklaufleitung zwischen Druckregler und Tank verstopft oder geknickt.	■ Leitung reinigen oder ersetzen.

Diesel-Einspritzanlage

Das Diesel-Prinzip

Beim Dieselmotor wird reine Luft vom Motor angesaugt und in den Zylindern sehr hoch verdichtet. Dadurch steigt die Temperatur in den Zylindern über die Zündtemperatur des Dieselöls an. Wenn der Kolben kurz vor dem oberen Totpunkt steht, wird in die hochverdichtete und etwa +700° bis +900° C heiße Luft Dieselöl eingespritzt. Das Dieselöl zündet von selbst, Zündkerzen sind also nicht erforderlich.

Der Kraftstoff wird direkt von der Verteiler-Einspritzpumpe aus dem Kraftstoff-Vorratsbehälter angesaugt. In der Einspritzpumpe wird der für die Diesel-Einspritzung erforderliche hohe Druck aufgebaut und der Kraftstoff entsprechend der Zündfolge auf die einzelnen Zylinder verteilt.

Um die Schadstoffe im Abgas zu verringern, besitzen die Dieselmotoren einen speziellen Diesel-Oxidationskatalysator. Gleichzeitig sorgt eine Abgasrückführung für eine weitgehende Verminderung der Stickoxide im Abgas. Erreicht wird das durch Beimischung von Abgas zur angesaugten Frischluft, wodurch der Sauerstoffgehalt der Verbrennungsluft reduziert wird. Dies führt zu kürzerem Zündverzug und zu niedrigeren Verbrennungstemperaturen und vermindert damit die NO_X-Bildung. Die Abgasrückführung muß jedoch genau dosiert werden, da sonst die Rußemission ansteigen würde.

Für die Dieseleinspritzung gibt es 3 unterschiedliche Verfahren: Die Vor- und Wirbelkammereinspritzung sowie die Direkteinspritzung.

Bei der **Vorkammereinspritzung** wird der Dieselkraftstoff in die Vorkammer des betreffenden Zylinders eingespritzt. Das heiße Gemisch entzündet sich sofort. Die Sauerstoffmenge, die in der Vorkammer vorhanden ist, reicht aber nur zur Verbrennung eines Teils des eingespritzten Kraftstoffs. Der übrige, unverbrannte Teil wird durch den bei der Verbrennung entstandenen Überdruck in den Verbrennungsraum geblasen. Dort verbrennt der Kraftstoff vollständig.

Auch bei der **Wirbelkammereinspritzung** wird der Kraftstoff in eine vom Hauptverbrennungsraum abgeteilte Kammer eingespritzt. Hauptunterschied zur Vorkammereinspritzung ist die andere Auslegung des Verbindungskanals zwischen Wirbelkammer und Zylinder. Beim Verdichten entsteht ein starker Luftwirbel in der Wirbelkammer. Dadurch vermischt sich der eingespritzte Kraftstoff gut mit der Luft und verbrennt weich, das heißt nicht schlagartig.

Direkteinspritzung beim 98-PS-Dieselmotor

Der Kraftstoff wird von der Hochdruck-Einspritzpumpe direkt in den Brennraum eingespritzt, und zwar in die Brennmulde im Kolben. Die Einspritzpumpe baut einen Druck von bis zu 900 bar auf und spritzt den Kraftstoff in 2 Stufen ein.

Über die Mehrstrahl-Einspritzdüsen und durch den Zwei-Federn-Düsenhalter erfolgt zunächst eine Voreinspritzung von einer geringen Menge Kraftstoff, wodurch die Zündbedingungen für die Hauptkraftstoffmenge verbessert werden. Daraus resultiert eine weichere und damit auch leisere Verbrennung, ähnlich wie bei der Wirbelkammereinspritzung. Die Einspritzmenge wird dabei durch das Motor-Steuergerät vollelektronisch geregelt. Die Vorteile liegen in geringerem Kraftstoffverbrauch und höherer Leistung.

Die Einspritzpumpe ist wartungsfrei. Alle beweglichen Teile der Pumpe werden mit Dieselöl geschmiert. Angetrieben wird die Einspritzpumpe von der Kurbelwelle über den Zahnriemen.

Direkteinspritzung beim 102-PS-Dieselmotor

Die Einspritzung erfolgt nach dem Common-Rail-System, siehe Seite 12.

Kraftstoffilter-Vorwärmanlage

Mit abnehmenden Außentemperaturen verringert sich das Fließvermögen des Dieselkraftstoffes durch Paraffin-Ausscheidung. Der Dieselkraftstoff wird dickflüssig wie Honig. Aus diesem Grund wird von den Mineralölfirmen dem Diesel im Winter Zusätze beigemischt, die das Fließverhalten verbessern und ein Starten bis etwa –15° C beziehungsweise –22° C (Super-Diesel) garantieren.

Nicht immer reichen jedoch diese Zusätze für einen störungsfreien Betrieb aus, daher wird der Kraftstoffilterflansch elektrisch beheizt. Das Versulzen des Dieselkraftstoffes wird dadurch auch bei Frost verhindert.

Abgasturbolader

Die Dieselmotoren mit 90 und 98 PS sind mit einem Turbolader ausgerüstet. Beim Turbolader sitzen auf einer Welle zwei Turbinenräder, die in zwei voneinander getrennten Gehäusen untergebracht sind. Für den Antrieb der Turbinenräder sorgen die ohnehin vorhandenen Abgase. Sie bringen die Laderwelle auf bis zu 120.000 Umdrehungen in der Minute. Und da Abgas- und Frischluftrotor auf gleicher Welle sitzen, wird mit gleicher Drehzahl Frischluft in die Zylinder gedrückt.

Aufgrund des guten Füllungsgrades lassen sich bei vorhandenen Motoren Leistungszuwachsraten von bis zu 100 Prozent verwirklichen. Abhängig ist der Leistungszuwachs unter anderem vom Ladedruck, der bei einem Pkw-Motor zwischen 0,4 bis 1,0 bar (Reifenfülldruck etwa 1,8 bar) liegt. Erhöht sich der Ladedruck über den vom Werk eingestellten Wert, öffnet das Wastegateventil, der Druck kann entweichen.

Neben der Motorleistung steigt bei der Verwendung eines Abgasturboladers auch das Drehmoment an, was vor allem im Hinblick auf einen elastischen Motorlauf wünschenswert ist. Gegenüber einem Ottomotor ist es beim Dieseltriebwerk nicht erforderlich, aufgrund der Aufladung die normale Verdichtung zu verringern, so daß auch im unteren Drehzahlbereich der eingespritzte Kraftstoff vollständig ausgenutzt wird.

Der Turbolader ist ein äußerst präzise hergestelltes Bauteil. Es empfiehlt sich deshalb, eine Reparatur nur von einem Fachmann ausführen zu lassen. In der Regel wird der Turbolader bei einem Defekt komplett ausgetauscht.

Der Abgasturbolader wird vom Motorölkreislauf mit Öl versorgt. Um eine ausreichende Schmierung des Laders sicherzustellen, sind folgende Punkte zu beachten:

- Nur vorgeschriebenes Motoröl verwenden.
- Durch überaltertes Motoröl kann der Lader verkoken. Daher müssen Motoröl und Ölfilter streng nach Wartungsvorschrift gewechselt werden.
- Da bereits kleinste Schmutzpartikel zur Zerstörung des Laders führen können, Motor niemals ohne Luftfilter laufen lassen.

Diesel-Vorglühanlage/Steuergerät

Bei kaltem Motor wird die Selbstzündungstemperatur durch die Verdichtung allein nicht erreicht, deshalb muß, insbesondere beim Wirbelkammer-Motor, vorgeglüht werden. Bei Motoren mit Diesel-Direkteinspritzanlage ist Vorglühen nur bei sehr kalten Umgebungstemperaturen erforderlich.

Zu diesem Zweck ist in jeden Brennraum eine Stabglühkerze eingeschraubt. Die Glühkerze besteht im wesentlichen aus einem Gehäuse mit eingepreßtem Heizstab. Sobald Spannung anliegt, heizt sich die Heizwicklung im Heizstab innerhalb weniger Sekunden bis auf über +850° C auf, wodurch die Vorglühdauer bis zum Anlassen selten länger als 5 Sekunden beträgt. Wenn die Vorglüh-Kontrolleuchte an der Armaturentafel erlischt, kann der Motor gestartet werden.

Die Dauer des Vorglühens sowie die automatische Nachglühung nach dem Start (bis ca. 20 Sekunden) wird vom Vorglüh-Steuergerät geregelt.

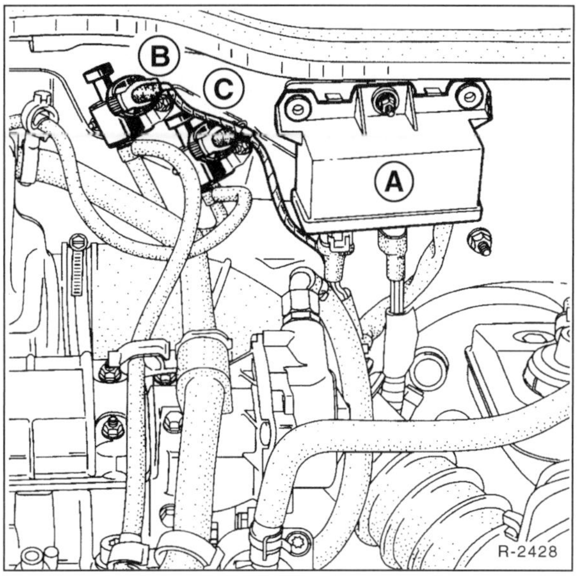

Das Vorglüh-Steuergerät –A– sitzt an der Motor-Stirnwand. Die Abbildung zeigt das Steuergerät des 64 PS-Motors. Es beinhaltet einen Fühler für Lufttemperatur. Das Glühsteuergerät des 98-PS-Motors unterscheidet sich im Aussehen, es befindet sich aber an der gleichen Stelle. Das Steuergerät steuert außer den Glühkerzen auch das Unterdruckventil –B– der Klimaanlage (wo vorhanden) an. Bei eingeschalteter Klimaanlage wird dann der Leerlauf angehoben, um ein Absterben des Motors zu vermeiden. Dies geschieht auch bei eingeschalteten elektrischen Verbrauchern mit hoher Leistungsaufnahme, wie zum Beispiel die elektrische Frontscheibenheizung. Die Klimaanlage wird vom Steuergerät abgeschaltet, wenn die Glühkerzen eingeschaltet sind, um eine Überlastung der elektrischen Anlage zu vermeiden.

Ferner wird das System der Abgasrückführung (EGR) mit Ventil –C– je nach Motorlast und Motortemperatur vom Steuergerät ein- und ausgeschaltet. EGR-Prinzip, siehe Seite 108.

Bei Kühlmitteltemperaturen unter +29° C wird vom Steuergerät ein Ventil an der Diesel-Einspritzpumpe mit Strom versorgt, welches den Förderbeginn in Richtung »früh« verstellt. Dadurch werden Abgas- und Leistungsverhalten des Motors verbessert. Das Ventil wird auch betätigt, wenn ein Luftdrucksensor (am Relaiskasten links im Motorraum) einen Luftdruck von weniger als ca. 920 mbar mißt. Dadurch wird beispielsweise der Betrieb im Gebirge verbessert (Höhenkorrektur). Die Steuerung des **a**tmosphärendruck- und **l**astabhängigen **F**örder**b**eginns wird abgekürzt »ALFB-Steuerung« genannt.

Beim Turbodiesel ist das Steuergerät umfangreicher und zieht zur Verstellung zusätzlich Werte vom OT-Geber und Fahrzeuggeschwindigkeit sowie Stellung des Gashebels an der Einspritzpumpe hinzu. Der Einspritzbeginn wird durch einen Nadelhubfühler an der Einspritzdüse des 4. Zylinders überwacht: Immer wenn die Einspritzdüse betätigt wird, erfolgt ein Signal an das Steuergerät. Dieses Steuergerät erkennt auftretende Fehler im Einspritzsystem und speichert sie ab. In der RENAULT-Werkstatt können die Fehler mit einem Auslesegerät abgefragt und gezielt behoben werden.

Glühkerzen prüfen

Wenn Schwierigkeiten beim Anlassen des Motors auftreten, sind sämtliche Glühkerzen auf einwandfreie Funktion zu prüfen.

Prüfvoraussetzungen: Motor kalt (Umgebungstemperatur). Batterie voll geladen, Batteriespannung mindestens 11,5 Volt.

Stromzufuhr prüfen

Diese Kontrolle kann bei eingebauten Glühkerzen durchgeführt werden.

- Prüflampe parallel zwischen Stromschiene der Glühkerzen und Masse halten.
- Zündung einschalten, vorglühen. Zündschlüssel auf Vorglühstellung lassen und Prüflampe beobachten.
- Die Prüflampe muß aufleuchten und nach maximal 8 Sekunden erlöschen.
- Zündanlaßschalter erneut in Vorglühstellung bringen. Wenn die Vorglühkontrolleuchte erlischt, Motor anlassen. **Achtung:** Die Vorglühkontrolleuchte bleibt bei einwandfreier Funktion der Vorglühanlage bei einer Umgebungstemperatur von +20° C lediglich während 4 bis 7 Sekunden erleuchtet. Dennoch bleiben die Glühkerzen länger unter Strom (Nachglühzeit), damit der Motor schneller warm wird. Prüflampe beobachten: Die Prüflampe muß bei +20° C erleuchtet bleiben:
  Wirbelkammermotor (F8Q) = maximal 30 Sekunden.
  Direkteinspritzmotor (F9Q) = maximal 20 Sekunden.
- Ist die Stromzufuhr defekt, Vorglüh-Steuergerät von Fachwerkstatt überprüfen lassen.

Glühkerzen prüfen

- Anschlußkabel und Stromschiene für Glühkerzen abnehmen.

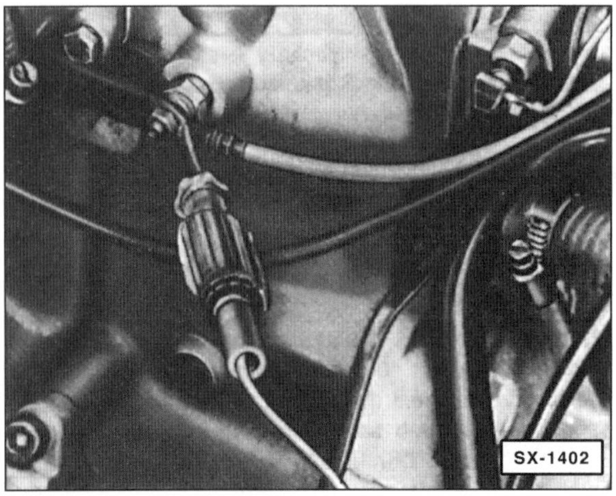

SX-1402

- Ohmmeter nacheinander an jede Glühkerze anlegen und Widerstand messen. **Sollwert:**
  Wirbelkammermotor (F8Q) = 0,6 ± 0,2 Ω.
  Direkteinspritzmotor (F9Q) = 1,1 ± 0,1 Ω.
- Wird der Sollwert nicht erreicht: Glühkerze defekt, austauschen; Anzugsdrehmoment: Motor F8Q = **20 Nm**. Motor F9Q = **15 Nm**. **Achtung:** Das Anzugsdrehmoment darf **nicht** überschritten werden, da sonst der Ringspalt zwischen Glühstab und Gewindeteil zugezogen wird und die Glühkerze vorzeitig ausfällt. Bei verbrannten Glühstiften Hinweise beachten.
- Anschlußkabel für Stromschiene anklemmen.

Achtung: Wird kein Fehler gefunden, obwohl der Motor schlecht anspringt, Glühkerzen beim Vorglühen sichtprüfen. Dazu Einspritzdüsen ausbauen und durch die Öffnungen Glühkerzen beobachten.

Glühkerzen mit verbrannten Glühstiften

Verbrannte Glühstifte von Glühkerzen sind häufig Folgeschäden von Düsenstörungen. Derartige Schäden sind nicht auf Mängel in oder an der Glühkerze zurückzuführen.

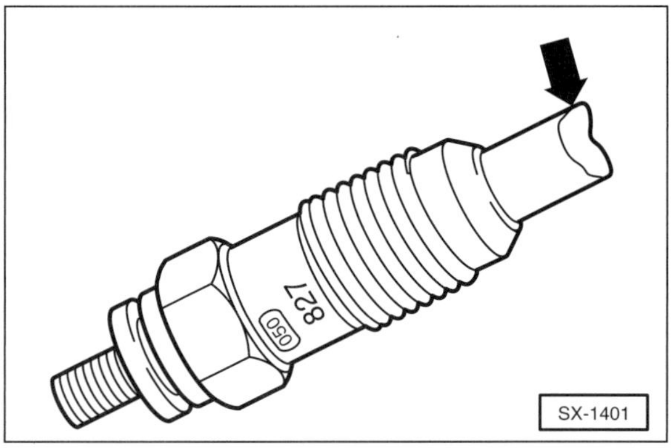

SX-1401

Werden im Beanstandungsfall derartige Glühkerzen gefunden –Pfeil–, genügt es nicht, diese nur zu ersetzen. Es muß auch eine Überprüfung der Einspritzdüsen auf Abspritzdruck und Dichtigkeit erfolgen (Werkstattarbeit).

Kraftstoffanlage entlüften

Auch wenn der Tank einmal ganz leergefahren oder wenn Teile der Kraftstoffanlage ausgetauscht wurden, muß die Anlage in der Regel nicht entlüftet werden, da sich diese während des Anlassens automatisch entlüftet.

Wenn sich die Kraftstoffanlage nicht automatisch entlüftet, dann ist folgendermaßen vorzugehen:

- Bei Arbeiten an der Einspritzanlage Sauberkeitshinweise beachten, siehe Seite 86.

Achtung: Darauf achten, daß kein Dieselkraftstoff auf die Kühlmittelschläuche läuft. Gegebenenfalls müssen die Schläuche sofort wieder gereinigt werden.

- Kraftstoffilter mit Handpumpe entlüften, siehe Seite 294.
- Während der Anlasser betätigt wird, alle Einspritzleitungen an den Einspritzventilen nacheinander lösen und wieder mit **25 Nm** festziehen, nachdem Kraftstoff ausgetreten ist.
- Ausgelaufenen Kraftstoff mit feuchtem Lappen abwischen.

Leerlaufdrehzahl prüfen/einstellen

64 PS-Diesel (BOSCH-Einspritzpumpe)

Die Leerlaufeinstellung beim Dieselmotor ist wichtig, eine falsche Einstellung hat Störungen im Leerlauf- und Beschleunigungsverhalten zur Folge. Die Leerlaufeinstellung muß in der vorgegebenen Reihenfolge durchgeführt werden.

- Motor auf Betriebstemperatur bringen (Probefahrt). Anschließend Motor im Leerlauf drehen lassen, bis der Kühlerlüfter mindestens zweimal ein- und wieder ausgeschaltet hat.
- Elektrische Verbraucher (Licht, Klimaanlage) müssen ausgeschaltet sein.
- Leerlaufdrehzahl prüfen, **Sollwert:** 825 ± 25/min.

Leerlauf und Restfördermenge einstellen

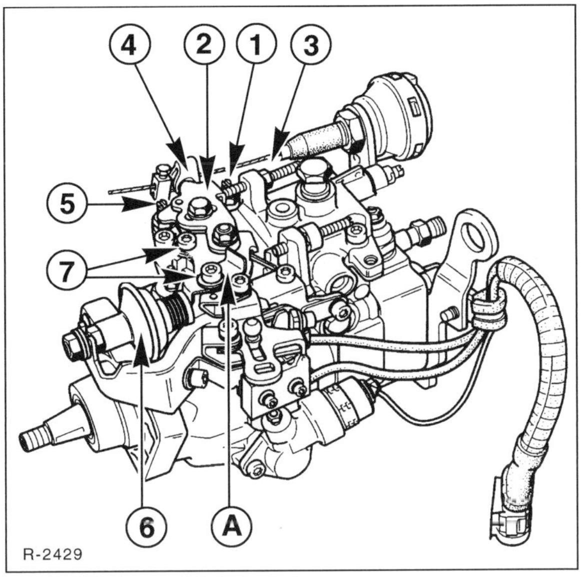

- Motor muß betriebswarm sein. Schraube –3– (für Restfördermenge) entkontern, um 2 Umdrehungen lösen und sicherstellen, daß der Hebel korrekt an der Schraube anliegt.
- Schraube –1– entkontern und verstellen, bis die Leerlaufdrehzahl 825 ± 25/min erreicht ist. Kontermutter festziehen.
- Fühlerblattlehre oder Unterlage von **4 mm Stärke** zwischen der Schraube –3– und dem Regelhebel –2– einsetzen.
- Schraube –3– verstellen, bis eine Drehzahl von **1150 ± 25/min** erreicht ist. Unterlage entfernen und Kontermutter der Schraube –3– festziehen.
- Einige Male kurz Vollgas geben und dann Leerlaufdrehzahl erneut prüfen, gegebenenfalls Einstellung korrigieren.

  – läuft der Motor jetzt zu langsam, also unterhalb der vorgegebenen Leerlaufdrehzahl, Anschlagschraube –3– um ¼ Umdrehung lösen.

  – fällt die Drehzahl nach dem Gasgeben zu langsam ab, Anschlagschraube –3– um ¼ Umdrehung anziehen.

Achtung: Nie länger als 5 Sekunden Vollgas geben! Falls die Leerlaufdrehzahl nicht erreicht wird, Kundendienst zur Einstellung aufsuchen.

- Kontermuttern der Schrauben –3– und –1– anziehen.

Beschleunigten Leerlauf einstellen

Der beschleunigte Leerlauf sorgt dafür, daß der kalte Motor rund läuft. Funktion: Ein Thermoelement sitzt im Kühlmittelkreislauf und betätigt bei kaltem Motor über einen Bowdenzug einen Hebel an der Einspritzpumpe.

- Der Motor muß Betriebstemperatur haben, der Leerlauf ist korrekt eingestellt.
- Hebel –4– bis zum Anschlag an Schraube –5– (für beschleunigten Leerlauf) drücken und die Drehzahl mit Schraube –5– auf **950 ± 25/min** einstellen. Zum Einstellen Kontermutter lösen, nach der Einstellung die Schraube wieder kontern.
- Spiel zwischen dem Klemmstück am Bowdenzug und dem Hebel –4– für beschleunigten Leerlauf einstellen. Dazu Hebel –4– bis zum Anschlag an Schraube –5– drücken und Spiel messen. Bei gespanntem Bowdenzug muß ein Spiel von **6 ± 1 mm** (Fahrzeug mit **Klimaanlage: 2 ± 1 mm**) zwischen Klemmstück und Hebel vorhanden sein. Wird der Wert nicht erreicht, Schraube am Klemmstück lösen und dieses entsprechend verschieben.

Verzögerungsdämpfer einstellen

- Schrauben –7– für Hebel –A– etwas lösen, er muß verschiebbar sein.
- Fühlerblattlehre oder Unterlage von **1 mm Stärke** zwischen Hebel –A– und dem Verzögerungsdämpfer –6– einsetzen.
- Hebel –A– bis zum Anschlag an die Unterlage drücken. Dabei muß der Regelhebel –2– in Kontakt mit der Schraube –3– bleiben.
- Schrauben –7– festziehen.
- Unterlage entfernen. Der Regelhebel –2– muß weiterhin in Kontakt mit der Schraube –3– bleiben.

Leerlaufdrehzahl prüfen/einstellen

90 PS-Turbodiesel (LUCAS DIESEL-Einspritzpumpe)

Die Leerlaufeinstellung beim Dieselmotor ist wichtig, eine falsche Einstellung hat Störungen im Leerlauf- und Beschleunigungsverhalten zur Folge. Die Leerlaufeinstellung muß in der vorgegebenen Reihenfolge durchgeführt werden.

- Motor auf Betriebstemperatur bringen (Probefahrt). Anschließend Motor im Leerlauf drehen lassen, bis der Kühlerlüfter mindestens zweimal ein- und wieder ausgeschaltet hat.
- Elektrische Verbraucher (Licht, Klimaanlage) müssen ausgeschaltet sein.
- Leerlaufdrehzahl prüfen, **Sollwert:** 825 ± 25/min.

Leerlauf und Restfördermenge einstellen

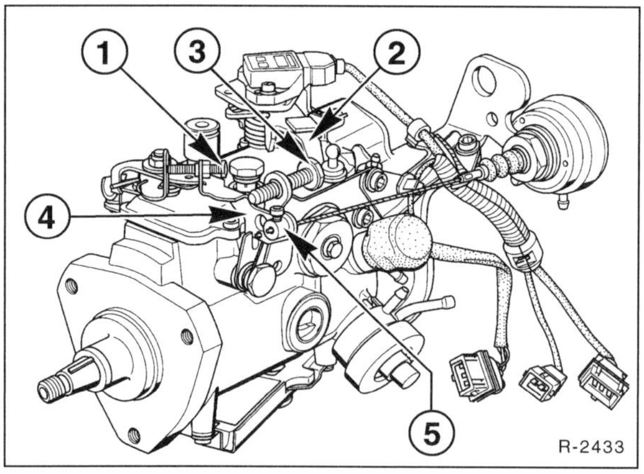

- Motor muß betriebswarm sein. Schraube –1– entkontern und verstellen, bis die Leerlaufdrehzahl 825 ± 25/min erreicht ist. Kontermutter festziehen.
- Fühlerblattlehre oder Unterlage von **4 mm Stärke** zwischen der Schraube –3– und dem Regelhebel –2– einsetzen.
- Schraube –3– verstellen, bis eine Drehzahl von **1250 ± 25/min** erreicht ist. Unterlage entfernen und Kontermutter der Schraube –3– festziehen.
- Einige Male kurz Vollgas geben und dann Leerlaufdrehzahl erneut prüfen, gegebenenfalls Einstellung korrigieren.

Achtung: Nie länger als 5 Sekunden Vollgas geben! Falls die Leerlaufdrehzahl nicht erreicht wird, Kundendienst zur Einstellung aufsuchen.

- Kontermuttern der Schrauben –3– und –1– anziehen.

Beschleunigten Leerlauf einstellen

Der beschleunigte Leerlauf sorgt dafür, daß der kalte Motor rund läuft. Funktion: Das Motor-Steuergerät beaufschlagt bei kaltem Motor eine Unterdruckdose an der Einspritzpumpe, welche über einen Bowdenzug einen Hebel an der Einspritzpumpe betätigt.

- Der Motor muß Betriebstemperatur haben, der Leerlauf ist korrekt eingestellt.
- Spiel zwischen dem Klemmstück –5– am Bowdenzug und dem Hebel –4– für beschleunigten Leerlauf einstellen. Es muß ein Spiel von **2 ± 1 mm** zwischen Klemmstück und Hebel vorhanden sein. Wird der Wert nicht erreicht, Schraube am Klemmstück lösen und dieses entsprechend verschieben.

Höchstdrehzahl prüfen

- Vollgas bei betriebswarmem Motor geben, die Drehzahl muß **zwischen 4900/min und 5100/min** liegen.

Achtung: Nie länger als 5 Sekunden Vollgas geben! Falls Drehzahlen nicht eingestellt werden können, Kundendienst zur Einstellung aufsuchen.

Leerlaufdrehzahl prüfen

98 PS-Turbodiesel Direkteinspritzer (BOSCH-Einspritzpumpe)

Die Leerlaufdrehzahl kann mit Heimwerkermitteln nicht eingestellt werden. Sollten die angegebenen Drehzahl-Sollwerte nicht eingehalten werden, muß das Motor-Steuergerät in der RENAULT-Werkstatt überprüft und gegebenenfalls angepaßt oder ersetzt werden.

Sollwerte:

Leerlaufdrehzahl
(neutral): . . . . .825 $^{\pm 25}$/min
(mit eingeschalteter Frontscheibenheizung): 1000/min
(mit eingeschalteter Klimaanlage): 875/min
Maximaldrehzahl (unbelastet): . . . . .4800 $^{\pm 100}$/min
Maximaldrehzahl (belastet): . . . . .4500 $^{\pm 100}$/min

Hinweis: Beim Diesel-Direkteinspritzmotor mit 98 PS ist kein Gaszug vorhanden. Die Stellung des Gaspedals wird von einem Potentiometer an der Gaspedal-Lagerung erfaßt und als Widerstandswert an das Motorsteuergerät übermittelt.

Einspritzdüsen aus- und einbauen

64/90 PS-Dieselmotor (F8Q)

Defekte Einspritzdüsen können zu starkem Klopfen des Motors führen und Lagerschäden vermuten lassen. Bei derartigen Beanstandungen Motor im Leerlauf laufen lassen und Einspritzleitungs-Überwurfmuttern der Reihe nach lösen. Verschwindet das Klopfen nach dem Lösen einer Überwurfmutter, so zeigt dies eine defekte Düse an.

Defekte Düsen macht man auch ausfindig, indem man der Reihe nach die Einspritzleitungs-Überwurfmuttern löst, während der Motor in schnellerem Leerlauf dreht. Bleibt die Motordrehzahl nach Lösen einer Überwurfmutter konstant, zeigt dies eine defekte Düse an. Geprüft werden kann die Einspritzdüse mit Hilfe eines Manometers. (Werkstattarbeit; Sollwert für Abspritzdruck: 125 – 138 bar.)

Die ersten Anzeichen von Düsenstörungen treten wie folgt auf.

- Fehlzündungen
- Klopfen in einem oder mehreren Zylindern
- Motor überhitzt
- Leistungsabfall des Motors
- Übermäßig starker schwarzer Auspuffqualm
- Hoher Kraftstoffverbrauch

Ausbau

- Einspritzleitungen sorgfältig von außen mit Kaltreiniger oder Dieselkraftstoff reinigen.
- Einspritzleitungen komplett ausbauen, dazu Überwurfmuttern an Pumpe und Einspritzdüsen mit offenem Ringschlüssel, zum Beispiel HAZET 4550, lösen. **Achtung:** Biegeform der Leitungen nicht verändern.

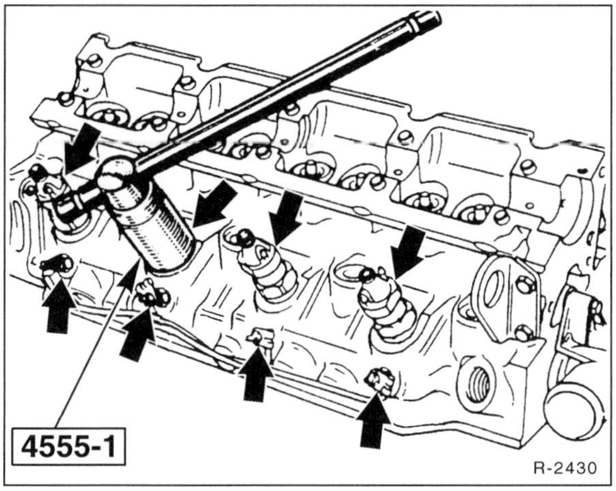

- Einspritzdüsen mit Steckschlüsseleinsatz SW 27 ausbauen. Dazu wird eine verlängerte Stecknuß, zum Beispiel HAZET 4555-1, benötigt.
- Turbodiesel: Bei der Einspritzdüse des 4. Zylinders ist ein elektrischer Anschluß vorhanden (Nadelbewegungsfühler). Zuleitung trennen und Einspritzdüse mit Stecknuß abschrauben. Gegebenenfalls vorher Stecknuß mit Durchbruch für das Kabel versehen. Kabel durch Stecknuß führen.
- Jede Einspritzdüse hat zum Schutz vor Hitzeschäden ein Hitzeschild. Hitzeschilde aus den Bohrungen im Zylinderkopf nehmen.

Achtung: Beim späteren Einbau der Einspritzdüsen grundsätzlich neue Hitzeschilde verwenden.

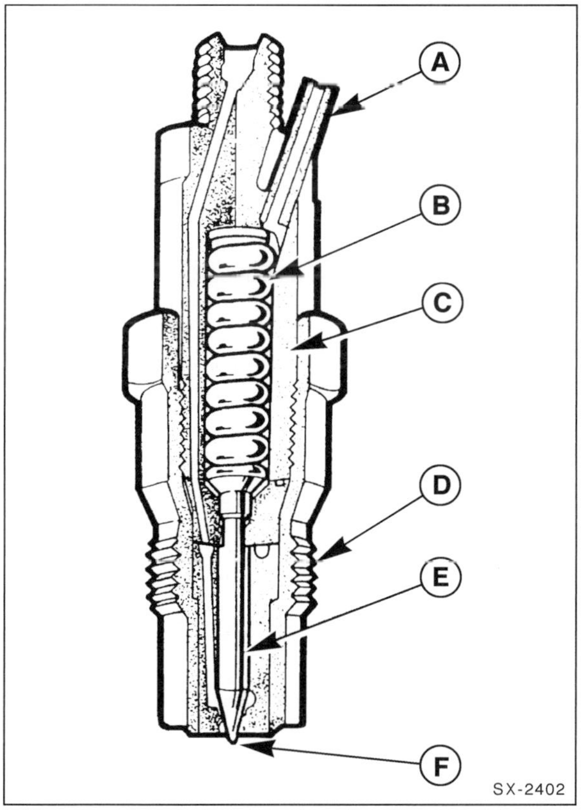

A = Kraftstoffrücklauf
B = Druckfeder
C = Düsenkörper
D = Sockel
E = Düsennadel
F = Nadelspitze

- Düsenhalter zwischen Weichmetallbacken in den Schraubstock spannen. Einspritzdüse zerlegen.
- Düsennadel auf eingeschlagenen oder rauhen Nadelsitz, auf abgenutzte oder beschädigte Düsennadeln prüfen. Spritzdüse mit einem Holzspachtel entrußen. Die Nadel muß allein durch ihr Eigengewicht in die Düse gleiten.

Achtung: Keinesfalls Düse oder Düsennadel mit Draht, Feile oder Schmirgelleinen bearbeiten. Einzelteile der Einspritzdüsen untereinander nicht vertauschen. Die Werkstatt kann durch Einbau von Einstellscheiben unterschiedlicher Dicke den Düsen-Abspritzdruck regulieren.

- Düsenober- und Unterteil mit **70 Nm** zusammenschrauben.

Einbau

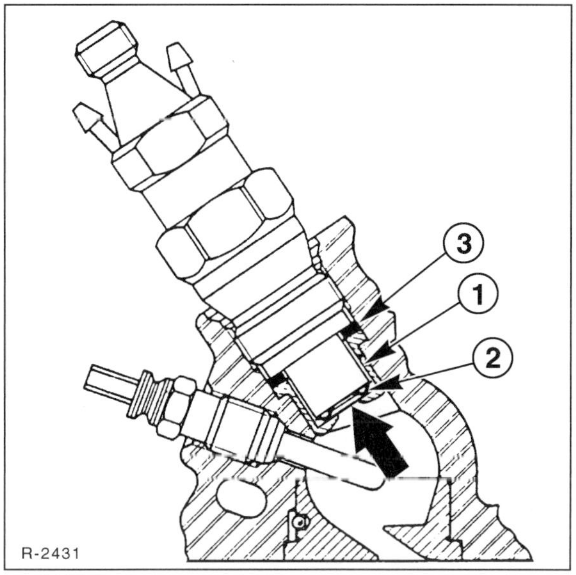

- Im Zylinderkopf sitzt eine Flammschutzmuffe –1– mit Dichtring –3– sowie eine Flammschutzscheibe –2–. Grundsätzlich **neue** Wärmeschutzdichtungen sowie Dichtringe zwischen Zylinderkopf und Einspritzventil verwenden. Die Vertiefung der Flammschutzscheibe –2– muß nach oben zeigen, siehe Abbildung.
- Einspritzdüsen mit **70 Nm** festziehen.
- Einspritzleitungen aufsetzen, Überwurfmuttern mit **25 Nm** festziehen.

Einspritzdüse

98 PS-Diesel-Direkteinspritzmotor (F9Q)

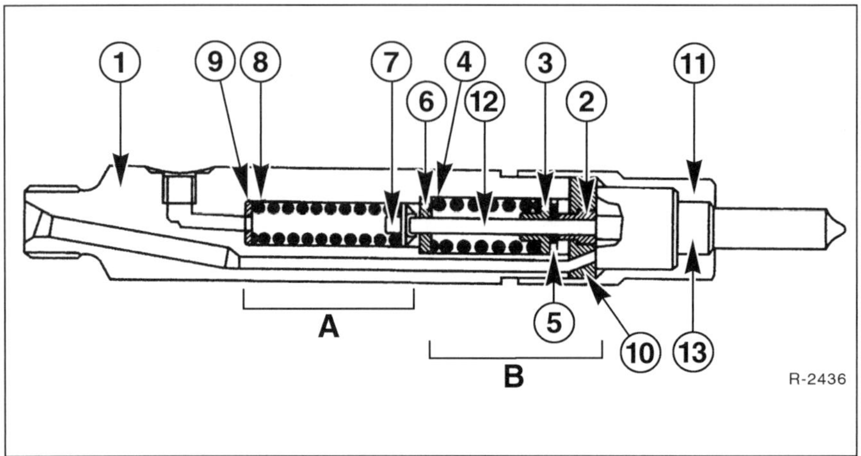

1 – Einspritzdüsen-Träger
2 – Anschlaghülse
3 – Federteller
4 – Feder der 2. Stufe
5 – Einstellscheibe der 2. Stufe
6 – Führungsscheibe
7 – Anschlagscheibe
8 – Feder der 1. Stufe
9 – Einstellscheibe der 1. Stufe
10 – Zwischenscheibe
11 – unteres Gehäuseteil
12 – Stößelstange
13 – Einspritzdüse
A – 1. Stufe
B – 2. Stufe

Hinweise zur Einspritzdüse beim 98 PS-Diesel-Direkteinspritzmotor (F9Q)

Zum Ausbau der Einspritzdüsen die Hochdruck-Kraftstoffleitungen und den Befestigungsflansch der Düsen ausbauen.

Nach jedem Ausbau sind die Dichtscheiben zwischen Einspritzdüse und Zylinderkopf zu erneuern. Anzugsdrehmoment für den Düsenhalter: **27 Nm**.

Die Einspritzdüse ist eine sogenannte Doppelfederdüse; das bedeutet, daß es 2 unterschiedliche Einspritzdrücke gibt, siehe dazu auch Seite 100.

Eine Einstellung der Einspritzdüse ist nicht möglich, lediglich der Druck der 1. Stufe kann kontrolliert werden: Er muß 200 $^{+2}$ bar betragen. Wird der Wert nicht erreicht, muß die Düse ersetzt werden.

Nach einem Ausbau einer Einspritzdüse muß die Leckölleiste am Zylinderkopf ersetzt werden.

Technische Daten Dieselmotor

Hinweis: Verschiedene Angaben über den 98 PS-Diesel-Direkteinspritzmotor (F9Q) stehen in den einzelnen Abschnitten des Kapitels »Diesel-Einspritzanlage« und auf der folgenden Seite.

Bauteil/Motorzuordnung	Marke/Einstellwerte	Besondere Hinweise
Einspritzpumpe, Saugdiesel bei 64 PS-Dieselmotor F8Q	BOSCH VE...R598, alternativ ROTO DIESEL	Verteiler-Einspritzpumpe mit separatem Leerlaufhebel, höhen- und lastabhängigem Förderbeginn, Volllast-Mikroschalter zur Steuerung von Vorglühen, Abgasrückführung und Klimaanlage
Einspritzpumpe, Turbodiesel bei 90 PS-Dieselmotor F8Q (Turbo)	LUCAS DIESEL	Verteiler-Einspritzpumpe mit Ladedruckkorrektur und Vorrichtung für beschleunigtem Leerlauf mit Unterdruckdose
Einspritzpumpe, Turbodiesel	LUCAS DIESEL	Verteiler-Einspritzpumpe mit Ladedruckkorrektur und Vorrichtung für beschleunigtem Leerlauf mit Unterdruckdose
Pumpeneinstellmaß (Hub des Pumpenkolbens in OT)	BOSCH-Pumpe: 0,82 ± 0,02 mm	LUCAS DIESEL: Maß »X«, am Gashebel jeder Pumpe angegeben
Leerlaufdrehzahl	825 ± 25	
Höchstdrehzahl unbelastet/belastet	5200±100 / 4600±100 (BOSCH-Pumpe); 5000 ± 100 / 4350±100 (LUCAS-Pumpe)	
Einspritzdüsen, Abspritzdruck	125 – 138 bar	
Glühkerzen	BOSCH oder BERU	Stromaufnahme ca. 15 A nach 8 Sekunden Vorglühzeit
Kraftstoffilter		Mit Handpumpe zum Entlüften sowie Vorwärmung

Technische Daten Diesel-Direkteinspritzmotor (F9Q)

Einspritzpumpe:
BOSCH VE 4/11 E2000 R672, mit elektronischem Steuergerät (steuert Pumpe, Kaltstartsystem, Abgasrückführungsventil)

Pumpeneinstellung:
OT-Stellung mit ∅8-mm-Dorn, Kolbenhub 0,45 ±0,02 mm.

Einspritzdüse:
Doppelfederdüse, elektrischer Widerstand bei 20° C = 100 ±10 Ω.

Einspritzleitungen:
Länge = 360 mm, Innen-∅ = 1,8 mm.

Elektroventil für Abgasrückführung (EGR):
Spannung = 12 V, Widerstand 5,5 ±0,5 Ω.

Glühkerzen:
BOSCH, CHAMPION oder BERU.
Anzugsmoment = 15 Nm, Spannung = 12 V, Widerstand = 1,1 ± 0,1 Ω.

Luftmassenmesser:
BOSCH oder SIEMENS, Massenmesser über Heizfilm.

Gasbetätigung über Schrittmotor an der Einspritzpumpe, Potentiometer am Gaspedal zur Ermittlung der Gaspedalstellung. Elektrische Zuheizung der Kühlflüssigkeit für schnelleres Erreichen der optimalen Betriebstemperatur und zur Erhöhung der Heizleistung für die Innenraumheizung.

Störungsdiagnose Diesel-Einspritzanlage

Bevor anhand der Störungsdiagnose der Fehler aufgespürt wird, müssen folgende Prüfvoraussetzungen erfüllt sein: Bedienungsfehler beim Starten ausgeschlossen. Kraftstoff im Tank, Motor mechanisch in Ordnung, Batterie geladen, Anlasser dreht mit ausreichender Drehzahl. **Achtung:** Wenn Kraftstoffleitungen gelöst werden, müssen diese vorher mit Kaltreiniger gesäubert werden.

Störung	Ursache	Abhilfe
Motor springt nicht oder schlecht an.	1. Motor glüht nicht vor.	■ Vorglühanlage prüfen.
	2. Elektromagnetischer Absteller erhält keine Spannung.	■ Zündung abwechselnd ein- und ausschalten, dabei muß der Absteller an der Einspritzpumpe klicken.
	3. Kraftstoffversorgung defekt.	■ Prüfen, ob Kraftstoff gefördert wird
	a) Kraftstoffleitungen geknickt, verstopft, undicht, porös.	■ Kraftstoffleitungen reinigen, gegebenfalls ersetzen.
	b) Kraftstoffilter verstopft.	■ Kraftstoffilter ersetzen.
	c) Tankbelüftung verschlossen. Kraftstoffsieb im Tank verschmutzt.	■ Reinigen.
	4. Einspritzdüsen defekt.	■ Einspritzdüsen prüfen, Überwurfmuttern nacheinander lösen und prüfen, ob die Zylinder arbeiten.
	5. Leerlauf, Förderbeginn verstellt.	■ Leerlauf, Förderbeginn prüfen, einstellen (Werkstattarbeit).
	6. Einspritzpumpe defekt.	■ Versuchsweise neue Pumpe einbauen.
Motor ruckelt im Leerlauf, beim Anfahren.	1. Kraftstoffschläuche an der Kraftstoffpumpe bzw. am Kraftstoffilter lose.	■ Kraftstoffschläuche ersetzen.
	2. Leerlaufeinstellung falsch	■ Leerlauf einstellen.
	3. Wie unter 1.3–6.	■ Wie unter 1.3–6.
Kraftstoffverbrauch zu hoch.	1. Luftfilter verschmutzt.	■ Filtereinsatz ersetzen.
	2. Kraftstoffanlage undicht.	■ Sichtprüfung an allen Kraftstoffleitungen (Saug- Rücklauf- und Einspritzleitungen), Kraftstoffilter und Einspritzpumpe durchführen.
	3. Rücklaufleitung verstopft.	■ Rücklaufleitung von Einspritzpumpe zum Kraftstoffbehälter mit Luft durchblasen. Überströmdrossel in der Hohlschraube der Rücklaufleitung ersetzen.
	4. Förderbeginn der Einspritzpumpe verstellt.	■ Förderbeginn einstellen.
Vorglühkontrollampe leuchtet nicht auf.	1. Glühlampe im Schalttafeleinsatz defekt.	■ Lampe ersetzen.
	2. Vorglühung/Glühkerzen defekt.	■ Glühkerzen prüfen ggf. ersetzen. Steuergerät prüfen lassen.

Abgasanlage

Die Abgasanlage besteht aus dem Katalysator, dem vorderen Abgasrohr mit dem Mittelschalldämpfer und dem Nachschalldämpfer. Die für die Regelung des Katalysators erforderliche Lambdasonde (nur Benziner) ist vor dem Katalysator eingeschraubt.

Das vordere Abgasrohr ist mit dem Abgaskrümmer beziehungsweise beim Turbo-Diesel mit dem Turbolader verschraubt. Bei einer Reparatur lassen sich die Teile einzeln auswechseln. Muttern und Dichtungen sind nach dem Ausbau grundsätzlich zu ersetzen. Halteringe und Gummipuffer sind auf Porosität und Beschädigung zu prüfen, gegebenenfalls müssen sie ausgewechselt werden.

Eine Übersicht über die im REANAULT MÉGANE verwendeten Abgasanlagen befindet sich auf Seite 113.

Funktion des Katalysators

Alle Motoren sind mit einem Katalysator zur Abgasreinigung ausgestattet.

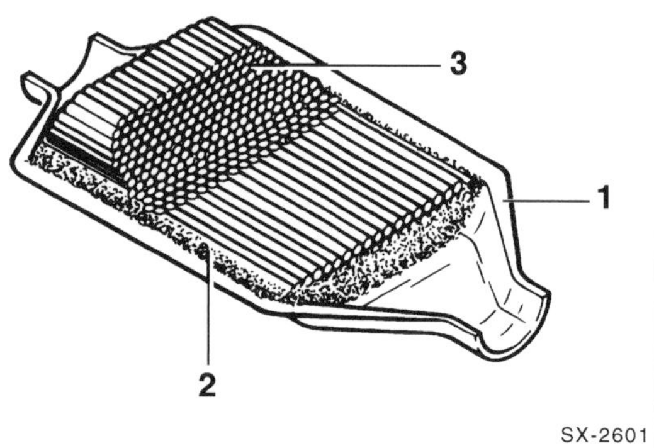

Der Katalysator besteht aus einem Keramik-Wabenkörper –3–, der mit einer Trägerschicht überzogen ist. Auf der Trägerschicht befinden sich Edelmetallsalze, die den Umwandlungsprozeß bewirken. Im Gehäuse –1– wird der Katalysator durch eine Isolations-Stützmatte –2– fixiert, die außerdem Wärmeausdehnungen ausgleicht.

Benzinmotoren

In Verbindung mit der elektronischen Einspritzanlage und der Lambdasonde wird die Kraftstoffmenge für die Verbrennung exakt dosiert, damit der Katalysator die Schadstoffe reduzieren kann. Die Lambdasonde sitzt im Abgasrohr vor dem Katalysator und wird hier vom Abgasstrom umspült. Bei der Lambdasonde handelt es sich um einen elektrischen Meßfühler, der den Restgehalt an Sauerstoff im Abgas durch elektrische Spannungsschwankungen anzeigt und Rückschlüsse auf die Zusammensetzung des Luft-Benzin-Gemisches ermöglicht. In Bruchteilen von Sekunden kann die Lambdasonde entsprechende Signale an die Steuereinheit der Einspritzanlage weitergeben und dadurch das Kraftstoff-Luftverhältnis ständig verändern. Das ist einerseits erforderlich, da sich ja die Betriebsverhältnisse (Leerlauf, Vollgas) ständig ändern, zum anderen aber auch, weil nur dann eine optimale Nachverbrennung im Katalysator erfolgt, wenn noch genügend Benzin-Anteile im Motor-Abgas vorhanden sind.

Damit es also bei einer Temperatur von +300° bis +800° C im Katalysator überhaupt zu einer Nachverbrennung kommen kann, muß das Kraftstoff-Luftgemisch mehr Kraftstoffanteile aufweisen, als für die reine Verbrennung erforderlich wären.

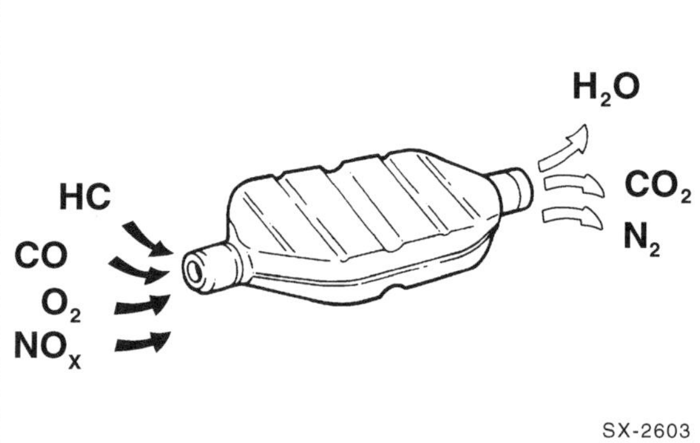

Bei dem verwendeten Katalysator handelt es sich um einen sogenannten 3-Wege-Katalysator. Das bedeutet, daß bei diesem Katalysator aufgrund der Lambda-Regelung die Oxidation von Kohlenmonoxid (CO) und Kohlenwasserstoffen (HC) sowie die Reduktion der Stickoxide (NO_X) gleichzeitig durchgeführt werden.

Damit die Abgase schon vor dem Katalysator wenig Gifte enthalten, ist zusätzlich eine Abgasrückführung eingebaut.

Die Abgasrückführung (EGR) führt je nach Motor-Betriebszustand über ein geregeltes Ventil eine bestimmte Menge Abgas wieder der Ansaugluft zu. Dadurch wird die Verbrennungstemperatur abgesenkt. Je niedriger die Verbrennungstemperatur ist, desto weniger giftige Stickoxidanteile bilden sich im Abgas.

Katalysator beim Dieselmotor

Auch beim Dieselmotor ist serienmäßig ein Katalysator eingebaut. Allerdings ist hier keine Gemischanpassung möglich. Der Katalysator reduziert jedoch die umweltschädlichen Kohlenmonoxid- und Kohlenwasserstoff-Emissionen auf ein Niveau, das deutlich unter dem von Benzin-Motoren mit geregeltem Katalysator liegt. Außerdem vermindert sich der dieseltypische Abgasgeruch. Der bei Dieselmotoren höhere Anteil von Stickoxiden im Abgas wird durch ein zusätzliches Abgas-Rückführungssystem auf geringem Niveau gehalten.

Der Umgang mit Katalysator-Fahrzeugen

Um Beschädigungen an der Lambdasonde und am Katalysator zu vermeiden, sind folgende Hinweise unbedingt zu beachten:

Benzinmotoren

- Grundsätzlich nur bleifreies Benzin tanken.
- Das Anlassen des betriebswarmen Motors durch Anschieben oder Anschleppen ist nicht erlaubt. Starthilfekabel verwenden. Unverbrannter Kraftstoff könnte bei einer Zündung zur Überhitzung des Katalysators und zu seiner Zerstörung führen.
- Bei Startschwierigkeiten nicht unnötig lange den Anlasser betätigen. Während des Anlassens wird permanent Kraftstoff eingespritzt. Fehlerursache ermitteln und beseitigen.
- Kraftstofftank nie ganz leerfahren.
- Treten Zündaussetzer auf, hohe Motor-Drehzahlen vermeiden und Fehler umgehend beheben.
- Nur die vorgeschriebenen Zündkerzen verwenden.
- Nur Funkenprüfung mit abgezogenem Zündkerzenstecker durchführen, wenn gleichzeitig die Kraftstoffeinspritzung durch Abziehen des Kraftstoffpumpenrelais unterbunden wird.
- Es darf kein Zylindervergleich (Balancetest) durch Zündabschaltung eines Zylinders durchgeführt werden. Bei Zündabschaltung der einzelnen Zylinder – auch über Motortester – gelangt unverbrannter Kraftstoff in den Katalysator.

Benzin- und Dieselmotoren

- Fahrzeug nicht über trockenem Laub oder trockenem Gras abstellen. Die Abgasanlage wird im Bereich des Katalysators sehr heiß und strahlt die Wärme auch nach Abstellen des Motors noch ab.
- Keinen Unterbodenschutz an der Abgasanlage aufbringen.
- Die Hitzeschilder der Abgasanlage dürfen nicht verändert werden.
- Beim Ein- oder Nachfüllen von Motoröl besonders darauf achten, daß auf keinen Fall die Maximum-Markierung am Ölpeilstab überschritten wird. Das überschüssige Öl gelangt sonst aufgrund unvollständiger Verbrennung in den Katalysator und kann das Edelmetall beschädigen oder den Katalysator vollständig zerstören.

Abgasanlage auf Dichtigkeit prüfen

Bei Fahrzeugen mit geregeltem Katalysator können Undichtigkeiten der Abgasanlage vor der Lambdasonde zu folgenden Störungen führen:

- Startschwierigkeiten; Motor geht aus, schüttelt im Leerlauf, ruckelt beim Beschleunigen.

Prüfvoraussetzung: Motor kalt oder handwarm.

- Motor starten und Abgasanlage auf Dichtheit prüfen, dazu Abgasendrohr mit Lappen zuhalten. Dabei von einer Hilfsperson alle Dichtflansche auf austretende Abgase prüfen lassen (zischendes Geräusch, Austritt mit der Hand spürbar).
- Verbindungsstellen Zylinderkopf/Krümmer und Krümmer/Abgasrohr vorn mit handelsüblichem »Leck-Sucher« einsprühen und auf Blasenbildung untersuchen.
- Undichtigkeit beseitigen.

Abgasanlage aus- und einbauen

Sämtliche Teile der Abgasanlage lassen sich einzeln auswechseln. **Achtung:** Beim Einbau darauf achten, daß die Teile dicht zusammengefügt werden. Sonst kann es bei der Abgasuntersuchung (AU) zu Fehlmessungen kommen.

Muttern und Dichtungen sind nach dem Ausbau grundsätzlich zu ersetzen. Gummihalteringe und Gummipuffer sind auf Porosität und Beschädigung zu prüfen, gegebenenfalls müssen sie ausgewechselt werden. **Achtung:** Der Katalysator ist stoßempfindlich, nicht dagegenschlagen oder fallenlassen.

Ausbau

- Fahrzeug aufbocken.
- Sämtliche Schraubverbindungen mit rostlösendem Mittel einsprühen. Rostlöser einige Zeit einwirken lassen.
- Lambdasonde ausbauen, siehe Seite 112.
- **1,4-/1,6-l-Benzinmotor (K4J/K4M):** Luftfilter ausbauen, siehe Seite 90.

- Vorderes Abgasrohr am Katalysator (1,4-/1,6-l-Benzinmotor (E7J/K7M), Abbildung) beziehungsweise Abgaskrümmer abschrauben.
- **1,4-/1,6-l-Benzinmotor (E7J/K7M):** Katalysator am Abgaskrümmer abschrauben.
- **1,4-/1,6-l-Benzinmotor (K4J/K4M):** Vorderes Abgasrohr mit Katalysator vom Motorraum aus vom Abgaskrümmer mit 3 Muttern abschrauben.

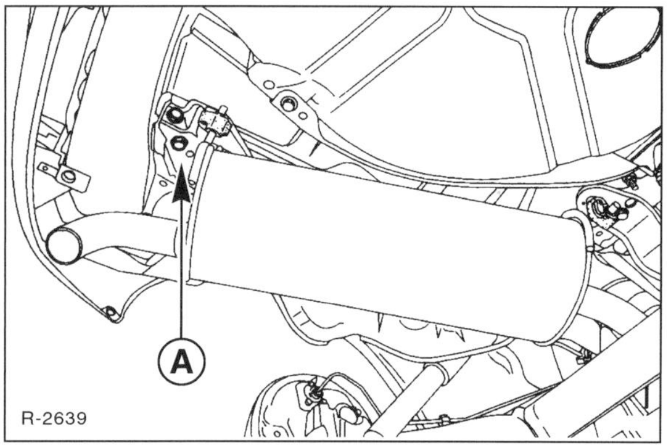

- Abgasanlage aus den Gummihalterungen aushängen und herausnehmen. Um den Nachschalldämpfer leichter abnehmen zu können, Halter –A– abschrauben.

Einbau

Vor der Montage der Abgasanlage prüfen, ob der Flansch zum Abgaskrümmer verschmutzt oder verzogen ist, gegebenenfalls Flansch ausrichten und mit Drahtbürste reinigen.

Achtung: Um die Muttern und Schrauben der Abgasanlage später leichter lösen zu können, empfiehlt es sich, diese mit einer Hochtemperatur-Kupferpaste, zum Beispiel LIQUI MOLY LM-508-ASC, einzustreichen.

- Abgasanlage in die Gummihalteringe einhängen.
- Halter für Nachschalldämpfer anschrauben.
- Vorderes Abgasrohr am Katalysator beziehungsweise Abgaskrümmer mit **neuem Dichtring** anschrauben.
- Sicherstellen, daß überall genügend Abstand von mindestens 25 mm zur Karosserie vorhanden ist. Abgasanlage hin- und herbewegen, sie darf nirgends anschlagen. Abgasanlage entsprechend ausrichten.
- Lambdasonde einbauen, siehe Seite 112.
- **1,4-/1,6-l-Benzinmotor (K4J/K4M):** Luftfilter einbauen, siehe Seite 90.
- Motor starten und Abgasanlage auf Dichtheit prüfen, siehe Seite 109.

Mittelschalldämpfer/ Nachschalldämpfer ersetzen

Die Abgasanlage besteht aus einem Stück (außer 1,4-/1,6-l-Benzinmotor K4J/K4M). Schalldämpfer und Katalysator können aber einzeln ersetzt werden. Die Trennstellen sind markiert. Zum Trennen wird ein handelsüblicher Ketten-Abgasrohrscheider, zum Beispiel HAZET Nr. 4682, benötigt.

Ausbau

- Fahrzeug aufbocken.
- Es gibt 2 Trennstellen, diese befinden sich zwischen Katalysator und Vorschalldämpfer sowie zwischen Vorschalldämpfer und Nachschalldämpfer, siehe Abbildungen auf Seite 109.

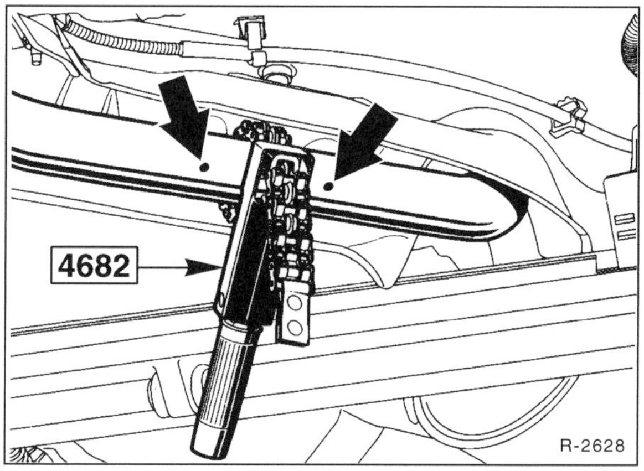

- Die Trennstellen sind durch Körnermarkierungen –Pfeile– gekennzeichnet. Genau zwischen diesen Punkten wird der Abgasrohrschneider angesetzt.

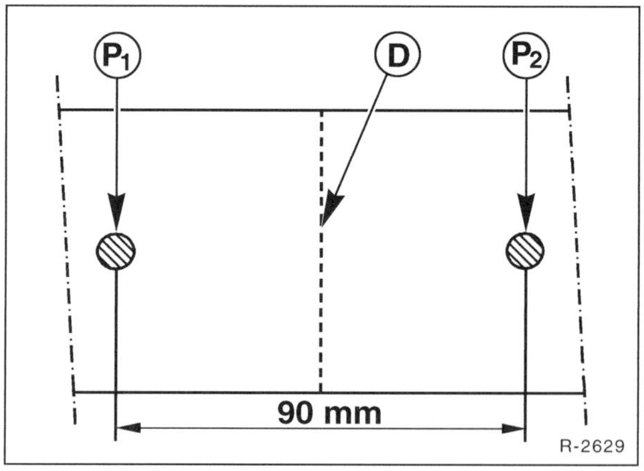

- Der Abstand zwischen den Markierungen beträgt 90 mm. Zwischen den Markierungen (P1 und P2) die Schnittlinie –D– mittig anzeichnen.

- Kette des Abgasrohrschneiders um das Rohr herumlegen und spannen. Kette hin- und herrollen und dabei nachspannen, jedoch nicht zu stark, damit sich das Rohr beim Schneiden nicht verformt.
- Schalldämpfer aus den Gummihalterungen aushängen und herausnehmen.

Einbau

- Schalldämpfer in die Gummihalteringe einhängen.
- Zum Verbinden der Abgasrohre wird eine Spannschelle (Ersatzteil) verwendet. **Achtung:** Bereits montierte Spannschellen nicht wiederverwenden, immer erneuern. Da je nach Fahrzeug unterschiedliche Rohrdurchmesser verwendet werden, auf richtige Ersatzteilzuordnung achten.

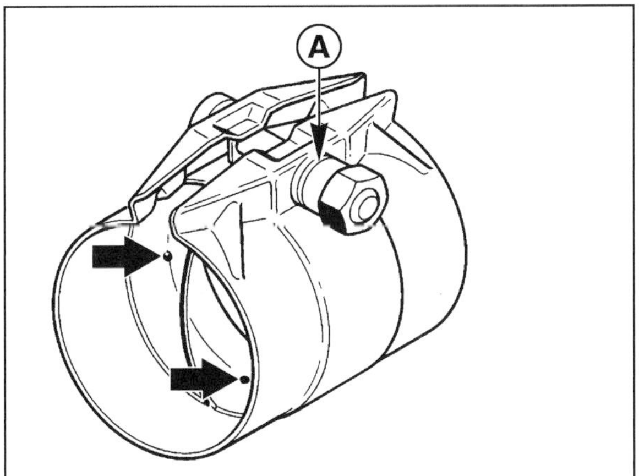

R-2638

- Um eine Undichtigkeit der Abgasanlage zu vermeiden, vor dem Einsetzen der Spannschelle Dichtmittel, RENAULT-ET.-Nr. 77 01 4421 161, auf der Innenseite auftragen. Spannschelle zuerst auf den gebrauchten Teil des Rohrs aufsetzen, dann Neuteil einsetzen. Die beiden Rohrenden müssen an den Stiften –Pfeile– im Innern der Schelle anliegen.

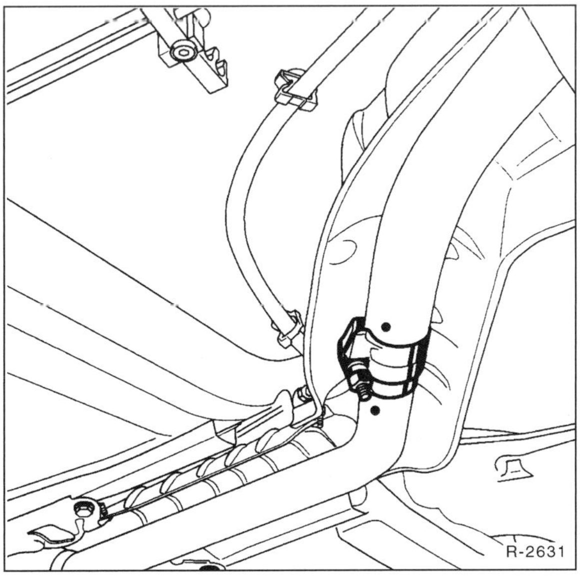

R-2631

- **Achtung:** Spannschelle so drehen, daß Schraube und Mutter vertikal ausgerichtet sind, siehe Abbildung. Sonst besteht die Gefahr, daß die Abgasanlage den Unterboden berührt und im Fahrbetrieb Dröhngeräusche auftreten.
- Mutter der Spannschelle anziehen, bis sie hörbar knackt. Dann ist das richtige Anzugsdrehmoment von 25 Nm erreicht. Das Knacken entsteht durch Reißen der Unterlage –A–, siehe Abbildung R-2630.
- Sicherstellen, daß überall genügend Abstand von mindestens 25 mm zur Karosserie vorhanden ist. Abgasanlage hin- und herbewegen, sie darf nirgends anschlagen, andernfalls Abgasanlage ausrichten.
- Motor starten und Abgasanlage auf Dichtheit prüfen, siehe Seite 109.

Katalysator aus- und einbauen

Scenic mit 1,4-/1,6-l-Benzinmotor

Ausbau

Hinweis: Benötigt wird das RENAULT-Spezialwerkzeug Tav. 1233-01 zum Absenken des Tragrahmens.

- Batterie-Massekabel (–) abklemmen. **Achtung:** Dadurch können elektronische Speicher gelöscht werden, wie zum Beispiel der Radiocode. Hinweise im Kapitel »Batterie aus- und einbauen«.
- Fahrzeug aufbocken.
- Lenkradstellung fixieren, dazu entweder einen Lenkrad-Feststeller am Lenkrad anbringen oder das Lenkrad mit Hilfe zweier Seile von links und rechts fest anbinden.
- Luftfilter ausbauen, siehe Seite 90.
- Befestigungsflansch für Katalysator am Abgaskrümmer vom Motorraum aus lösen.

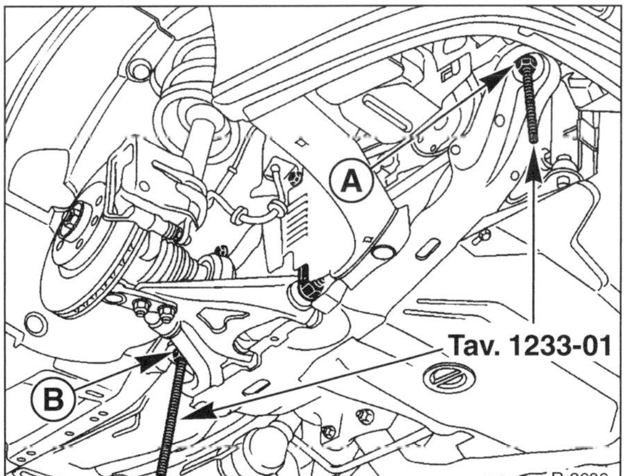

R-2636

- Anstelle der Schrauben für den Tragrahmen –1– das Spezialwerkzeug Tav. 1233-01 an den Stellen –A– und –B– einschrauben. Dabei zuerst eine Schraube gegen das Spezialwerkzeug austauschen, dann die nächste.

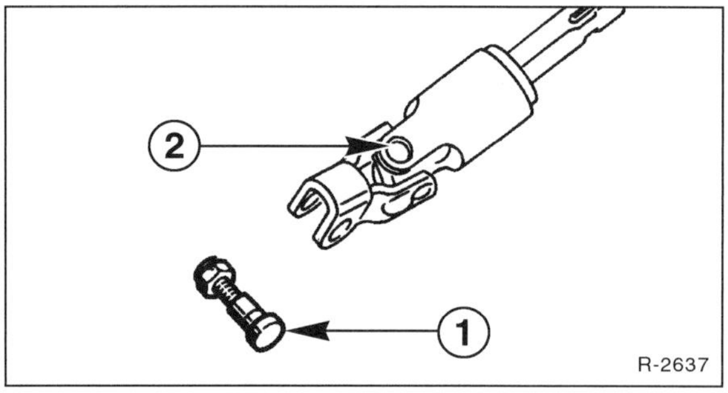

- Am Lenksäulengelenk –2– die Klemmschraube –1– ausbauen, dazu die Mutter lösen.
- Verstärkungsstrebe ausbauen, siehe Seite 132.
- Falls eine zweite Lambdasonde nach dem Katalysator vorhanden ist, Anschlusskabel abklemmen.
- Siehe Abbildung R-2636: Tragrahmen –1– zuerst an der Stelle –A– durch Verdrehen der Mutter umd 20 mm absenken. Anschließend an der Stelle –B– auf die gleiche Weise umd 40 mm absenken.
- Befestigungsschelle zwischen Katalysator und Mittelschalldämpfer abschrauben.
- Katalysator vom Befestigungsflansch am Abgaskrümmer abschrauben und abnehmen.

Ausbau

- Vor dem Einbau des Katalysators alle Hitzeschutzschilde sichtprüfen. Bei Beschädigungen abschrauben und ersetzen.
- Katalysator mit neuer Dichtung am Abgaskrümmer ansetzen und handfest anschrauben.
- Neue Befestigungsschelle zwischen Katalysator und Mittelschalldämpfer einsetzen und Mutter handfest anziehen.
- Gegebenenfalls Abgasanlage spannungsfrei ausrichten, siehe Kapitel »Abgasanlage aus- und einbauen«.
- Mutter an der Befestigungsschelle anziehen.
- Muttern am Befestigungsflansch am Abgaskrümmer mit **20 Nm** anziehen.
- Lambdasonde gegebenenfalls anklemmen.
- Verstärkungsstrebe einbauen, siehe Seite 132.
- Lenksäulengelenk zusammenfügen. Klemmschraube mit **30 Nm** anziehen.
- Tragrahmen mit Hilfe der Muttern am Spezialwerkzeug in Position bringen. Dann das Spezialwerkzeug zuerst hinten gegen die Befestigungsschraube ersetzen, dann vorne.
  Schrauben anziehen: M12-Schraube hinten = **105 Nm**,
  M10-Schraube vorn = **62 Nm**.
- Lenkradfixierung abbauen.
- Fahrzeug ablassen.
- Batterie-Massekabel (–) anklemmen. Gegebenenfalls Diebstahlcode für das Autoradio eingeben und Zeituhr einstellen.

Lambdasonde aus- und einbauen

Die Lambdasonde dient zur Regelung der Abgaszusammensetzung der Benzinmotoren. Die Lambdasonde ist in das Abgasrohr vor dem Katalysator beziehungsweise in den Abgaskrümmer eingeschraubt. Die Beschreibung bezieht sich auf die Benzinmotoren E7J, K7M, F3R und F7R.

Achtung: Die Anschlußkabel der Lambdasonde dürfen nicht repariert oder gelötet werden. Ist ein Kabel beschädigt, Lambdasonde komplett ersetzen.

Ausbau

- Fahrzeug aufbocken.

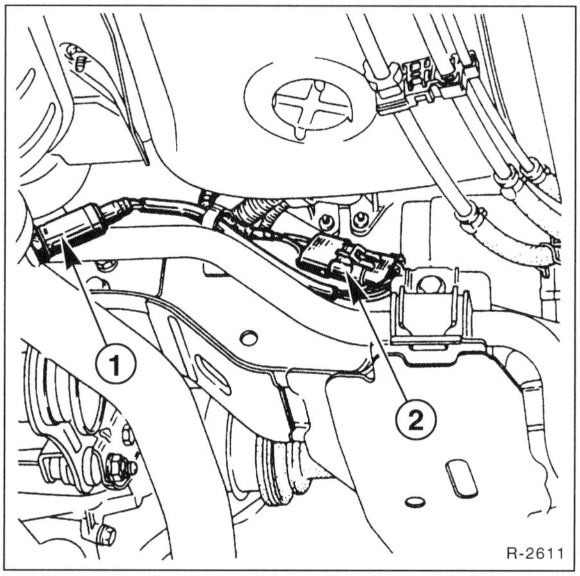

- Elektrische Steckverbindung –2– trennen.
- Lambdasonde –1– am vorderen Abgasrohr herausschrauben.

Einbau

Achtung: Bei Ersatz der Lambdasonde nur gleiche Ausführung verwenden.

- Gewinde säubern.
- **Nur** Gewinde der Lambdasonde mit BOSCH-Lambdasondenfett bestreichen. Neue Sonden sind schon mit diesem Fett versehen. Das Fett darf nicht an die Schlitze, beziehungsweise Bohrungen des Sondenkörpers kommen. Sondenkörper der neuen Lambdasonde möglichst nicht berühren, nicht verschmutzen.

Achtung: Wird die Sonde ohne das Hochtemperatur-Spezialfett eingeschraubt, frißt sich das Gewinde mit der Zeit fest. Die Lambdasonde kann dann später nicht mehr herausgeschraubt werden.

- Lambdasonde einschrauben und mit **40 Nm** festziehen.
- Stecker für Lambdasondenleitung zusammenfügen.

Abgasanlagen - Übersicht

Abgasanlage, 1,4-/1,6-l-Benzinmotor:

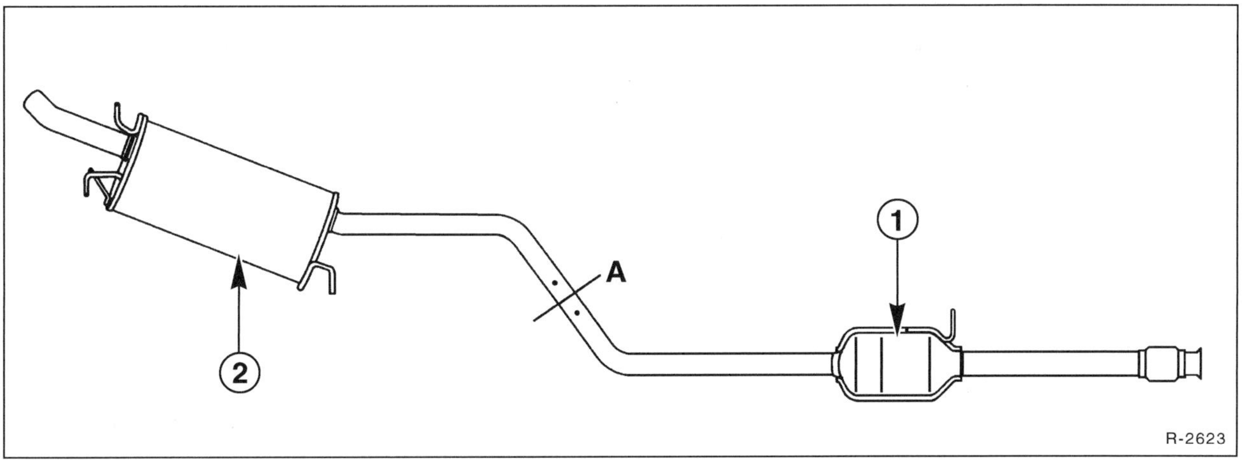

1 – Vorschalldämpfer, 2 – Nachschalldämpfer; A – Trennstelle für Teilersatz

2,0-l-Benzinmotor und Turbodieselmotor (90/98 PS):

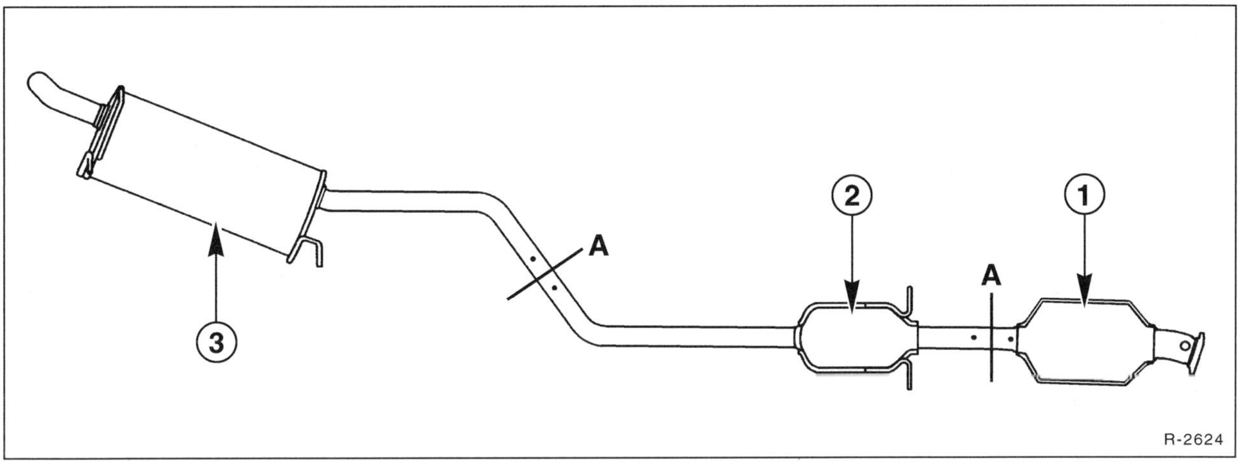

1 – Katalysator, 2 – Vorschalldämpfer, 3 – Nachschalldämpfer; A – Trennstelle für Teilersatz

Saugdieselmotor (64 PS):

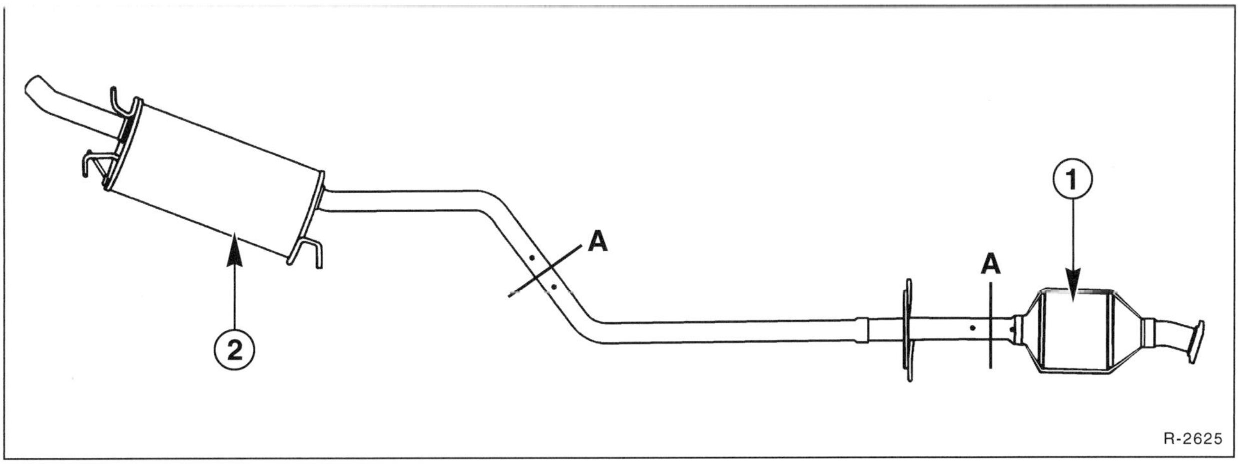

1 – Katalysator, 2 – Nachschalldämpfer; A – Trennstelle für Teilersatz

Kupplung

Die Kupplung trennt beim Schalten der Gänge den Kraftschluß zwischen Motor und Getriebe und sorgt beim Anfahren für einen ruckfreien Kraftschluß vom Motor zum Getriebe.

Die Kupplung besteht aus der Kupplungsdruckplatte, der Kupplungsmitnehmerscheibe und dem Ausrücklager.

Die Kupplungsdruckplatte ist mit dem Schwungrad verschraubt, das wiederum an der Kurbelwelle des Motors angeflanscht ist. Zwischen Kupplungsdruckplatte und Schwungrad befindet sich die Kupplungsmitnehmerscheibe, die von der Kupplungsdruckplatte gegen das Schwungrad gepreßt wird. Die Mitnehmerscheibe wird von der mit ihr verzahnten Getriebeantriebswelle zentriert.

Beim Niedertreten des Kupplungspedals (auskuppeln) wird über das Kupplungsseil und einen Ausrückhebel das Ausrücklager gegen die Membranfeder der Kupplungsdruckplatte gedrückt. Dadurch entspannt sich die Kupplungsdruckplatte, und die Mitnehmerscheibe wird nicht mehr gegen die Schwungscheibe gepreßt. Der Kraftschluß zwischen Motor und Getriebe ist dann aufgehoben.

Bei jedem Ein- und Auskuppeln wird durch den leichten Schleifvorgang etwas Reibbelag von der Mitnehmerscheibe abgeschliffen. Die Mitnehmerscheibe ist also ein Verschleißteil, doch hat sie eine mittlere Lebensdauer von über 100.000 Kilometern. Der Verschleiß hängt im wesentlichen von der Belastung (Anhängerbetrieb) und der Fahrweise ab.

Die Kupplung besitzt eine automatische Nachstellvorrichtung, daher ist ein Einstellen des Kupplungspedalspieles im Rahmen der Wartung nicht erforderlich.

Der RENAULT MÉGANE ist auch mit einer automatischen Kupplung (Servokupplung) erhältlich. Bei Fahrzeugen mit Servokupplung ist kein Kupplungspedal vorhanden. Die Servokupplung wird elektrohydraulisch betätigt. Sie reagiert unter anderem auf Bewegungen des Schalthebels, sowie des Gas- und Bremspedals. Reparaturen an der automatischen Servokupplung müssen in der RENAULT-Werkstatt durchgeführt werden.

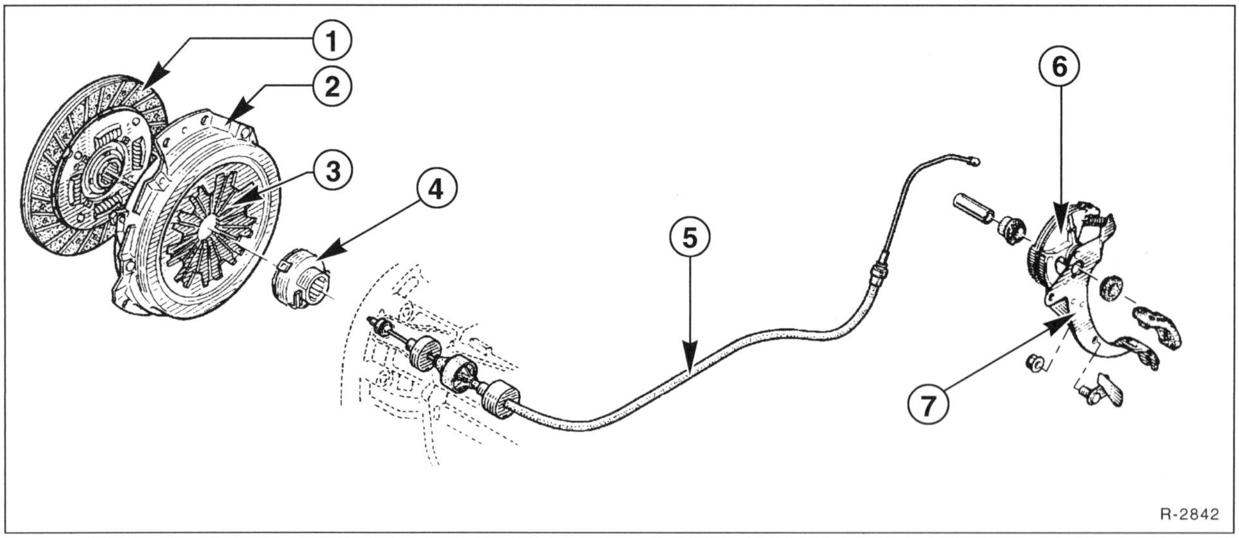

1 – Kupplungsmitnehmerscheibe
2 – Druckplatte
3 – Membranfeder
4 – Ausrücklager
5 – Kupplungszug
6 – Automatische Nachstelleinheit
7 – Kupplungspedal

Kupplung aus- und einbauen/prüfen

Ausbau

- Getriebe ausbauen, siehe Seite 121.
- Mit Filzstift oder Reißnadel Sitz der Druckplatte auf dem Schwungrad markieren –Pfeil–.

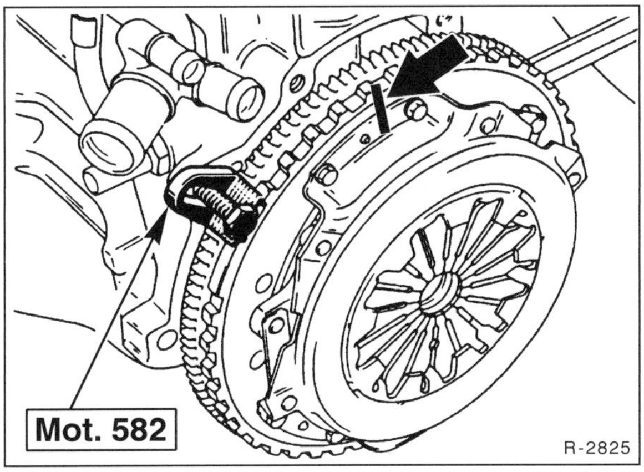

R-2825

- Damit das Schwungrad beim Lösen der Schrauben nicht mitdreht, Spezialwerkzeug Mot. 582 von FACOM einsetzen, oder Schwungrad am Zahnkranz mit Schraubendreher und Dorn arretieren.
- Befestigungsschrauben der Kupplungsdruckplatte nacheinander jeweils um 1 bis 1½ Umdrehungen lösen, bis die Druckplatte entspannt ist.

Achtung: Wenn die Schrauben sofort ganz gelöst werden, kann die Membranfeder beschädigt werden.

- Anschließend Schrauben ganz herausdrehen.
- Druckplatte und Kupplungsscheibe herausnehmen. **Achtung:** Druckplatte und Kupplungsscheibe beim Herausnehmen nicht fallen lassen, sonst können nach dem Einbau Rupf- und Trennschwierigkeiten auftreten.
- Schwungrad mit benzingetränktem Lappen auswischen.

Prüfen

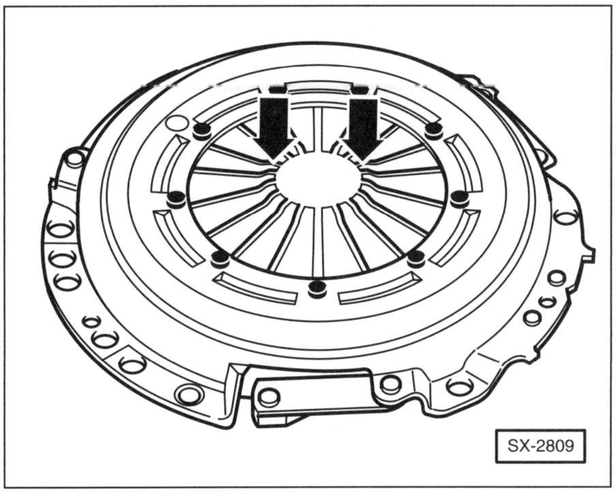

SX-2809

- Membranfeder auf Brüche untersuchen –Pfeile–.
- Federverbindungen zwischen Druckplatte und Deckel auf Risse, und Nietbefestigungen auf festen Sitz prüfen. Kupplungen mit beschädigten oder losen Nietverbindungen ersetzen.

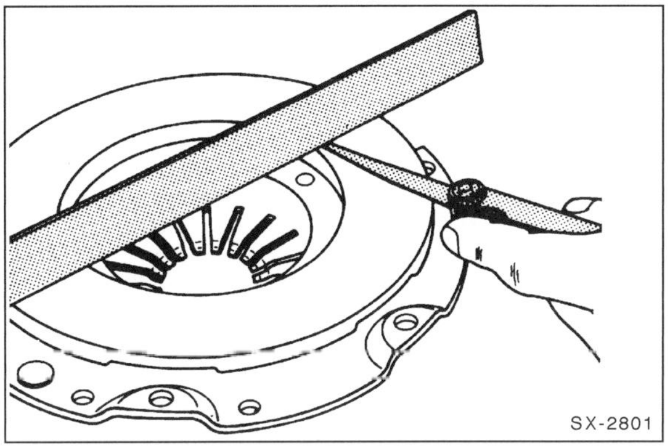

SX-2801

- Auflagefläche der Druckplatte auf Risse, Brandstellen und Verschleiß prüfen. Druckplatten, die bis zu 0,3 mm nach innen durchgebogen sind, dürfen noch eingebaut werden. Die Prüfung erfolgt mit Lineal und Fühlerblattlehre.
- Schwungrad auf Brandrisse und Riefen prüfen, gegebenenfalls ersetzen. Tritt Motoröl aus der Radialdichtung der Kurbelwelle aus, müssen das Schwungrad ausgebaut und die Dichtung ersetzt werden. Neue Dichtung mit passendem Dorn einschlagen. Schwungrad wieder an der Kurbelwelle anschrauben und Schrauben gleichmäßig mit **55 Nm** festziehen.
- Kupplungsdruckplatte und Schwungrad an den Reibflächen mit sehr feinem Schmirgelleinen abziehen.
- Verölte, verfettete oder mechanisch beschädigte Kupplungsscheiben austauschen.

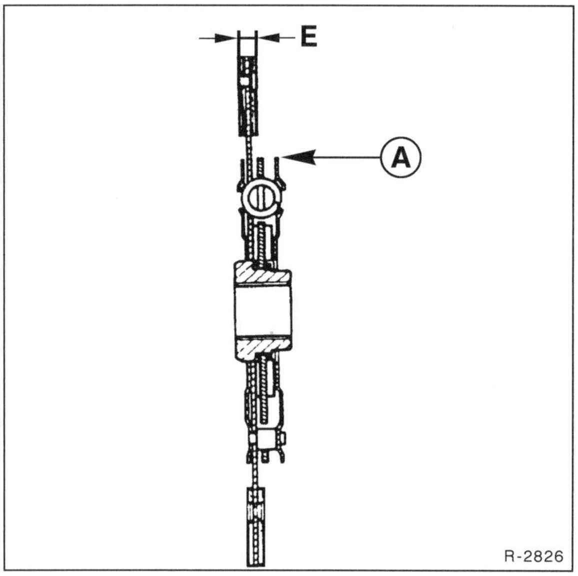

- Belagstärke der Kupplungsscheibe mit Schieblehre messen. Die Mindestbelagstärke soll E = 8,3 mm (1,4-l-Motor: 8,5 mm) betragen, sonst Kupplungsscheibe auswechseln. Ebenso bei Belagrissen.
- Ausrücklager im Getriebegehäuse auf leichten Lauf prüfen, gegebenenfalls demontieren und durch neues Lager ersetzen.

Einbau

Achtung: Vor dem Einbau einer neuen Kupplung Korrosionsschutzlack mit Lösungsmittel von den Reibflächen von Druckplatte und gegebenenfalls Schwungrad abwischen.

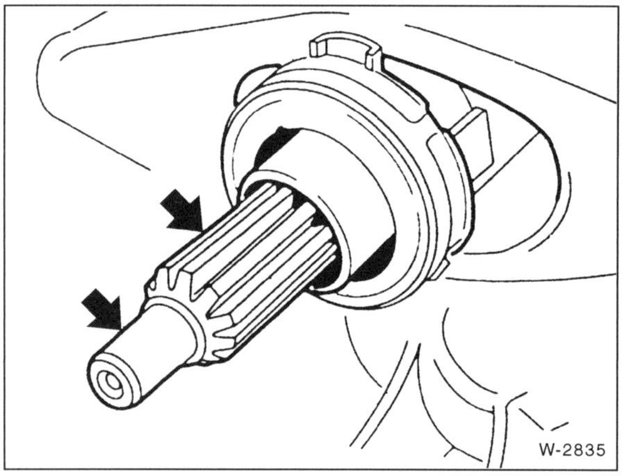

- Keilverzahnung der Getriebeantriebswelle reinigen und dünn mit MoS_2-Fett, zum Beispiel MOLYKOTE BR 2, einfetten. Nicht zuviel Fett verwenden, sonst kann es auf die Kupplungsreibflächen geschleudert werden, wo es zu Kupplungsstörungen führt. Die benötigte Fettmenge entspricht etwa der Größe eines Maiskorns.

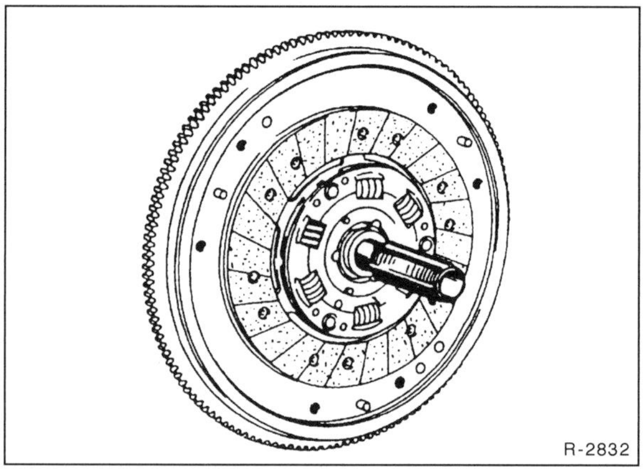

- Den im Teilesatz enthaltenen Kunststoff-Zentrierdorn in die Kurbelwelle einstecken.

Mit der neuen Kupplung wird ein Zentrierdorn mitgeliefert. Die Kupplungsscheibe kann auch nach Augenmaß mittig in der Druckplatte zentriert werden. Besser ist es jedoch, die Scheibe mit dem Dorn (Universaldorn gibt es auch als Sonderwerkzeug von HAZET, Nr. 2174) zu zentrieren. Sitzt die Kupplungsscheibe nicht zentrisch, kann die Getriebewelle nicht eingeführt werden.

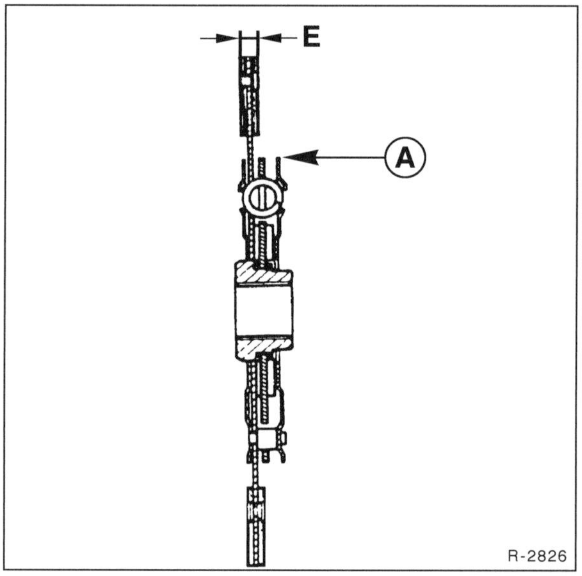

- Kupplungsscheibe in das Schwungrad einsetzen. Dabei zeigt die erhöhte Nabenpartie –A– der Kupplungsscheibe zum Getriebe.
- Kupplungsdruckplatte aufsetzen. Wird die bisherige Kupplungsdruckplatte wieder eingebaut, Druckplatte nach der beim Ausbau angebrachten Markierung aufsetzen.
- Befestigungsschrauben für Kupplungsdruckplatte nacheinander mit 1 bis 1½ Umdrehungen anziehen, bis die Druckplatte festgezogen ist. Anschließend Zentrierdorn entfernen. **Achtung:** Darauf achten, daß die Druckplatte beim Anziehen der Schrauben gleichmäßig und gratfrei in das Schwungrad eingezogen wird. Anzugsdrehmoment für die Befestigungsschrauben: **20 Nm**.

- Arretierwerkzeug und Zentrierdorn vom Schwungrad entfernen.
- Auflagefläche des Ausrücklagers an der Membranfeder sowie Ausrücklager-Führungsrohr außen und innen mit MoS_2-Fett, zum Beispiel MOLYKOTE BR 2, leicht einfetten.
- Getriebe einbauen, siehe Seite 121.
- Anschließend Funktion der automatischen Nachstellvorrichtung prüfen, siehe »Kupplungsseilzug aus- und einbauen«.

Ausrücklager aus- und einbauen

Das Ausrücklager ist immer dann auszuwechseln, wenn beim Auskuppeln Geräusche entstehen oder wenn das Lager schwergängig ist. Bei hoher Laufleistung des Fahrzeugs ist es empfehlenswert, das Lager vorsorglich immer zusammen mit der Kupplung auszuwechseln.

Ausbau

- Getriebe ausbauen, siehe Seite 121.
- Ausrückgabel zur Seite schwenken und Ausrücklager herausnehmen.
- Gummiabdeckung und Ausrückgabel nach innen zum Kupplunggehäuse hin ausbauen.

Prüfen

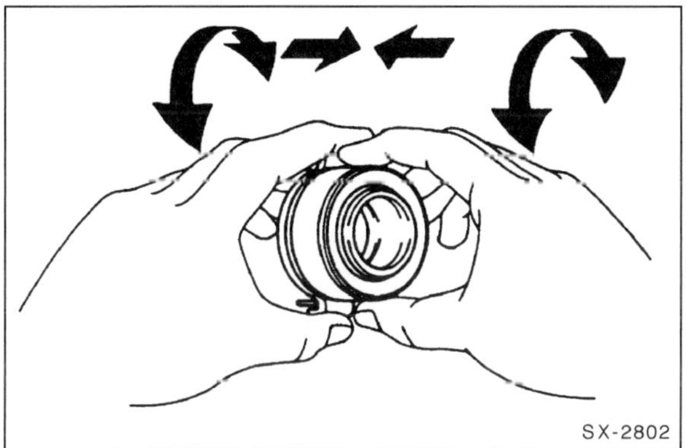
SX-2802

- Ausrücklager zusammendrücken und gleichzeitig drehen. Läuft das Lager rauh, neues Lager einbauen.
- Getriebe-Öldichtring hinter dem Ausrücklager auf Dichtheit prüfen, gegebenenfalls von Fachwerkstatt erneuern lassen.
- Führung des Ausrücklagers mit MoS_2-Fett, zum Beispiel MOLYKOTE BR 2, dünn bestreichen. **Achtung:** Nicht zuviel Fett auftragen, damit bei eingebauter Kupplung kein Fett auf den Reibbelag gelangen kann.

Einbau

- Auflageflächen der Ausrückgabel mit MoS_2-Fett, zum Beispiel MOLYKOTE BR 2, dünn bestreichen.
- Ausrückgabel einsetzen und die Gummiabdeckung wieder anbringen.

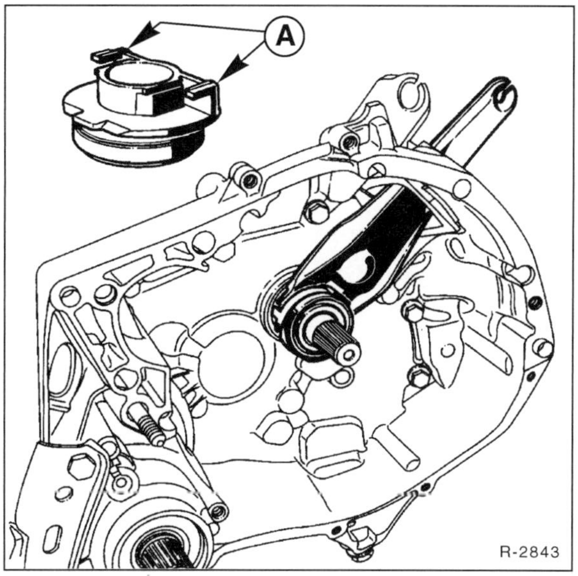

R-2843

- Ausrücklager auf die Führungshülse setzen und die Haken –A– in die Ausrückgabel einsetzen.
- Auflagefläche des Ausrücklagers an der Membranfeder der Kupplungsdruckplatte mit MoS_2-Fett, zum Beispiel Molykote BR 2, schmieren.
- Getriebe einbauen, siehe Seite 121.

Achtung: Nach dem Einbau des Getriebes darf die Ausrückgabel nicht angehoben werden, da sie sonst aus den Haken –A– herausgleiten könnte.

Automatische Kupplungsnachstellung

Eine automatische Nachstellvorrichtung am Kupplungspedal sorgt dafür, daß das Kupplungsspiel nicht eingestellt und auch nicht bei der Wartung nachreguliert werden muß.

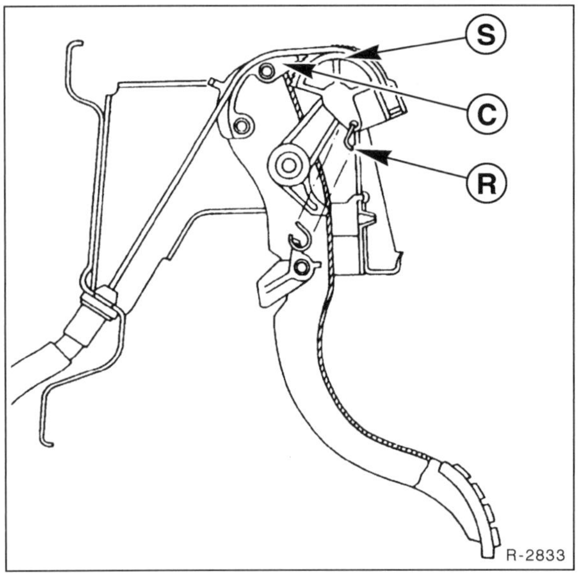

Die Feder –R– zieht ständig am Segment –S– der Nachstellvorrichtung. Dadurch ist das Kupplungsseil immer gespannt. Gleichzeitig wird die Ausrückgabel mitgezogen, wodurch das Ausrücklager in ständigem Kontakt mit der Membranfeder ist. Die Feder des Ausrückhebels bleibt hierbei ohne Wirkung.

Bei Betätigung des Pedals greift der Zahnnocken –C– in die Verzahnung des Segmentes –S– der Nachstellvorrichtung ein. Das Segment kann dadurch keine Drehbewegung mehr ausführen, und das Kupplungsseil überträgt die Pedalbewegung auf die Ausrückgabel.

Die automatische Nachstellung erfolgt dadurch, daß bei Belagverschleiß das Kupplungsseil durch die Feder –R– etwas weiter gezogen wird. Dabei dreht sich das Segment –S– in Zugrichtung, und bei der nächsten Betätigung des Kupplungspedals greift der Zahnnocken –C– an einer anderen Stelle in die Verzahnung des Segmentes ein.

Kupplungsseilzug aus- und einbauen

Ausbau

- Seilzug an der Getriebe-Ausrückgabel aushängen.
- Pedal niederdrücken und halten. Dadurch wird der Seilzug herausgezogen.

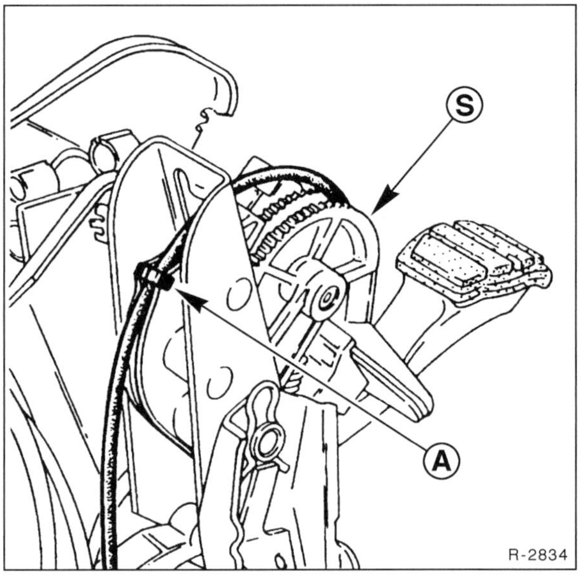

- Seilzugendstück aus seinem Sitz am Segment der Nachstellvorrichtung –S– und aus dem Ring –A– am Zahnnocken herausnehmen.
- Seilzughülle am Bodenblech mit einem Schraubendreher lösen.
- Seilzug zum Motorraum hin durchziehen und herausnehmen.

Einbau

- Seilzug vom Motorraum aus in den Innenraum einführen.
- Nippel im Zahnsegment einhängen und Zug in die Nut des Nockens legen. Verzahnungen des Segmentes –S– und des Nockens –C– mit Mehrzweckfett schmieren.
- Seilzugarretierung im Motorraum an der Stirnwand ausrichten. Kupplungszug in die Ausrückgabel einhängen.
- Kupplungspedal betätigen. Die Einstellung der Kupplung erfolgt dabei automatisch.

Automatische Kupplungsnachstellung prüfen

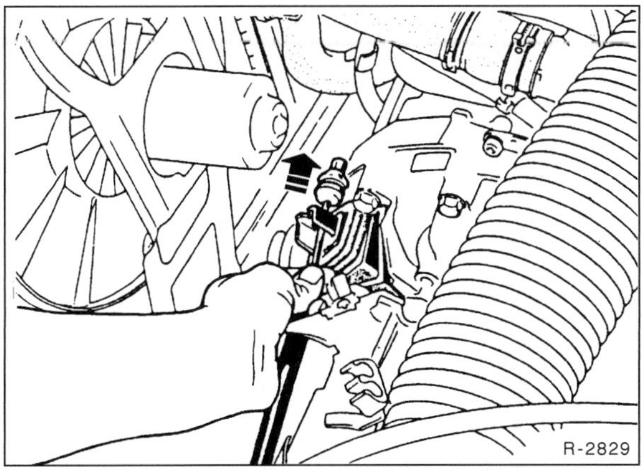

- Kupplungsseilzug am Kupplungs-Betätigungshebel von Hand in Pfeilrichtung ziehen. Der Seilzug muß sich mindestens um 2 cm herausziehen lassen.

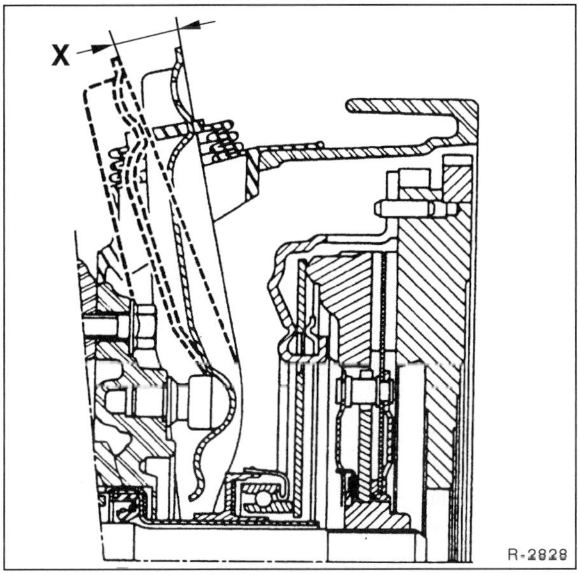

- Von Helfer Kupplungspedal voll durchtreten lassen. Dabei Kupplungs-Betätigungshebel (Ausrückgabel) beobachten. Sollwert **–X–:**

Alle, außer K4J/K4M:	**27,4 bis 30,7 mm**
K4J/K4M	**27 bis 30,5 mm**

Störungsdiagnose Kupplung

Störung	Ursache	Abhilfe
Kupplung rupft.	Motor- und Getriebelager defekt.	■ Prüfen, gegebenenfalls auswechseln.
	Getriebe liegt in der Aufhängung nicht fest.	■ Befestigungsschrauben nachziehen.
	Druckplatte trägt ungleichmäßig.	■ Druckplatte auswechseln.
	Mitnehmerscheibe kein Original-Teil.	■ Original-Kupplungsscheibe einbauen.
	Kurbelwelle fluchtet nicht zur Getriebe-Antriebswelle.	■ Zentrierflächen von Motor und Getriebe überprüfen.
	Ausrücker drückt einseitig.	■ Ausrücker überprüfen.
	Kupplungszug ist festgefressen.	■ Seilzug ersetzen.
	Kupplungspedal ist schwergängig.	■ Achse des Pedals ölen.
	Ausrückgabel/-lager defekt.	■ Ersetzen.
	Kupplungsbetätigung schwergängig oder defekt, Zahnsegment oder Feder gebrochen.	■ Nachstellvorrichtung gangbar machen, defekte Teile ersetzen.
	Kupplungsscheibe verschlissen.	■ Dicke der Kupplungsscheibe prüfen, gegebenenfalls auswechseln.
	Spannung der Membranfeder zu gering.	■ Druckplatte auswechseln.
	Belag verhärtet oder verölt.	■ Kupplungsscheibe austauschen.
	Kupplung wurde überhitzt.	■ Originalteil einbauen.
Kupplung trennt nicht, oder nicht richtig.	Belag durch Abrieb verklebt.	■ Kupplungsscheibe austauschen.
	Kupplungsscheibe klemmt auf der Antriebswelle.	■ Kerbverzahnung reinigen, entgraten.
	Kupplungsscheibe hat Seitenschlag.	■ Kupplungsscheibe prüfen lassen, ersetzen.
	Kupplungspedal erreicht den Begrenzungsanschlag nicht.	■ Prüfen, ob Begrenzungsanschlag erreicht wird, gegebenenfalls Fußmatte ausschneiden.
	Ausrücker defekt.	■ Ausrücker auf Verformung prüfen.
	Führungslager für die Getriebe-Antriebswelle in der Kurbelwelle defekt.	■ Führungslager in der Kurbelwelle ersetzen.
	Mitnehmerscheibe stark verbogen, oder Belag gebrochen.	■ Mitnehmerscheibe ersetzen.
	Nachstellvorrichtung schwergängig oder defekt, Zahnsegment oder Feder gebrochen.	■ Nachstellvorrichtung gangbar machen, defekte Teile ersetzen.
	Membranfeder gebrochen.	■ Druckplatte ersetzen.
Geräusch bei betätigtem Kupplungspedal.	Ausrücklager defekt.	■ Ausrücklager prüfen, ersetzen.
	Kupplungsscheibe schlägt an die Druckplatte.	■ Kupplungsscheibe auswechseln.
Auf- und abschwellendes Geräusch bei Zug- oder Schubzustand, oder wenn das Fahrzeug in ausgekuppeltem Zustand rollt.	Torsionsdämpfer der Kupplungsscheibe schwergängig.	■ Kupplungsscheibe erneuern.
	Nietverbindungen der Kupplung locker.	■ Kupplung ersetzen.
	Unwucht der Kupplung zu groß.	■ Kupplung und Mitnehmerscheibe ersetzen.
Kupplungspedal knarrt.	Pedal schwergängig.	■ Achse des Pedals ölen.
	Achse des Pedallagers verschlissen.	■ Achse und Pedallager ersetzen.
Kupplungspedal kommt nicht zurück.	Nachstellvorrichtung defekt.	■ Nachstellvorrichtung prüfen.

Getriebe/Schaltung/ Automatikgetriebe

Das Getriebe kann ohne Ausbau des Motors ausgebaut werden. Ein Ausbau ist dann erforderlich, wenn die Kupplung ausgewechselt werden soll oder wenn das Getriebe erneuert beziehungsweise überholt werden muß. Da es jedoch in keinem Fall anzuraten ist, Reparaturen am Getriebe mit Heimwerkermitteln in Angriff zu nehmen, beschreibe ich lediglich den Ausbau des Aggregates.

Getriebe aus- und einbauen/ Getriebe vom Motor trennen

Das Getriebe wird nach oben ausgebaut. Da auch auf der Wagenunterseite einige Verbindungen gelöst werden müssen, werden vier Unterstellböcke sowie zum Aufbocken des Wagens ein Rangierheber benötigt. Da der Motor angehoben werden muß, wird ein geeigneter Kran benötigt, daher auch Kapitel »Motorausbau durchlesen, siehe Seite 14.

Achtung: Bei den **2,0-l-Benzin- sowie den Dieselmotoren** muß zuvor der Tragrahmen ausgebaut werden, das Getriebe wird nach unten ausgebaut. Zum Ausbau des Tragrahmens wird ein fahrbares Aufnahmewerkzeug von RENAULT benötigt, damit der Tragrahmen nach Lösen der Befestigungsschrauben nicht nach unten fällt. Daher empfiehlt sich der Ausbau der ganzen Motor-/Getriebeeinheit nach oben, siehe Seite 14.

Bei den 2,0-l- und Diesel-Modellen die Hinweise zum Trennen von Motor/Getriebe in diesem Kapitel beachten.

Beim Aus- und Einbau des Getriebes bei Fahrzeugen mit **1,4-/1,6-l-Benzinmotor (K4J/K4M)** muß, ähnlich wie bei den 2,0-l-Benzinmotoren, zuvor der Tragrahmen ausgebaut werden. Deshalb empfiehlt sich auch bei diesen Motoren der Ausbau der gesamten Motor-/Getriebeeinheit nach oben. Anzugsmomente stehen am Ende des Kapitels.

Angaben zum **SCENIC** stehen im Abschnit »Speziell SCENIC«.

Ausbau, 1,4-/1,6-l-Benzinmotor

- Batterie-Massekabel (–) abklemmen. **Achtung:** Dadurch können elektronische Speicher gelöscht werden, wie zum Beispiel der Radiocode. Hinweise im Kapitel »Batterie aus- und einbauen« beachten.
- Stellung der Vorderräder zur Radnabe mit Farbe kennzeichnen. Dadurch kann das ausgewuchtete Rad wieder in derselben Position montiert werden. Radschrauben bei auf dem Boden stehendem Fahrzeug lösen. Fahrzeug vorn aufbocken und Vorderräder abnehmen.
- Gegebenenfalls untere Motorraumabdeckung abschrauben und abnehmen.
- Getriebeöl ablassen, siehe Seite 296.

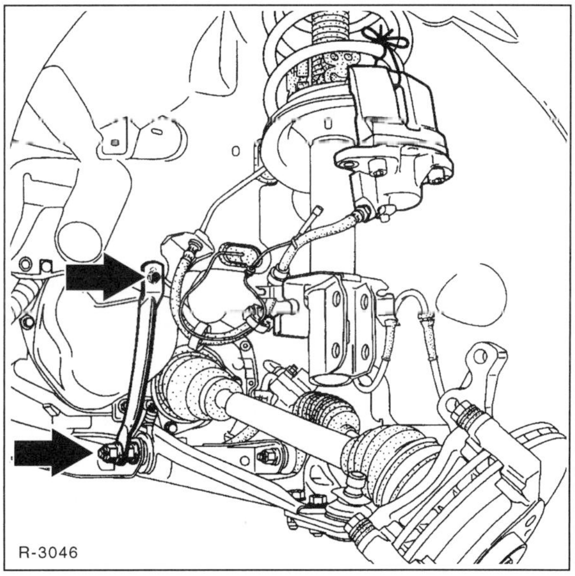

R-3046

- Verbindungsstreben zwischen Querlenker und Längsträger auf beiden Fahrzeugseiten abschrauben –Pfeile–.
- Bremssattel vorn links und rechts ausbauen und mit Draht am Federbein aufhängen, siehe Seite 160.

Linke Fahrzeugseite:

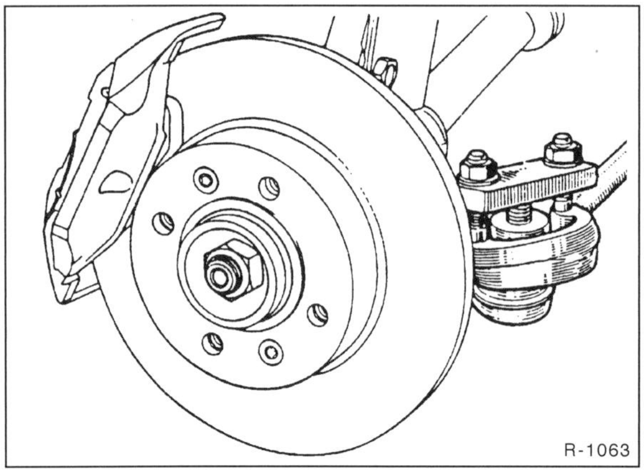

R-1063

- Mutter für linken Spurstangenkopf am Achsschenkel abschrauben und Gelenk mit handelsüblichem Ausdrücker herausdrücken, siehe auch Seite 153.
- Die 3 Befestigungsschrauben der linken Gelenkwellenmanschette am Getriebe abschrauben.

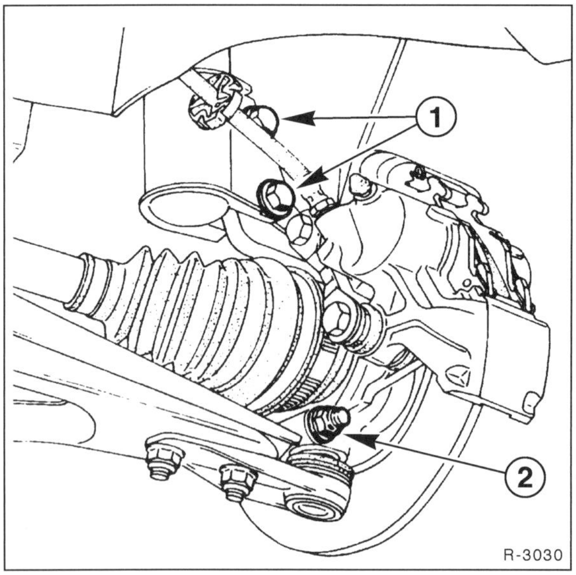

R-3030

- Mutter –2– abschrauben und Klemmschraube herausziehen.
- Querlenker nach unten aus dem Radlagergehäuse herausziehen. Ist dies nicht von Hand möglich, Montiereisen zwischen Unterboden und Lenker ansetzen und Querlenker heraushebeln.
- 2 Schrauben –1– für untere Federbeinbefestigung am Radlagergehäuse abschrauben und herausziehen.

Rechte Fahrzeugseite:

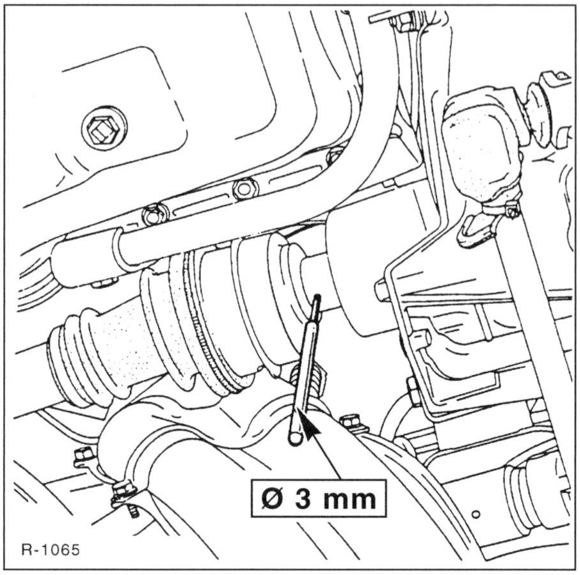

R-1065

- Spannstift der rechten Antriebswelle mit Hilfe eines geeigneten Durchschlags (∅ = 3 mm) heraustreiben.

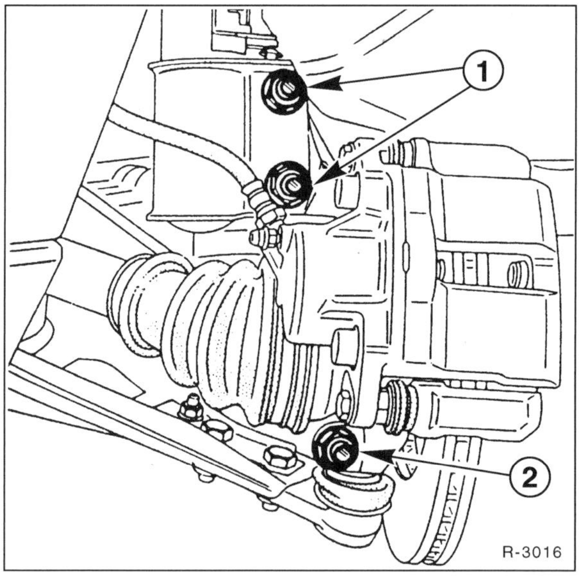

R-3016

- Klemmschraube –2– lösen und herausziehen.
- Querlenker nach unten aus dem Radlagergehäuse herausziehen. Ist dies nicht von Hand möglich, Montiereisen zwischen Unterboden und Lenker ansetzen und Querlenker heraushebeln.
- 2 Bolzen der Federbeinbefestigung –1– am Radlagergehäuse lösen und herausziehen.

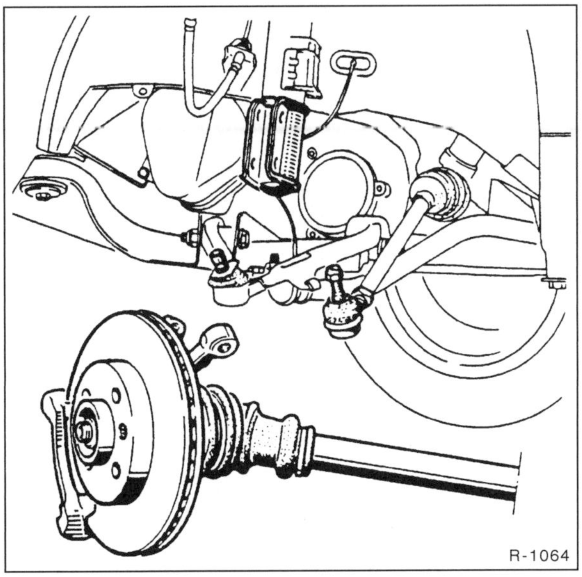

- Achsschenkel nach außen ziehen, dabei gleitet die Gelenkwelle aus dem Getriebe. **Achtung:** Gelenke nicht zu stark abwinkeln, Gelenkmanschetten nicht beschädigen.

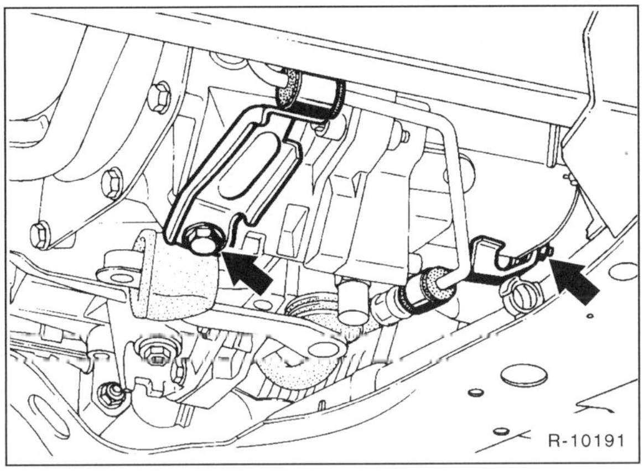

- Halter –Pfeile– für Hydraulikleitung der Servolenkung abschrauben.

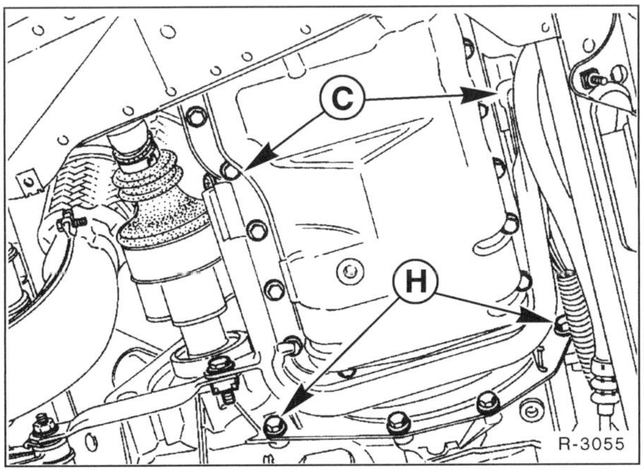

- Kupplungsabdeckblech abschrauben –H–. Die beiden Schrauben –C– der Strebe Motor/Getriebe am Motor abschrauben.

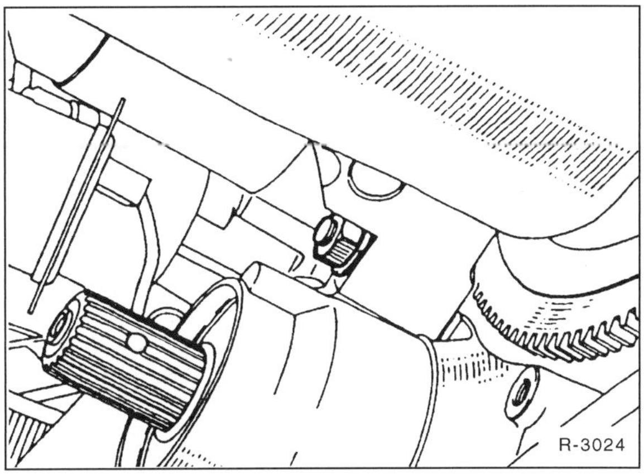

- Untere Befestigungsmutter am Motor/Getriebeflansch abschrauben, siehe Abbildung.

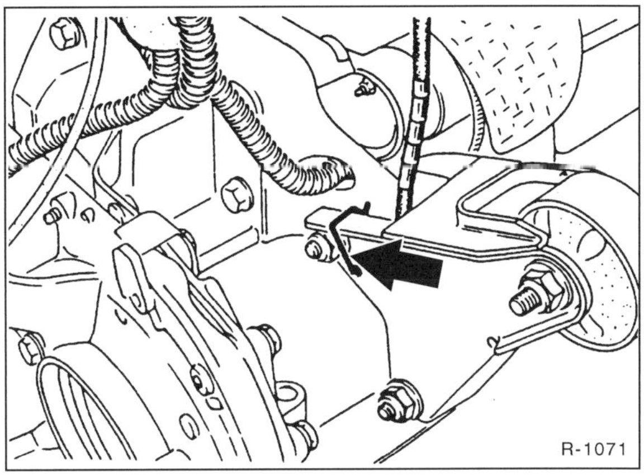

- Wo vorhanden, Halteklammer –Pfeil– seitlich abziehen und Tachowelle am Getriebe herausziehen. Ist keine Tachowelle vorhanden, elektrischen Anschlußstecker für Geschwindigkeitsgeber am Getriebe abziehen.

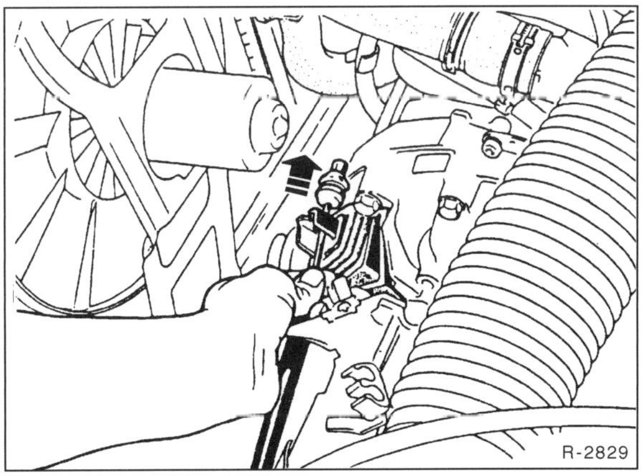

- Kupplungsseilzug am Getriebe aushängen, dazu Seilzug in –Pfeilrichtung– ziehen.
- Elektrische Leitung für Rückfahrscheinwerfer am Getriebe abziehen.

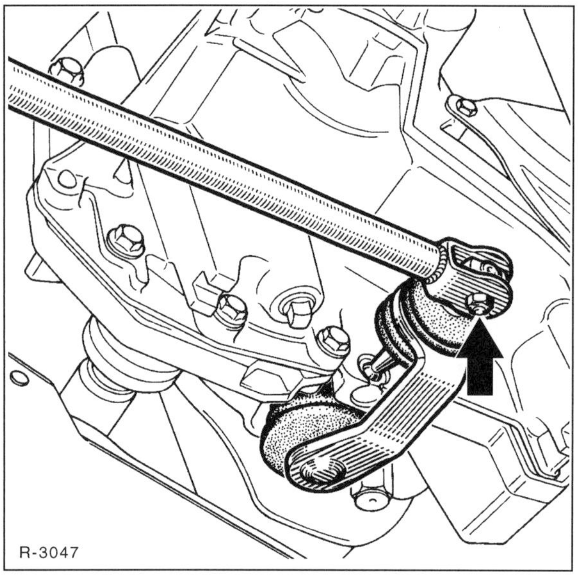

- Schaltstange am Getriebe abschrauben –Pfeil–, dazu vorher Schutzmanschette zur Seite drücken.
- Abgasrohr am Krümmer abschrauben, siehe Seite 109.
- Motor mit dem Kran etwas anheben bis das hintere Gummilager entlastet ist. Motor anheben, siehe Seite 14/61.
- Hintere Getriebehalterung ausbauen, siehe Seite 14/21.

Getriebe vom Motor trennen (alle Motoren):

- Anlasser ausbauen, siehe Seite 256.
- Alle Verbindungsschrauben zwischen Motor/Getriebe abschrauben.

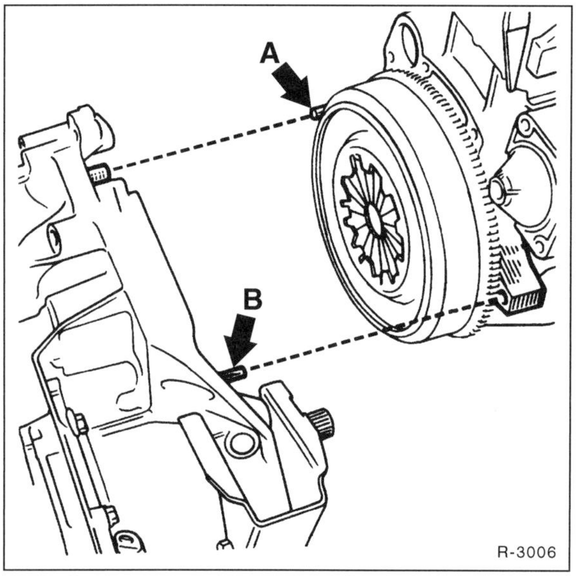

- Stehbolzen –A– abschrauben. Dazu werden 2 geeignete Muttern, ein gekröpfter Ringschlüssel und ein Gelenkschlüssel benötigt. Erste Mutter auf den Stehbolzen aufschrauben und mit zweiter Mutter kontern. Stehbolzen durch Drehen der ersten Mutter herausschrauben, dabei Kontermutter gegenhalten.
- Motor etwas ablassen und das Getriebe mit einem Montiereisen vom Motor abdrücken. Dabei das Getriebe mit dem Gehäuse für den 5. Gang zwischen die Längsträger und den Tragrahmen schieben.
- Motor in die vorherige Lage wieder anheben.

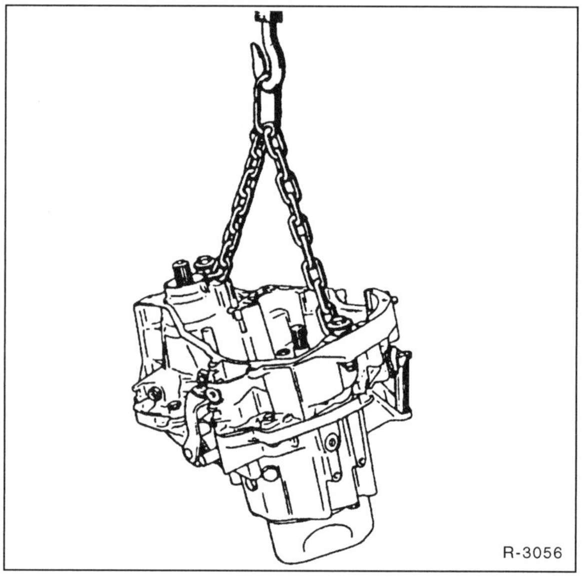

- Getriebe mit einem geeigneten Seil anseilen. Dabei das Seil an zwei Verbindungsschrauben befestigen, die in den Getriebeflansch eingeschraubt werden. **Achtung:** Damit das Ausrücklager nicht versehentlich ausgehängt wird, ein passendes Rohr zwischen Ausrückgabel und Öse des Kupplungsseils klemmen.
- Getriebe etwas nach vorn neigen, um das Achsantriebsgehäuse zu lösen und mit einem Werkstattkran oder einem Helfer herausheben.

Einbau

- Wurden Motor/Getriebe getrennt, Kupplungs-Mitnehmerscheibe auf ausreichende Belagdicke sowie Belagzustand prüfen. Bei fortgeschrittenem Verschleiß beziehungsweise hoher Kilometerleistung Kupplung komplett austauschen. Falls das Kupplungsausrücklager beim Treten des Kupplungspedals Geräusche verursachte, Lager auswechseln.
- Kupplungsausrücklager und Verzahnung der Antriebswelle reinigen und dünn mit MoS_2-Fett schmieren.

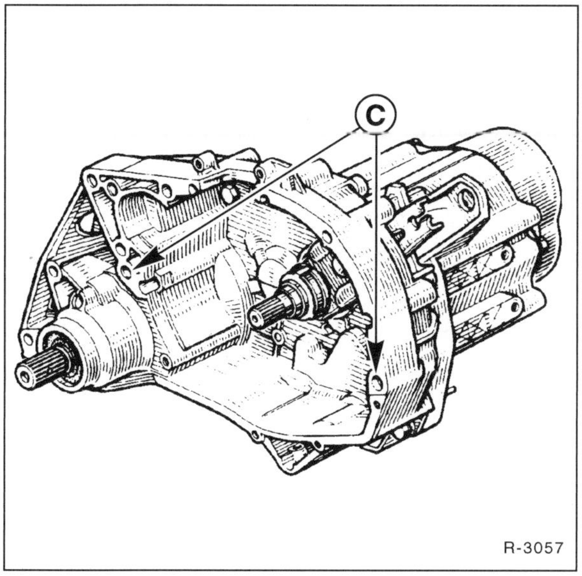

- Darauf achten, daß die Zentrierhülsen –C– Motor/Getriebe vorhanden sind und richtig sitzen.
- Getriebe in den Motorraum ablassen und waagerecht in die Kupplung einfahren. Falls beim Einsetzen die Getriebe-Antriebswelle nicht in die Kupplungsscheibe einrastet, Getriebe etwas vom Motor abziehen und an der Antriebswelle verdrehen, bis die Verzahnungen übereinstimmen. Darauf achten, daß die Zentrierbuchsen in ihre Sitze einrasten.

Motor und Getriebe zusammenschrauben (alle Motoren):

- Stehbolzen –A– und –B–, in Abbildung R-3006, anschrauben.
- Verbindungsschrauben Motor/Getriebe einsetzen und mit vorgeschriebenem Drehmoment festziehen: Die Schrauben –Motor/Getriebe– müssen mit **45 Nm** für M-10-Schrauben und **55 Nm** für M-12-Schrauben festgezogen werden.
- Muttern für Motor- und Getriebelager beiziehen, nicht festschrauben.
- Motor/Getriebe-Einheit durch Schüttelbewegungen spannungsfrei ausrichten. Sämtliche Schrauben und Muttern mit richtigem Anzugsdrehmoment festziehen, siehe unter »Motoraufhängung« auf Seite 21.
- Stabilisierungsstrebe am Getriebe mit **65 Nm** und am Tragrahmen mit **75 Nm** anschrauben.
- Getriebehalterung mit **45 Nm** anschrauben.
- Abgasrohr mit neuer Dichtung am Krümmer anschrauben, siehe Seite 109.
- Anlasser einbauen, siehe Seite 256.
- Tachowelle ins Getriebe einsetzen und mit der Klammer arretieren.
- Elektrische Leitung für Rückwärtsgangschalter am Getriebe aufschieben.
- Schaltstange am Getriebe anschrauben. Schutzmanschette über die Schaltstange ziehen. **Achtung:** Wurde die Schaltstange an der Schelle des Gabelstücks gelöst, muß die Schaltung anschließend eingestellt werden, siehe Seite 126.
- Verbindungsstrebe zwischen Tragrahmen und Längsträger mit **30 Nm** anschrauben.
- Kupplungsabdeckblech anschrauben.
- Kupplungsseilzug am Getriebe einhängen und automatische Nachstellung prüfen, siehe Seite 118.
- Halter für Hydraulikleitung der Servolenkung abschrauben.
- Gelenkwellen einbauen, Vorderachse komplettieren, siehe Seite 138.
- Bremssättel einbauen, siehe Seite 160.

Achtung: Bremspedal nach Einbau der Bremssättel einige Male betätigen, um die Kolben in Kontakt mit den Bremsbelägen zu bringen.

- Getriebeöl auffüllen, siehe Seite 296.
- Vorderräder so ansetzen, daß die beim Ausbau angebrachten Markierungen übereinstimmen. Vorher Zentriersitz der Felge an der Radnabe sowie die Kegelfläche der Radschrauben mit Wälzlagerfett leicht einfetten. Gewinde der Radschrauben **nicht** fetten oder ölen. Räder anschrauben. Fahrzeug ablassen und Radschrauben über Kreuz mit **90 Nm** festziehen.
- Batterie-Massekabel (–) anklemmen.
- Zeituhr einstellen.
- Falls erforderlich, Diebstahlcode für Radio eingeben.

Hinweise und Anzugsmomente für 1,4-/1,6-l-Benzinmotor (K4J/K4M)

- Kabelstrang am Tragrahmen links abziehen.
- Auf der rechten Seite des Tragrahmens und an der Hinterseite des Lenkgetriebes die Befestigungsschraube der Servolenkungsleitung herausdrehen.
- Hitzeschutzschild unter dem Schaltknauf abschrauben.
- Gegebenenfalls die Rückholfeder und das Getriebegestänge am Schaltgestänge abnehmen.

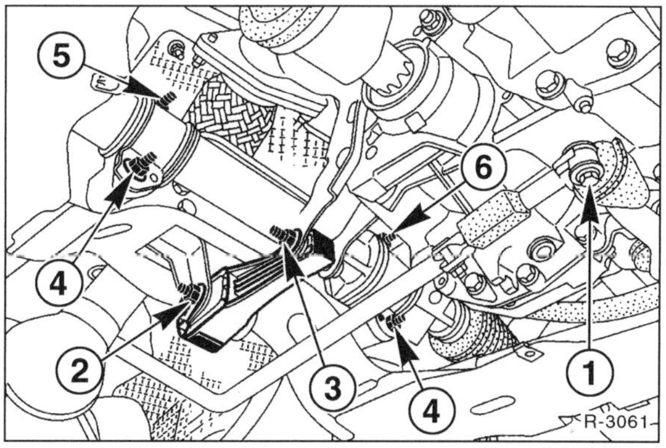

- Befestigungsschraube der Gangschaltung –1– herausdrehen.

- Die Mutter –2– lösen, nicht ganz abschrauben.
- Mutter –3– abschrauben und Befestigungbolzen aus der Pendelstütze herausziehen.

Falls das Getriebe nach unten ausgebaut werden soll:

- Die unteren Befestigungsschrauben –4–, sowie die rechte obere Schraube –5– des Lenkgetriebes herausdrehen.
- Lenkgetriebe beispielsweise mit stabilem Draht befestigen (aufhängen) und anschließend die Schraube –6– für das Lenkgetriebe herausdrehen.
- Lenkrad blockieren, Klemmschraube am Lenksäulengelenk herausdrehen und Gelenk trennen, siehe Kapitel »Katalysator aus- und einbauen«.
- Hupe abschrauben.
- Hintere Befestigungsschrauben für Tragrahmen am Fahrzeugaufbau herausdrehen.
- Anlasser ausbauen, siehe Seite 256.
- Tragrahmen mit dem RENAULT-Werkzeug abstützen, abschrauben und mit dem Getriebe absenken. Motor und Getriebe trennen, siehe entsprechenden Abschnitt.

Anzugsmomente 1,4-/1,6-l-Benzinmotor (K4J/K4M)

Befestigungsschraube für Strebe Tragrahmen/Längsträger	**30 Nm**
Schraube für Schaltstange am Getriebe	**28 Nm**
Bolzen für Stabilisierungsstrebe	**62 Nm**
Schrauben für Lenkgetriebe	**50 Nm**
Klemmschraube für Lenksäulengelenk	**30 Nm**
Schraube für Tragrahmen vorn	**62 Nm**
Obere Befestigungsschraube	**105 Nm**
Getriebehalterung	**62 Nm**
Schraube für Anlasser an Getriebe	**30 Nm**

Anzugsmomente SCENIC

Schrauben, vorderer Tragrahmen	**60 Nm**
Schrauben, hinterer Tragrahmen	**110 Nm**
Klemmschraube für Lenksäulengelenk	**25 Nm**
Klemmschraube am Achsschenkelträger	**60 Nm**
Untere Stoßdämpferbefestigungsschraube	**170 Nm**
Schraube für Verbindungsstrebe	**60 Nm**
Mutter für Spurstangen-Kugelbolzen	**35 Nm**
Schraube für Getriebe-Steuerungsgestänge	**28 Nm**
Befestigungsstopfen für Lenkgetriebe	**35 Nm**
Schraube, Tragrahmen an Längsträger	**30 Nm**
Schraube für obere Getriebehalterung	**55 Nm**
Obere Spannplatte des Schwingungsdämpfers	**30 Nm**
Schraube für Lenkkreuzbefestigung	**35 Nm**

Hinweis: Je nach Ausführung und Motorisierung sind nicht alle aufgeführten Schraubverbindungen vorhanden. Weitere Anzugsmomentwerte für Teile die ausgebaut werden müssen, stehen in den entsprechenden Kapiteln, zum Beispiel Kapitel »Bremsanlage«.

Schaltung

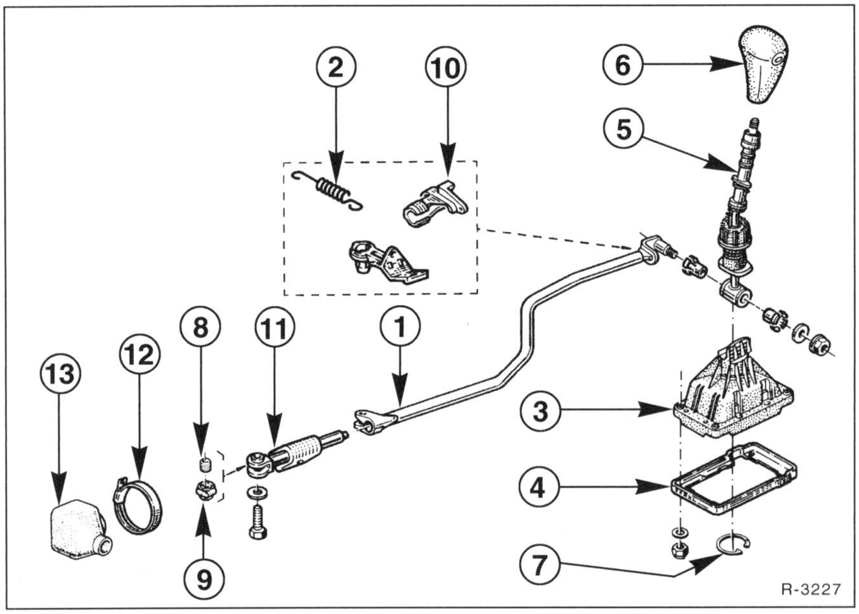

1 – Schaltstange
2 – Rückholfeder (3./4. Gangschaltebene)
3 – Schalthebelgehäuse
4 – Zwischenplatte
5 – Schalthebeleinheit
6 – Schaltgriff
7 – Sicherungsring
8 – Distanzring
9 – Muffe
10 – Halter der Rückholfeder
11 – Gabelstück
12 – Schlauchbinder
13 – Schutzmanschette

Hinweis: Gelenke des Schalthebels und der Achse der Schaltstange mit Fett »MOLYKOTE 33 MEDIUM« schmieren.

Schaltung einstellen

Alle Motoren, außer 1,4-/1,6-l-Benzinmotor (K4J/K4M)

Achtung: Das Schaltgestänge muß in der richtigen Stellung eingebaut werden. Die Werkstatt verwendet hierzu ein Sonderwerkzeug. Es geht jedoch auch ohne dieses Werkzeug (ungenauer), es ist dann ein Helfer erforderlich. Bei Fahrzeugen mit 1,4-/1,6-l-Benzinmotor (K4J/K4M) muß die Schaltung in der RENAULT-Werkstatt eingestellt werden.

- Fahrzeug aufbocken.

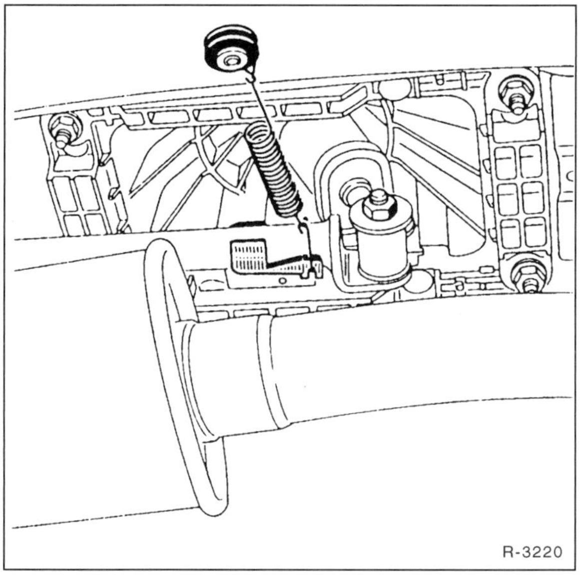

- Rückholfeder an der Schaltstange aushängen.

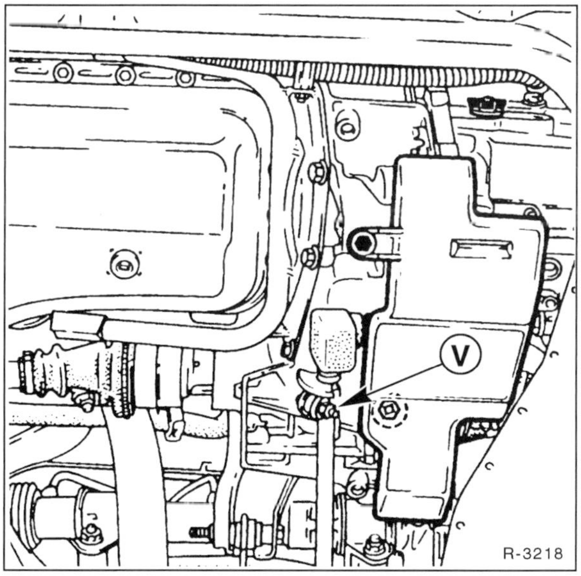

- Klemmschelle –V– vorn an der Schaltstange lösen, siehe Abbildung.

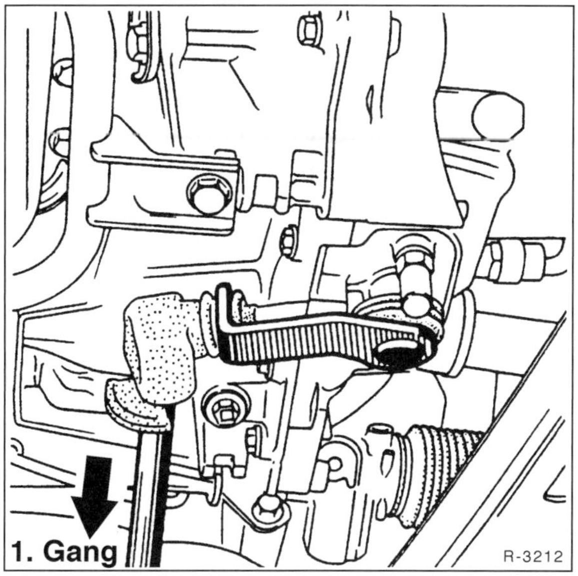

- Am Getriebe den 1. Gang einlegen, dazu den Hebel am Getriebeeingang von Hand in Pfeilrichtung gegen den Anschlag drücken.

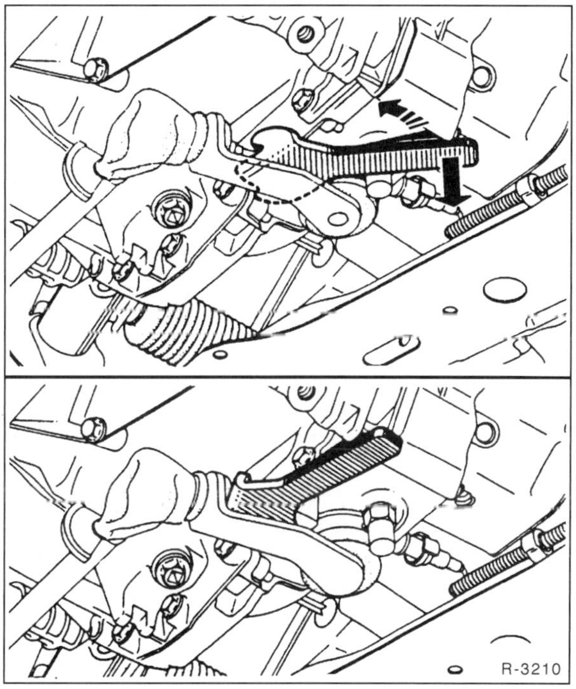

- RENAULT-Werkzeug B.Vi.1133 einsetzen, um das Spiel einzustellen. Griffstück des Werkzeugs nach unten ziehen und um ca. 45° bis zum Anschlag am Steg des Getriebegehäuses schwenken, siehe unteren Teil der Abbildung. **Achtung:** Steht das Spezialwerkzeug nicht zur Verfügung, Getriebehebel nach unten ziehen, gleichzeitig den Getriebehebel nach hinten, entgegen Fahrtrichtung, drücken (Hilfsperson erforderlich).

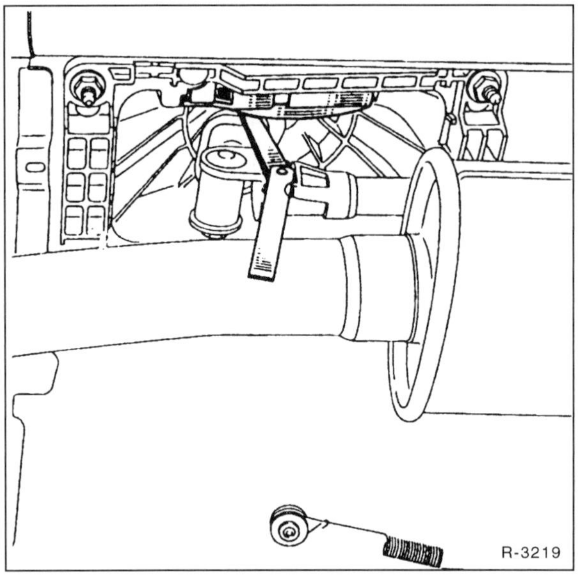
R-3219

- Schalthebel seitlich gegen das Gehäuse drücken, dabei eine **3 mm starke Fühlerblattlehre** zwischenlegen, siehe Abbildung.
- In dieser Stellung Schraube –V– des Klemmstücks der Schaltstange mit **30 Nm** anziehen.
- Feststellwerkzeug und Fühlerblattlehre entfernen.
- Rückholfeder für Schaltstange einhängen.

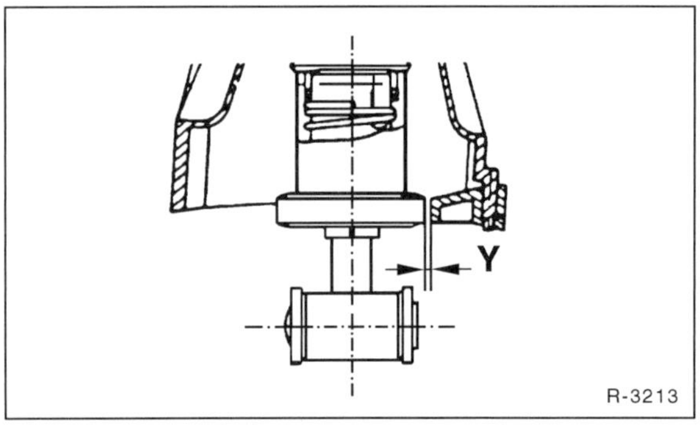

R-3213

- Spiel –Y– nochmals mit Fühlerblattlehre kontrollieren, es muß zwischen 2 und 5 mm betragen.
- Alle Gänge durchschalten. Sie müssen sich leicht einlegen lassen, gegebenenfalls Einstellung wiederholen.
- Fahrzeug ablassen.

Automatikgetriebe

Der RENAULT MÉGANE wird auf Wunsch mit einem Automatikgetriebe ausgestattet. Das automatische Getriebe hat vier Vorwärtsfahrstufen (Gänge), die automatisch geschaltet werden.

Die Schaltpunkte des Automatikgetriebes werden elektronisch-hydraulisch gesteuert. Das heißt, die Getriebehydraulik wird über ein elektronisches Steuergerät gesteuert, das in Abhängigkeit von Geschwindigkeit und Lastzustand des Motors die richtigen Schaltpunkte auswählt.

Für die Beurteilung der Funktion der Getriebeautomatik und für die richtige Fehlersuche ist Erfahrung mit automatischen Getrieben und die Kenntnis der Arbeitsweise unerläßlich. Da diese Materie nur durch lange Berufserfahrung erworben werden kann, werden nur die Wartungsarbeiten (Ölstand prüfen beziehungsweise Öl wechseln) beschrieben, siehe Kapitel »Wartung«.

Regeln für das Fahren mit Automatikgetriebe

- Niemals das Fahrzeug mit abgeschaltetem Motor rollen lassen, beispielsweise an einem Gefälle.
- Es ist nicht möglich, den Motor eines Fahrzeugs mit Automatikgetriebe durch Anschieben zu starten.

Abschleppen

- Wählhebelstellung »N«. **Maximale Schleppgeschwindigkeit: 30 km/h, Maximale Schleppentfernung: 40 Kilometer!**
- Über größere Entfernungen muß der Wagen vorn angehoben werden, da das Getriebe eines geschleppten Fahrzeugs für höhere Drehzahlen und längere Laufzeiten nicht ausreichend geschmiert wird. Bei Mißachtung drohen schwerwiegende Getriebeschäden. Das Automatikgetriebe kann dabei zerstört werden.

Vorderachse

Der RENAULT MÉGANE verfügt über einen Vorderachsträger, der mit der Karosserie verschraubt ist. Der separate Vorderachsträger, der die beiden unteren Dreiecks-Querlenker für die Führung der Federbeine aufnimmt, erhöht den Fahrkomfort und erleichtert Reparaturen. Die Federbeine, die mit der Karosserie und den Achsschenkeln verschraubt sind, bestehen jeweils aus einer Schraubenfeder und einem integrierten Gasdruck-Stoßdämpfer. Ein Stabilisator wirkt bei Kurvenfahrt der Karosserieneigung entgegen und sorgt für bessere Bodenhaftung der Vorderräder, die über zwei Gelenkwellen vom Motor angetrieben werden.

Die Vorderachse ist wartungsfrei. **Achtung:** Schweiß- und Richtarbeiten an tragenden und radführenden Teilen der Vorderradaufhängung sind nicht zulässig. **Selbstsichernde Muttern** im Reparaturfall **immer ersetzen.** Selbstsichernde Muttern sind in der Regel am angesetzten Bund erkennbar, in dem sich ein Kunststoffeinsatz befindet, außerdem wird im Text darauf hingewiesen. Bei allen Arbeiten an der Vorderachse sind die Gelenke und Manschetten der Gelenkwelle gegen Beschädigungen zu schützen. Dazu grundsätzlich das äußere (radseitige) Gelenk der Gelenkwelle, unter Umständen auch das getriebeseitige Gelenk mit einem Lappen umwickeln.

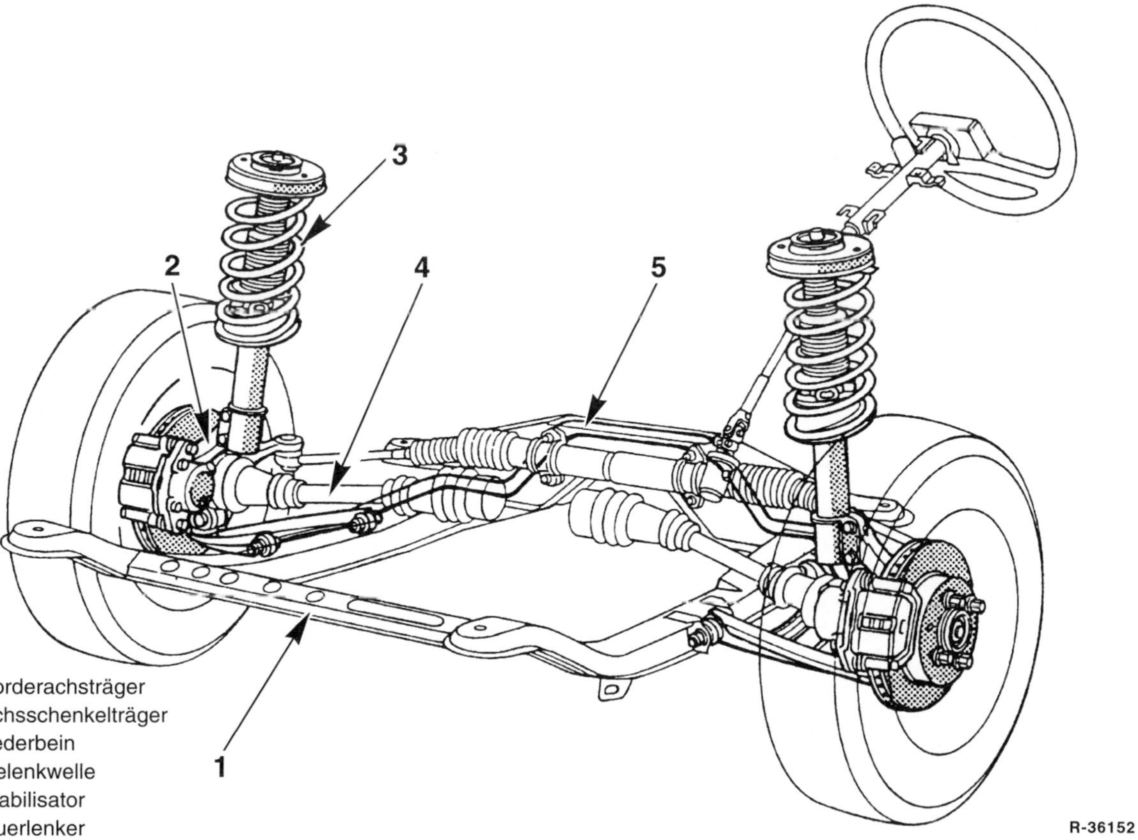

1 – Vorderachsträger
2 – Achsschenkelträger
3 – Federbein
4 – Gelenkwelle
5 – Stabilisator
6 – Querlenker

Federbein aus- und einbauen

Ausbau

SCENIC

- Scheibenwischerarme ausbauen, siehe Seite 276.
- Windlaufgitter (Wasserkastenabdeckung) abschrauben und ausbauen, siehe Seite 191.

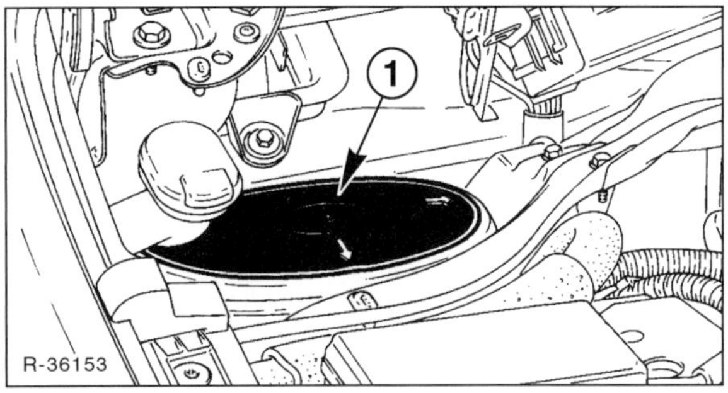

- Abdeckung –1– für Stoßdämpferdom ausbauen. Dazu die Abdeckung an den mit Pfeilen gekennzeichneten Stellen heraushebeln. Unter der Abdeckung befinden sich die oberen Federbeinschrauben.

- Stellung der Vorderräder zur Radnabe mit Farbe kennzeichnen. Dadurch kann das ausgewuchtete Rad wieder in derselben Position montiert werden. Radschrauben bei auf dem Boden stehendem Fahrzeug lösen. Fahrzeug vorn aufbocken und Vorderräder abnehmen.
- Vorderachse am Querlenker abstützen, damit die Gelenkwelle nach Ausbau des Federbeins nicht nach unten durchhängt. Dazu geeigneten Stützbock oder Hydraulikheber unter dem Querlenker postieren.

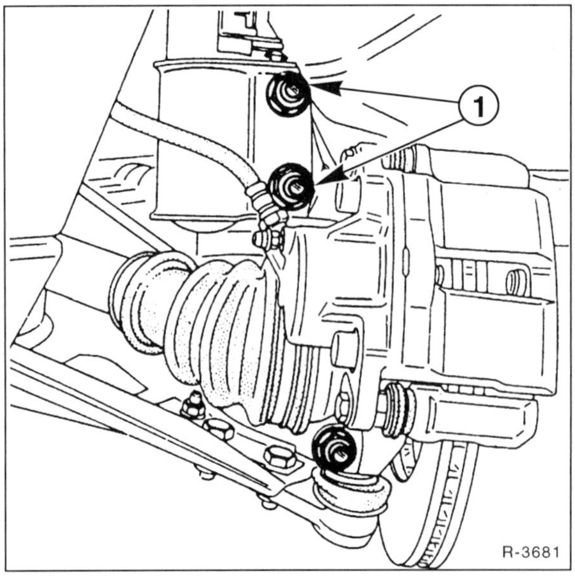

- Am Achsschenkelträger die beiden Muttern –1– abschrauben und die Schrauben herausdrücken. Stoßdämpfer auf dem unteren Querlenker abstützen, damit die Antriebswelle durch den Dämpfer nicht beschädigt wird.

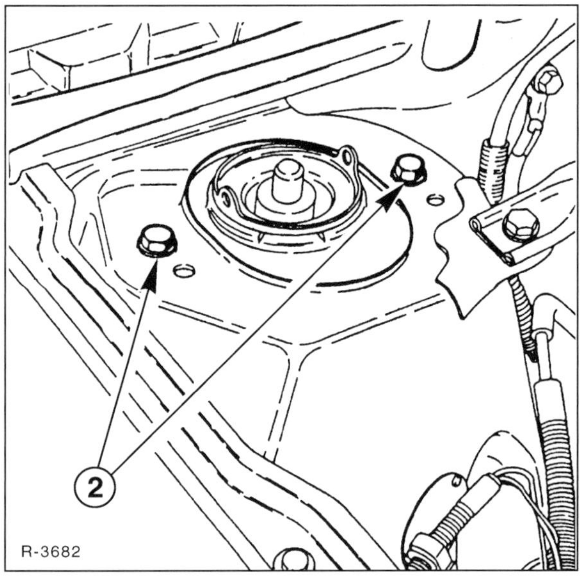

- Einbaulage des Federbeins für Wiedereinbau kennzeichnen, dazu Schraubenköpfe mit Farbstift umkreisen, siehe auch unter »Einbau«. Dann Federbein oben am Federbeindom mit 2 Schrauben –2– abschrauben. Der Federbeindom des SCENIC unterscheidet sich im Aussehen.

Achtung: Auf keinen Fall die Mutter in der Mitte des Stützlagers abschrauben. Unfallgefahr! Durch diese Mutter ist die Schraubenfeder im Federbein gesichert.

- Federbein herausnehmen. Dazu, falls erforderlich, Achsschenkelträger etwas absenken.

Einbau

- Federbein einsetzen.

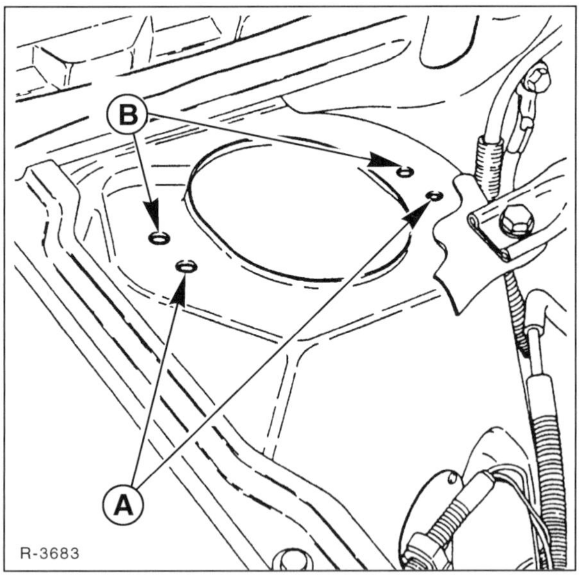

Achtung: Federbein in gleicher Position wie vor dem Ausbau einsetzen. Position –A– bei Fahrzeugen ohne Servolenkung; Position –B– für Fahrzeuge mit Servolenkung.

- Federbein oben am Federbeindom mit **30 Nm** anschrauben.
- Stoßdämpfer am Achsschenkel mit 2 Schrauben anschrauben, **neue selbstsichernde** Muttern mit **170 Nm** anschrauben. **Achtung:** Die Schrauben müssen von vorn nach hinten eingesetzt werden, Schraubenköpfe liegen in Fahrtrichtung vorn.
- Vorderräder anschrauben. Radschrauben nicht ölen oder fetten. Räder so ansetzen, daß die beim Ausbau angebrachten Markierungen übereinstimmen. Fahrzeug ablassen, Radschrauben über Kreuz mit **90 Nm** festziehen.

SCENIC

- Abdeckung für Federbeindom einsetzen und andrücken. Sicherstellen, daß die Abdeckung dicht ist. Gegebenenfalls eine Raupe Dichtmittel, zum Beispiel »Sodicam«, anbringen.
- Windlaufgitter einbauen, siehe Seite 191.
- Scheibenwischerarme einbauen, siehe Seite 276.

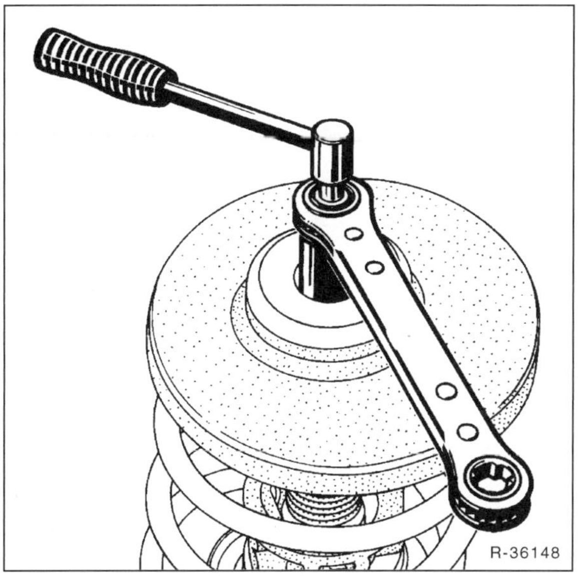

Stoßdämpfer/Vorderfeder aus- und einbauen

Ausbau

- Federbein ausbauen.

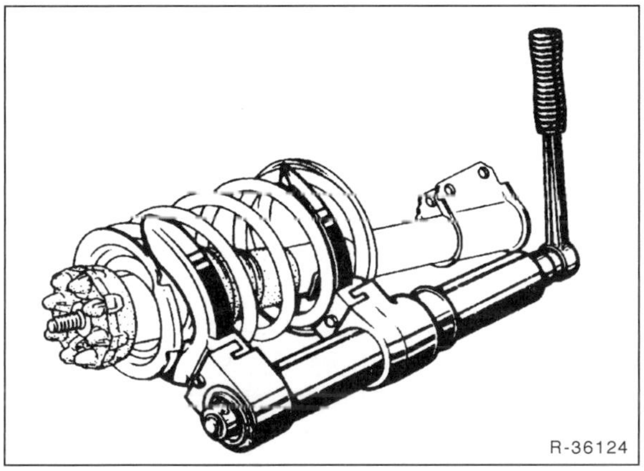

- Federbein in einen Schraubstock einspannen und mit handelsüblichem Federspanner spannen. Dabei Feder um ca. 10 mm zusammendrücken.

Achtung: Federspanner so in die Windungen der Feder einsetzen, daß die Federwindungen sicher umfaßt werden und der Federspanner nicht abrutschen kann. Die Schraubenfeder steht unter großer Vorspannung, deshalb nur stabiles Werkzeug verwenden. Keinesfalls Feder mit Draht zusammenbinden. Unfallgefahr! Die Stoßdämpfermutter darf nur bei richtig gespannter Feder gelöst werden.

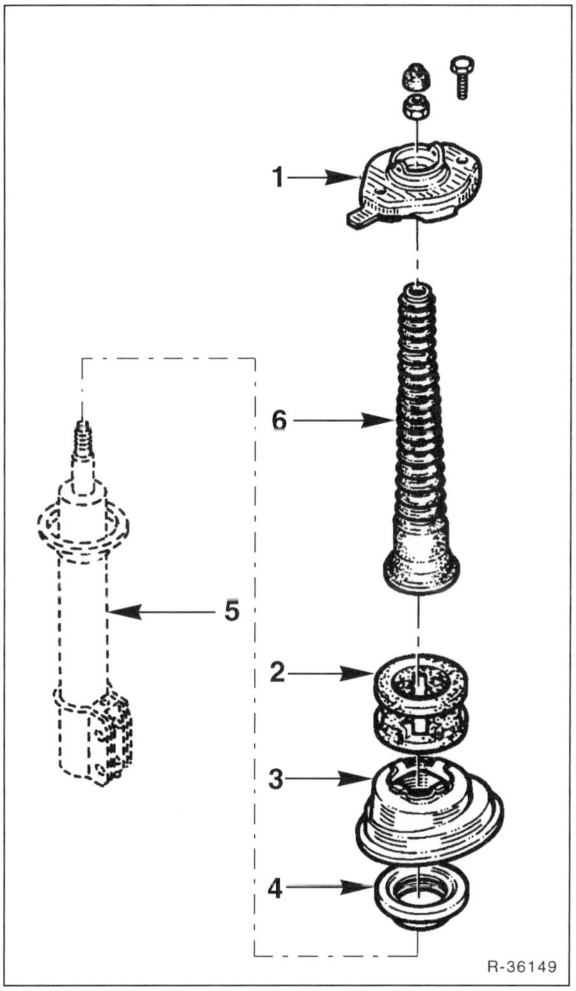

- Haltemutter mit tiefgekröpftem Ringschlüssel abschrauben, dabei Kolbenstange mit Innensechskantschlüssel SW 6 gegenhalten. Die Fachwerkstatt benutzt das abgebildete Sonderwerkzeug FACOM D83 RENA.

● Einzelteile des Federbeins der Reihe nach von –1– bis –5– abnehmen. 1 – Federbeinaufnahme, 2 – Puffer, 3 – oberer Federteller, 4 – Stützlager, 5 – Stoßdämpfer, 6 – Staubschutz. Die Teile –3– und –4– bilden die drehbare Lagerung des Federbeins. Nicht abgebildet: Schraubenfeder.

Achtung: Falls die Feder ausgewechselt werden soll, Feder langsam entspannen. Soll dagegen nur der Stoßdämpfer ersetzt werden, bleibt die Feder gespannt.

Einbau

Achtung: Neue Stoßdämpfer werden in den Teilelagern waagerecht gelagert. Es kann vorkommen, daß dadurch die Funktion der Stoßdämpfer anfangs beeinträchtigt wird.

Neue Stoßdämpfer sollten daher vor Einbau in senkrechter Stellung mehrmals von Hand ganz eingedrückt werden, damit sie sofort volle Funktionstüchtigkeit erlangen. Wurde dies vergessen, erlangen sie auch nach kurzer Fahrzeit ihre volle Funktionstüchtigkeit.

● Alte Stoßdämpfer prüfen, siehe Seite 132.

● Federbein entsprechend der Abbildung komplettieren. Darauf achten, daß die Schraubenfeder an den Ansätzen des unteren und oberen Federtellers anliegt.

● Schraubenfeder mit dem Spannwerkzeug zusammendrücken.

● **Neue** selbstsichernde Mutter mit Sonderwerkzeug **60 Nm** festziehen, dabei an der Kolbenstange gegenhalten.

● Schraubenfeder langsam entspannen.

● Federbein einbauen, siehe Seite 130.

Stoßdämpfer prüfen/verschrotten

Folgende Fahreigenschaften weisen auf defekte Stoßdämpfer hin:

■ Langes Nachschwingen der Karosserie bei Bodenunebenheiten.

■ Aufschaukeln der Karosserie bei aufeinander folgenden Bodenunebenheiten.

■ Springen der Räder auch auf normaler Fahrbahn.

■ Ausbrechen des Fahrzeuges beim Bremsen (kann auch andere Ursachen haben).

■ Kurvenunsicherheit durch mangelnde Spurhaltung, Schleudern des Fahrzeuges.

■ Poltergeräusche während der Fahrt.

■ Abnorme Reifenabnutzung mit Abflachungen (Auswaschungen) am Reifenprofil.

Der Stoßdämpfer kann von Hand geprüft werden. Eine genaue Überprüfung der Stoßdämpferleistung ist jedoch nur mit einem Shock-Tester (Stoßdämpfer eingebaut) oder einer Stoßdämpfer-Prüfmaschine möglich.

Prüfung von Hand

● Stoßdämpfer ausbauen.

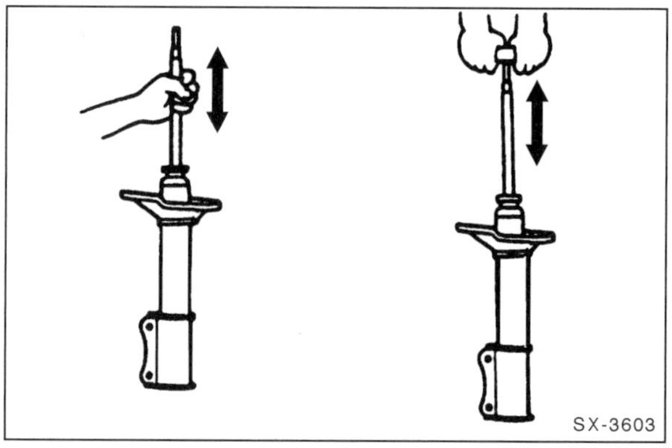
SX-3603

● Stoßdämpfer in Einbaulage halten, Stoßdämpfer mindestens 3mal auseinanderziehen und zusammendrücken. Der Stoßdämpfer muß sich dabei über den gesamten Hub gleichmäßig schwer und ruckfrei bewegen lassen, außerdem dürfen keine ungewöhnlichen Geräusche auftreten.

● Die Kolbenstange vollständig einschieben und dann loslassen. Die Kolbenstange muß sich mit gleichmäßiger Geschwindigkeit wieder herausschieben.

● Bei einwandfreier Funktion sind geringe Spuren von Stoßdämpferöl kein Grund zum Austausch.

● Bei starkem Ölverlust Stoßdämpfer austauschen.

● Stoßdämpfer einbauen.

Verstärkungsstreben aus- und einbauen

SCENIC

Ausbau

● Querstabilisator ausbauen, siehe entsprechendes Kapitel.

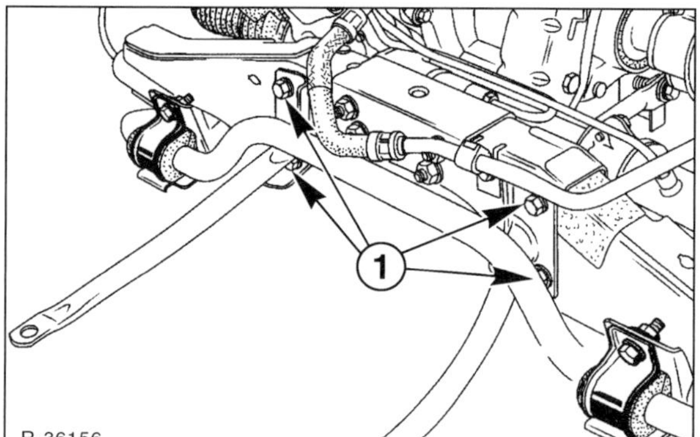

R-36156

● Schrauben –1– herausdrehen. Wird nur eine Strebe ausgebaut, nur die Schrauben auf der entsprechenden Seite herausdrehen. **Achtung:** Werden alle 4 Schrauben herausgedreht, darauf achten, daß das Lenkgetriebe auf der anderen Seite des Querträgers nicht verschoben wird. Das Lenkgetriebe ist mit denselben Schrauben am Querträger angebracht. In der Abbildung ist der Querstabilisator eingebaut dargestellt.

- Befestigungsschraube(n) am Fahrzeugunterboden herausdrehen und Verstärkungsstrebe(n) abnehmen.
- Falls die Lenkung am Fahrzeug bei ausgebauten Verstärungsstreben betätigt werden muß, Schrauben –1– vorübergehend einschrauben und mit **50 Nm** anziehen.

Einbau

- Verstärkungsstrebe ansetzen und am Fahrzeugunterboden, sowie am Querträger mit **50 Nm** anschrauben.
- Querstabilisator einbauen, siehe entsprechendes Kapitel.

Querstabilisator aus- und einbauen

Ausbau

- Fahrzeug aufbocken.
- Vorderes Abgasrohr vom Krümmer abbauen, siehe Seite 109.
- Schaltbetätigung am Getriebehebel abschrauben.

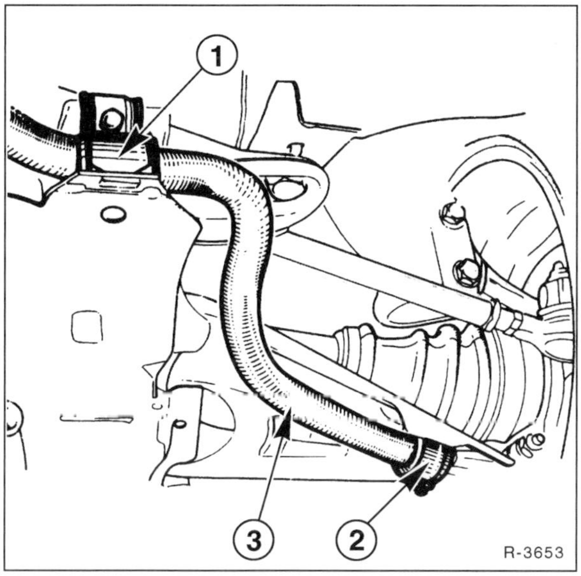

- Auf beiden Seiten die Lager –1– am Aggregateträger und die Lager –2– am Querlenker abschrauben. Beim Modell mit Turbodieselmotor die Stabilisator-Befestigung –2– von der Querlenker-Oberseite her abschrauben.
- Stabilisator –3– zusammen mit den Gummilagern herausnehmen.

Einbau

- Vor dem Einbau Zustand der Gummilager prüfen, poröse oder beschädigte Lager ersetzen.
- Gummilager –2– dünn mit MoS_2-Fett bestreichen, mit Stabilisator ansetzen und anschrauben, noch nicht festziehen. **Achtung:** Das Schmieren der Lager –1– am Aggregateträger ist nicht erlaubt. Es können sonst im Fahrbetrieb Geräusche entstehen, außerdem kann der Stabilisator verrutschen.
- Abgasrohr am Krümmer anschrauben.
- Schaltstange am Getriebe anschrauben.
- Fahrzeug ablassen, damit das Fahrzeug auf den Rädern steht.
- Erst jetzt alle Befestigungsschrauben für Stabilisator mit **35 Nm** festziehen.

SCENIC

Hinweis: In diesem Abschnitt stehen nur abweichende Arbeitsanweisungen für den SCENIC.

- Untere Motorraumabdeckung ausbauen und abnehmen.
- Katalysator ausbauen, siehe Seite 111.
- Längsträger des Tragrahmens abschrauben.

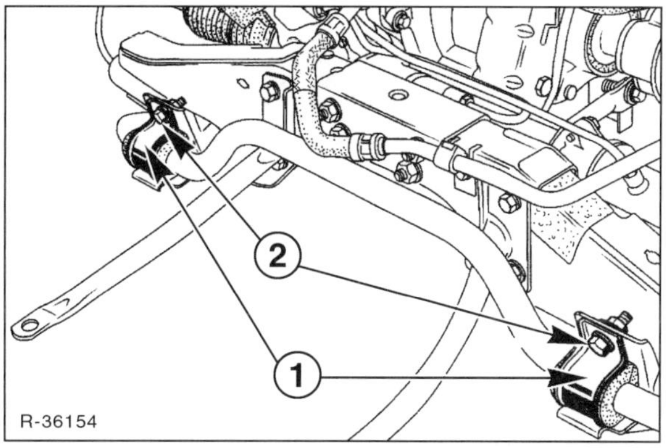

- Schrauben –2– links und rechts abschrauben.
- Lager –1– links und rechts abnehmen.

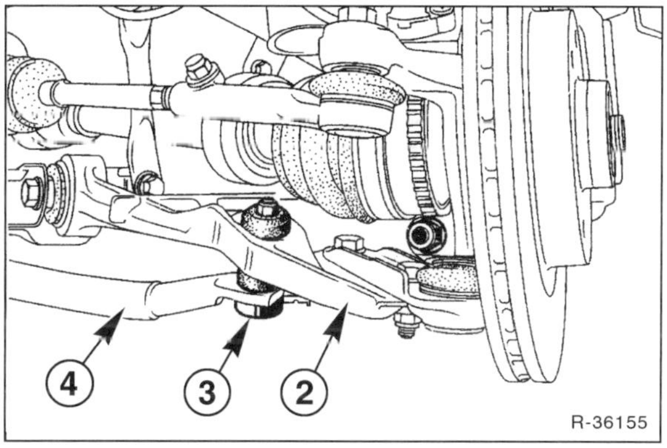

- Lager –3– am Lenker –2– ausbauen, dazu die Mutter abschrauben.
- Querstabilisator –4– abnehmen.
- Vor dem Einbau, Lager –3– mit Molykote 33 Medium leicht fetten. **Achtung:** Nur diese Lager dürfen gefettet werden.
- Querstabilisator einsetzen und die Mutter am Lenker –2– mit **20 Nm** anziehen.
- Lagerschalen am Querträger mit **32 Nm** anschrauben (Abbildung R-36154).

Hinweis: Die Schrauben und Muttern dürfen nur bei aufgebocktem Fahrzeug angezogen werden.

- Der restliche Einbau erfolgt sinngemäß in umgekehrter Ausbaureihenfolge.

Querlenker aus- und einbauen/ Gummilager ersetzen

Ausbau

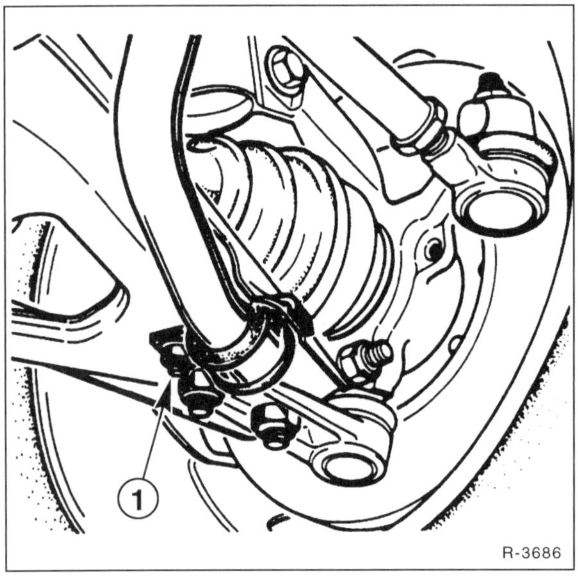

- Bei auf den Rädern stehendem Fahrzeug die Lager –1– des Querstabilisators an den Querlenkern ausbauen. Stabilisator nach unten schwenken. Beim Modell mit Turbodieselmotor die Schaube für Stabilisator von der Querlenker-Oberseite her abschrauben.
- Stellung der Vorderräder zur Radnabe mit Farbe kennzeichnen. Dadurch kann das ausgewuchtete Rad wieder in derselben Position montiert werden. Radschrauben bei auf dem Boden stehendem Fahrzeug lösen. Fahrzeug vorn aufbocken und Vorderräder abnehmen.

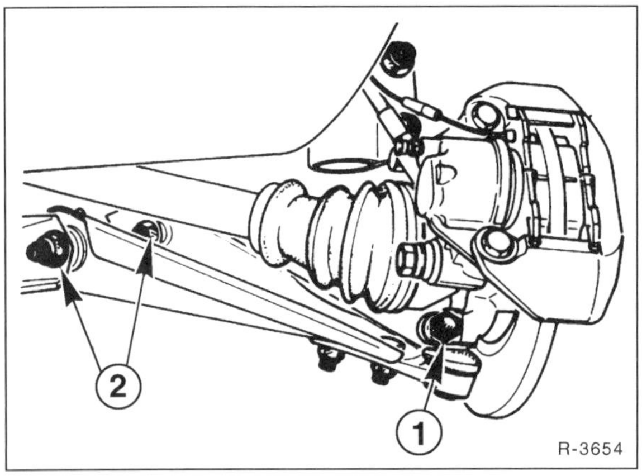

- Mutter und Klemmschraube –1– abschrauben.
- Querlenker nach unten ziehen, dabei gleitet der Kugelbolzen aus dem Achsschenkel. Bei festsitzendem Gelenk, Querlenker mit Montierhebel vorsichtig nach unten heraushebeln.
- 2 Befestigungsschrauben –2– herausschrauben.
- Querlenker abnehmen.

Gummilager prüfen/ersetzen

- Gummilager für Querlenker auf Porosität und Beschädigung prüfen, gegebenenfalls erneuern.

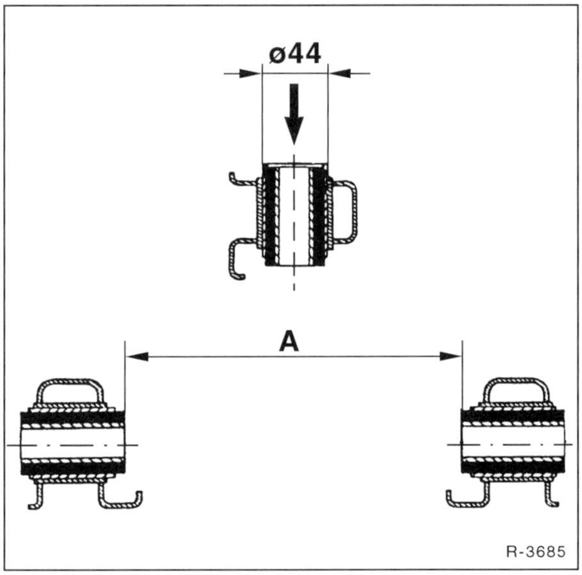

Achtung: Um die Zentrierung der Gummilager beizubehalten, Lager nur nacheinander auswechseln.

- Beschädigtes Gummilager mit einem kurzen Rohr mit einem Außendurchmesser von 44 mm auspressen.
- Neues Gummilager mit Rohr einpressen, dabei muß das Maß A = 147 ± 0,5 mm betragen.
- Anschließend 2. Lager aus- und einpressen. Dabei ebenfalls das Maß A = 147 ± 0,5 mm einhalten.

Einbau

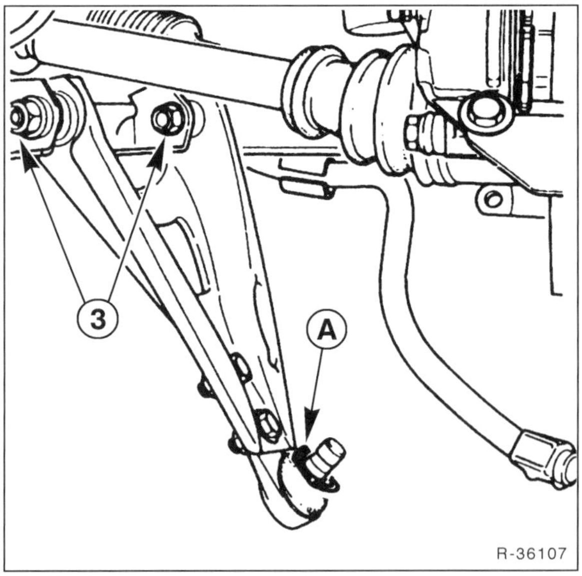

- Querlenker am Aggregateträger einsetzen, Schrauben einsetzen. Schrauben mit Muttern –3– anschrauben, noch nicht festziehen. Die beiden Muttern müssen in Fahrtrichtung ausgerichtet sein.

- Kunststoff-Abdeckscheibe –A– am Schaft des Kugelbolzens muß vorhanden sein, gegebenenfalls auflegen.
- Kugelbolzen in Achsschenkel einführen. Klemmschraube einsetzen und **neue** Mutter mit **80 Nm** festziehen.
- Querstabilisator anschrauben, Befestigungsschrauben noch nicht festziehen.
- Vorderräder anschrauben. Radschrauben nicht ölen oder fetten. Räder so ansetzen, daß die beim Ausbau angebrachten Markierungen übereinstimmen. Fahrzeug ablassen, Radschrauben über Kreuz mit **90 Nm** festziehen.
- Fahrzeug mehrmals ein- und ausfedern.
- Befestigungsmuttern –3– für Querlenker beim SCENIC mit **100 Nm**, bei allen anderen mit **90 Nm** festziehen.
- Stabilisatorlager festziehen. Anzugsmoment:
  SCENIC = **20 Nm**.
  Alle anderen = **35 Nm**.
  Siehe dazu auch Seite 133.

Achsgelenk aus- und einbauen

Das Achsgelenk (Kugelgelenk zwischen Querlenker und Achsschenkelträger) muß ausgewechselt werden, wenn spürbares Spiel vorhanden ist oder wenn die Manschette beschädigt ist.

Ausbau

- Stellung der Vorderräder zur Radnabe mit Farbe kennzeichnen. Dadurch kann das ausgewuchtete Rad wieder in derselben Position montiert werden. Radschrauben bei auf dem Boden stehendem Fahrzeug lösen. Fahrzeug vorn aufbocken und Vorderräder abnehmen.

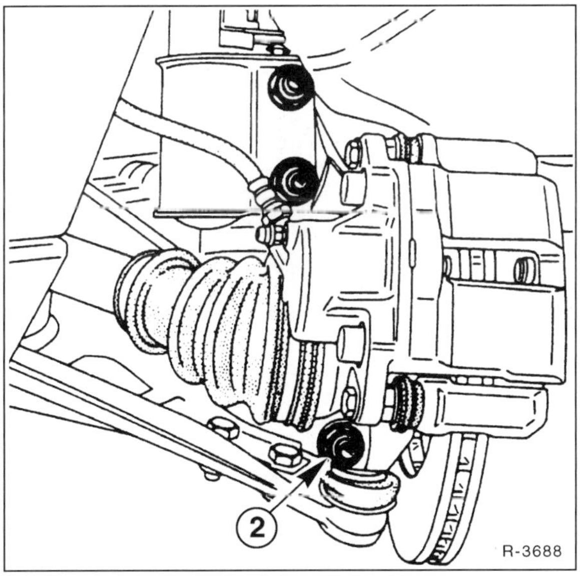

- Mutter –2– abschrauben und Klemmschraube herausdrücken. Querlenker nach unten aus dem Achsschenkelträger herausziehen.

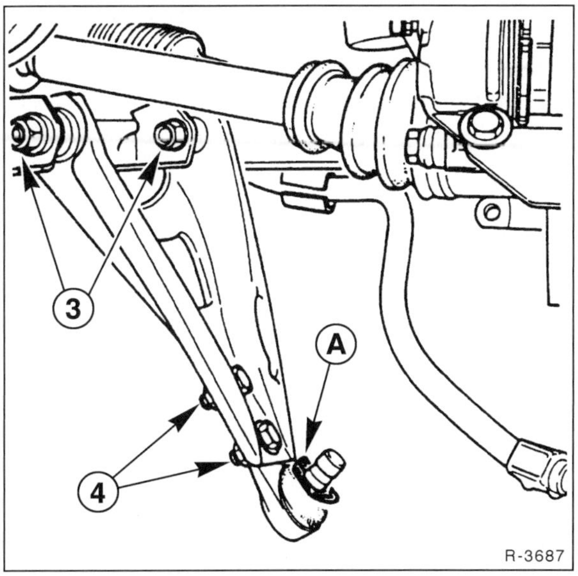

- Beide Befestigungsmuttern –3– des Querlenkers am Aggregateträger lösen, nicht abschrauben.
- 2 Befestigungsschrauben –4– für Achsgelenk herausdrehen und Kugelbolzen abnehmen.

Einbau

- Neues Achsgelenk am Querlenker mit **neuen** Muttern –4– mit **60 Nm** anschrauben.
- Kunststoff-Abdeckscheibe –A– am Schaft des Kugelbolzens muß vorhanden sein, gegebenenfalls auflegen.
- Kugelbolzen am Achsschenkelträger einschieben. Klemmschraube einsetzen und **neue** Mutter mit **80 Nm** festziehen.
- Querstabilisator anschrauben, Befestigungsschrauben noch nicht festziehen.
- Vorderräder anschrauben. Radschrauben nicht ölen oder fetten. Räder so ansetzen, daß die beim Ausbau angebrachten Markierungen übereinstimmen. Fahrzeug ablassen, Radschrauben über Kreuz mit **90 Nm** festziehen.
- Fahrzeug mehrmals ein- und ausfedern.
- Befestigungsmuttern –3– für Querlenker mit **90 Nm** festziehen.
- Stabilisatorlager mit **35 Nm** festziehen, siehe Seite 133.

Radlager vorn aus- und einbauen

Als Radlager sind Doppelkugellager eingebaut. Defekte Radlager machen sich folgendermaßen bemerkbar: Geräusche in engen Kurven; Schwergängigkeit des Rades bei gelöster Bremse. Die Radlager sitzen so fest im Radlagergehäuse, daß sie nur mit einer geeigneten Standpresse aus- und eingebaut werden können (Werkstattarbeit). Das Radlager darf nicht mit einem Dorn herausgeschlagen werden. Ein einmal ausgepreßtes Radlager muß immer erneuert werden.

Ausbau

- Abdeckkappe für Achsmutter mit großem Schraubendreher abhebeln.
- Achsmutter mit Stecknuß SW 30 lösen. **Achtung:** Die Mutter ist mit hohem Drehmoment angeschraubt. **Zum Lösen muß das Fahrzeug auf dem Boden stehen, Gang einlegen, Handbremse anziehen. Unfallgefahr!** Die Fachwerkstatt löst die Mutter bei aufgebocktem Fahrzeug, siehe Abbildung R-3689.
- Bremssattel ausbauen, siehe Seite 160.

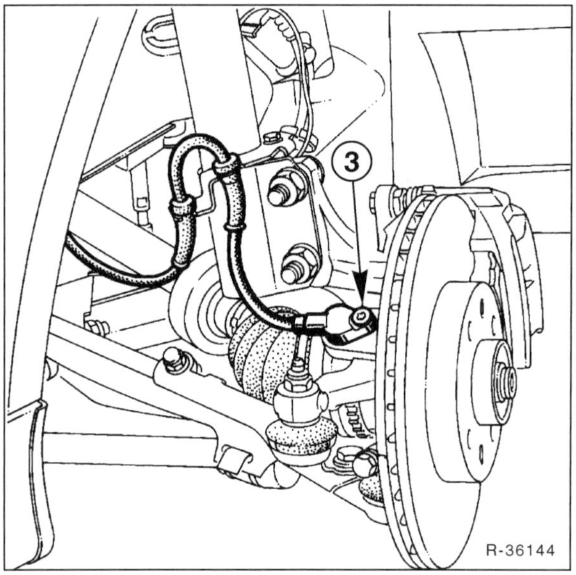

R-36144

- Nur bei ABS (Antiblockier-Bremssystem): Schraube lösen und Drehzahlfühler –3– am Radlagergehäuse herausziehen. Zum Lösen der Schraube ist ein Torxschraubenschlüssel Größe T30 erforderlich.
- 2 Schrauben für Bremsscheibe von der Radnabe mit Torxschlüssel T40 abschrauben, Bremsscheibe abnehmen.

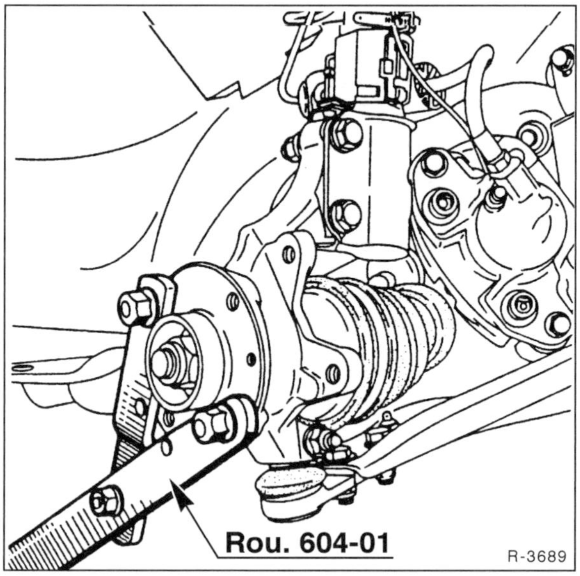

R-3689

- Achsmutter abschrauben. Die Fachwerkstatt verwendet zum Gegenhalten beim Lösen der Achsmutter das Werkzeug Rou.604-01, das leicht auch selbst aus einem Flacheisen hergestellt werden kann.
- Spurstangengelenk am Achsschenkelträger herausdrücken, siehe Seite 153.

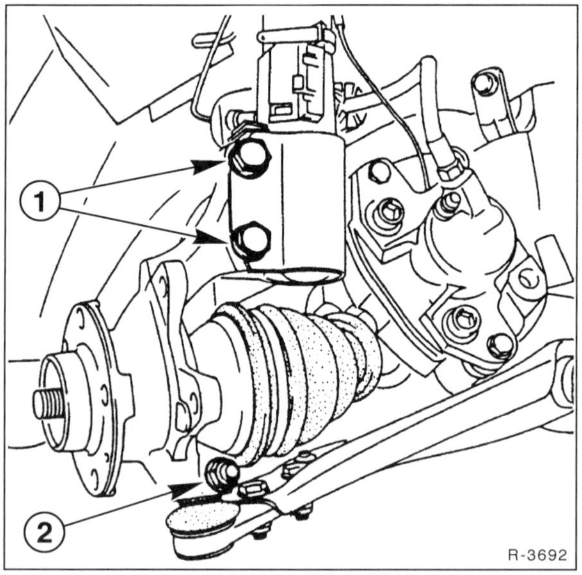

R-3692

- Querlenker am Achsschenkelträger abschrauben, dazu Schraube –2– abschrauben, Schraube herausziehen und Querlenker nach unten drücken.
- Federbein am Achsschenkelträger abschrauben, dazu Schrauben –1– lösen und herausziehen.

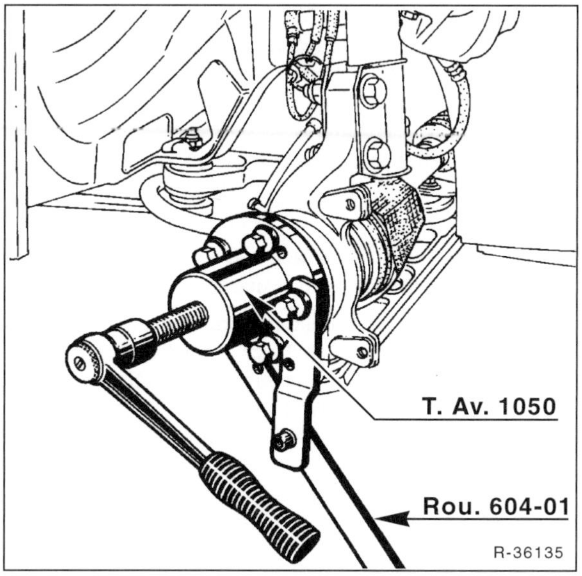

R-36135

- Radnabe mit geeignetem Abzieher von der Gelenkwelle abziehen. Vorher Achswelle mit Draht sichern, damit das Endstück nicht nach unten fällt, was zur Beschädigung der Gelenke führt. In der Abbildung wird das RENAULT-Werkzeug angegeben, es eignen sich auch andere handelsübliche Abzieher, zum Beispiel HAZET 787N.

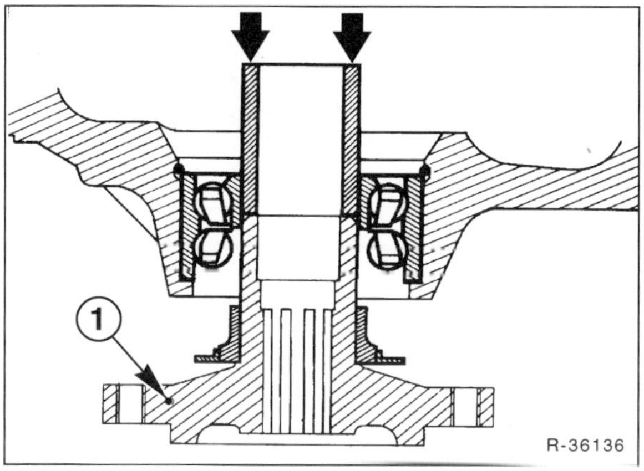

R-36136

- Radnabe –1– mit Presse ausdrücken.

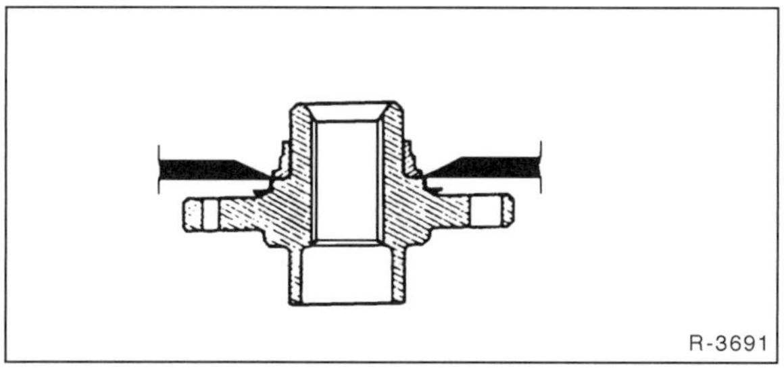
R-3691

- Inneren Lagerring mit Hilfe eines handelsüblichen Abziehers mit Krallen, zum Beispiel HAZET 775, von der Radnabe abziehen.

- Sicherungsring aus dem Lagersitz der Nabenbohrung entfernen. Dazu wird eine Spitzzange benötigt, mit welcher der Sicherungsring zusammengedrückt wird. Der Sicherungsring –A– ist in Abbildung R-36131 dargestellt.

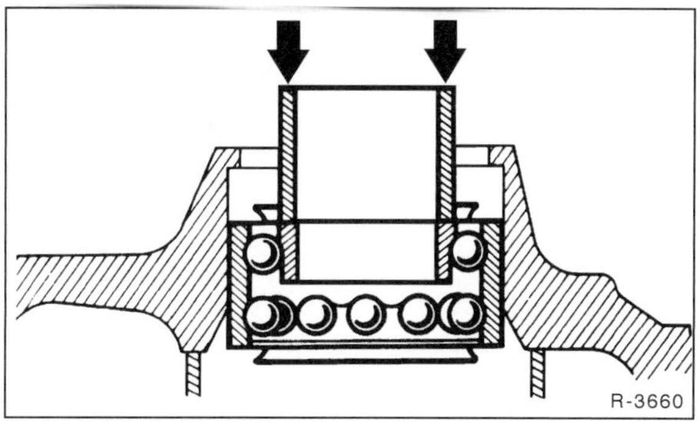
R-3660

- Außenring mit Hilfe eines der beiden Innenringe aus dem Achsschenkel auspressen. Die Kugelkäfige und die Dichtringe müssen vorher nicht ausgebaut werden.

Einbau

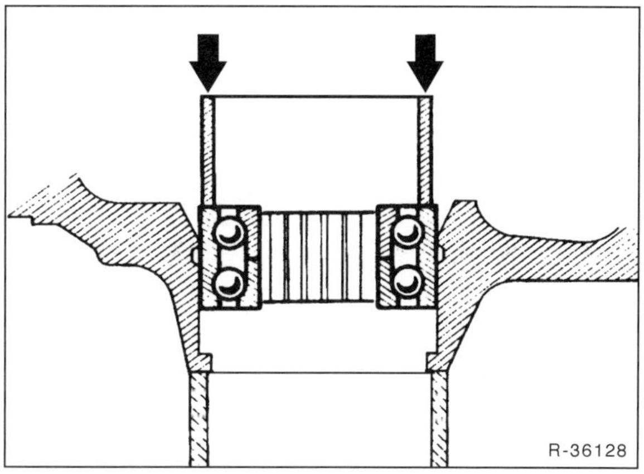
R-36128

- Komplettes Radlager auf den Achsschenkelträger aufsetzen und mit einer geeigneten Presse am Außenring einpressen. Hierzu wird je nach Radlagerdurchmesser ein kurzes Rohr benötigt, das am Außenring des Radlagers angesetzt wird.

Achtung: Rohr nicht am Innenring abstützen, sonst werden die Lagerkugeln durch den hohen Einpreßdruck beschädigt.

- Kunststoffbuchse (Transportsicherung) aus dem neuen Lager herausnehmen.
- Jede Dichtlippe mit Radlagerfett (Lithiumfett) versehen.

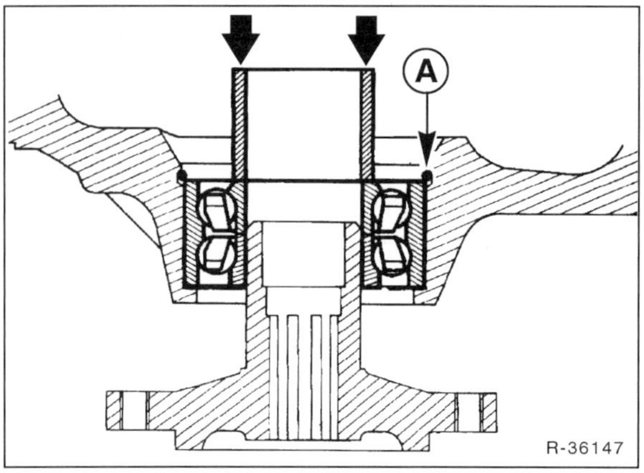

- **Neuen** Sicherungsring –A– ins Radlagergehäuse einfedern.
- Achsschenkelträger auf die Nabe aufdrücken, siehe Abbildung. Hierzu wird ein kurzes Rohr benötigt, das sich am inneren Lagerring abstützt.

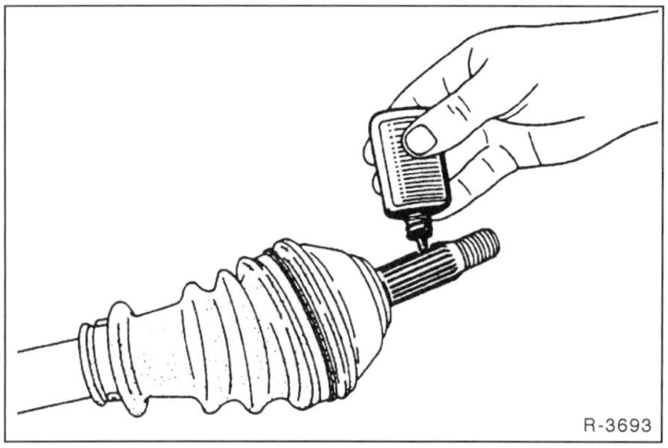

- Sicherungsmittel LOCTITE SCELBLOC auf die Verzahnung der Gelenkwelle auftragen. Vorher Verzahnung abbürsten und entfetten, zum Beispiel mit einem spiritusgetränktem Lappen abwischen.
- Achsschenkelträger mit Radnabe auf die Verzahnung der Gelenkwelle aufdrücken.
- Neue Achsmutter anschrauben, nicht festziehen.
- Achsgelenk und Federbein anschrauben, Muttern **erneuern**. Anzugsmomente Federbein an Achsschenkel: **170 Nm**; Achsgelenk an Achsschenkel: **80 Nm**. **Achtung:** Schrauben für Federbein am Achsschenkel von vorn nach hinten einsetzen, die Schraubenköpfe liegen in Fahrtrichtung vorn.
- Spurstangengelenk anschrauben, siehe Seite 153.
- Bremsscheibe mit Innentorxschrauben und 20 Nm an der Radnabe anschrauben.
- Bremssattel einbauen, siehe Seite 160.
- Falls vorhanden, ABS-Drehzahlfühler einsetzen und festschrauben.
- Rad anschrauben, dabei auf Markierung zur Radnabe achten. Fahrzeug ablassen und Radschrauben mit **90 Nm** über Kreuz festziehen.

- **Neue** Achsmutter mit **250 Nm** festziehen. **Achtung:** Dabei muß das Fahrzeug auf dem Boden stehen, Gang einlegen, Fußbremse von Helfer betätigen lassen.

Gelenkwelle aus- und einbauen

Ausbau

- Achsmutter (an der Radnabe) bei auf dem Boden stehendem Fahrzeug lösen, siehe Seite 136.
- Bremssattel ausbauen und mit Draht am Aufbau aufhängen. **Achtung:** Bremsschlauch nicht lösen, sonst muß die Bremsanlage beim Einbau des Bremssattels entlüftet werden. Der Bremsschlauch darf beim Aufhängen nicht verdreht oder auf Zug beansprucht werden, siehe Seite 160.

Bei Ausbau der **linken** Gelenkwelle:

- Getriebeöl ablassen.

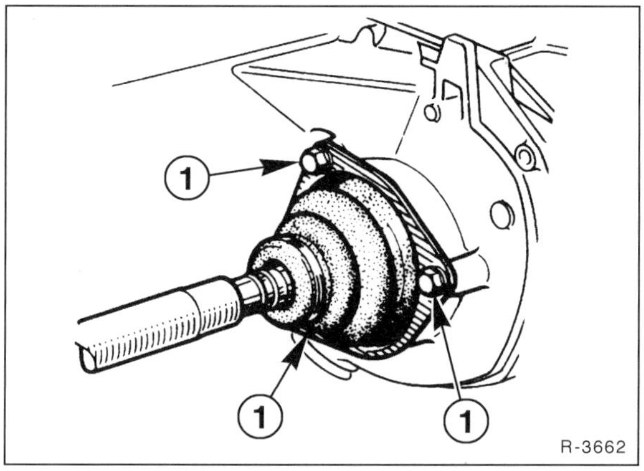

- 3 Befestigungsschrauben –1– für Manschette am Getriebe herausdrehen.

Bei Ausbau der **rechten** Gelenkwelle:

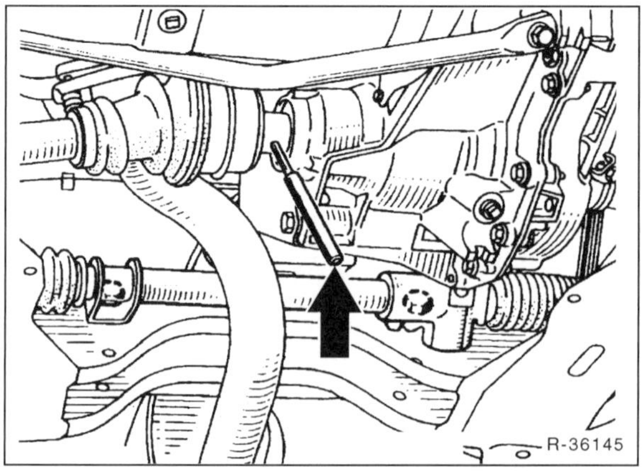

- Spannstift an der Verbindung Gelenkwelle und Planetenwelle mit einem Durchschlag ∅ 4 mm heraustreiben.

- Spurstangengelenk am Achsschenkelträger ausdrücken, siehe Seite 153.
- Muttern für untere Stoßdämpferbefestigung abschrauben und Schrauben herausziehen.
- Gelenkwelle mit Draht am Aufbau aufhängen, da die Gelenke nicht stark abgewinkelt werden dürfen.
- Gelenkwelle aus der Radnabe mit passendem Ausdrückwerkzeug ausdrücken.

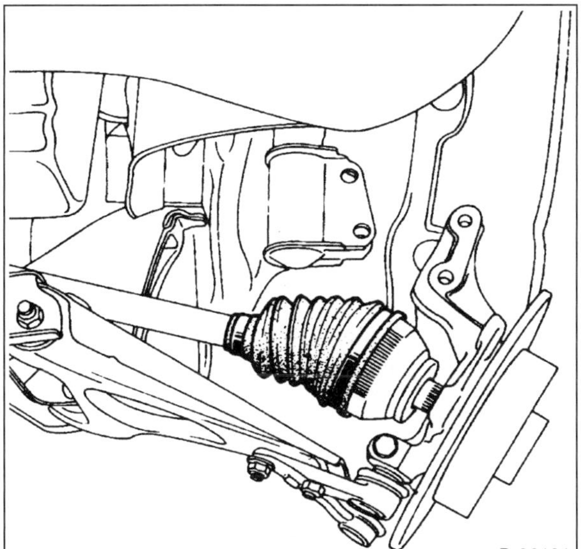
R-36131

- Achsschenkelträger nach außen ziehen und dabei die Gelenkwelle am Getriebe herausziehen. Darauf achten, daß die Gelenkmanschetten nicht beschädigt werden.
- Gelenkwelle herausnehmen.

Einbau

- Neue Gelenkwellen werden mit Schutzhüllen an den Manschetten ausgeliefert. Diese bis Beendigung der Montage angebaut lassen. Die kleinste Beschädigung an einer Gelenkmanschette führt zum späteren Riß und damit zur Zerstörung des Gelenks.
- Linke Gelenkwelle mit Kreuzgelenk so waagerecht wie möglich in das Getriebe einsetzen.

Rechte Gelenkwelle:

- Verzahnungen des getriebeseitigen Gelenkes mit MoS_2-Fett, zum Beispiel »MOLYKOTE BR2«, dünn einstreichen.

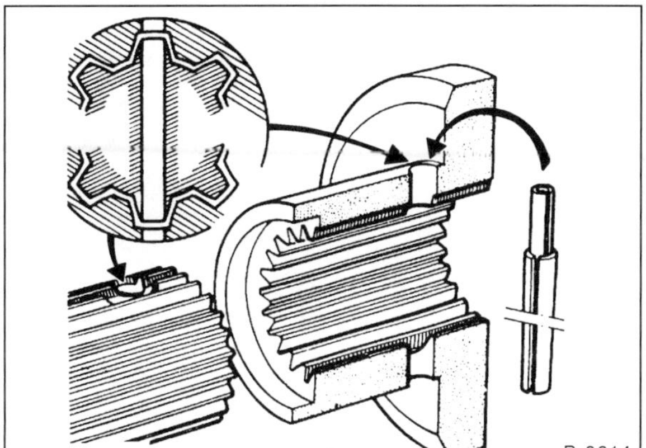
R-3614

- Gelenkwelle am Getriebe ausrichten und in die Verzahnung einführen. Dabei mit einem abgewinkelten Dorn die Bohrungen von Gelenkwelle und Planetenwelle in Übereinstimmung bringen. 2 **neue** Spannstifte, wie in der Abbildung gezeigt, einsetzen und mit geeignetem Dorn eintreiben. Spannstiftbohrungen anschließend mit flüssiger Dichtungsmasse, zum Beispiel CAF 4/60 THIXO oder CURIL, abdichten.

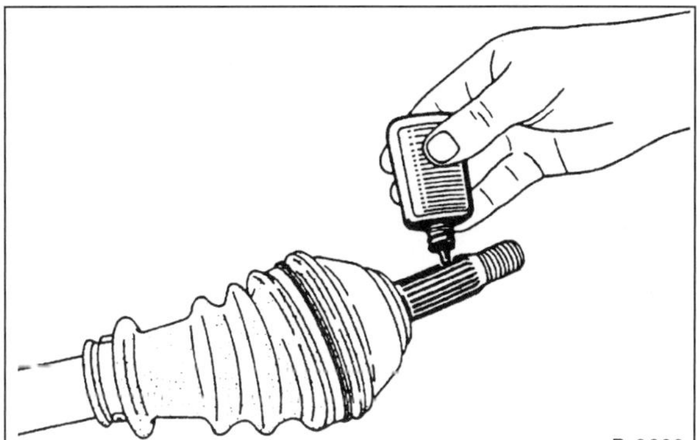
R-3693

- Sicherungsmittel LOCTITE SCELBLOC auf die Verzahnung der Gelenkwelle auftragen. Vorher Verzahnung abbürsten und entfetten, zum Beispiel mit spiritusgetränktem Lappen abwischen.
- Achsschenkelträger mit Radnabe auf die Verzahnung der Gelenkwelle aufdrücken. Bei Schwergängigkeit, entsprechendes Einziehwerkzeug verwenden.

Achtung: Falls ein entsprechendes Einziehwerkzeug nicht zur Verfügung steht, Gelenkwelle in die Nabe einschieben und durch Aufschrauben der Achsmutter einziehen. Anschließend Achsmutter wieder abschrauben und mit Unterlegscheibe anschrauben, noch nicht festziehen.

- Stoßdämpfer am Achsschenkel mit 2 Schrauben anschrauben, **neue selbstsichernde** Muttern mit **170 Nm** anschrauben. **Achtung:** Die Schrauben müssen von vorn nach hinten eingesetzt werden, Schraubenköpfe liegen in Fahrtrichtung vorn.
- Spurstangenbolzen mit **neuer, selbstsichernder** Mutter und **35 Nm** anschrauben.

Linke Gelenkwelle:

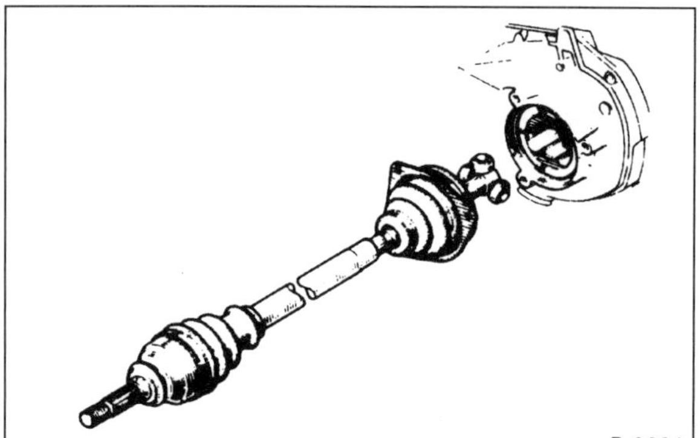

R-3664

- Auflagefläche der Manschette am Getriebe reinigen.
- Manschette mit Befestigungsplatte ansetzen, so waagerecht wie möglich ausrichten und mit **25 Nm** anschrauben.
- Getriebeöl auffüllen, siehe Seite 296.

- Bremssattel einbauen, siehe Seite 160.
- Rad anschrauben, dabei auf Markierung zur Radnabe achten. Fahrzeug ablassen und Radschrauben mit **90 Nm** über Kreuz festziehen.
- Falls neue Gelenkwellen eingebaut wurden, erst jetzt die Schutzhüllen der Gelenkmanschetten entfernen.
- Gang einlegen, Fußbremse treten lassen (Hilfsperson erforderlich) und **neue** Achsmutter mit **250 Nm** festziehen.

Äußeren Faltenbalg für Gelenkwelle ersetzen

(Radseitiges Gelenk)

Soll ein Faltenbalg wegen Undichtigkeit ersetzt werden, empfiehlt es sich besonders bei Fahrzeugen mit hoher Laufleistung, auch den anderen Faltenbalg dieser Gelenkwelle zu ersetzen. Um den Faltenbalg zu erneuern, muß die Gelenkwelle zerlegt werden. **Achtung:** Es gibt 2 verschiedene Ausführungen des radseitigen Gelenks, nämlich als Sterngelenk und als Gelenk mit Kugellager.

Gelenkwelle mit Sterngelenk

Ausbau

- Gelenkwelle ausbauen.

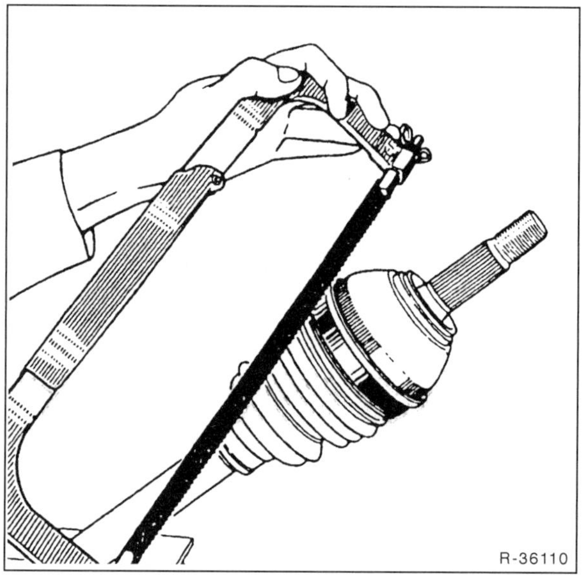

R-36110

- Spannbänder für Faltenbalg am äußeren Gleichlaufgelenk (Radseite) mit einer Eisensäge durchsägen. Dabei die Nuten an der Gelenkkapsel nicht beschädigen.
- Faltenbalg längs aufschneiden und abnehmen.
- Vorhandenes Fett entfernen. Falls Schmutz in das Gelenk eingedrungen ist, Gelenk auswaschen und mit neuem Fett schmieren. Das Fett liegt dem Reparatursatz bei.

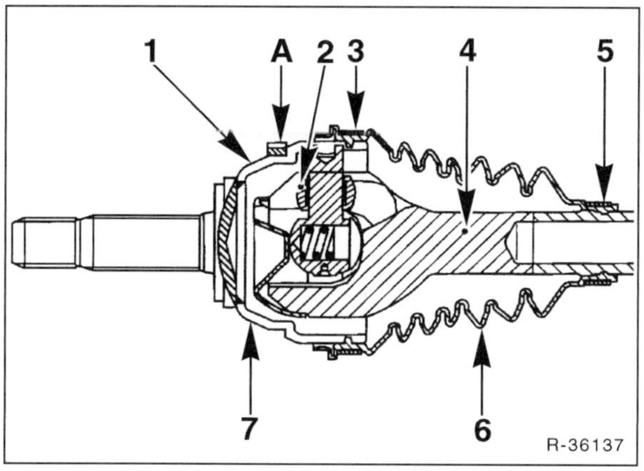

Die Teile des äußeren Gleichlaufgelenks: 1 – Gelenkkapsel, 2 – Gelenkstern, 3 – und 5 – Befestigungsschelle, 4 – Gelenkmuffe, 6 – Gummimanschette, 7 – Sternblech, A – ABS-Impulsring (wo vorhanden).

Einbau

- Gleichlaufgelenk von Hand auf Leichtgängigkeit prüfen.
- Falls Schmutz in das Gelenk eingedrungen ist, Gelenk auswaschen und mit neuem Fett schmieren. Das Fett (320 g MOBIL CVJ 825 oder MOBIL EXF 57 C) liegt dem Reparatursatz bei. Das gesamte mitgelieferte Fett aus dem Reparatursatz in Manschette und Gelenk verteilen.

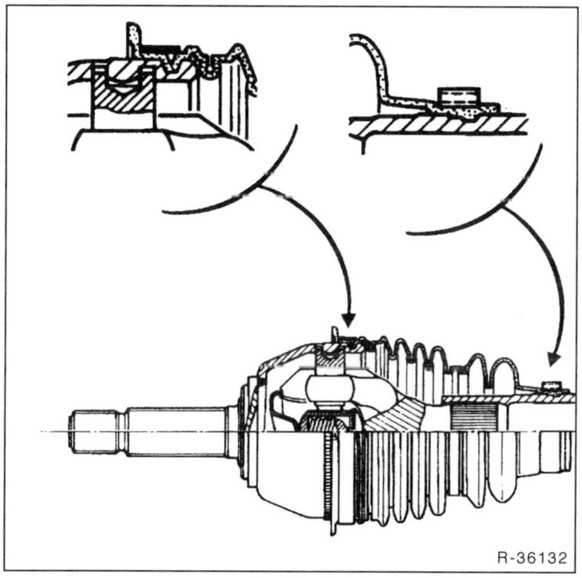

- Dichtlippen des Faltenbalges in die dafür vorgesehenen Nuten einsetzen. Anschließend Gelenk von Hand bewegen, um die Luft im Gelenk richtig zu dosieren. Die Manschette darf weder ausgebeult noch eingezogen sein. Nach der Montage am kleinen Durchmesser der Schutzhülle kurz mit einem Schraubendreher anlüften und so für einen Druckausgleich sorgen.

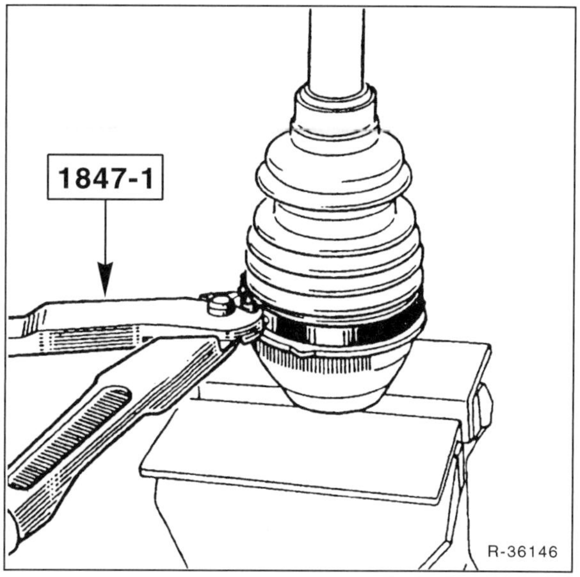

- Gelenkschutzhülle an der Welle mit Spannband befestigen, oder Schlauchschelle verwenden. Dabei Spannbänder auf jeden Fall ersetzen.

- Mit der Zange, zum Beispiel HAZET 1847-1 (oder RENAULT T.Av. 1168), wird die neue Schelle zuerst am Wulst vorgespannt, ausgerichtet und dann ganz zusammengedrückt. Steht das Werkzeug nicht zur Verfügung, geeignete Kneifzange verwenden.
- Gelenkwelle einbauen.

Gelenkwelle mit Kugellager

Ausbau

- Befestigungsschellen entfernen und Manschette auf der ganzen Länge aufschneiden. Manschette und vorhandenes Fett entfernen.

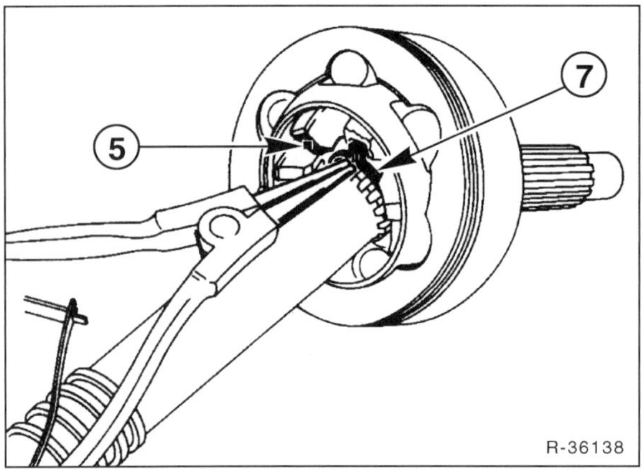

- Sicherungsring –7– mit handelsüblicher Zange für Sicherungsringe –5– ausfedern, dabei gleichzeitig leichte Hammerschläge auf die Stirnfläche des Gehäuses ausüben. Gelenk von der Welle abnehmen.

Einbau

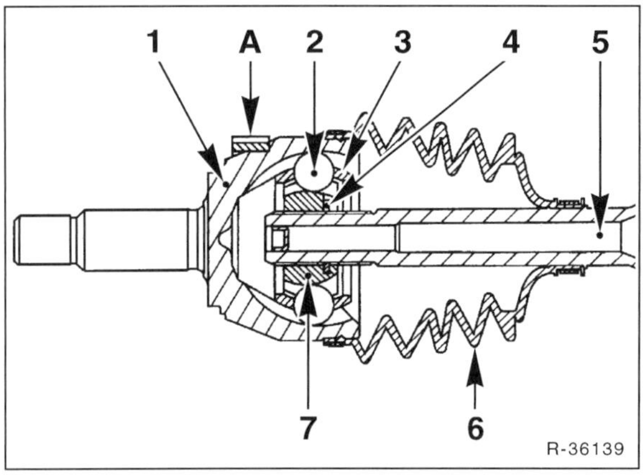

- Kleine Schelle, dann neue Gelenkmanschette aufschieben. Die Teile des äußeren Gleichlaufgelenks: 1–Gelenkkapsel, 2 – Kugeln, 3 – Kugelkäfig, 4 – Sicherungsring, 5 – Welle, 6 – Gummimanschette, 7 – Nabe, A – ABS-Impulsring (wo vorhanden).
- Gelenk mit **neuem** Sicherungsring auf die Welle aufschieben, bis der Sicherungsring einrastet.
- Falls Schmutz in das Gelenk eingedrungen ist, Gelenk auswaschen und mit neuem Fett schmieren. Das Fett (140 g MOBIL CVJ 825 oder MOBIL EXF 57 C) liegt dem Reparatursatz bei. Fett in Manschette und Gelenk verteilen.
- Dichtlippen der Gelenkmanschette in die Nuten von Gelenkkapsel und Welle einsetzen. Manschette mit Schellen befestigen, siehe Abbildung R-36112.

Inneren Faltenbalg für Gelenkwelle ersetzen

(Getriebeseitiges Gelenk)

Soll ein Faltenbalg wegen Undichtigkeit ersetzt werden, empfiehlt es sich besonders bei Fahrzeugen mit hoher Laufleistung, auch den anderen Faltenbalg dieser Gelenkwelle zu ersetzen. Je nach Fahrzeugseite unterscheidet sich das getriebeseitige Gelenk: Links ist eine Gelenkwelle mit Kugellagerbefestigung der Manschette eingebaut, rechts ohne. Um den Faltenbalg zu erneuern, muß die Gelenkwelle zerlegt werden.

Rechte Gelenkwelle (ohne Kugellager)

Ausbau

- Gelenkwelle ausbauen.

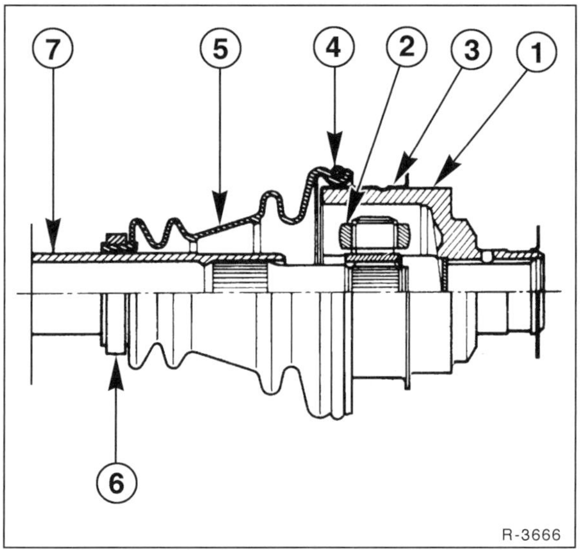

Die Teile des inneren Gleichlaufgelenks: 1 – Gelenkmuffe, 2 – Gelenkstern, 3 – Blechmanschette, 4 – Ringfeder, 5 – Gummimanschette, 6 – Gummiring, 7 – Gelenkwelle.

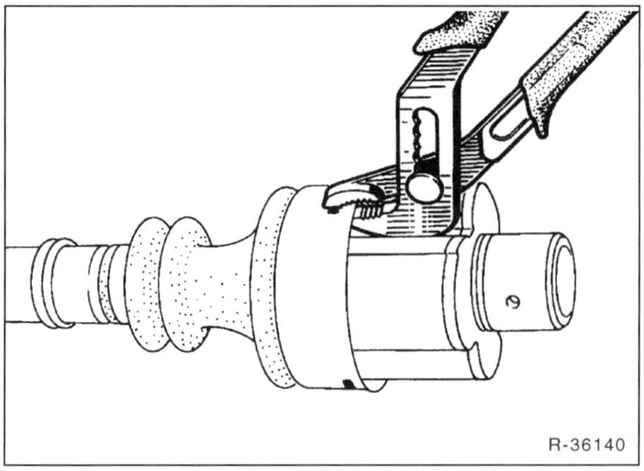

- **Ausführung mit Blechmantel:** Blechmantel an den 3 Punkten mit einer Zange aufbiegen. Manschette abziehen, Blechmantel in Richtung Welle mit Dorn abtreiben.

Ausführung mit Ringfeder:

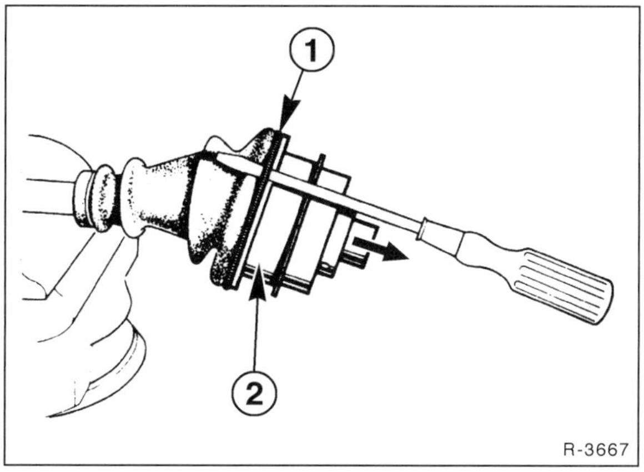

- Ringfeder –1– der Manschette an der Gelenkmuffe –2– abhebeln.
- Faltenbalg längs aufschneiden und abnehmen.
- Vorhandenes Fett entfernen, dabei kein Lösungsmittel verwenden.

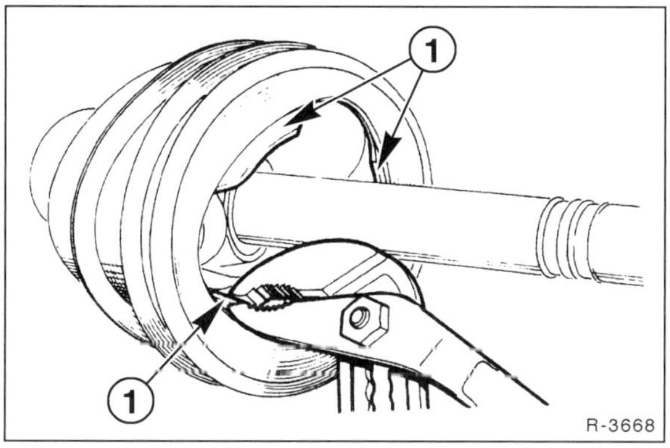

- Zungen der Begrenzungsplatte –1– umbiegen.

- Anschließend das Gelenk auseinanderziehen.

Achtung: Dabei dürfen die Rollen nicht von ihren Lagerzapfen abrutschen. Rollen, Nadeln und Lagerzapfen sind aufeinander abgestimmt und dürfen nicht vertauscht werden. Rollen mit einem Klebeband auf dem Gelenkstern sichern.

Achtung: Zur Reinigung der Einzelteile kein fettlösendes Mittel verwenden.

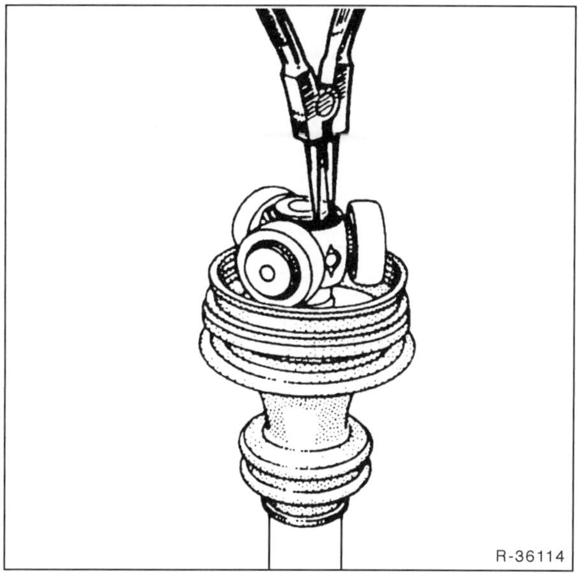

- Falls vorhanden, Sicherungsring mit Spitzzange ausfedern und abnehmen und Welle vom Gelenkstern abpressen.

Einbau

- Alle Teile sorgfältig mit einem Lappen reinigen.
- Gummiring mit Manschette auf die Gelenkwelle aufschieben. Zur Montageerleichterung Welle leicht fetten.
- Gelenkstern auf die Verzahnung der Welle aufpressen.

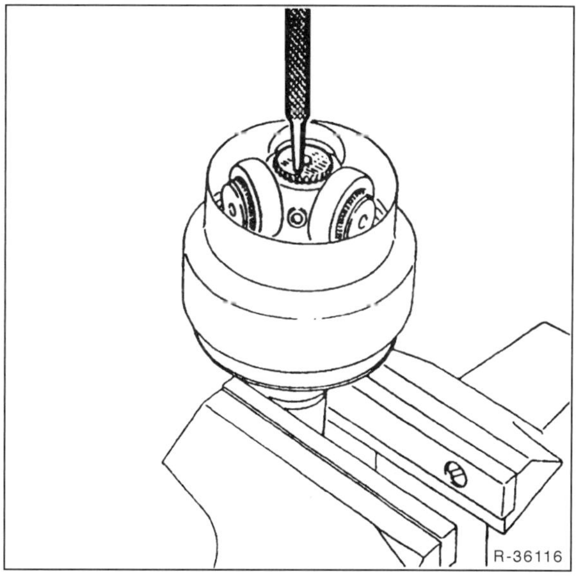

- Sicherungsring einsetzen. Falls beim Ausbau kein Sicherungsring vorhanden war, den Gelenkstern mit 3 um 120° versetzten Körnerschlägen auf der Verzahnung arretieren.
- Das gesamte mitgelieferte Fett »MOBIL CVJ 825« oder »MOBIL EXF 57 C« (130 g) aus dem Reparatursatz in Manschette und Gelenk verteilen.

Ausführung mit Ringfeder:

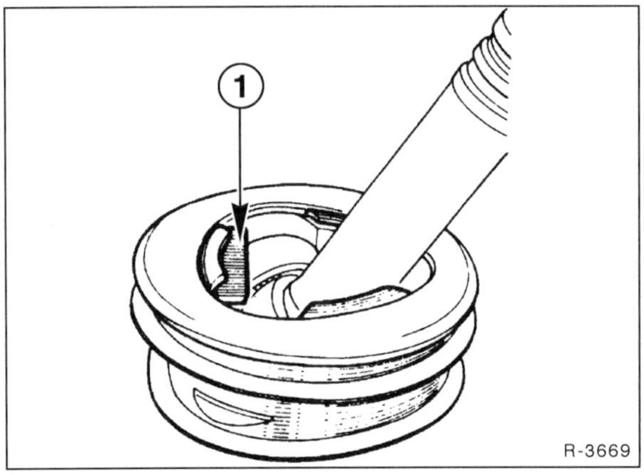

- Unterlage –1– zwischen Begrenzungsplatte und Gelenkmuffe einsetzen. Unterlage entsprechend der folgenden Abbildung selbst anfertigen.

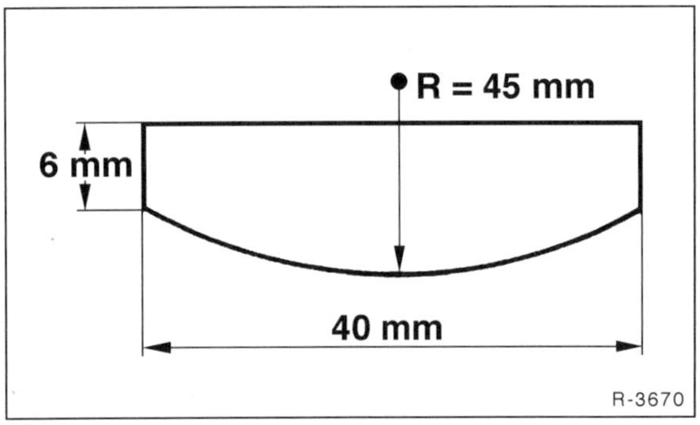

- Unterlage mit einer Stärke von 2,5 mm nach den in der Abbildung angegebenen Maßen selbst anfertigen.
- Mit einem Bronzedorn die Begrenzungsplatte in ihre Ausgangsstellung zurückdrücken und die Unterlage –1– herausnehmen.
- Dichtlippen der Manschette in die dafür vorgesehenen Nuten an der Welle und an der Gelenkmuffe einsetzen.

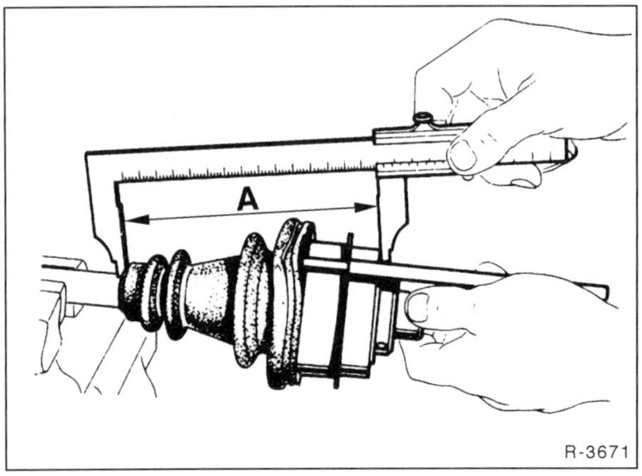

- Gelenk auseinanderziehen beziehungsweise zusammendrücken, bis zwischen Manschette und Stirnfläche der Gelenkmuffe der Abstand A = 153,5 ± 1 mm beträgt.
- Abgerundeten Dorn zwischen Manschette und Gelenkmuffe einführen und dadurch die Manschette belüften.

Achtung: Die Gelenkschutzhülle wird beim Aufsetzen auf den Gelenkkörper häufig eingedrückt. Dadurch entsteht ein Unterdruck, der im Fahrbetrieb eine Falte nach innen zieht. Deshalb muß vor der Montage der Ringfeder die Manschette belüftet werden.

- Ringfeder aufschieben. **Achtung:** Die Ringfeder darf hierbei nicht verlängert werden. Bei richtigem Sitz müssen sich die Windungen der Feder noch berühren.

Ausführung mit Blechmantel:

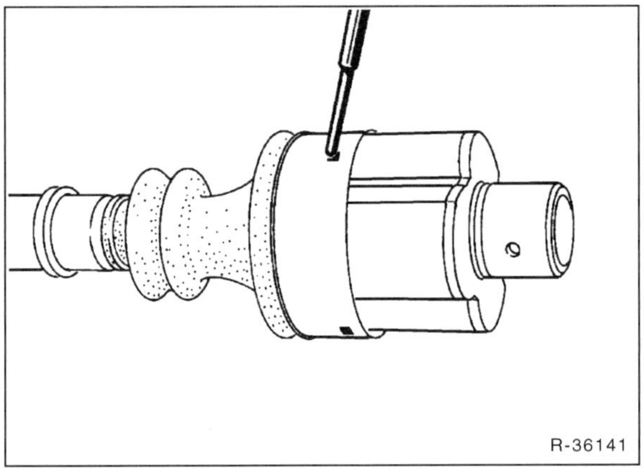

- Blechmantel so aufschieben, daß das Führungsblech die Gelenkmuffe leicht berührt. In dieser Position den Blechmantel an den drei Punkten am Umfang mit Hammer und Dorn eindrücken.

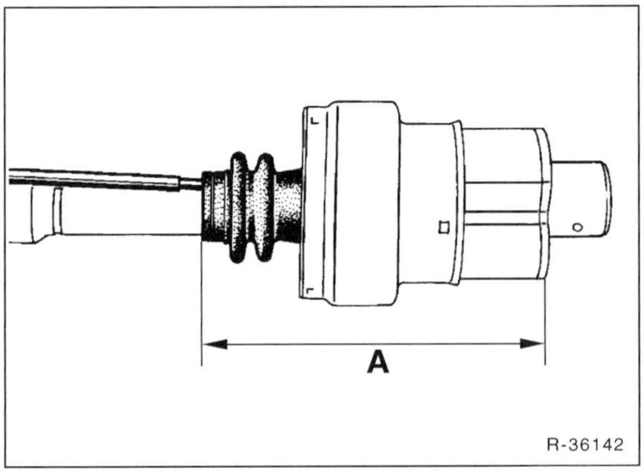

- Gelenk auseinanderziehen beziehungsweise zusammendrücken, bis zwischen Manschette und Stirnfläche der Gelenkmuffe der Abstand A = 156 ± 1 mm beträgt.
- Abgerundeten Dorn zwischen Manschette und Gelenkmuffe einführen und dadurch die Manschette belüften.
- Neues Manschettenband am kleinen Durchmesser mit Zange, zum Beispiel HAZET 1847-1, anbringen.

Linke Gelenkwelle (mit Kugellager)

Ausbau

Der Ausbau der Manschette erfolgt auf dieselbe Weise wie bei der Welle ohne Kugellager.

- Gelenkwelle mit einer Presse aus dem Gelenkstern herausdrücken.
- Gelenkwelle mit einer Presse aus dem Kugellager am kleinen Manschettendurchmesser herausdrücken.

Einbau

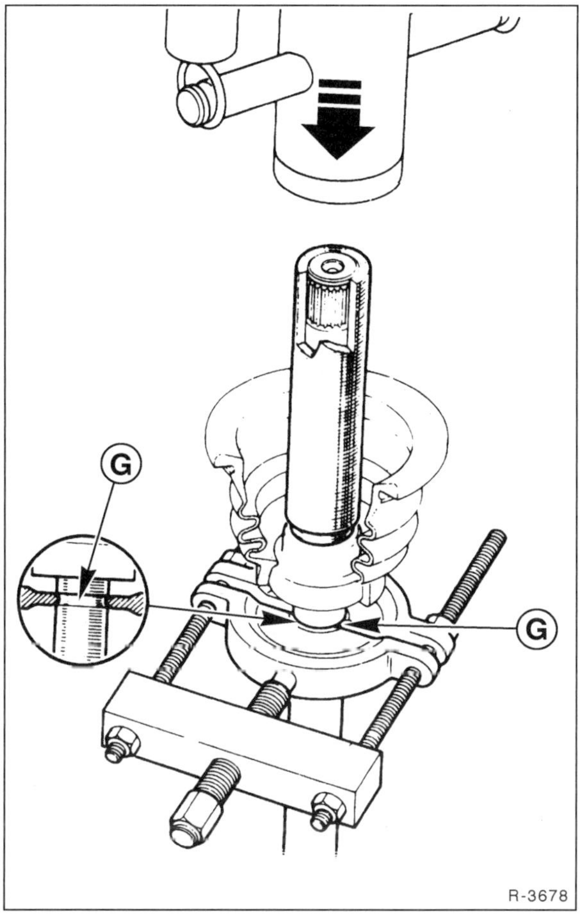

- Manschette mit Kugellager aufpressen. Um Beschädigungen des radseitigen Gelenks beim Aufpressen zu vermeiden, ein Haltewerkzeug in die Nut –G– der Gelenkwelle einsetzen.

Achtung: Kugellager auf keinen Fall mit einem Hammer auftreiben, da hierdurch Verformungen des Kugellagers auftreten können, die zu Undichtigkeiten und schnellem Verschleiß führen. Deshalb Kugellager nur langsam mit einer Presse aufdrücken.

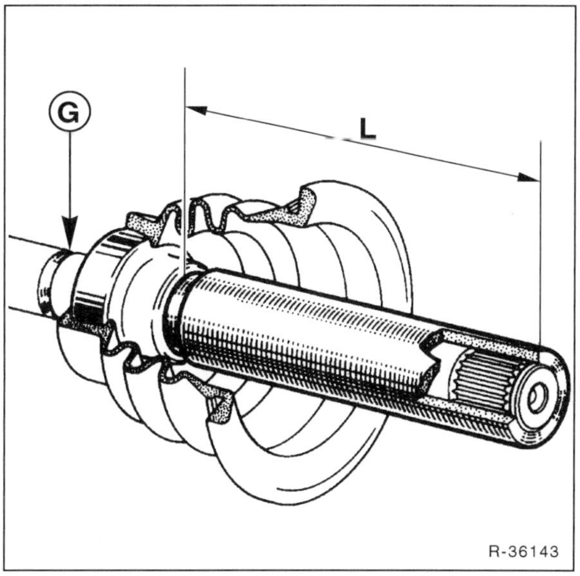

- Beim Aufpressen des Kugellagers muß das Abstandsmaß von L = 118 mm ± 0,2 mm (2,0-l-Motor: 123,2 mm ± 0,2 mm) zwischen vorderer Lagerkante und Wellenende eingehalten werden.
- Der weitere Einbau erfolgt wie bei der Manschette ohne Kugellager.

Hinterachse

Je nach Motorisierung ist der RENAULT MÉGANE mit zwei unterschiedlichen Hinterachsen ausgestattet: Fahrzeuge mit Motoren unter 90 PS besitzen eine Längslenker-Hinterachse mit Einzelradaufhängung, siehe obere Abbildung. Die Längslenker stützen sich über wartungsfreie Gummilager an den Längsholmen ab.

Zur Abfederung dienen 2 im Achsrohr eingebaute Drehstäbe und 2 separat angeordnete Gasdruck-Stoßdämpfer. Ein Stabilisator zwischen den Längslenkern vermindert die Neigung des Aufbaus in Kurven.

Die Modelle ab 90 PS sowie der SCENIC besitzen eine Vierstab-Verbundlenkerachse (Abbildung unten). Die Längslenker werden durch einen L-förmigen Querträger verbunden, der zusätzlich als Stabilisator wirkt. Die Abfederung übernehmen vier in der Mitte verbundene Drehstäbe. Diese Achse hat den Vorteil von größerer Quersteifigkeit und verbessertem Federungs- und Fahrkomfort.

Die nicht einstellbaren Radlager sind direkt in die Bremstrommeln eingepreßt; bei Fahrzeugen mit hinterer Scheibenbremse sitzen sie in der Bremsscheibe. Die Lager haben eine Fettdauerfüllung und sind daher wartungsfrei.

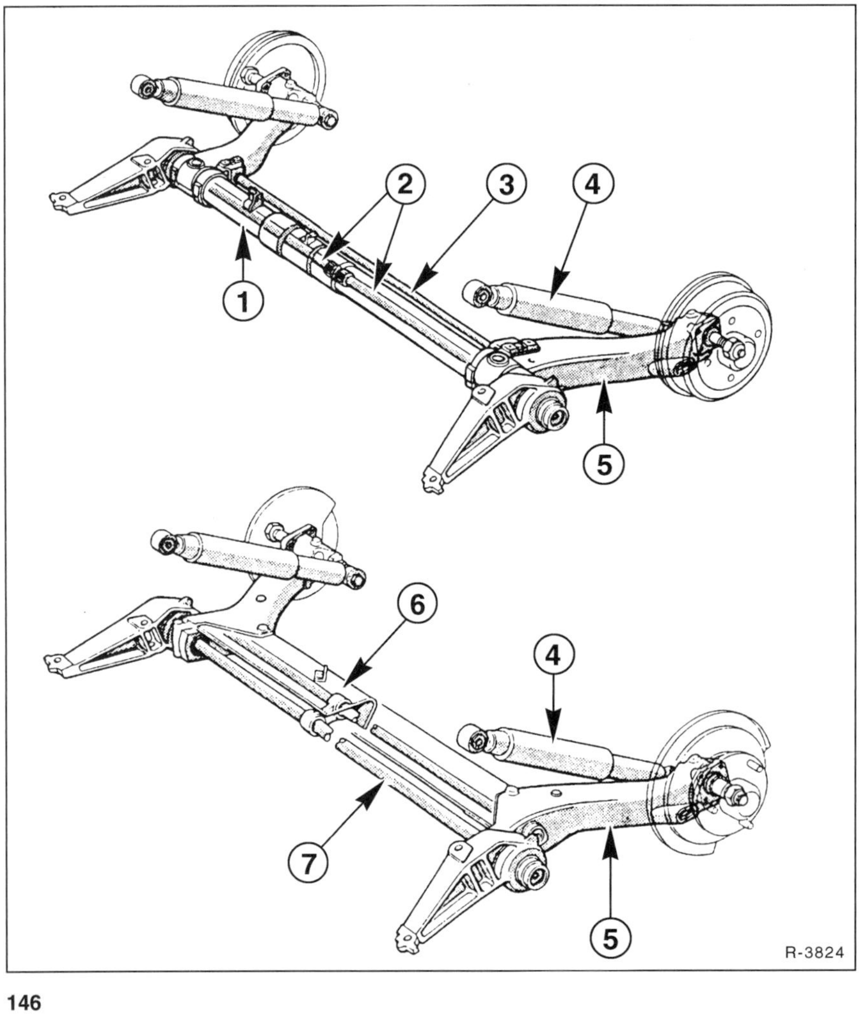

1 – Torsionsrohr
2 – Drehstäbe
3 – Stabilisator
4 – Gasdruck-Stoßdämpfer
5 – Längslenker
6 – L-förmiger Querträger
7 – Geteilte Drehstäbe

Stoßdämpfer aus- und einbauen

Achtung: Das Fahrzeug muß beim Aus- und Einbau auf den Rädern stehen.

Ausbau

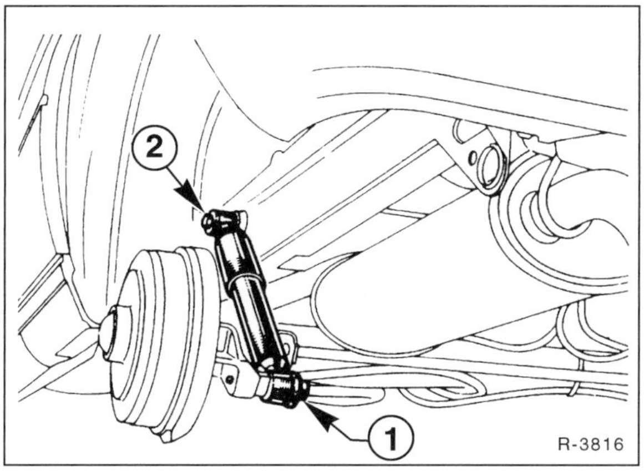

- Untere Befestigungsschraube –1– für Stoßdämpfer herausdrehen. Dabei steht das Fahrzeug auf dem Boden. **Achtung:** Unterlegscheibe beachten, sie muß wieder in richtiger Lage eingebaut werden.
- Hinterrad zur Radnabe mit Farbe kennzeichnen. Dadurch kann das ausgewuchtete Rad wieder in derselben Position montiert werden. Radschrauben bei auf dem Boden stehendem Fahrzeug lösen. Fahrzeug aufbocken und Hinterrad abnehmen.
- Obere Befestigungsschraube –2– herausschrauben und Stoßdämpfer abnehmen.

Einbau

- Stoßdämpfer prüfen, siehe Seite 132.

Achtung: Neuen Stoßdämpfer vor dem Einbau in senkrechter Stellung mehrmals betätigen. Dazu Kolbenstange von Hand ganz eindrücken und wieder loslassen. Dadurch erlangt er volle Funktionsfähigkeit.

- **Neue** Schrauben für Stoßdämpfer mit MoS_2-Fett, zum Beispiel Molykote BR2, einreiben.
- Stoßdämpfer oben ansetzen. Obere Schraube mit Unterlegscheibe einsetzen und handfest anschrauben, noch nicht festziehen.
- Rad anschrauben, dabei auf Markierung zur Radnabe achten.
- Fahrzeug ablassen und Radschrauben mit **90 Nm** über Kreuz festziehen.
- Untere Stoßdämpfer-Schraube mit **130 Nm** anschrauben.
- Obere Stoßdämpfer-Schraube mit **100 Nm** festziehen.

Radlager aus- und einbauen

Defekte Radlager machen sich folgendermaßen bemerkbar: Geräusche beim Fahren durch enge Kurven; Schwergängigkeit des Rades bei gelöster Bremse. Die Radlager sitzen so fest in der Nabe, daß sie nur mit einer geeigneten Standpresse aus- und eingebaut werden können (Werkstattarbeit). Das Radlager darf nicht mit einem Dorn herausgeschlagen werden. Ein einmal ausgepreßtes Radlager muß immer erneuert werden.

Ausbau

- Radnabe mit Bremstrommel/Bremsscheibe ausbauen, siehe Seite 148.

- Sicherungsring für Radlager aus der Bremstrommel beziehungsweise Bremsscheibe mit Spitzzange ausfedern.

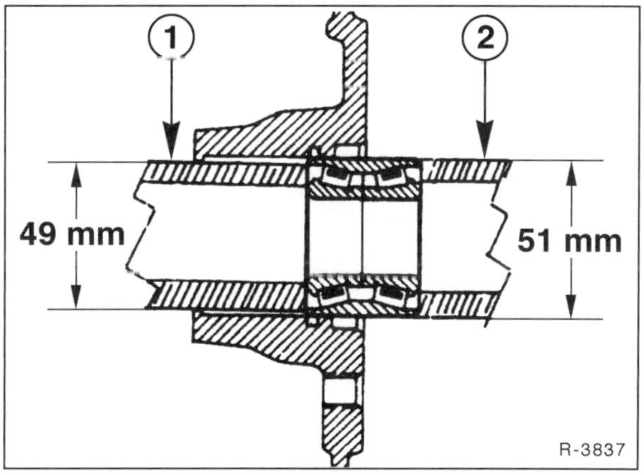

- Radlager mit einem kurzen Rohr –1– aus der Bremstrommel auspressen.
- Radnabe mit sauberem Lappen und Spiritus reinigen.

Einbau

- Radlager mit einer Presse und einem kurzen Rohr –2– in die Trommel eindrücken, bis es an der Nabenschulter anliegt.
- **Neuen** Sicherungsring einsetzen.
- Radnabe einbauen, siehe Seite 148.
- Handbremse einstellen, siehe Seite 169.

Bremstrommel/Bremsscheibe mit Radnabe aus- und einbauen

Ausbau

- Stellung der Hinterräder zur Radnabe mit Farbe kennzeichnen. Dadurch kann das ausgewuchtete Rad wieder in derselben Position montiert werden. Radschrauben bei auf dem Boden stehendem Fahrzeug lösen. Fahrzeug hinten aufbocken und Hinterräder abnehmen.
- Handbremshebel lösen.

Fahrzeuge mit Trommelbremse an der Hinterachse:

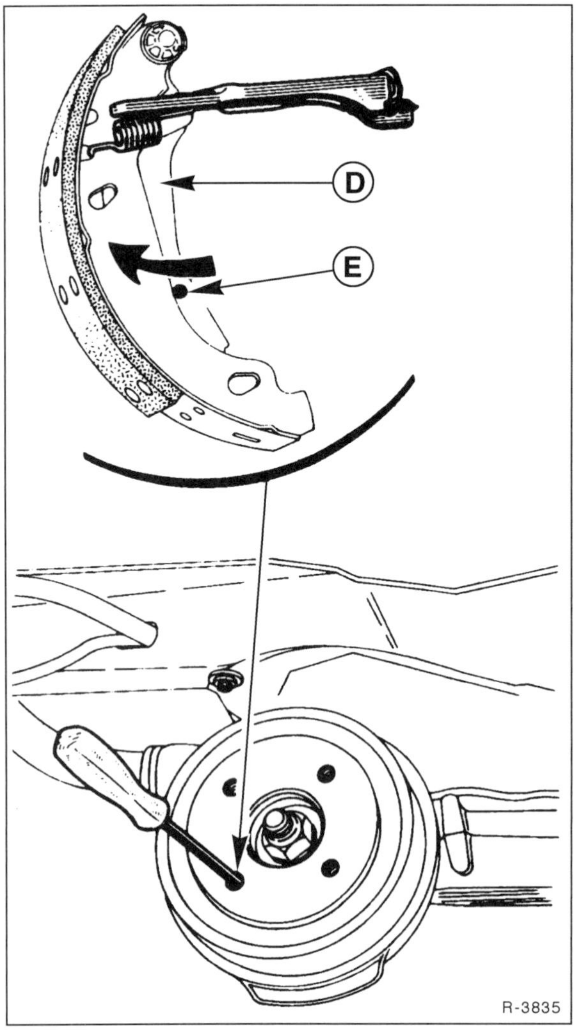

- Bremsbacken der Trommelbremse zurückstellen. Dazu mit einem Schraubendreher durch eine Gewindebohrung für die Radschrauben den Hebel der Handbremse zur Fahrzeugmitte hin drücken. Dadurch wird der Stift –E– frei, und der Handbremshebel –D– kann jetzt in Fahrtrichtung gedrückt werden.
- Hebel in Fahrtrichtung drücken und dadurch Bremsbacken entspannen.

Fahrzeuge mit Scheibenbremse an der Hinterachse:

- Bremsbeläge hinten ausbauen, siehe Seite 161.
- Seilzug für Handbremse am Bremssattel aushängen.
- Bremsleitung am Bremssattel mit einem offenen Ringschlüssel lösen, noch nicht abschrauben.

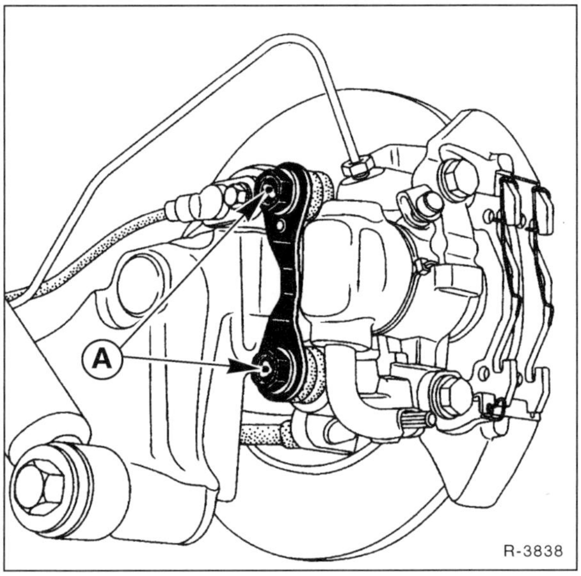

- 2 Befestigungsschrauben –A– für Bremssattel abschrauben. Schrauben mit Unterlegplatte abnehmen.
- Bremsleitung am Bremssattel abschrauben. **Achtung:** Bremsflüssigkeit läuft aus. Bremsflüssigkeit in einer Flasche sammeln, die ausschließlich für Bremsflüssigkeit vorgesehen ist. Regeln für den Umgang mit Bremsflüssigkeit beachten, siehe Seite 172.
- Bremssattel abnehmen.

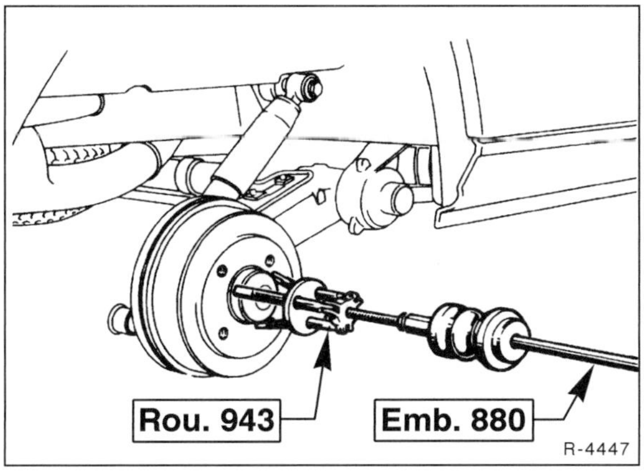

- Nabenkappe mit geeignetem Schlag-Abzieher abziehen. Steht kein Abzieher zur Verfügung, Nabenkappe vorsichtig mit einem Flachmeißel und Gummi- oder Kunststoffhammer abschlagen. Meißel an mehreren Stellen des Umfangs ansetzen. Anschließend Nabenkappe erneuern.
- Rad anschrauben und Fahrzeug ablassen. Achsmutter mit Stecknuß lösen, nicht abschrauben. **Achtung:** Die Mutter ist mit hohem Drehmoment angeschraubt. **Zum Lösen muß das Fahrzeug auf dem Boden stehen, Gang einlegen, Handbremse anziehen. Unfallgefahr!**
- Achsmutter an der Radnabe abschrauben und mit Scheibe abnehmen.
- Je nach Fahrzeug, Bremstrommel beziehungsweise Bremsscheibe abnehmen. Falls erforderlich, mit einem handelsüblichen Abzieher abziehen. Hierzu Abzieher mit den Radschrauben anschrauben und am Achszapfen abstützen.

Einbau

- Bremstrommel beziehungsweise Bremsscheibe sorgfältig reinigen. Auf Verschleiß, Beschädigungen, Maßhaltigkeit und einwandfreie Bremsfläche prüfen.
- Achszapfen mit etwas Motoröl SAE 80 W bestreichen, damit die Nabe sich nicht festfrißt. Dann Radnabe am Achszapfen aufstecken, falls erforderlich, mit Gummihammer aufschlagen.
- Anlaufscheibe aufschieben.
- **Neue** selbstsichernde Achsmutter anschrauben und mit **180 Nm** festziehen. **Achtung:** Hohes Drehmoment, deshalb den Schlüssel waagerecht ansetzen und Druck von oben ausüben, damit das Fahrzeug nicht beim Anziehen seitlich von den Böcken rutscht. **Unfallgefahr!**
- Nabenkappe mit etwas Radlagerfett füllen und auf die Nabe mit einem Gummihammer aufschlagen. **Achtung:** Beschädigte oder verbeulte Nabenkappe unbedingt ersetzen. Wenn die Kappe nicht richtig abdichtet, kann Wasser eindringen und das Radlager zerstören.

Fahrzeuge mit hinterer Scheibenbremse:

- Bremsleitung am Bremssattel einschrauben und handfest anziehen.
- Vor dem Einsetzen der beiden Bremssattelschrauben die Gewinde reinigen, dann mit Sicherungsmittel LOCTITE FRENBLOC bestreichen. Bremssattel ansetzen, Schrauben mit Unterlegplatte einsetzen und Bremssattel anschrauben. Schrauben mit **100 Nm** festziehen.
- Bremsbeläge einbauen, siehe Seite 161.
- Bremsleitung am Bremssattel mit **20 Nm,** also nicht zu fest, anziehen.
- Bremssattel entlüften, siehe Seite 172.

Achtung: Dabei darauf achten, daß sich immer Bremsflüssigkeit im Ausgleichbehälter befindet. Ist keine Bremsflüssigkeit mehr im Ausgleichbehälter vorhanden, muß die ganze Bremsanlage entlüftet werden.

- Handbremsseil am Bremssattel einhängen.

- Hinterräder so ansetzen, daß die beim Ausbau angebrachten Markierungen übereinstimmen. Räder anschrauben. Fahrzeug ablassen und Radschrauben über Kreuz mit **90 Nm** festziehen.
- Bremspedal mehrere Male betätigen, damit die Bremsbeläge durch die Nachstellvorrichtung in die richtige Position gebracht werden.
- Handbremse einstellen, siehe Seite 169.

Lenkung

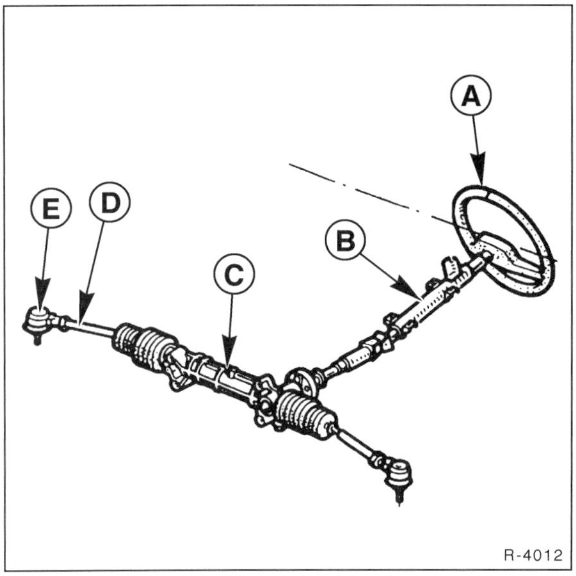

Die Lenkung besteht im wesentlichen aus dem Lenkrad –A–, der Lenksäule –B–, dem Zahnstangen-Lenkgetriebe –C–, den Spurstangen –D– und den Spurstangengelenken –E–. Das Lenkrad ist auf der Lenksäule aufgeschraubt. Über die Lenkspindel werden die Lenkbewegungen auf das Lenkgetriebe übertragen. Im Lenkgetriebe wird eine Zahnstange entsprechend dem Lenkradeinschlag nach links oder rechts bewegt. Spurstangen, die am Mitnehmer der Zahnstange befestigt sind, übertragen die Lenkkräfte über die Spurstangengelenke und Achsschenkelträger auf die Räder.

Die Zahnstangenlenkung ist wartungsfrei, allerdings müssen die Abdicht-Manschetten auf einwandfreien Zustand geprüft werden.

Je nach Modell oder Ausstattung wird die Bedienung der Lenkung durch eine hydraulische Lenkhilfe (Servolenkung) erleichtert. Die hydraulische Lenkhilfe besteht aus der Ölpumpe (Servopumpe), dem Vorratsbehälter und den Öldruckleitungen. Angetrieben wird die Ölpumpe über einen Keilriemen. Die Pumpe saugt das Hydrauliköl aus dem Vorratsbehälter an und fördert es mit hohem Druck zum Lenkgetriebe. Dort sorgt eine Regeleinheit für die erforderliche Lenkunterstützung.

Der Fahrer-**Airbag** ist als zusammengefalteter Luftsack im Lenkrad untergebracht. Im Fall einer stärkeren Frontalkollision wird über ein Steuergerät eine kleine Sprengladung in der Airbag-Einheit gezündet, die Abgase der Explosion blasen den Luftsack innerhalb weniger Millisekunden auf. Diese Zeit reicht aus, den Aufprall des nach vorn schnellenden Fahrers zu dämpfen. Der Airbag fällt dann innerhalb weniger Sekunden in sich zusammen, da die Gase durch Austrittsöffnungen entweichen. **Arbeiten am Airbag-System sollten aus Sicherheitsgründen von einer RENAULT-Werkstatt durchgeführt werden.**

Achtung: Selbstsichernde Muttern immer ersetzen. Schweiß- und Richtarbeiten an Lenkungsteilen sind nicht zulässig. Arbeiten am Airbag-System müssen von der Fachwerkstatt durchgeführt werden, Explosionsgefahr!

Sicherheitsmaßnahmen zum Airbag

- Austausch- und Überprüfungsarbeiten am Airbag-System dürfen nur von der Fachwerkstatt durchgeführt werden. Grundsätzlich dürfen keinerlei Veränderungen vorgenommen werden.
- Das Airbag-Lenkrad darf nur durch ein vom Fahrzeughersteller freigegebenes Lenkrad ersetzt werden.
- Die Polsterplatte des Lenkrades darf weder beklebt noch überzogen oder andersweitig bearbeitet werden. Sie darf nur mit einem trockenen oder einem durch Wasser angefeuchteten Tuch sowie mit einem vom Fahrzeughersteller freigegebenen Reiniger gereinigt werden.
- Der Airbag ersetzt nicht das Anlegen des Sicherheitsgurtes. Die Fahrzeuginsassen müssen angeschnallt sein, nur dann werden sie optimal geschützt.
- Bei Fahrzeugen mit Beifahrer-Airbag dürfen auf dem Beifahrersitz keine Babysitze oder Kindersitze montiert werden.
- Wurde aufgrund eines Unfalls der Airbag ausgelöst, müssen Steuergerät, Airbag-Einheit und Kontakteinheit durch Neuteile ersetzt werden (Werkstattarbeit).

- Vor Aufnahme von Arbeiten am Airbag-System oder der elektrischen Anlage ist das Batterie-Massekabel abzuklemmen. Minuspol an der Batterie isolieren, um versehentlichen elektrischen Kontakt zu vermeiden.
- Nach Abklemmen der Batterie **5 Minuten** warten, bis mit Arbeiten am Airbag begonnen wird. Diese Zeit wird zum Entladen der Kondensatoren im Steuergerät benötigt.
- Vor Ausbau des Lenkrades ist die Lenksäule in der Stellung Geradeausfahrt zu arretieren, damit bei späterer Montage die Kontakteinheit nicht zerstört wird.
- Eine nicht ausgelöste, ausgebaute Airbag-Einheit muß bei länger andauernder Fahrzeug-Reparatur unter Verschluß gelagert werden.
- Die Airbag-Einheit darf nicht mit Fett, Reinigungs- oder ähnlichen Mitteln (aggressiven Stoffen) behandelt werden.
- Die Airbag-Einheit und das Steuergerät sind schlagempfindlich. Falls diese Airbagteile von einer größeren Höhe als 50 cm herunterfallen, dürfen sie nicht mehr eingebaut werden. Bei geringerer Fallhöhe Airbag in der Werkstatt prüfen lassen.
- Bei Schweißarbeiten muß die Polklemme des Schweißgerätes unmittelbar an der Schweißstelle angebracht werden. Auf jeden Fall sind das Steuergerät (Einbauort: unterhalb der Mittelkonsole) vom Kabelsatz zu trennen und die Steckverbindung zum Gasgenerator zu lösen.
- Unter der Mittelkonsole, vor dem Schalthebel, sind das Steuergerät des Airbag-Systems und der Gurtschloßstraffer untergebracht. Zur Vermeidung von Funktionsstörungen dürfen dort keine magnetischen Gegenstände eingebaut (z.B. Lautsprecher) oder abgelegt werden.
- Die Airbag-Einheit sowie das Steuergerät dürfen auch kurzzeitig keiner Temperatur von mehr als +90° C ausgesetzt werden. Beschädigte bzw. defekte Einzelteile dürfen keinesfalls repariert werden. Die Komponenten des Airbag-Systems dürfen nicht gewaltsam geöffnet werden.
- Auf keinen Fall darf der Airbag selbst entsorgt werden. Explosionsgefahr!
- Bei Arbeiten unter dem Fahrzeug (Karosserie, Abgasanlage etc.), bei denen das Bodenblech durch Hammerschläge starken Erschütterungen ausgesetzt wird, **Batterie abklemmen.** Danach 5 Minuten warten, damit das Airbag/Gurtstraffersystem deaktiviert ist.
- Hinweise zum Gurtstraffersystem beachten, siehe Seite 222.

Systemkontrolle

- Die Kontrolleuchte für Airbag/Gurtstraffersystem muß beim Einschalten der Zündung aufleuchten und nach etwa 3 Sekunden erlöschen.
- Eine Systemstörung liegt vor, wenn die Kontrollleuchte beim Einschalten der Zündung nicht aufleuchtet.
- Erlischt die Leuchte nicht oder leuchtet sie während der Fahrt auf, liegt eine Störung im Airbag-System vor. Es muß davon ausgegangen werden, daß das Airbag-System dann nicht mehr funktionsfähig ist.

Lenkrad aus- und einbauen

Achtung: Unbedingt »Sicherheitsmaßnahmen zum Airbag« durchlesen. Da RENAULT vor Einbau des Airbags die Prüfung mit einem speziellen Prüfgerät vorschreibt, sollte der Aus- und Einbau von einer RENAULT-Werkstatt vorgenommen werden.

Ausbau

- **Massekabel (–) von der Batterie abklemmen. Kontakt an der Batterie isolieren. Achtung: Vor dem Abklemmen der Batterie sollten auch die Hinweise im Kapitel »Batterie aus- und einbauen« durchgelesen werden.**
- Nach Abklemmen der Batterie **5 Minuten** warten, bis mit dem Lenkradausbau begonnen wird. Diese Zeit wird zum Entladen der Kondensatoren im Airbag/Gurtstraffer-Steuergerät benötigt.

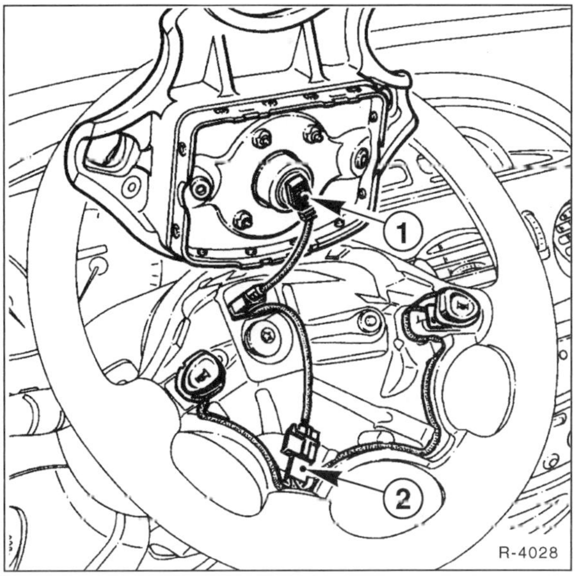

- 2 Schrauben der Airbag-Einheit an der Rückseite des Lenkrades abschrauben. Airbag-Einheit nach oben klappen.
- Zuerst weißen Stecker –1– an Rückseite der Airbag-Einheit abziehen.
- Dann Stecker –2– für Hupe abziehen.
- Airbag-Einheit abnehmen und mit der gepolsterten Seite nach oben ablegen.
- Lenkrad in Stellung Geradeausfahrt bringen. Zündschlüssel abziehen und Lenkspindel mit Lenkschloß arretieren.
- Kontakteinheit unter dem Lenkrad mit Klebeband in Mittelstellung fixieren. Die Kontakteinheit dreht sich mit dem Lenkrad mit und versorgt den Airbag mit Strom.

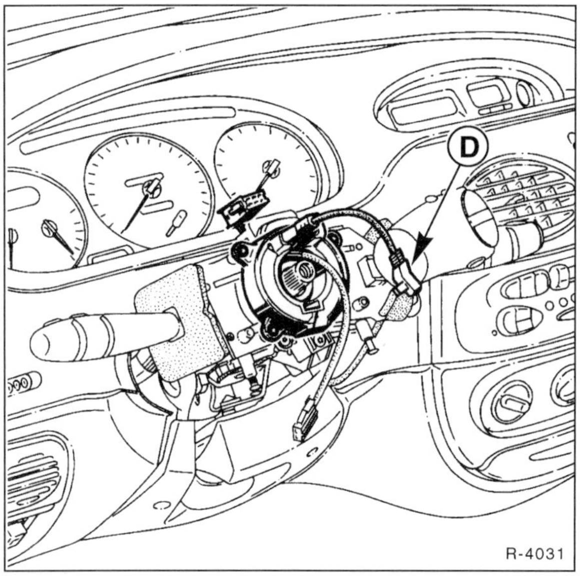

- Kabelstecker für Airbag –D– an der Kontakteinheit abziehen. Bei Fahrzeugen mit Bordcomputer zusätzlich Stecker für Lenkradbedienung trennen. Die Abbildung zeigt die Kontakteinheit bei ausgebautem Lenkrad.
- Lenkrad-Befestigungsschraube mit Torxschrauben-Stecknuß, Größe T50, abschrauben.
- Stellung des Lenkrades zur Lenkspindel mit Farbe oder Reißnadel kennzeichnen. Dazu einen Strich über beide Teile ziehen.
- Lenkrad von der Lenkspindel abziehen, gegebenfalls Lenkrad mit den Handballen vorsichtig abschlagen.

Achtung: Auf die Lenkspindel darf unter keinen Umständen mit einem harten Gegenstand geschlagen werden. Lenkrad nicht mit Werkzeug ab- oder aufschlagen. Darauf achten, daß beim Abziehen die Kabel nicht beschädigt werden.

Einbau

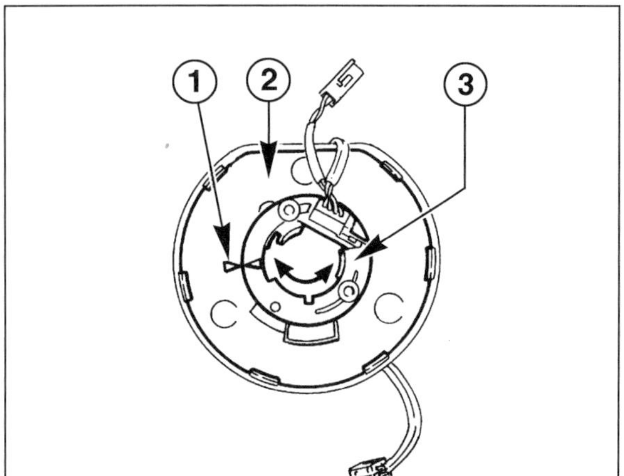

- Nur wenn die Airbag-Kontakteinheit beim Ausbau nicht in Mittelstellung mit Klebeband fixiert wurde: Mittelstellung der Kontakteinheit ermitteln. Dazu Mitnehmer –3– in der Kontakteinheit –2– bis zum spürbar höheren Widerstand nach rechts drehen. Anschließend Mitnehmer nach links drehen, dabei Umdrehungen zählen. Gezählte Umdrehungen durch 2 teilen und Mitnehmer um diesen Wert zurückdrehen. Sind Pfeile –1– angebracht, müssen diese jetzt fluchten. Die Abbildung zeigt nicht die MEGANE-Kontakteinheit. **Achtung:** Kontakteinheit nicht überdrehen. Falsche Montage kann zum Ausfall des Airbags führen.
- Lenkrad mit Kontakteinheit aufsetzen. Das Lenkrad muß mittig auf der Lenkspindel sitzen, die vorher angebrachten Markierungen müssen übereinstimmen.
- Klebeband an Kontakteinheit entfernen.
- Lenkrad-Befestigungsschraube **immer erneuern**, da sie speziell beschichtet ist und nur einmal festgezogen werden darf. Schraube mit Drehmomentschlüssel und **45 Nm** anschrauben.

Prüfen

Achtung: RENAULT schreibt vor dem Anschließen des Airbags die Prüfung des Airbag-Systems mit dem Prüfgerät »XR Bag (Elé 1288)« vor.

- Batterie-Massekabel (–) anklemmen.
- Zündung einschalten. Die Airbag-Kontrollampe im Schalttafeleinsatz muß bei abgezogenem weißen Airbag-Stecker einige Sekunden lang permanent aufleuchten und dann blinken.
- Zündung ausschalten.
- Prüfgerät »XR Bag (Elé 1288)« an den weißen Stecker des Airbags anschließen.
- Zündung einschalten. Die Airbag-Kontrollampe muß einige Sekunden lang aufleuchten und dann erlöschen. Eine Minute warten und dabei sicherstellen, daß die Airbag-Kontrollampe erloschen bleibt. In diesem Fall funktioniert die Airbag-Elektronik korrekt und der Airbag darf eingebaut werden.
- Zündung ausschalten und anschließend Prüfgerät abklemmen.
- Airbag-Einheit ansetzen und weißen Stecker zwischen Gasgenerator und Kontakteinheit verbinden.
- Stecker für Hupe sowie Bordcomputer (wo vorhanden) verbinden.
- Airbag-Einheit von der Lenkrad-Rückseite her mit **5 Nm** anschrauben.
- Zeituhr einstellen. Diebstahlcode für Radio eingeben.

Achtung: Bestehen Zweifel über die korrekte Zentrierung der Kontakteinheit, RENAULT-Werkstatt aufsuchen und Lenkrad dort nochmals aus- und einbauen lassen.

Spurstange/Spurstangengelenk aus- und einbauen

Zur Montage werden Sonderwerkzeuge von RENAULT benötigt, die über die Fa. FACOM bezogen werden können.

Ausbau

- Stellung der Vorderräder zur Radnabe mit Farbe kennzeichnen. Dadurch kann das ausgewuchtete Rad wieder in derselben Position montiert werden. Radschrauben bei auf dem Boden stehendem Fahrzeug lösen. Fahrzeug vorn aufbocken und Vorderräder abnehmen.
- Befestigungsmutter am Spurstangengelenk abschrauben.

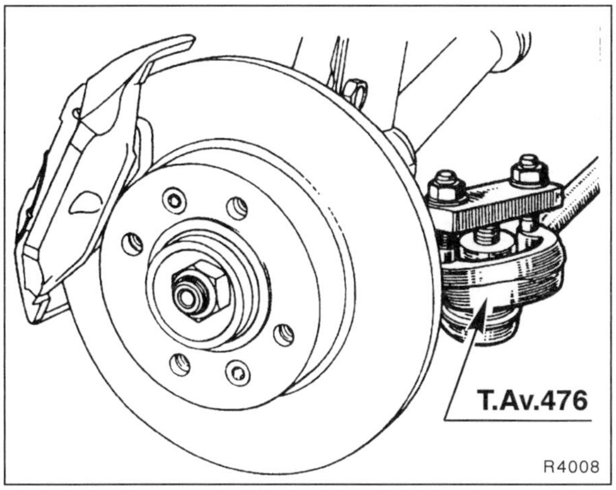

- Spurstangengelenk mit Abzieher (zum Beispiel RENAULT-Werkzeug T.Av.476 oder HAZET 779) abdrücken.

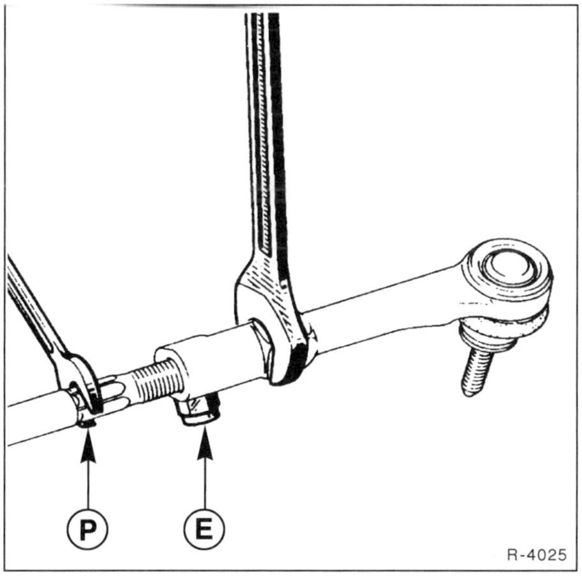

- Klemmutter –E– lösen und Spurstangenkopf abschrauben, dabei am Sechskant –P– der Spurstange mit einem Gabelschlüssel gegenhalten. **Achtung:** Dabei Umdrehungen zählen und notieren. Das ist erforderlich für die Voreinstellung der Vorderradspur beim Einbau der Spurstange.
- Zahnstangen-Manschette abziehen. Vorher Halteschelle lösen und von der Manschette abheben.

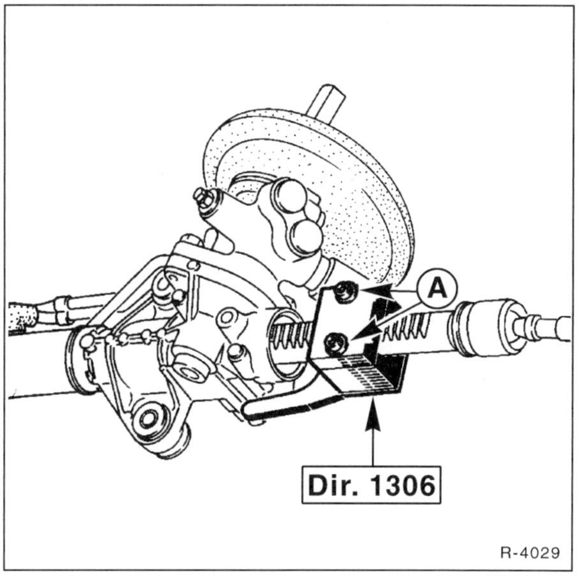

- Damit sich die Zahnstange beim Abschrauben des Spurstangengelenks nicht mitdreht, verwendet die RENAULT-Werkstatt ein Spezialwerkzeug je nach eingebautem Lenkgetriebe-Fabrikat. Lenkgetriebe von Firma SMI: Werkzeug Dir. 1306, von Firma TRW: Werkzeug Dir. 1306-01. Das Werkzeug wird über die Zahnstange geschoben und mit den Schrauben –A– geschlossen. Es stützt sich mit dem Zapfen am Lenkgetriebe ab. **Achtung:** Zahnstange auf jeden Fall gegenhalten, sonst wird das Lenkgetriebe beschädigt.

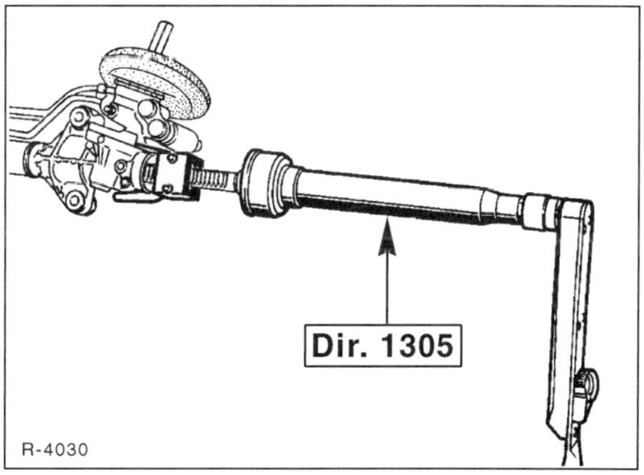

- Spurstange am Axialkugelgelenk mit RENAULT-Werkzeug Dir. 1305 vom Radlauf her abschrauben.
- Spurstange herausnehmen.

Prüfen

- Spurstangengelenk am Zapfen hin- und herbewegen. Bei zu großer Leichtgängigkeit oder wenn Spiel vorhanden ist, Spurstangenkopf erneuern.

● Staubmanschette am Spurstangenkopf auf Beschädigung und Undichtheit (Austritt der Fettfüllung) prüfen. Wenn die Manschette beschädigt ist, Spurstangenkopf erneuern.

● Zahnstangen-Manschette auf Porosität, Risse oder Schnitte prüfen, gegebenenfalls ersetzen.

Einbau

● Vor Einbau der Spurstange mit einem Gewindebohrer M12x1,00 die Gewindebohrung am Ende der Zahnstange reinigen, um alle Spuren von Schraubensicherungsmittel zu entfernen.

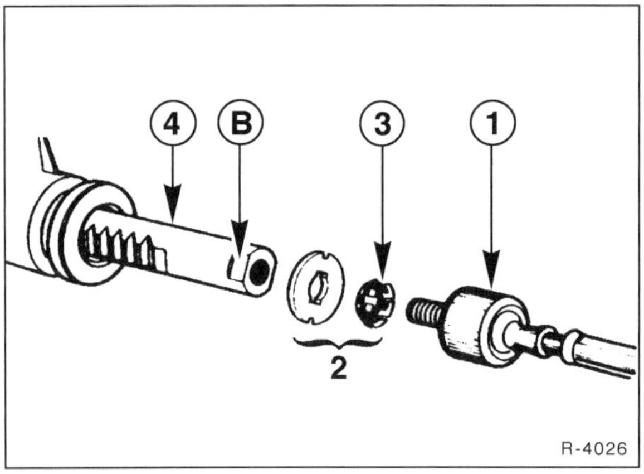

● SMI-Lenkgetriebe: Teile –2– (Anschlagscheibe und Sicherungsscheibe –3–) **immer erneuern**. Anschlagscheibe so einbauen, daß die Nuten mit den Abflachungen –B– an Zahnstange –4–übereinstimmen.

Hinweis: Beim TRW-Lenkgetriebe sind die Teile –2– nicht vorhanden.

● Axialkugelgelenk –1– am Gewinde mit Sicherungsmittel »LOCTITE FRENBLOC« bestreichen. Nicht zuviel auftragen, sonst wird die Wasserablaufbohrung verstopft.

● Axialkugelgelenk mit dem RENAULT-Spezialwerkzeug in die Zahnstange einschrauben und beim SMI-Lenkgetriebe mit **50 Nm,** beim TRW-Lenkgetriebe mit **80 Nm** festziehen. Dabei Zahnstange wie beim Abschrauben mit dem Spezialwerkzeug gegenhalten, sonst wird das Lenkgetriebe beschädigt.

● Spezialwerkzeug von der Zahnstange entfernen.

● Auflagefläche der Manschette am Axialkugelgelenk mit Fett dünn bestreichen. Neue Zahnstangen-Manschette aufziehen.

● Räder geradeaus stellen, um die Luftvolumen in beiden Lenkgetriebe-Manschetten auszugleichen. Manschette ausrichten, sie darf nicht durch Unterdruck eingefallen sein. Manschette mit neuen Halteschellen befestigen.

● Spurstangenkopf mit der beim Ausbau notierten Umdrehungsanzahl einschrauben und mit Klemmutter sichern. Anzugsdrehmoment für Mutter: **20 Nm**.

● Spurstangengelenk am Achsschenkelträger eindrücken und mit **neuer, selbstsichernder Mutter** und **35 Nm** anschrauben.

● Rad anschrauben, dabei auf Markierung zur Radnabe achten. Fahrzeug ablassen und Radschrauben mit **90 Nm** über Kreuz festziehen.

● Vorderradspur und Spurverteilung prüfen und gegebenenfalls einstellen lassen.

Hydraulikpumpe aus- und einbauen

Ausbau, Motoren ohne Klimaanlage

Hinweis: Bei Motoren mit Klimaanlage Riemenscheibe der Hydraulikpumpe abschrauben und Pumpe mit 3 hinter der Riemenscheibe liegenden Schrauben vom Halter abschrauben.

● Keilrippenriemen ausbauen, siehe Seite 54.

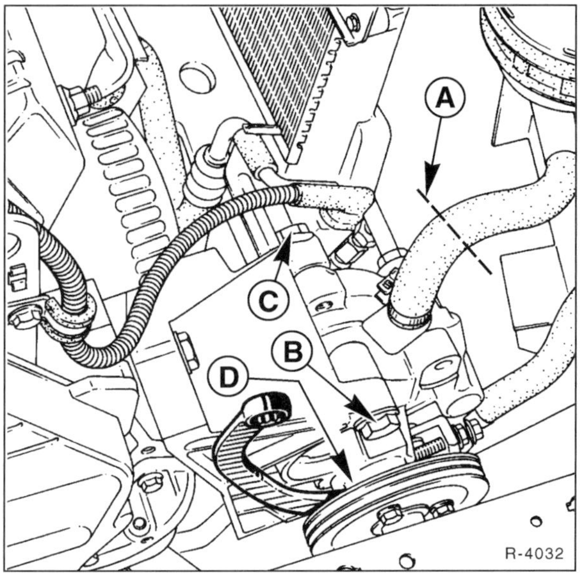

● Schlauchklemme, zum Beispiel HAZET 4590-2, an Stelle –A– anbringen, damit kein Öl vom Vorratsbehälter ausläuft.

● Versorgungs- und Hochdruckschlauch an der Pumpe abziehen, dazu Schlauchschellen lösen.

● Schraube –D– mit einem gebogenen Schlüssel abschrauben, siehe Abbildung. Anschließend Schrauben –B– und –C– abschrauben. Pumpe abnehmen.

Einbau

● Pumpe mit Schraube –B– ansetzen, dann Schrauben –C– und –D– anschrauben.

● Zu- und Ablaufleitung anklemmen, Schlauchschellen festziehen. Schlauchklemme entfernen.

● Keilrippenriemen einbauen und spannen, siehe Seite 54.

● Servoöl auffüllen und Lenkung entlüften, dabei die Lenkung vorsichtig von Anschlag zu Anschlag drehen, siehe Seite 301.

Fahrzeugvermessung

Optimale Fahreigenschaften und geringster Reifenverschleiß sind nur dann zu erzielen, wenn die Stellung der Räder einwandfrei ist. Bei erhöhter und ungleichmäßiger Reifenabnutzung sowie mangelhafter Straßenlage – bei schlechter Richtungsstabilität in Geradeausfahrt sowie schlechten Lenkeigenschaften in Kurvenfahrt – sollte die Werkstatt aufgesucht werden, um den Wagen optisch vermessen zu lassen.
Die Fahrzeugvermessung kann ohne eine entsprechende Meßanlage nicht durchgeführt werden. Ich beschränke mich deshalb hier auf die Beschreibung der für die Vermessung erforderlichen Grundbegriffe.

Spur/Sturz/Spreizung/Nachlauf

Als **Spur** bezeichnet man den seitlichen Abstand der Räder voneinander. Vorspur bedeutet, daß die Räder – in Höhe des Radmittelpunktes gemessen – vorn etwas enger zusammenstehen als hinten. Nachspur bedeutet, daß die Vorderräder vorn etwas weiter auseinanderstehen als hinten. Beim RENAULT MÉGANE und SCENIC werden die angetriebenen Vorderräder auf **–10° + 10° (–1 mm ± 1 mm) Nachspur** eingestellt, sie haben das Bestreben, nach innen zu laufen
Sturz und Spreizung vermindern die Übertragung von Fahrbahnstößen auf die Lenkung und halten bei Kurvenfahrt die Reibung möglichst gering.

Sturz ist der Winkel, um den die Radebene von der Senkrechten abweicht. Die Vorderräder stehen also schräg, bei negativem Sturz beispielsweise im Radaufstandspunkt mehr auseinander als oben.

Spreizung ist der Winkel zwischen der Schwenkachse des Achsschenkels und der Senkrechten im Reifenaufstandspunkt, in Längsrichtung des Wagens gesehen.

Nachlauf ist der Winkel zwischen der Schwenkachse des Achsschenkels und der Senkrechten im Reifenaufstandspunkt in Querrichtung des Fahrzeuges gesehen. Der Nachlauf beeinflußt maßgeblich die Geradeausführung der Vorderräder. Zu geringer Nachlauf begünstigt ein Abweichen aus der Fahrtrichtung auf schlechten Straßen oder bei Seitenwind und läßt zudem nach der Kurvenfahrt die Lenkung nicht weit genug zur Mittelstellung zurücklaufen.

Nachlauf und Sturz sowie Spreizung können nicht eingestellt werden. Die Spur der Hinterachse ist auch nicht einstellbar. Liegt ein gemessener Wert außerhalb der Toleranz, sind Teile der Radaufhängung beschädigt oder verschlissen.

Prüfvoraussetzungen

- Lenkung richtig eingestellt.
- Kein unzulässiges Spiel in den Spurstangen- und Achsgelenken sowie Radlagern.
- Reifenfülldruck richtig eingestellt.
- Fahrzeug in Leergewichtszustand: Reserverad und Wagenheber befinden sich an den dafür vorgesehenen Stellen, Kraftstofftank ist gefüllt. Fahrzeug unbeladen.
- Fahrzeug kräftig durchgefedert.
- Höhen- oder Seitenschlag der Felgen darf nicht mehr als 1,2 mm betragen (Felgenschlag am Meßgerät ausgleichen).

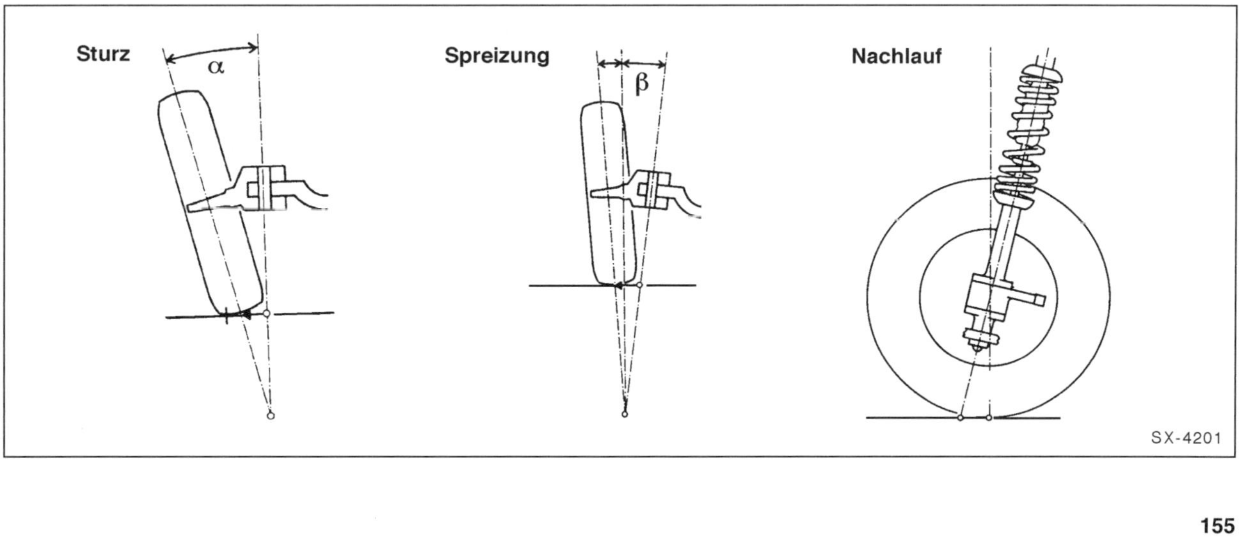

Bremsanlage

Das Bremssystem besteht aus dem Hauptbremszylinder, den Scheibenbremsen für die Vorderräder und den Trommelbremsen für die Hinterräder sowie dem Bremskraftverstärker. Bei Modellen mit stärkerer Motorisierung und beim SCENIC sind auch hinten Scheibenbremsen eingebaut.

Das Bremssystem ist in zwei Kreise aufgeteilt, die diagonal wirken. Ein Bremskreis arbeitet vorn rechts/hinten links, der andere vorn links/hinten rechts. Dadurch bremst bei Ausfall eines Bremskreises, zum Beispiel durch Undichtigkeit, ein Vorderrad und das entgegengesetzte Hinterrad. Der Druck für beide Bremskreise wird im Hauptbremszylinder über das Bremspedal aufgebaut.

Der Bremsflüssigkeitsbehälter befindet sich über dem Hauptbremszylinder vorn im Motorraum und versorgt das ganze Bremssystem mit Bremsflüssigkeit.

Der Bremskraftverstärker speichert einen Teil des vom Motor erzeugten Ansaug-Unterdruckes. Über entsprechende Ventile wird dann bei Bedarf die Pedalkraft durch den Unterdruck verstärkt. Der Dieselmotor besitzt eine spezielle Unterdruckpumpe, die vom Motor angetrieben wird und den Unterdruck für den Bremskraftverstärker erzeugt.

Die Bremsbeläge an Vorder- und Hinterachse müssen grundsätzlich nicht nachgestellt werden.

Die Handbremse wird über Seilzüge betätigt und wirkt auf die Bremse der Hinterräder.

Ein Bremskraftregler reduziert den Bremsdruck an der Hinterachse in Abhängigkeit von der jeweiligen Hinterachslast und sorgt dafür, daß die Hinterräder nicht überbremsen (blockieren).

Beim Reinigen der Bremsanlage fällt Bremsstaub an. Dieser Staub kann zu gesundheitlichen Schäden führen. Deshalb beim Reinigen der Bremsanlage darauf achten, daß der Bremsstaub nicht eingeatmet wird.

Die Bremsbeläge sind Bestandteil der Allgemeinen Betriebserlaubnis (ABE), außerdem sind sie vom Werk auf das jeweilige Fahrzeugmodell abgestimmt. Es empfiehlt sich deshalb, nur von RENAULT beziehungsweise vom Kraftfahrtbundesamt freigegebene Bremsbeläge zu verwenden. Diese Bremsbeläge haben eine KBA-Freigabenummer.

Das Arbeiten an der Bremsanlage erfordert peinliche Sauberkeit und exakte Arbeitsweise. Falls die nötige Arbeitserfahrung fehlt, sollten die Arbeiten an der Bremse von einer Fachwerkstatt durchgeführt werden.

ABS-Anlage

Je nach Modell und Ausstattung ist der RENAULT MÉGANE und der SCENIC mit dem elektronischen Antiblockiersystem (ABS) TEVES MARK IV oder BOSCH 5.3 ausgerüstet. Fahrzeuge mit ABS sind bei den Arbeitsbeschreibungen berücksichtigt.

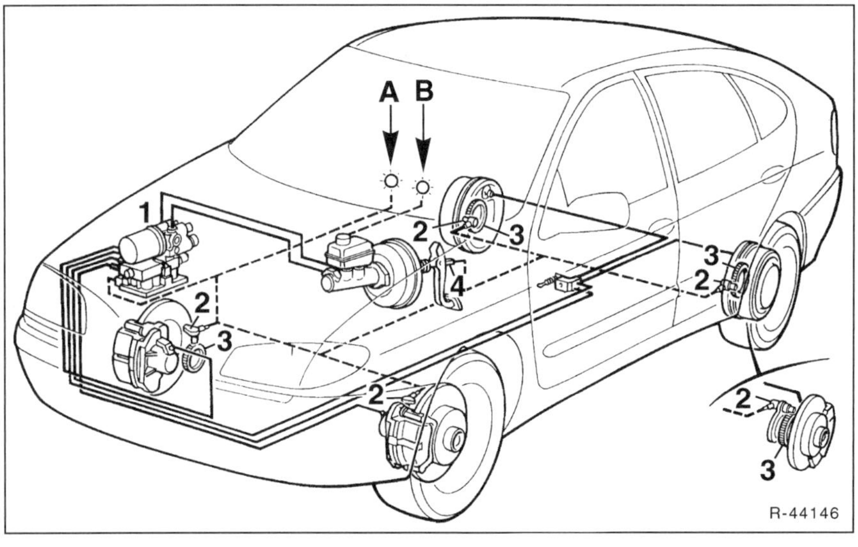

Schema ABS-Anlage

—— Hydraulikleitungen

– – Elektrische Leitungen

A – Kontrollampe ABS

B – Warnlampe für Bremsflüssigkeitsstand

1 – Hydraulikblock

2 – Raddrehzahlgeber

3 – Impulsring

4 – Bremslichtschalter

Das Anti-Blockier-System (ABS) besteht aus der elektrohydraulischen Steuereinheit mit integriertem elektronischen Steuergerät, der ABS-Kontrolleuchte und den Drehzahlfühlern und Impulszahnrädern an den Rädern.

Das ABS verhindert, daß bei scharfem Abbremsen die Räder blockieren. Dadurch bleibt bei einer Vollbremsung das Fahrzeug lenkbar. Für den Fahrer ist die Antiblockier-Regelung am Pulsieren des Bremspedals und an Geräuschen der Hydraulikeinheit im Motorraum erkennbar.

Eine Sicherheitsschaltung im elektronischen Steuergerät sorgt dafür, daß sich das ABS bei einem Defekt (z. B. Kabelbruch) oder bei zu niedriger Betriebsspannung (Batteriespannung unter 10,5 Volt) selbst abschaltet, dies wird durch das Leuchten der ABS-Kontrollampe am Armaturenbrett angezeigt. Die herkömmliche Bremsanlage bleibt dabei in Betrieb. Das Fahrzeug verhält sich dann beim Bremsen so, als ob keine ABS-Anlage eingebaut wäre.

Nach Einschalten der Zündung kontrolliert sich das ABS-System selbst auf Fehler. Nach etwa 3 Sekunden muß die ABS-Kontrollampe im Armaturenbrett erlöschen. Leuchtet die ABS-Kontrollampe länger oder während der Fahrt auf, folgende Punkte beachten:

- Motor abstellen und Batteriespannung prüfen. Wenn die Spannung unter 10,5 Volt liegt, Batterie laden.
- Prüfen, ob die Batterieklemmen richtig festgezogen sind und einwandfreien Kontakt haben.
- Fahrzeug aufbocken. Elektrische Leitungen zu den Drehzahlfühlern an allen 4 Rädern auf äußere Beschädigungen (Scheuerstellen) prüfen.

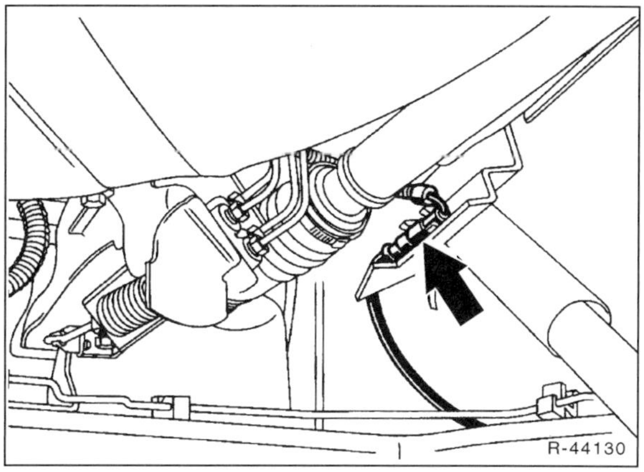

- Stecker der Raddrehzahlgeber ausclipsen und mit Reinigungsmittel AUTOLUBE reinigen. Die Abbildung zeigt einen Stecker an der Hinterachse, neben dem Stoßdämpfer. Stecker wieder einclipsen.

Weitere Prüfungen des ABS sollten der Werkstatt vorbehalten bleiben. Mit einem Fehlerauslesegerät können dort vom Steuergerät registrierte Fehler abgerufen und gezielt behoben werden.

Achtung: Vor Schweißarbeiten mit einem elektrischen Schweißgerät muß der Stecker vom elektronischen ABS-Steuergerät abgezogen werden. Stecker nur bei ausgeschalteter Zündung abziehen. Bei Lackierarbeiten darf das Steuergerät mit max. +85° C belastet werden.

Technische Daten Bremsanlage

MÉGANE Limousine, Classic und Coach

Motor	70 PS, 75 PS, Diesel	90 PS Benzin	114 PS	150 PS	
Scheibenbremse				vorn	hinten
Radbremszylinder-Durchmesser	48 mm	48 mm	48 mm	48 mm	30 mm
Bremsscheiben-Durchmesser	238 mm	238 mm	259 mm	262 mm	238 mm
Bremsscheiben-Dicke, neu	12 mm	20 mm	20,6 mm	22 mm	8 mm
Verschleißgrenze der Bremsscheibe[1]	10,3 mm	18,3 mm	19 mm	19,8 mm	6,3 mm
Bremsbelag-Dicke neu (mit Rückenplatte)	18 mm	18 mm	18 mm	18 mm	11 mm
Bremsbelag-Mindestdicke (mit Rückenplatte)	7,0 mm	6,5 mm	6,0 mm	6,0 mm	4,6 mm
Maximaler Seitenschlag der Bremsscheibe	0,07 mm	0,07 mm	0,07 mm	0,07 mm	0,07 mm
Trommelbremse hinten					
Radbremszylinder-Durchmesser	17,5 mm	17,5 mm	17,5 mm	–	–
Bremstrommel-Durchmesser, neu	203,2 mm	203,2 mm	203,2mm	–	–
Bremstrommel-Durchmesser, maximal[2]	204,4 mm	204,4 mm	204,4 mm	–	–
Bremsbelag-Dicke neu (mit Belagträger)	8,3 mm	8,3 mm	8,3 mm	–	–
Bremsbelag-Mindestdicke (mit Belagträger)	0,6 mm	0,6 mm	0,6 mm	–	–

[1)] Die Bremsscheiben dürfen nicht nachgearbeitet werden.
[2)] Bremstrommel-∅ nach dem Ausdrehen.

Bremsbeläge vorn aus- und einbauen

Ausbau

- Stellung der Vorderräder zur Radnabe mit Farbe kennzeichnen. Dadurch kann das ausgewuchtete Rad wieder in derselben Position montiert werden. Radschrauben bei auf dem Boden stehendem Fahrzeug lösen. Fahrzeug vorn aufbocken und Vorderräder abnehmen.

Achtung: Ein Wechsel der Beläge von der Außen- zur Innenseite und umgekehrt oder auch vom rechten zum linken Rad ist nicht zulässig. Der Wechsel kann zu ungleichmäßiger Bremswirkung führen. Grundsätzlich alle Scheibenbremsbeläge einer Achse gleichzeitig erneuern. Sollen die Scheibenbremsbeläge wieder montiert werden, müssen sie gekennzeichnet werden.

- Kabel für Bremsbelagverschleißfühler am Federbein trennen, Kabelbinder durchschneiden.
- Bremssattel von Hand nach außen ziehen und dadurch den Bremskolben zurückdrücken.

Achtung: Beim Zurückdrücken der Kolben wird Bremsflüssigkeit aus den Bremszylindern in den Ausgleichbehälter gedrückt. Flüssigkeit im Behälter beobachten, eventuell Bremsflüssigkeit mit einem Saugheber absaugen.

Zum Absaugen eine Entlüfterflasche oder eine Plastikflasche verwenden, die nur mit Bremsflüssigkeit in Berührung kommt. Keine Trinkflaschen verwenden! **Bremsflüssigkeit ist giftig und darf auf gar keinen Fall mit dem Mund über einen Schlauch abgesaugt werden. Saugheber verwenden. Auch nach dem Belagwechsel darf die »MAXI«-Marke am Bremsflüssigkeitsbehälter nicht überschritten werden, da sich die Flüssigkeit bei Erwärmung ausdehnt. Ausgelaufene Bremsflüssigkeit läuft am Hauptbremszylinder runter, zerstört den Lack und führt zur Korrosion.**

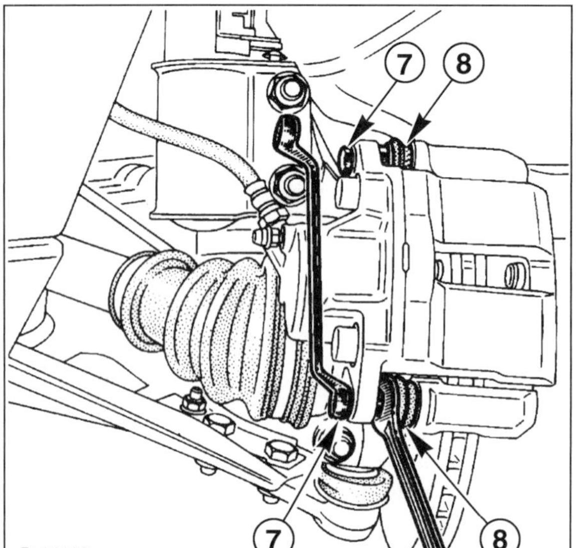

R-44129

- 2 Sechskantschrauben –7– für Bremssattelgehäuse herausschrauben, dabei mit Maulschlüssel an den Führungsbolzen gegenhalten. **Achtung:** Diese Schrauben **nicht** wiederverwenden.
- Kolbengehäuse nach oben abziehen und mit Draht am Aufbau aufhängen, damit der Bremsschlauch nicht belastet wird.

Achtung: Bremsschlauch nicht abnehmen, sonst muß die Anlage entlüftet werden.

- Bremsbeläge herausziehen.

Einbau

Achtung: Bei ausgebauten Bremsbelägen nicht auf das Bremspedal treten, sonst wird der Kolben aus dem Gehäuse herausgedrückt.

- Führungsfläche bzw. Sitz der Beläge im Gehäuseschacht mit geeigneter Weichmetallbürste reinigen oder mit einem Lappen und Spiritus auswischen. Keine mineralölhaltigen Lösungsmittel oder scharfkantigen Werkzeuge verwenden.
- Vor Einbau der Beläge ist die Bremsscheibe durch Abtasten mit den Fingern auf Riefen zu untersuchen. Riefige Bremsscheiben sind zu erneuern.
- Bremsscheibendicke messen, siehe Seite 160.
- Staubkappe und Schutzmanschetten –8– auf Anrisse prüfen, siehe Abbildung R-44129. Eine beschädigte Staubkappe umgehend ersetzen, da eingedrungener Schmutz schnell zu Undichtigkeiten des Bremssattels führt. Der Bremssattel muß hierzu ausgebaut und zerlegt werden (Werkstattarbeit).

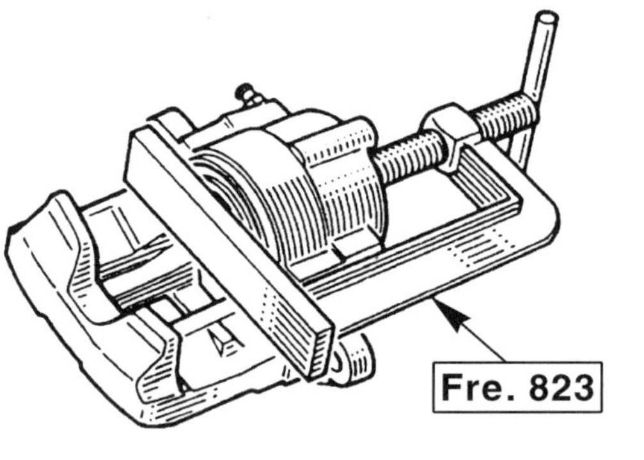

R-4404

- Bremskolben mit Rücksetzvorrichtung, zum Beispiel HAZET 4971-1, bis zum Anschlag zurückdrücken. Es geht auch mit einem Hartholzstab (Hammerstiel), dabei jedoch besonders darauf achten, daß der Kolben nicht verkantet wird und Kolbenfläche sowie Staubkappe nicht beschädigt werden.

Achtung: Bei hohem Bremsbelagverschleiß Leichtgängigkeit des Kolbens prüfen. Dazu Holzklotz in den Bremssattel einsetzen und durch Helfer langsam auf das Bremspedal treten lassen. Der Bremskolben muß sich leicht heraus- und hineindrücken lassen. Zur Prüfung muß der andere Bremssattel eingebaut sein. Darauf achten, daß der Bremskolben nicht ganz herausgedrückt wird. Bei schwergängigem Kolben Bremssattel instandsetzen (Werkstattarbeit).

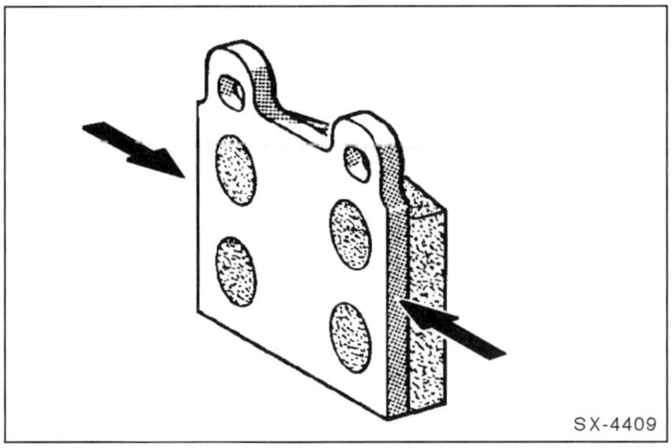

● Der folgende Arbeitsgang ist nicht unbedingt notwendig: Um ein Quietschen der Scheibenbremsen zu verhindern, können die Rückseite der Bremsbeläge sowie Seitenteile der Rückenplatte –Pfeile– mit Hochtemperatur-Schmiermittel (z. B. Plastilube, Tunap VC 582/S, Chevron SRJ/2, Liqui Moly LM-36 oder LM-508-ASC) **dünn** eingestrichen werden. **Die Paste darf keinesfalls auf den eigentlichen Bremsbelag oder auf die Bremsscheibe kommen.** Gegebenenfalls Paste sofort abwischen und Bremsbelag mit Spiritus reinigen.

● Beide Bremsbeläge in den Bremsträger einsetzen. Dabei darauf achten, daß die Druckfedern gleichmäßig nach oben und parallel zur Belagoberkante stehen.

Achtung: Die Bremsbeläge mit Anschluß für das Kabel der Verschleißkontrolle müssen innen montiert werden.

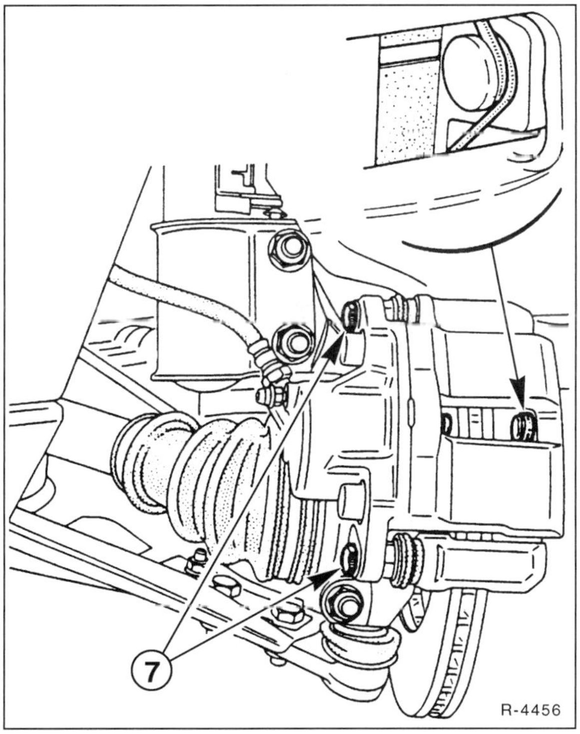

Achtung: Schrauben –7– immer **erneuern** und vor dem Einsetzen am Gewinde mit Schraubensicherungsmittel, zum Beispiel LOCTITE FRENBLOC, einstreichen.

● Kolbengehäuse aufsetzen und am Bremsträger mit 2 **neuen** Schrauben –7– und **35 Nm** festschrauben. Zuerst die untere, dann die obere Schraube einsetzen. Dabei Bremssattel gegen die Federkraft der Bremsbelagfedern mit der Hand gegen den Bremsträger drücken. Darauf achten, daß die beiden Federenden oben und unten gegen das Kolbengehäuse drücken.

● Kabel für Verschleißkontrolle am Steckverbinder aufschieben und am Bremsschlauch mit neuen Kabelbindern fixieren.

● Rad anschrauben, dabei auf Markierung zur Radnabe achten. Fahrzeug ablassen und Radschrauben mit **90 Nm** über Kreuz festziehen.

Achtung: Bremspedal im Stand mehrmals kräftig niedertreten, bis fester Widerstand spürbar ist.

● Bremsflüssigkeit im Ausgleichbehälter prüfen, gegebenenfalls bis zur »MAXI«-Marke auffüllen.

Achtung, Sicherheitskontrolle durchführen:

◆ Sind die Bremsschläuche festgezogen?
◆ Befindet sich der Bremsschlauch in der Halterung?
◆ Sind die Entlüftungsschrauben angezogen?
◆ Ist genügend Bremsflüssigkeit eingefüllt?
◆ Bei laufendem Motor Dichtheitskontrolle durchführen. Hierzu Bremspedal mit 200 bis 300 N (entspricht 20 bis 30 kg) etwa 10 sec. betätigen. Das Bremspedal darf nicht nachgeben. Sämtliche Anschlüsse auf Dichtheit kontrollieren.

● Neue Bremsbeläge vorsichtig einbremsen, dazu Fahrzeug mehrmals von ca. 80 km/h auf 40 km/h mit geringem Pedaldruck abbremsen. Dazwischen Bremse etwas abkühlen lassen.

Achtung: Bis zu einer Fahrstrecke von ca. 200 km sollten keine unnötigen Gewaltbremsungen vorgenommen werden.

Hinweis: Bremsbeläge sind als Sondermüll zu entsorgen. Die örtlichen Behörden geben darüber Auskunft, ob auch eine Entsorgung über den hausmüllähnlichen Gewerbemüll zulässig ist.

Bremsscheibendicke prüfen

Prüfen

- Stellung der Räder zur Radnabe mit Farbe kennzeichnen. Dadurch kann das ausgewuchtete Rad wieder in derselben Position montiert werden. Radschrauben bei auf dem Boden stehendem Fahrzeug lösen. Fahrzeug aufbocken und Räder abnehmen.

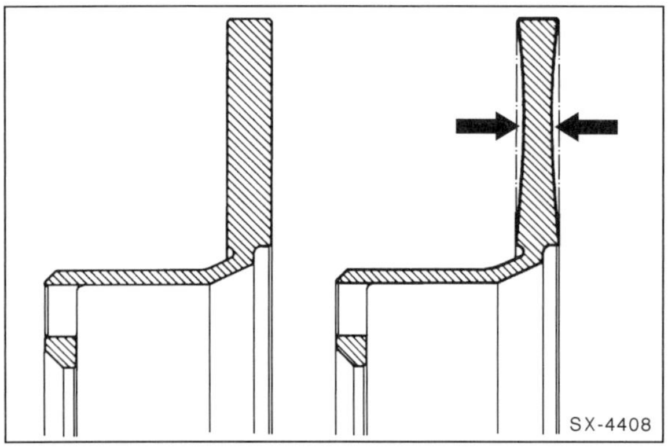

- Bremsscheibendicke immer an der dünnsten Stelle –Pfeile– messen. Die Werkstätten benutzen dazu eine spezielle Lehre oder eine Mikrometer-Bügelmeßschraube, da sich durch Abnutzung der Bremsscheibe ein Rand bildet. Man kann auch eine normale Schieblehre verwenden, allerdings muß dann auf jeder Seite der Bremsscheibe eine entsprechend starke Unterlage zwischengelegt werden (beispielsweise 2 Münzen). Um die exakte Bremsscheibendicke zu erhalten, müssen von dem gemessenen Maß die Dicke der Münzen abgezogen werden. **Achtung:** Messung an mehreren Punkten der Bremsscheibe vornehmen.
- Maße für Bremsscheibe, siehe Seite 157.
- Wird die Verschleißgrenze erreicht, Bremsscheibe erneuern.
- Bei größeren Rissen oder bei Riefen, die tiefer als 0,5 mm sind, Bremsscheibe erneuern.
- Räder so ansetzen, daß die beim Ausbau angebrachten Markierungen übereinstimmen. Räder anschrauben. Fahrzeug ablassen und Radschrauben über Kreuz mit **90 Nm** festziehen.

Bremsscheibe/Bremssattel aus- und einbauen

Achtung: Wenn die Bremsscheiben erneuert werden, müssen gleichzeitig auch neue Bremsbeläge eingebaut werden.

Hinweis: Die Werkstatt kann die Bremsscheibe auf Schlag prüfen. Der Seitenschlag der eingebauten Bremsscheibe darf maximal 0,07 mm betragen. Gemessen wird 2 mm vom äußeren Rand der Bremsfläche.

Ausbau von Bremsscheibe und Bremssattel der hinteren Scheibenbremse, siehe Seite 148.

Ausbau, Vorderradbremse

- Stellung der Vorderräder zur Radnabe mit Farbe kennzeichnen. Dadurch kann das ausgewuchtete Rad wieder in derselben Position montiert werden. Radschrauben bei auf dem Boden stehendem Fahrzeug lösen. Fahrzeug vorn aufbocken und Vorderräder abnehmen.

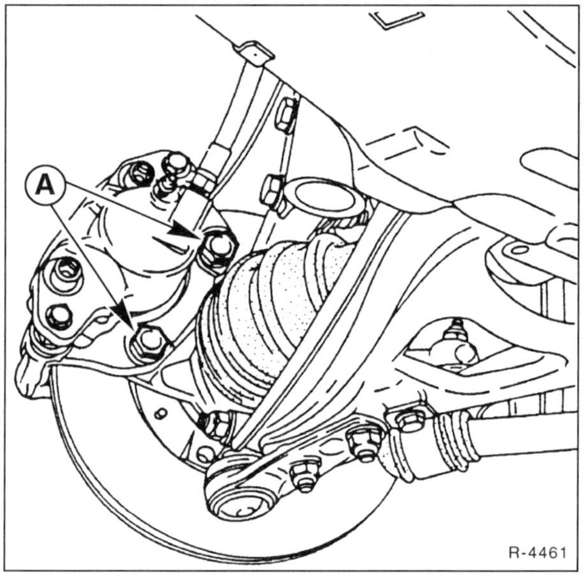

- Befestigungsschrauben –A– für Bremsträger herausdrehen und Bremsträger zusammen mit Kolbengehäuse abnehmen.
- Bremssattel mit selbstangefertigtem Drahthaken so am Aufbau aufhängen, daß der Bremsschlauch nicht verdreht oder auf Zug beansprucht wird.

Achtung: Bremsschlauch nicht lösen, sonst muß das Bremssystem entlüftet werden.

- Soll der Bremssattel ganz abgenommen werden, muß vorher der Bremsschlauch an der Bremsschlauchkupplung abgeschraubt werden, siehe Kapitel »Bremsleitung/Bremsschlauch ersetzen«. Der Bremsschlauch kann sonst nicht am Bremssattel abgeschraubt werden. **Achtung:** Bremsflüssigkeit läuft aus. Bremsflüssigkeit in einer Flasche sammeln, die ausschließlich für Bremsflüssigkeit vorgesehen ist.

Achtung: Bei Beschädigungen an der Zylinderwandung des Bremssattels muß der komplette Bremssattel ersetzt werden. Wird der Bremssattel ersetzt, muß auch der Bremsschlauch erneuert werden.

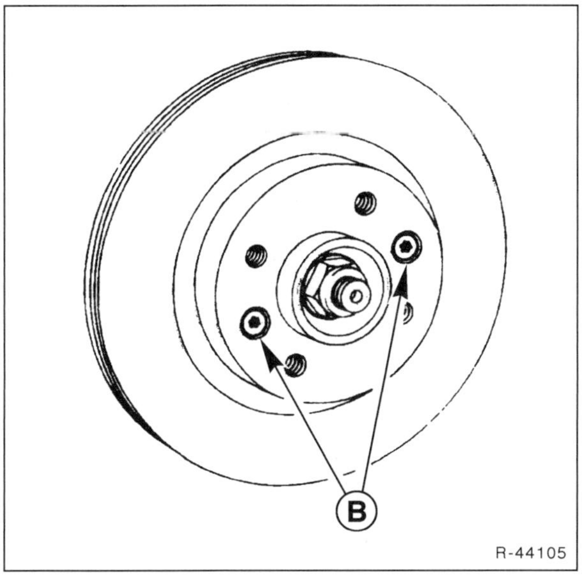

- Befestigungsschrauben –B– für Bremsscheibe herausdrehen. Dazu wird ein Innen-Torx-Schraubendreher T40 benötigt.
- Bremsscheibe abnehmen.

Einbau

Um ein gleichmäßiges Bremsen beidseitig zu gewährleisten, müssen beide Bremsscheiben die gleiche Oberfläche bezüglich Schliffbild und Rauhtiefe aufweisen. Deshalb **grundsätzlich beide** Bremsscheiben ersetzen.

- Bremsscheibendicke messen.
- Neue Bremsscheiben mit Nitro-Verdünnung vom Schutzlack reinigen.
- Bremsscheibe auf Vorderradnabe aufsetzen und mit 2 Torx-Schrauben und 25 Nm anschrauben.
- Bremssattel ansetzen. Dabei darf der Bremsschlauch nicht verdreht oder gedehnt werden. Freigängigkeit des Bremsschlauches bei vollem Lenkradeinschlag prüfen.
- Bremssattel mit **neuen** Schrauben und **100 Nm** anschrauben. Schraubengewinde vorher mit Schraubensicherungsmittel, zum Beispiel LOCTITE FRENBLOC, bestreichen.

Achtung: War der Bremsschlauch demontiert, Bremsschlauch anschrauben. Der Bremsschlauch darf beim Einbau nicht verdrillt werden.

- Bremsbeläge einbauen, siehe Seite 158.
- Falls das Bremssystem geöffnet war, Bremsanlage entlüften, siehe Seite 172.
- Rad anschrauben, dabei auf Markierung zur Radnabe achten. Fahrzeug ablassen und Radschrauben mit **90 Nm** über Kreuz festziehen.

Achtung: Bremspedal im Stand mehrmals kräftig niedertreten, bis fester Widerstand spürbar ist.

- Bremsflüssigkeit im Ausgleichbehälter prüfen, gegebenenfalls bis zur »MAXI«-Marke auffüllen.

Achtung, Sicherheitskontrolle durchführen:

- Sind die Bremsschläuche festgezogen?
- Befindet sich der Bremsschlauch in der Halterung?
- Sind die Entlüftungsschrauben angezogen?
- Ist genügend Bremsflüssigkeit eingefüllt?
- Bei laufendem Motor Dichtheitskontrolle durchführen. Hierzu Bremspedal mit 200 bis 300 N (entspricht 20 bis 30 kg) etwa 10 sec. betätigen. Das Bremspedal darf nicht nachgeben. Sämtliche Anschlüsse auf Dichtheit kontrollieren.

- Neue Bremsscheiben vorsichtig einbremsen, dazu Fahrzeug mehrmals von ca. 80 km/h auf 40 km/h mit geringem Pedaldruck abbremsen. Dazwischen Bremse etwas abkühlen lassen.

Scheibenbremsbeläge an der Hinterachse aus- und einbauen

Ausbau

- Stellung der Hinterräder zur Radnabe mit Farbe kennzeichnen. Dadurch kann das ausgewuchtete Rad wieder in derselben Position montiert werden. Radschrauben bei auf dem Boden stehendem Fahrzeug lösen. Fahrzeug vorn aufbocken und Hinterräder abnehmen.

Achtung: Ein Wechsel der Beläge von der Außen- zur Innenseite und umgekehrt oder auch vom rechten zum linken Rad ist nicht zulässig. Der Wechsel kann zu ungleichmäßiger Bremswirkung führen. Grundsätzlich alle Scheibenbremsbeläge einer Achse gleichzeitig erneuern. Sollen die Scheibenbremsbeläge wieder montiert werden, müssen sie gekennzeichnet werden.

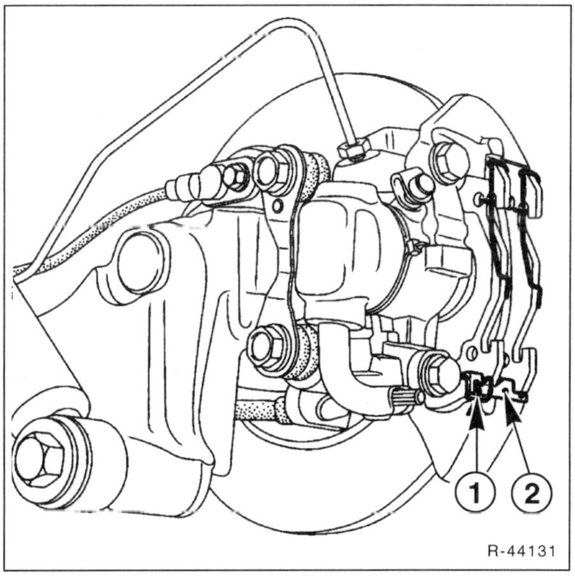

- Klammer –1– mit Schraubendreher heraushebeln.
- Haltekeil –2– abnehmen.
- Bremsbeläge herausziehen.

Einbau

Achtung: Bei ausgebauten Bremsbelägen nicht auf das Bremspedal treten, sonst wird der Kolben aus dem Gehäuse herausgedrückt. Wurde der Kolben versehentlich herausgedrückt, Bremssattel ausbauen und in der Fachwerkstatt zusammensetzen lassen.

- Führungsfläche bzw. Sitz der Beläge im Gehäuseschacht mit geeigneter Weichmetallbürste reinigen oder mit einem Lappen und Spiritus auswischen. Keine mineralölhaltigen Lösungsmittel oder scharfkantigen Werkzeuge verwenden.
- Vor Einbau der Beläge ist die Bremsscheibe durch Abtasten mit den Fingern auf Riefen zu untersuchen. Riefige Bremsscheiben sind zu erneuern.
- Bremsscheibendicke messen, siehe Seite 160.

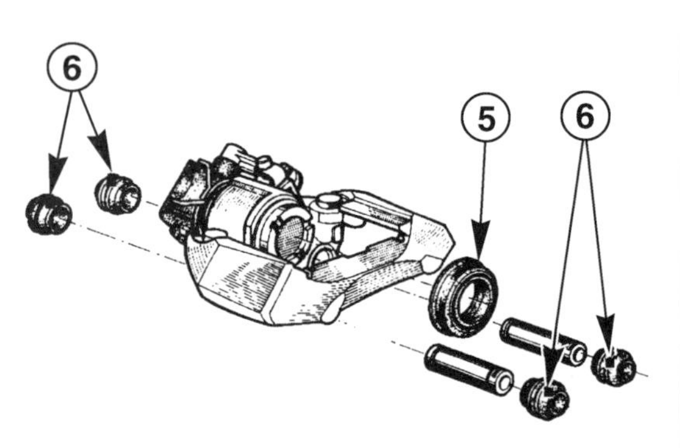

R-44132

- Schutzmanschetten –5– und –6– auf Anrisse prüfen. Eine beschädigte Schutzmanschette umgehend ersetzen, da eingedrungener Schmutz schnell zu Undichtigkeiten des Bremssattels führt. Der Bremssattel muß hierzu ausgebaut und zerlegt werden (Werkstattarbeit).

Achtung: Beim folgenden Zurückdrehen des Kolbens wird Bremsflüssigkeit aus dem Bremszylinder in den Ausgleichbehälter gedrückt. Bei hohem Stand Bremsflüssigkeit mit einem Saugheber absaugen.

Zum Absaugen eine Entlüfterflasche oder eine Plastikflasche verwenden, die nur mit Bremsflüssigkeit in Berührung kommt. Keine Trinkflaschen verwenden! **Bremsflüssigkeit ist giftig und darf auf gar keinen Fall mit dem Mund über einen Schlauch abgesaugt werden. Saugheber verwenden. Auch nach dem Belagwechsel darf die »MAXI«-Marke am Bremsflüssigkeitsbehälter nicht überschritten werden, da sich die Flüssigkeit bei Erwärmung ausdehnt. Ausgelaufene Bremsflüssigkeit läuft am Hauptbremszylinder runter, zerstört den Lack und führt zur Korrosion.**

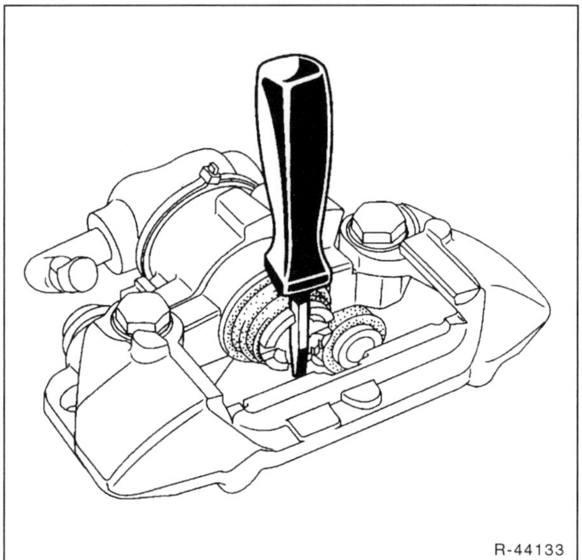
R-44133

- Bremskolben zurückdrehen. Dazu Schraubendreher mit eckigem Schaft oder Flacheisen in die Nuten des Bremskolbens einsetzen und Kolben so weit wie möglich in den Bremssattel rechtsherum einschrauben, siehe Abbildung. Es kann auch das HAZET-Werkzeug 4960-1 verwendet werden. **Achtung:** Der Kolben darf **nicht** mit einer Rückstellvorrichtung oder Zange zurückgedrückt werden, da sonst die automatische Nachstellvorrichtung beschädigt wird.

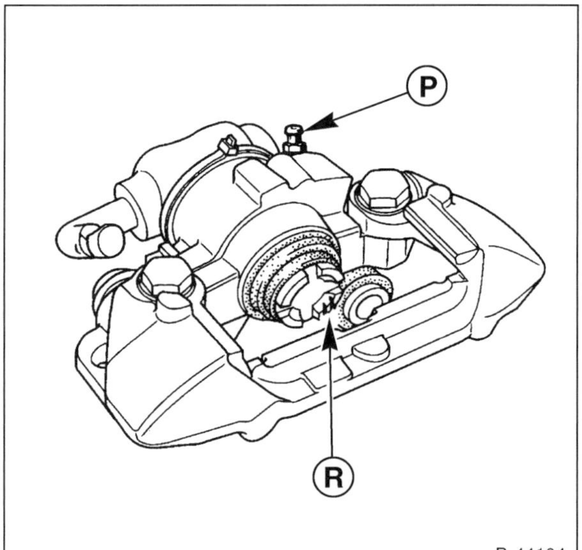

R-44134

- Kolben so ausrichten, daß die Markierung –R– mit der Auflagefläche zur Entlüfterschraube –P– ausgerichtet ist.

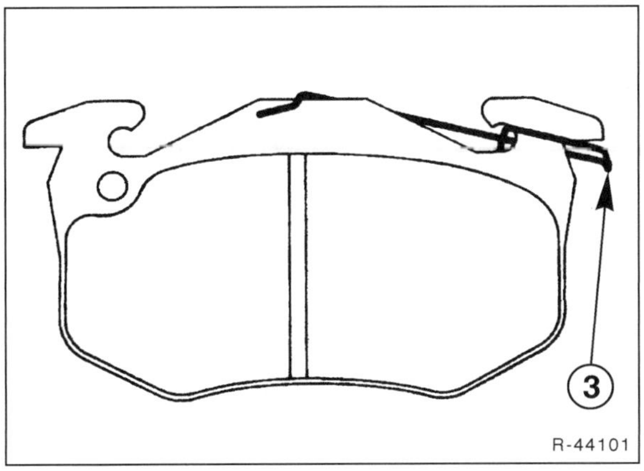

- Druckfedern –3– an den neuen Belägen anbringen.
- Beide Bremsbeläge in den Bremsträger einsetzen, dabei Montagerichtung wie beim Ausbau einhalten.

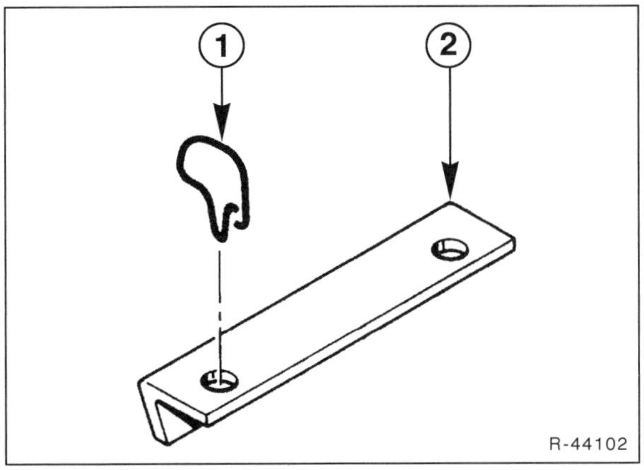

- Haltekeil –2– in Bremssattel einsetzen. Klammer –1– in den Haltekeil eindrücken. Pro Bremssattel ist nur eine Klammer vorhanden. Die Klammer –1– wird an der Innenseite des Bremssattels angebracht.
- Rad anschrauben, dabei auf Markierung zur Radnabe achten. Fahrzeug ablassen und Radschrauben mit **90 Nm** über Kreuz festziehen.

Achtung: Bremspedal im Stand mehrmals kräftig niedertreten, bis fester Widerstand spürbar ist.

- Bremsflüssigkeit im Ausgleichbehälter prüfen, gegebenenfalls bis zur »MAXI«-Marke auffüllen.
- Handbremse einstellen, siehe Seite 169.

Achtung, Sicherheitskontrolle durchführen:

- ◆ Sind die Bremsleitungen festgezogen?
- ◆ Befinden sich die Bremsleitungen in der Halterung?
- ◆ Sind die Entlüftungsschrauben angezogen?
- ◆ Ist genügend Bremsflüssigkeit eingefüllt?
- ◆ Bei laufendem Motor Dichtheitskontrolle durchführen. Hierzu Bremspedal mit 200 bis 300 N (entspricht 20 bis 30 kg) etwa 10 sec. betätigen. Das Bremspedal darf nicht nachgeben. Sämtliche Anschlüsse auf Dichtheit kontrollieren.

- Neue Bremsbeläge vorsichtig einbremsen, dazu Fahrzeug mehrmals von ca. 80 km/h auf 40 km/h mit geringem Pedaldruck abbremsen. Dazwischen Bremse etwas abkühlen lassen.

Achtung: Bis zu einer Fahrstrecke von ca. 200 km sollten keine unnötigen Gewaltbremsungen vorgenommen werden.

Hinweis: Bremsbeläge sind als Sondermüll zu entsorgen. Die örtlichen Behörden geben darüber Auskunft, ob auch eine Entsorgung über den hausmüllähnlichen Gewerbemüll zulässig ist.

Bremsbacken an der Hinterachse aus- und einbauen

Achtung: Die Einzelteile der rechten und linken Hinterradbremse sind verschieden; sie dürfen nicht untereinander vertauscht werden. Beim Ablegen darauf achten, daß die Teile wieder an der gleichen Stelle eingebaut werden können.

Ausbau

- Bremstrommel ausbauen, siehe Seite 148.
- Falls vorhanden, Federspange oben am Radbremszylinder anbringen, damit die Bremskolben nicht aus dem Bremszylinder herausfallen. Da in den meisten Fällen die Spange nicht zur Verfügung steht, beim Ausbau der Bremsbacken darauf achten, daß die Bremskolben nicht herausgezogen werden, sonst dringt Luft in das Bremssystem ein und die Bremse muß entlüftet werden.

Achtung: Während die Bremsbacken ausgebaut sind, nicht auf die Fußbremse treten, da sonst die Bremskolben aus dem Radbremszylinder rutschen.

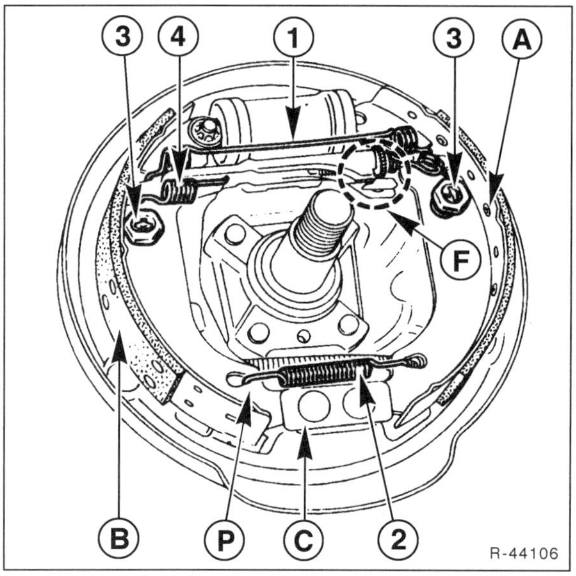

Vor dem Ausbau der Rückzugfedern empfiehlt es sich, deren Einbaulage zu notieren. Dadurch wird das Einsetzen beim Einbau erleichtert. Die Abbildung zeigt die Bremse am rechten Hinterrad.

A – Primärbacke
B – Sekundärbacke
C – Stützlager
P – unteres Bremsbackenende
F – automatische Nachstellvorrichtung
1 – Obere Rückholfeder
2 – Untere Rückholfeder
3 – Bremsbackenhalter
4 – Rückholfeder des Spannhebels

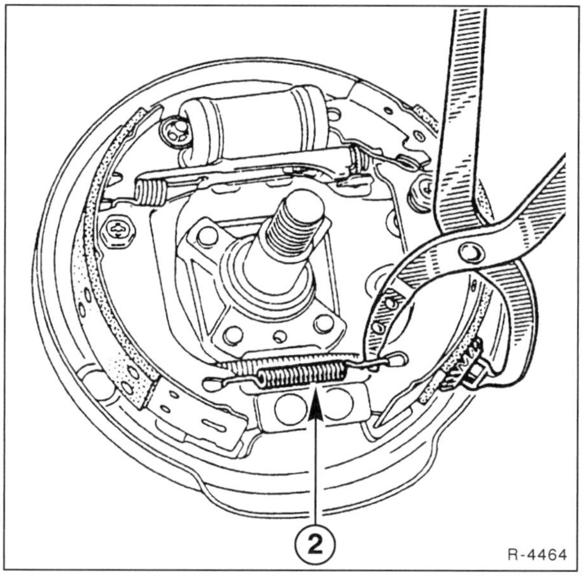

- Untere Rückzugfeder –2– mit Bremsfedernzange, zum Beispiel HAZET 797, oder mit Hilfe einer Wasserpumpenzange aushängen.

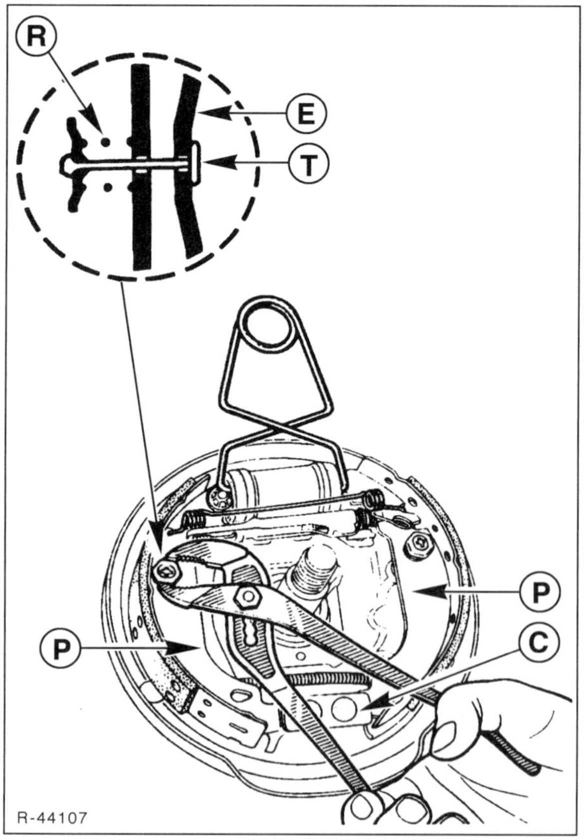

- Nacheinander Federteller beider Bremsbacken mit Wasserpumpenzange kräftig zurückdrücken (gegen die Feder –R–) und um 90° drehen. Während des Zurückdrückens von hinten am Bremsträger –E– den Stift –T– für Federteller mit einem Finger gegenhalten.

- Bremsbacken –P– nacheinander über das Stützlager –C– führen. Die unteren Bremsbackenenden übereinander führen, um die oberen Bremsbackenenden im Bereich des Radbremszylinders zu spreizen.
- Bremsbacken mit Druckstange herausnehmen und den Handbremsseilzug aushängen.

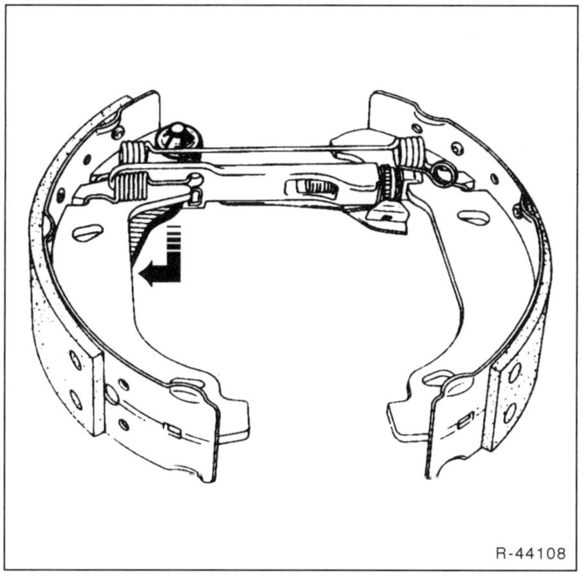

- Handbremsbetätigung nach außen schwenken.

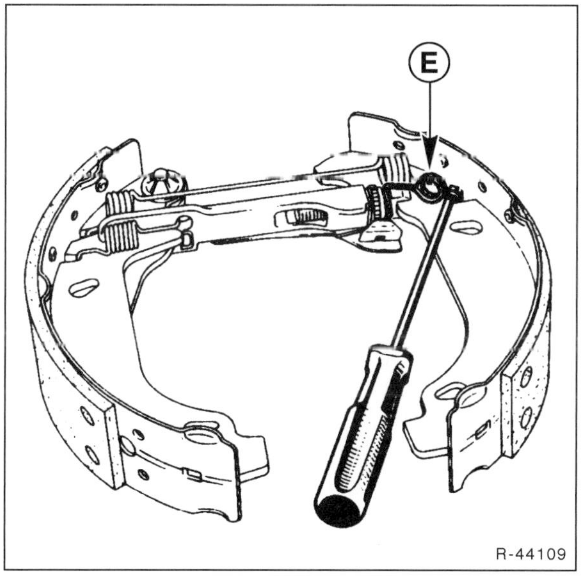

- Feder –E– mit einem Schraubendreher aushängen.

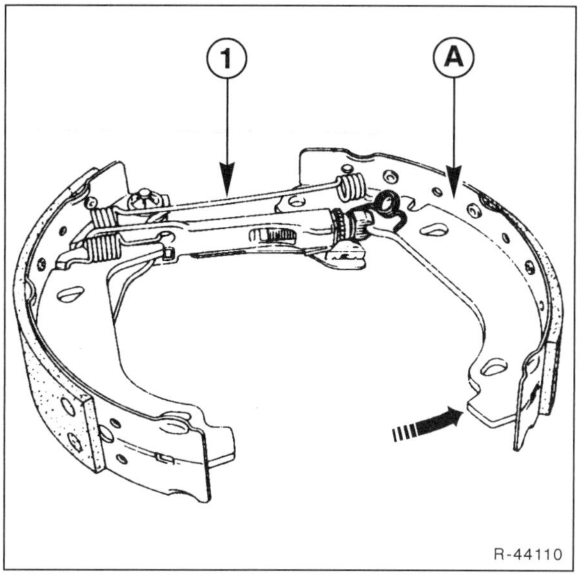

- Bremsbacken an der Unterseite auseinanderziehen. Dadurch kann die obere Feder –1– ohne Kraftaufwand abgenommen werden. Feder –1– aushängen.

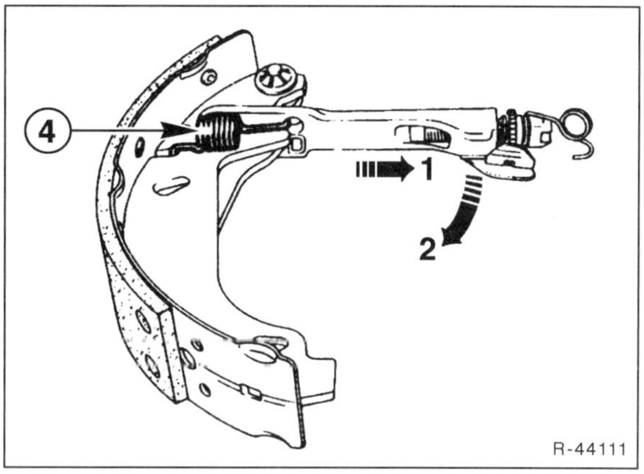

- Druckstange in Pfeilrichtung –1– ziehen und nach unten kippen –Pfeil 2–.
- Feder –4– aushängen und Druckstange abnehmen.

- Am Radbremszylinder Staubmanschetten –1– und –2– am Rand umklappen. **Achtung: Dabei darf der Bremskolben nicht herausgezogen werden.** Kontrollieren, ob es hinter der Staubmanschette feucht ist. Gegebenenfalls Radbremszylinder austauschen. Staubmanschetten wieder aufsetzen.

Einbau

Grundsätzlich alle 4 Bremsbacken ersetzen, auch wenn nur ein Belag die Verschleißgrenze erreicht hat. Nur Bremsbacken gleicher Marke und Qualität verwenden. Falls der Radbremszylinder durch Bremsflüssigkeit feucht ist, Radbremszylinder erneuern. Gewinde der Druckstange gangbar machen und leicht mit MoS_2-Fett einfetten. Riefige Bremstrommeln ausdrehen lassen, dabei immer beide Bremstrommeln bearbeiten lassen. Die Bremstrommel darf im Durchmesser um maximal 1 mm nachgearbeitet werden.

- Bremstrommel und Bremsankerplatte mit Staubsauger absaugen, oder mit spiritusgetränktem Lappen putzen.

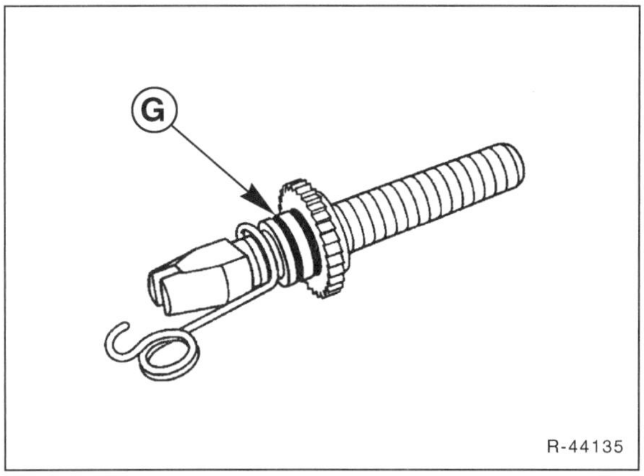

Achtung: Bei Ersatz von Teilen der Druckstange beachten, daß die linke und rechte Fahrzeugseite unterschiedlich (spiegelverkehrt) ausgeführt sind. **Linke Fahrzeugseite:** Die Nachstellschraube hat ein Linksgewinde, das Nachstellritzel hat **zwei** Nuten –G–. Bei der Bremse der **rechten Fahrzeugseite** hat das Ritzel **eine** Nut –G–, die Schraube hat Rechtsgewinde.

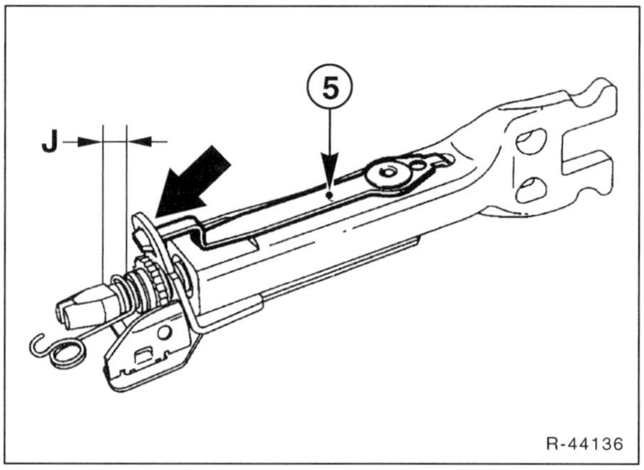

- Prüfen, ob die Feder –5– für die automatische Nachstellvorrichtung richtig eingebaut ist, siehe –Pfeil– in der Abbildung. Die Klammerfeder darf nicht zwischen dem Kopf der Nachstellschraube und dem Nachstellritzel eingeklemmt werden, es muß ein Spiel –J– vorhanden sein.

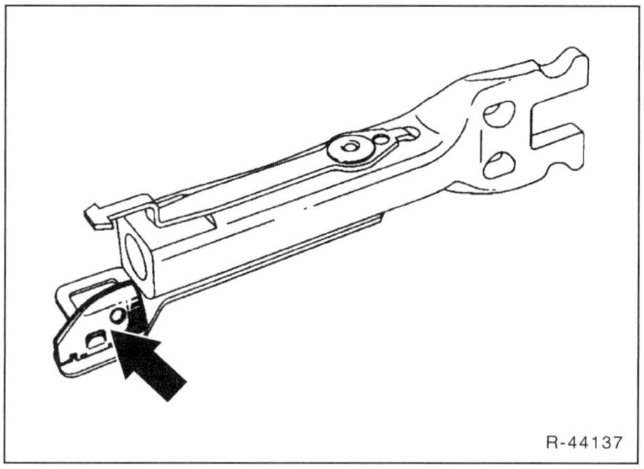

- Prüfen, ob die Sperrklinke –Pfeil– korrekt sitzt.

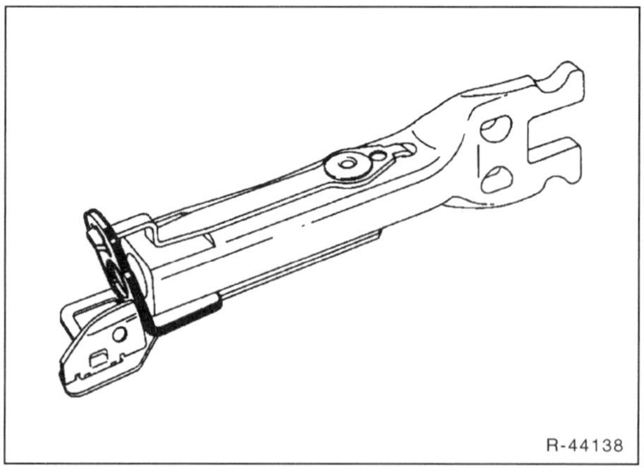

- Der Spreizwinkel muß sich zwischen dem Federblatt der Sperre und der Druckstange befinden.
- Nachstellschraube mit Klammerfeder in die Druckstange einsetzen.

- Handbremshebel mit einem **neuen** Sicherungsclip an der Sekundärbacke befestigen und den Hebel gegen die Bremsbacke drücken.

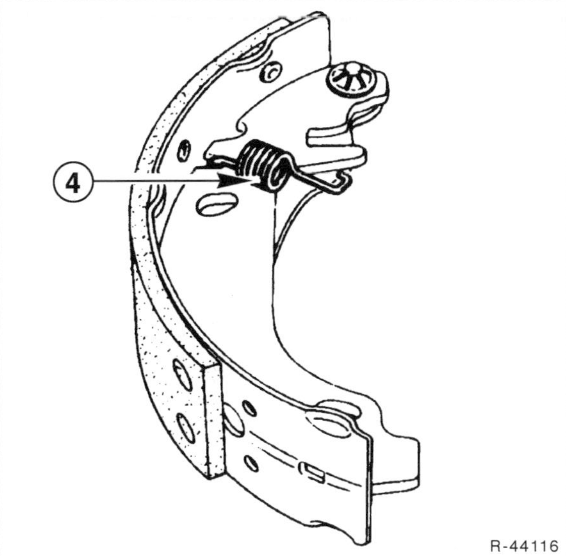

R-44116

- Feder –4– in der Aussparung der Bremsbacke befestigen, siehe Abbildung. Montagerichtung der Feder beachten; der kürzere Haken wird an der Backe eingehängt.

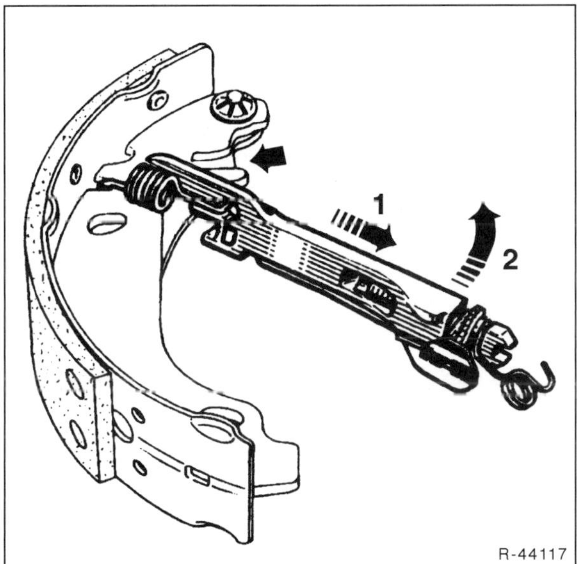

R-44117

- Druckstange mit automatischer Nachstellvorrichtung an der Bremsbacke ansetzen und die Feder einhängen. Anschließend an der Druckstange ziehen –Pfeil 1– und gleichzeitig nach oben klappen –Pfeil 2–. Die Druckstange rastet in der richtigen Position ein.

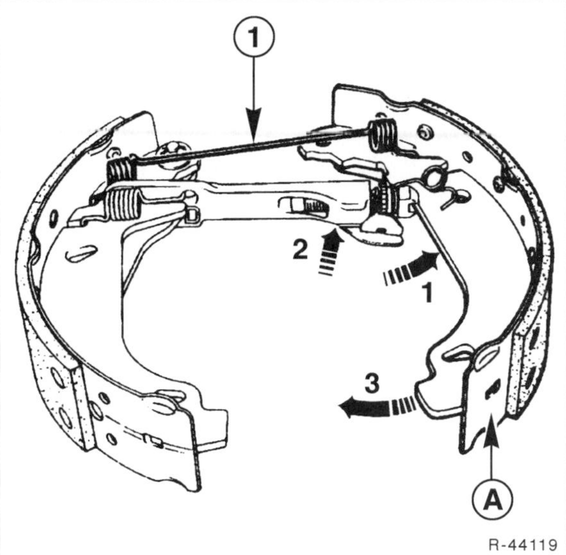

R-44119

- Obere Feder –1– in die Aussparungen der beiden Bremsbacken einhängen.
- Bremsbacken auseinanderziehen –Pfeil 1–, dabei Druckstange einsetzen –Pfeil 2–. Der Steg der Primärbacke –A– muß im Schlitz am Ende der Druckstange liegen.
- Bremsbacken zurückbewegen –Pfeil 3–.

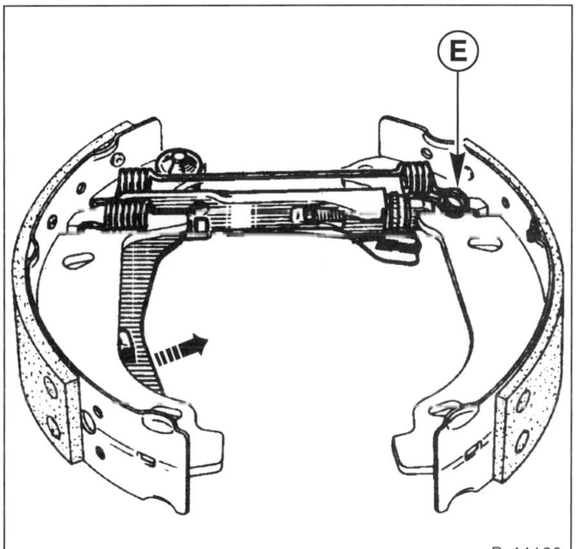

R-44120

- Klammerfeder –E– einhaken.
- Handbremshebel in Pfeilrichtung spannen, siehe Abbildung.
- Bremsbackenzusammenbau am Bremsträger ansetzen und den Handbremsseilzug am Bremshebel einhängen.
- Bremsbacken oben am Radbremszylinder einsetzen. Dabei darauf achten, daß die Staubmanschetten nicht beschädigt werden.

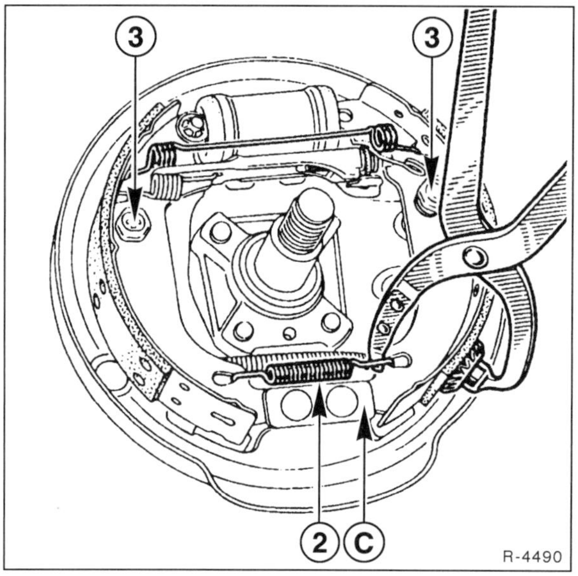

- Bremsbacken am Stützlager –C– einsetzen.
- Bremsbacken mit Haltestiften –3– und Druckfedern befestigen. Dabei Haltestifte von hinten gegenhalten und Federteller gleichzeitig mit Flachzange aufdrücken, um 90° drehen und dadurch arretieren.
- Untere Rückzugfeder –2– in die Bremsbacken mit Bremsfedernzange einsetzen. **Achtung:** Auf richtige Lage der Rückzugfedern achten, siehe Abbildungen.
- Federspange, wo vorhanden, abnehmen.

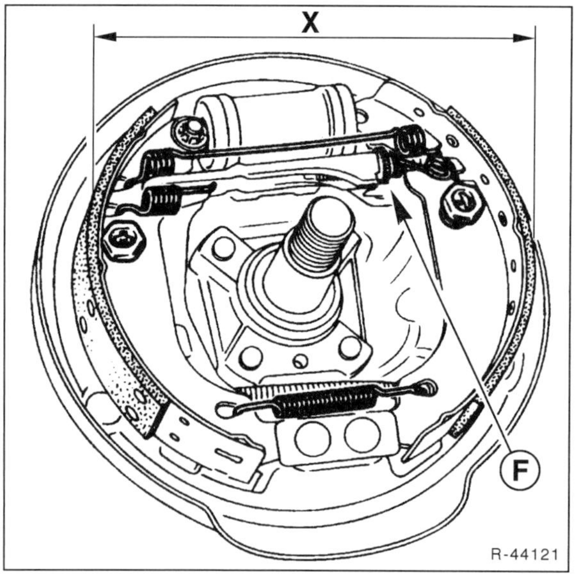

- Druckstange einstellen. Dazu Ritzel –F– mit einem Schraubendreher verdrehen, bis an den Bremsbacken ein Außendurchmesser –X– von **202,5 mm bis 202,7 mm** erreicht wird.
- Bremstrommel aufsetzen und Nabenmutter handfest anziehen. **Achtung:** Nabenmutter noch nicht festziehen, da die Bremstrommel nochmals abgenommen wird.
- Grundlüftspiel der Hinterradbremse durch mehrmaliges Betätigen der Fußbremse (ca. 20mal) einstellen. Dabei ist ein Klickgeräusch an der Bremse bis zum Erreichen des Grundlüftspiels hörbar.
- Handbremse einstellen, siehe Seite 169.
- Bremstrommel einbauen, siehe Seite 148.
- Rad anschrauben, dabei auf Markierung zur Radnabe achten. Fahrzeug ablassen und Radschrauben mit **90 Nm** über Kreuz festziehen.

Achtung: Bremspedal im Stand mehrmals kräftig niedertreten, bis fester Widerstand spürbar ist.

Achtung, Sicherheitskontrolle durchführen:
- ◆ Sind die Bremsschläuche festgezogen?
- ◆ Befindet sich der Bremsschlauch in der Halterung?
- ◆ Sind die Entlüftungsschrauben angezogen?
- ◆ Ist genügend Bremsflüssigkeit eingefüllt?
- ◆ Bei laufendem Motor Dichtheitskontrolle durchführen. Hierzu Bremspedal mit 200 bis 300 N (entspricht 20 bis 30 kg) etwa 10 sec. betätigen. Das Bremspedal darf nicht nachgeben. Sämtliche Anschlüsse auf Dichtheit kontrollieren.

- Anschließend einige Bremsungen auf Straße mit geringem Verkehr durchführen.

Radbremszylinder aus- und einbauen

Ausbau

- Bremstrommel ausbauen, siehe Seite 148.
- Obere Bremsbacken-Rückzugfeder mit Schraubendreher oder Bremsfedernzange aushängen.
- Bremsbacken oben auseinanderziehen, damit die Kolben des Radbremszylinders frei werden. **Achtung:** Bei verschmierten Bremsbelägen Bremsbacken ersetzen.
- Lappen unter Bremsträgerblech legen.

- Überwurfmutter –2– für Bremsleitung lösen, nicht abschrauben.
- Beide Schrauben –Pfeile– für Radbremszylinder herausdrehen. (1 – Entlüfterschraube).

Einbau

- Neuen Radbremszylinder bereithalten.
- Mutter für Bremsleitung abschrauben und sofort in neuen Radbremszylinder handfest einschrauben. Dadurch ist sichergestellt, daß nur wenig Bremsflüssigkeit ausläuft.
- Schrauben für Radbremszylinder einschrauben und mit **10 Nm** festziehen.
- Überwurfmutter für Bremsleitung mit **20 Nm** festziehen.
- Obere Rückzugfeder einhängen.
- Bremstrommel einbauen, siehe Seite 148.
- Bremsanlage entlüften. Dabei genügt es in der Regel, nur den Radbremszylinder zu entlüften, dessen Leitung geöffnet wurde. Wenn der Bremsdruck nach dem Entlüften schwammig ist, gesamte Bremsanlage entlüften, siehe Seite 172.
- Fußbremse mehrmals kräftig durchtreten. Damit ist die Hinterradbremse eingestellt.

Achtung, Sicherheitskontrolle durchführen:

- Sind die Bremsleitungen festgezogen?
- Sind die Entlüftungsschrauben angezogen?
- Ist genügend Bremsflüssigkeit eingefüllt?
- Bei laufendem Motor Dichtheitskontrolle durchführen. Hierzu Bremspedal mit 200 bis 300 N (entspricht 20 bis 30 kg) etwa 10 sec. betätigen. Das Bremspedal darf nicht nachgeben. Sämtliche Anschlüsse auf Dichtheit kontrollieren.

- Anschließend einige Bremsungen auf Straße mit geringem Verkehr durchführen.

Handbremse einstellen

Da sich die Hinterradbremse automatisch nachstellt, muß die Handbremse nur nach dem Auswechseln der Bremsbacken, der Bremsseile oder des Handbremshebels eingestellt werden. Einstellungen außerhalb dieser Arbeiten sind nicht zulässig. Insbesondere darf über die Handbremseinstellung kein Spielausgleich der Bremse vorgenommen werden. Bei falsch eingestellter Handbremse (Seile zu stark gespannt) wird die Funktion der automatischen Nachstellvorrichtung gestört, der Bremspedalweg ist dann zu groß.

Einstellen

- Fahrzeug hinten aufbocken.
- Handbremshebel lösen.
- Bremspedal mehrmals betätigen, um eine richtige Selbstnachstellung zu gewährleisten.

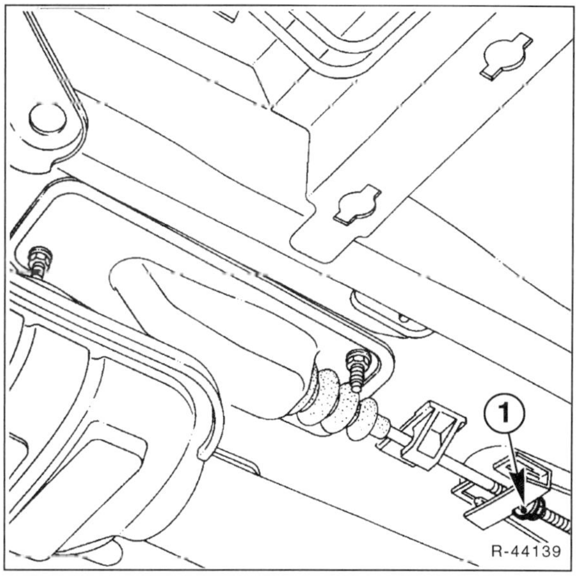

- Einstellmutter –1– lösen und bis zum Ende der Gewindestange abschrauben.

Trommelbremse

- Bremstrommel ausbauen, siehe Seite 148.

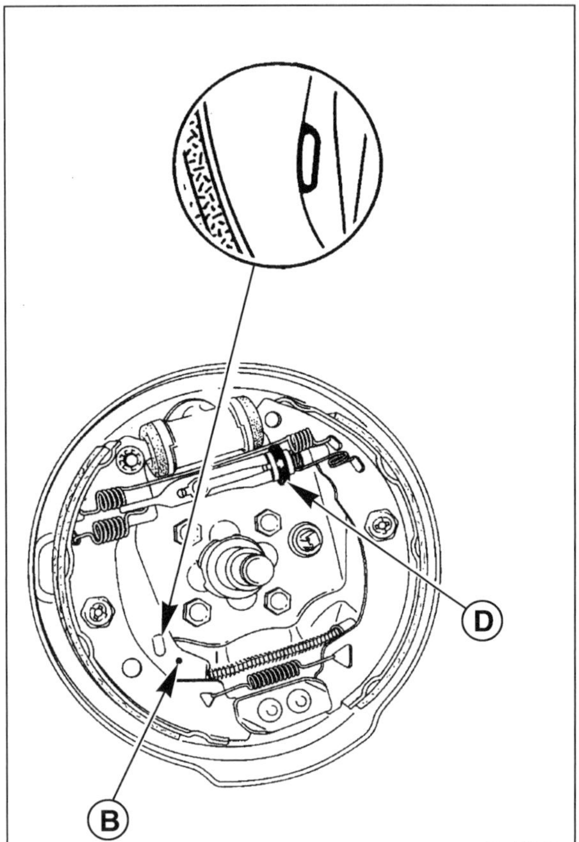

R-44140

- Automatische Nachstellvorrichtung auf Leichtgängigkeit prüfen. Dazu Zahnmutter –D– in beide Richtungen drehen.
- Anschließend Zahnmutter um **5 bis 6 Zähne** lockern.
- Sicherstellen, daß die Seilzüge freigängig sind.
- Sicherstellen, daß der Betätigungshebel –B– an den Bremsbacken anliegt.
- Seilzüge langsam spannen. Dazu Mutter –1–, Abbildung R-44139, auf die Gewindestange schrauben, so daß die Hebel –B– der linken und rechten Bremse beginnen, sich zwischen dem 1. und 2. Zahn des Hebelweges zu lösen und im 2. Zahn vollständig gelöst sind.
- Bremstrommeln einbauen, siehe Seite 148.
- Fahrzeug ablassen.
- Bremspedal mehrmals fest und langsam betätigen und dadurch Bremsbacken einstellen. Dabei hören, ob die Nachstellvorrichtung arbeitet (klickt).

Scheibenbremse

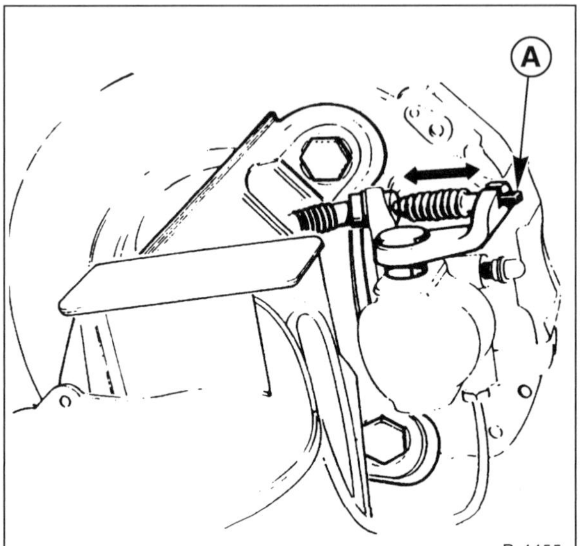

R-4455

- Bremshebel an den Bremssätteln von Hand eindrücken und loslassen. Sie müssen von selbst in die Ausgangsstellung zurückkehren, sonst gangbar machen.
- Bremshebel in Richtung Fahrzeugheck zur Anlage bringen.
- Bremsseilzüge spannen, bis das Endstück –A– jeweils am Bremshebel anliegt, ohne daß der Hebel betätigt wird. Zum Spannen Mutter –1– (Abbildung R-44139) aufschrauben.
- Seilzüge so einstellen, daß der Bremshebel abhebt, wenn der Handbremshebel zwischen der 1. und 2. Raste angezogen wird. Nach der 2. Raste muß der Bremshebel vollständig abgehoben sein.
- Handbremshebel 8 – 12 Rasten anziehen, die Hinterräder müssen blockiert sein.
- Handbremshebel lösen und sicherstellen, daß sich die Räder frei drehen, ohne zu schleifen.
- Kontermutter –1– festziehen.
- Fahrzeug ablassen.

Handbremshebel aus- und einbauen

Ausbau

- Handbremshebel lösen.
- Fahrzeug hinten aufbocken.
- Abgasanlage im Bereich des Handbremshebels aus den Gummihaltern aushängen, damit sie sich absenkt.

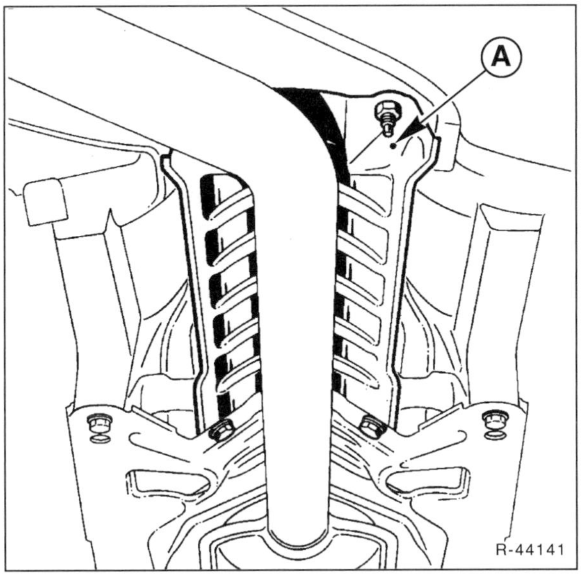

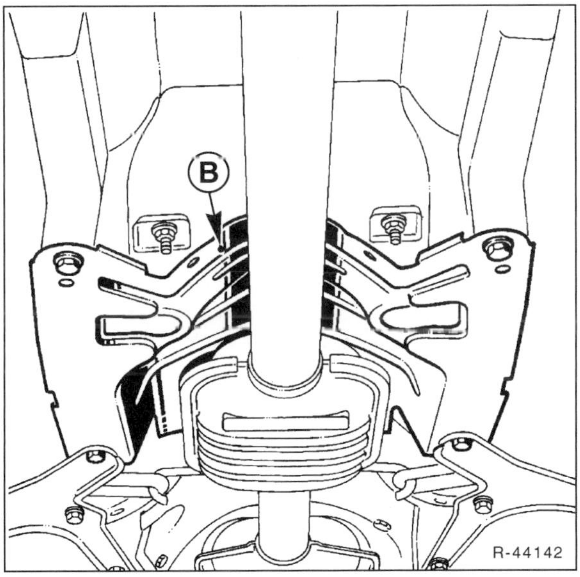

- Hitzeschilder –A– (obere Abbildung) und –B– der Abgasanlage abschrauben. Hitzeschild –B– nach hinten ziehen und auf das Abgasrohr auflegen.

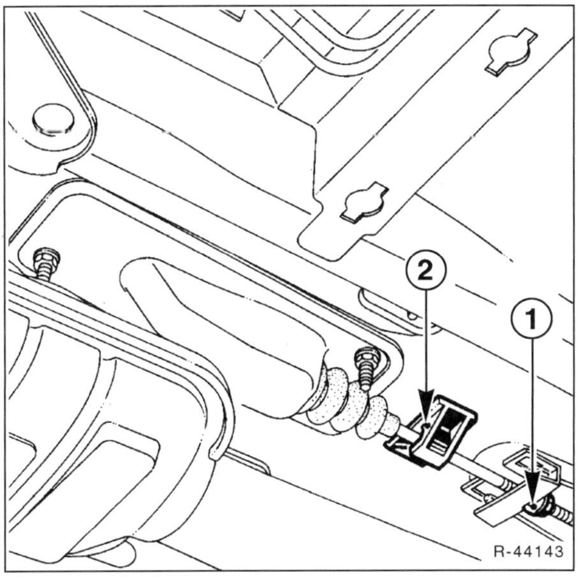

- Maß von Einstellmutter –1– bis zum Gewindeende messen und als »Maß X« notieren. Dies erleichtert das spätere Einstellen der Handbremse.
- Mutter –1– lösen und abschrauben.
- Gestänge aus Klammer –2– ausclipsen.
- Mittelkonsole ausbauen, siehe Seite 221.

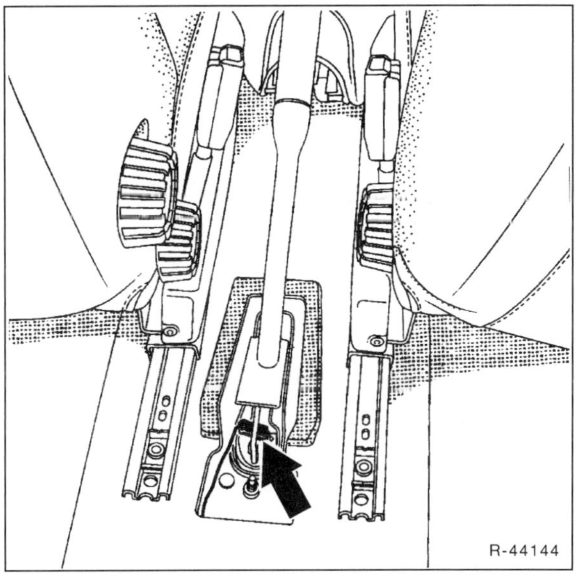

- Schalter der Handbrems-Kontrollampe abziehen und Kabelstecker trennen.

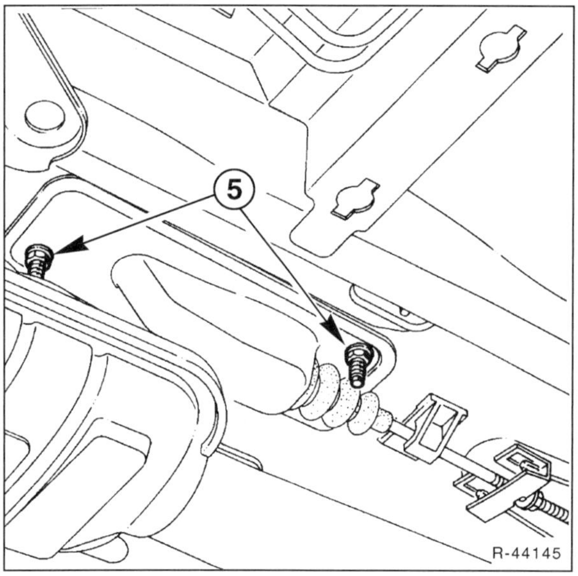

- Von Fahrzeugunterseite her Muttern –5– abschrauben und Handbremshebel herausnehmen.

Einbau

- Handbremshebel einsetzen und mit Muttern –5– anschrauben.
- Betätigungsstange einclipsen.
- Einstellmutter mit Unterlegscheibe entsprechend dem notierten Maß X auf die Gewindestange aufschrauben.
- Schalter der Handbrems-Kontrollampe aufstecken und Kabel anklemmen.
- Mittelkonsole einbauen.
- Handbremse einstellen, siehe Seite 169.
- Vorderes, anschließend hinteres Hitzeschutzblech der Abgasanlage anschrauben.
- Abgasrohr in die Gummilager einhängen.

Die Bremsflüssigkeit

Beim Umgang mit Bremsflüssigkeit ist zu beachten:

- Bremsflüssigkeit ist giftig. Keinesfalls Bremsflüssigkeit mit dem Mund über einen Schlauch absaugen. Bremsflüssigkeit nur in Behälter füllen, bei denen ein versehentlicher Genuß ausgeschlossen ist.
- Bremsflüssigkeit ist ätzend und darf deshalb nicht mit dem Autolack in Berührung kommen, gegebenenfalls sofort abwischen und mit viel Wasser abwaschen.
- Bremsflüssigkeit ist hygroskopisch, das heißt, sie nimmt aus der Luft Feuchtigkeit auf. Bremsflüssigkeit deshalb nur in geschlossenen Behältern aufbewahren.
- **Bremsflüssigkeit, die schon einmal im Bremssystem verwendet wurde, darf nicht wieder verwendet werden. Auch beim Entlüften der Bremsanlage nur neue Bremsflüssigkeit verwenden.**
- Bremsflüssigkeits-Spezifikation: **SAE J 1703, DOT 3 oder DOT 4.**
- Bremsflüssigkeit darf nicht mit Mineralöl in Berührung kommen. Schon geringe Spuren Mineralöl machen die Bremsflüssigkeit unbrauchbar, beziehungsweise führen zum Ausfall des Bremssystems.
- Bremsflüssigkeit alle 50.000 km erneuern.
- Alte Bremsflüssigkeit bei der örtlichen Deponie für Sondermüll abgeben, nicht in die Kanalisation schütten. Bremsflüssigkeit nicht mit Motoröl vermischen.

Bremsanlage entlüften

Nach jeder Reparatur an der Bremse, bei der die Anlage geöffnet wurde, kann Luft in die Druckleitungen eingedrungen sein. Dann ist das Bremssystem zu entlüften. Luft ist auch dann in den Leitungen, wenn sich beim Tritt auf das Bremspedal der Bremsdruck schwammig anfühlt. In diesem Fall muß die Undichtigkeit beseitigt und die Bremsanlage entlüftet werden.

Die Bremsanlage wird durch Pumpen mit dem Bremspedal entlüftet, dazu ist eine zweite Person notwendig.

Muß die ganze Anlage entlüftet werden, jede Radbremse einzeln entlüften. Das ist immer dann der Fall, wenn Luft in jeden einzelnen Bremszylinder gedrungen ist. Falls nur ein Bremssattel beziehungsweise Radbremszylinder erneuert oder überholt wurde, genügt in der Regel das Entlüften des betreffenden Zylinders.

Die Reihenfolge der Entlüftung (Fahrzeuge **ohne** ABS):

1. Hinterradbremse rechts, 2. Vorderradbremse links, 3. Hinterradbremse links, 4. Vorderradbremse rechts.

Achtung: Bei Fahrzeugen **mit** ABS (Antiblockiersystem) sind die Radbremsen je nach Hersteller des ABS-Steuergeräts in unterschiedlicher Reihenfolge zu entlüften.

TEVES: 1. Vorderradbremse links, 2. Hinterradbremse rechts, 3. Vorderradbremse rechts, 4. Hinterradbremse links.

BOSCH: 1. Hinterradbremse rechts, 2. Hinterradbremse links, 3. Vorderradbremse links, 4. Vorderradbremse rechts.

Achtung: Während des Entlüftens ab und zu den Ausgleichbehälter beobachten. Der Flüssigkeitsspiegel darf nicht zu weit sinken, sonst wird über den Ausgleichbehälter Luft angesaugt. **Immer nur neue Bremsflüssigkeit nachgießen!** War der Ausgleichbehälter leer, muß eine Fachwerkstatt die Entlüftung des Hauptbremszylinders und des ABS-Aggregates vornehmen.

- Entlüfterschrauben gegebenenfalls am Gewinde mit Rostlöser besprühen, einige Zeit einwirken lassen, damit sie sich besser lösen lassen.

- Staubkappe vom Entlüfterventil –1– des Hinterrad-Bremszylinders abnehmen und Ringschlüssel ansetzen. Entlüfterventil reinigen. (2 – Überwurfmutter für Bremsleitung, nicht lösen).

Achtung: Fahrzeuge mit Scheibenbremsen an der Hinterachse müssen beim Entlüften der Hinterradbremsen auf den Rädern stehen. Dadurch wird der Bremskraftregler von der eingefederten Hinterachse betätigt.

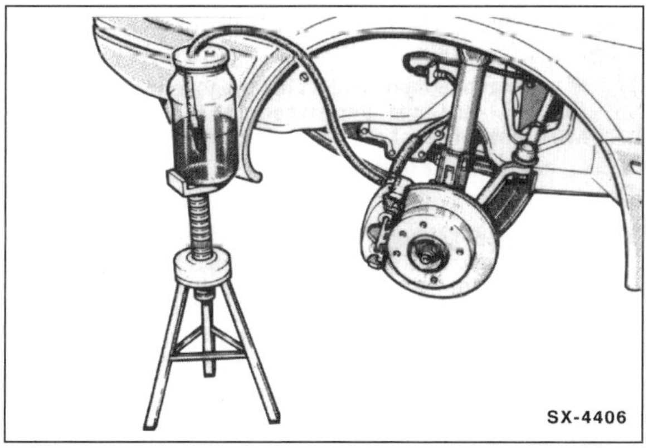

- Sauberen Schlauch aufstecken, anderes Schlauchende in eine mit Bremsflüssigkeit halbvoll gefüllte Flasche stecken. Die Auffangflasche soll mindestens 30 cm höher stehen als das Entlüfterventil. Dadurch wird verhindert, daß Luft über das Gewinde der Entlüfterschraube in das Bremssystem gelangt.
- Von einer Hilfsperson Bremspedal so oft niedertreten lassen (»pumpen«), bis sich im Bremssystem Druck aufgebaut hat. Zu spüren am wachsenden Widerstand beim Betätigen des Pedals.
- Ist genügend Druck vorhanden, Bremspedal ganz durchtreten, Fuß auf dem Bremspedal halten.
- Entlüfterventil am Bremszylinder etwa eine halbe Umdrehung mit Ringschlüssel öffnen. Ausfließende Bremsflüssigkeit in der Flasche sammeln. Darauf achten, daß sich das Schlauchende in der Flasche ständig unterhalb des Flüssigkeitsspiegels befindet.
- Sobald der Flüssigkeitsdruck nachläßt, Entlüfterventil schließen. **Achtung:** Entlüfterventil ganz leicht mit 8 Nm zuschrauben, sonst kann das Gewinde zerstört werden.
- Pumpvorgang wiederholen, bis sich Druck aufgebaut hat. Bremspedal niedertreten, Fuß auf dem Bremspedal lassen, Entlüfterschraube öffnen, bis der Druck nachläßt, Entlüfterschraube schließen.
- Entlüftungsvorgang an einem Bremszylinder so lange wiederholen, bis sich in der Bremsflüssigkeit, die in die Entlüfterflasche strömt, keine Luftblasen mehr zeigen. Die Bremsflüssigkeit muß zudem hell und klar sein.
- Nach dem Entlüften Schlauch von Entlüfterschraube abziehen, Staubkappe auf Ventil stecken.
- Die anderen Bremszylinder auf gleiche Weise entlüften.
- Nach dem Entlüften ist der Ausgleichbehälter bis zur Markierung »MAXI« aufzufüllen.

Achtung, Sicherheitskontrolle durchführen:

- ◆ Sind die Bremsschläuche festgezogen?
- ◆ Befindet sich der Bremsschlauch in der Halterung?
- ◆ Sind die Entlüftungsschrauben angezogen?
- ◆ Ist genügend Bremsflüssigkeit eingefüllt?
- ◆ Bei laufendem Motor Dichtheitskontrolle durchführen. Hierzu Bremspedal mit 200 bis 300 N (entspricht 20 bis 30 kg) etwa 10 sec. betätigen. Das Bremspedal darf nicht nachgeben. Sämtliche Anschlüsse auf Dichtheit kontrollieren.

- Anschließend einige Bremsungen auf einer Straße ohne Verkehr durchführen. Dabei sollte mindestens einmal die Bremsregelung des ABS-Systems, wenn vorhanden, geprüft werden. Dazu Bremse stark betätigen, bis am spürbaren Pulsieren des Bremspedals der Beginn der Bremsregelung erkennbar ist.

Achtung: Falls der Bremspedalweg nach der Probefahrt zu groß ist, obwohl er direkt nach dem Entlüften in Ordnung war, dann ist möglicherweise Luft in der ABS-Hydraulikeinheit. In diesem Fall Bremsanlage umgehend in der Fachwerkstatt entlüften lassen.

Bremsschlauch aus- und einbauen

Für das Bremsleitungssystem, das zusammen mit den druckfesten Bremsschläuchen für die Räder die Verbindung vom Hauptbremszylinder zu den vier Radbremsen herstellt, werden Rohre verwendet. Das Verlegen der starren Rohre erfordert Spezialwerkzeuge und Erfahrung, daher Fachwerkstatt aufsuchen.

Die Bremsschläuche stellen die flexiblen Verbindungen zu den Vorderrädern her.

Ausbau

- Fahrzeug aufbocken und Räder geradeaus stellen.

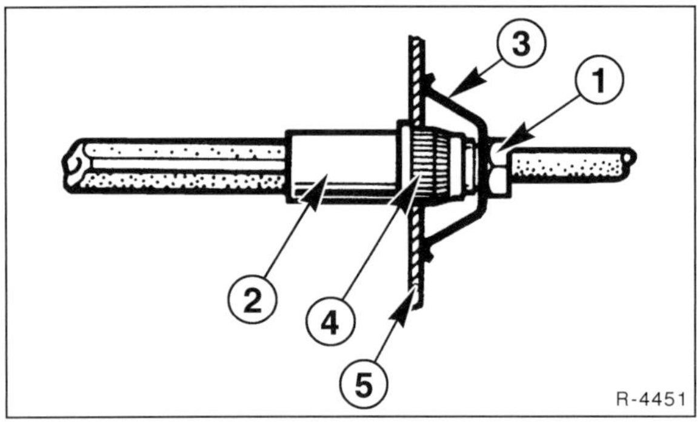

- Überwurfmutter –1– der starren Bremsleitung lösen, bis die Feder –3– entspannt ist. Dadurch wird der Bremsschlauch –2– aus der Verzahnung –4– frei.
- Bremsschlauch am Bremssattel abschrauben und abnehmen. Der Anschluß hat keine zusätzlichen Dichtungen, sondern der Rand der Kegelkupplung dichtet ab.
- Leitungsanschluß in Richtung Hauptbremszylinder mit geeignetem Stopfen verschließen, oder vorher Bremsflüssigkeit mit Saugheber aus dem Vorratsbehälter absaugen.
- Soll der Bremsschlauch am Bremssattel erneuert werden, muß vorher der Bremssattel ausgebaut werden.

Einbau

- Nur vom Werk freigegebene Ersatzteil-Bremsschläuche einbauen.
- Bremssattel einbauen, siehe Seite 160.
- Bremsschlauch bei unbelasteten und geradeaus stehenden Vorderrädern anschrauben. Bremsschlauch am Bremssattel mit **15 Nm** anschrauben.
- Bremsschlauch-Anschluß in die Verzahnung der Haltelasche –5– einsetzen, der Schlauch darf nicht verdreht sein. Prüfen, ob das Endstück –4– korrekt in den Verzahnungen der Lasche sitzt.
- Feder –3– einsetzen und Überwurfmutter mit **15 Nm** festziehen.
- Nach dem Einbau bei entlastetem Rad prüfen (Wagen angehoben), ob der Schlauch allen Radbewegungen folgt, ohne irgendwo anzuscheuern.

Achtung: Bremsschläuche nicht mit Öl oder Petroleum in Berührung bringen, nicht lackieren oder mit Unterbodenschutz besprühen.

- Bremsanlage entlüften.
- Fahrzeug ablassen.

Achtung, Sicherheitskontrolle durchführen:

- ◆ Sind die Bremsschläuche festgezogen?
- ◆ Befindet sich der Bremsschlauch in der Halterung?
- ◆ Sind die Entlüftungsschrauben angezogen?
- ◆ Ist genügend Bremsflüssigkeit eingefüllt?
- ◆ Bei laufendem Motor Dichtheitskontrolle durchführen. Hierzu Bremspedal mit 200 bis 300 N (entspricht 20 bis 30 kg) etwa 10 sec. betätigen. Das Bremspedal darf nicht nachgeben. Sämtliche Anschlüsse auf Dichtheit kontrollieren.

- Anschließend einige Bremsungen auf Straße mit geringem Verkehr durchführen.

Bremskraftverstärker prüfen

Der Bremskraftverstärker ist auf Funktion zu überprüfen, wenn zur Erzielung ausreichender Bremswirkung die Pedalkraft außergewöhnlich hoch ist.

- Bremspedal bei stehendem Motor mindestens 5mal kräftig durchtreten, dann bei belastetem Bremspedal Motor starten. Das Bremspedal muß jetzt unter dem Fuß spürbar nachgeben.
- Andernfalls Unterdruckschlauch am Bremskraftverstärker abschrauben, Motor starten. Durch Fingerauflegen am Ende des Unterdruckschlauches prüfen, ob Unterdruck erzeugt wird.
- Ist kein Unterdruck vorhanden: Unterdruckschlauch auf Undichtigkeiten und Beschädigungen prüfen, gegebenenfalls ersetzen. Sämtliche Schellen fest anziehen.
- Dieselmotor: Unterdruckschlauch von der Vakuumpumpe abziehen und mit dem Finger prüfen, ob Unterdruck am Schlauchanschluß anliegt.
- Ist Unterdruck vorhanden: Unterdruck messen, gegebenenfalls Bremskraftverstärker ersetzen lassen (Werkstattarbeit). **Achtung:** Dabei auch immer Rückschlagventil in der Unterdruckleitung ersetzen, da die Membrane im Bremskraftverstärker durch eindringende Kraftstoffdämpfe (bei defektem Rückschlagventil) beschädigt werden kann.

Bremslichtschalter aus- und einbauen

Der Bremslichtschalter sitzt im Fußraum am Pedalbock. Wenn das Bremslicht nicht aufleuchtet, zuerst Sicherung überprüfen. Anschließend Glühlampen überprüfen. Wenn die betreffenden Glühlampen nicht defekt sind, Bremslichtschalter überprüfen. Hierzu Kabelstecker am Bremslichtschalter abziehen und miteinander verbinden (Zündung eingeschaltet). Wenn jetzt das Bremslicht aufleuchtet, Bremslichtschalter auswechseln.

Ausbau

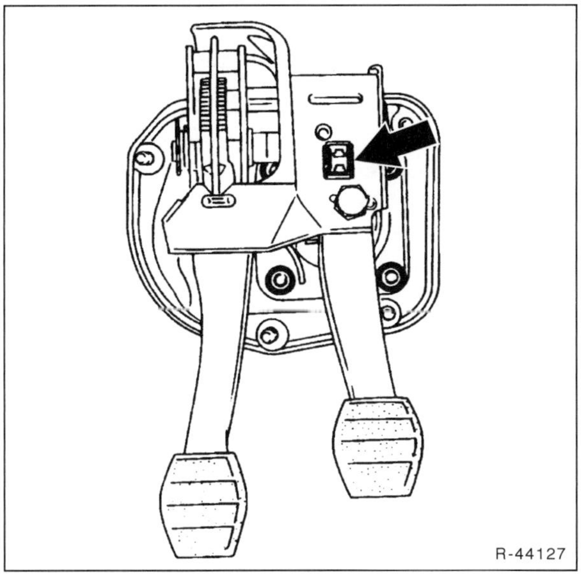

Der Bremslichtschalter –Pfeil– sitzt oberhalb vom Bremspedal am Pedalbock.

Ausbau

- Zündung ausschalten.
- Kabelstecker am Bremslichtschalter abziehen.
- Bremslichtschalter herausdrehen, dabei gleichzeitig am Schalter ziehen.

Einbau

- Bremslichtschalter bis zum Anschlag in die Aufnahme am Pedalbock eindrücken. Dabei darf das Bremspedal nicht betätigt werden. Der Schalter stellt sich selbst ein.
- Zündung einschalten und sicherstellen, daß die Bremslichter bereits bei leicht betätigtem Pedal aufleuchten.

Störungsdiagnose Bremse

Störung	Ursache	Abhilfe
Leerweg des Bremspedals. zu groß.	Ein Bremskreis ausgefallen.	■ Bremskreise auf Flüssigkeitsverlust prüfen.
	Speziell bei Trommelbremse:	
	Nachstellautomatik der Trommelbremse klemmt.	■ Nachstelleinheit gangbar machen.
Bremspedal läßt sich weit und federnd durchtreten.	Luft im Bremssystem.	■ Bremse entlüften.
	Zu wenig Bremsflüssigkeit im Ausgleichbehälter.	■ Neue Bremsflüssigkeit nachfüllen. Bremse entlüften.
	Dampfblasenbildung. Tritt meist nach starker Beanspruchung auf, z. B. Paßabfahrt.	■ Bremsflüssigkeit wechseln. Bremse entlüften.
Bremswirkung läßt nach, und Bremspedal läßt sich durchtreten.	Undichte Leitung.	■ Leitungsanschlüsse nachziehen oder Leitung erneuern.
	Beschädigte Manschette im Haupt- oder Radbremszylinder.	■ Manschette erneuern. Beim Hauptbremszylinder Innenteile ersetzen, ggf. Hauptbremszylinder ersetzen.
	Speziell bei Scheibenbremse:	
	Stationärer Gummidichtring beschädigt.	■ Bremssattel überholen.
Schlechte Bremswirkung trotz hohen Fußdrucks.	Bremsbeläge verölt.	■ Bremsbeläge erneuern.
	Ungeeigneter oder verhärteter Bremsbelag.	■ Beläge erneuern. Nur Original-Bremsbeläge vom Automobilhersteller verwenden.
	Bremskraftverstärker defekt, Unterdruckleitung porös, defekt.	■ Bremsservo, Unterdruckleitung prüfen.
	Speziell bei Scheibenbremse:	
	Bremsbeläge abgenutzt.	■ Bremsbeläge erneuern.
Bremse zieht einseitig.	Unvorschriftsmäßiger Reifendruck.	■ Reifendruck prüfen und berichtigen.
	Bereifung ungleichmäßig abgefahren.	■ Abgefahrene Reifen ersetzen.
	Bremsbeläge verölt.	■ Bremsbeläge erneuern.
	Verschiedene Bremsbelagsorten auf einer Achse.	■ Beläge erneuern. Nur Original-Bremsbeläge vom Automobilhersteller verwenden.
	Schlechtes Tragbild der Bremsbeläge.	■ Bremsbeläge austauschen.
	Speziell bei Scheibenbremse:	
	Verschmutzte Bremssattelschächte.	■ Sitz- und Führungsflächen der Bremsbeläge im Bremssattel reinigen.
	Korrosion in den Bremssattelzylindern.	■ Bremssattel erneuern.
	Bremsbelag ungleichmäßig verschlissen.	■ Bremsbeläge erneuern (beide Räder), Bremssättel auf Leichtgängigkeit prüfen.
	Speziell bei Trommelbremse:	
	Kolben in den Radbremszylindern schwergängig.	■ Radbremszylinder erneuern.

Störung	Ursache	Abhilfe
Bremse zieht von selbst an.	Ausgleichsbohrung im Hauptbremszylinder verstopft. Spiel zwischen Betätigungsstange und Hauptbremszylinderkolben zu gering.	■ Hauptbremszylinder reinigen und Innenteile erneuern lassen. ■ Spiel prüfen lassen (Werkstattarbeit).
Bremsen erhitzen sich während der Fahrt.	Ausgleichsbohrung im Hauptbremszylinder verstopft. Spiel zwischen Betätigungsstange und Hauptbremszylinder zu gering. Bremse schwergängig. **Speziell bei Trommelbremse:** Bremsbacken-Rückzugfedern erlahmt.	■ Hauptbremszylinder reinigen und Innenteile erneuern lassen. ■ Spiel prüfen lassen (Werkstattarbeit). ■ Bewegliche Teile der Trommelbremse schmieren. Bremssattel überholen lassen (Werkstattarbeit). ■ Rückzugfedern erneuern.
Bremsen rattern.	Ungeeigneter Bremsbelag. **Speziell bei Scheibenbremse:** Bremsscheibe stellenweise korrodiert. Bremsscheibe hat Seitenschlag. **Speziell bei Trommelbremse:** Bremsbeläge verschlissen. Bremstrommel unrund.	■ Beläge erneuern. Nur Original-Bremsbeläge vom Automobilhersteller verwenden. ■ Scheibe mit Schleifklötzen sorgfältig glätten. ■ Scheibe nacharbeiten oder ersetzen. ■ Beläge erneuern. Nur Original-Bremsbeläge vom Automobilhersteller verwenden. ■ Bremstrommel ersetzen.
Bremsbeläge lösen sich nicht von der Bremsscheibe, Räder lassen sich schwer von Hand drehen.	**Speziell bei Scheibenbremse:** Korrosion in den Bremssattelzylindern.	■ Bremssattel überholen, eventuell austauschen.
Ungleichmäßiger Belag-Verschleiß.	**Speziell bei Scheibenbremse:** Ungeeigneter Bremsbelag. Bremssattel verschmutzt. Kolben nicht leichtgängig. Bremssystem undicht.	■ Beläge erneuern, Nur Original-Bremsbeläge vom Automobilhersteller verwenden. ■ Bremssattelschächte reinigen. ■ Kolben gangbar machen. ■ Bremssystem auf Dichtigkeit prüfen.
Keilförmiger Bremsbelag-Verschleiß.	**Speziell bei Scheibenbremse:** Bremsscheibe läuft nicht parallel zum Bremssattel. Korrosion in den Bremssätteln.	■ Anlagefläche des Bremssattels prüfen. ■ Verschmutzung beseitigen.

Störung	Ursache	Abhilfe
Bremse quietscht.	Oft auf atmosphärische Einflüsse (Luftfeuchtigkeit) zurückzuführen.	■ Keine Abhilfe erforderlich, und zwar dann, wenn Quietschen nach längerem Stillstand des Wagens bei hoher Luftfeuchtigkeit auftrat, aber nach den ersten Bremsungen sich nicht wiederholt.
	Speziell bei Scheibenbremse:	
	Ungeeigneter Bremsbelag.	■ Beläge erneuern. Nur Original-Bremsbeläge vom Automobilhersteller verwenden Rückenplatte mit Anti-Quietsch-Paste bestreichen.
	Bremsscheibe läuft nicht parallel zum Bremssattel.	■ Anlagefläche des Bremssattels prüfen.
	Verschmutzte Schächte im Bremssattel.	■ Bremssattelschächte reinigen.
	Speziell bei Trommelbremse:	
	Ungeeigneter Bremsbelag.	■ Beläge erneuern. Nur Original-Bremsbeläge vom Automobilhersteller verwenden.
	Belag liegt nicht satt auf.	■ Beläge erneuern. Nur Original-Bremsbeläge vom Automobilhersteller verwenden.
	Bremse verschmutzt.	■ Radbremsen reinigen.
	Rückzugfedern zu schwach.	■ Rückzugfedern erneuern.
Bremse pulsiert.	**ABS** in Funktion.	■ Normal, keine Abhilfe.
	Speziell bei Scheibenbremse:	
	Seitenschlag oder Dickentoleranz der Bremsscheibe zu groß.	■ Schlag und Toleranz prüfen. Scheibe nacharbeiten oder ersetzen.
	Bremsscheibe läuft nicht parallel zum Bremssattel.	■ Anlagefläche des Bremssattels prüfen.
	Speziell bei Trommelbremse:	
	Anlagefläche des Scheibenrades an der Bremstrommel nicht plan, dadurch Verzug der Bremstrommel.	■ Es kann versucht werden, die Scheibenräder untereinander auszutauschen.

Räder und Reifen

Der RENAULT MÉGANE ist je nach Modell und Ausstattung mit Reifen und Felgen unterschiedlicher Größe ausgerüstet. Neben der Felgenbreite ist auch die Einpreßtiefe wichtig. Die Einpreßtiefe ist das Maß von der Felgenmitte bis zur Anlagefläche der Radschüssel an die Bremsscheibe.

Alle Scheibenräder sind als sogenannte Hump-Felgen ausgelegt. Der Hump ist ein in die Felgenschulter eingepreßter Wulst, der auch bei extrem scharfer Kurvenfahrt nicht zuläßt, daß der schlauchlose Reifen von der Felge gedrückt wird.

Sofern Reifen und/oder Felgen montiert werden, die nicht in den Fahrzeugpapieren vermerkt sind, ist eine Eintragung in die Fahrzeugpapiere erforderlich. Dazu wird in der Regel eine Freigabebescheinigung von RENAULT benötigt.

Achtung: Die technische Entwicklung geht ständig weiter. Es kann sein, daß inzwischen auch für ältere Fahrzeug-Modelle andere Reifenfülldrücke beziehungsweise andere Reifen-Felgen-Kombinationen zugelassen sind. Es empfiehlt sich deshalb, die aktuellen Daten bei der Fachwerkstatt zu erfragen.

Achtung: Der Gesetzgeber verlangt, daß Reifen bis zu einer Profiltiefe von 1,6 mm abgefahren werden dürfen, und zwar muß die gesamte Lauffläche noch 1,6 mm Tiefe aufweisen. Es empfiehlt sich jedoch, sicherheitshalber die Sommerreifen bei einer Profiltiefe von 2 mm und Winterreifen bei einer Tiefe von 4 mm auszutauschen.

Reifen-/Felgenkombinationen für den RENAULT MÉGANE/SCENIC

Eine Auswahl der vom Hersteller zugelassenen Reifen-/Felgenkombinationen und der vorgeschriebenen Reifenfülldrücke für MÉGANE Limousine und SCENIC. Bei der Zuordnung die vorhandene Motorisierung und das Baujahr beachten.

Modell	Motor	Reifengröße	Felge	Reifenfülldruck (Überdruck) in bar			
				halbe Zuladung		volle Zuladung	
				vorn	hinten	vorn	hinten
MÉGANE	1,4 l 16V	175/65 R14 T	5½ J 14	2,1	2,0	2,3	2,2
	1,6 L 16 V 2,0 l	185/55 R 15 H	6,0 J 15	2,2	2,0	2,4	2,2
	2,0 l 16 V	195/50 R 16 V	6½ J 16	2,2	2,1	2,4	2,3
SCENIC	1,4 l/1,6 l 1,9 l Dt	185/70 R 14 T 175/70 R 14 T	5½ J 14 6 J 14	2,3	2,1	2,5	2,5
	1,9 l D/1,9 l Dt 1,9 l Dti/2,0 l	185/70 R 14 T 175/70 R 14 T	5½ J 14 6 J 14	2,2	2,0	2,4	2,5

- Der Reifenfülldruck für das **Reserverad** entspricht dem höchsten Fülldruck, der für die normale Bereifung zugelassen ist.
- Sämtliche Überdruckangaben beziehen sich auf kalte Reifen. Der sich bei längerer Fahrt einstellende, um ca. 0,2 bis 0,4 bar höhere Überdruck darf nicht reduziert werden.
- Für Fahrzeuge mit Automatik-Getriebe oder Klimaanlage gilt vorn ein um 0,1 bar erhöhter Reifenfülldruck.
- Bei sportlicher Fahrweise empfiehlt es sich, den Reifenüberdruck an Vorder- und Hinterrädern um 0,2 bar zu erhöhen. Bei dieser Erhöhung ist vom Basisüberdruck auszugehen.

Achtung: Maßgebend für den Reifenfülldruck ist das Reifenfülldruck-Schild, welches am Fahrertürrahmen oder auf der Fahrertürinnenkante angeklebt ist.

- Winterreifen werden in der Regel mit einem um 0,2 bar höheren Überdruck gefahren. Die Reifenfülldruckempfehlungen des jeweiligen Reifenherstellers bei Winterreifen sind zu beachten. Da die Winterreifen einer Geschwindigkeitsbeschränkung unterliegen, muß zudem ein Hinweis über die zulässige Höchstgeschwindigkeit im Blickfeld des Fahrers angebracht werden (§ 36, Absatz 1 StVZO).

Scheibenrad-Bezeichnungen

Beispiel: 5 ½ J x 14 4 CH 36:

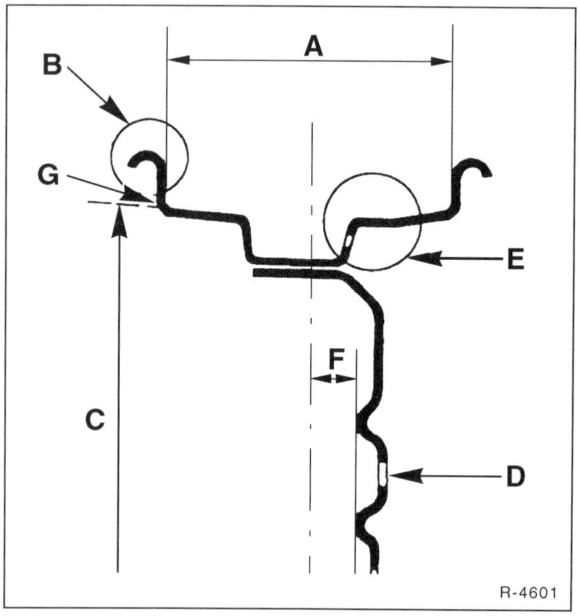

5 ½	A	Maulweite der Felge in Zoll
J	B	Kennbuchstabe für Höhe und Kontur des Felgenhorns
x	–	Kennzeichen für einteilige Tiefbettfelge
14	C	Felgen-Durchmesser in Zoll
4	D	Lochzahl
CH	E	Sicherheitskontur für schlauchlose Reifen
36	F	Einpreßtiefe 36 mm

- Die Einpreßtiefe ist das Maß von der Felgenmitte bis zur Anlagefläche der Radschüssel an die Bremsscheibe beziehungsweise Bremstrommel.
- Zulässiger Seitenschlag am Felgenhorn –G–: 1,2 mm;

  Zulässiger Höhenschlag an der Felgenschulter: 0,8 mm.

Reifenbezeichnungen

Beispiel:

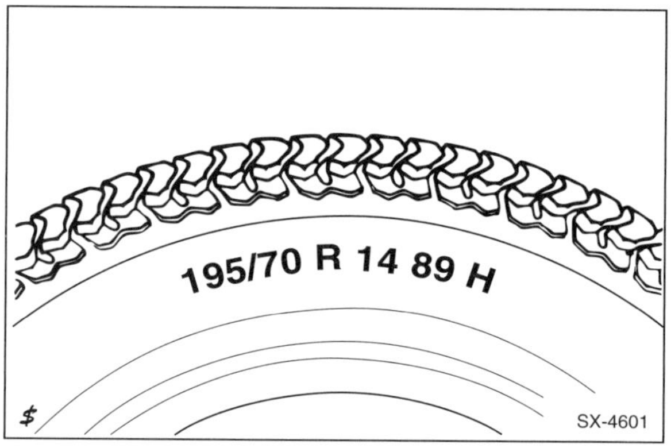

195 = Reifenbreite in mm

/70 = Verhältnis Höhe zu Breite (die Höhe des Reifenquerschnitts beträgt 70 % von der Breite)

Fehlt eine besondere Angabe des Querschnittverhältnisses (z. B. 155 R 13), so handelt es sich um das »normale« Höhen-Breiten-Verhältnis. Es beträgt bei Gürtelreifen 82 %.

H = Geschwindigkeitsklasse, H: bis 210 km/h (wird bei neueren Reifen nicht immer angegeben).

R = Radial-Bauart (= Gürtelreifen).

14 = Felgendurchmesser in Zoll.

89 = Tragfähigkeits-Kennzahl.

Achtung: Steht zwischen den Angaben 14 und 89 die Bezeichnung M+S, dann handelt es sich um einen Reifen mit Winterprofil.

H = Kennbuchstabe für zulässige Höchstgeschwindigkeit.

Der Geschwindigkeitsbuchstabe steht hinter der Reifengröße. Die Geschwindigkeitssymbole gelten sowohl für Sommer- als auch für Winterreifen.

Geschwindigkeits-Kennbuchstabe

Kennbuchstabe	Zulässige Höchstgeschwindigkeit
Q	160 km/h
S	180 km/h
T	190 km/h
H	210 km/h
V	240 km/h
W	270 km/h

Reifen-Herstellungsdatum

Das Herstellungsdatum steht auf dem Reifen im Hersteller-Code.

Beispiel: DOT CUL2 UM8 3706 TUBELESS

DOT = Department of Transportation (US-Verkehrsministerium)
CU = Kürzel für Reifenhersteller
L2 = Reifengröße
UM8 = Reifenausführung
3706 = Herstellungsdatum = 37. Produktionswoche 2006
Hinweis: Falls anstelle der 4-stelligen Ziffer eine 3-stellige Ziffer, gefolgt von einem ◁-Symbol aufgeführt ist, dann wurde der Reifen im vergangenen Jahrzehnt produziert. Die Bezeichnung 509◁ bedeutet beispielsweise: 50. Produktionswoche 1999.
TUBELESS = schlauchlos (TUBETYPE = Schlauchreifen)

Achtung: Neureifen müssen seit 10/98 zusätzlich mit einer ECE-Prüfnummer an der Reifenflanke versehen sein. Diese Prüfnummer weist nach, dass der Reifen dem ECE-Standard entspricht. Werden Reifen seit 10/98 **ohne** ECE-Prüfnummer montiert, erlischt die Allgemeine Betriebserlaubnis (ABE) des Fahrzeuges.

Austauschen und auswuchten der Räder

Es ist nicht zweckmäßig, bei einem Austausch der Räder die Drehrichtung der Reifen zu ändern, da sich die Reifen nur unter vorübergehend stärkerem Verschleiß der veränderten Drehrichtung anpassen. Bei einigen Reifen ist eine Laufrichtung durch einen Pfeil auf der Seitenwand vorgegeben, die Laufrichtung ist dann unbedingt einzuhalten.

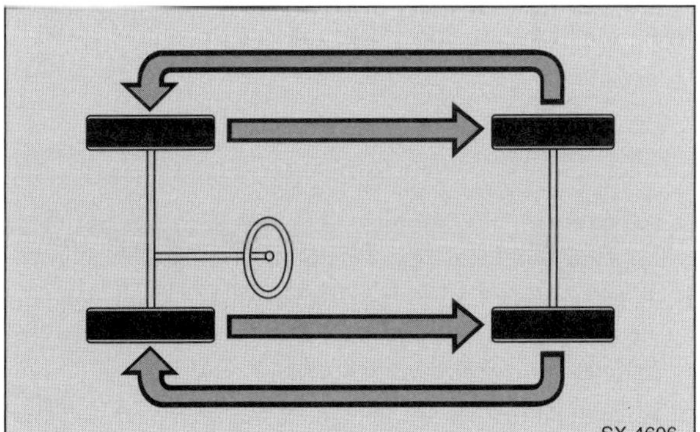
SX-4606

Bei deutlich stärkerer Abnutzung der vorderen Reifen empfiehlt es sich, die Vorderräder gegen die Hinterräder zu tauschen. Dadurch haben alle 4 Reifen etwa die gleiche Lebensdauer.

Zum Festziehen der Radschrauben sollte immer ein Drehmomentschlüssel verwendet werden. Dadurch wird sichergestellt, daß die Radschrauben gleichmäßig fest angezogen sind.

Reifen nicht einzeln, sondern mindestens achsweise ersetzen. Dabei Reifen mit der größeren Profiltiefe immer vorn montieren.

Achtung: Beim Erneuern und Demontieren schlauchloser Reifen ist aus Sicherheitsgründen unbedingt das Gummiventil mit auszutauschen.

- Leichtmetallfelgen sind durch einen Klarlacküberzug gegen Korrosion geschützt. Beim Radwechsel darauf achten, daß die Schutzschicht nicht beschädigt wird, andernfalls mit Klarlack ausbessern.

SX-4605

- Vor der Radmontage Felge mit Filzstift zur Radnabe markieren, damit es in gleicher Stellung wieder montiert werden kann.
- Zum Schutz gegen Festrosten des Rades ist der Zentriersitz des Scheibenrades an den Radnaben vorn und hinten bei jeder Demontage des jeweiligen Rades mit Wälzlagerfett leicht einzufetten.
- Verschmutzte Schrauben und Gewinde reinigen. Radschrauben nur an der Kopf-Anlagefläche zur Felge, nicht am Gewinde fetten.
- Räder so ansetzen, daß die beim Ausbau angebrachte Markierung an Felge und Radnabe übereinstimmt. Radschrauben über Kreuz in mehreren Durchgängen festziehen.

Achtung: Durch einseitiges oder unterschiedlich starkes Anziehen der Radschrauben können das Rad und/oder die Radnabe verspannt werden. Das Anzugsdrehmoment beträgt für alle Radschrauben **90 Nm.**

Auswuchten der Räder

Das Auswuchten ist notwendig, um unterschiedliche Gewichtsverteilung und Materialungenauigkeiten auszugleichen.

Im Fahrbetrieb macht sich die Unwucht durch Trampel- und Flattererscheinungen bemerkbar. Das Lenkrad beginnt dann bei höherem Tempo zu zittern.

In der Regel tritt dieses Zittern nur in einem bestimmten Geschwindigkeitsbereich auf und verschwindet wieder bei niedrigerer und höherer Geschwindigkeit.

Solche Unwuchterscheinungen können mit der Zeit zu Schäden an Achsgelenken, Lenkgetriebe und Stoßdämpfern führen.

Räder etwa alle 2 Jahre und nach jeder Reifenreparatur auswuchten lassen, da sich durch Abnutzung und Reparatur die Gewichts- und Materialverteilung am Reifen ändert.

Reifenpflegetips

Generell gilt, daß Reifen sozusagen ein »Gedächtnis« haben und unsachgemäße Behandlung – dazu zählt beispielsweise auch schnelles oder häufiges Überfahren von Bordstein- oder Schienenkanten – oft erst viel später zu Reifenpannen führt.

Reifen reinigen

- Reifen möglichst nicht mit einem Dampfstrahlgerät reinigen. Wird die Düse des Dampfstrahlers zu nahe an den Reifen gehalten, dann wird dessen Gummischicht innerhalb weniger Sekunden irreparabel zerstört, selbst bei Verwendung von kaltem Wasser. Ein auf diese Weise gereinigter Reifen sollte sicherheitshalber ersetzt werden.
- Ersetzt werden sollte auch ein Reifen, der über längere Zeit mit Öl oder Fett in Berührung kam. Der Reifen quillt an den betreffenden Stellen zunächst auf, nimmt jedoch später wieder seine normale Form an und sieht äußerlich unbeschädigt aus. Die Belastungsfähigkeit des Reifens nimmt aber ab.

Reifen lagern

- Reifen sollten kühl, dunkel und trocken aufbewahrt werden. Sie dürfen nicht mit Fett und Öl in Berührung kommen.
- Räder liegend oder an den Felgen aufgehängt in der Garage oder im Keller lagern.
- Bevor die Räder abmontiert werden, Reifenfülldruck etwas erhöhen (ca. 0,3–0,5 bar).
- Für Winterreifen eigene Felgen verwenden, denn das Ummontieren der Reifen lohnt sich aus Kostengründen nicht.

Reifen einfahren

Neue Reifen haben vom Produktionsprozeß her eine besonders glatte Oberfläche. Deshalb müssen neue Reifen – das gilt auch für das neue Ersatzrad – eingefahren werden. Bei diesem Einfahren rauht sich durch die beginnende Abnutzung die glatte Oberfläche auf.

Während der ersten 300 km sollte man mit neuen Reifen speziell auf Nässe besonders vorsichtig fahren.

Gleitschutzketten (Schneeketten)

Die Verwendung von Gleitschutzketten ist nur an der Antriebsachse (Vorderachse) erlaubt. **Achtung:** Breitreifen sowie die Serienbereifung des 16V-Modells dürfen nicht mit Gleitschutzketten versehen werden. Es sollten nur von RENAULT freigegebene Gleitschutzketten verwendet werden.

Mit Gleitschutzketten darf nicht schneller als 50 km/h gefahren werden. Auf schnee- und eisfreien Straßen sind die Gleitschutzketten abzunehmen.

Fehlerhafte Reifenabnutzung

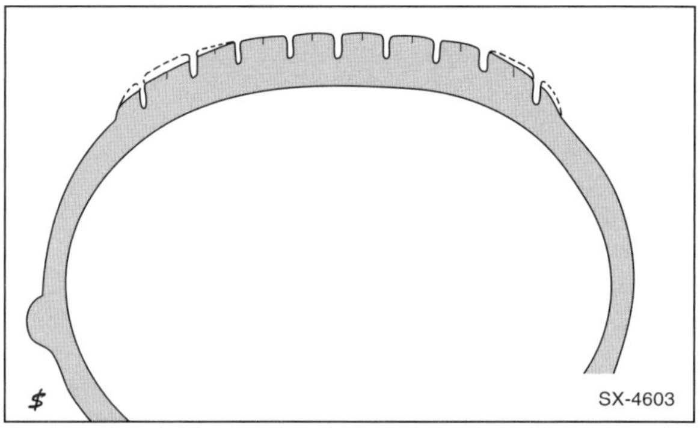

SX-4603

- An den Vorderrädern ist eine etwas größere Abnutzung der Reifenschultern gegenüber der Laufflächenmitte normal, wobei aufgrund der Straßenneigung die Abnutzung der zur Straßenmitte zeigenden Reifenschulter (linkes Rad: außen, rechtes Rad: innen) deutlicher ausgeprägt sein kann.
- Ungleichmäßiger Reifenverschleiß ist zumeist die Folge zu geringen oder zu hohen Reifenfülldrucks und kann auf Fehler in der Radeinstellung oder Radauswuchtung sowie auf mangelhafte Stoßdämpfer oder Felgen zurückzuführen sein.

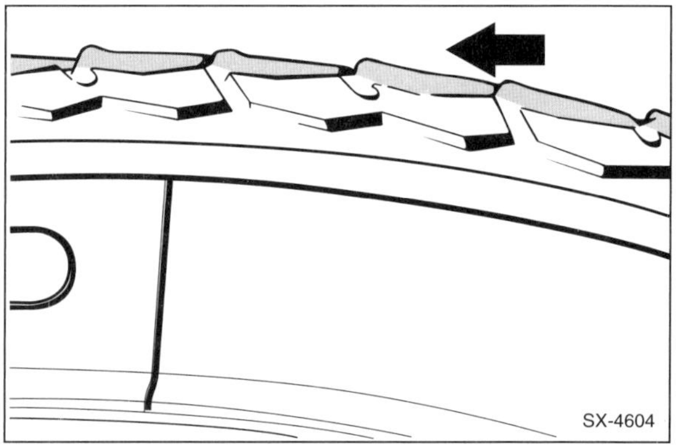

SX-4604

- Sägezahnförmige Abnutzung des Profils ist in der Regel auf eine Überbelastung des Fahrzeuges zurückzuführen.
- In erster Linie ist auf vorschriftsmäßigen Reifenfülldruck zu achten, wobei spätestens alle vier Wochen eine Prüfung vorgenommen werden sollte.
- Reifenfülldruck nur an kühlen Reifen prüfen. Der Reifenfülldruck steigt nämlich mit zunehmender Erhitzung bei schneller Fahrt an. Dennoch ist es völlig falsch, aus erhitzten Reifen Luft abzulassen.
- Bei zu hohem Reifenfülldruck wird die Laufflächenmitte mehr abgenutzt, da der Reifen an der Lauffläche durch den hohen Innendruck mehr gewölbt ist.
- Bei zu niedrigem Reifenfülldruck liegt die Lauffläche an den Reifenschultern stärker auf, und die Laufflächenmitte wölbt sich nach innen durch. Dadurch ergibt sich ein stärkerer Reifenverschleiß der Reifenschultern.
- Falsche Radeinstellung und Unwucht ergeben jeweils typische Reifenverschleißbilder, auf die in der Störungsdiagnose hingewiesen wird.

Vorderwagenunruhe beseitigen

Das Lenkradflattern bei bestimmten Geschwindigkeiten ist in der Regel auf eine Unwucht der Räder zurückzuführen.

Prüfen

- Reifenfülldruck prüfen, gegebenenfalls korrigieren.
- Probefahrt durchführen. Störung möglichst genau eingrenzen, Geschwindigkeitsbereich, Fahrbahnbeschaffenheit, Kurven- oder Geradeausfahrt.
- Fahrzeug aufbocken.
- Mittenzentrierung der Felgen prüfen. Dabei müssen die Radnabe oder Bremstrommel über den Kragen der Scheibenräder hinausragen oder zumindest bündig damit abschließen. Andernfalls Felge austauschen.
- Radaufhängung prüfen. Dazu Gummi-Metallager, Gelenke, Stoßdämpfer und Felgen auf einwandfreien Zustand prüfen.
- Räder ausbauen und reinigen. Dabei beispielsweise auch Steine aus dem Profil entfernen.
- Reifen auf Bremsplatten untersuchen. Das sind Stellen geringerer Profiltiefe, die bei Vollbremsungen mit blockierenden Rädern entstehen können.
- Profiltiefe der einzelnen Reifen prüfen und miteinander vergleichen. Bei abnormalem Reifenverschleiß vorn und/oder hinten muß das Fahrzeug vorn und hinten vermessen und gegebenenfalls eingestellt werden. Dabei ist die Einstellung der Vorspur an die obere Toleranzgrenze zu legen. **Achtung:** Für die Vermessung ist eine entsprechende Meßanlage erforderlich, die in der Regel nur in einer Fachwerkstatt vorhanden ist.
- Probefahrt durchführen und prüfen, ob die Störungen noch vorhanden sind.

Höhen- und Seitenschlag der Räder prüfen

- Bei aufgebocktem Fahrzeug geeignete Meßuhr an der Lauffläche und danach an der Reifenflanke ansetzen. Rad von Hand langsam drehen, Zeigerausschlag der Meßuhr ablesen und Stelle des maximalen Höhenschlags am Reifen mit Kreide kennzeichnen.

Sollwerte: Maximaler Höhenschlag = 0,8 mm; maximaler Seitenschlag = 1,2 mm.

- Falls diese Werte nicht eingehalten werden, Räder auf stationärer Auswuchtmaschine auswuchten. Dabei müssen die Räder in gleicher Weise wie am Fahrzeug mittenzentriert werden. Die zulässige Restunwucht in beiden Wuchtebenen beträgt 5 Gramm.

Höhenschlag beseitigen (matchen):

- Luft aus dem Reifen lassen und Reifenwülste in das Felgenbett drücken.
- Reifen auf der Felge um 120° verdrehen.
- Reifen aufpumpen und Höhenschlag erneut prüfen.
- Falls der Maximalwert überschritten wird, Reifen auf der Felge um weitere 120° verdrehen und Höhenschlag prüfen.
- Falls der Maximalwert eingehalten wird, Räder auswuchten.

Höhen- und Seitenschlag der Felge prüfen

- Felge ohne Reifen mittenzentriert auf die Auswuchtmaschine oder am Fahrzeug montieren. Meßuhr anbringen.

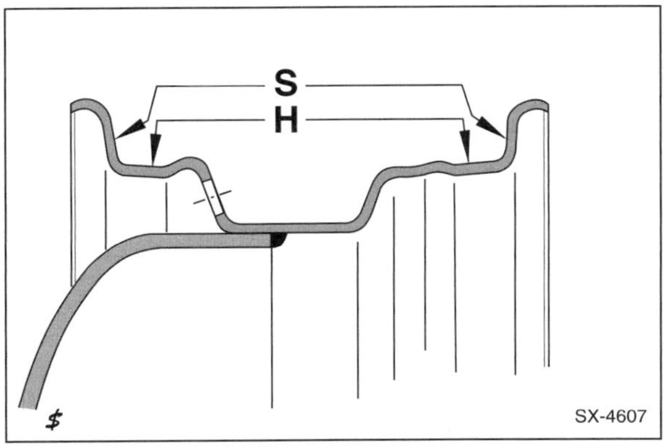

- Höhen- und Seitenschlag der Felge prüfen. Der Höhenschlag (Rundlaufabweichung) wird an der Felgenschulter –H–, der Seitenschlag an der seitlichen Fläche des Felgenhornes –S– gemessen. Dabei sind punktuelle Ausschläge der Meßuhr, die durch Materialerhöhungen oder -vertiefungen entstehen, nicht zu berücksichtigen.

Sollwerte für Stahl-Scheibenrad: Maximaler Höhenschlag = 0,8 mm; maximaler Seitenschlag = 1,2 mm.

Leichtmetall-Scheibenrad: Maximaler Höhenschlag = 0,25 mm; maximaler Seitenschlag = 0,3 mm.

- Falls die Sollwerte überschritten werden, Felge ersetzen.

Montage der Räder am Fahrzeug

- Bei aufgebocktem Fahrzeug Räder so ansetzen, daß sich die Stelle des maximalen Höhenschlages oben befindet. Radschrauben in diesem Zustand über Kreuz mit einem Drehmomentschlüssel und **90 Nm** festziehen.

Achtung: Wenn die Verschleißunterschiede der einzelnen Reifen klein sind, Räder mit dem geringsten Höhenschlag und den kleinsten Auswuchtgewichten an der Vorderachse montieren.

- Probefahrt durchführen. Falls immer noch Vorderwagenunruhe oder Lenkradschütteln festgestellt wird, kann es sich um Restunwuchten handeln, die durch Nachwuchten am Fahrzeug beseitigt werden.

Räder am Fahrzeug nach- oder auswuchten

- Beim Auswuchten der Antriebsräder unbedingt beide Reifen einer Achse auf Rollen (Geberböcke) setzen.
- Der Antrieb der Vorderräder muß durch den Fahrzeugmotor erfolgen, damit die Räder synchron laufen.
- Probefahrt durchführen.

Falls immer noch Störungen auftreten, so sind die Radial- oder Taumelbewegungen eines oder mehrerer Reifen zu hoch. Mit Werkstattmitteln kann das nicht gemessen werden. In diesem Fall bleibt nur der Austausch der vorderen und/oder hinteren Reifen. Dabei sollten die Reifen grundsätzlich paarweise ersetzt werden.

Störungsdiagnose Reifen

Abnutzung	Ursache
Stärkerer Reifenverschleiß auf beiden Seiten der Lauffläche.	■ Zu niedriger Reifenfülldruck.
Stärkerer Reifenverschleiß in der Mitte der Lauffläche, über den gesamten Umfang.	■ Zu hoher Reifenfülldruck.
Auswaschungen der Profilseite.	■ Statische und dynamische Unwucht des Rades. Eventuell zu großer Seitenschlag der Felge, zu großes Spiel in den Traggelenken.
Auswaschungen in der Mitte des Reifenprofils.	■ Statische Unwucht des Rades. Eventuell Folge von zu großem Höhenschlag.
Starke Abnutzung an einzelnen Stellen in der Mitte der Lauffläche.	■ Blockierspuren von Vollbremsungen.
Schuppenförmige oder sägezahnähnliche Abnutzung des Profils. In krassen Fällen mit Gewebebrüchen verbunden, die nach einiger Zeit außen sichtbar werden.	■ Überbelastung des Wagens. Innenseite der Reifen auf Gewebebrüche untersuchen!
Gummizungen an den seitlichen Profilkanten.	■ Fehlerhafte Radeinstellung. Reifen radiert. Bei Hinterrädern auch Zustand der Stoßdämpfer prüfen!
Gratbildung an einer Profilseite des Vorderrades.	■ Falsche Spureinstellung. Reifen radiert. Häufiges Fahren auf stark gewölbter Fahrbahn. Schnelle Kurvenfahrt.
Stoßbrüche im Reifenunterbau. Anfangs nur im Innern des Reifens sichtbar.	■ Überfahren von kantigen Steinen, Schienenstößen und ähnlichem bei hohen Geschwindigkeiten.
Einseitig abgefahrene Laufflächen.	■ Sturzeinstellung überprüfen.

Karosserie

Die Karosserie des RENAULT MÉGANE/SCENIC ist selbsttragend. Bodengruppe, Seitenteile, Dach und die hinteren Kotflügel sind miteinander verschweißt. Größere Karosserieschäden lassen sich deshalb nur von einer Fachwerkstatt beheben.

Motorhaube, Heckklappe, Türen und die vorderen Kotflügel sind angeschraubt und lassen sich leicht auswechseln. Beim Einbau sind dann unbedingt die richtigen Fugenmaße (= Breite der Fugen zwischen jeweiliger Klappe und umliegender Karosserie) einzuhalten, sonst klappert beispielsweise die Tür, oder es können erhöhte Windgeräusche während der Fahrt auftreten. Der Abstand zwischen den Karosserieteilen muß auf der gesamten Länge des Spaltes gleich groß sein. Abweichungen bis zu 1 mm sind zulässig.

Zur Befestigung der Karosserieteile verwendet RENAULT größtenteils TORX-Schrauben. Diese Schrauben haben anstelle des üblichen Außen- oder Innensechskantes im Schraubenkopf ein sternförmiges, sechszahniges Profil, das eine bessere Übertragung der Drehkräfte ermöglicht. Dadurch verlängert sich die Lebensdauer von Schrauben und Schraubendreher. Insbesondere bei festsitzenden Schrauben wird der Schraubenkopf nicht mehr so leicht beschädigt. Für den RENAULT MÉGANE empfiehlt sich ein TORX-Schlüsselsatz der Größen T8, T15, T20, T30 und T40. Die Schlüssel gibt es als Stecknüsse, in der Form bisheriger Schraubendreher oder als Winkelschraubendreher.

Sicherheitshinweise bei Karosseriearbeiten

- Im Rahmen einer Reparatur-Lackierung darf im Trockenofen oder in der Vorwärmzone das Fahrzeug bis maximal +85° C aufgeheizt werden. Sonst besteht die Gefahr der Beschädigung elektronischer Steuergeräte im Fahrzeug.
- Soweit Schweißarbeiten oder andere funkenerzeugende Arbeiten durchgeführt werden, grundsätzlich die Batterie komplett abklemmen (Plus- und Minuskabel) und beide Klemmen (+) und (–) sorgfältig isolieren. Bei Arbeiten in Batterienähe muß die Batterie ausgebaut werden. **Achtung:** Dadurch werden elektronische Speicher gelöscht. Vor dem Abklemmen daher unbedingt Hinweise im Kapitel »Batterie aus- und einbauen« durchlesen.
- Bei Elektro-Schweißarbeiten muß die Polklemme des Schweißgerätes unmittelbar an der Schweißstelle angebracht werden. Auf jeden Fall sind das Airbag/Gurtstraffer-Steuergerät (Einbauort: unterhalb der Mittelkonsole) vom Kabelsatz zu trennen und die Steckverbindung zum Gasgenerator am Lenkrad zu lösen, siehe Kapitel »Lenkung«. Spannungsregler am Generator abklemmen, siehe Kapitel »Generator«.
- Bei Arbeiten unter dem Fahrzeug (Karosserie, Abgasanlage etc.), bei denen das Bodenblech durch Hammerschläge starken Erschütterungen ausgesetzt wird, **Batterie abklemmen.** Danach 5 Minuten warten, damit das Airbag/Gurtstraffersystem deaktiviert ist.

Hinweis: Die in diesem Kapitel beschriebenen Arbeiten an der Karosserie und der Innenausstattung **gelten für alle Modelle** (Limousine, Coach, Classic, Grandtour, SCENIC). Sollten spezifische Unterschiede bestehen, beispielsweise für den SCENIC oder den Grandtour (Kombi), wird jeweils darauf hingewiesen. Die meisten verwendeten Abbildungen stammen von der MÉGANE-Limousine.

Fugenmaße der Karosserie

Beim Einbau neuer Karosserieteile sind unbedingt die richtigen Fugenmaße einzuhalten, sonst klappert beispielsweise die Tür, oder es können erhöhte Windgeräusche während der Fahrt auftreten. Abweichungen bis zu 1 mm sind zulässig. Fugenmaße, siehe nächste Seite.

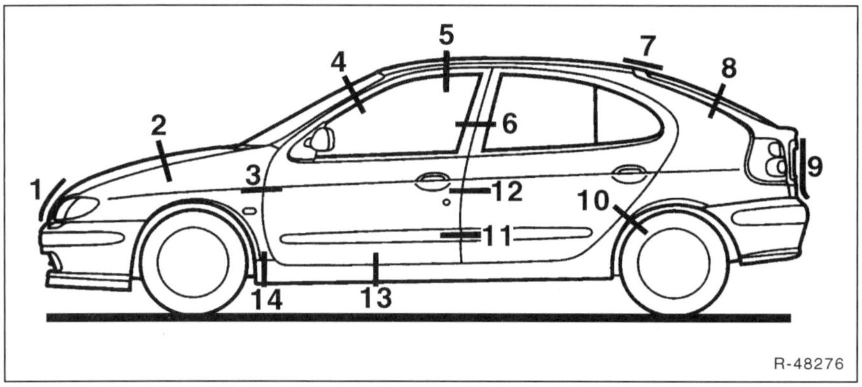

Limousine

1 – 6 mm
2 – 4 mm
3 – 5 mm
4 – 5 mm
5 – 5 mm
6 – 5 mm
7 – 6,5 mm
8 – 4,5 mm
9 – 6 mm
10 – 6 mm
11 – 5 mm
12 – 11 mm
13 – 5 mm
14 – 4 mm

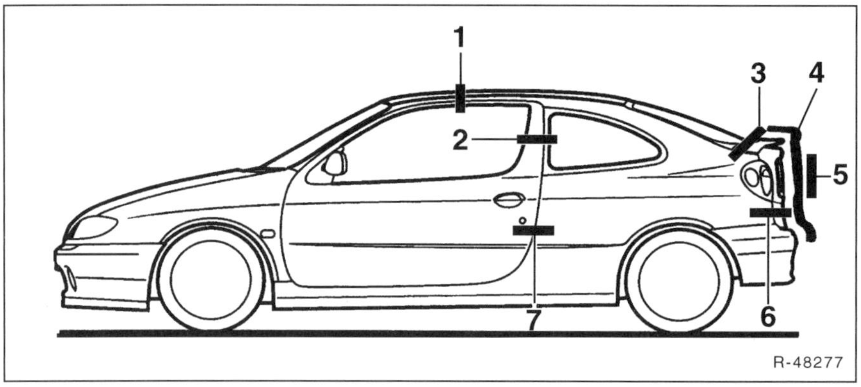

Coupé (»Coach«), von Limousine abweichende Maße

1 – 6 mm
2 – 6 mm
3 – 6 mm
4 – 6 mm
5 – 4,5 mm
6 – 6 mm
7 – 6 mm

Kombi (»Grandtour«), von Limousine abweichende Maße

1 – 4 mm
2 – 3 mm
3 – 4 mm
4 – zur Heckklappe 4 mm
zum Kotflügel 2 mm
5 – 3 mm

SCENIC, von Limousine abweichende Maße

1 – 6,5 mm
2 – 5 mm
3 – 6 mm
4 – 6 mm

Stoßfänger vorn aus- und einbauen/ zerlegen

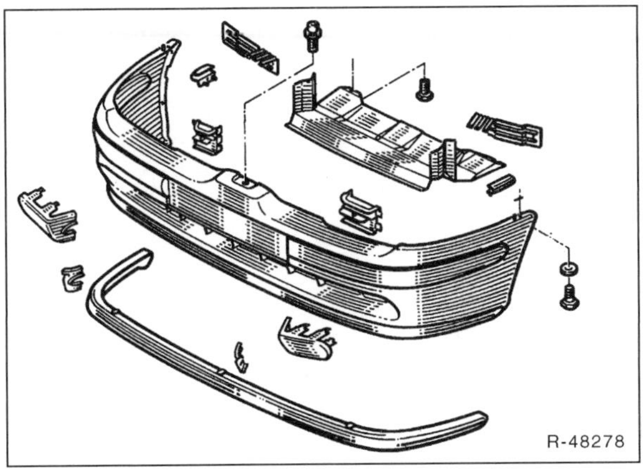
R-48278

Ausbau

- Nur wenn **Nebelscheinwerfer** eingebaut sind: Batterie-Massekabel (–) abklemmen. **Achtung:** Dadurch werden elektronische Speicher gelöscht, wie zum Beispiel der Radiocode. Hinweise im Kapitel »Batterie aus- und einbauen« beachten.
- Stellung der Vorderräder zur Radnabe mit Farbe kennzeichnen. Dadurch kann das ausgewuchtete Rad wieder in derselben Position montiert werden. Radschrauben bei auf dem Boden stehendem Fahrzeug lösen. Fahrzeug vorn aufbocken und Vorderräder abnehmen.

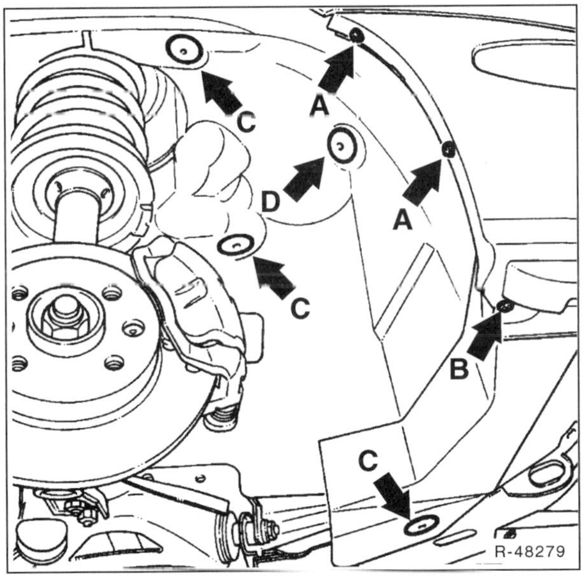

R-48279

- Auf beiden Fahrzeugseiten, 2 Schrauben –A– sowie Schraube –B– am Radkasten mit Schraubendreher T20 herausschrauben.
- Clipse –C– und –D– mit Schraubendreher heraushebeln.
- Innenkotflügel-Vorderteil abnehmen.

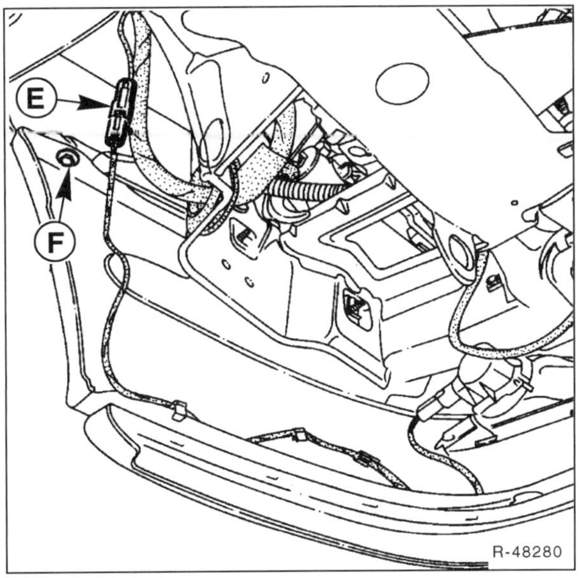

R-48280

- Falls vorhanden, Stecker –E– für Nebelscheinwerfer im linken Radkasten trennen.
- 2 Befestigungsschrauben –F– mit 10mm Stecknuß herausdrehen.

R-48281

- 2 Schrauben für vorderen Motor-Unterschutz herausdrehen.

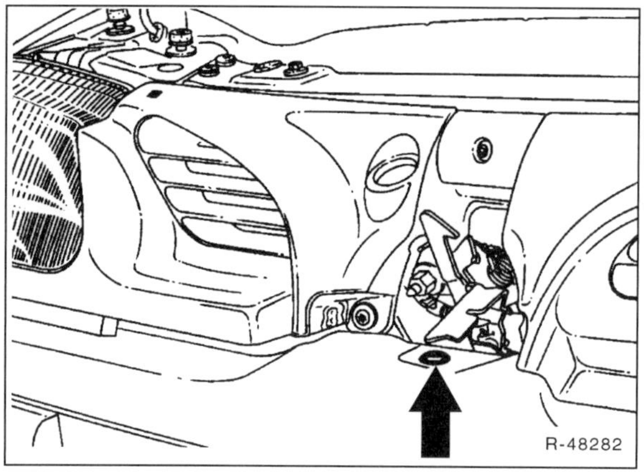

- Mittlere Schraube (Torx 40) abschrauben.
- Fahrzeuge mit Scheinwerfer-Reinigungsanlage: Schläuche für Wascherdüsen am Stoßfänger abziehen.

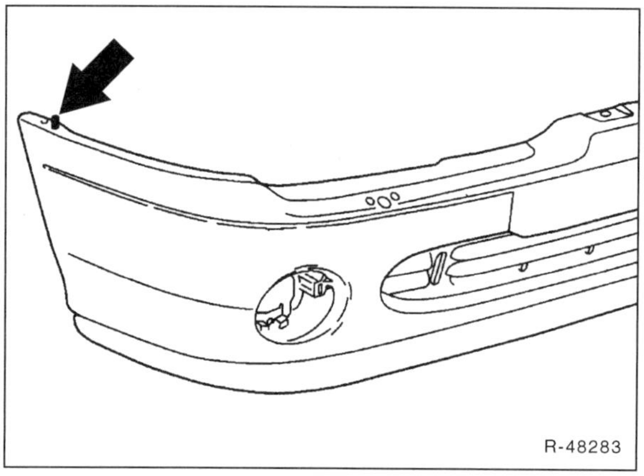

- Stoßfänger an den seitlichen Zentrierzapfen –Pfeil– ausdrücken und mit Helfer nach vorn herausziehen.

Zerlegen

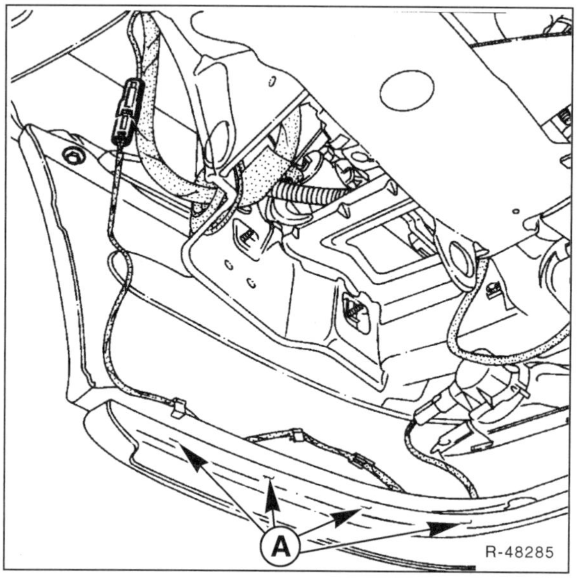

- Stoßfänger-Unterkante (Spoiler) sowie Stoßfänger können einzeln erneuert werden. Dazu alle Klammern –A– abhebeln.

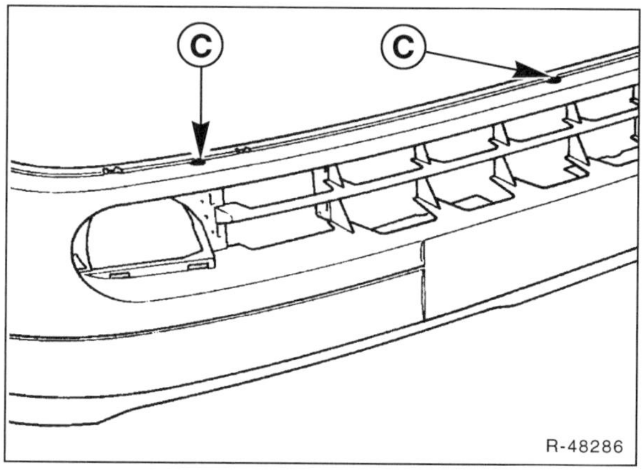

- Neuen Spoiler an Stoßfänger ansetzen und mit Gripzange oder Schraubzwinge festklemmen. Der Spoiler wird durch die Zapfen –C– ausgerichtet.
- Bohrungen mit Durchmesser 4mm anstelle der bisherigen Klammern –A– anbringen.
- Spoiler mit Nieten Durchmesser 4mm, Länge 20 mm befestigen. Hierzu wird eine geeignete Nietzange benötigt.

Einbau

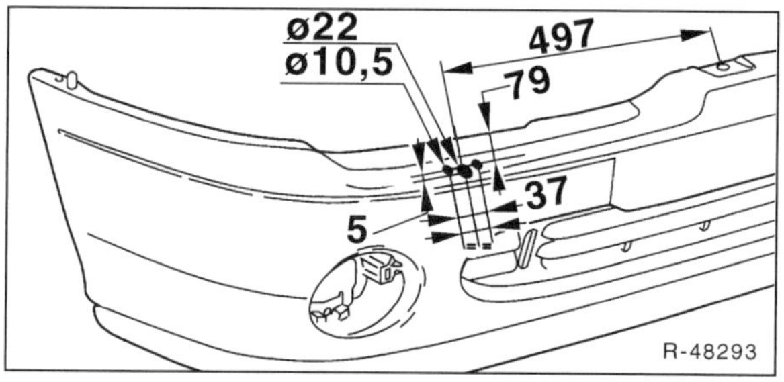

- Nur Fahrzeuge mit Scheinwerfer-Reinigungsanlage: Bei neuem Stoßfänger müssen 3 Bohrungen zur Befestigung der beiden Wascherdüsen gebohrt werden. Die Maße in der Abbildung sind in mm angegeben. Wascherdüsen von altem auf neuen Stoßfänger umbauen.

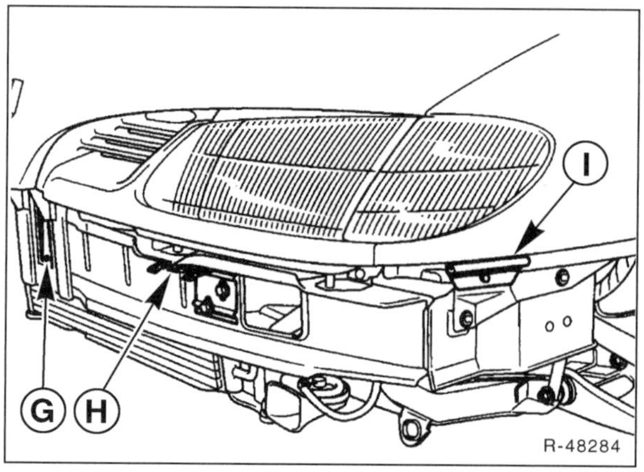

- Stoßfänger mit Helfer von vorn einschieben. Die oberen Seitenpartien müssen auf den Führungen –I– liegen. Zentrierung in Halter –G– einsetzen, die beiden Laschen –H– müssen einrasten.
- Stoßfänger an den seitlichen Zentrierzapfen einsetzen und festschrauben: Mittlere Schraube, Motorunterschutz, seitliche Schrauben.
- Stecker für Nebelscheinwerfer zusammenfügen, er muß einrasten.
- Innenkotflügel am Stoßfänger anschrauben und mit den Clips im Radhaus befestigen.
- Vorderräder anschrauben. Radschrauben nicht ölen oder fetten. Räder so ansetzen, daß die beim Ausbau angebrachten Markierungen übereinstimmen. Fahrzeug ablassen, Radschrauben über Kreuz mit **90 Nm** festziehen.
- Batterie-Massekabel (–) anklemmen. Zeituhr einstellen. Radiosender programmieren.

Stoßfänger hinten aus- und einbauen

Ausbau

- Stellung der Hinterräder zur Radnabe mit Farbe kennzeichnen. Dadurch kann das ausgewuchtete Rad wieder in derselben Position montiert werden. Radschrauben bei auf dem Boden stehendem Fahrzeug lösen. Fahrzeug aufbocken und Hinterräder abnehmen.

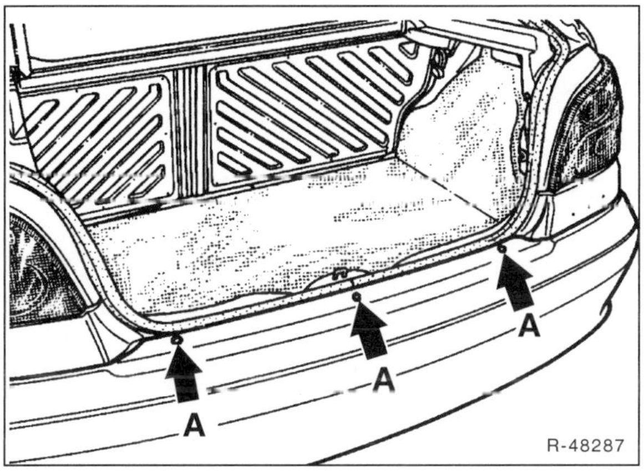

- Heckklappe öffnen und 3 Schrauben –A– abschrauben.

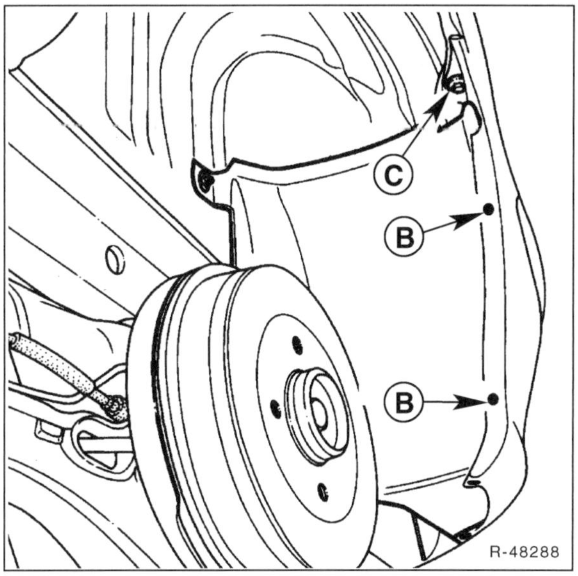

- Auf beiden Fahrzeugseiten die Schrauben –B– für Radkastenabdeckung und seitliche Schraube –C– im Radkasten abschrauben.

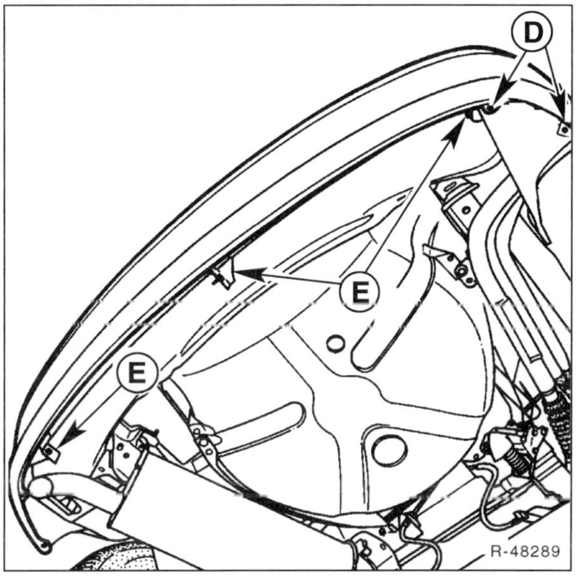

- Schrauben –D– und –E– von unten her abschrauben.

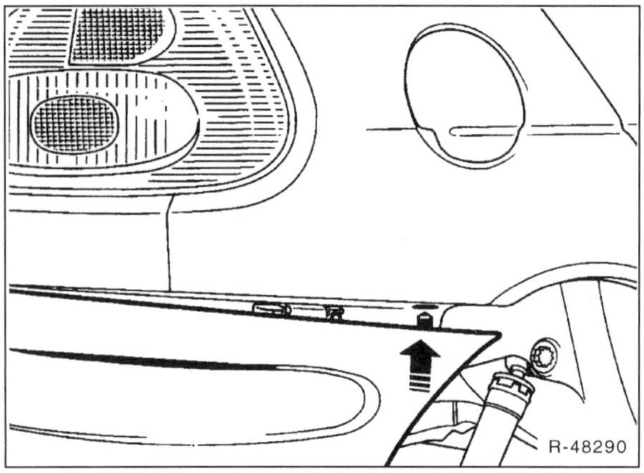

- Stoßfänger an den seitlichen Zentrierzapfen –Pfeil– ausdrücken und mit Helfer nach hinten herausziehen.

Einbau

- Blechmuttern für Schrauben –E– (Abbildung R-48289) auf Vorhandensein und richtigen Sitz überprüfen. Gegebenenfalls Muttern ausrichten.

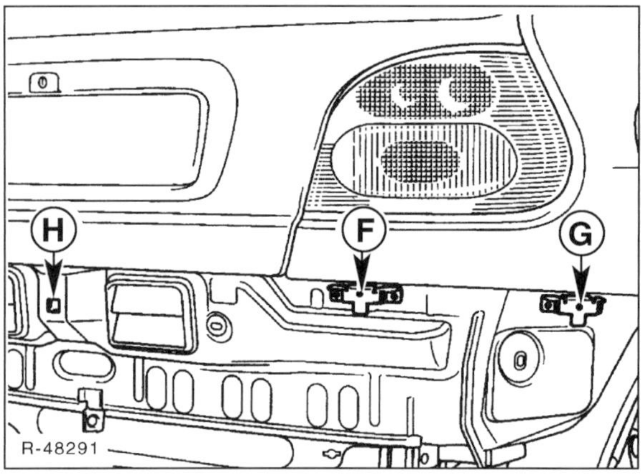

- Die Anschläge –F– und –G– müssen unbeschädigt sein, gegebenenfalls erneuern. Die Anschläge dienen zum Ausrichten des Stoßfängers zur umliegenden Karosserie.
- Stoßfänger mit Helfer ansetzen, dabei greift die Zentrierung in die Halterung –H– ein.
- Stoßfänger in Aussparung der Heckklappe, an der Unterseite und in den Radhäusern festschrauben, siehe Abbildungen unter »Ausbau«.
- Hinterräder anschrauben. Radschrauben nicht ölen oder fetten. Räder so ansetzen, daß die beim Ausbau angebrachten Markierungen übereinstimmen. Fahrzeug ablassen, Radschrauben über Kreuz mit **90 Nm** festziehen.

Kühlergrill aus- und einbauen

Der Kühlergrill ist zweigeteilt, es wird der Ausbau einer Hälfte beschrieben. Bei der anderen Hälfte in gleicher Weise vorgehen.

Ausbau

- Vorderes Blinklicht ausbauen, siehe Seite 264.

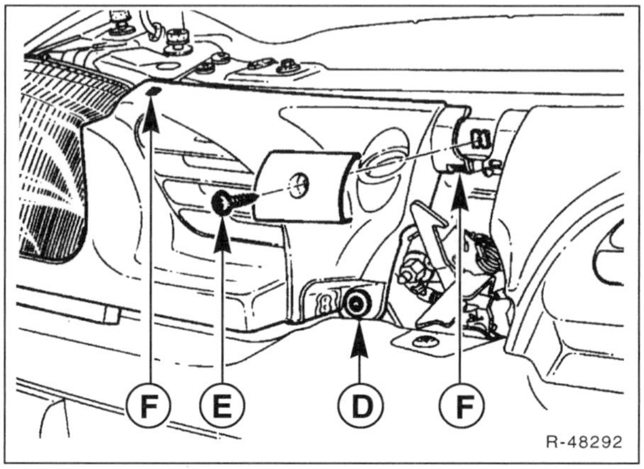

- 2 Schrauben –D– und Schraube –E– mit Torx 20-Schraubendreher abschrauben.
- Grill im mittleren Teil –F– ausclipsen.

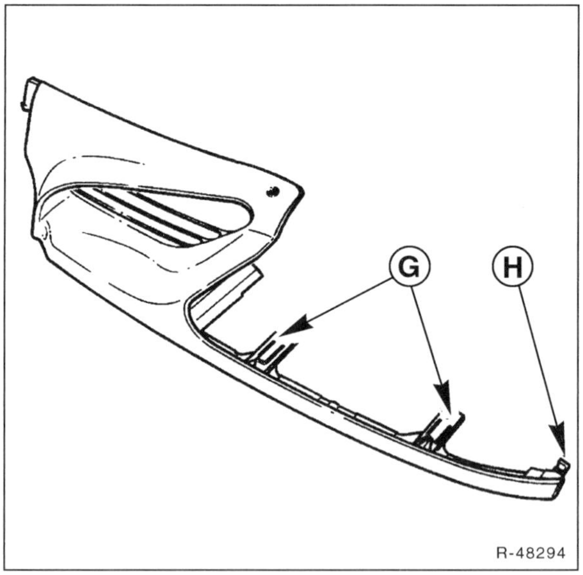

- Grill im unteren Teil –G– ausclipsen, dazu einen Schraubendreher in Höhe der Aussparungen am Frontgrill einschieben. Seitenteile durch Anheben der Laschen –H– lösen.

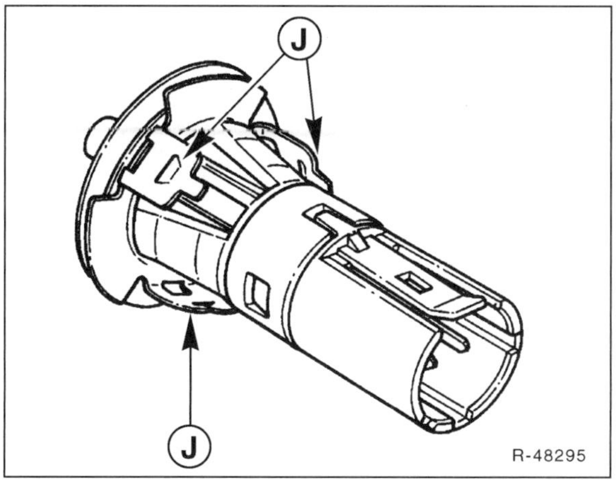

- Bei Ausstattung mit Diebstahlwarnanlage ist an der rechten Seite des Kühlergrills ein Motorhaubenkontakt. Dieser Schalter muß folgendermaßen ausgebaut werden:
- 3 Metallklammern –J– von hinten zusammendrücken und den Schalter abnehmen. Anschlußstecker abziehen.
- Kühlergrill vorsichtig abnehmen.

Einbau

- Bei Fahrzeugen mit Klimaanlage vor dem Einbau die Verschlüsse des Lüftungsgrills abnehmen.
- Kühlergrill an den Befestigungspunkten einclipsen.
- Kühlergrill anschrauben, siehe Abbildung R-48292.
- Motorhaubenkontakt an Stecker anschließen und einsetzen, er muß einrasten.
- Blinklicht einbauen, siehe Seite 264.

Windlauf-Abdeckung aus- und einbauen

Die Windlauf-Abdeckung sitzt unterhalb der Windschutzscheibe und ist zweiteilig. Hinweise für den SCENIC stehen am Kapitelende.

Ausbau

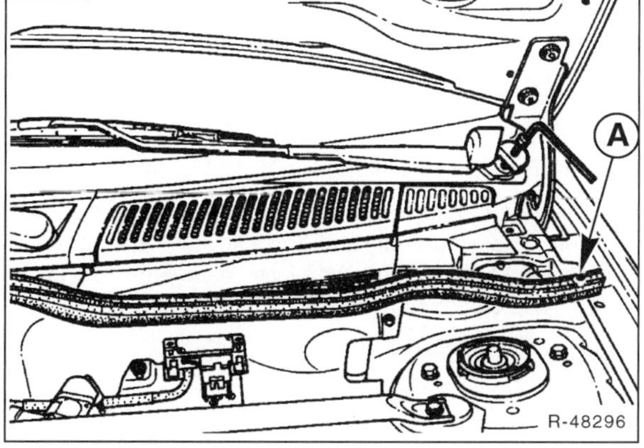

- Scheibenwischerarme ausbauen, siehe Seite 276.
- Dichtgummi –A– nach oben abziehen.

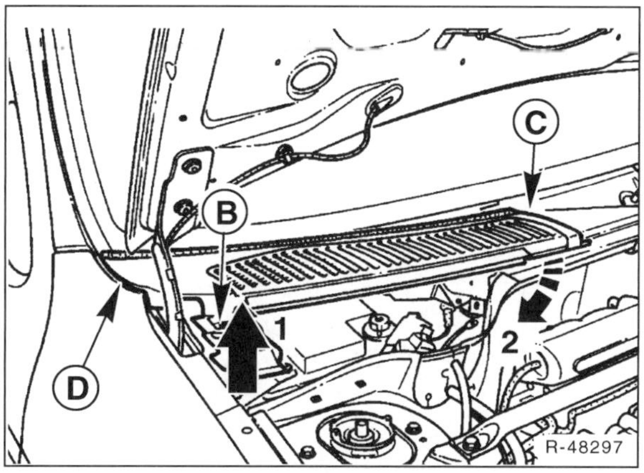

- Schraube –B– abschrauben und Abdeckung etwas anheben –1–.
- Rechte Fahrzeugseite: Abdeckung an Stelle –C– anheben und nach vorn kippen –2–, dabei an Stelle –D– herausziehen.

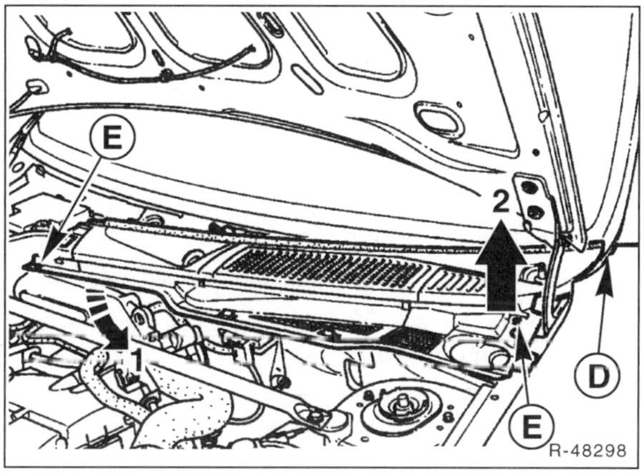

- Linke Fahrzeugseite: 2 Schrauben –E– abschrauben. Abdeckung nach vorn kippen –1–, dabei an Stelle –D– herausziehen. Gitter abnehmen –2–.

Einbau

- Linke Abdeckung mit dem Außenrand –D– in die entsprechende Aussparung einsetzen. Dann Abdeckung in umgekehrter Richtung wie beim Ausbau nach hinten einsetzen und anschrauben.
- Rechte Abdeckung in gleicher Weise einsetzen und anschrauben.
- Dichtgummi an der Spritzwand aufschieben.
- Scheibenwischerarme einbauen, siehe Seite 276.

SCENIC

Ausbau

- Scheibenwischerarme ausbauen, siehe Seite 276.

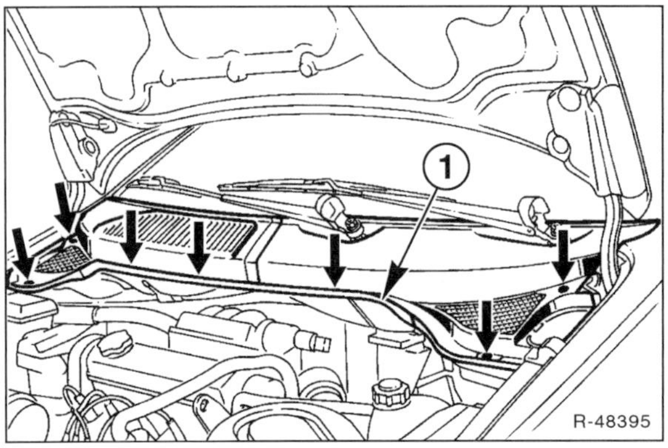

- Dichtung –1– nach oben abziehen.
- 7 Befestigungsschrauben –Pfeile– herausdrehen.
- Linke und rechte Windlauf-Abdeckung zur Mitte der Windschutzscheibe drücken und die Fixierstifte links und rechts an den Halterungen herausziehen.
- Beide Teile der Windlauf-Abdeckung nach vorn ziehen, von der Frontscheibe lösen und herausnehmen.

Einbau

- Erst die linke, dann die rechte Windlauf-Abdeckung in die seitlichen Aussparungen einsetzen und an die Windschutzscheibe andrücken.
- Fixierstifte an den seitlichen Halterungen einsetzen.
- Beide Teile der Windlauf-Abdeckung mit den 7 Befestigungsschrauben anschrauben.
- Dichtgummi an der Spritzwand so aufschieben, daß das Gummi auf der Spritzwand und auf den Windlauf-Abdeckungen sitzt.
- Scheibenwischerarme einbauen, siehe Seite 276.

Innenkotflügel vorn aus- und einbauen

Ausbau

Die vorderen Innenkotflügel (Radkastenverkleidungen) links und rechts sind zweiteilig.

- Stellung des betreffenden Vorderrades zur Radnabe mit Farbe kennzeichnen. Dadurch kann das ausgewuchtete Rad wieder in derselben Position montiert werden. Radschrauben bei auf dem Boden stehendem Fahrzeug lösen. Fahrzeug vorn aufbocken und Vorderrad abnehmen.

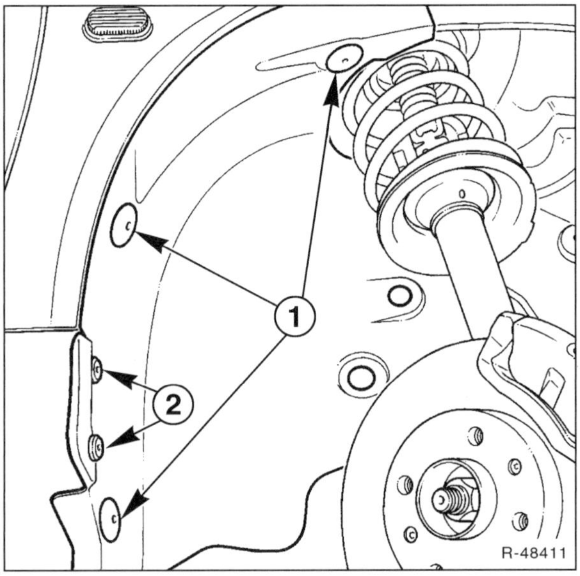

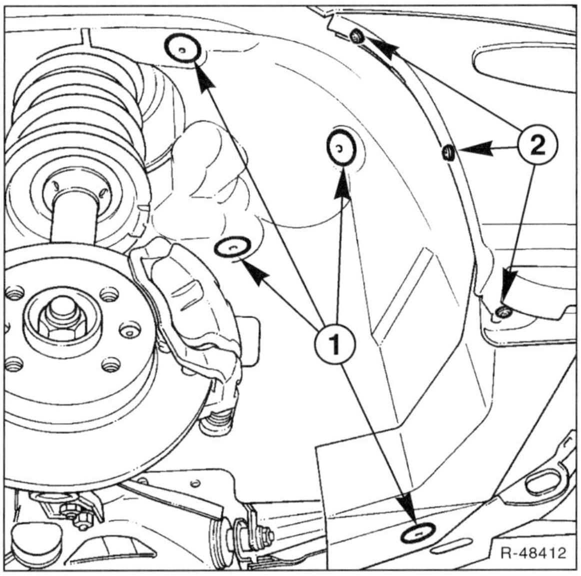

- Kunststoffdübel –1– mit einem breiten Schraubendreher heraushebeln. Torxschrauben –2– herausdrehen.
- Innenkotflügel herausnehmen.

Einbau

- Innenkotflügel einsetzen und mit den Kunststoffdübeln fixieren.
- Torxschrauben einschrauben.
- Vorderräder anschrauben. Radschrauben nicht ölen oder fetten. Räder so ansetzen, daß die beim Ausbau angebrachten Markierungen übereinstimmen. Fahrzeug ablassen, Radschrauben über Kreuz mit **90 Nm** festziehen.
- Fahrzeug ablassen.

Kotflügel vorn aus- und einbauen

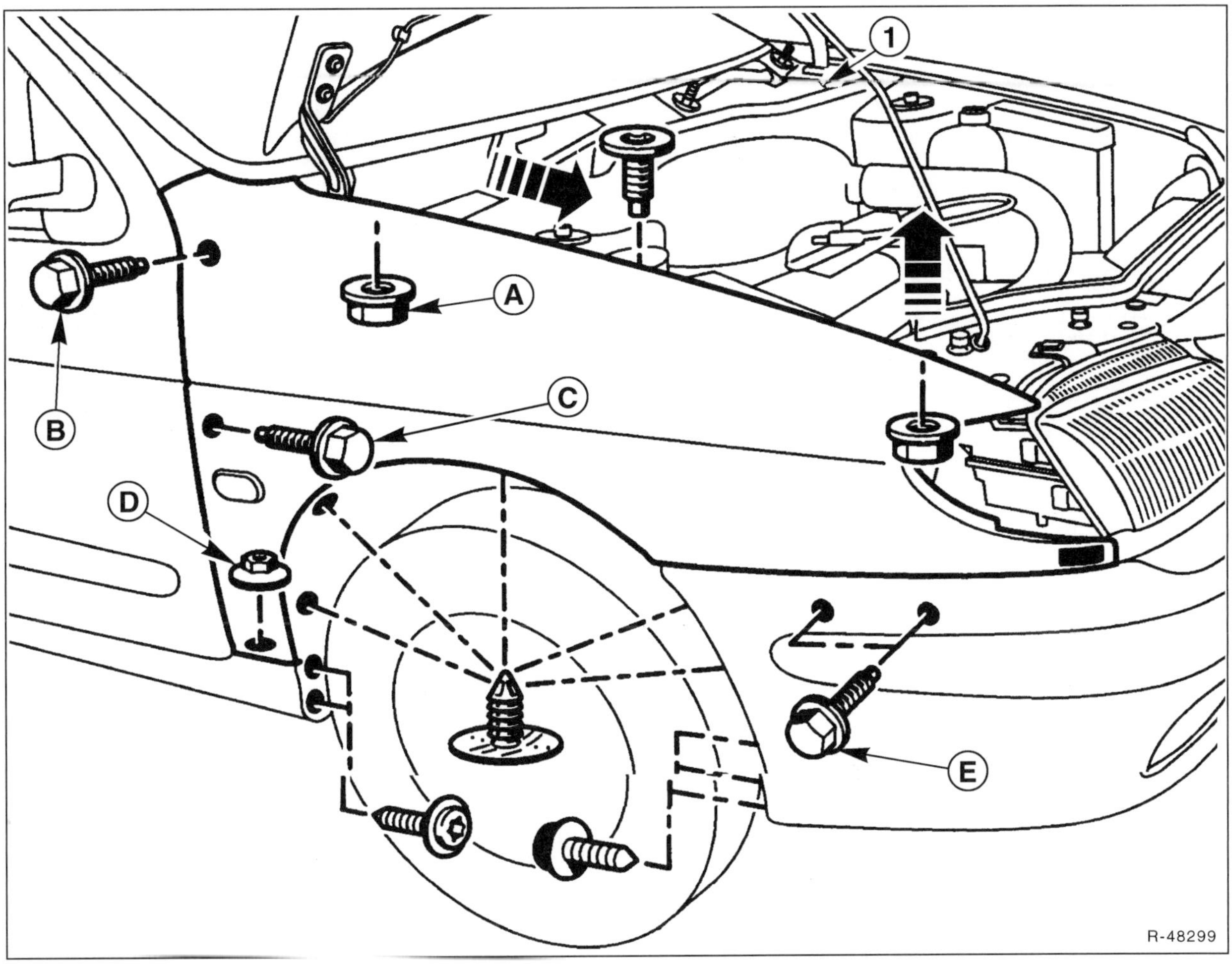

Ausbau

Achtung: Hinweise für SCENIC, siehe Ende des Kapitels.

- Windlauf-Abdeckung ausbauen, siehe Seite 191.
- Vordere und seitliche Blinkleuchte ausbauen, siehe Seite 259.
- Vorderen Stoßfänger ausbauen, siehe Seite 187.
- Innenkotflügel ausbauen, dazu Torxschrauben T20 abschrauben und Clipse mit breitem Schraubendreher heraushebeln, siehe Abbildung.
- Befestigungsmutter –A– für Scharnier der Motorhaube abschrauben. Auf der linken Fahrzeugseite muß zuvor die Kunststoffabdeckung –1– abgenommen werden.
- Kühlergrill am Kotflügel ausclipsen, siehe Seite 190.
- Kotflügel abschrauben: Mutter –D– und Schraube –C– von Innenseite abschrauben. Tür öffnen und Schraube –B– abschrauben. Schrauben –E– abschrauben.
- Kotflügel von der Karosserie abziehen. Dabei Dichtungsmasse mit einem scharfen Messer trennen oder mit einem Fön erwärmen.
- Dichtmasse von der Karosserie abschaben. Dabei darauf achten, daß der Lack nicht beschädigt wird.

Einbau

- Neuen Kotflügel vor dem Einbau an den später unzugänglichen Stellen lackieren.
- Anlageflächen des Kotflügels reinigen, gegebenenfalls ausrichten.
- Auf der Anlagefläche zur A-Säule (Säule, an der die Vordertür angeschlagen ist) handelsübliches Kotflügelabdichtband auflegen oder bei Umgebungstemperatur aushärtende Dichtmasse.
- Kotflügel ansetzen, ausrichten und anschrauben. Dabei auf parallelen Spalt zwischen Kotflügel und Motorhaube sowie Tür achten.
- Auf der Innenseite des Kotflügels Unterbodenschutz auftragen. Kotflügel außen lackieren.
- Motorhaubenscharnier anschrauben. Auf der linken Fahrzeugseite, Kunststoffabdeckung aufdrücken.
- Motorhaube ausrichten, siehe Seite 194.
- Kühlergrill am Kotflügel einclipsen.
- Stoßfänger und Innenkotflügel einbauen, siehe Seite 187.
- Vorderen und seitlichen Blinker einbauen.
- Windlauf-Abdeckung einbauen, siehe Seite 191.

Speziell SCENIC

Der Kotflügel vorn wird beim SCENIC prinzipiell auf die gleiche Weise wie bei den anderen Modellen aus- und eingebaut. Allerdings besteht der Kotflügel des SCENIC aus Kunststoff und er ist teilweise mit der A-Säule verklebt. Es wird empfohlen, den Kotflügel in der RENAULT-Werkstatt aus- und einbauen zu lassen. In diesem Abschnitt stehen die von den übrigen Modellen abweichenden Arbeitsschritte.

- Außenspiegel ausbauen, siehe Seite 212.

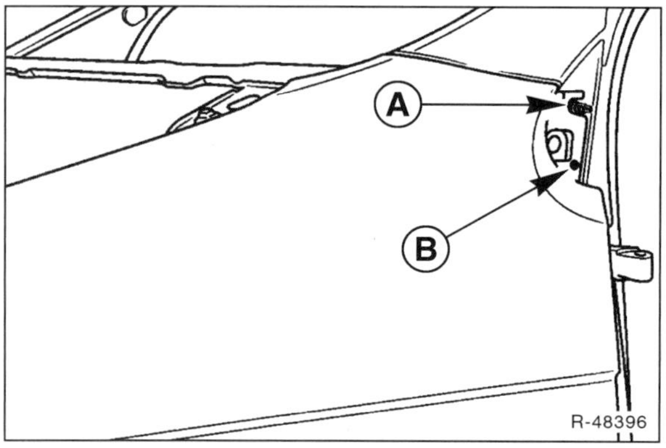

- Befestigungsmutter –A– und Schraube –B– herausdrehen.
- Beim Abnehmen des Koflügels beachten, daß der obere Teil des Kotflügels mit Schaummasse an die A-Säule angeklebt ist.
- Der Kotflügel selbst besteht aus thermoplastischem Kunststoff. Daher ist mit besonderer Vorsicht vorzugehen.

Motorhaube / Haubenschloß aus- und einbauen / einstellen

Zum Ausbau der Motorhaube ist ein Helfer erforderlich. Das Haubenscharnier kann auch bei eingebauter Motorhaube ersetzt werden. Wird die bisherige Haube wieder eingebaut, ist keine Einstellung erforderlich.

Ausbau

- Motorhaube öffnen. Zuleitungsschlauch für Scheibenwaschdüse am Verbindungsstück trennen.

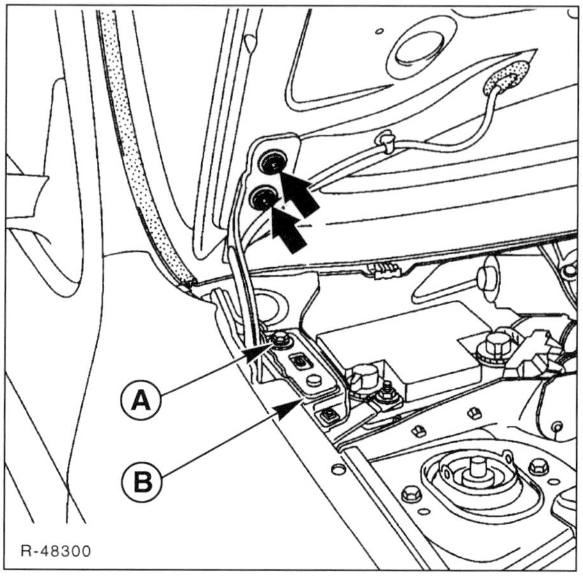

Achtung: Auf beiden Seiten die Einbaulage der 4 Scharnierschrauben –Pfeile– und der Scharniere mit Filzstift umkreisen. Dadurch wird die Einstellung der Motorhaube beim Einbau erleichtert.

- 4 Schrauben –Pfeile– für die Motorhaube lösen. Haube durch Helfer abstützen lassen und Schrauben herausdrehen.
- Soll ein Scharnier ausgebaut werden: Scharnier mit 1 Schraube –A– und 1 Mutter –B– vom Träger abschrauben. Zuvor Windlauf-Abdeckung ausbauen, siehe Seite 191.

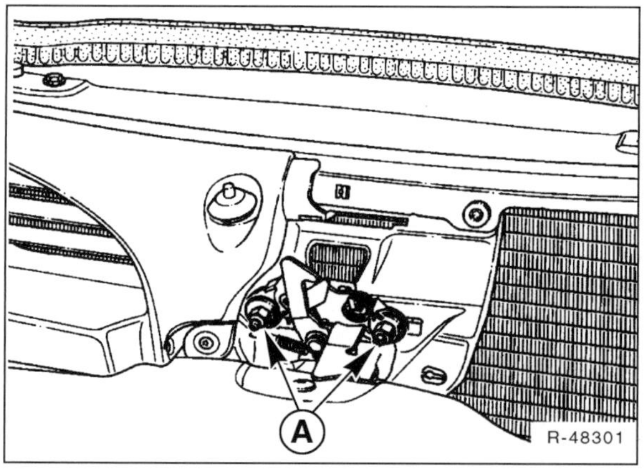

- Haubenschloß ausbauen, dazu Einbaulage der Befestigungsmuttern –A– mit Filzstift umkreisen. Muttern lösen und Seilzug am Schloß aushängen. Zuvor Kühlergrill ausbauen, siehe Seite 190.

Einbau

- Motorhaube ansetzen und in den Scharnieren nach den angebrachten Markierungen ausrichten.
- Haube festschrauben.
- Schlauch für Scheibenwaschdüse aufschieben.

Einbau einer neuen Haube/Motorhaube ausrichten

- Scheibenwaschdüsen auf neue Haube umbauen.
- Haube ohne Schloß einsetzen und lose anschrauben.
- Befestigungsschrauben lockern und geschlossene Haube so ausrichten, daß der Abstand zwischen Motorhaube und Kotflügel links und rechts gleich groß ist und parallel verläuft.
- Motorhaube vorsichtig öffnen und Schrauben festziehen.
- 4 Gummipuffer für Motorhaube vorn links und rechts ganz einschrauben.
- Seilzug einhängen und Haubenschloß einbauen.
- Anschlagpuffer jetzt so weit herausdrehen, daß die Motorhaube beim Schließen leicht vorgespannt ist und parallel zu den Kotflügeloberkanten steht.
- Prüfen, ob die Haubenverriegelung einwandfrei einrastet.
- Waschdüsen anschließen.

Seilzug für Motorhaubenschloß aus- und einbauen

Ausbau

- Linke Hälfte des Kühlergrills ausbauen, siehe Seite 190.
- Verkleidung für Einstiegschweller Fahrerseite ausbauen, siehe Seite 216.
- Haubenschloß abschrauben, vorher Einbaulage der Befestigungsmuttern –A– mit Filzstift umkreisen, siehe Abbildung R-48301.
- Seilzug hinten am Schloß aushängen.

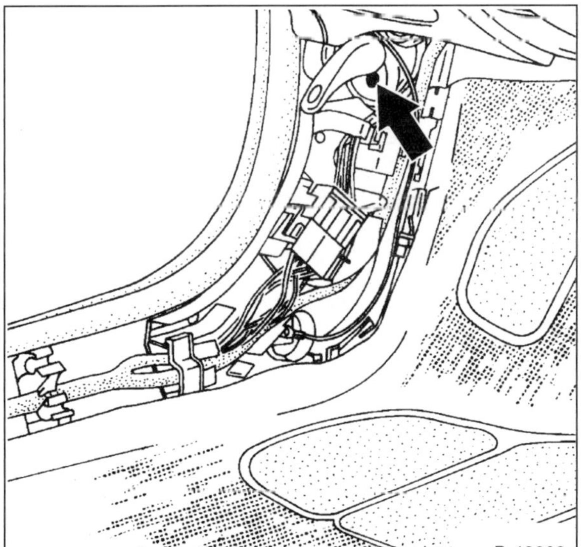
R-48302

- Griff für Haubenzug abschrauben.
- Seildurchführung (Dichtung) an der Stirnwand oberhalb der Pedale und Seilzug nach innen herausziehen.

Einbau

- Dichtung für Stirnwand etwas mit Vaseline einreiben, damit sie leichter eingesetzt werden kann.
- Seilzug mit Dichtung einsetzen, Griff anschrauben.
- Seilzug im Motorraum verlegen und am Schloß einhängen.
- Schloß nach angebrachten Markierungen ausrichten und anschrauben.
- Verkleidung für Einstiegschweller Fahrerseite einbauen, siehe Seite 216.
- Linke Hälfte des Kühlergrills einbauen, siehe Seite 190.

Heckklappe aus- und einbauen/ einstellen

Ausbau

Achtung: Damit die elektrischen Leitungen und auch die Wasserschläuche leichter wieder eingebaut werden können, vor dem Ausbau an das Ende der Kabel eine Paketschnur anbinden. Die Schnur verbleibt anschließend in der ausgebauten Heckklappe. Beim Einbau können mit Hilfe der Schnur die elektrischen Leitungen und Wasserschläuche leichter eingezogen werden.

- Kordel zum Anheben der Hutablage an der Heckklappe aushängen.
- Innenverkleidung für Heckklappe ausclipsen beziehungsweise abschrauben.
- Schlauch an der Scheibenwaschdüse abziehen.
- Mehrfachstecker abziehen und elektrische Leitungen mit den Kabelbindern aus der Heckklappe ausclipsen.

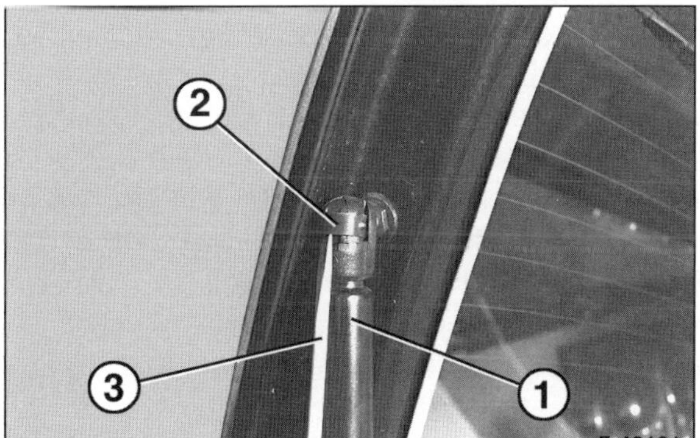

F-48191

- Dämpfer –1– vom Kugelkopf an der Heckklappe abziehen. Dazu Clip –2– des Gasdruckdämpfers mit Schraubendreher –3– etwas anheben.
- Heckklappe durch Helfer abstützen lassen.

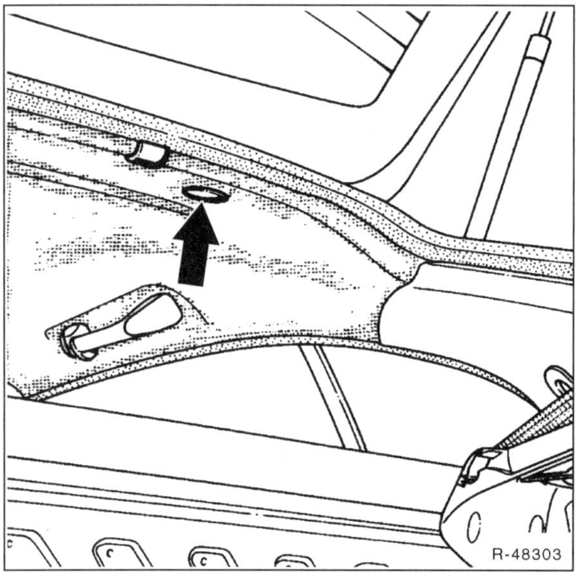

- 2 Abdeckstopfen für Scharnier-Befestigungsmuttern im hinteren Dachholm herausziehen.

Achtung: Für den leichteren Einbau, Einbaulage der Muttern markieren, dazu Muttern mit Filzstift umkreisen.

- 2 Scharnier-Befestigungsmuttern herausdrehen und Heckklappe abnehmen.

Einbau

- Heckklappe an den Scharnieren anschrauben.
- Gasdruckdämpfer am Kugelkopf aufdrücken.
- Wasserschlauch und elektrische Leitungen mit Hilfe der eingezogenen Schnüre einziehen.
- Wasserschlauch auf die Waschdüse aufschieben.
- Mehrfachstecker verbinden. Kabelbinder in die Bohrungen am Blech einclipsen.
- Gummitülle für Kabelstrang und Waschwasserschlauch in die Heckklappe einsetzen.
- Heckklappe schließen und Einstellung prüfen. Gegebenenfalls Heckklappe einstellen.
- Verkleidung für Heckklappe einclipsen.
- Kordel für Hutablage einhängen.
- Abdeckstopfen in die hintere Dachverkleidung eindrücken.

Einbau einer neuen Heckklappe/Klappe ausrichten

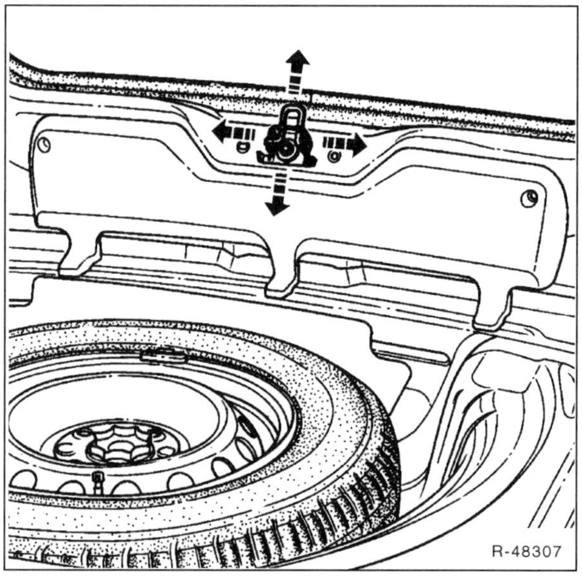

- Schließblech lockern, es muß verschiebbar sein.
- Heckklappe schließen und umlaufenden Spalt zu den angrenzenden Bauteilen prüfen. Der Spalt muß parallel verlaufen. Spaltmaße siehe Seite 185/186.
- Scharnierabdeckung am Fahrzeughimmel ausclipsen.
- An beiden Scharnieren die Schraube lockern und Heckklappe in Längsrichtung zu den angrenzenden Bauteilen ausrichten.
- Beide Scharnierschrauben festziehen.

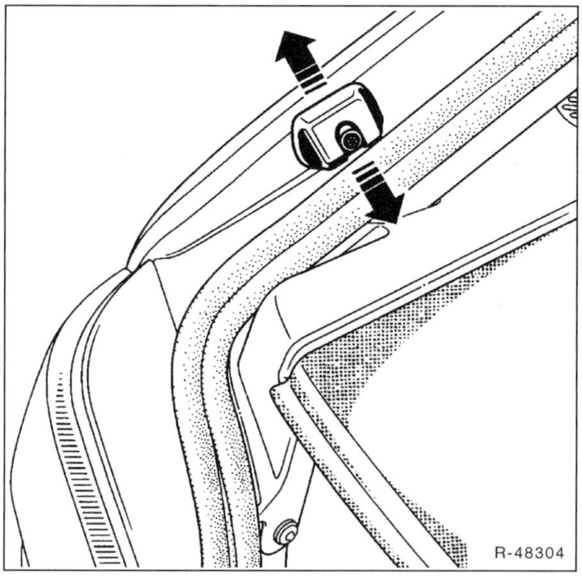

- Heckklappenoberfläche richtigen Abstand zu den angrenzenden Bauteilen einstellen. Dazu seitliche Anschläge an der Karosserie lösen und ganz nach unten schieben.

- Heckklappe vorsichtig schließen und durch Verschieben des Heckklappen-Schließblechs die Klappe in die richtige Höhe bringen.
- Heckklappe vorsichtig öffnen, damit sich das Heckklappen-Schließblech nicht verstellen kann, und Schließblech festschrauben. Die Heckklappe muß sich nun gut schließen lassen und einwandfrei zu den umliegenden Bauteilen passen.

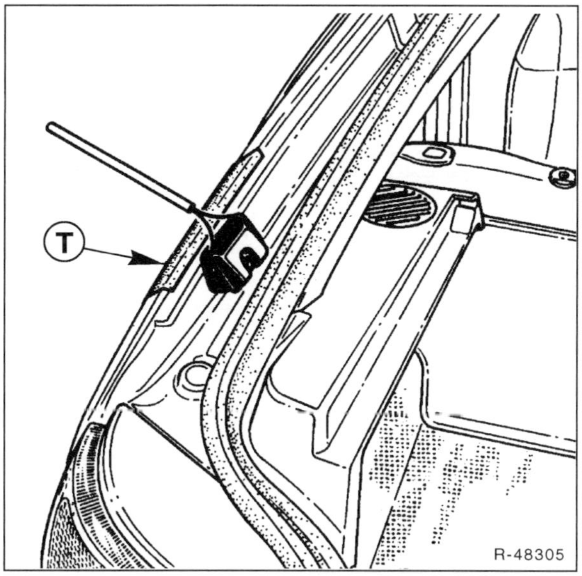

- Seitliche Anschläge ausrichten. Dazu Karosserie mit Klebeband –T– schützen und Drahtschlingen um die gelockerten Anschläge legen, siehe Abbildung.

Achtung: Bei nicht richtig eingestellten Anschlägen kann sich die Heckklappe später verziehen oder das Schloß kann sich lockern.

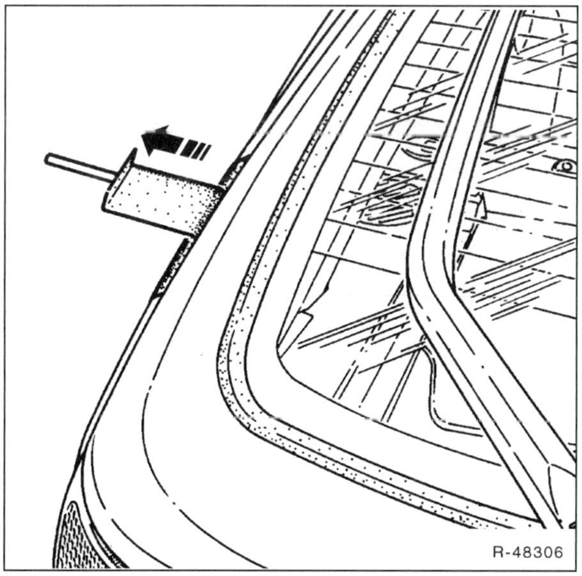

- Heckklappe schließen. Zwischen Anschlag und Heckklappe auf beiden Fahrzeugseiten einen Papierstreifen schieben.
- An den Drahtschlingen ziehen, bis die Anschläge die Heckklappe berühren. Die dazwischengelegten Papierstreifen müssen sich herausziehen lassen, ohne daß sie zerreißen. Die Anschläge dienen nur zum Abfangen des Stoßes beim Schließen der Klappe und liegen nicht an.
- Heckklappe öffnen und die Anschläge in dieser Stellung festziehen.
- Scharnierabdeckungen am Fahrzeughimmel einclipsen.
- Heckklappe schließen, dabei muß das Schloß ohne allzu großen Kraftaufwand einrasten und sicher schließen.

Speziell SCENIC und Grandtour

Die Heckklappe des SCENIC wird prinzipiell wie bei der Limousine aus- und eingebaut. In diesem Abschnitt werden lediglich abweichende Hinweise gegeben.

- Untere Heckklapenninnenverkleidung ausbauen, dazu die beiden Befestigungskappen mit einem flachen Schraubendreher oder einer Münze um ¼ Umdrehung nach links drehen und die Verkleidung abnehmen.

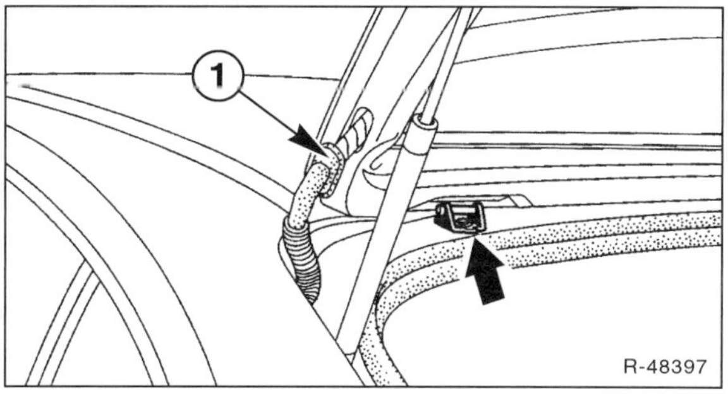

- Gummitülle –1– für Anschlussleitung mit einem Kunststoffkeil, zum Beispiel HAZET 1965/20, aus der Öffnung in der Heckklappe herausdrücken.
- Kabel von der mittleren Bremsleuchte abziehen.
- Waschwasserschlauch für die Heckscheiben-Waschanlage auf der rechten Seite der Heckklappe abziehen. Gegebenenfalls muß zuvor auch auf dieser Seite eine Gummitülle aus der Heckklappe herausgehebelt werden.
- Vor dem Einbau der Heckklappe an den Scharnieren eine Raupe Dichtmasse anbringen. RENAULT schreibt die Dichtmasse »IXELL« vor.

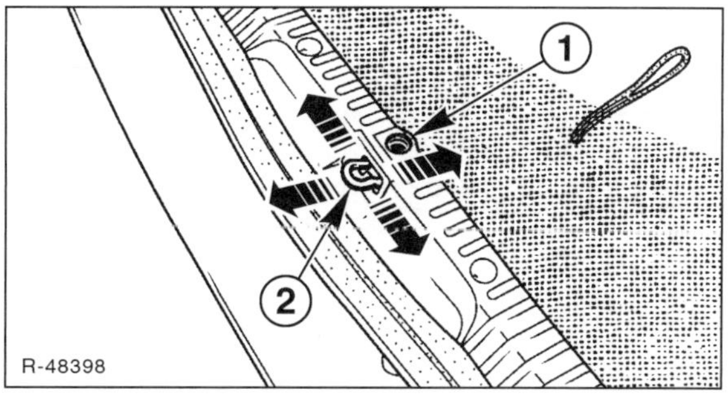

- Für die Einstellung der Schloßfalle –2–, Schraube –1– lösen, daß die Schloßfalle verschoben und die Heckklappe spannungsfrei geschlossen werden kann. Die unter Einstiegsverkleidung muß nicht ausgebaut werden.

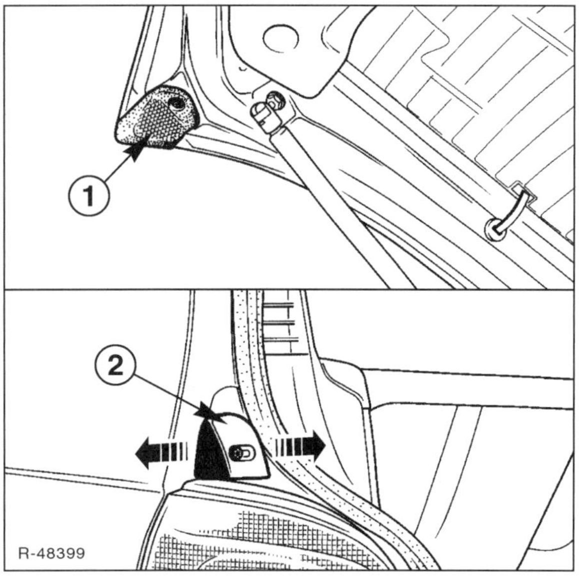

- Anschlagpuffer –1– an der Heckklappe anschrauben.
- Anschlagpuffer –2– am hinteren Kotflügel anbringen und leicht anschrauben. Der Puffer muß verschoben werden können.
- Heckklappe durch Verschieben der Scharniere so einstellen, daß zu den hinteren Kotflügeln ein parallel verlaufender Spalt von 4,5 mm besteht. Bei geschlossener Heckklappe muß die Heckklappe ausreichenden Druck auf die Dichtung ausüben.
- Die Einstellung der seitlichen Anschlagpuffer erfolgt prinzipiell auf die gleiche Weise wie bei der Limousine, siehe entsprechende Abschnitte.

Heckklappenschloß/Schließzylinder aus- und einbauen

Ausbau

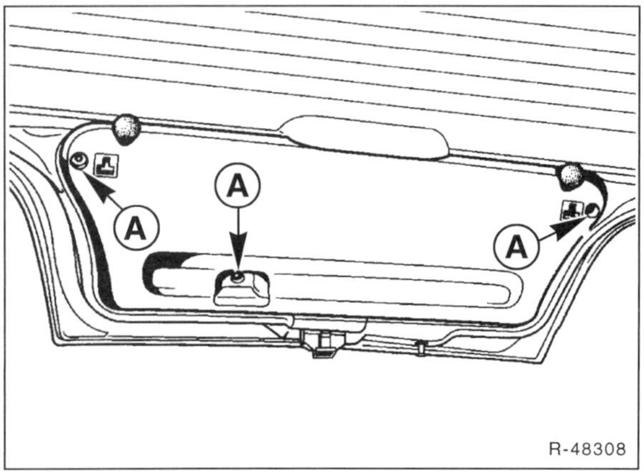

- Innenverkleidung für Heckklappe abschrauben –A– und anschließend mit breitem Keil abhebeln, dabei rasten die Befestigungsclips aus.

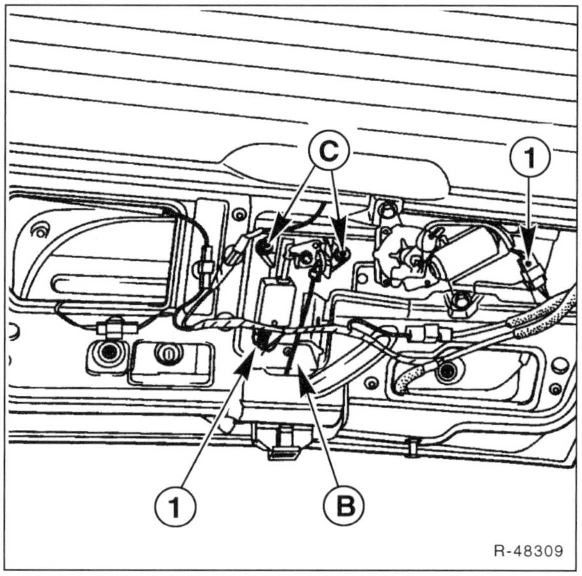

- Stecker –1– des Zentralverriegelungsmotors abziehen.
- Betätigungsstange –B– für Schloß durch Schwenken des Kunststoffteils am Schließzylinder aushängen.
- 2 Muttern –C– abschrauben und Schließzylinder abnehmen.

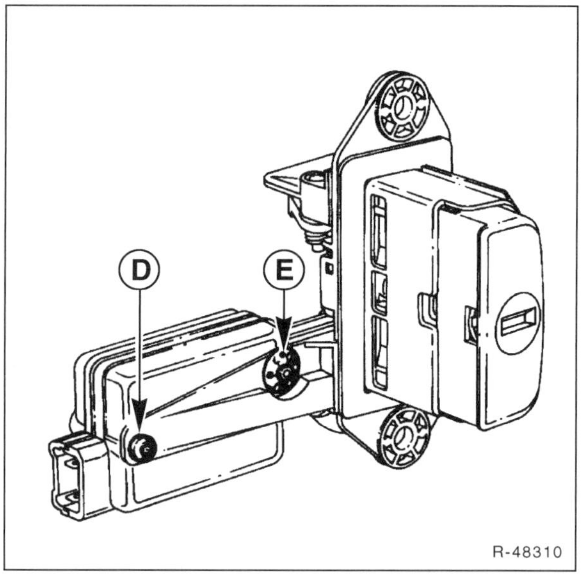

- Schraube –D– und Klammer –E– ausbauen und Motor der Zentralverriegelung vom Schließzylinder abnehmen.
- Schloßteil mit 2 Schrauben abschrauben und aus der Klappe herausnehmen.

Einbau

- Motor der Zentralverriegelung am Schließzylinder mit Schraube und Klammer befestigen.
- Schließzylinder sowie Schloßteil in die Klappe einsetzen und anschrauben.
- Kabel aufstecken.

- Betätigungsstange einhängen und durch Schwenken des Clips sichern.
- Heckklappenverkleidung einclipsen und anschrauben. Verbogene und beschädigte Clips erneuern.

Speziell SCENIC

- Das Heckklappenschloß ist mit 2 Schrauben angeschraubt.
- Die Betätigungsstange des Griffs ist beim Herausnehmen des Schloßes am Schloß zu lösen, nicht am Griff selbst.

Heckklappenschloß/Schließzylinder

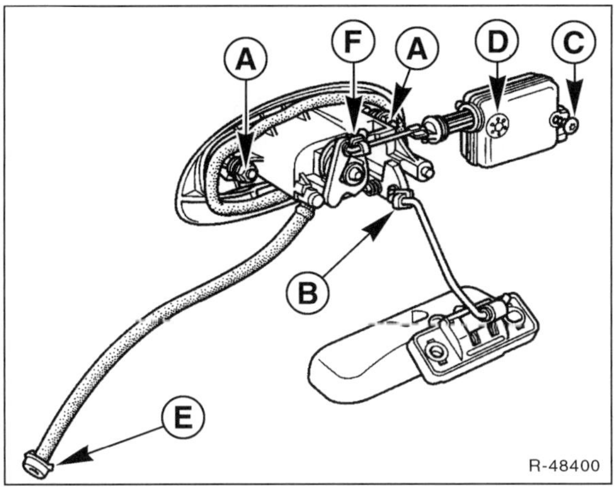

A – Befestigungsmuttern
B – Öffnungsgestänge
C – Befestigungsschraube-Motor
D – Befestigungsklammern-Motor
E – Wasserablaufschlauch
F – Betätigungsgestänge-Schließzylinder

Heckklappenzierleiste aus- und einbauen

Ausbau, Limousine

- Heckklappen-Innenverkleidung ausbauen, siehe Seite 195.
- Kennzeichenleuchten abschrauben und Kabel abziehen.

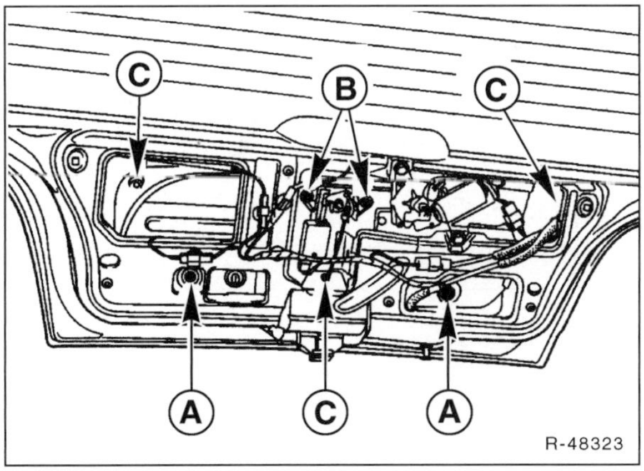

- 2 Muttern –A– der Zierleiste, sowie Muttern –B– des Schließzylinders herausdrehen.
- 3 Klemmen –C– abziehen.

Einbau

- Zierleiste mit sauberer Dichtung außen an Heckklappe ansetzen und von Innenseite her mit Klemmen –C– und Muttern –A– befestigen.
- Schließzylinder mit Muttern –B– anschrauben.
- Kennzeichenleuchten anschließen und anschrauben.
- Heckklappen-Innenverkleidung einbauen.

Ausbau, COACH

- Heckklappen-Innenverkleidung ausbauen.

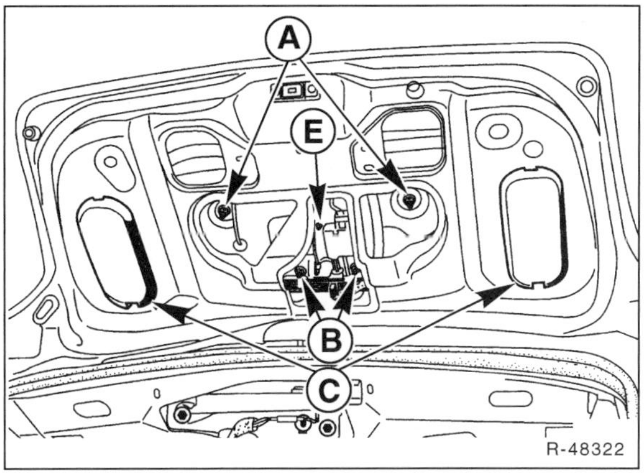

- 2 Muttern –A– der Zierleiste, sowie Muttern –B– des Schließzylinders herausdrehen.
- Klappen –C– für Nebelschlußleuchten abziehen.

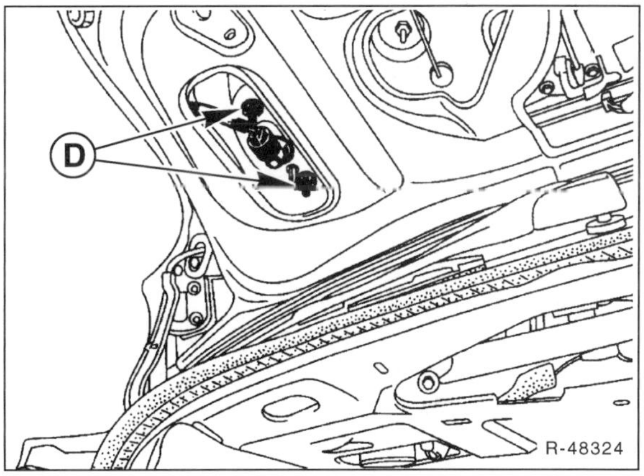

- Schrauben –D– für Zierleiste im Bereich der Nebelschlußleuchten abschrauben. Wenn nötig, Stecker für Nebelschlußleuchten trennen.
- Zierleiste abziehen, dabei Klemme –E– ausrasten, siehe Abbildung R-48322.

Einbau

- Zierleiste mit sauberer Dichtung außen an Heckklappe ansetzen und von Innenseite her mit Muttern –D– befestigen. Klemme –E– andrücken, sie muß einrasten.
- Schließzylinder mit Muttern –B– anschrauben.
- Stecker an Nebelschlußleuchten aufstecken, er muß einrasten.
- Klappen –C– für Nebelschlußleuchten aufdrücken.
- Heckklappen-Innenverkleidung einbauen.

Seitenschutzleisten aus- und einbauen

Ausbau

- Tür öffnen.

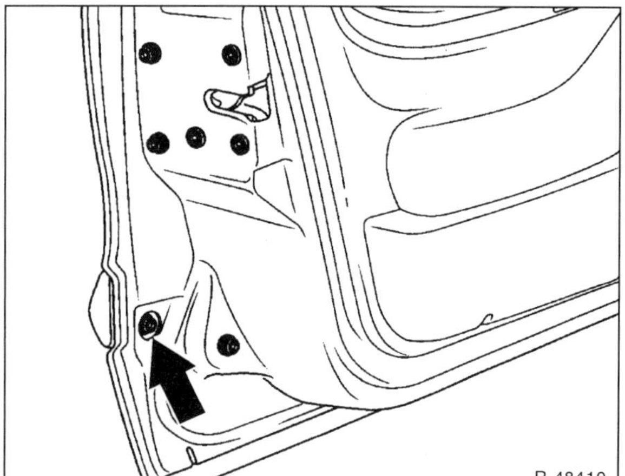

R-48410

- Schraube am Türkasten herausdrehen.

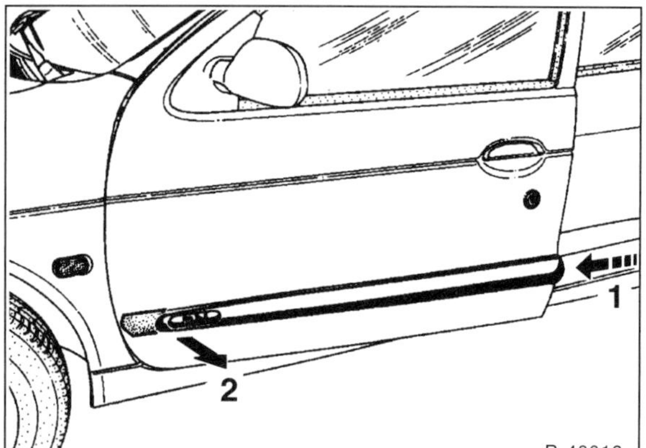

R-48312

- Schutzleiste nach vorne drücken –1– und abnehmen –2–. Dies gilt für die Schutzleisten der vorderen und hinteren Tür. Bei der Schutzleiste der Vordertür, vorher Lack mit Folie abkleben, damit er nicht beim Verschieben der Leiste verkratzt wird, siehe Abbildung.

Einbau

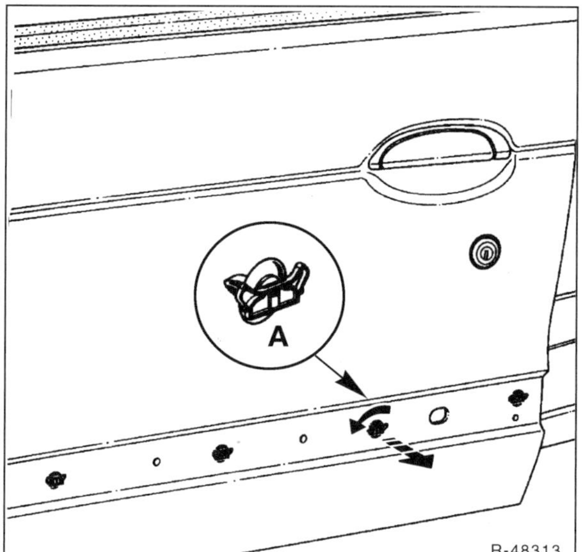

R-48313

Achtung: Die Befestigungsklammern für die Schutzleiste können wiederverwendet werden. Zum Abnehmen: Klammer mit einer Zange um ¼ Umdrehung drehen und dann abnehmen. Gebrochene Klammern unbedingt erneuern.

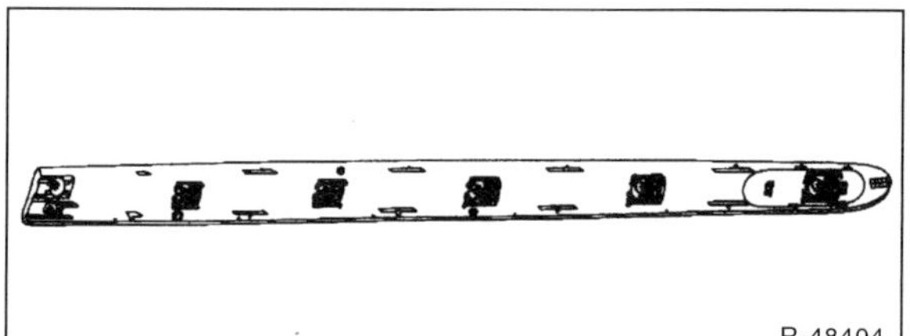

R-48404

- Klammern wieder an gleicher Stelle in der Schutzleiste einsetzen. Die rote Fixierungsklammer wird in der Nähe der Befestigungsschraube eingesetzt.

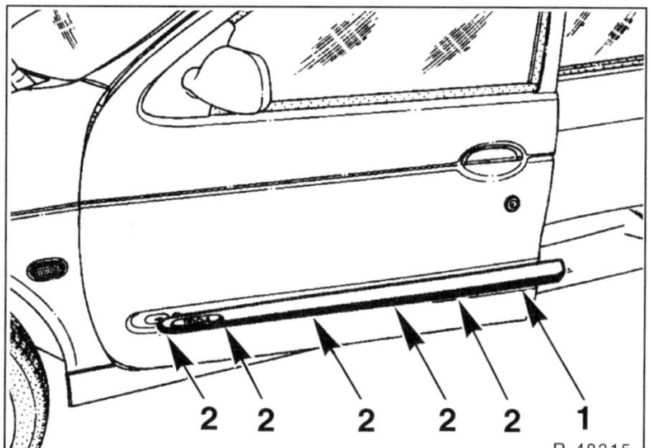

R-48315

- Schutzleiste anlegen und zuerst die rote Fixierungsklammer in ihre Halterung –1– einführen. Dann Schutzleiste mit den 5 weiteren Klemmen –2– einrasten.

Dachleiste aus- und einbauen

Ausbau

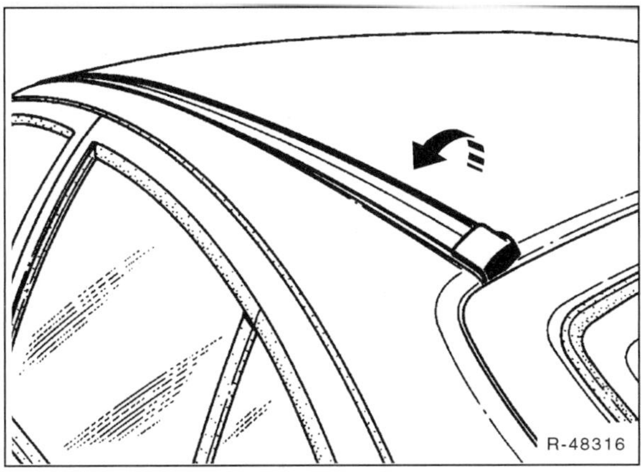

R-48316

- Leiste mit der Hand zur Seite drehen und aus den Klammern ausheben. Dabei Leiste nicht zu stark knicken, sonst wird sie bleibend verformt. Von der hinteren Seite des Dachs beginnen.

Achtung: Falls die Leiste von Hand schwer zu lösen ist, Montagekeil verwenden, zum Beispiel HAZET 1965-20.

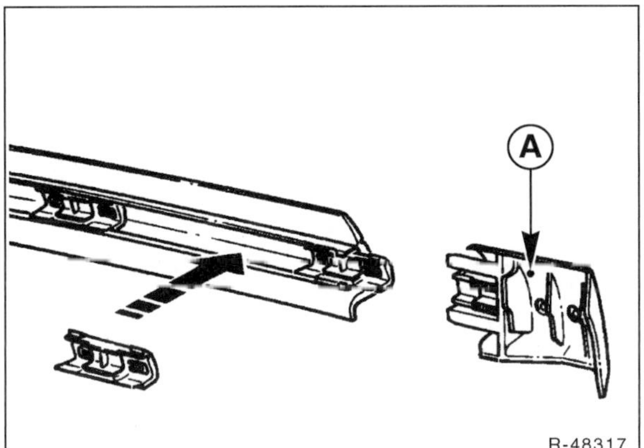

R-48317

- Das verstellbare Endstück –A– der Zierleiste abnehmen. Zierleiste nach vorne gleiten lassen und die in der Zierleiste verbliebenen Klammern herausnehmen.

Einbau

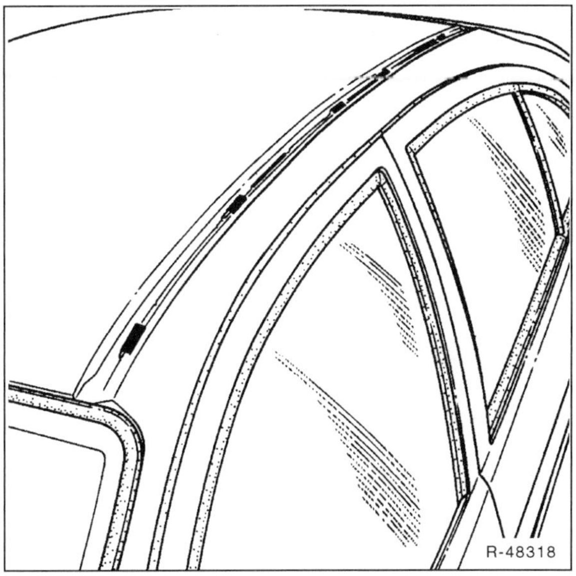

R-48318

- Klammern am Dachfalz aufstecken, siehe Abbildung. Beim Aufstecken Klammern oben leicht zusammendrücken. Beschädigte Klammern erneuern.
- Endstück –A– wieder auf die Zierleiste aufstecken.
- Zierleiste von hinten nach vorn am Fahrzeug aufdrücken.

Achtung: Endstück –A– so verschieben, daß es am hinteren Dachfalz anliegt.

Heckspoiler aus- und einbauen

Modell COACH

Ausbau

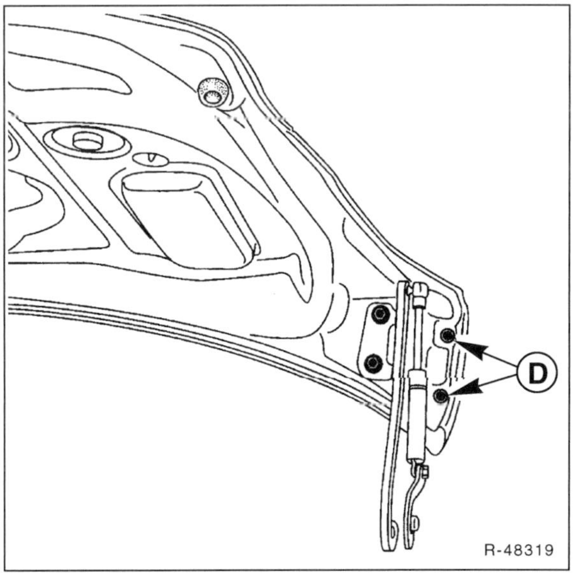

R-48319

- Heckklappe öffnen und Schrauben –D– herausdrehen.

Einbau

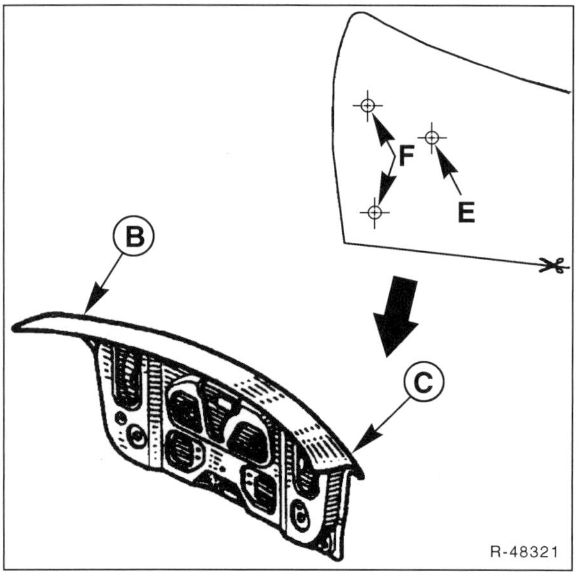

● Nur wenn eine neue Heckklappe eingebaut wird: Bohrungen für Zentrierung –E– mit Durchmesser 8mm und Schrauben –F– mit Durchmesser 8mm an der neuen Heckklappe anbringen. Es empfiehlt sich, dafür eine Bohrschablone aus Pappe für die linke und rechte Seite –B/C– der Klappe anzufertigen.

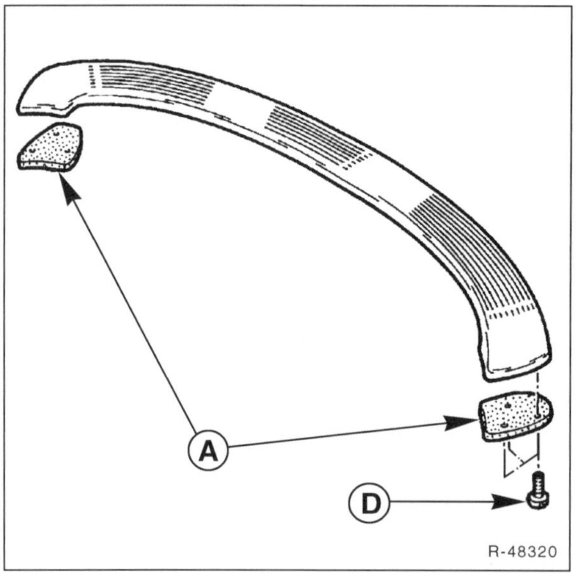

● Spoiler mit Sockeln –A– aufsetzen, Schrauben –D– festziehen. Vor dem endgültigen Festziehen Spoiler gleichmäßig ausrichten.

Tür aus- und einbauen/einstellen

Ausbau

● Türstecker trennen, dazu Sicherungsriegel nach oben ziehen.

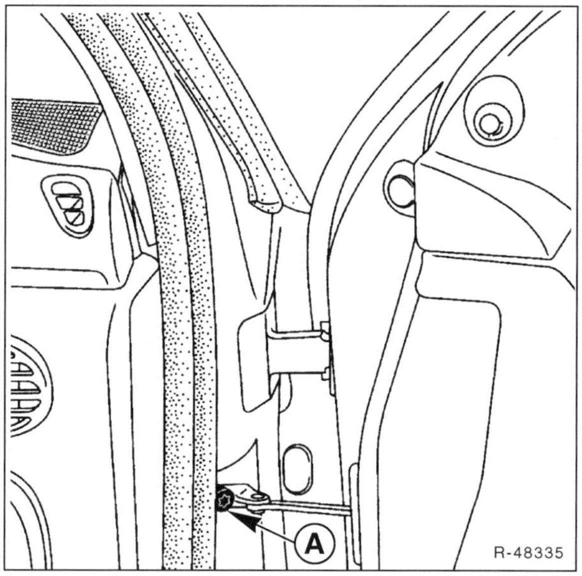

● Schraube –A– für Türbremse herausdrehen.

● Sicherungen an den Türscharnieren seitlich mit Zange abziehen.

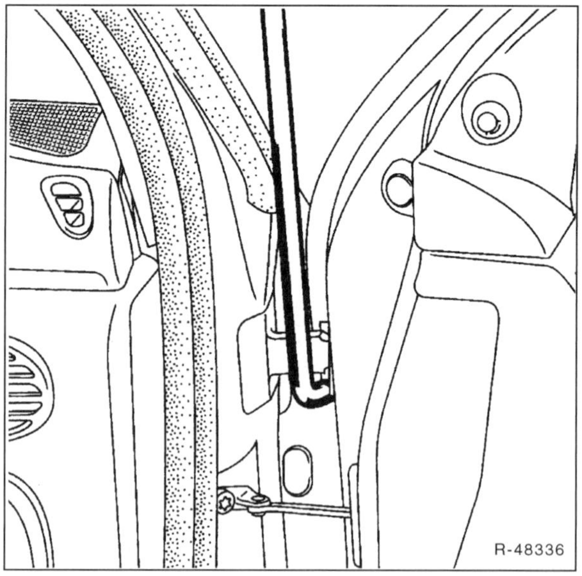

● Von Helfer die Tür halten lassen, damit sie nicht herunterfällt. Beide Scharnierbolzen mit dem Werkzeug CAR.1055-02 von FACOM oder geeignetem Durchschlag austreiben.

● Vordertür mit Helfer vorsichtig abheben, dabei Lack nicht verkratzen.

Einbau

- Tür in die Scharniere einsetzen und Scharnierbolzen eintreiben. Sicherungen mit Flachzange einfedern.
- Schraube für Türbremse eindrehen.
- Türstecker ansetzen und verriegeln.
- Tür schließen und Spalt zwischen Tür und Türausschnitt prüfen. Der Spalt muß parallel sein und den angegebenen Sollwerten entsprechen, andernfalls Tür einstellen. Spaltmaße siehe Seite 185/186.

Einstellen

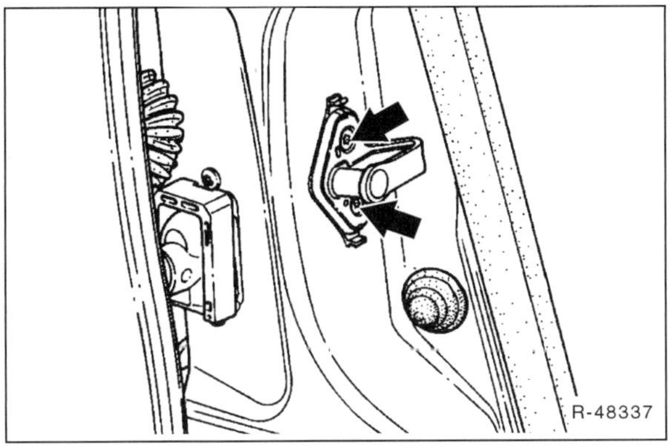

R-48337

- Türschließbolzen abschrauben. Vorher Einbaulage mit Filzstift markieren.
- Tür schließen und Abstand zu den umliegenden Bauteilen messen. Maß ermitteln, um welches die Scharniere verschoben werden müssen.
- Tür ausbauen und Scharnierschrauben am Türträger, nicht an der Tür lösen. Scharniere um das zuvor ermittelte Maß verschieben und festschrauben.
- Auf diese Weise Tür zu den umliegenden Bauteilen ausrichten. Der Spalt muß parallel sein und den angegebenen Sollwerten entsprechen.
- Türschließbolzen entsprechend der angebrachten Markierung einsetzen, Schraube beiziehen, nicht festziehen. Der Schließbolzen muß sich mit etwas Kraftaufwand verschieben lassen.
- Türschließbolzen einstellen.

Türschließbolzen einstellen

Der Schließmechanismus ist so eingestellt, daß bei geschlossener Tür die Türdichtungen unter Spannung stehen und somit das Eindringen von Zugluft und Regenwasser sowie das Auftreten von Klappergeräuschen verhindern.

Im Laufe der Zeit können sich die Gummidichtungen etwas setzen, was zu diesen Störungen führen kann. In diesem Fall sowie gegebenenfalls nach dem Türeinbau Türschließbolzen einstellen.

Einstellen

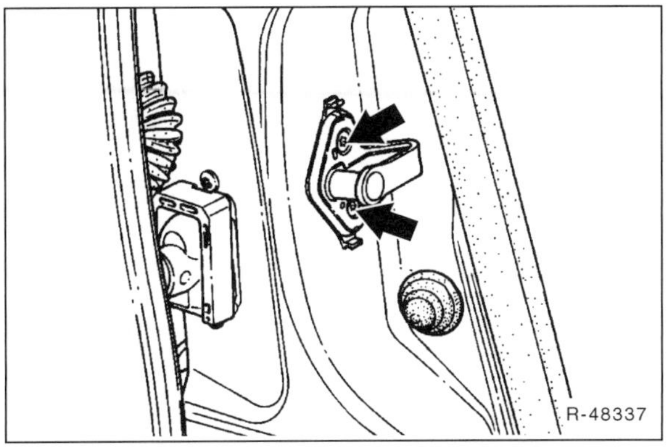

R-48337

- Befestigungsschrauben für Türschließbolzen soweit lockern, daß sich der Schließbolzen mit etwas Kraftaufwand verschieben läßt. Vorher Einbaulage mit Filzstift markieren.
- Bolzen etwas nach innen schieben und wieder festziehen.
- Wurde die Tür neu eingebaut, Tür vorsichtig schließen und Schließbolzen dadurch in die richtige Position verschieben.
- Tür vorsichtig öffnen, damit sich der Schließbolzen nicht verstellt. Bolzen in dieser Position festziehen.
- Tür schließen, dabei muß das Türschloß ohne allzu großen Kraftaufwand einrasten.

Türverkleidung aus- und einbauen

Es wird der Ausbau bei einer Vordertür beschrieben. Bei einer hinteren Tür Hinweise am Kapitelende beachten.

Ausbau

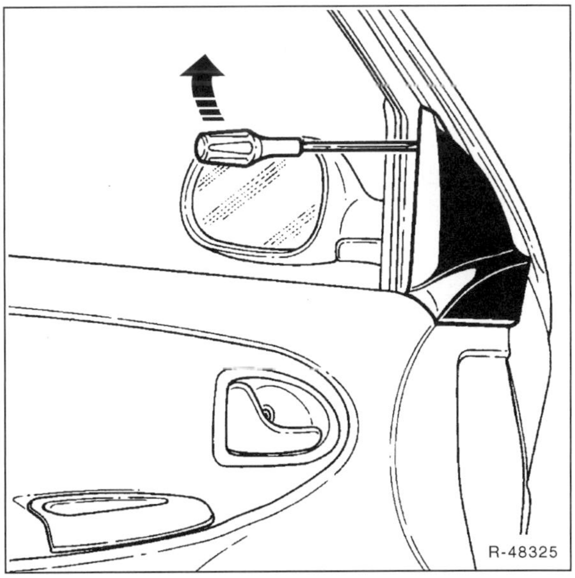

R-48325

- Abdeckung für Außenspiegel mit breitem Schraubendreher abheben und abnehmen.

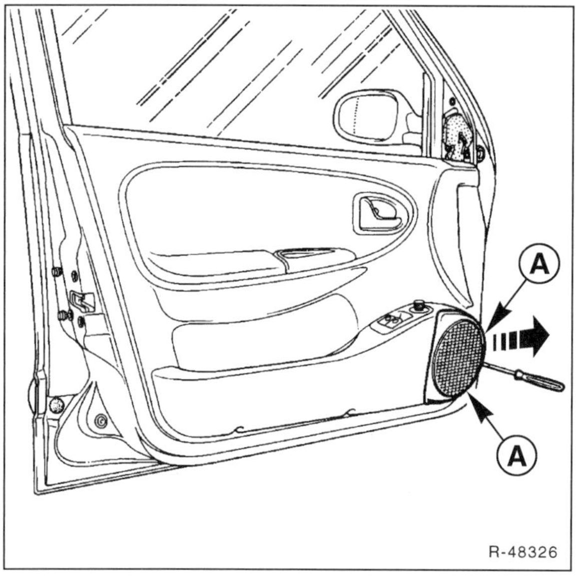

● Abdeckung für Lautsprecher an Klammern –A– mit Schraubendreher abhebeln und abnehmen.

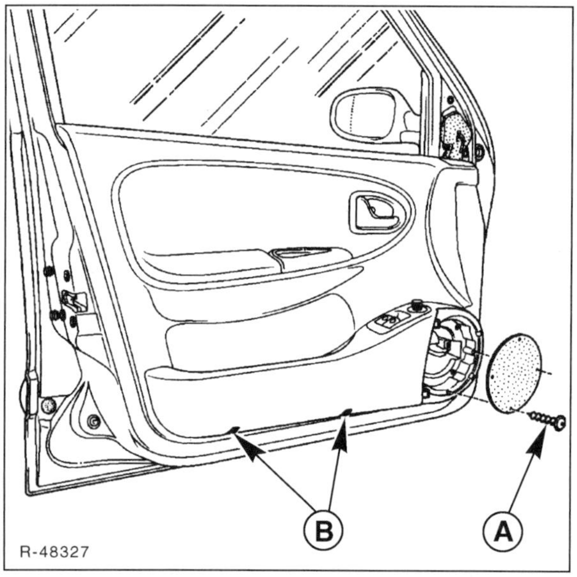

● Torxschrauben –A– (lang) und –B– (kurz) mit T20-Schraubendreher ausschrauben. Ablagefach anheben, um es aus seinen Zentrierstiften an der Tür zu lösen.

● Kabel an den Schaltern für elektrische Fensterheber (wo vorhanden) abziehen. Ablagefach abnehmen.

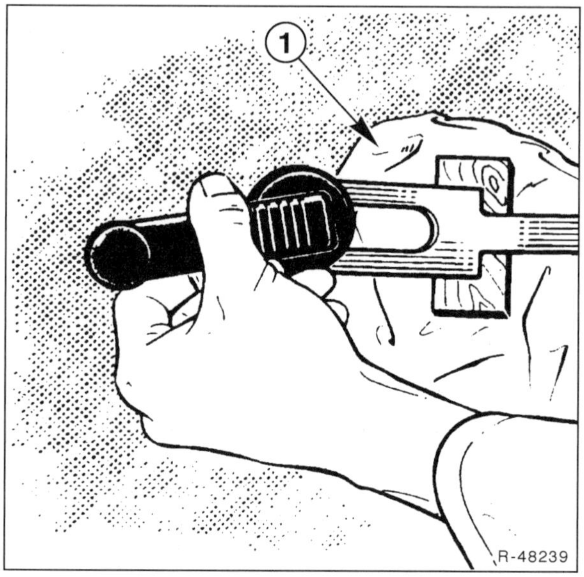

● Fensterkurbel abziehen. Die Kurbel ist mitunter recht fest auf die Achse aufgeclipst, in diesem Fall eine geeignete Gabel (selbst anfertigen, siehe Abbildung) hinter die Kurbel schieben und die Kurbel abhebeln. Türverkleidung mit Lappen –1– vor Beschädigung schützen. Um die Hebelwirkung zu verbessern, Holzkeil unterlegen.

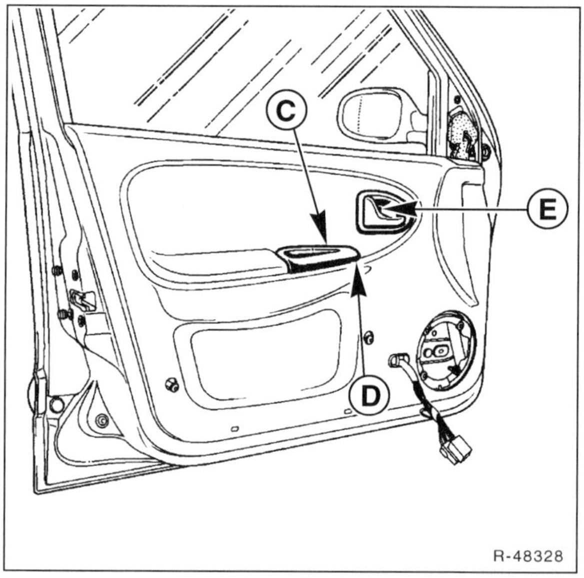

● Klebeband auf Abdeckung von Schraube –C– aufdrücken und Abdeckung mit Klebeband abziehen.

● Türgriff –D– mit T20-Schraubendreher abschrauben.

● Griffschale der Innenbetätigung –E– mit T30-Schraubendreher abschrauben und aus der Türverkleidung herausnehmen.

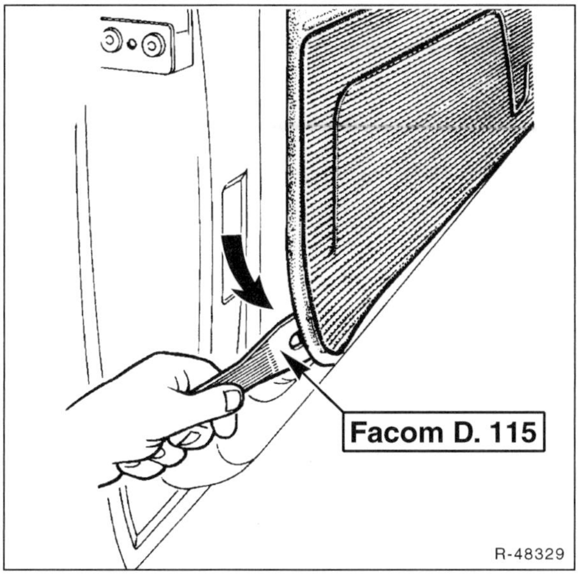

- Verkleidung ausclipsen, dazu Verkleidung am äußeren Rand im Bereich der Clipse vom Türrahmen abhebeln. Dazu eignet sich das abgebildete Werkzeug von FACOM, oder von HAZET, Nr. 799-5.
- Türverkleidung von der Tür kräftig wegziehen, dadurch dehnt sich die Dichtmasse und kann mit einem scharfen Messer Zug um Zug durchtrennt werden.

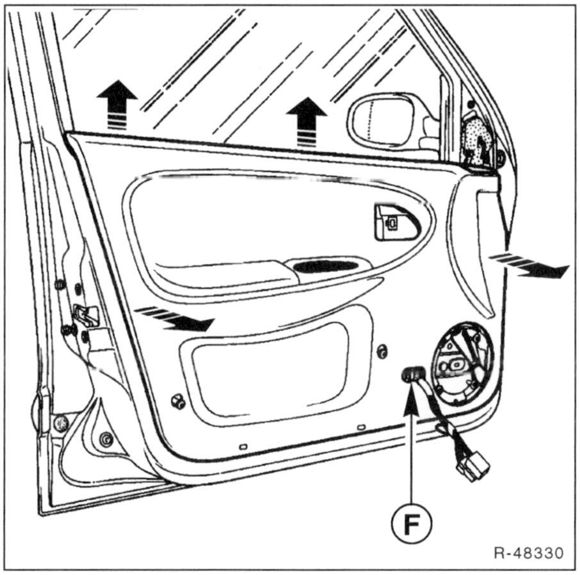

- Verkleidung aus ihrer Halterung an der Fensterdichtung nach oben drücken.
- Dichtung –F– für Kabeldurchführung ausknöpfen, und Stecker durch die Verkleidung stecken.

Einbau

- Umlaufende Dichtmassenraupe ausbessern beziehungsweise neu auftragen (ET-Nr. 7701 423 330). Wird dies nicht beachtet, entsteht bei Fahrt ein Luftzug im Fahrzeug.
- Für den Austausch einer Tür gibt es einen Teilesatz von RENAULT, der sämtliche für die neue Türverkleidung erforderliche Befestigungen enthält.
- Bei elektrischem Fensterheber Stecker durch Verkleidung durchführen und Dichtung einknöpfen.
- Türverkleidung so ausrichten, daß sich die Hälften der Clips übereinander befinden, und Verkleidung am Türrahmen andrücken. Mit dem Handballen im Bereich der Clips gegen die Verkleidung schlagen und dadurch die Verkleidung einclipsen. Verkleidung im Bereich der aufgetragenen Dichtmasse fest gegen den Türrahmen drücken.
- Türgriffschale und Türgriff anschrauben. Abdeckung auf Befestigungsschraube aufdrücken.
- Bei elektrischem Fensterheber Stecker hinten am Türablagefach aufschieben.
- Türablagefach und Lautsprechergitter anschrauben.
- Fensterkurbel so auf die Achse schieben, daß sie bei geschlossenem Fenster schräg nach vorn oben zeigt. Kurbel mit dem Handballen aufschlagen und einrasten.

Speziell Türverkleidung der hinteren Tür

- Die Türablage hinten ist ein fester Bestandteil der Türverkleidung und kann nicht getrennt ausgebaut werden.

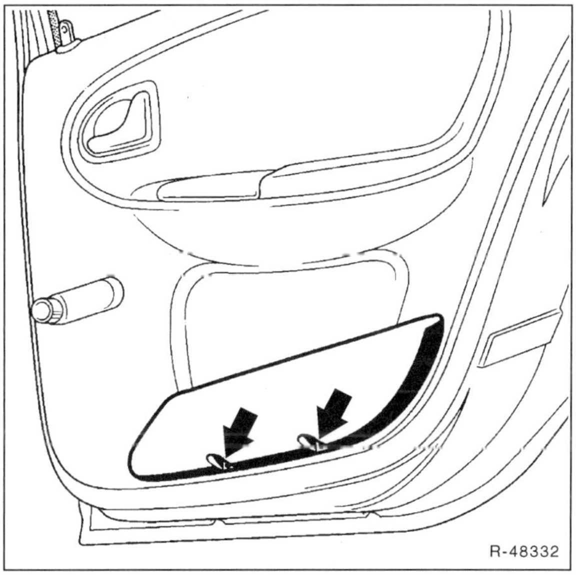

- Rechte Hintertür: 2 Schrauben mit Schlüssel T20 am Türablagefach abschrauben.

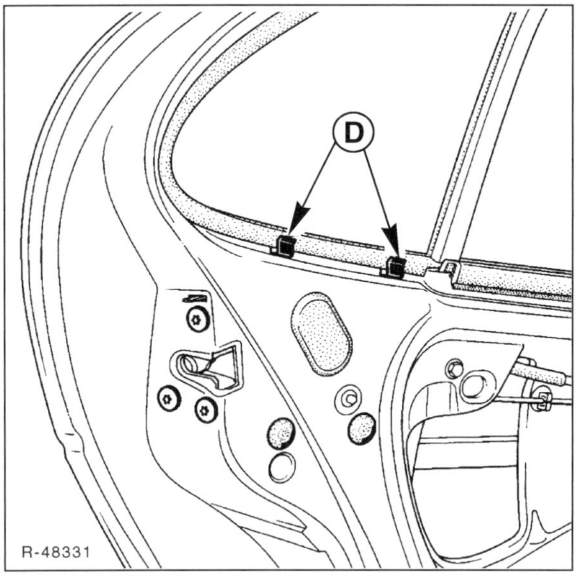

- Türverkleidung beim Einbau in die obere Partie der inneren Fensterdichtung sowie in die beiden Halteklemmen –D– unter dem feststehenden Fenster einführen.

Tür-Seitenaufpralldämpfer aus- und einbauen

Im RENAULT MÉGANE ist in den Vordertüren ein verformbarer Aufpralldämpfer eingebaut, der bei einem Seitenaufprall verformt wird und so die Insassensicherheit erhöht. Der Dämpfer ist zweiteilig und muß bei verschiedenen Montagearbeiten ausgebaut werden.

Inneren Seitenaufpralldämpfer ausbauen

- Türverkleidung ausbauen, siehe Seite 203.

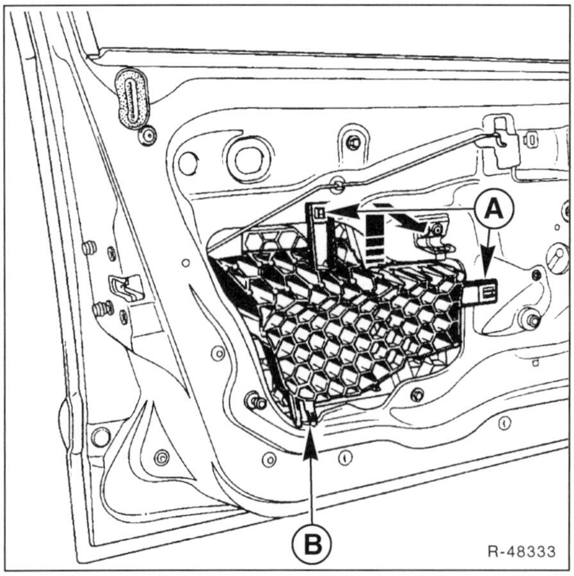

- 2 Klammern –A– ausclipsen. Aufpralldämpfer leicht anheben, dabei Stift –B– lösen und Aufpralldämpfer herausnehmen.

Einbau

- Limousine: Aufpralldämpfer mit Stift –B– einsetzen, dann einclipsen.
- Türverkleidung einbauen, siehe Seite 203.

Äußeren Seitenaufpralldämpfer ausbauen

- Inneren Seitenaufpralldämpfer ausbauen.
- Fensterscheibe und Fensterheber ausbauen, siehe Seite 209/211.

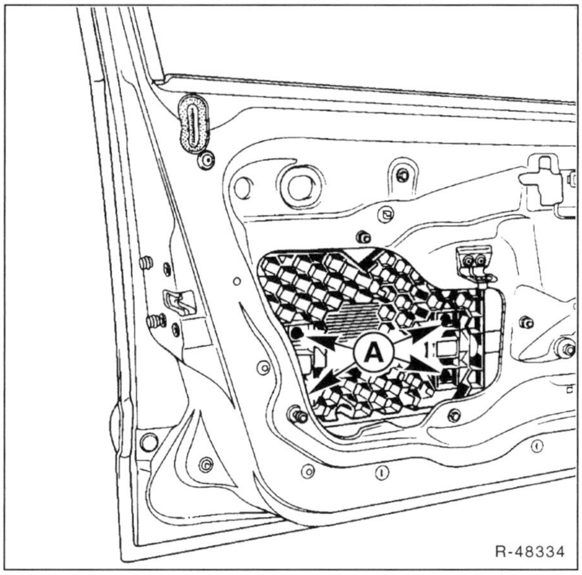

- Limousine: 4 Schrauben –A– ausschrauben.

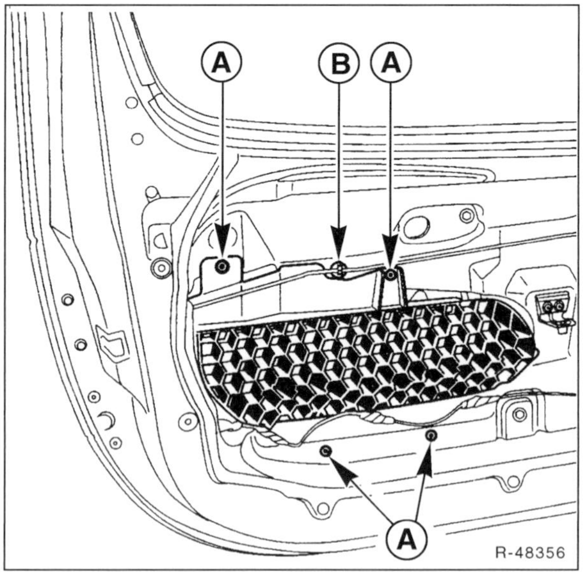

- MÉGANE COACH: 4 Schrauben –A– abschrauben. Gestänge von der Klammer –B– lösen.
- Den Aufpralldämpfer herausnehmen.

Einbau

- Aufpralldämpfer einsetzen und mit 4 Schrauben –A– anschrauben.
- Scheibe und Fensterheber einbauen, siehe Seite 209/211.
- Inneren Seitenaufpralldämpfer einbauen.
- Türverkleidung einbauen, siehe Seite 203.

Türaußengriff aus- und einbauen

Ausbau

- Türverkleidung ausbauen, siehe Seite 203.
- Vordertür: Seitenaufpralldämpfer ausbauen, siehe Seite 206.

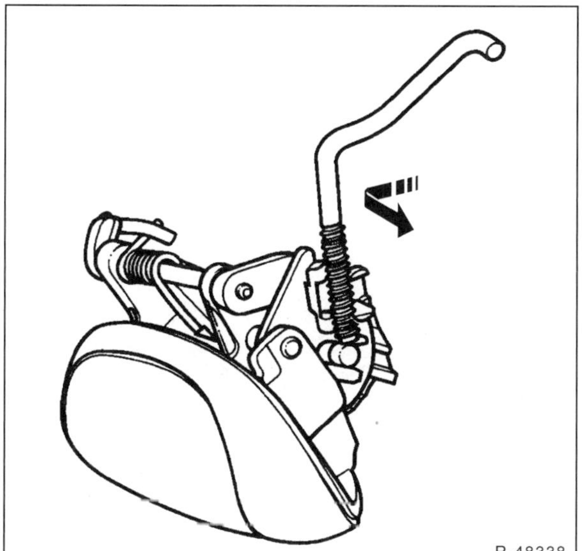

R-48338

- Betätigungsstange –1– für Türaußengriff aushängen.

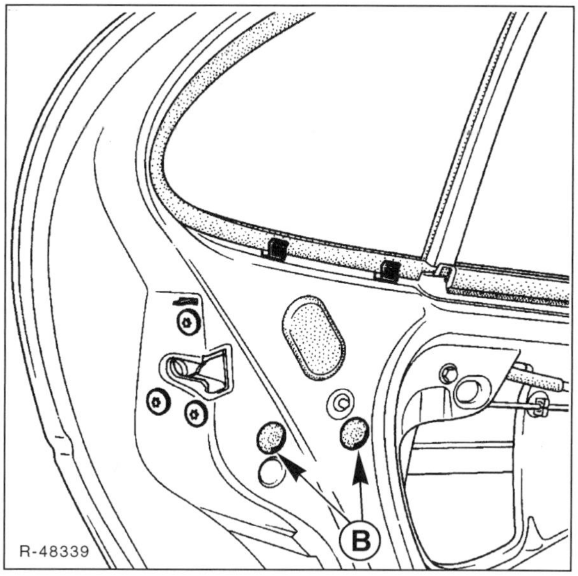

R-48339

- Hintertür: Beide Abdeckungen –B– für Schrauben mit schmalem Schraubendreher aushebeln.

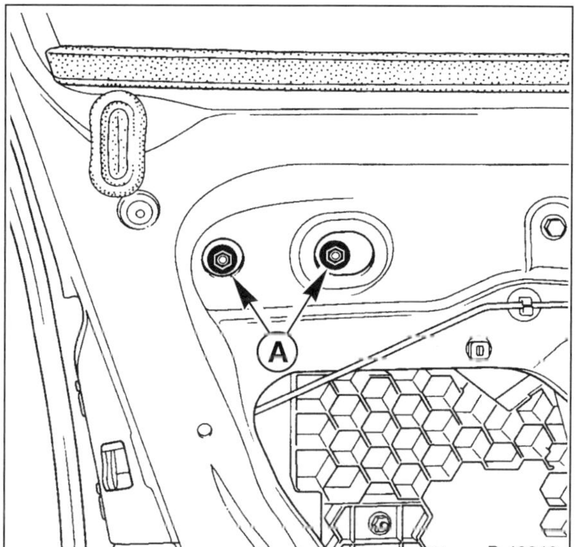

R-48340

- Schrauben –A– für Türgriff herausdrehen.

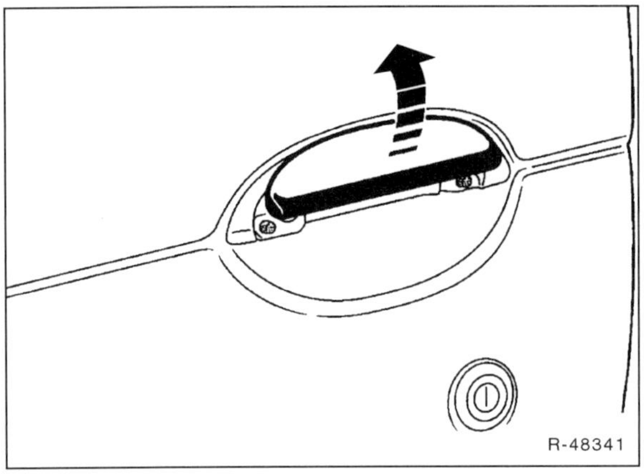

R-48341

- Türgriff in Öffnungsstellung heben und nach außen abnehmen.

Einbau

- Türgriff ansetzen und festschrauben.
- Betätigungsstange am Türgriff einhängen, siehe Abbildung R-48338.
- Hintertür: Schraubenabdeckungen einclipsen.
- Inneren Seitenaufpralldämpfer bei Vordertür, sowie Türverkleidung einbauen, siehe Seite 203/206.

Schließzylinder/Türschloß aus- und einbauen

Ausbau

- Türverkleidung ausbauen, siehe Seite 203.
- Inneren Seitenaufpralldämpfer ausbauen, siehe Seite 206.

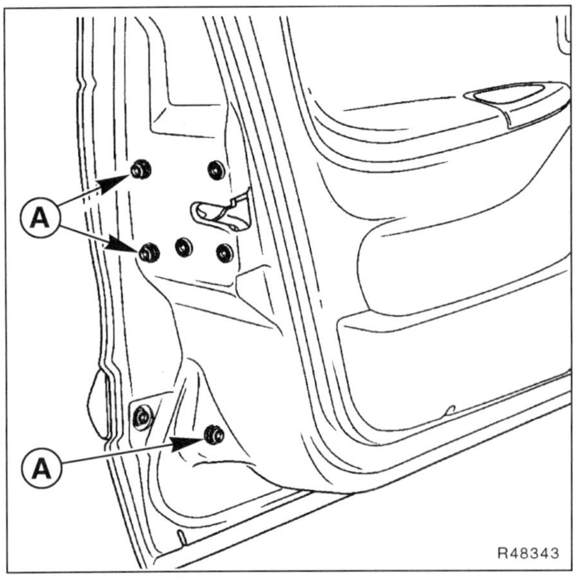

R48343

- 3 Schrauben –A– für Diebstahlschutzabdeckung mit Torx-Schraubendreher T30 abschrauben.

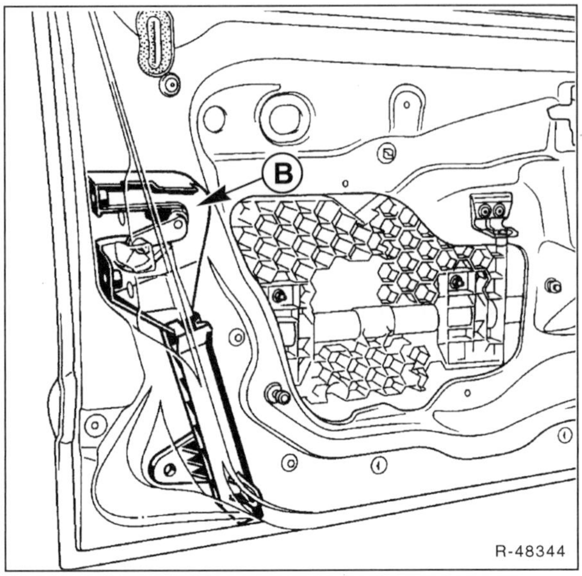

R-48344

- Diebstahlschutzabdeckung –B– herausnehmen.

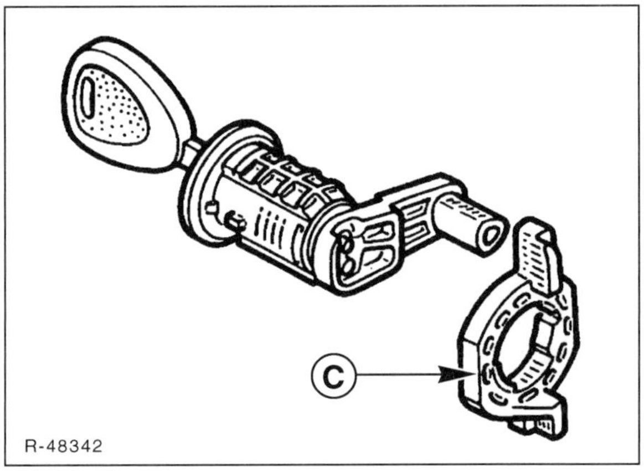

R-48342

- Halteklammer –C– um eine Vierteldrehung drehen und Schließzylinder komplett aus der Tür herausnehmen.

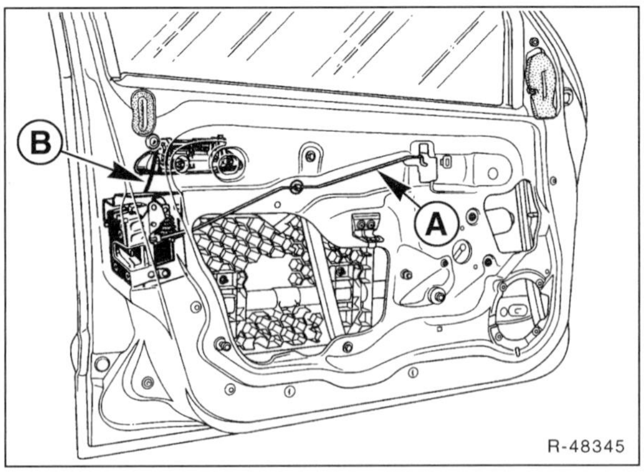

R-48345

- Verbindungsstange –B– vom Schloß am Türaußengriff aushängen, siehe Seite 207.

- Verbindungsstange –A– zur Tür-Innenbetätigung am Schloß aushängen, dazu Kunststoffclip schwenken.

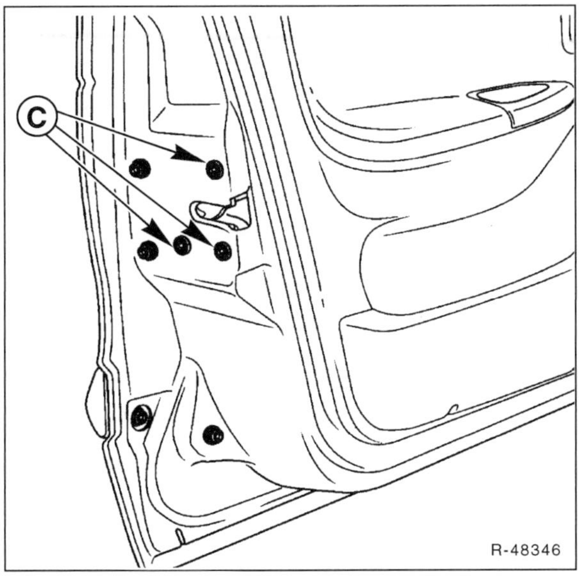

- Türschloß mit 3 Schrauben T30 –C– abschrauben und herausnehmen.
- Falls vorhanden, Stecker für Zentralverriegelung am Türschloß abziehen.

Einbau

- Türschloß einsetzen und anschrauben.
- Stecker für Zentralverriegelung am Türschloß aufstecken.
- Verbindungsstange zum Türverriegelungsknopf am Schloß einhängen.
- Schließzylinder einsetzen und mit der Halteklammer sichern.
- Diebstahlschutzabdeckung einsetzen und anschrauben.
- Inneren Seitenaufpralldämpfer und Türverkleidung einbauen, siehe Seite 203/206.

Türfenster aus- und einbauen

Ausbau Vordertür

- Türverkleidung ausbauen, siehe Seite 203.
- Inneren Seitenaufpralldämpfer ausbauen, siehe Seite 206.
- Scheibe vollständig öffnen. Dazu Fensterhebergriff auf die Achse stecken, beziehungsweise bei elektrischem Fensterheber den Schalter kurzzeitig anschließen und betätigen.

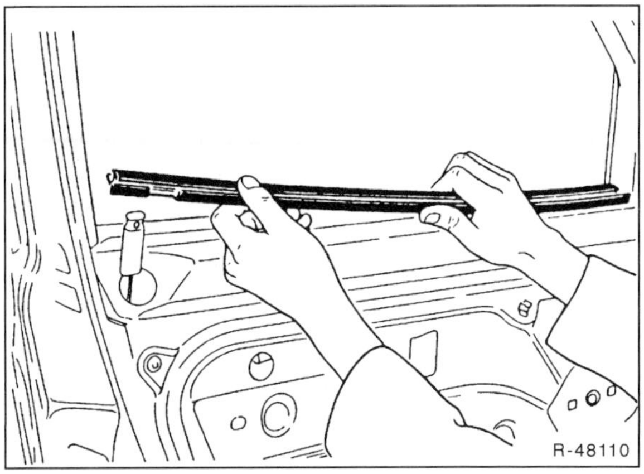

- Innere Abdichtleiste mit einem Kunststoffkeil vom Türkörper vorsichtig und gleichmäßig abhebeln. Beim MÉGANE COACH besteht die Abdichtleiste aus einem Teil mit der Dichtung des Fensterrahmens, Abdichtleiste von vorn beginnend abhebeln.

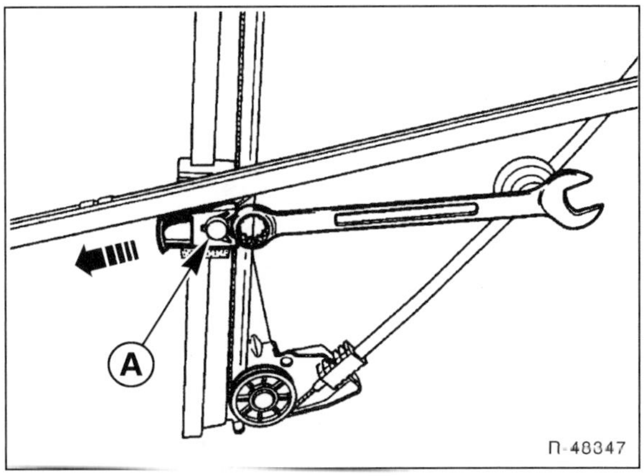

- Scheibe ¾ weit schließen. Mit Hilfe eines 13mm-Ringschlüssels die Stifte an Befestigung –A– entfernen und Scheibe vom Fensterheber abziehen.

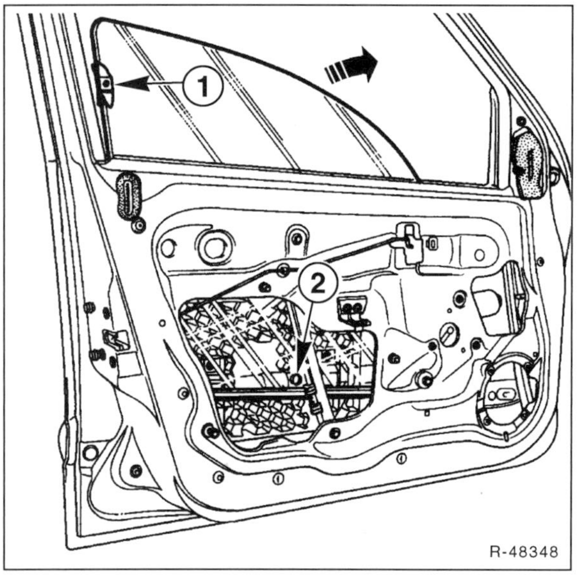

● Die Scheibe herunterfahren. Scheibengleitstück –1– aus der Führung ziehen.

● Scheibe aus dem Antrieb –2– des Fensterhebers aushängen.

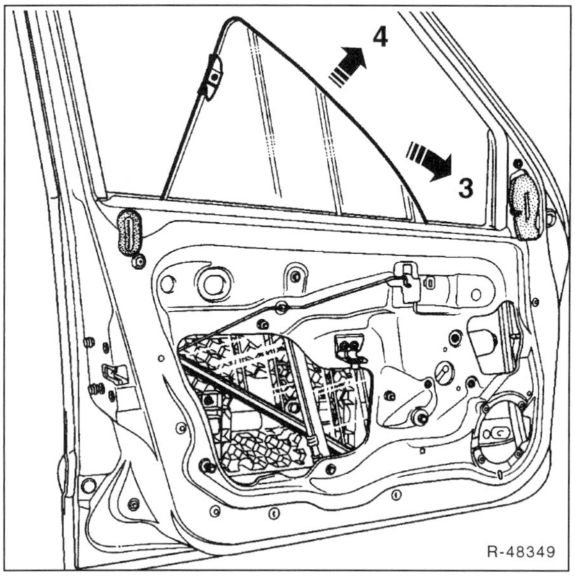

● Scheibe nach vorn kippen –3– und nach oben vorsichtig herausziehen –4–.

Einbau

● Scheibe von oben in die Tür einsetzen.

Achtung: Das Scheibengleitstück –1– ist mit einer Niete befestigt. Es kann ausgetauscht werden, ohne daß die Scheibe ausgebaut werden muß.

● Fensterscheibe in die Halteplatte einsetzen. Klammer auf den Zapfen des Fensterhebers schieben.

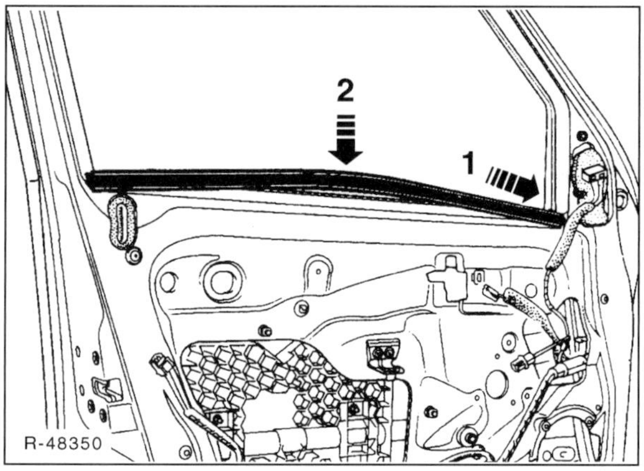

● Innere Abdichtung zuerst hinten, dann vorn einsetzen –1–, dabei leicht biegen. Dann in der Mitte andrücken –2–.

● Inneren Seitenaufpralldämpfer sowie Türverkleidung einbauen, siehe Seite 203/206.

Achtung: Das Türfenster muß nicht eingestellt werden.

Ausbau Hintertür

● Türverkleidung ausbauen, siehe Seite 203.

● Scheibe vollständig öffnen. Dazu Fensterhebergriff auf die Achse stecken. Innere Abdichtleiste mit einem Kunststoffkeil vom Türkörper abhebeln.

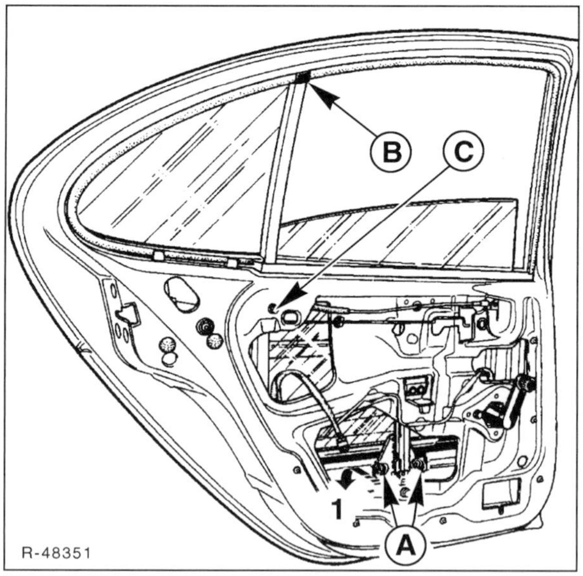

● Scheibe ¾ herunterdrehen. Befestigung –A– der Scheibe am Fensterheber abschrauben.

● Scheibe nach hinten drücken –1–, um sie aus der Führung der feststehenden Strebe zu lösen, und ganz absenken.

● Abdeckung –B– abhebeln und darunterliegende Schraube abschrauben.

● Schraube –C– abschrauben.

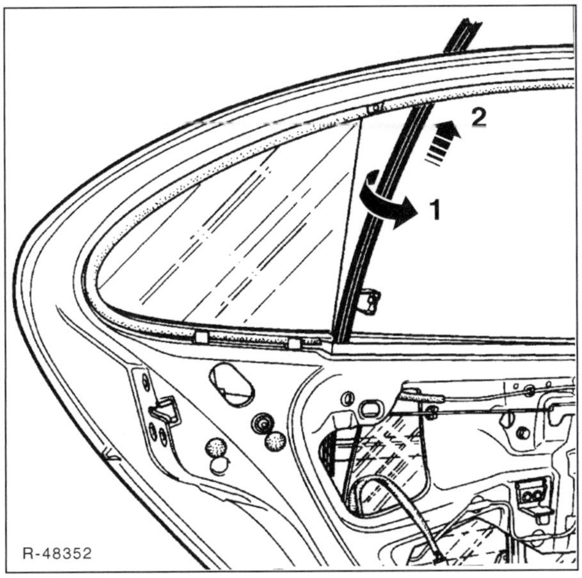

R-48352

- Hintere Fensterführung um ¼ Umdrehung drehen –1–, damit die Strebe aus ihrer Befestigungslasche ausrastet, dann nach oben abnehmen –2–.
- Scheibe nach oben herausziehen. Gegebenenfalls das hintere, feststehende Dreiecksfenster ebenfalls mit Dichtung herausnehmen.

Einbau

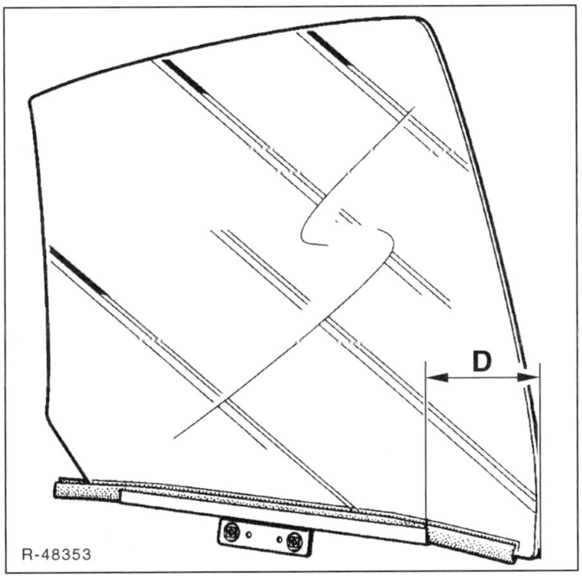

R-48353

- Halter an der Scheibe auf das Maß D = 122 mm ausrichten.
- Der weitere Einbau erfolgt in umgekehrter Reihenfolge, wie unter »Ausbau« beschrieben. **Hinweis:** Die beiden Schrauben –A– werden bei hochgekurbelter Scheibe angezogen, siehe Abbildung R-48351.

Fensterheber aus- und einbauen

Ausbau Vordertür

- Türfensterscheibe ausbauen, siehe Seite 209.

Achtung: Der manuelle Fensterheber wird auf dieselbe Weise ausgebaut wie der elektrische Fensterheber. Hier wird der Ausbau des elektrischen Fensterhebers beschrieben.

- Mehrfachstecker für Fensterhebermotor abziehen.

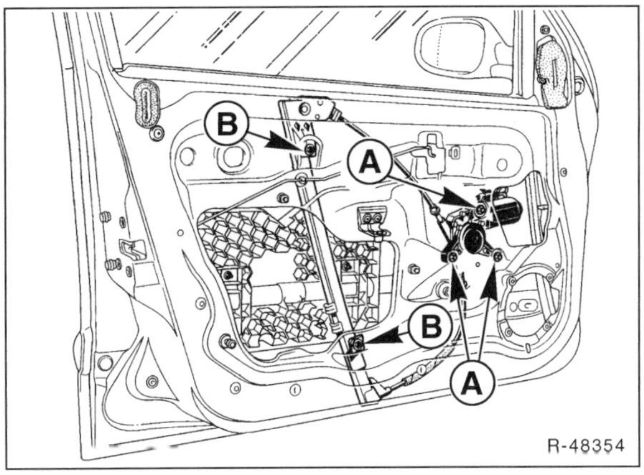

R-48354

- Fensterhebermotor abschrauben –A–.
- Fensterheberschiene abschrauben –B–.
- Fensterheber kippen und durch die Öffnung im Türrahmen herausnehmen.

Einbau

Achtung: Nach dem Einbau braucht der Fensterheber nicht eingestellt zu werden.

- Fensterheber einsetzen und anschrauben.
- Motor anschrauben und Mehrfachstecker aufschieben.
- Fensterscheibe einbauen.

Ausbau Hintertür

- Türfensterscheibe ausbauen, siehe Seite 209.

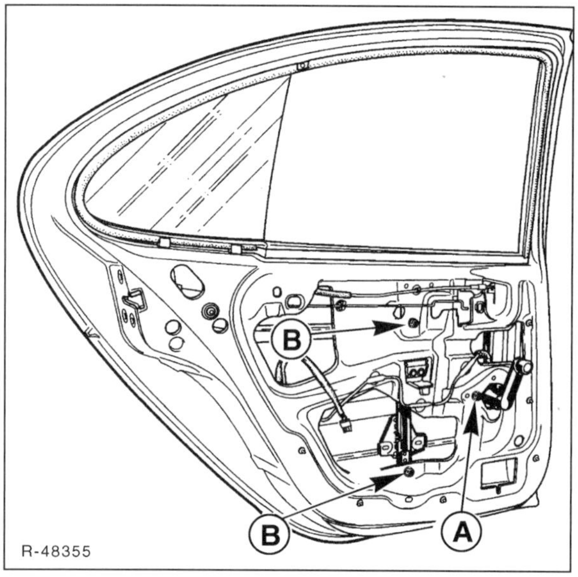

- Fensterkurbel abschrauben –A–.
- Fensterheberschiene abschrauben –B–.
- Fensterheber kippen und durch die Öffnung im Türrahmen herausnehmen.

Einbau

- Fensterheber einsetzen und anschrauben.
- Fensterscheibe einbauen.

Die Zentralverriegelung

Die Zentralverriegelung des RENAULT MÉGANE besteht aus den Servomotoren, welche die Schlösser in den Türen und an der Heck- und Tankklappe betätigen, außerdem aus der Infrarot-Empfangsanlage in der Innenleuchten-Einheit. Ein Decoder in der Zentralelektrik (oberhalb des Sicherungskastens) prüft das empfangene Signal und steuert die Servomotoren an. Die Ver- und Entriegelung der Türen erfolgt durch Betätigen der Infrarot-Fernbedienung. Die Türen können zwar mit dem Schlüssel auf- und abgeschlossen werden, auf die Stellung der Zentralverriegelung hat das allerdings keinen Einfluß.

Kann eine Tür nicht durch die Zentralverriegelung betätigt werden, liegt der Fehler meist an einem defekten Servomotor. In diesem Fall Türverkleidung ausbauen und Servomotor am Schloß abschrauben. Motor und Zuleitung prüfen, siehe Seite 234.

Infrarot-Empfänger der Zentralverriegelung aus- und einbauen

Der Empfänger befindet sich in der Innenleuchten-Einheit.

Ausbau

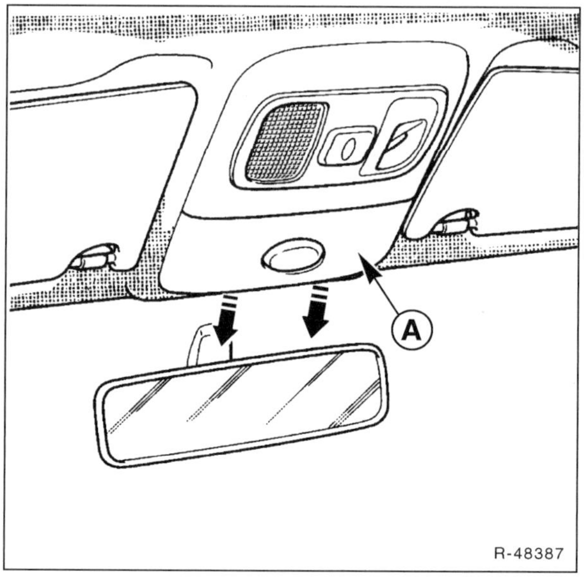

- Halterung –A– nach vorne schieben. Stecker an der Rückseite abziehen.

Einbau

- Stecker aufstecken, Einheit von vorn einsetzen und nach hinten schieben.

Außenspiegel aus- und einbauen

Ausbau

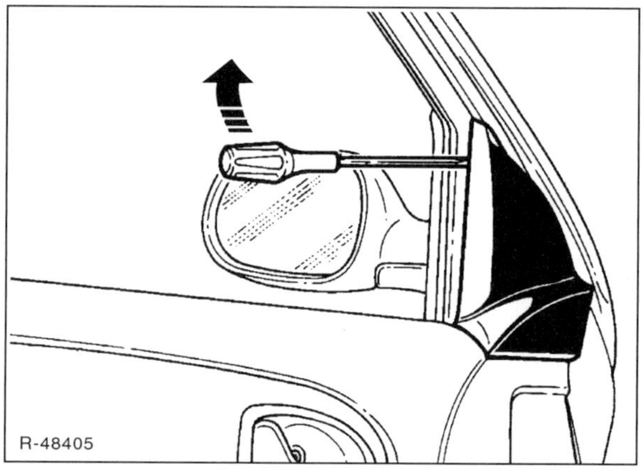

- Abdeckung für Außenspiegel mit breitem Schraubendreher abhebeln und abnehmen.

- Abdeckung der vorderen Schraube abhebeln.
- Dichtschaum entnehmen. Bei manuell verstellbarem Spiegel ist zusätzlich ein Gummiring zu entnehmen.
- 3 Schrauben –A– herausdrehen, dabei Spiegel festhalten.
- Spiegel abnehmen, bei elektrischer Verstellbarkeit/Beheizung Kabelstecker trennen. **Hinweis:** Bei Fahrzeugen mit Bordcomputer sitzt der Außentemperatur-Fühler im rechten Außenspiegel.

Einbau

- Außenspiegel ansetzen, Betätigungsknopf beziehungsweise Anschlußkabel durch die Öffnung in der Tür einführen und Spiegel festschrauben.
- Spiegel mit 3 Schrauben anschrauben.
- Dichtschaum und Gummiring einsetzen. Kabelstecker zusammenstecken.
- Abdeckblende so aufsetzen, daß sich die 3 Kunststoffhaken über den zugehörigen Öffnungen befinden und Blende andrücken beziehungsweise durch leichte Schläge mit dem Handballen einclipsen.

Spiegelglas für Außenspiegel aus- und einbauen

Achtung: Das Spiegelglas kann bei eingebautem Außenspiegel gewechselt werden.

Ausbau

- Spiegelgehäuse nach außen klappen.

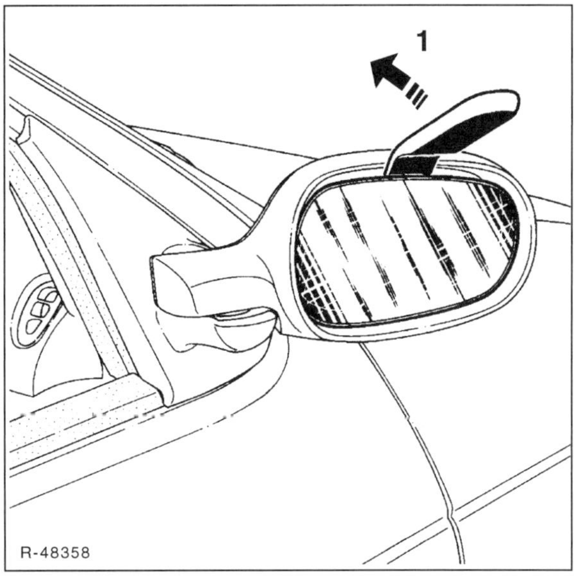

- Geeignetes Werkzeug, zum Beispiel FACOM Car. 1363, oben zwischen Spiegelglas und Spiegelgehäuse einführen und Glas vorsichtig abhebeln –1–. **Achtung:** Bei scharfkantigen Werkzeugen das Spiegelgehäuse mit Klebeband oder Stoffzwischenlage vor Kratzern schützen.

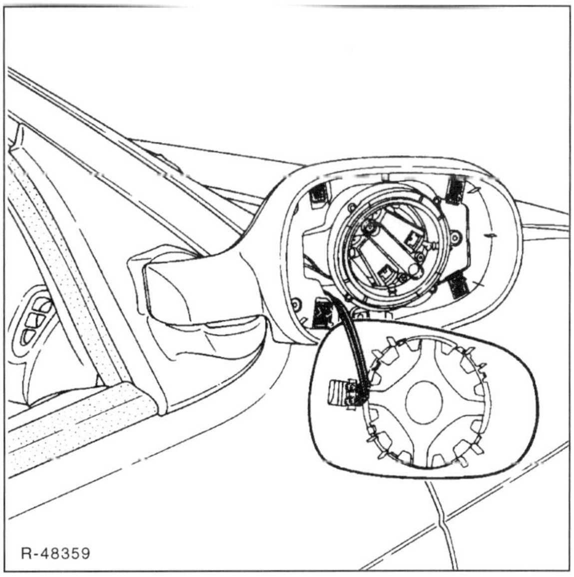

- Wo vorhanden, Kabel für Spiegelheizung abziehen.

Einbau

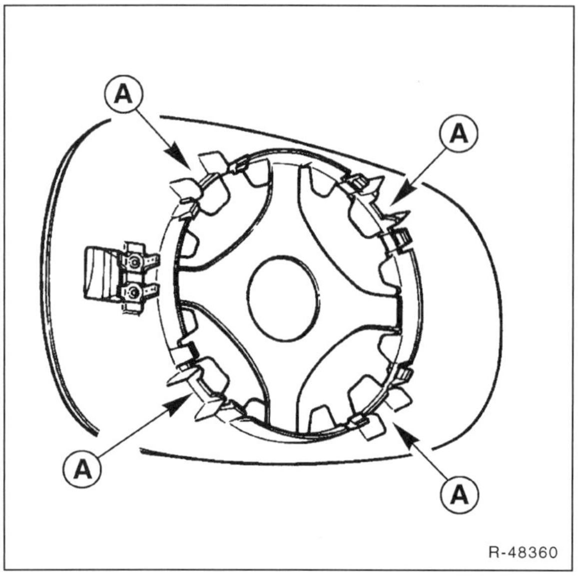

- Spiegelglas ansetzen und mit den 4 Führungen –A– in die Halterung einsetzen.

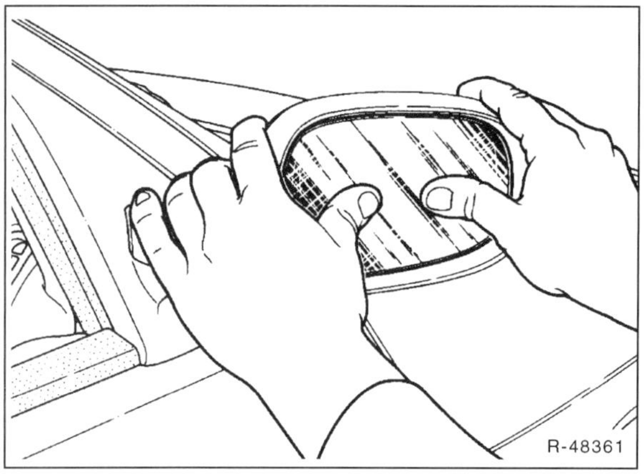

- Spiegelglas andrücken, bis es hörbar einrastet. **Achtung:** Es empfiehlt sich, Schutzhandschuhe zu tragen, **Verletzungsgefahr** durch brechendes Glas.
- Spiegelgehäuse zurückklappen.

Spiegelgehäuse aus- und einbauen

Ausbau

- Spiegelglas ausbauen.

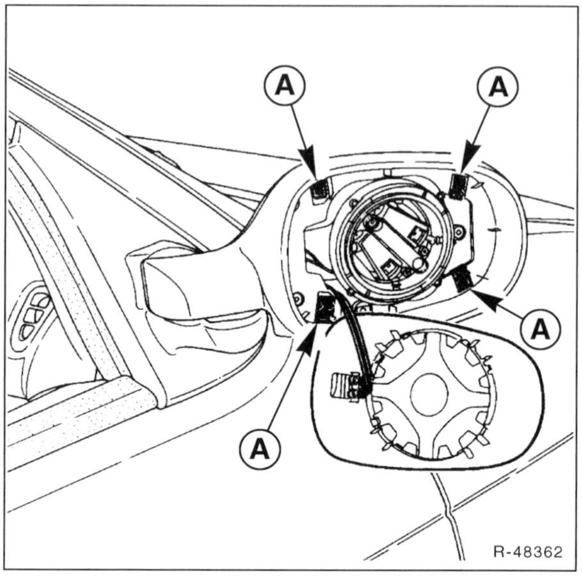

- 4 Klammern –A– lösen und Gehäuse abnehmen.

Einbau

- Gehäuse für Außenspiegel aufdrücken, die Klammern –A– müssen einrasten.
- Spiegelglas einbauen.

Innenverkleidung der A-Säule aus- und einbauen

Die Dachsäulen werden von vorn nach hinten mit A-, B- und C-Säulen bezeichnet.

Ausbau

- Türdichtung im Bereich der Verkleidung vom Türrahmen abziehen.

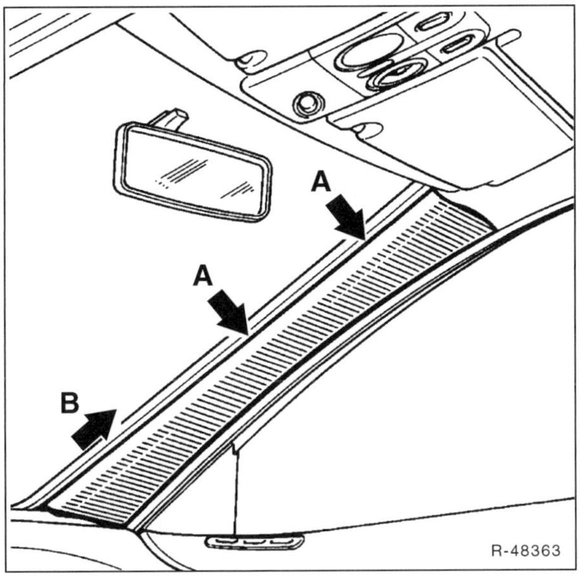

- Die beiden oberen Klammern vorsichtig lösen. Die Verkleidung zum Fahrzeugheck wegziehen, um die dritte Klammer –B– freizulegen.

Einbau

- Beim Einbau die Verkleidung zuerst an der unteren Seite in Klammer –B–, dann in Klammern –A– einrasten.
- Dichtung an Türrahmen aufdrücken.

Innenverkleidung der B-Säule aus- und einbauen

Limousine

Die Dachsäulen werden von vorn nach hinten mit A-, B- und C-Säulen bezeichnet. Ausbau der Verkleidung beim Modell »COACH«, siehe Kapitel »Innenverkleidungen hinten seitlich ausbauen«.

Ausbau

- Türdichtung im Bereich der Verkleidung vom Türrahmen abziehen.

- Die obere Abdeckung des Gurthalters aufklappen. Sicherheitsgurt-Umlenkbeschlag mit 17er Schlüssel abschrauben.
- Einstellknopf –1– abhebeln. Hierzu einen flachen Schraubendreher zwischen Einstellknopf und Abdeckung einschieben.

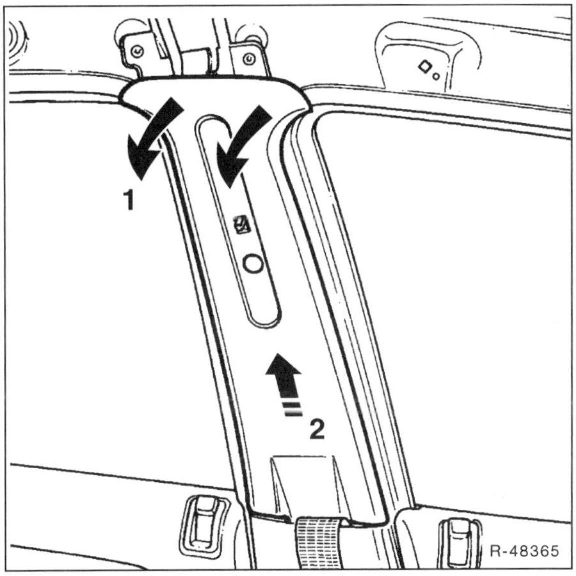

- Die Verkleidung oben ausclipsen –1– und dann nach oben herausnehmen –2–.

Einbau

- Beim Einbau die Verkleidung zuerst unten einsetzen, dann oben einrasten.
- Sicherheitsgurt-Umlenkbeschlag mit **25 Nm** anschrauben. Abdeckung einclipsen.
- Einstellknopf für Höheneinstellung aufdrücken.
- Dichtung an Türrahmen aufdrücken.

Innenverkleidung des Einstiegschwellers vorn aus- und einbauen

Ausbau

- Innenverkleidung der B-Säule ausbauen.

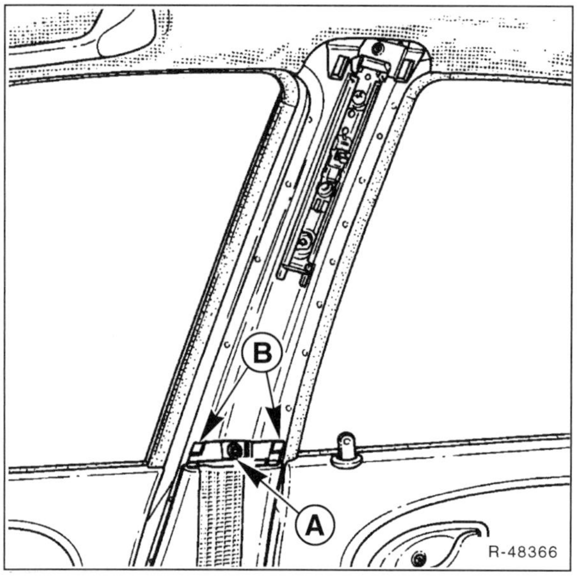

- Schraube –A– abschrauben, die beiden Laschen –B– entfernen und den Sicherheitsgurt herausnehmen.
- Dichtungen im Bereich der Verkleidungen vom Türfalz abziehen.

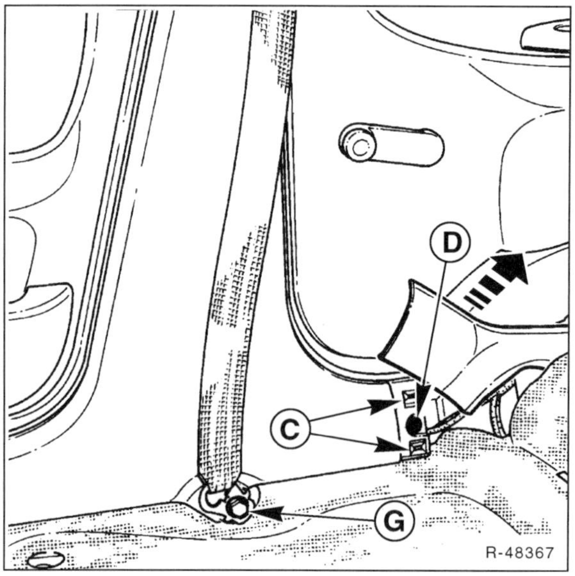

- Hintere Verkleidung von Hand aus Klammern –C– ausrasten und etwas nach oben biegen.
- Schraube –D– abschrauben.
- Untere Sicherheitsgurtbefestigung –G– abschrauben.

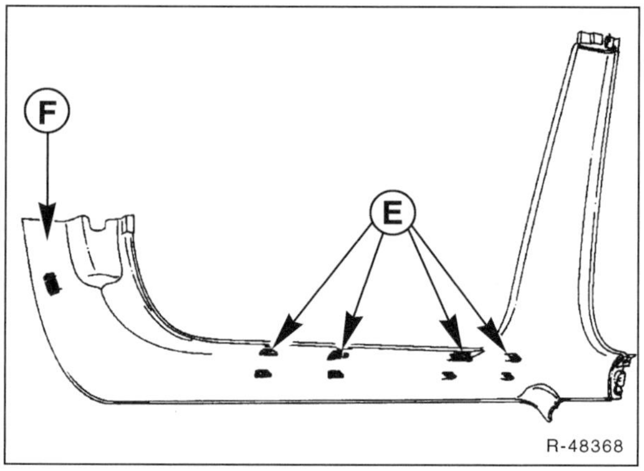

- Verkleidung von Hand aus Klammern –E– ausrasten, dabei von hinten beginnen.
- Verkleidung aus Lasche –F– aushängen und abnehmen.

Einbau

- Sicherheitsgurt einfädeln. Verkleidung in die Klammern einsetzen und einrasten, dann anschrauben.
- Untere und obere Sicherheitsgurt-Befestigungen mit **25 Nm** anschrauben.
- Innenverkleidung der B-Säule einbauen, siehe Seite 215.
- Dichtung an Türrahmen aufdrücken.

Speziell SCENIC

Die Vorarbeiten sind wie bei der Limousine durchzuführen. Hier wird nur der eigentliche Ausbau der Verkleidung beschrieben.

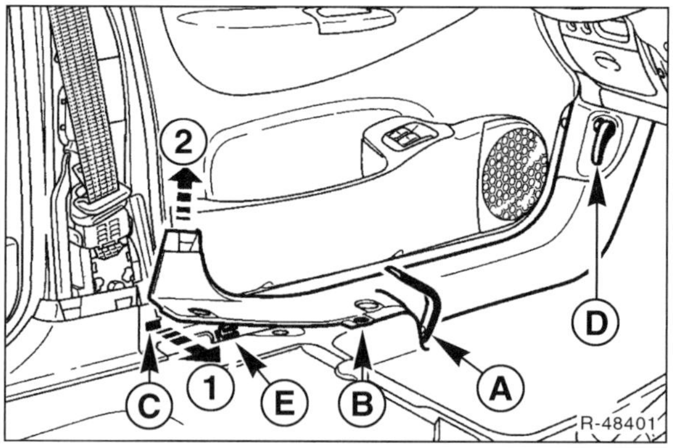

- Abdeckung –A– lösen und abnehmen. Befestigungsschraube –B– herausdrehen.
- Lasche der Motorhaubenentriegelung –D– mit einer Zange abziehen.
- Die Verkleidung an der Stelle –C– ablösen und etwas nach innen ziehen –1–.
- Verkleidung vorsichtig anheben –2– und von hinten nach vorne die Halteklammern –E– ausrasten.
- Verkleidung aus der Motorhaubenentriegelung lösen und herausnehmen.

Innenverkleidungen hinten seitlich aus- und einbauen

Limousine

Je nachdem, welche hintere Verkleidung ausgebaut werden soll, müssen zuvor immer die anderen Verkleidungen in angegebener Reihenfolge ausgebaut werden.

Ausbau

- Heckklappe öffnen und Dichtung an der Karosserie teilweise abziehen.
- Mittlere Heckablage herausnehmen.
- Lehne der Rücksitzbank umlegen.

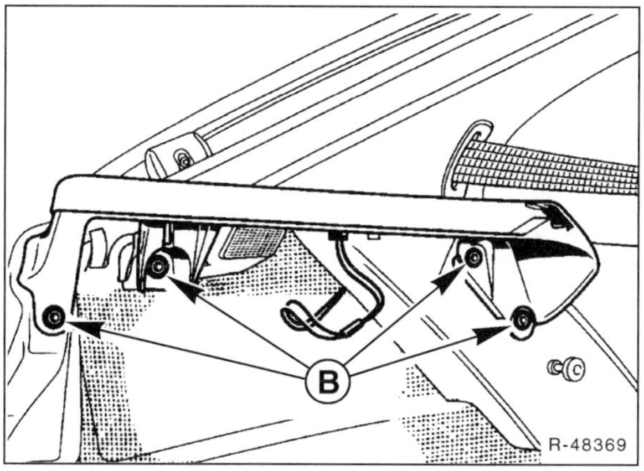

- Lautsprecherkabel abziehen und 4 Schrauben –B– abschrauben. Seitliche Ablage abnehmen.

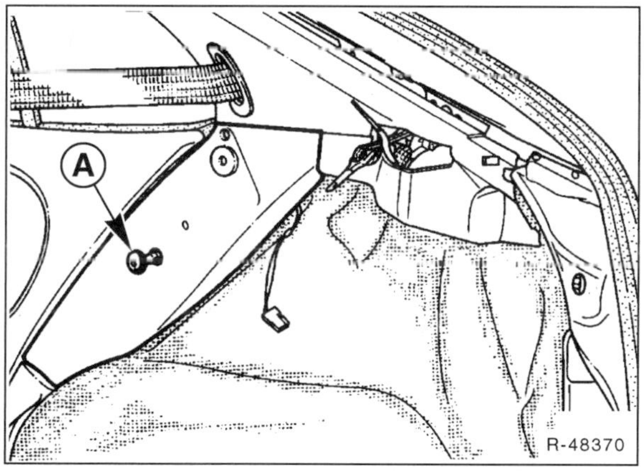

- Sitzverriegelungszapfen –A– abschrauben.

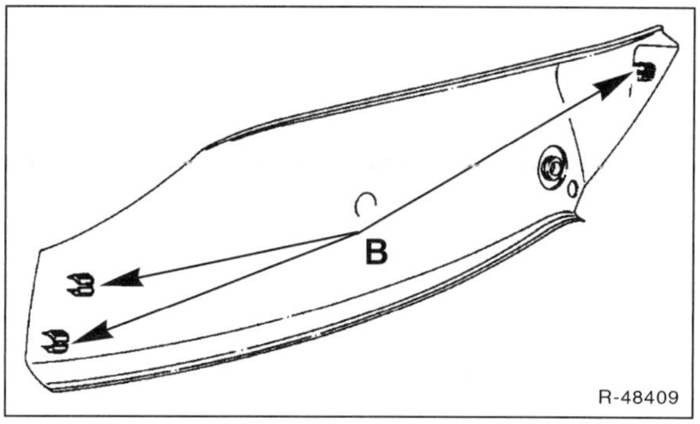

- Untere Verkleidung der C-Säule abziehen, dabei rasten die 3 Klammern –B– aus.

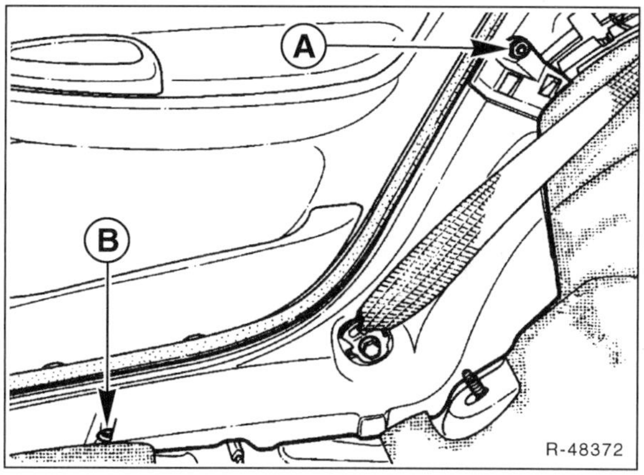

- Verkleidung des hinteren Einstiegschwellers abschrauben –A– und –B–. Rücksitz anheben und untere Befestigung des hinteren Sicherheitsgurts abschrauben. Verkleidung abziehen, dabei rasten die vorderen Klammern aus.

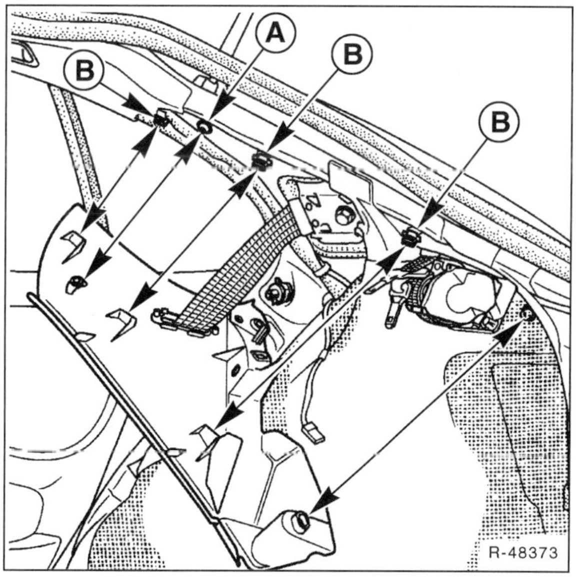

- Obere Verkleidung der C-Säule zuerst an Klemme –A– abziehen, dann die 3 Klammern –B– ausrasten. Sicherheitsgurt aus Verkleidung ausfädeln.

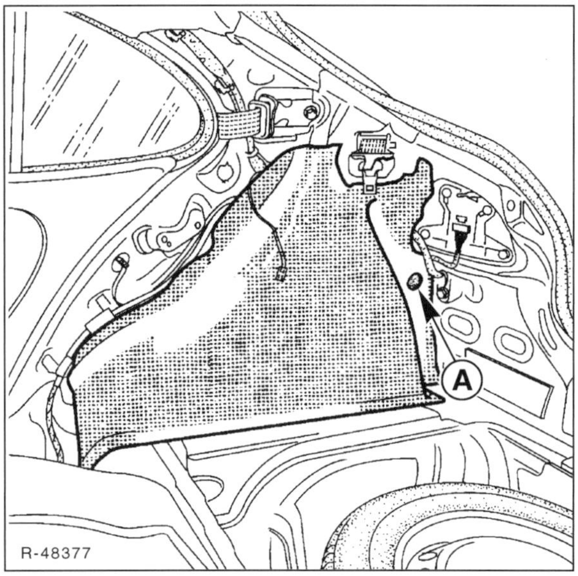

- Klammer –A– abhebeln und Radkastenverkleidung abnehmen.

Einbau

- Radkastenverkleidung einsetzen und mit Klammer –A– befestigen.
- Verkleidung des hinteren Einstiegschwellers einclipsen und anschrauben.
- Obere und untere Verkleidung der C-Säule aufdrücken. Bei oberer Verkleidung zuerst Sicherheitsgurt einfädeln.
- Untere Befestigung des hinteren Sicherheitsgurts mit **25 Nm** anschrauben.
- Sitzverriegelungszapfen –A– anschrauben, siehe Abbildung R-48370.
- Seitliche Ablage anschrauben und Lautsprecherkabel anklemmen. Beim Einbau der rechten Seite darauf achten, daß der rechte hintere Sicherheitsgurt auf der Ablage liegt und nicht darunter.
- Heckablage einsetzen.
- Dichtungsgummi für Heckklappe am Karosserieausschnitt aufdrücken.

Innenverkleidungen hinten seitlich aus- und einbauen

MÉGANE COACH

Je nachdem, welche hintere Verkleidung ausgebaut werden soll, müssen zuvor immer die anderen Verkleidungen in angegebener Reihenfolge ausgebaut werden.

Ausbau

- Türdichtung im Bereich der B-Säule vom Türrahmen abziehen.

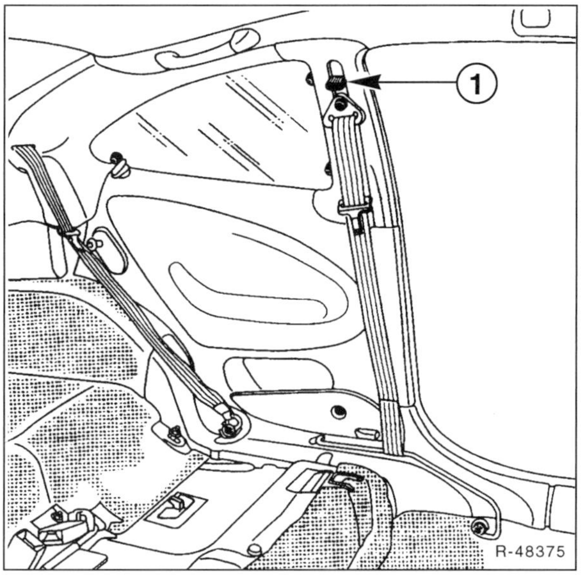

- Gurthöhen-Einstellknopf –1– abhebeln. Hierzu einen flachen Schraubendreher zwischen Einstellknopf und Abdeckung einschieben.
- Oberen Sicherheitsgurt-Beschlag abschrauben.

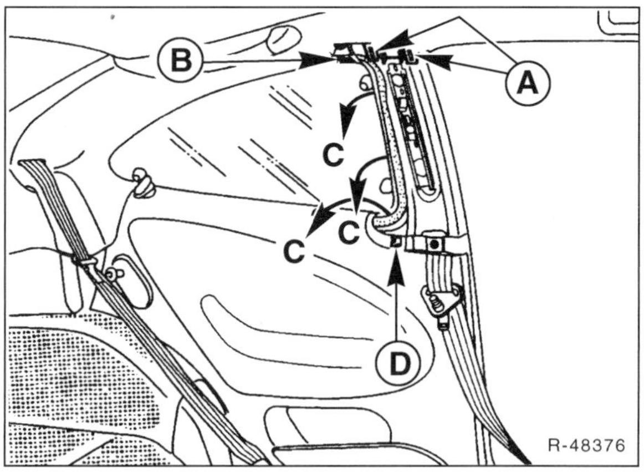

- Die Verkleidung oben ausclipsen –A– und –B–, dann leicht zum Fahrzeugheck hin ziehen, um die Dichtung des Ausstellfensters –C– freizulegen.

- Verkleidung an Stelle –D– lösen und anheben, um sie aus ihrem Sitz am Durchgang des vorderen Sicherheitsgurtes zu nehmen.

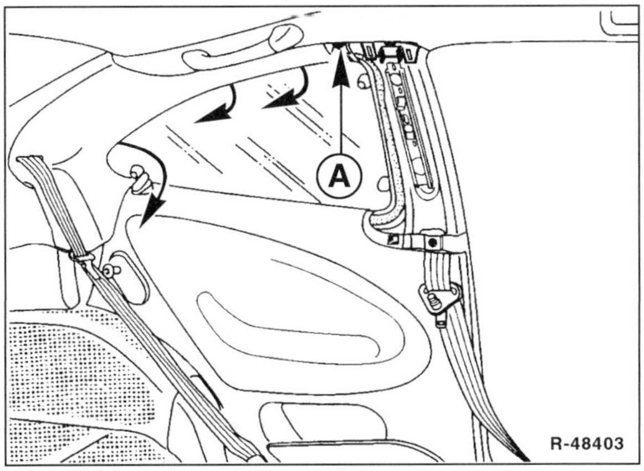

- Obere Verkleidung des Ausstellfensters ausbauen. Dazu Schraube –A– entfernen und Verkleidung nach innen aus der Dichtung ziehen.

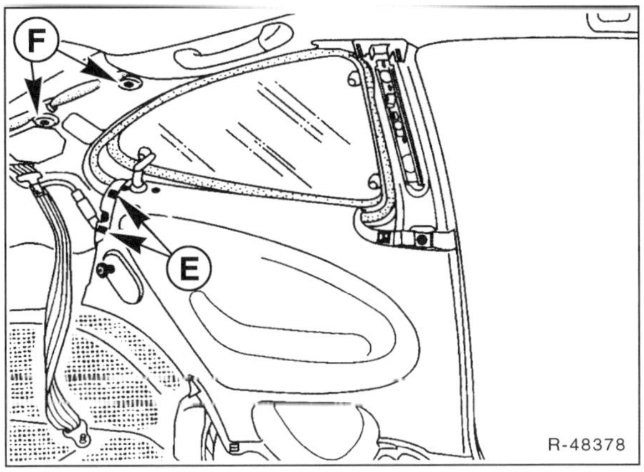

- Verkleidung in –E– und –F– abschrauben.
- Kabel für Heckscheibenheizung von der Heckscheibe abziehen.
- Verkleidung neben der Heckscheibe nach vorn ziehen. Verkleidung abnehmen, dabei Sicherheitsgurt ausfädeln.

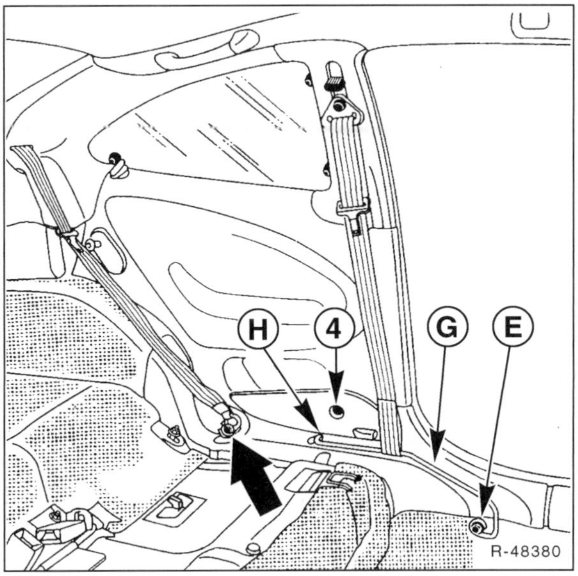

- Untere Verkleidung des Ausstellfensters ausbauen. Dazu untere Schraube des hinteren Sicherheitsgurtes –Pfeil– abschrauben.
- Halteschiene –G– des vorderen Sicherheitsgurtes abschrauben, dazu Schraube –E– abschrauben. Halteschiene vorn in senkrechte Stellung schwenken und Lasche –H– herausziehen.
- Schraube –4– abschrauben.

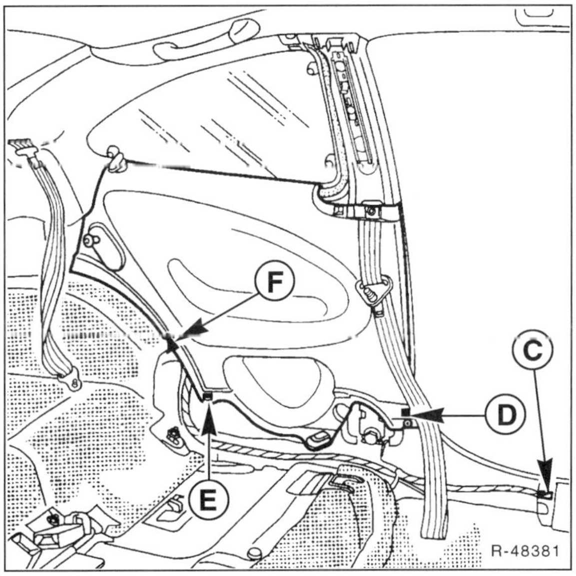

- Verkleidung in –C–, –D– und –E– ausclipsen und an der Lasche –F– aushängen.

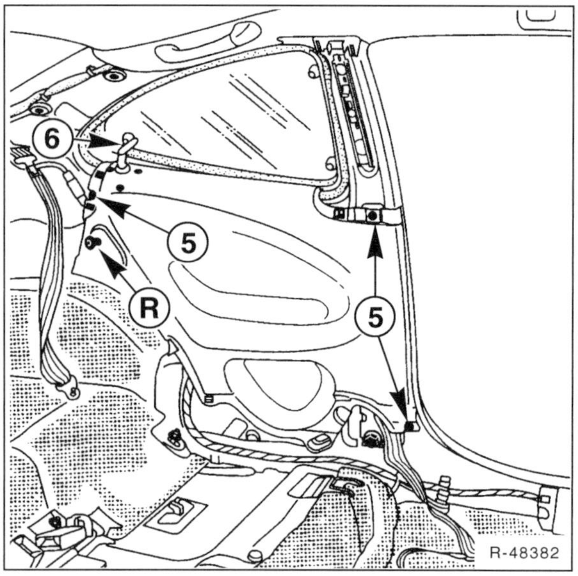

- Öffnungsarm für Ausstellfenster –6– vom Motor abschrauben.
- 3 Schrauben –5– abschrauben.
- Sitzverriegelungszapfen –R– abschrauben.
- Verkleidung an der Dichtung des Ausstellfensters herausziehen und abnehmen.

Einbau

- Der Einbau erfolgt in umgekehrter Reihenfolge, wie unter »Ausbau« beschrieben. **Achtung:** Befestigungsschrauben der Sicherheitsgurt-Haltebügel mit **25 Nm** anziehen.

Heckabschlußblech-Innenverkleidung aus- und einbauen

Limousine, Coach

Ausbau

- Abdeckung für das Reserverad anheben.

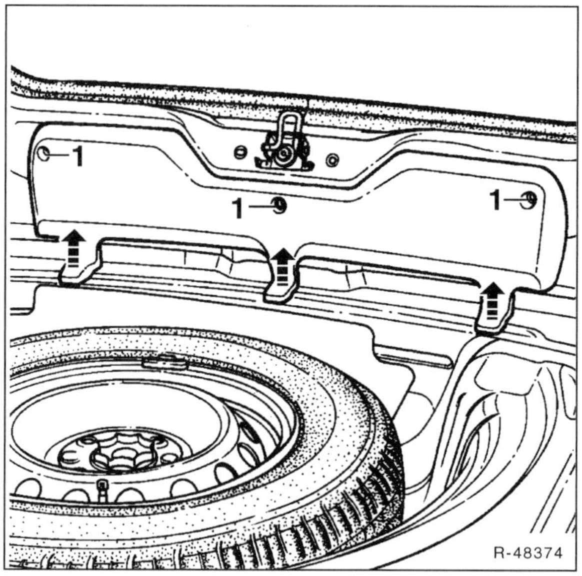

- 3 Schrauben –1– der Abdeckung ausschrauben. 3 Klammern ausrasten –Pfeile– und Verkleidung abnehmen.

Einbau

- Verkleidung einclipsen und anschrauben.

SCENIC, Grandtour

Ausbau

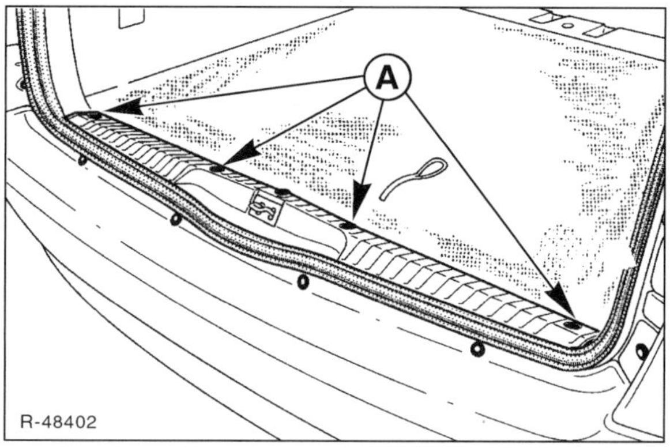

- Schraubenabdeckkappen an den Stellen –A– mit einem flachen Schraubendreher abhebeln.
- 4 Schrauben mit einem Torxschlüssel (T20) herausdrehen und die Verkleidung abnehmen.

Einbau

- Verkleidung ansetzen, anschrauben und Kappen aufdrücken.

Handschuhfachdeckel aus- und einbauen

Ausbau

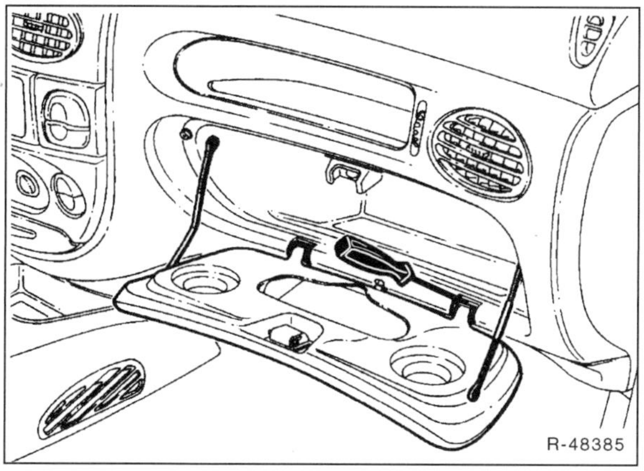

- Deckel öffnen und die Spreiznieten der beiden Haltebänder ausclipsen, vorher Nietkerne etwas eindrücken.
- Deckel mit Hilfe eines Schraubendrehers an den Scharnieren ausdrücken, siehe Abbildung. **Achtung:** Bruchgefahr.

Einbau

- Deckel und Haltebänder einclipsen.

Mittelkonsole aus- und einbauen

Die Mittelkonsole muß beispielsweise ausgebaut werden, um an das Steuergerät für Airbag/Gurtstraffer zu gelangen.

Ausbau

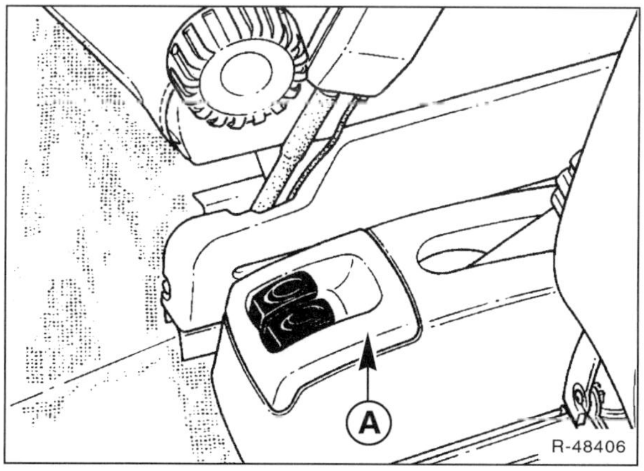

- Aschenbecher aus der Abdeckung für Handbremshebel herausziehen. Beim Modell MÉGANE COACH statt dem Aschenbecher die Halteplatte –A– mit Schaltern der hinteren Ausstellfenster abziehen, siehe Abbildung. Stecker an der Rückseite abziehen.

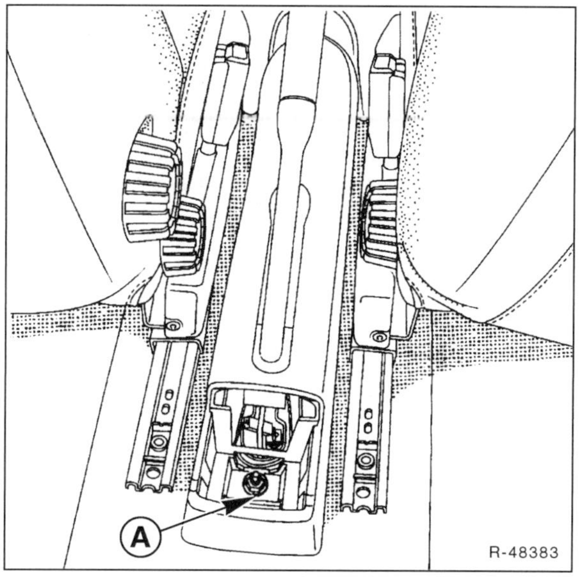

- Abdeckung für Handbremshebel hinten abschrauben –A–, vorn aushängen und nach oben herausziehen.

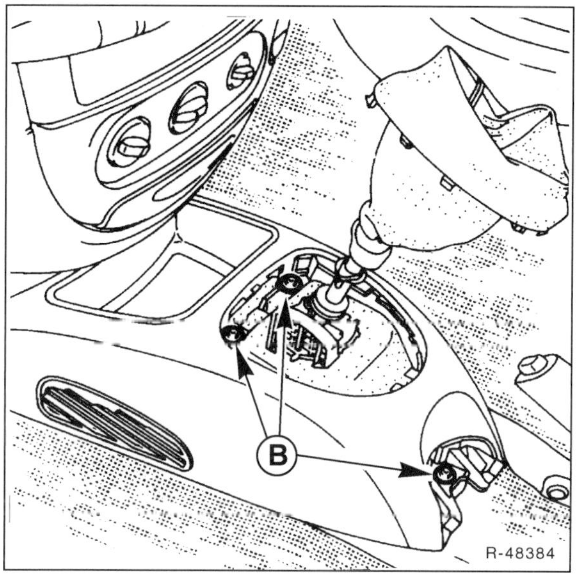

- Schalthebelbalg, bei Automatikgetriebe Wählhebelabdeckung abziehen.
- 3 Schrauben –B– entfernen. Mittelkonsole abnehmen.

Einbau

- Mittelkonsole einsetzen und anschrauben.
- Abdeckung für Handbremshebel aufschieben und hinten anschrauben.
- Hinteren Aschenbecher einsetzen, beziehungsweise beim COACH Kabel auf Schalter aufstecken und Schalter einclipsen.
- Schalthebelbalg aufschieben. Bei Automatikgetriebe Wählhebelabdeckung aufdrücken.

Gurtschloßstraffer

Der Gurtschloßstraffer ist in den Vordersitzen eingebaut. Er sorgt bei einem Frontalaufprall für einen eng am Körper liegenden Sicherheitsgurt und verhindert, daß der Insasse unter dem Sicherheitsgurt wegrutscht. Ausgelöst wird der Gurtschloßstraffer bei einem starken Frontalaufprall durch das elektronische Steuergerät für Airbag/Gurtstraffer. Je nach Unfallschwere löst das Steuergerät entweder nur die Gurtstraffer oder zusätzlich auch die Airbags aus.

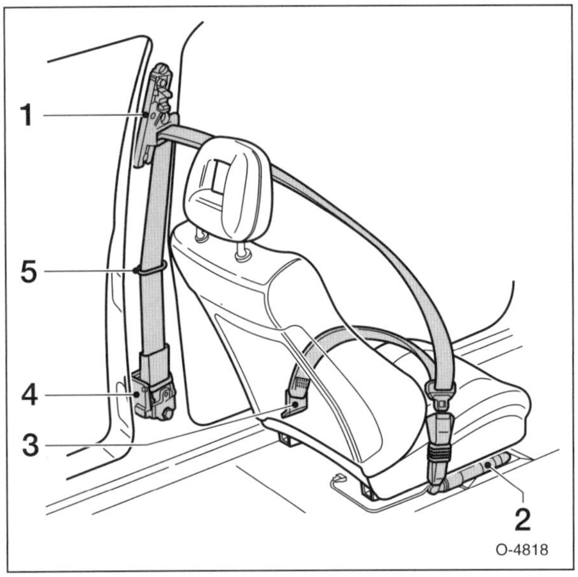

1 – Höhenverstellung
2 – Gurtschloßstraffer mit Zündladung
3 – Beckengurt, am Sitz verschraubt
4 – Gurtautomat
5 – Gurtführung

Über das Steuergerät wird eine kleine Sprengladung im Gurtschloßstraffer gezündet. Die Gase der Explosion treiben einen Kolben im Rohr des Gurtschloßstraffers nach vorn, der mit dem Gurtschloß über ein Drahtseil verbunden ist. Das Gurtschloß wird nach unten gezogen. Dadurch verringert sich der Leerweg des Schulter- sowie des Beckengurtes um jeweils etwa 70 mm.

Ein ausgelöster Gurtschloßstraffer ist am Aufleuchten der Kontrolleuchte für Airbag/Gurtschloßstraffer erkennbar. In ausgelöstem Zustand funktionieren die Sicherheitsgurte, als wäre kein Gurtschloßstraffer eingebaut.

Der Gurtschloßstraffer ist wartungsfrei. Nach Auslösen muß er komplett ersetzt werden. **Achtung: Vor der Entsorgung eines nicht ausgelösten Gurtschloßstraffers muß dieser im eingebauten Zustand zwangsausgelöst werden (Werkstattarbeit).**

Achtung: Um ein ungewolltes Auslösen des Gurtschloßstraffers und des Airbags zu vermeiden, und um die Betriebssicherheit zu gewährleisten, sind verschiedene Sicherheitsregeln zu beachten.

Sicherheitsmaßnahmen zum Gurtschloßstraffer

- Austausch- und Überprüfungsarbeiten am Gurtschloßstraffer/Airbag-System dürfen nur von der Fachwerkstatt durchgeführt werden. Grundsätzlich dürfen keinerlei Veränderungen vorgenommen werden.
- Wurden aufgrund eines Unfalls die Gurtschloßstraffer ausgelöst, müssen sie einschließlich des Steuergeräts durch Neuteile ersetzt werden (Werkstattarbeit).
- Vor Ausbau eines Sitzes und vor Arbeiten am Gurtschloßstraffer-System ist das Batterie-Massekabel abzuklemmen. Minuspol an der Batterie isolieren, um versehentlichen elektrischen Kontakt zu vermeiden. Anschließend ca. **5 Minuten warten**, bis sich der Kondensator des Systems entladen hat.
- Eine nicht ausgelöste, ausgebaute Gurtstraffer-Einheit muß bei länger andauernder Fahrzeug-Reparatur unter Verschluß gelagert werden.
- Die Gurtschloßstraffer-Einheit und das Steuergerät sind schlagempfindlich. Falls sie von einer größeren Höhe als 50 cm herunterfallen, dürfen diese nicht mehr eingebaut werden.
- Bei Schweißarbeiten muß die Polklemme des Schweißgerätes unmittelbar an der Schweißstelle angebracht werden. Auf jeden Fall ist die Batterie bei Schweißarbeiten komplett abzuklemmen.
- **Bei Arbeiten unter dem Fahrzeug (Karosserie, Abgasanlage etc.), bei denen das Bodenblech durch Hammerschläge starken Erschütterungen ausgesetzt wird, Batterie abklemmen. Danach 5 Minuten warten, damit das Airbag/Gurtstraffersystem deaktiviert ist.**
- Unter der Mittelkonsole, vor dem Schalthebel, befindet sich das Steuergerät für Airbag/Gurtschloßstraffer. Zur Vermeidung von Funktionsstörungen dürfen dort keine magnetischen Gegenstände abgelegt werden.
- Die Gurtschloßstraffer-Einheit sowie das Steuergerät dürfen auch kurzzeitig keiner Temperatur von mehr als 90° C ausgesetzt werden. Beschädigte bzw. defekte Einzelteile dürfen keinesfalls repariert werden. Die Komponenten des Airbag/Gurtschloßstraffer-Systems dürfen nicht gewaltsam geöffnet werden.
- Auf keinen Fall darf der Gurtschloßstraffer ausgebaut und selbst entsorgt werden. Explosionsgefahr!

Systemkontrolle

- Die Kontrolleuchte für Airbag/Gurtstraffersystem muß beim Einschalten der Zündung aufleuchten und nach etwa 3 Sekunden erlöschen. Erlischt die Leuchte nicht oder leuchtet sie während der Fahrt auf, liegt eine Störung im System vor. Es muß davon ausgegangen werden, daß das Airbag/Gurtschloßstraffer-System dann nicht mehr funktionsfähig ist.

Vordersitz aus- und einbauen

Achtung: Unbedingt »Sicherheitsmaßnahmen zum Gurtschloßstraffer« durchlesen. Da RENAULT vor dem Wiederanschließen des Gurtstraffers die Prüfung mit einem speziellen Prüfgerät vorschreibt, sollte der Aus- und Einbau von einer RENAULT-Werkstatt vorgenommen werden.

Ausbau

- **Massekabel (–) von der Batterie abklemmen. Kontakt an der Batterie isolieren. Achtung: Vor dem Abklemmen der Batterie sollten auch die Hinweise im Kapitel »Batterie aus- und einbauen« durchgelesen werden.**
- Nach Abklemmen der Batterie **5 Minuten** warten, bis mit dem Ausbau begonnen wird. Diese Zeit wird zum Entladen der Kondensatoren im Airbag/Gurtstraffer-Steuergerät benötigt.

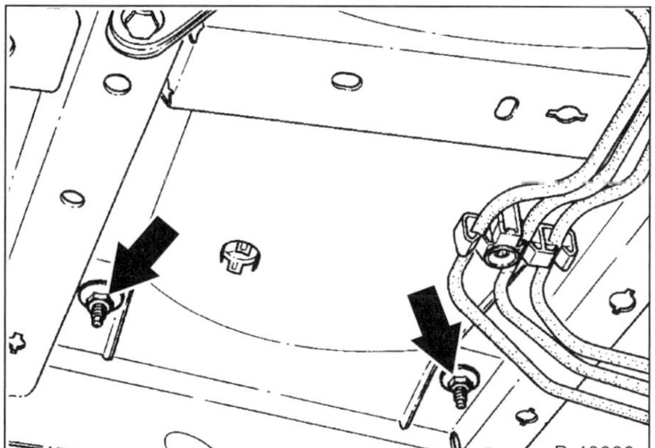

R-48388

- Fahrzeug aufbocken. Vordersitz-Führungsschienen vom Unterboden her mit 4 Schrauben abschrauben. Die Abbildung zeigt 2 Schrauben, Schrauben der anderen Sitzschiene ebenfalls abschrauben.

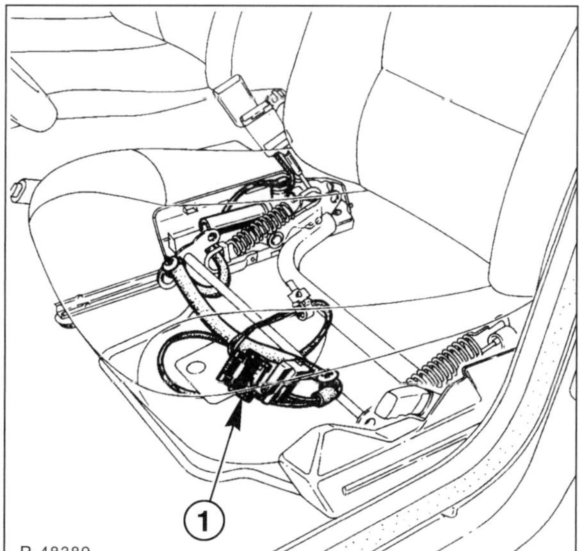

R-48389

- Vordersitz leicht nach hinten kippen. Lila Mehrfachstecker –1– abziehen und Sitz herausnehmen.

Achtung: Das Zerlegen des Sitzes sowie der Ausbau des Gurtstraffers sollte aus Sicherheitsgründen von der Werkstatt durchgeführt werden.

Einbau

Achtung: RENAULT schreibt vor dem Anschließen des Gurtstraffers die Prüfung des Systems mit dem Prüfgerät »XR Bag (Elé 1288)« vor, die hier nicht beschrieben wird.

- Vordersitz einsetzen und Mehrfachstecker –1– aufstecken, dabei müssen die Laschen einrasten.
- Sitzschienen mit 4 **neuen** Schrauben und **20 Nm** festschrauben.
- Batterie-Massekabel (–) anklemmen. Zeituhr einstellen. Diebstahlcode für Radio eingeben.
- Die Kontrolleuchte für Airbag/Gurtstraffersystem muß beim Einschalten der Zündung aufleuchten und nach etwa 3 Sekunden erlöschen. Ist dies nicht der Fall, liegt eine Systemstörung vor, umgehend Werkstatt aufsuchen.

Speziell SCENIC

Ausbau

- **Massekabel (–) von der Batterie abklemmen. Kontakt an der Batterie isolieren. Achtung: Vor dem Abklemmen der Batterie sollten auch die Hinweise im Kapitel »Batterie aus- und einbauen« durchgelesen werden.**
- Nach Abklemmen der Batterie **5 Minuten** warten, bis mit dem Ausbau begonnen wird. Diese Zeit wird zum Entladen der Kondensatoren im Airbag/Gurtstraffer-Steuergerät benötigt.

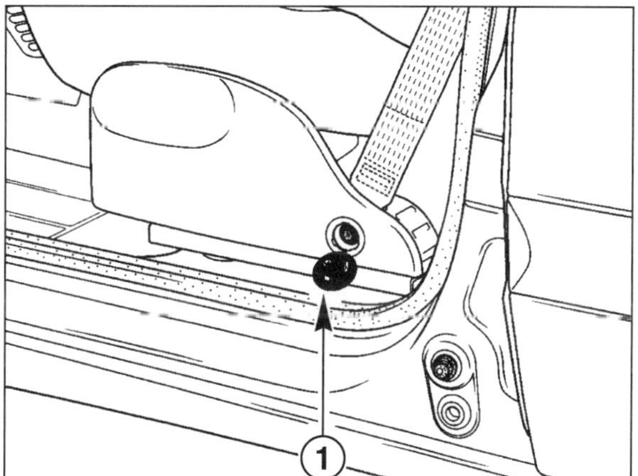

R-48407

- Abdeckung –1– am Vordersitz heraushebeln und die darunterliegende Schraube für die Befestigung des Sicherheitsgurtes herausdrehen.

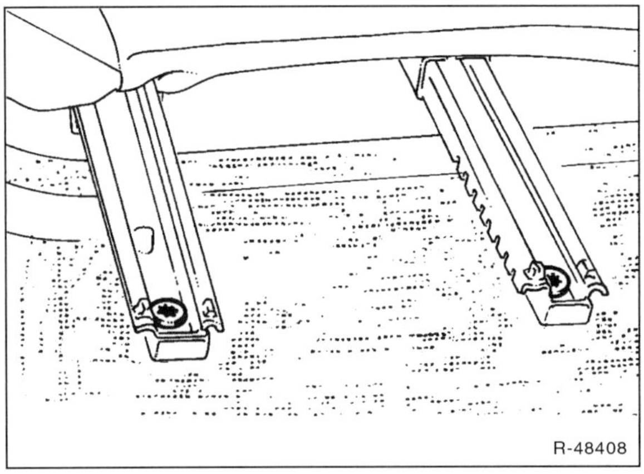

R-48408

- Hintere Befestigungsschrauben aus den Sitzschienen herausdrehen.
- Sitz zurückschieben und die beiden vorderen Befestigungsschrauben aus den Sitzschienen herausdrehen.
- Ablagefach unter dem Sitz öffnen und Stecker für Gurtstraffer abziehen beziehungsweise abklemmen.
- Sitz komplett aus dem Fahrzeug herausheben.

Einbau

- Sicherstellen, daß das Batterie-Massekabel (–) abgeklemmt ist.
- Sitz in Einbaulage in das Fahrzeug einsetzen.
- Stecker für Gurtstraffer anklemmen beziehungsweise aufschieben.
- Sitzschienen zuerst vorn, dann hinten mit neuen Schrauben handfest anschrauben. Erst wenn alle 4 Schrauben eingeschraubt sind, Sitzschienen endgültig festziehen.
- Sicherheitsgurt am Sitz anschrauben, siehe Abbildung R-48407. Schraube mit **25 Nm** anziehen.
- Batterie-Massekabel (–) anklemmen. Zeituhr einstellen, Diebstahlcode für Radio eingeben.
- Die Kontrolleuchte für Airbag/Gurtstraffersystem muß beim Einschalten der Zündung aufleuchten und nach etwa 3 Sekunden erlöschen. Ist dies nicht der Fall, liegt eine Systemstörung vor, umgehend Werkstatt aufsuchen.

Rücksitz aus- und einbauen

Ausbau

- Rücksitzbank hochklappen und an den Scharnieren abschrauben.
- Rücksitzbank herausnehmen.

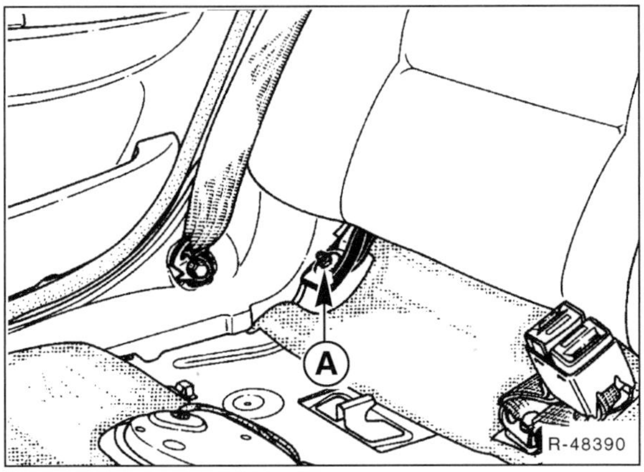

R-48390

- Rücksitzlehne mit 3 Schrauben –A– (links, rechts und in der Mitte) abschrauben.

Einbau

- Rücksitzlehne mit 3 Schrauben anschrauben. Lehne nach hinten klappen und einrasten.
- Rücksitzbank einsetzen und an den Scharnieren anschrauben. Rücksitzbank nach hinten klappen.

Heizung

Die Frischluft für die Heizung gelangt über das Lufteinlaßgitter unterhalb der Windschutzscheibe in den Fahrzeuginnenraum. Dabei durchströmt die Luft zunächst den Reinluftfilter, kommt dann in das Luftverteilergehäuse und wird dort durch verschiedene Klappen auf die einzelnen Lufteintrittsdüsen verteilt. Wird die Heizung auf »warm« gestellt, so wird die kühle Luft durch den Heizkörper (Wärmetauscher) geleitet und erwärmt. Der Heizkörper befindet sich im Luftverteilergehäuse und wird durch das heiße Kühlmittel aufgeheizt. Die vorbeistreichende Frischluft erwärmt sich an den heißen Lamellen des Heizkörpers und gelangt dann in den Fahrzeuginnenraum.

Die Heizung wird luftseitig beeinflußt, das heißt, die Temperatur wird durch das Mischungsverhältnis von kalter und warmer Luft mit Hilfe der Temperaturmischklappe gesteuert.

Zur Verstärkung der Heizleistung dient ein mehrstufiges Heizgebläse. Damit das Gebläse in den einzelnen Stufen mit unterschiedlicher Geschwindigkeit läuft, werden Widerstände vorgeschaltet. Die Widerstände befinden sich in einer Anschlußplatte am Gebläsemotor. Bei einem Defekt ist die komplette Anschlußplatte zu ersetzen.

Achtung: Der RENAULT MÉGANE ist auch mit Klimaanlage erhältlich, siehe Seite 232.

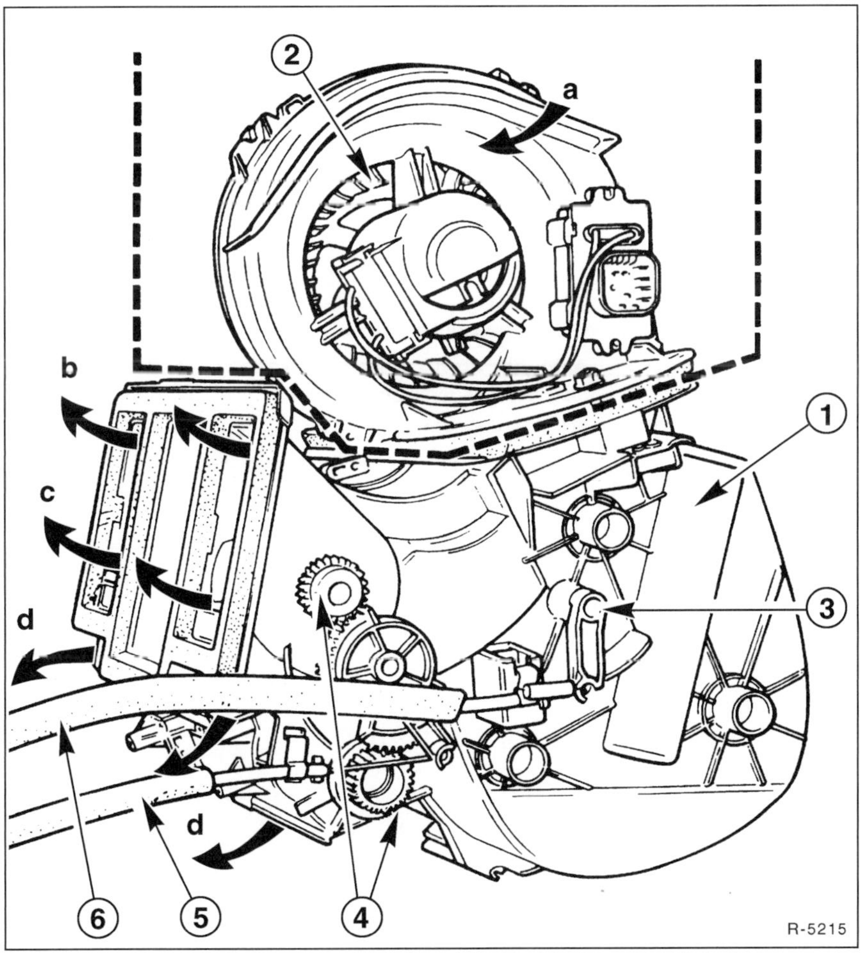

1 – Wärmetauscher
2 – Gebläse
3 – Hebel für Warmluft-/Kaltluftklappe
4 – Betätigung der Klappen für Luftverteilung oben/unten
5 – Betätigungszug Luftverteilung
6 – Betätigungszug Mischklappe
a – Lufteingang
b – Ausgänge Windschutzscheibenbelüftung
c – Ausgänge Luftdüsen Armaturenbrett
d – Ausgänge Luftdüsen Fußraum

Heizungsbetätigung aus- und einbauen

Ausbau

- Aschenbecher herausnehmen.

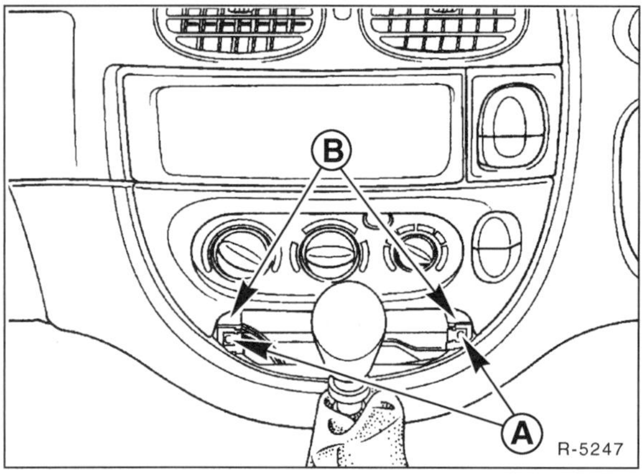

R-5247

- Die Schrauben –A– ausschrauben und Aschenbecherhalterung herausnehmen.
- 2 Befestigungsschrauben –B– (oberhalb Schrauben –A–) für Betätigungseinheit herausdrehen.
- Betätigungseinheit nach unten ziehen und etwas aus der Schalttafel herausziehen.

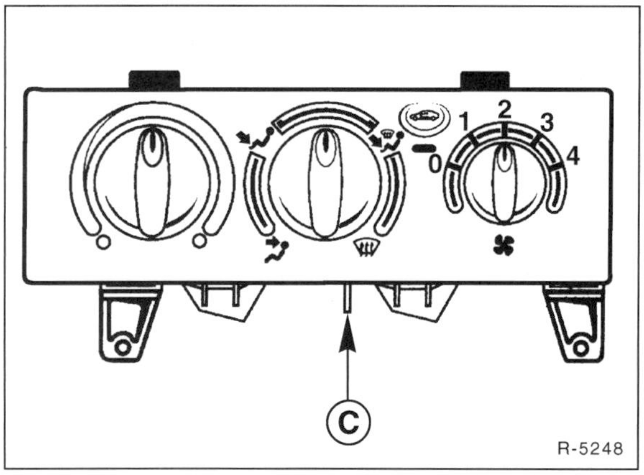

R-5248

- Untere Klemme –C– lösen. Stecker des Gebläsereglers an der Rückseite der Betätigungseinheit abziehen.

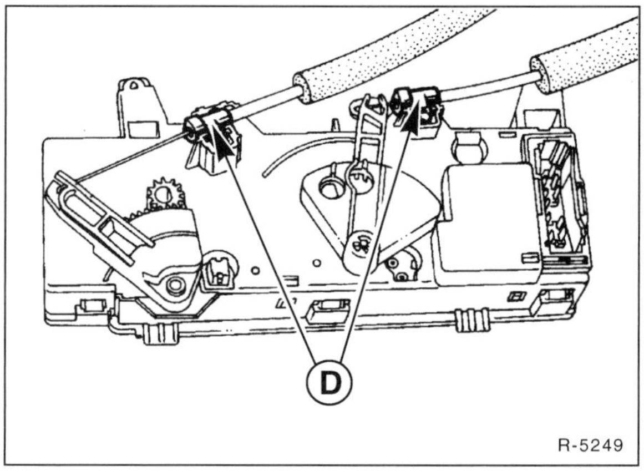

R-5249

- Halteklammern –D– der Kabel abziehen, dazu mit einem Schraubendreher auf die Laschen drücken.

Einbau

- Heizungszüge einhängen.
- Zughüllen mit Halteklammern festclipsen.
- Kabelstecker aufstecken und einrasten.
- Betätigungseinheit einsetzen und mit 2 Schrauben festschrauben.
- Aschenbecherhalterung einsetzen und anschrauben.
- Aschenbecher einsetzen.

Heizungszüge aus- und einbauen

Bei Fahrzeugen **ohne** Klimaanlage können die Bowdenzüge ohne Ausbau des Armaturenbretts ausgebaut werden. Falls eine Klimaanlage vorhanden ist, muß zum Ausbau des Seilzugs für die Luftverteilung das Armaturenbrett ausgebaut werden.

Ausbau

- Heizungsbetätigung ausbauen, siehe Seite 226.

Achtung: An der Seite der Bedieneinheit ist keine Einstellung der Bowdenzüge möglich.

- Hinter die Schalttafel greifen und Schalter der Heckscheibenheizung von Hand herausdrücken.

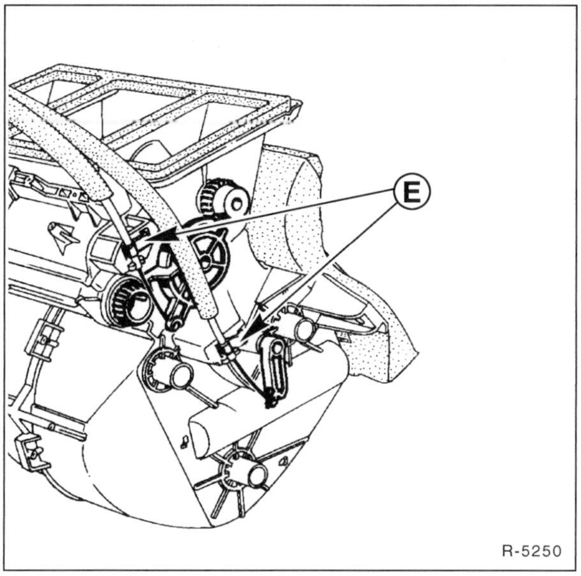

- Im Beifahrerfußraum mit Farbstift die Lage der Bowdenzüge zu den Klammern –E– markieren. Dadurch können die Züge in gleicher Länge wieder eingebaut werden.
- Halteklammern –E– abschrauben. Der Zug für Warmluft-/Kaltluftklappe ist rot, der Zug für Luftverteilung blau.

Einbau

- Heizungszüge am Heizungskasten einhängen, zuerst den blauen Zug der Luftverteilung und dann den roten Zug der Warmluft-/Kaltluftklappe. Anschließend Hebel der Klappen zurückklappen, damit die Züge nicht von den Hebeln rutschen.

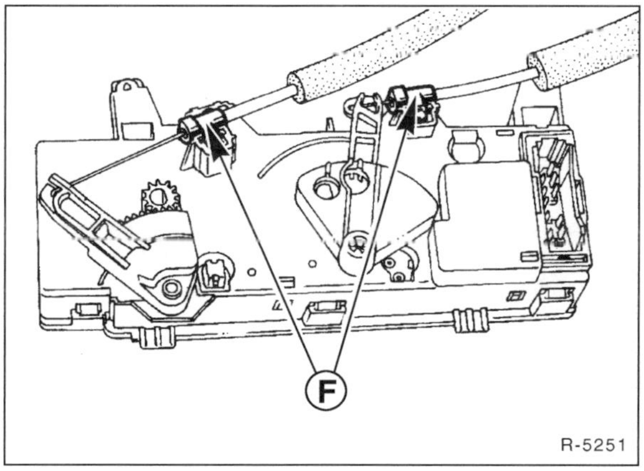

- Klammern –F– für Zughüllen am Betätigungsgehäuse einclipsen.
- Heizungsbetätigung einsetzen, aber noch nicht festschrauben.
- Vom Beifahrer-Fußraum aus die Bowdenzughüllen an den Markierungen mit den Klammern befestigen.
- Werden neue Züge eingebaut, den Regler für Luftverteilung auf »Kopfraumbelüftung« und den Heizungsregler auf die Position »maximale Kälte« stellen. In dieser Position die Bowdenzughüllen befestigen.
- Betätigungseinheit einsetzen und mit 2 Schrauben festschrauben.
- Aschenbecherhalterung einsetzen und anschrauben.
- Aschenbecher einsetzen.
- Schalter der Heckscheibenheizung eindrücken.

Gebläsemotor aus- und einbauen

Achtung: Je nach Fahrzeugausstattung ist eine Heizung mit oder ohne Luftumwälzungsbetrieb vorhanden. Eine Heizung mit Luftumwälzungsbetrieb ist am Vorhandensein der Umlufttaste erkennbar, die beispielsweise bei Tunnelfahrt und schlechter Außenluft betätigt werden kann. Die Luft für das Heizgebläse wird dann aus dem Innenraum angesaugt. Der Ausbau des Gebläsemotors ist je nach Heizung unterschiedlich.

Achtung: Hinweise für den SCENIC, siehe Kapitelende.

Ausbau

- Heizung mit Luftumwälzungsbetrieb: Heizung auf Außenluftansaugung stellen, die Frischluftklappe darf nicht geschlossen sein.
- Windlauf-Abdeckung ausbauen, siehe Seite 191.
- Einlaßkanal für Außenluft ausbauen.
- Batterie-Massekabel (–) abklemmen. **Achtung:** Dadurch werden elektronische Speicher gelöscht, wie zum Beispiel der Radiocode. Hinweise im Kapitel »Batterie aus- und einbauen« beachten.

Heizung ohne Luftumwälzung

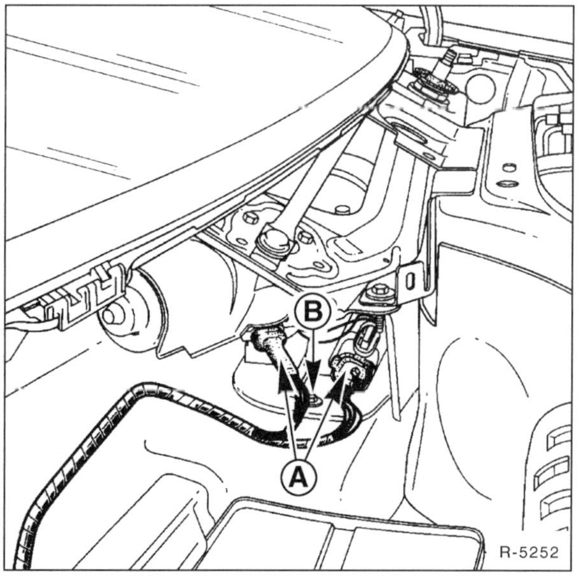

- Mehrfachstecker –A– im Wasserkasten unterhalb der Windschutzscheibe abziehen.

- Befestigungsschraube –B– herausdrehen.

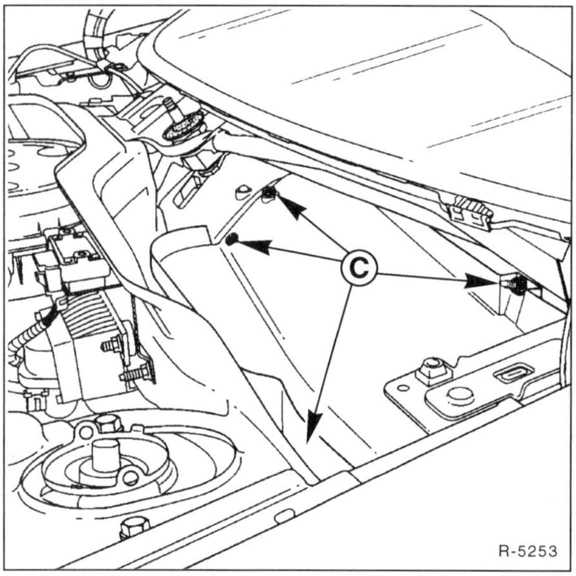

- Wasserabweiser abschrauben –C– und abnehmen.

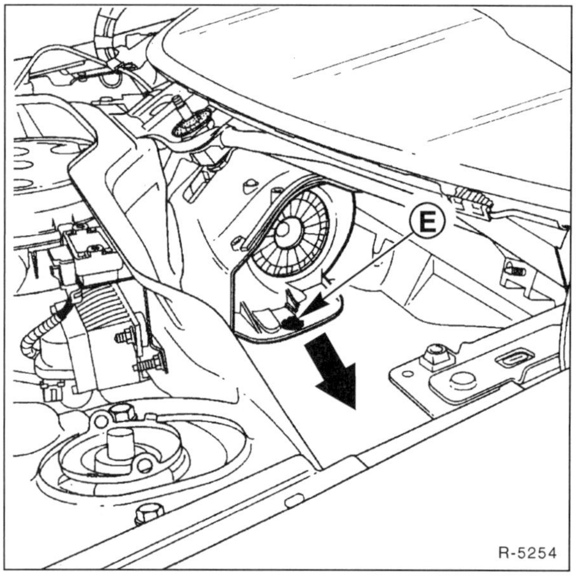

- Schraube –E– ausschrauben und Gebläsemotor links am Fahrzeug herausheben –Pfeil–.
- Stecker vom Gebläsemotor abziehen und Motor vom Gehäuse abschrauben.

Heizung mit Luftumwälzung

- Dieselmotor mit Klimaanlage: Batterie ausbauen, siehe Seite 244.

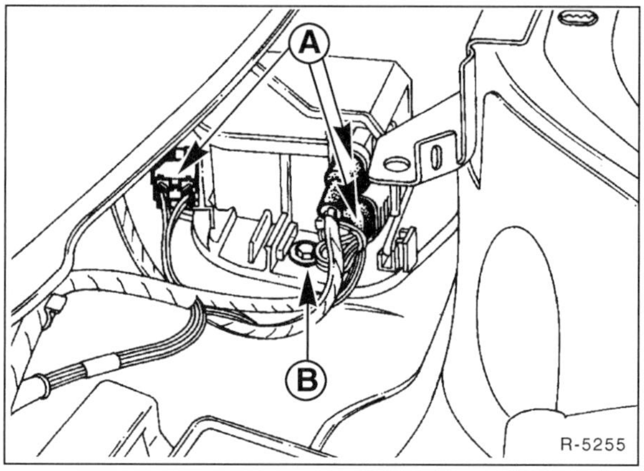

- Mehrfachstecker –A– abziehen.
- Befestigungsschraube –B– herausdrehen.
- Die Lasche des Gehäuses anheben, um die Dichtung zu lösen.
- Verstärkungsstrebe zwischen den Stoßdämpferdomen abschrauben.
- Zündleistungsmodul ausbauen, siehe Seite 80.
- Hitzeschutzschild mit 4 Schrauben an der Stirnwand, oberhalb vom Bremskraftverstärker, abschrauben.

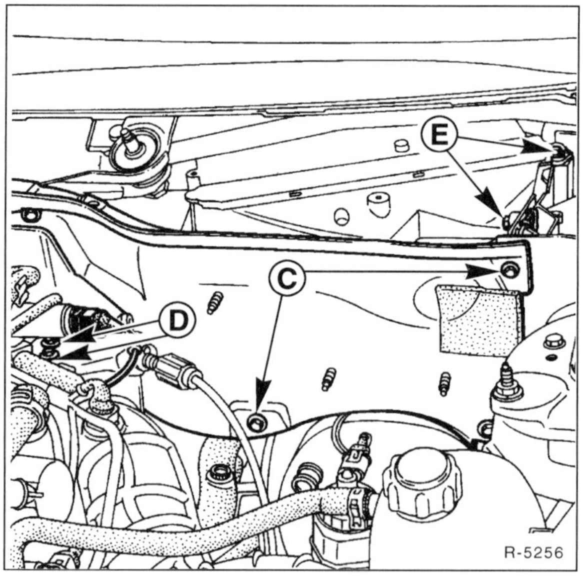

- Schrauben –C– der Zwischenwand des Wasserkastens abschrauben. Dabei Schraube hinter dem Hitzeschutzschild zuerst ausschrauben. Damit die Zwischenwand abgenommen werden kann, müssen je nach Motorisierung folgende Bauteile zuvor ausgebaut werden:
- 1,4-l-Motor: Luftfilterkasten ausbauen, siehe Seite 90.

- 1,6-l-Motor: Luftfilter ausbauen und Drosselklappengehäuse vom Ansaugrohr mit 4 Schrauben abschrauben, Steckverbindungen abziehen, siehe Seite 95.
- 2,0-l-Motor: Halterung des Gaszugs abschrauben, siehe Schrauben –D– in der Abbildung R-5256. Stecker an Halterung abziehen.
- Dieselmotor: Befestigungslasche des Belüftungsschlauchs an der Stirnwand ausbauen. Halterung des Glühzeit-Steuergeräts abschrauben.

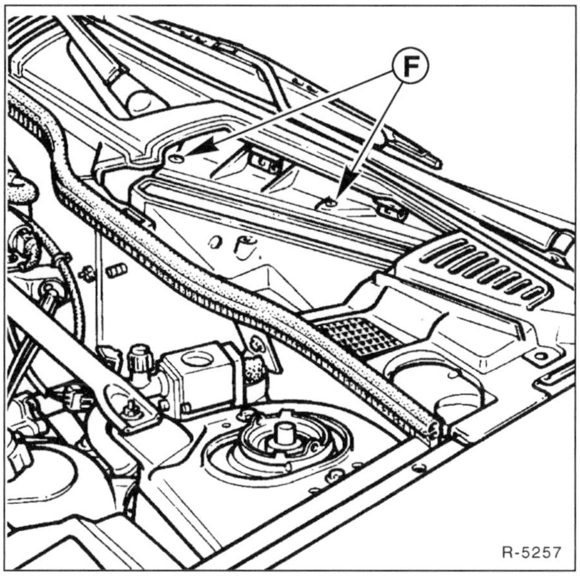

R-5257

- Schrauben –F– ausschrauben und Wasserabweiser herausnehmen.
- 2 Schrauben –E– der Zwischengehäuse-Einheit ausschrauben, siehe Abbildung R-5256. Zwischengehäuse abnehmen.

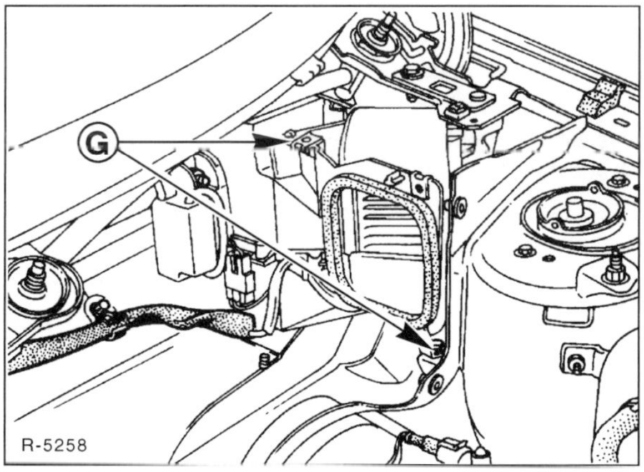

R-5258

- Schrauben –G– abschrauben und Gebläsemotor abnehmen. Kabel am Motor abziehen.

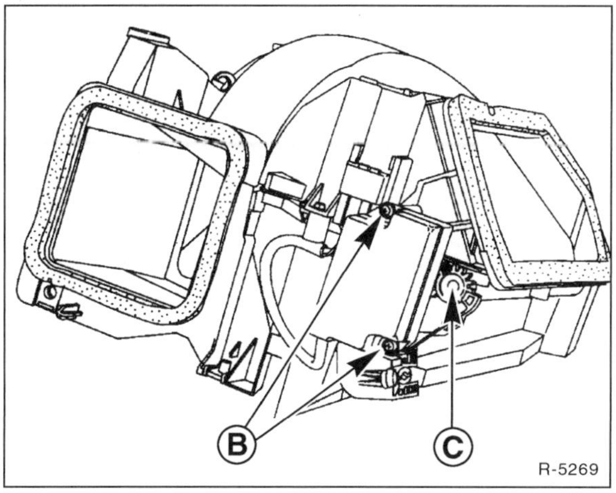

R-5269

- Gegebenenfalls Gehäuse zerlegen: Frischluftklappenmotor mit Schrauben –B– abschrauben. **Hinweis:** Beim Einbau muß die Aussparung –C– des Klappenritzels wieder genau in der Aussparung des Motorritzels stehen.

Einbau

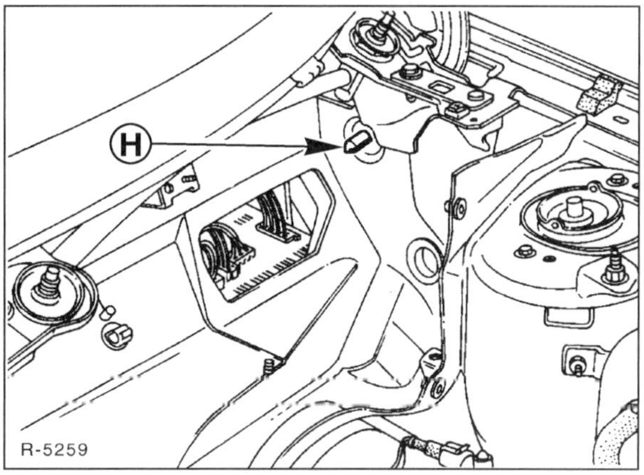

R-5259

- **Heizung mit Luftumwälzungsbetrieb:** Gebläsemotor auf der Zentrierung –H– aufsetzen und anschrauben.
- Neue Dichtung auf den Wasserkasten aufsetzen. **Achtung:** Die Dichtung muß in einwandfreiem Zustand sein, sonst kann Wasser in den Fahrgastraum eindringen.
- Der weitere Einbau erfolgt im umgekehrter Reihenfolge wie ausgebaut. Einbauhinweise in den Kapiteln beachten, auf die beim Ausbau mit Seitenangabe verwiesen wird.
- Batterie-Massekabel (–) anklemmen. Zeituhr einstellen. Radiosender programmieren.

Speziell SCENIC

- Batterie-Massekabel (–) abklemmen. **Achtung:** Dadurch werden elektronische Speicher gelöscht, wie zum Beispiel der Radiocode. Hinweise im Kapitel »Batterie aus- und einbauen« beachten.
- Türdichtung unten auf der Beifahrerseite lösen.

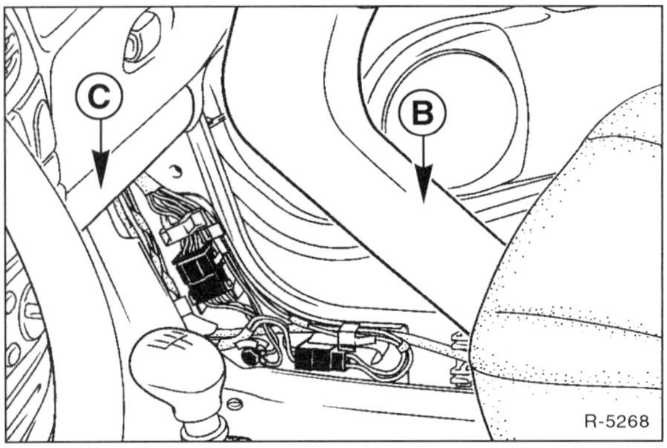

- Türschweller-Innenverkleidung –B– ausbauen, siehe Seite 216.
- Zur Außenseite –C– gerichtete Stromkabel unter dem Armaturenbrett lösen. Gegebenenfalls Kabelbinder aufkneifen.
- Schaumstofflage unter dem Heizungsgehäuse herausnehmen.
- Stecker am Gebläsemotor abziehen.
- Gebläsemotor mit 3 Schrauben vom Heizungsgehäuse abschrauben. Motor um 90° nach links drehen und herausnehmen.
- Der Einau erfolgt sinngemäß in umgekehrter Ausbaureihenfolge.

Vorwiderstände für Gebläsemotor aus- und einbauen

Achtung: Hinweise für den SCENIC, siehe Kapitelende.

Ausbau

- Batterie-Massekabel (–) abklemmen. **Achtung:** Dadurch werden elektronische Speicher gelöscht, wie zum Beispiel der Radiocode. Hinweise im Kapitel »Batterie aus- und einbauen« beachten.
- Windlauf-Abdeckung ausbauen, siehe Seite 191.
- Einlaßkanal für Außenluft ausbauen.

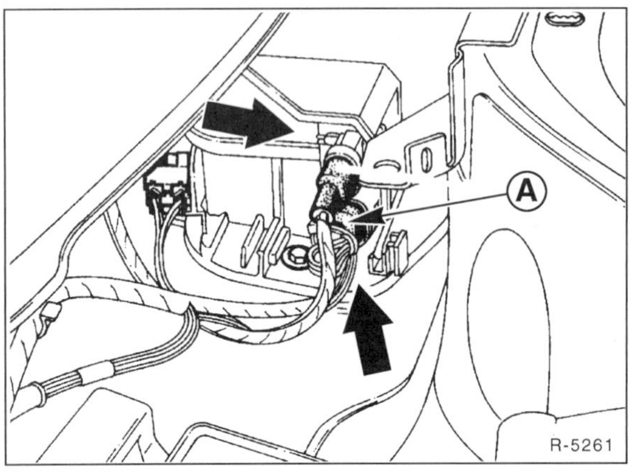

- Mehrfachstecker –A– abziehen.
- 2 Befestigungsschrauben an der Anschlußplatte herausdrehen.

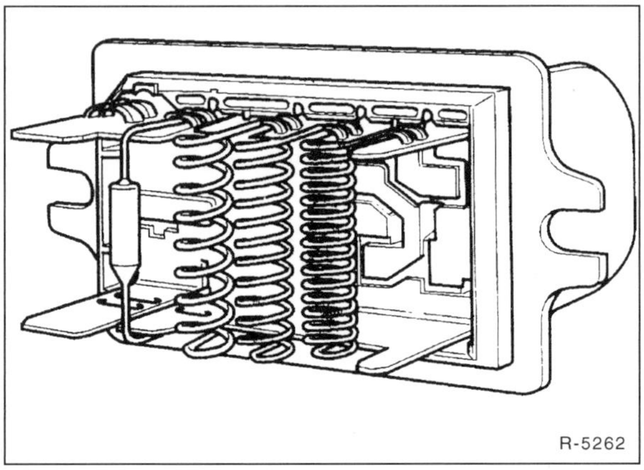

- Gehäuse mit Widerständen herausnehmen.

Einbau

- Vor dem Einbau Freigängigkeit des Gebläsemotors prüfen.
- Gehäuse einsetzen und Befestigungsschrauben reindrehen.
- Mehrfachstecker aufschieben.
- Einlaßvorrichtung für Außenluft einbauen.
- Windlauf-Abdeckung einbauen, siehe Seite 191.
- Batterie-Massekabel (–) anklemmen. Zeituhr einstellen. Radiosender programmieren.

Speziell SCENIC

- Die Vorwiderstände sind am Heizungsgehäuse hinter dem Armaturenbrett angeschraubt.
- Zum Aus- und Einbau der Vorwiderstände muß das Armaturenbrett nicht ausgebaut werden.
- Batterie-Massekabel (–) abklemmen. **Achtung:** Dadurch werden elektronische Speicher gelöscht, wie zum Beispiel der Radiocode. Hinweise im Kapitel »Batterie aus- und einbauen« beachten.
- Stecker an der Vorwidestand-Einheit abziehen, dazu von unten hinter das Armaturenbrett greifen.
- Untere Schraube an der Vorwiderstand-Einheit herausdrehen.
- Obere Schrauben an der Vorwiderstand-Einheit lösen, aber nicht herausdrehen.
- Vorwiderstand-Einheit nach hinten kippen und herausnehmen.
- Der Einbau der Vorwiderstand-Einheit erfolgt sinngemäß in umgekehrter Ausbaureihenfolge.

Reinluftfilter aus- und einbauen

Achtung: Hinweise für den SCENIC, siehe Kapitelende.

Ausbau

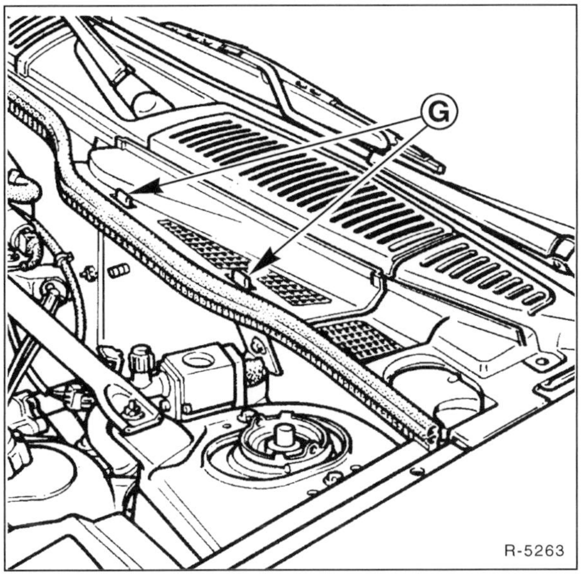

- Motorhaube öffnen. 2 Klammern –G– lösen und das Lufteinlaßgitter herausnehmen.

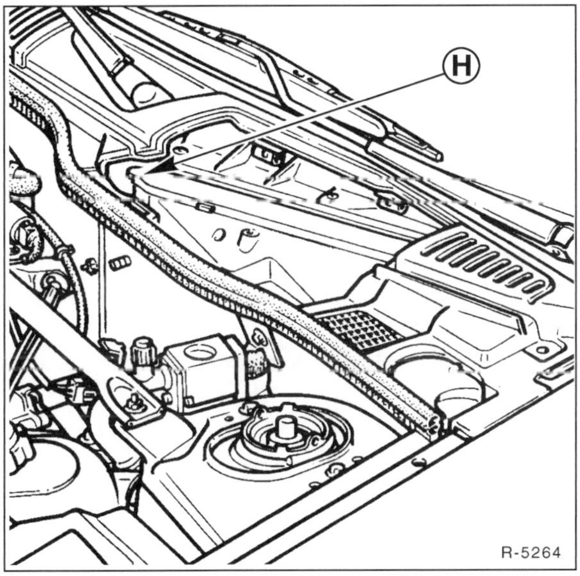

- Den Deckel am Ende –H– anheben und herausnehmen.

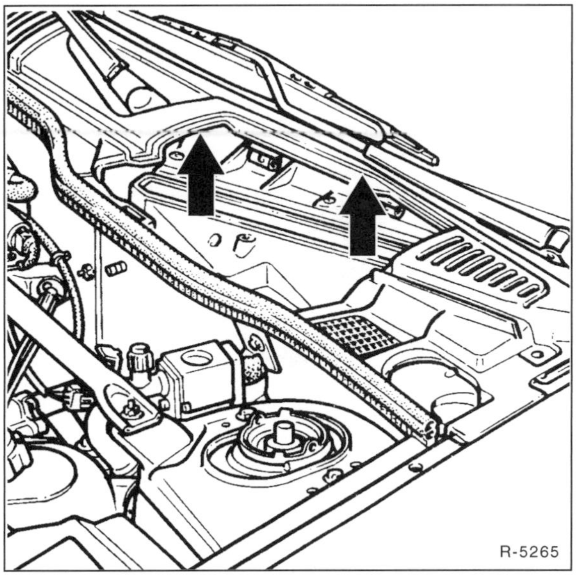

- Reinluftfilter herausziehen, hierzu an der Schaumstoffdichtung ziehen.

Einbau

- Filter einschieben. Deckel aufsetzen und richtig einrasten.
- Lufteinlaßgitter einsetzen und in Klammern –G– einrasten, siehe Abbildung R-5263.

Speziell SCENIC

Ausbau

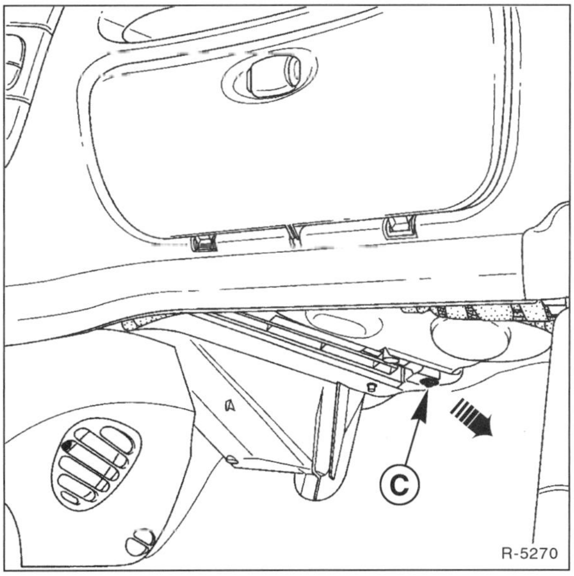

- Schraube –C– herausdrehen.
- Den Deckel in –Pfeilrichtung– herausschieben.

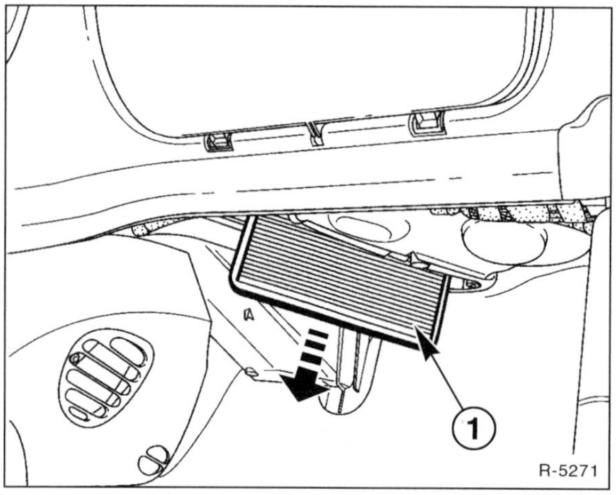

- Reinluftfilter –1– aus dem Gehäuse herausziehen –Pfeilrichtung–, dazu an der Schaumstoffdichtung ziehen.
- Einbaulage des Reinluftfilters notieren, so daß der neue Filter in der richtigen Lage eingesetzt werden kann.

Einbau

- Reinluftfilter in der richtigen Lage einsetzen und ganz in das Gehäuse hineinschieben.
- Deckel in entgegengesetzter Pfeilrichtung hineinschieben, siehe Abbildung R-5270.
- Schraube hineindrehen.

Die Klimaanlage

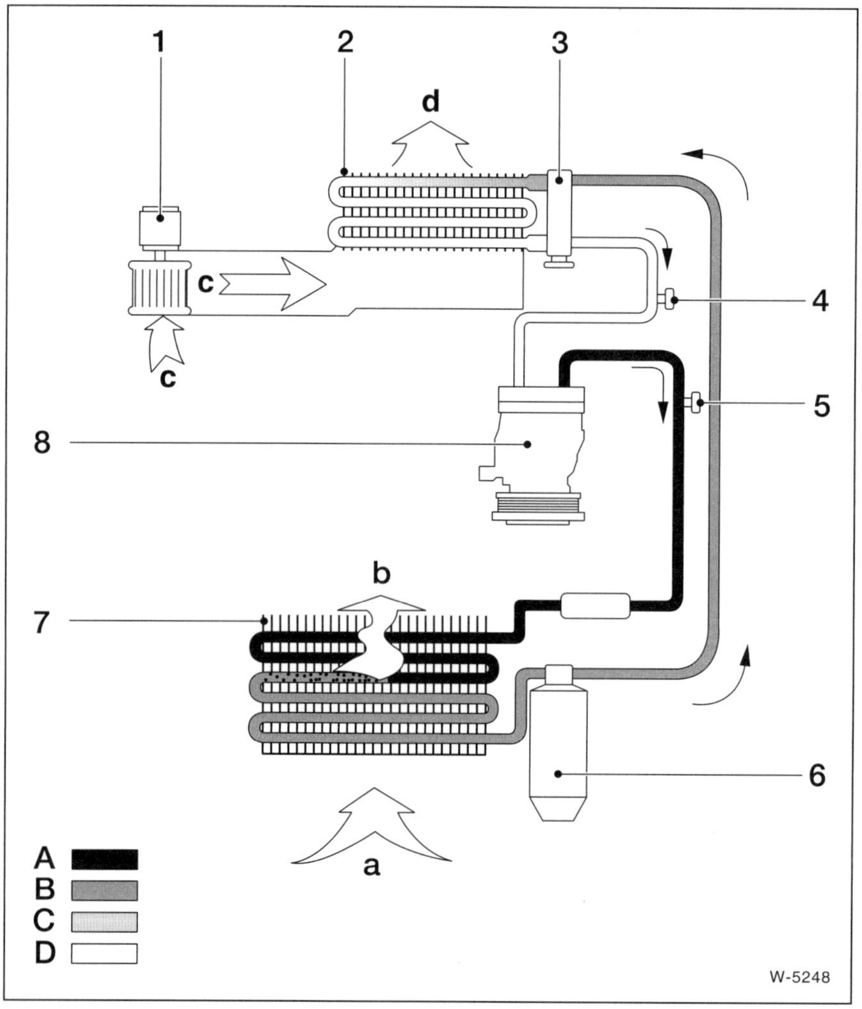

1 – Gebläse
2 – Verdampfer
3 – Drossel
4 – Niederdruck-Serviceanschluß
5 – Hochdruck-Serviceanschluß
6 – Trockner-Behälter
7 – Kondensator
8 – Kompressor

a – Fahrtwind zur Kondensatorkühlung.
b – Warmluft, wird an die Umgebung abgegeben.
c – Ungekühlte Luft strömt durch das Heizgebläse.
d – Gekühlte Luft strömt in den Innenraum.

A – Hochdruck (gasförmig)
B – Hochdruck (flüssig)
C – Niederdruck (flüssig)
D – Niederdruck (gasförmig)

Die Klimaanlage ermöglicht:

- das Absenken der Innenraumtemperatur unter die Außentemperatur.
- die Verringerung des Feuchtigkeitsgehalts der angesaugten Luft, zum Beispiel beschlagen bei Regenwetter die Scheiben weniger. Die Klimaanlage kühlt und trocknet die Luft, die anschließend durch die normale Heizung wieder erwärmt wird.
- in der Position »Luftumwälzung« wird die Innenraumluft mehrmals durch die Klimaanlage geleitet. Dies ermöglicht ein besonders schnelles Absenken der Innenraumtemperatur. Da die Luft jedoch nicht erneuert wird, sollte diese Stellung nicht über längere Zeit eingeschaltet bleiben.

Funktion der Klimaanlage

Der **Kältekompressor** wird von einen Keilrippenriemen über die Kurbelwelle angetrieben. Er erhöht den Druck im Kältemittelkreislauf auf maximal 30 bar, wodurch sich das Kältemittelgas erhitzt. Im **Kondensator** nimmt die vorbeiströmende Luft die Wärme auf (Kühlluft, bleibt im Außenbereich), dadurch kühlt das heiße Kältemittelgas ab und kondensiert. Das Kältemittel wird flüssig. Es durchfließt unter weiterhin hohem Druck eine **Drossel**, die den Druck reduziert. Daraufhin verdunstet das Kältemittel im Kreislauf und gleichzeitig kühlt es nochmals stark ab. Im **Verdampfer** nimmt das Kältemittel von der vorbeiströmenden Luft Wärme auf. Dadurch wird die Luft abgekühlt. Diese kühlere Luft wird nun in den Innenraum des Fahrzeuges geleitet. Das erwärmte, gasförmige Kältemittel mit niedrigem Druck wird zum Kompressor geleitet. Dort beginnt der Kreislauf von vorn.

Achtung: Reparaturen an der **Klimaanlage** werden nicht beschrieben. Arbeiten an der Klimaanlage sollten von einer Fachwerkstatt durchgeführt werden. Insbesondere darf der **Kältemittelkreislauf nicht geöffnet** werden, da das Kältemittel bei Hautberührung Erfrierungen hervorrufen kann.

Störungsdiagnose Heizung

Störung	Ursache	Abhilfe
Heizgebläse läuft nicht.	Sicherung für Gebläsemotor defekt.	■ Sicherung für Gebläse prüfen, gegebenenfalls ersetzen.
	Gebläseschalter defekt.	■ Gebläseschalter ausbauen und prüfen.
	Elektromotor defekt.	■ Prüfen, ob bei eingeschalteter Zündung und betätigtem Gebläseschalter am Kontakt des Gebläsemotors Spannung anliegt. Wenn ja, Motor auswechseln.
Heizgebläse läuft nur in einer Geschwindigkeitsstellung nicht.	Vorwiderstand defekt.	■ Anschlußplatte mit Widerständen ersetzen.
Heizleistung zu gering.	Kühlmittelstand zu niedrig.	■ Kühlmittelstand prüfen, gegebenenfalls Kühlmittel auffüllen.
	Heizungsbetätigung schwergängig, defekt.	■ Heizungsbetätigung prüfen, gegebenenfalls Bowdenzug ersetzen.
		■ Reinluftfilter verstopft, erneuern.
	Wärmetauscher undicht oder verstopft.	■ Wärmetauscher ersetzen (Werkstattarbeit).
Heizung läßt sich nicht ausschalten.	Heizungsbetätigung schwergängig, defekt.	■ Heizungsbetätigung prüfen, gegebenenfalls Bowdenzug ersetzen.
Geräusche im Bereich des Heizgebläses.	Eingedrungener Schmutz, Laub.	■ Gebläse ausbauen, reinigen, Luftkanal säubern.
	Lüfterrad hat Unwucht, Lager defekt.	■ Gebläsemotor ausbauen und auf leichten Lauf prüfen.
Heizluft riecht süßlich, Scheiben beschlagen, wenn Heizung eingeschaltet wird.	Wärmetauscher undicht.	■ Kühlsystem abdrücken (Werkstattarbeit). Wenn Kühlflüssigkeit aus dem Heizungskasten austritt, Wärmetauscher erneuern.

Elektrische Anlage

Bei der Überprüfung der elektrischen Anlage stößt der Heimwerker in den technischen Unterlagen immer wieder auf die Begriffe Spannung, Stromstärke und Widerstand.

Die Spannung wird in Volt (V) gemessen, die Stromstärke in Ampere (A) und der Widerstand in Ohm (Ω). Mit dem Begriff Spannung ist beim Auto in der Regel die Batteriespannung gemeint. Es handelt sich dabei um eine Gleichspannung von ca. 12 Volt. Die Höhe der Batteriespannung hängt vom Ladezustand der Batterie und von der Außentemperatur ab. Sie kann zwischen 10 bis 13 Volt betragen. Demgegenüber wird die Bordspannung vom Generator (Lichtmaschine) erzeugt, die bei mittleren Drehzahlen ca. 14 Volt beträgt.

Der Begriff Stromstärke taucht im Bereich der Automobil-Elektrik relativ selten auf. Die Stromstärke ist beispielsweise auf der Rückseite von Sicherungen angegeben und weist auf den maximalen Strom hin, der fließen kann, ohne daß die Sicherung durchbrennt und damit den Stromkreis unterbricht.

Überall wo Strom fließt, muß er einen Widerstand überbrücken. Der Widerstand ist unter anderem von folgenden Faktoren abhängig: Leitungsquerschnitt, Leitungsmaterial, Stromaufnahme usw. Ist der Widerstand zu groß, treten Funktionsstörungen auf. Beispielsweise darf der Widerstand in den Zündleitungen nicht zu hoch sein, sonst fehlt ein ausreichend starker Zündfunke an den Zündkerzen, der das Kraftstoff-Luftgemisch entzündet und damit den Motor zum Laufen bringt.

Meßgeräte

Zum Messen der Bord-Elektrik gibt es im Handel sogenannte Mehrfach-Meßgeräte. Sie vereinen in einem Gerät das Voltmeter, um Spannungen zu messen, das Amperemeter, um die Stromstärke zu messen und das Ohmmeter, um den Widerstand zu messen. Die im Handel befindlichen Meßgeräte unterscheiden sich hauptsächlich im Meßbereich und in der Meßgenauigkeit. Durch den Meßbereich wird festgelegt, in welchem Bereich Spannungen oder Widerstände liegen müssen, damit sie überhaupt vom Gerät erfaßt werden können.

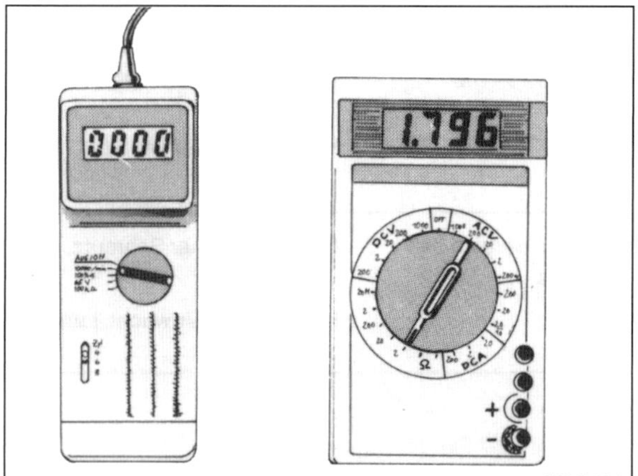

SX-5401

Für den Heimwerker gibt es Vielfach-Meßgeräte, die speziell für Prüfarbeiten am Auto abgestimmt sind. Mit solch einem Gerät können Motordrehzahl, Zünd-Schließwinkel und Spannungen bis zu 20 Volt gemessen werden. Bei Widerstandsmessungen beschränkt sich das Gerät in der Regel auf den Kilo-Ohm-Bereich, also etwa 1–1000 kΩ.

Darüber hinaus werden Meßgeräte zur Überprüfung von elektrischen und elektronischen Bauteilen angeboten. Sie erlauben eine umfassende Messung von kleinen Widerständen in Ohm (Ω) bis zu großen Widerständen im Mega-Ohm-Bereich (MΩ). Spannungen (in Volt) können sehr exakt gemessen werden, was vor allem bei elektronischen Bauteilen erforderlich ist.

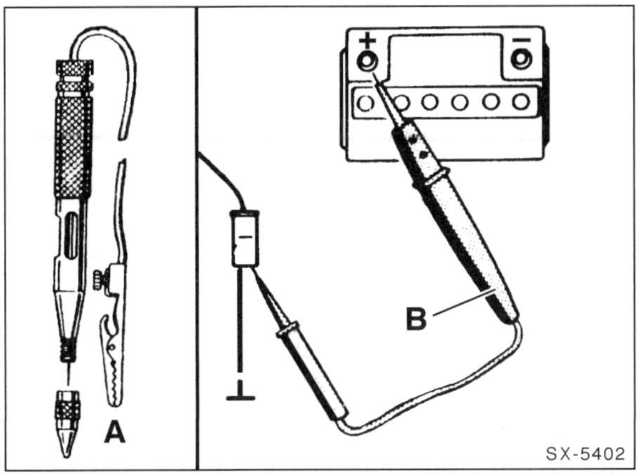

SX-5402

Wenn nur geprüft werden soll, ob überhaupt Spannung (V) anliegt, eignet sich hierzu eine einfache Prüflampe –A–. Dies gilt allerdings nur für Stromkreise, in denen sich keine elektronischen Bauteile befinden. Denn Elektronikteile reagieren äußerst empfindlich auf zu hohe Ströme. Unter Umständen können sie bereits durch Anschließen einer Prüflampe zerstört werden. Achtung: Bei der Prüfung elektronischer Bauteile (Transistoren, Dioden, und Steuergeräte) ist ein hochohmiger Spannungsprüfer –B– erforderlich. Er arbeitet wie eine Prüflampe, jedoch ohne daß elektronische Bauteile geschädigt werden, und eignet sich für sämtliche Prüfarbeiten.

Meßtechnik

Spannung messen

Spannung kann schon mit einer einfachen Prüflampe oder einem Spannungsprüfer nachgewiesen werden. Allerdings erkennt man dann nur, ob überhaupt Spannung anliegt. Um die Höhe der anliegenden Spannung zu prüfen, muß ein Voltmeter (Spannungs-Meßgerät) angeschlossen werden.

Zunächst ist beim Voltmeter der Meßbereich einzustellen, in dem sich die zu messende Spannung voraussichtlich befindet. Spannungen am Fahrzeug sind in der Regel nicht höher als ca. 14 Volt. Eine Ausnahme bildet die Zündanlage; hier kann die Zündspannung bis zu 30.000 Volt betragen. Diese hohe Spannung ist nur mit einem speziellen Meßgerät oder einem Oszilloskop meßbar.

Während man bei Meßgeräten, die speziell auf das Auto abgestimmt sind, am Wählschalter nur das Voltmeter einschalten muß, sind bei einem allgemeinen Vielfachmeßgerät erst eine Reihe von Entscheidungen zu fällen. Zunächst wird mit dem Wählschalter der Bereich Gleichspannung (DCV im Gegensatz zu ACV=Wechselspannung) eingestellt. Dann wird der Meßbereich gewählt. Da beim Auto außer an der Zündanlage keine höheren Spannungen als ca. 14 Volt auftreten, sollte die Obergrenze des einzustellenden Meßbereiches etwas höher liegen (ca. 15 bis 20 Volt). Falls sicher ist, daß die gemessene Spannung wesentlich niedriger ist, zum Beispiel im Bereich von 2 Volt, kann der Meßbereich heruntergeschaltet werden, um eine größere Anzeigegenauigkeit zu erreichen. Liegen höhere Spannungen an, als sie vom Meßbereich des Gerätes erfaßt werden, kann das Meßgerät zerstört werden.

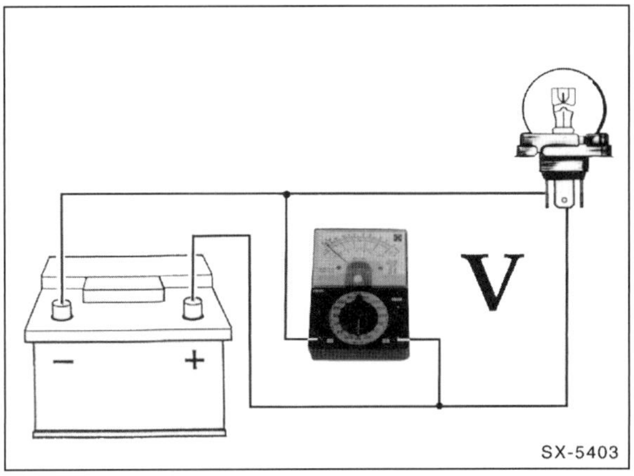

SX-5403

Die Kabel des Meßgerätes entsprechend der Zeichnung parallel zum Verbraucher anschließen. Dabei wird das rote Meßkabel an die vom Batterie-Pluspol kommende Leitung angelegt, das schwarze Meßkabel an die Masse-Leitung oder an Fahrzeugmasse, wie zum Beispiel den Motorblock.

Prüfbeispiel: Wenn der Motor nicht richtig anspringt, weil der Anlasser zu langsam dreht, ist es zweckmäßig, die Batteriespannung zu prüfen, während der Anlasser betätigt wird. Dazu das Voltmeter mit dem roten Kabel (+) an den Batterie-Pluspol und mit dem schwarzen Kabel an Fahrzeugmasse (–) anklemmen. Anschließend durch einen Helfer den Anlasser betätigen lassen und den Spannungswert ablesen. Liegt die Spannung unter ca. 10 Volt (bei einer Batterie-Temperatur von +20°C), muß die Batterie überprüft und eventuell vor den nächsten Startversuchen geladen werden.

Stromstärke messen

Am Auto ist es relativ selten erforderlich, die Stromstärke zu messen. Beispiel, siehe Kapitel »Batterie entlädt sich selbständig«. Benötigt wird hierzu ein Amperemeter, welches ebenfalls in einem Vielfachmeßgerät integriert ist.

Vor der Strommessung wird das Meßgerät auf den Meßbereich eingestellt, in dem sich die zu messende Stromstärke voraussichtlich befindet. Falls das nicht bekannt ist, höchsten Meßbereich einstellen und, falls keine Anzeige erfolgt, nacheinander in die nächstniedrigeren Meßbereiche schalten.

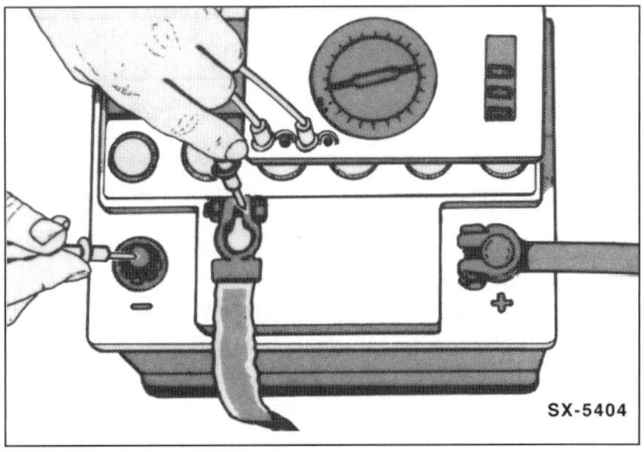
SX-5404

Für die Messung der Stromstärke muß der Stromkreis aufgetrennt werden, das Meßgerät (Amperemeter) wird dazwischengeschaltet. Dazu wird beispielsweise der Stecker abgezogen und das rote Kabel (+) des Amperemeters an die stromführende Leitung angeschlossen. Das schwarze Kabel (–) wird an den Kontakt angelegt, an dem normalerweise die unterbrochene Leitung angeschlossen ist. Die Massekontakte zwischen Verbraucher und Stecker müssen dann mit einem Hilfskabel verbunden werden.

Achtung: Keinesfalls sollte mit einem normalen Amperemeter die Stromstärke in der Leitung zum Anlasser (ca. 150 A) oder zu den Glühkerzen beim Dieselmotor (bis 60 A) gemessen werden. Durch die hierbei auftretenden hohen Ströme kann das Meßgerät zerstört werden. Die Werkstatt benutzt für diese Messungen ein Amperemeter mit Gleichstromzange. Dabei wird eine Stromzange über das isolierte Stromkabel geklemmt und der Stromwert durch Induktion gemessen.

Widerstand messen

Vor der Prüfung des Widerstandes ist grundsätzlich sicherzustellen, daß am Bauteil, an welches das Ohmmeter angeschlossen wird, keine Spannung anliegt. Also immer vorher Stecker abziehen, Zündung ausschalten, Leitung beziehungsweise Aggregat ausbauen oder Batterie abklemmen. Andernfalls kann das Meßgerät beschädigt werden.

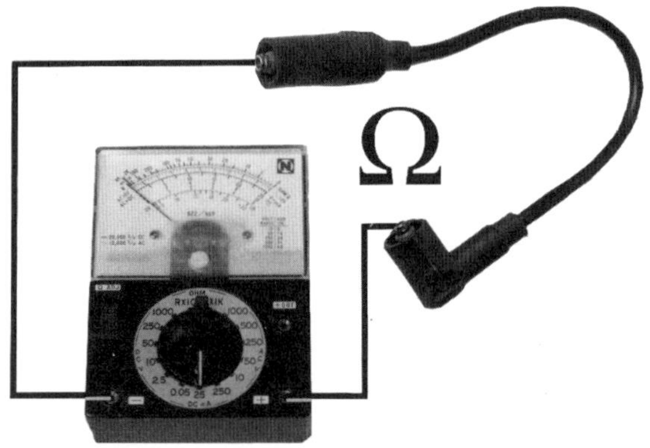

SX-5405

Das Ohmmeter wird an die 2 Anschlüsse eines Verbrauchers oder an die 2 Enden einer elektrischen Leitung angeschlossen. Dabei spielt es keine Rolle, welches Kabel (+/–) des Meßgerätes an welchen Kontakt angeklemmt wird.

Die Widerstandsmessung am Auto erstreckt sich weitgehend auf 2 Bereiche:

1. Kontrolle eines in den Stromkreis integrierten Widerstandes oder Bauteils.

2. »Durchgangsprüfung« einer elektrischen Leitung, eines Schalters oder einer Heizwendel. Dabei wird geprüft, ob eine elektrische Leitung im Fahrzeug unterbrochen ist und deshalb das angeschlossene elektrische Gerät nicht funktionieren kann. Zur Messung wird das Ohmmeter an die beiden Enden der betreffenden elektrischen Leitung angeschlossen. Beträgt der Widerstand 0 Ω, dann ist „Durchgang" vorhanden. Das heißt, die elektrische Leitung ist in Ordnung. Bei unterbrochener Leitung zeigt das Meßgerät ∞ (unendlich) Ω an.

Elektrisches Zubehör nachträglich einbauen

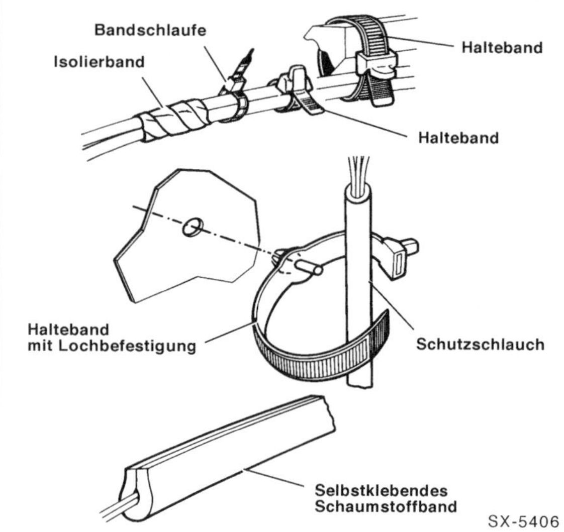

SX-5406

Kabel, die beim Einbau von Zubehör zusätzlich zu dem serienmäßig eingebauten Kabelsatz im Fahrzeug verlegt werden müssen, sind nach Möglichkeit immer entlang der einzelnen Kabelstränge unter Verwendung der vorhandenen Kabelschellen und Gummitüllen zu verlegen.

Falls erforderlich, sind die neu verlegten Kabel, um Geräuschen während der Fahrt vorzubeugen und das Scheuern von Kabeln zu vermeiden, mit Isolierband, plastischer Masse, Kabelbändern und dergleichen zusätzlich festzulegen. Hierbei ist besonders darauf zu achten, daß zwischen den Bremsleitungen und den festverlegten Kabeln ein Mindestabstand von 10 mm sowie zwischen den Bremsleitungen und den Kabeln, die mit dem Motor oder anderen Teilen des Fahrzeuges schwingen, ein Mindestabstand von 25 mm vorliegt.

Beim Bohren von Karosserie-Löchern müssen die Lochränder anschließend entgratet, grundiert und lackiert werden. Die beim Bohren zwangsläufig anfallenden Späne sind restlos aus der Karosserie zu entfernen.

Bei allen Einbauarbeiten, die das elektrische Leitungssystem berühren, ist, um der Gefahr von Kurzschlüssen im elektrischen Leitungssystem vorzubeugen, grundsätzlich das Massekabel (–) von der Fahrzeugbatterie abzuklemmen und zur Seite zu hängen.

Achtung: Wird die Batterie abgeklemmt, werden unter Umständen der Fehlerspeicher für Motor- und Getriebesteuerung, Antiblockiersystem sowie andere elektrische Geräte wie zum Beispiel das Radio und die Zeituhr stillgelegt, beziehungsweise Speicherwerte gelöscht. Spezielle Hinweise zu diesem Thema stehen im Kapitel »Batterie-Ausbau«.

Sofern zusätzliche elektrische Verbraucher eingebaut werden, ist in jedem Fall zu überprüfen, ob die erhöhte Belastung noch von dem vorhandenen Drehstromgenerator mit übernommen werden kann. Falls erforderlich, sollte ein Generator mit größerer Leistung vorgesehen werden.

Fehlersuche in der elektrischen Anlage

Beim Aufspüren eines Defekts in der elektrischen Anlage ist es wichtig, systematisch vorzugehen. Dies gilt sowohl beim Überprüfen von ausgefallenen Glühlampen wie auch bei nicht laufenden Elektromotoren.

Der **erste Schritt** ist immer die Überprüfung der Sicherung, sofern das elektrische Bauteil abgesichert ist. Die aktuelle Sicherungsbelegung ergibt sich aus dem Aufdruck auf dem Sicherungskastendeckel, siehe auch unter Kapitel »Sicherungen auswechseln«.

Defekte Sicherung gegebenenfalls auswechseln und nach Einschalten des elektrischen Verbrauchers kontrollieren, ob diese nicht unmittelbar wieder durchbrennt. In diesem Fall muß zuerst der Fehler aufgespürt und behoben werden, in der Regel handelt es sich um einen Kurzschluß. Das bedeutet, an irgend einer Stelle, mitunter auch intern im elektrischen Gerät, sind Masse- und Plusanschluß miteinander verbunden.

Zweiter Prüfschritt: Wenn bei intakter Sicherung die Glühlampe nicht leuchtet beziehungsweise der Elektromotor nicht anläuft, ist die Stromversorgung zu überprüfen.

Glühlampe prüfen

- Lampe ausbauen und sichtprüfen. Ist der Glühfaden durchgebrannt oder sitzt der Glaskolben locker im Sockel, Lampe erneuern.
- Um einwandfrei festzustellen, ob die Glühlampe intakt ist, geht man folgendermaßen vor: Eine Plusleitung (+) und eine Masseleitung (–) direkt an die Pole der Batterie anschließen und mit der Lampe verbinden. Dabei ist es unwichtig, wie die Kabel an die Lampe angeschlossen werden. Ein Kabel an den Stromanschluß, das andere an das Glühlampengehäuse. Wenn jetzt die Lampe nicht leuchtet, Lampe erneuern. **Hinweis:** Es muß sichergestellt sein, daß die Kontakte an der Lampe und in der Lampenfassung nicht korrodiert sind. Gegebenenfalls korrodierte oder verbogene Anschlüsse abschmirgeln und einwandfreien Kontakt herstellen.
- Ist die Lampe intakt, Lampe einsetzen und einschalten. Leuchtet die Lampe nicht, mit Prüflampe Stromzuführung überprüfen. Dazu Prüflampe an Masse anlegen. Das bedeutet: Das eine Kabel der Prüflampe muß an eine gute Massestelle am Motor (blankes Metall) oder direkt am Batterie-Minuspol angeschlossen werden. Die andere Prüflampen-Prüfspitze (+) entweder an den stromführenden Stecker halten oder mit der Prüfspitze in das stromführende Kabel einstechen. Wenn die Prüflampe jetzt aufleuchtet und die Lampe dennoch nicht brennt, ist die Massezuführung zur Lampe unterbrochen. Um dies zu überprüfen, Massehilfsleitung an die Lampenfassung anlegen. Die Lampe muß jetzt leuchten.
  Hinweis: Es gibt Lampen, die nur eine spannungsführende Zuleitung haben, zum Beispiel Fahrzeuginnenbeleuchtung. Diese Lampen sind über ihr Gehäuse direkt mit der Fahrzeugmasse verbunden.
- Wenn das stromführende Kabel zur Lampe keine Spannung aufweist, die Prüflampe also nicht aufleuchtet, ist sehr wahrscheinlich der Schalter defekt. Schalter auf Durchgang prüfen.

Elektromotoren prüfen

Im Auto werden immer mehr Komfortfunktionen von kleinen Elektromotoren übernommen. Dazu gehören bespielsweise der Fensterheber, das Schiebedach, die elektrische Zentralverriegelung oder die elektrische Antenne.

Jeder Motor wird bei Bedarf über einen Schalter zugeschaltet, meist von Hand. Bei der elektrischen Antenne wird der Schalter automatisch vom Radio angesteuert.

- Sicherung des betreffenden Elektromotors prüfen, gegebenenfalls ersetzen.

Hinweis: Beim elektrischen Fensterheber und der Zentralverriegelung sollte vor einer erneuten Betätigung die Überlastungsursache beseitigt werden. Das können beispielsweise vereiste Scheiben und Schlösser oder verschmutzte Fenster-Führungsschienen sein.

- Brennt die Sicherung gleich wieder durch, liegt ein Kurzschluß vor.
- Um eindeutig zu klären, ob der Defekt im Motor liegt, 2 Hilfskabel (Ø ca. 2 mm) direkt von der Fahrzeugbatterie an den Motor anlegen. Pluskabel an den Pluspol, Massekabel an Massepol des Motors. Die Pol-Belegung ergibt sich im Zweifelsfall aus dem Stromlaufplan. Dazu muß der Motor gegebenenfalls ausgebaut werden. Alle elektrischen Motoren im Fahrzeug werden mit Bordspannung (12 bis 14 Volt) versorgt. Funktioniert der Motor jetzt ordnungsgemäß, war die Stromversorgung defekt. **Hinweis:** Ein zu langsam laufender oder aussetzender Elektromotor kann auf abgenützte Schleifkohlen hinweisen. In diesem Fall Schleifkohlen (Bürsten) ersetzen.
- Funktioniert der Motor, anhand des Stromlaufplans feststellen, welche Zuleitung am Elektromotor Spannung führt, wenn der Schalter betätigt wird und zuvor die Zündung eingeschaltet wurde.
- Spannungsführendes Kabel am Elektromotor mit Prüflampe prüfen. Da bei Elektromotoren ein großer Strom fließt, kann eine herkömmliche Prüflampe mit Glühlampe genommen werden. Diese haben spitze Prüfnadeln, mit denen das Anschlußkabel durchstochen werden kann. So läßt sich auf einfache Weise die Spannung prüfen. Motoren, die links/rechtsherum drehen, zum Beispiel Fensterhebermotoren, haben zwei Plus-Anschlüsse. **Achtung:** Scheibenwischermotor prüfen, siehe entsprechendes Kapitel.
- Liegt keine Spannung am Elektromotor an, ist die Stromversorgung defekt. Fehler in der Zuleitung nach Stromlaufplan suchen und beheben. Elektromotoren haben in der Regel aufgrund des hohen Strombedarfs zusätzliche Schaltrelais. Prüfung, siehe entsprechendes Kapitel.
- Wurde kein Fehler gefunden, Schalter prüfen.
- Ist ein Kabel defekt, ist es oft sinnvoller, man legt ein neues Kabel, da es schwierig ist, einen Defekt im Kabel zu lokalisieren.

Schalter auf Durchgang prüfen

Die meisten elektrischen Verbraucher werden über einen von Hand betätigten Schalter ein- und ausgeschaltet. Darüber hinaus gibt es auch Schalter, die automatisch betätigt werden. Zu diesen Schaltern zählen zum Beispiel der Öldruckschalter und der Geber für Bremsflüssigkeitsstand.

Grundsätzlich hat ein Schalter die Aufgabe, den Stromkreis zu schließen oder zu unterbrechen. Es gibt Schalter, die die Masseleitung unterbrechen, und Schalter, die den Plusstrom unterbrechen.

Schalter für Lampen und Elektromotoren prüfen

- Betreffenden Schalter ausbauen.
- Einfache Schalter haben nur 2 Anschlüsse für die Kabel. In diesem Fall muß an einem Anschluß immer Spannung (+) anliegen und nach dem Einschalten an der anderen Klemme auch. Es gibt auch Schalter mit mehreren Klemmen. Bei diesen Schaltern anhand des Stromlaufplans klären, an welcher Klemme Spannung anliegen muß, gegebenenfalls vorher Zündung einschalten.
- Mit Prüflampe prüfen, ob am Schalter Spannung anliegt. Leuchtet die Prüflampe auf, Schalter betätigen und an der Ausgangsklemme prüfen, ob dort auch Spannung anliegt. Ist das der Fall, ist sichergestellt, daß der Schalter funktioniert.
- Wenn an der Eingangsklemme keine Spannung anliegt, liegt eine Unterbrechung in der Leitungs-Zuführung vor. Anhand des Stromlaufplans muß die Spannungszuführung kontrolliert und gegebenenfalls eine neue Leitung gelegt werden.

Geberschalter prüfen

Geberschalter sind beispielsweise: Öldruckschalter, Geber für Bremsflüssigkeits- und Kühlmittelstand.

- Durchgangsprüfer (Prüflampe oder Ohmmeter) an der Zu- und Ableitung des Schalters anschließen, dazu Kabel am Schalter abziehen. **Achtung:** Schalter, die im Motorblock eingeschraubt sind, haben in der Regel kein Massekabel, da das Schaltergehäuse über den Motorblock als Massepol dient.
- Bei geschlossenem Schalter muß der Durchgangsprüfer Durchgang anzeigen. Am besten ist ein Ohmmeter als Durchgangsprüfer: Bei geschlossenem Schalter muß es 0 Ω, bei geöffnetem Schalter ∞ Ω (unendlich) anzeigen.
- Die Funktionsfähigkeit etwa der Kühlmittel- oder Bremsflüssigkeitsstand-Warnschalter läßt sich am schnellsten prüfen, indem bei eingeschalteter Zündung die Zuleitung am Schalter abgezogen wird und an eine gute Massestelle, zum Beispiel gegen den Motorblock, gehalten wird. Spricht die Warnlampe im Schalttafeleinsatz jetzt an, liegt der Fehler am Schalter.
  Ein Sonderfall ist der Öldruckschalter: Bei stehendem Motor ist der Kontakt geschlossen (Warnlampe brennt), erst bei einem gewissen Öldruck öffnet der Schalter.

Relais prüfen

In vielen Stromkreisen ist ein Relais integriert. Ein Schaltrelais arbeitet wie ein Schalter. **Beispiel:** Wenn das Fernlicht über den Handschalter eingeschaltet wird, bekommt das Relais den Befehl, den Strom zum Fernlicht durchzuschalten. Man könnte natürlich den Strom auch direkt über den Lichtschalter von der Batterie zum Fernlicht legen. Bei allen Verbrauchern mit hoher Stromaufnahme (Fernscheinwerfer, Scheibenwischer, Nebelscheinwerfer) schaltet man jedoch ein Relais dazwischen, um den Schalter nicht zu überlasten beziehungsweise um kurze Stromwege sicherzustellen. Neben diesen Schaltrelais gibt es auch Funktionsrelais, zum Beispiel für die Wisch-Wasch-Anlage oder das Zeitrelais für die Innenbeleuchtung.

Schaltrelais prüfen

Beim Einschalten des betreffenden Verbrauchers wird das Relais angesteuert, das heißt durch den an Klemme 2 ankommenden Schaltstrom wird der Schaltstromkreis zu Klemme 1 geschlossen. Eine Magnetspule im Relaisinnern zieht einen Kontakt an und schließt so den Stromkreis für den »Arbeitsstrom«. Der Arbeitsstrom läuft über das Relais zum Stromverbraucher weiter.

Am einfachsten läßt sich die Funktionsfähigkeit eines Relais prüfen, wenn man es gegen ein intaktes auswechselt. So macht man es auch in der Werkstatt. Da dem Heimwerker jedoch in den seltensten Fällen ein neues Relais sofort zur Verfügung steht, empfiehlt sich folgender Arbeitsschritt bei den sogenannten Schaltrelais, wie sie unter anderem zum Schalten von Nebel- und Hauptscheinwerfern verwendet werden.

- Relais aus der Halterung herausziehen.
- Zündung und entsprechenden Schalter einschalten.
- Zuerst mit Spannungsprüfer feststellen, ob an Plus-Klemme (von der Batterie) im Relaishalter Spannung anliegt. Dazu Spannungsprüfer an Masse (–) anschließen und die andere Kontaktspitze vorsichtig in die Plus-Klemme einführen. Wenn die Leuchtdiode des Spannungsprüfers aufleuchtet, ist Spannung vorhanden. Zeigt der Spannungsprüfer keine Spannung an, Unterbrechung vom Batterie-Pluspol (+) zur Plus-Klemme anhand des Schaltplanes aufspüren.
- Leitungsbrücke aus einem Stück isoliertem Draht herstellen, die Enden müssen blank sein.
- Mit dieser Brücke im Relaishalter die Plus-Klemme (vom Batterie-Pluspol, führt immer Spannung) mit dem Ausgang des Relais-Schließers (führt zum Verbraucher) verbinden. Mit diesem Arbeitsschritt wird praktisch genau das getan, was ein intaktes Relais auch vornimmt. Wo sich die Klemmen im Relaishalter befinden, ist auf dem Relais beziehungsweise am Steckkontakt aufgeführt.
- Wenn bei eingesetzter Brücke zum Beispiel das Fernlicht aufleuchtet, kann man davon ausgehen, daß das Relais defekt ist.

- Wenn das Fernlicht nicht aufleuchtet, klären, ob die Masseverbindung zum Scheinwerfer intakt ist. Dann Unterbrechung in der Leitungsführung von der Ausgangs-Klemme des Relais zum Hauptscheinwerfer anhand des Schaltplanes aufspüren und beheben.
- Falls erforderlich, neues Relais einsetzen.

Achtung: Die Steckverbindungen für die Relais, die sich im Motorraum befinden, neigen ebenso zur Korrosion wie die übrigen Steckverbindungen im Motorraum. Daher ein defektes Relais immer daraufhin überprüfen, ob die Beschädigung durch Wassereintritt entstanden ist. In diesem Fall folgendermaßen vorgehen:

- Steckanschlüsse am Relais mit Spezialfett, zum Beispiel Molykote 33 Medium, bestreichen.
- Steckverbindung aus der Schutzkappe herausnehmen, Kontakte mit Drahtbürste reinigen und mit Spezialfett versehen.
- Relais einsetzen, Schutzkappe aufsetzen und Schutzkappe zum Kabelstrang und zum Relais mit geeignetem, wasserfesten Klebeband abdichten.
- Sitz von Relais und Kabelstrang überprüfen. Der Kabelstrang muß immer senkrecht nach unten führen.
- Ein- und Mehrfachsteckverbindungen auf dieselbe Weise gegen Korrosion schützen.

Die Zentralelektronik

Die Zentralelektronik befindet sich oberhalb des Sicherungskastens in der Schalttafel auf der Fahrerseite. Die Zentralelektronik ist nicht zerlegbar. In ihr befinden sich viele kleine Steuergeräte und Relais sowie ein Warnsummer. Je nach Fahrzeugausstattung können 7 verschiedene Versionen der Zentralelektronik eingebaut sein. Folgende Funktionen werden von der Zentralelektronik gesteuert:

- ABS
- Front- und Heckwischerintervall, Wischergeschwindigkeit
- Fensterheber
- Scheinwerfer-Waschanlage
- Nebelschlußlicht und Nebelscheinwerfer
- Doppelscheinwerfer
- Innenlichtverzögerung
- Instrumenten-Dimmer und Warnsummer
- heizbare Heckscheibe, heizbarer Außenspiegel
- heizbare Frontscheibe
- Blinker, Wegfahrsperre und Diebstahl-Warnanlage
- Zentralverriegelung und Infrarot-Fernbedienung
- heizbare Sitze und Sitzverstellung
- Schiebedach
- Stoßdämpferverstellung, Niveauregulierung

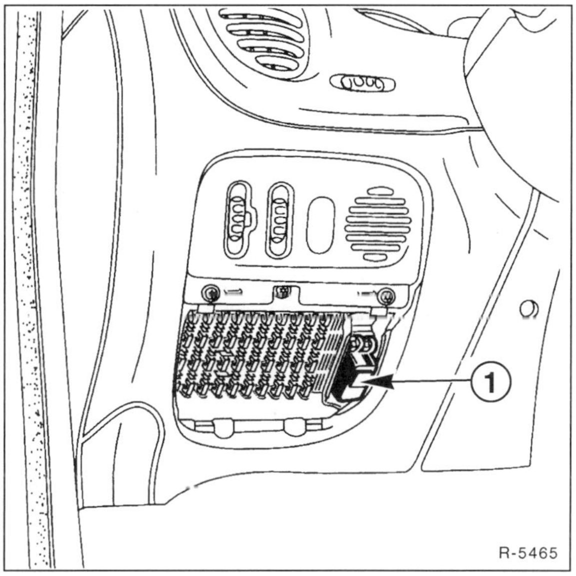

Achtung: Wenn ein Fehler in einer von der Zentralelektronik gesteuerten Funktion auftritt, wird dieser abgespeichert. Mit Hilfe eines Prüfgeräts kann eine Fehlerdiagnose durchgeführt werden. Wird die Zentralelektronik ersetzt, muß die Version abgefragt werden und das Neuteil entsprechend programmiert werden. Zu diesen Arbeiten wird ein elektronisches Gerät von RENAULT an den Prüfstecker –1– angeschlossen und nach einer Prüfanleitung vorgegangen, Werkstatt aufsuchen.

Scheibenwischermotor prüfen

Der Scheibenwischermotor der Windschutzscheibe sitzt im Wasserkasten unterhalb der Windschutzscheibe, der Wischermotor für die Heckscheibe in der Heckklappe. Zum Prüfen muß die jeweilige Abdeckung demontiert werden.

Klemmenbezeichnungen

Die Klemmen am Motor sind genormt:

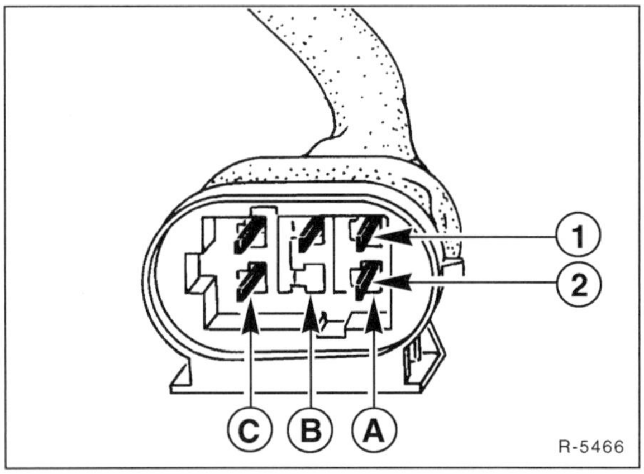

Frontscheibenwischer:

- Klemme **A1** erhält Spannung für die langsame Wischergeschwindigkeit.
- Klemme **A2** liefert Plusstrom (+) für die Wischer-Endabstellung: Der Motor erhält über einen Schleifkontakt so lange Spannung, bis die Wischer in Ruhestellung gelaufen sind, wenn der Fahrer oder die Zentralelektronik den Scheibenwischer ausschaltet.
- Klemme **B1** führt die Spannung für die schnelle Wischergeschwindigkeit (Nebenschlußwicklung).
- Über Klemme **C1** wird der Wischermotor beim Zurücklaufen nach dem Abschalten abgebremst, damit die Wischer nicht über ihre Parkstellung hinauslaufen.
- Klemme **C2** ist der Masseanschluß.

Heckscheibenwischer (Stecker 3polig, einreihig):

- Klemme **1** ist der Plusanschluß.
- Klemme **2** ist der Masseanschluß.
- Klemme **3** liefert Plusstrom (+) für die Wischer-Endabstellung.

Wischermotor prüfen

Zunächst klären, ob der Wischermotor oder die Stromversorgung defekt ist. Dazu folgendermaßen vorgehen:

- Mehrfachstecker am Wischermotor abziehen.
- Mit 2 Hilfskabeln Spannung (+) und Masse (–) von der Fahrzeugbatterie an den Wischermotor anlegen:
  - Ein Kabel vom Batterie-Pluspol zu Klemme **A1** oder **B1** (Heckwischer: Klemme 1) verlegen.
  - Das zweite vom Batterie-Minuspol zu Motor-Klemme **C2** (Heckwischer: Klemme 2) führen.
- Der Scheibenwischermotor muß jetzt je nach benutzter Klemme auf Stufe I oder II laufen. Wenn nicht, ist der Motor oder die entsprechende Stufe defekt. Wischermotor ausbauen, siehe Seite 277.

Bremslicht prüfen

- Als erstes entsprechende Sicherung im Sicherungskasten überprüfen.
- Brems-Glühlampen überprüfen, gegebenenfalls erneuern.

Sind die Brems-Glühlampen in Ordnung, anschließend Bremslichtschalter prüfen. Oberhalb des Bremspedals sitzt am Pedalbock der Bremslichtschalter. Beim Niedertreten des Bremspedals wandert ein Druckstift aus dem Schalter heraus. Der Schalterkontakt schließt, und die Bremslichter leuchten auf.

- Zündung einschalten.
- Kabelstecker des Bremslichtschalters abziehen und beide Kontakte mit einer kurzen Hilfsleitung überbrücken. Wenn die Bremslichter jetzt aufleuchten, ist der Bremslichtschalter defekt, ersetzen.

Heizbare Heckscheibe prüfen

Bei eingeschalteter Heckscheibenheizung muß das Feld mit den sichtbaren Leiterbahnen nach einiger Zeit frei von Beschlag oder Eis sein.

- Bei Störungen zuerst Sicherung im Sicherungskasten überprüfen.
- Da die Heckscheibe in der Heckklappe sitzt, Stromzufuhr zur Heckklappe prüfen. Dazu Heckklappe öffnen. Die Stromzufuhr erfolgt durch den Kabelstrang im oberen Teil der Heckklappe.
- Funktioniert die Heckscheibenheizung immer noch nicht, Zuleitungen, Schalter und Zentralelektrik prüfen, siehe Seite 238/239.

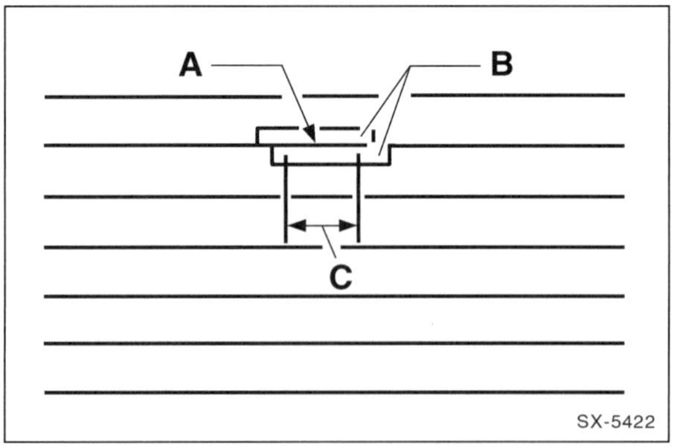

- Sind Heizfäden unterbrochen, hilft handelsüblicher Leitsilberlack zur Wiederherstellung der Verbindung. Dazu beschädigten Bereich mit Verdünner oder Ethylen reinigen.

- Unterbrochene Stelle –A– von beiden Seiten mit Klebeband –B– abkleben und mit einem kleinen Pinsel handelsüblichen Leitsilberlack auftragen –C–.
- Farbe bei +25° C ca. 24 Stunden trocknen lassen. Es kann auch ein Heißluftfön verwendet werden. Bei +150°C trocknet die Farbe in ca. 30 Minuten.

Achtung: Heckscheibenheizung nicht einschalten, bevor die Farbe ganz trocken ist. Kein Benzin oder andere Lösungsmittel zum Reinigen des beschädigten Teils verwenden.

Hupe aus- und einbauen

Die Hupe wird ohne Relais geschaltet, der Stromkreis wird über eine Sicherung abgesichert.

Ausbau

- Fahrzeug aufbocken.

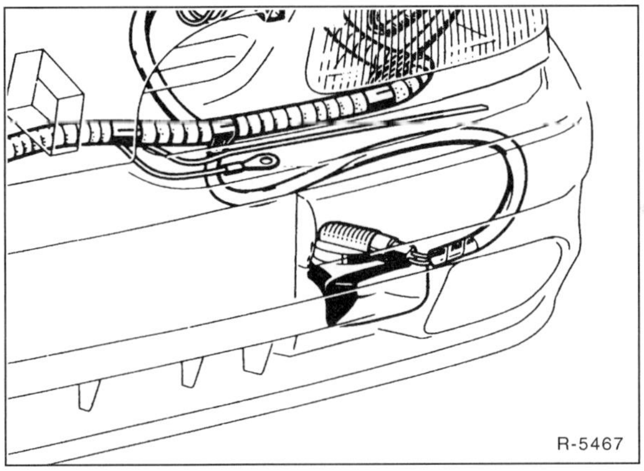
R-5467

- 2adriges Kabel vom Horn abziehen, Horn abschrauben.

Einbau

- Horn anschrauben, dabei Zahnscheibe unter Befestigungsschraube nicht vergessen. Kabel aufschieben, der Stecker muß einrasten.

Diebstahlwarnanlage

Die Diebstahlwarnanlage (DWA) ist als Sonderausstattung erhältlich. Sie überwacht alle Hauben, Türen und den Innenraum gegen unbefugtes Eindringen in das Fahrzeug. Bei Alarm werden Warnblinkanlage, Signalhorn beziehungsweise Sirene für 30 Sekunden im Rhythmus der Blinker eingeschaltet. Nach 30 Sekunden Ruhe wird die Anlage automatisch wieder geschärft. Nach dreimaligem Auslösen des Alarms ist die Anlage deaktiviert, obwohl die blinkende Kontrollampe den Eindruck einer geschärften Anlage vermittelt. Die DWA-Steuerung ist in die Zentralelektronik integriert.

Aktiviert wird die DWA durch Verschließen des Fahrzeugs durch die Infrarot-Fernbedienung. Im Handschuhkasten befindet sich ein Schloß, mit dem die Anlage ausgeschaltet werden kann.

Türen und Klappen werden über Kontaktschalter überwacht. Bereits ein geringes Anheben der Motorhaube genügt dem zusätzlich installierten Motorhaubenkontakt für eine Mitteilung an das DWA-Steuergerät.

Der Innenraum wird durch 2 Ultraschallsensoren an der Innenleuchte auf Bewegungen überwacht. Wenn zum Beispiel Tiere im Fahrzeug bleiben sollen, muß die Anlage ausgeschaltet werden.

Wegfahrsperre

Im MÉGANE ist eine elektronische Wegfahrsperre eingebaut. Die Wegfahrsperre erlaubt das Anlassen des Motors nur mit codierten Schlüsseln beziehungsweise nach Betätigung der Infrarot-Fernbedienung. Eine aktivierte Wegfahrsperre ist am Blinken der roten Diode im Schalttafeleinsatz erkennbar. Es gibt 2 Ausführungen der Wegfahrsperre:

- Wegfahrsperre für Fahrzeuge mit Zentralverriegelung: Die Wegfahrsperre wird automatisch beim Betätigen der **Infrarot-Fernbedienung der Zentralverriegelung** ein- und ausgeschaltet. Das Infrarot-Signal ändert sich automatisch nach jeder Betätigung der Fernbedienung (Wechselsignal). Dies soll einen Fahrzeugdiebstahl durch eventuelles Kopieren des Signals verhindern.

  Wurden die Türen nach dem Abstellen des Motors nicht verriegelt, schaltet sich die Wegfahrsperre nach 10 Minuten automatisch ein, wenn eine Vordertür geöffnet wurde. Wurde keine Tür geöffnet, schaltet sie sich nach 30 Minuten ein. Voraussetzung ist, daß kein Verbraucher wie Radio oder Innenbeleuchtung eingeschaltet wird. Zum Anlassen des Motors nach automatischer Scharfschaltung der Wegfahrsperre müssen die Türen durch die Fernbedienung ver- und wieder entriegelt werden.

  Sinkt die Bordspannung stark ab (schwach geladene Batterie beim Anlassen des Motors) oder wird die Batterie abgeklemmt, schaltet sich die Wegfahrsperre ein. Nach dem Anklemmen oder Laden der Batterie müssen die Türen mit der Fernbedienung einmal verriegelt und entriegelt werden, bevor der Motor gestartet wird.

- Wegfahrsperre mit **Transponderansteuerung** für Fahrzeuge ohne Zentralverriegelung: Aktiviert wird die Wegfahrsperre durch Abziehen des Schlüssels aus dem Zündschloß.

  Beim Einschalten der Zündung übermittelt ein Sender (Transponder) im Schlüsselgriff den Identifikationscode an das Steuergerät der Wegfahrsperre. Das Steuergerät befindet sich neben dem Zündschloß. Der Sender im Schlüsselgriff benötigt keine Batterie, da die Spannungsversorgung drahtlos durch das Steuergerät erfolgt.

  Dreht der Motor durch, ohne zu starten und die Motorkontrolleuchte im Schalttafeleinsatz leuchtet oder blinkt, dann ist das System aktiviert und der Empfänger am Zündschloß hat den Schlüsselcode nicht erkannt. Das kann folgende Ursachen haben:
  - Lesevorgang durch zusätzliche Schlüssel am Schlüsselbund behindert,
  - Schlüsselcode defekt.

- Sinkt die Bordspannung unter 6 Volt (schwach geladene Batterie beim Starten des Motors), schaltet sich die Wegfahrsperre ein. Ein Starten des Motors ist nicht möglich, auch nicht durch Anschieben des Fahrzeugs.

Sicherungen auswechseln

Um Kurzschluß- und Überlastungsschäden an den Leitungen und Verbrauchern der elektrischen Anlage zu verhindern, sind die einzelnen Stromkreise durch Schmelzsicherungen geschützt. Es werden Sicherungen verwendet, die mit Messerkontakten ausgestattet sind.

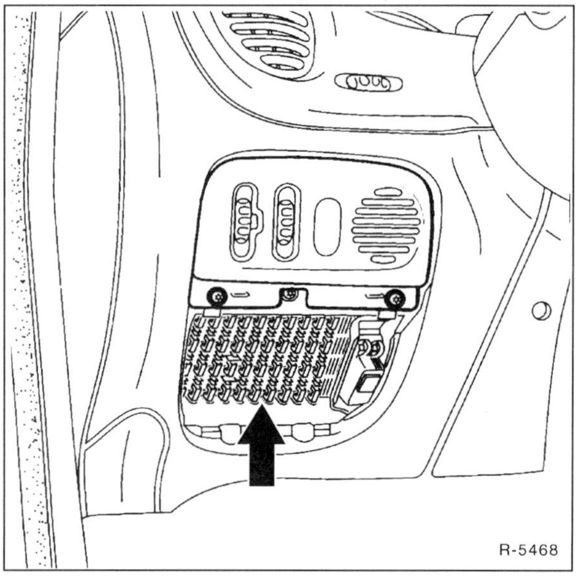

Die Sicherungen sind vornehmlich in einem Sicherungskasten im Armaturenbrett links neben dem Lenkrad untergebracht. Deckel für Sicherungskasten am Griff nach unten ziehen.

Zwei weitere Sicherungskästen befinden sich im Motorraum, siehe Kapitel »Sicherungsbelegung«. Deckel durch Drücken der Sicherungszunge entriegeln und abnehmen.

- Vor dem Auswechseln einer Sicherung immer zuerst den betroffenen Verbraucher ausschalten.

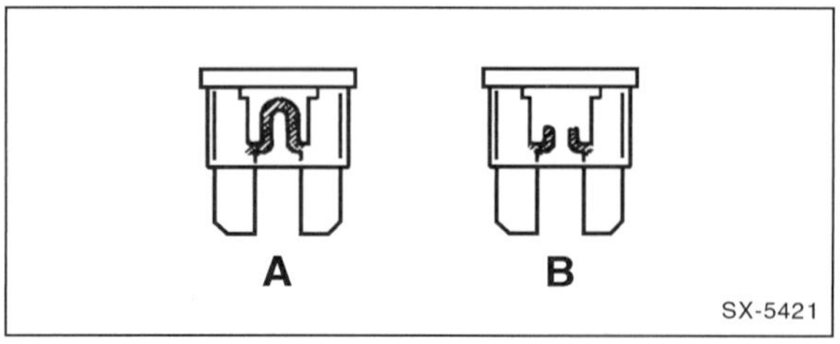

A – Sicherung in Ordnung, B – Sicherung durchgebrannt.

- Eine durchgebrannte Sicherung erkennt man am durchgeschmolzenen Metallstreifen.

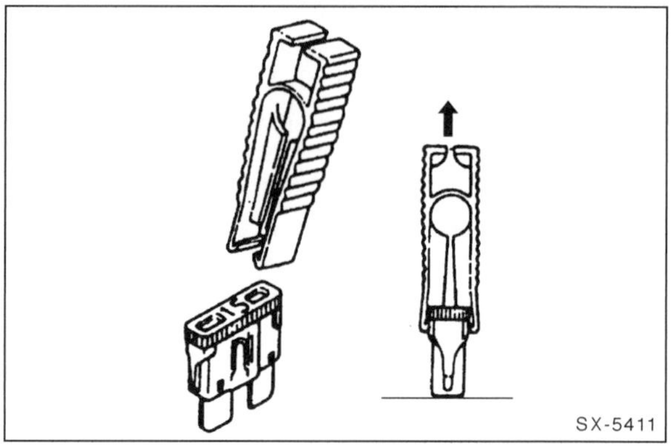

- Defekte Sicherung herausziehen. Zum Ausziehen der Sicherungen befindet im Deckel des Haupt-Sicherungskastens eine Kunststoffpinzette.

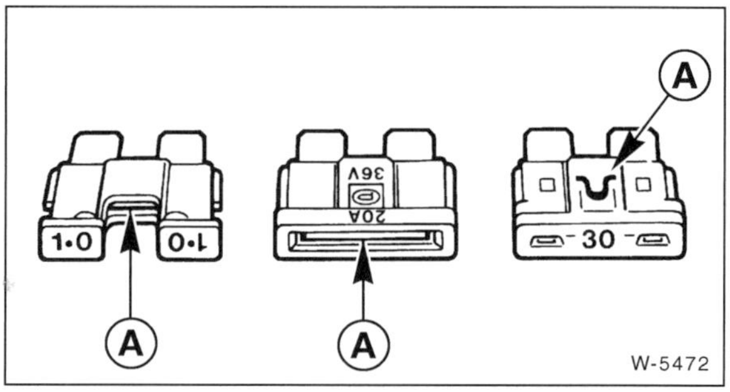

- Die Nennstromstärke der Sicherung ist auf dem Kunststoffgehäuse der Sicherung aufgedruckt. Außerdem hat das Kunststoffgehäuse eine Kennfarbe, an der ebenfalls die Nennstromstärke zu erkennen ist. A = Schmelzdraht.

Nennstromstärke in Ampere	Kennfarbe
5	hellbraun
7,5	braun
10	rot
15	blau
20	gelb
30	grün

- Sicherungskasten-Abdeckung wieder aufsetzen.
- Brennt eine neu eingesetzte Sicherung nach kurzer Zeit wieder durch, muß der entsprechende Stromkreis überprüft werden.
- Auf keinen Fall Sicherung durch Draht oder ähnliche Hilfsmittel ersetzen, weil dadurch ernste Schäden an der elektrischen Anlage auftreten können.
- Es ist empfehlenswert, stets einige Ersatzsicherungen im Wagen mitzuführen. Zur Aufbewahrung befinden sich im Deckel des Haupt-Sicherungskastens entsprechende Halterungen.

Sicherungs- und Relaisbelegung

Haupt-Sicherungsträger unterhalb vom Lenkrad

Die Anordnung der Sicherungen im Sicherungsträger kann modellabhängig variieren.

Symbol	Amp.	Abgesicherte Stromkreise
	15	Innenbeleuchtung, Gepäckraum
	15	Signalhorn
	7,5	Standlicht links/Warnsummer »Licht«/ Instrumententafel/Kennzeichenbel.
	7,5	Standleuchte rechts/ Instrumententafel (SCENIC)
	10	Abblendlicht links/Leuchtweitenregler
	10	Abblendlicht rechts/Leuchtweitenregler
	10	Fernlicht links
	10	Fernlicht rechts
	5	Nebelschlußleuchte
	20	Sicherung Doppelscheinwerfer* (Einfachscheinwerfer: nicht belegt)
	15	Blinkleuchten/Warnblinkanlage
	20	Heizungsgebläse
	20	Kühlerventilator
INJECT	5	Einspritzanlage
	15	Frontscheiben-Wisch-Waschanlage
	15	Zigarrenanzünder/Autoradio/ Beleuchtung Bedieneinheit + Uhr
	15	Heckscheibenwischer/-wascher/ Rückfahrlicht
	25	Heckscheibenheizung
	5	ABS-Bremssystem

*) **Achtung:** Sicherung nicht bei Fahrzeugen mit Einfachscheinwerfern einsetzen. Sonst überhitzen bei Fernlicht die Scheinwerfer, da Abblend- und Fernlicht gleichzeitig leuchten. Symbol »SHUNT« ist auch möglich.

Sicherungsbelegung Haupt-Sicherungskasten (Fortsetzung)

Symbol	Amp.	Abgesicherte Stromkreise
	15	Airbag/Gurtstraffer/Bremslicht/Instr.-tafel/Memory-Sitz/Frontsch.-Heizung
	–	Frei (Limousine) Steckdose für Zubehör (SCENIC)
	10	Scheinwerfer-Waschanlage
	15	Uhr/Beleucht. Instrumententafel/Autoradio/Memory-Sitz/DWA/Außenspieg.
ALIM UC BIC	5	Zentralelektronik/Fernbetätigung/Diebstahlwarnanlage/Wegfahrsperre
	20	Elektrische Sitzverstellung
	20	Schiebedach
	25	Elektrische Fensterheber
	15	Sitzheizung
	25	Fahrersitz-Positionsspeicher
	7,5	Rückspiegelheizung
	20	Zentralverriegelung/Innenbeleuchtung/Gepäckraumbeleuchtung
	15	Nebelscheinwerfer
COUPE CONSO	30	Verbraucherunterbrechung
	–	Frei
COA	–	Frei

Hinweis: Die Sicherungsbelegung und auch die dazugehörigen Symbole im Hauptsicherungsträger wurden mehrfach geändert. Hier werden die wichtigsten und gebräuchlichsten Sicherungen und Symbole aufgeführt. Möglicherweise sind am Fahrzeug Sicherungen und Symbole vorhanden, die hier nicht aufgeführt werden beziehunsweise stehen hier Sicherungen/Symbole, die im Fahrzeug fehlen. Im Zweifelsfall besser in der RENAULT-Werkstatt nachfragen.

Sicherungskasten im Motorraum rechts (in Fahrtrichtung gesehen)

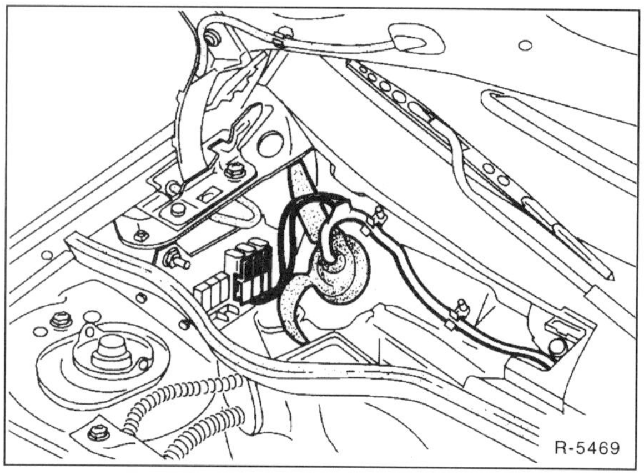

Farbe Halter	Ampere	Verbraucher
Braun	30/70A	Einspritzanlage Benzin (30A)/ Glühsteuergerät Diesel (70 A)
Schwarz	40A	Klimaanlage
Grün	60A	Stromversorgung Zentralelektronik
Orange	60A	Stromversorgung Zentralelektronik und Schaltereinheit Licht/Scheibenwischer
Orange	60A	Zündschloß und Schaltereinheit Licht/Scheibenwischer

Sicherungskasten im Motorraum links

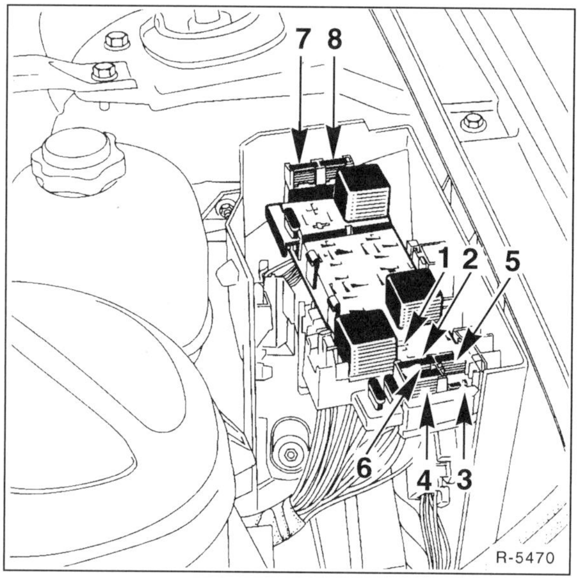

Nr.	Ampere	Verbraucher
1	–	Frei
2	40	Kühlerlüfter Klimaanlage
3	–	Frei
4	7,5A	Generator-Spannungsregler und Fahrgeschwindigkeitsgeber
5	25A	Kühlerlüfter 180 W (Fahrzeuge ohne Klimaanlage)
6	7,5A	Einspritzpumpenrelais und Einspritzsteuergerät
7	5A/2A	Automatikgetriebe/ Relais Servo-Kupplung
8	5A/30A	Rückfahrscheinwerfer (Automatikgetriebe)/Pumpe für Servo-Kupplung

Batterie aus- und einbauen

Die Batterie befindet sich beim **MÉGANE bis ca. 3/99** unter dem rechten Windlaufgitter, siehe auch Abbildung R-5471 auf Seite 245.

Beim **MÉGANE ab ca. 4/99** ist die Fahrzeug-Batterie im Motorraum, in Fahrtrichtung gesehen, auf der linken Seite eingebaut.

Die Batterie des **SCENIC** befindet unter dem Beifahrersitz.

Achtung: Durch das Abklemmen der Batterie werden im Fahrzeug folgende elektronische Speicher gelöscht:

- Im Einspritz-Steuergerät werden die sogenannten »gelernten« Betriebswerte für den Motorlauf gelöscht. Das ist zum Beispiel die individuell auf diesen Motor abgestimmte Leerlaufdrehzahl-Regelung. Nachdem die Batterie wieder angeklemmt wurde, können daher kurze Zeit Mängel im Fahrverhalten (Stottern, Aussetzer beim Beschleunigen oder unrunder Leerlauf) auftreten.
- Bei Autoradios mit Anti-Diebstahl-Codierung werden der Keycode für die Diebstahlsicherung, bei allen Radios auch die eingestellten Sender gelöscht. Ist der Code nicht bekannt, kann nur der Radiohersteller das Autoradio wieder in Betrieb nehmen.

Damit diese Speicher nicht gelöscht werden, verwendet die Werkstatt ein sogenanntes »Memory-Erhaltungskabel«. Dieses Kabel wird mit einer 9-Volt-Trockenbatterie verbunden und über den Zigarettenanzünder angeschlossen. Erhältlich ist das Kabel im Autozubehörhandel, es kann aber auch leicht selbst angefertigt werden.

- Steht das »Memory-Erhaltungskabel« nicht zur Verfügung, sollte vor dem Abklemmen der Batterie ein eventuell vorhandener Keycode für die Radio-Diebstahlsicherung in Erfahrung gebracht werden.

Hinweis zum SCENIC: Da die Fahrzeugbatterie im Wageninneren, unter dem Beifahrersitz eingebaut ist, wurde bei diesem Modell ein separater **Plusabgriff im Motorraum** angebracht.

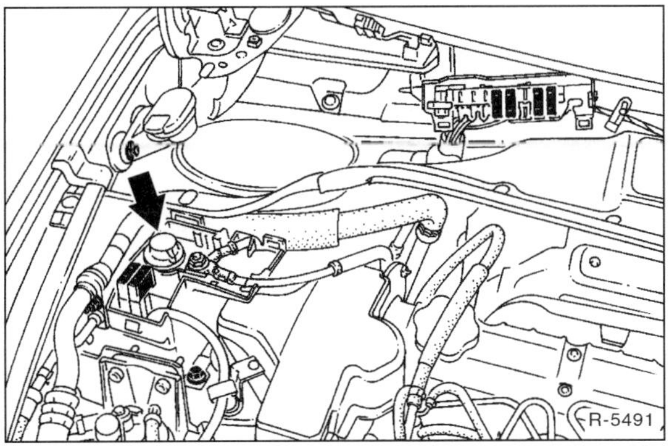

Der Plusabgriff befindet sich im Motorraum rechts, vor dem Federbeindom –Pfeil–. Durch ein Kabel ist eine direkte Verbindung zur Batterie vorhanden. Die gesamte Fahrzeugelektrik wird über diesen Plusabgriff mit Strom versorgt. Falls bei Arbeiten am Fahrzeug die Batterie abgeklemmt werden muß, soll dies unbedingt an dem Plusabgriff geschehen, nicht direkt an der Batterie. Der Plusabgriff ist auch zu nutzen für das Aufladen der Batterie (bei eingebauter Batterie) und beispielsweise für die Motor-Starthilfe.

Ausbau

Achtung: Bevor die Batteriekabel abgeklemmt werden, sicherstellen, daß alle Stromverbraucher des Fahrzeuges ausgeschaltet sind.

Alle Modelle, außer SCENIC

- Motorhaube öffnen.

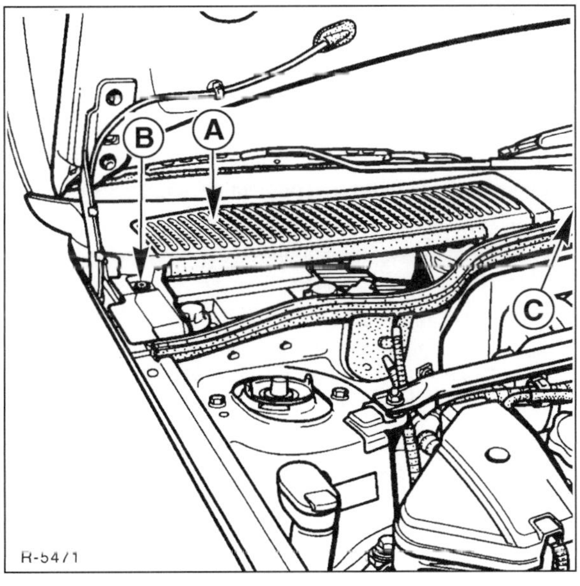

- **MÉGANE bis 3/99:** Rechte Windlaufgitterhälfte –A– ausbauen. Dazu Schraube –B– abschrauben. Gitter in der Mitte –C– lösen und durch Kippen zur Ecke des Windschutzscheibenrahmens herausnehmen.

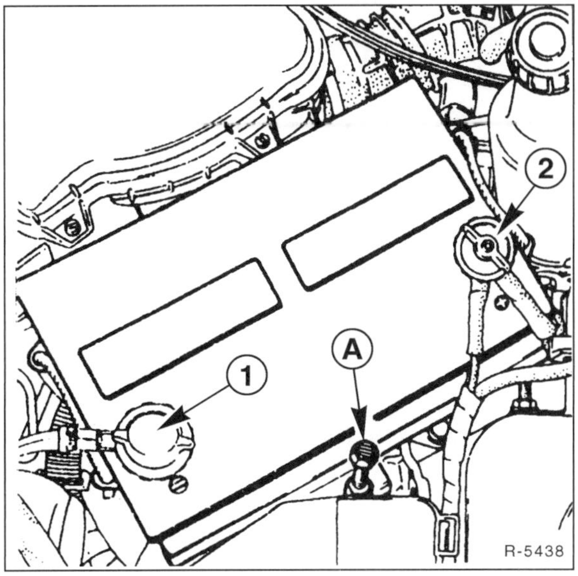

- Batteriekabel abklemmen, zuerst Massekabel –1– (–, grüne Mutter), dann Pluskabel –2– (+, rote Mutter).
- Befestigungsmutter –A– abschrauben und Halteplatte abnehmen. Batterie herausheben.

SCENIC

Die Batterie des SCENIC befindet sich unter dem Beifahrersitz im Fahrgastraum.

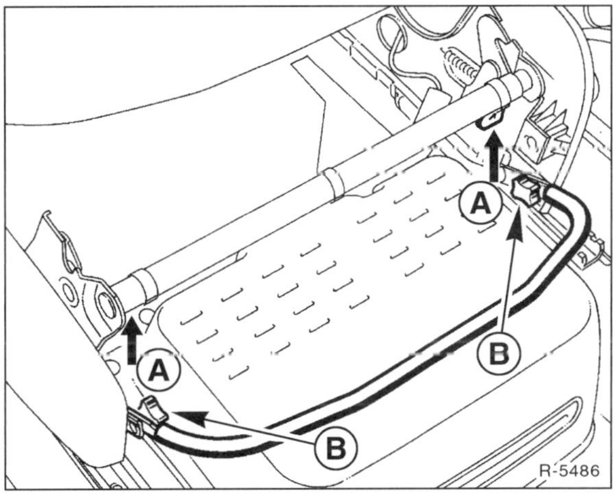

- Beide Hebel –A– betätigen und den Beifahrersitz vorne anheben. Der linke Hebel ist in der Abbildung verdeckt und daher nicht zu sehen.
- Beide Flügelschrauben –B– lösen und die Längsverstellschiene des Beifahrersitzes hochklappen.
- Beifahrersitz nach hinten klappen.

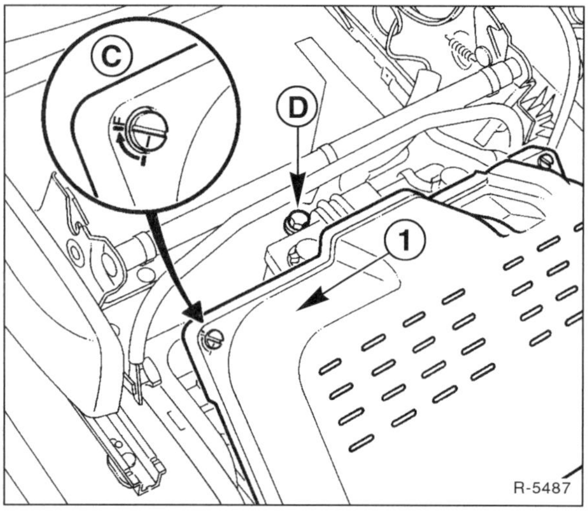

- Verriegelungslaschen –C– mit einem Schraubendreher um ¼ Umdrehung nach links drehen.
- Deckel –1– anheben und herausnehmen.
- 2 Batterie-Befestigungsmuttern –D– abschrauben, Haltestangen herausnehmen und Batterie unter dem Sitz herausheben.

Achtung: Batterien enthalten giftige Substanzen, diese dürfen nicht in den Hausmüll gelangen. Altbatterien beim Kauf einer neuen beim Händler abgeben, oder auf der Sondermülldeponie abgeben. Gemeinde- und Stadtverwaltungen informieren darüber, wo sich die nächste Annahmestelle befindet. **Darüber hinaus ist für neue Batterien Pfandgebühr zu bezahlen, wenn beim Kauf keine Altbatterie zurückgegeben wird.**

Einbau

Hinweis: Insbesondere beim SCENIC ist die Originalbatterie unbedingt gegen eine Batterie gleichen Typs zu ersetzen. Die Batterie muß abgedichtet und mit Sicherheitsventilen ausgestattet sein.

- Vor dem Einbau Batterie-Pole blank kratzen, geeignet ist dazu eine Messingdrahtbürste.
- Batterie einsetzen. Halteplatte beziehungsweise Haltestangen ansetzen und festschrauben.

Achtung: Bevor die Batteriekabel angeklemmt werden, prüfen, ob alle Stromverbraucher ausgeschaltet sind. Andernfalls können beim Anklemmen Funken überspringen beziehungsweise elektrische Einrichtungen beschädigt werden. Auf einwandfreie Masseanschlüsse und saubere Kontakte achten.

- Pluskabel am Pluspol (+), dann Massekabel am Minuspol (–) anklemmen. **Achtung:** Durch eine falsch angeschlossene Batterie können erhebliche Schäden am Generator und an der elektrischen Anlage entstehen. Zur Verhinderung von Korrosion beide Anschlußklemmen nach dem Anklemmen mit speziellem Polfett bestreichen oder mit Vaseline.

MÉGANE bis 3/99

- Windlaufgitterhälfte einsetzen und anschrauben.

SCENIC

- Deckel für Batterie unter dem Beifahrersitz anbringen und mit den Befestigungslaschen fixieren. Die Laschen sind in Stellung »F« fixiert.
- Sitz wieder in Normalstellung vorklappen. Metallschiene für Längsverstellung nach unten klappen und mit den Flügelmuttern sichern.
- Sicherstellen, daß die Hebel –A– (in Abbildung R-5486) eingerastet sind.

- Generatorspannung prüfen, siehe Seite 250.

Hinweis: Eine zu hohe Ladespannung des Generators kann die Ursache für den Ausfall der bisherigen Batterie gewesen sein und, falls der Fehler weiter besteht, die neue Batterie schädigen.

- Zeituhr einstellen.
- Falls nötig, Diebstahlcode für Radio eingeben, siehe Radio-Bedienungsanleitung. Die Sender neu speichern.
- Fahrzeuge mit Zentralverriegelung: Nach dem Anklemmen der Batterie müssen die Türen mit der Fernbedienung einmal ver- und wieder entriegelt werden, bevor der Motor gestartet wird, sonst ist die Wegfahrsperre noch aktiviert.

Hinweise zur wartungsarmen Batterie

Der MÉGANE ist serienmäßig mit einer **wartungsarmen** Batterie ausgestattet. Bei dieser Batterie muß nur selten im Rahmen der Wartung destilliertes Wasser nachgefüllt werden, dennoch sind einige Wartungspunkte zu beachten. **Achtung:** Bei der Batterie des SCENIC handelt es sich um eine **wartungsfreie** Batterie. Es kann kein Wasser nachgefüllt werden, da die Batterie nicht geöffnet werden darf.

- Der Deckel hat eine Entlüftungsöffnung, über die die Batterie atmen kann. Damit keine Batteriesäure austreten kann, darf die Batterie nicht mehr als 45° geneigt werden.
- Zum Laden können die normalen Ladegeräte oder Schnelladegeräte verwendet werden. In diesem Fall Batterie zum Laden ausbauen.
- Wird zum Laden ein elektronisches Ladegerät verwendet, kann die Batterie eingebaut und angeschlossen bleiben. Die Elektronik des Ladegeräts verhindert schädliche Spannungsspitzen beim Laden.
- Tiefentladene Batterien nur mit einem elektronischen Ladegerät laden. Beim Laden mit Normal- oder Schnelladegeräten ist der Anfangsstrom zu hoch, so daß die Batterie geschädigt oder zerstört werden kann.
- Bei zu niedrigem Säurestand, destilliertes Wasser nachfüllen, siehe Kapitel »Wartung«.
- Wird das Fahrzeug länger als 6 Wochen stillgelegt, Batterie ausgebaut und geladen lagern. Die günstigste Lagertemperatur liegt zwischen 0° C und +27° C. Bei diesen Temperaturen hat die Batterie die günstigste Selbstentladungsrate. **Spätestens nach 3 Monaten Batterie erneut aufladen, da sie sonst unbrauchbar wird.**

- Batteriepole regelmäßig reinigen und mit Polfett einreiben.
- Starthilfegeräte dürfen nur ausnahmsweise verwendet werden, da die Batterie hierdurch kurzfristig einer sehr hohen Stromstärke ausgesetzt wird.

Achtung: Starthilfegerät nicht einschalten, ohne gleichzeitig den Anlasser zu betätigen.

Batterie prüfen

Säurestand prüfen

- Deckelleiste an der Batterie mit Schraubendreher abhebeln und in die Öffnungen der Batteriezellen schauen. Bei einigen Batterien ist der Säurestand auch von außen sichtbar.
- Der Säurestand muß in den einzelnen Zellen etwa 1,5 cm über den Bleiplatten liegen. Auf jeden Fall muß destilliertes Wasser nachgefüllt werden, wenn die Platten aus der Säure herausragen. Nur destilliertes oder entmineralisiertes Wasser nachfüllen.

Spannung prüfen

Der Batterie-Zustand wird durch Messen der Spannung mit einem Voltmeter zwischen den Batteriepolen überprüft.

- Batteriepole abklemmen, siehe Seite 244.
- Vor der Prüfung muß die Batterie mindestens 2 Stunden abgeklemmt sein.

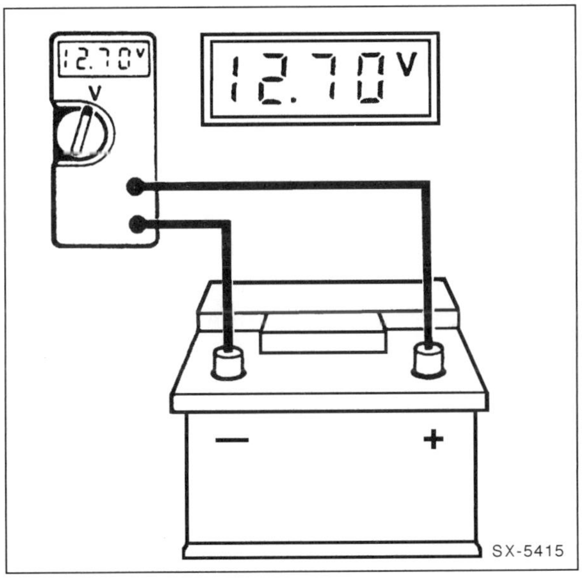

SX-5415

- Voltmeter an die Batteriepole anschließen und Spannung messen.

Beurteilung:
12,7 Volt oder darüber = Batterie in gutem Zustand
12,5 Volt = normal
12,3 Volt oder darunter = Batterie in schlechtem Zustand, Batterie laden oder ersetzen

- Batterie anklemmen, siehe Seite 244.

Batterie unter Belastung prüfen

- Voltmeter an den Polen der Batterie anschließen.
- Motor starten und Spannung ablesen.
- Während des Startvorganges darf bei einer vollen Batterie die Spannung nicht unter 10 Volt (bei einer Säuretemperatur von ca. +20° C) abfallen.
- Bricht die Spannung sofort zusammen und wurde in den Zellen eine unterschiedliche Säuredichte festgestellt, so ist auf eine defekte Batterie zu schließen.

Säuredichte prüfen

- Säuredichte- und Spannungsmessung ergeben genauen Aufschluß über den Ladezustand der Batterie.

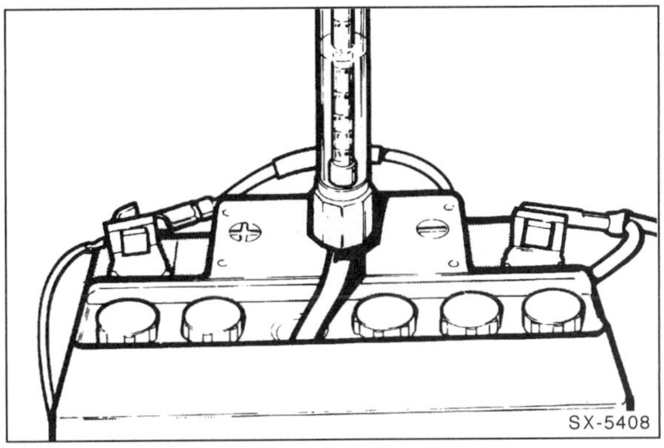
SX-5408

- Säureprüfer, zum Beispiel HAZET-4650-1, in eine der Batteriezellen eintauchen und soviel Säure ansaugen, bis der Schwimmer frei in der Säure schwimmt. Je größer das spezifische Gewicht (Säuredichte) der angesaugten Batteriesäure ist, desto mehr taucht der Schwimmer auf. An der Skala kann man die Säuredichte in spezifischem Gewicht (g/ml) oder Baumégrad (+°Bé) ablesen. Folgende Werte müssen erreicht werden (bei einer Säuretemperatur von ca. +20° C):

Ladezustand	+°Bé	g/ml
entladen	16	1,15
halb entladen	24	1,22
gut geladen	30	1,26

- Nacheinander jede Batteriezelle prüfen, alle Zellen müssen die gleiche Säuredichte (maximale Differenz 0,04 g/ml) haben. Sonst kann auf eine defekte Batterie geschlossen werden.

Batterie entlädt sich selbständig

Je nach Fahrzeugausstattung addiert sich zur natürlichen Selbstentladung der Batterie auch die Stromaufnahme der verschiedenen Steuergeräte im Ruhezustand. Daher sollte die Batterie eines stehenden Fahrzeugs spätestens alle 6 Wochen nachgeladen werden. Wenn der Verdacht auf Kriechströme besteht, Bordnetz nach folgender Anleitung prüfen:

- Zur Prüfung geladene Batterie verwenden.

- Alle Verbraucher ausschalten, vorhandene Zeituhr (Dauerverbraucher) abklemmen, Türen und Motorhaube schließen. Heckklappenschalter schließen.
- Batterie-Massekabel (–) von der Batterie abklemmen. **Achtung:** Dadurch können elektronische Speicher gelöscht werden, wie zum Beispiel der Radiocode. Vor dem Abklemmen der Batterie sollten auch die Hinweise im Kapitel »Batterie aus- und einbauen« durchgelesen werden.

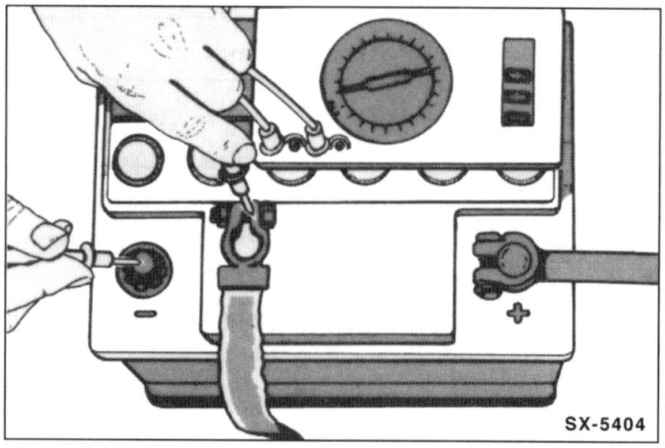

- Am Amperemeter (Meßbereich von 0 – 5 mA bis 5 A) den höchsten Meßbereich einstellen. Amperemeter zwischen Batterie-Minuspol und Massekabel schalten.

Achtung: Die Prüfung kann auch mit einer Prüflampe durchgeführt werden. Leuchtet die Lampe zwischen Masseband und Minuspol der Batterie jedoch nicht auf, ist auf jeden Fall ein Amperemeter zu verwenden.

- Vom Amperebereich solange auf den Milliamperebereich zurückschalten, bis eine ablesbare Anzeige erfolgt (1 – 3 mA sind zulässig).
- Durch Herausnehmen der Sicherungen nacheinander die verschiedenen Stromkreise unterbrechen. Wenn bei einem der unterbrochenen Stromkreise die Anzeige auf Null zurückgeht, ist hier die Fehlerquelle zu suchen. Fehler können sein: korrodierte und verschmutzte Kontakte, durchgescheuerte Leitungen, interner Schluß in Aggregaten.
- Wird in den abgesicherten Stromkreisen kein Fehler gefunden, so sind die Leitungen an den nicht abgesicherten Aggregaten abzuziehen. Diese sind: Zündanlage, Generator und Anlasser.
- Geht beim Abklemmen von einem der ungesicherten Aggregate die Anzeige auf Null zurück, betreffendes Bauteil überholen oder austauschen. Bei Stromverlust in Anlasser oder Zündanlage immer auch den Zündschalter nach Stromlaufplan prüfen.
- Batterie-Massekabel (–) anklemmen. Zeituhr einstellen. Radiosender programmieren.

Batterie laden

Die mit ■ gekennzeichneten Positionen entfallen bei der wartungsarmen Batterie. Serienmäßig besitzt der MÉGANE (außer SCENIC) eine wartungsarme Batterie. Hinweise zur wartungsarmen Batterie beachten.

Achtung: Batterie niemals kurzschließen, das heißt Plus- (+) und Minuspol (–) dürfen nicht verbunden werden. Bei Kurzschluß erhitzt sich die Batterie und kann platzen. Nicht mit offener Flamme in Batterie leuchten. Batteriesäure ist ätzend und darf nicht in die Augen, auf die Haut oder die Kleidung gelangen, gegebenenfalls mit viel Wasser abspülen.

- Vor dem Laden Plus- (+) und Massekabel (–) von Batterie abklemmen, Massekabel zuerst.
- Vor dem Laden Säurestand prüfen, gegebenenfalls destilliertes Wasser nachfüllen.
- Gefrorene Batterie vor dem Laden auftauen. Eine geladene Batterie friert bei ca. –65° C, eine halbentladene bei ca. –30° C und eine entladene bei ca. –12° C.
- Eine Batterie, die lange Zeit entladen war (Tiefentladung) kann mit einem Normalladegerät nicht mehr vollständig oder gar nicht mehr aufgeladen werden. In diesem Fall elektronisches Ladegerät verwenden, da durch den geringeren Ladestrom die Batterie nicht so stark erhitzt wird.
- Vor dem Laden Ruhespannung prüfen, siehe Seite 247.
- ■ Stopfen aus der Batterie herausschrauben und leicht auf die Öffnungen legen. Dadurch werden Säurespritzer auf dem Lack vermieden, während die beim Laden entstehenden Gase entweichen können.
- Batterie nur in gut belüftetem Raum laden. Beim Laden der eingebauten Batterie Heckklappe geöffnet lassen.
- Bei der Normalladung beträgt der Ladestrom ca. 10 % der Kapazität. (Bei einer 50-Ah-Batterie also etwa 5,0 A.) Als Richtwert für die Ladezeit kann dann 10 Stunden genommen werden.
- Pluspol (+) der Batterie mit Pluspol (+), Minuspol (–) der Batterie mit Minuspol (–) des Ladegerätes verbinden.
- Die Säuretemperatur darf während des Ladens +55° C nicht überschreiten, gegebenenfalls Ladung unterbrechen oder Ladestrom herabsetzen.
- ■ So lange laden, bis alle Zellen lebhaft gasen und bei drei im Abstand von je einer Stunde aufeinanderfolgenden Messungen das spezifische Gewicht der Säure und die Spannung nicht mehr angestiegen sind.
- ■ Nach der Ladung Säurestand prüfen, gegebenenfalls destilliertes Wasser nachfüllen.
- ■ Säuredichte prüfen. Liegt der Wert in einer Zelle deutlich unterhalb der anderen Werte (z. B. 5 Zellen zeigen 1,26 g/ml und 1 Zelle 1,18 g/ml), so ist die Batterie defekt und sollte erneuert werden.
- ■ Batterie ca. 20 Minuten ausgasen lassen, dann Verschlußstopfen aufschrauben.

Achtung: Der Motor darf nicht bei abgeklemmter Batterie laufen, da sonst die elektrische Anlage beschädigt wird.

Störungsdiagnose Batterie

Störung	Ursache	Abhilfe
Abgegebene Leistung ist zu gering, Spannung fällt stark ab.	Batterie entladen.	■ Batterie nachladen.
	Ladespannung zu niedrig.	■ Spannungsregler prüfen, ggf. austauschen.
	Anschlußklemmen lose oder oxydiert.	■ Anschlußklemmen reinigen und besonders Unterseite mit Säureschutzfett leicht einfetten, Befestigungsschrauben anziehen.
	Masseverbindungen Batterie-Motor-Karosserie sind schlecht.	■ Masseverbindung überprüfen, ggf. metallische Verbindungen herstellen oder Schraubverbindungen festziehen. Korrodierte Befestigungsschrauben ersetzen.
	Zu große Selbstentladung der Batterie durch Verunreinigung der Batteriesäure.	■ Batterie austauschen.
	Evtl. Batterie sulfatiert (grauweißer Belag auf den Plus- und Minusplatten).	■ Batterie mit kleinem Strom laden, damit sich der Belag langsam zurückbildet. Falls nach wiederholter Ladung und Entladung die abgegebene Leistung immer noch zu gering ist, Batterie austauschen.
	Batterie verbraucht, aktive Masse der Platten ausgefallen.	■ Batterie austauschen.
Nicht ausreichende Ladung der Batterie.	Fehler an Generator, Spannungsregler oder Leitungsanschlüssen.	■ Generator und Spannungsregler überprüfen, instand setzen bzw. austauschen.
	Keilrippenriemen locker, Spannvorrichtung defekt.	■ Spannvorrichtung prüfen, ggf. Keilrippenriemen ersetzen.
	Zu viele Verbraucher angeschlossen.	■ Stärkere Batterie einbauen; evtl. auch leistungsstärkeren Generator verwenden.
Säurestand zu niedrig.	Überladung, Verdunstung (besonders im Sommer).	■ Destilliertes Wasser bis zur vorgeschriebenen Höhe nachfüllen (bei geladener Batterie).
Säuredichte zu niedrig.	Batterie entladen.	■ Batterie laden.
	Säuredichte in einer Zelle deutlich niedriger als in den übrigen Zellen.	■ Kurzschluß in einer Zelle. Batterie erneuern.
	Säuredichte in zwei benachbarten Zellen deutlich niedriger als in den übrigen Zellen.	■ Trennwand undicht, dadurch entsteht eine leitende Verbindung zwischen den Zellen, wodurch die Zellen entladen werden. Batterie erneuern.
	Kurzschluß im Leitungsnetz.	■ Elektrische Anlage überprüfen.
Batterie gast nach Abstellen des Motors sehr stark. Geruch nach faulen Eiern.	Spannungsregler am Generator defekt. Batterie wird zu stark geladen und beginnt zu gasen. Dabei bildet sich Schwefelwasserstoff (H_2S).	■ Ladespannung bzw. Spannungsregler des Generators prüfen, ggf. Spannungsregler ersetzen.

Der Generator

Der Motor ist mit einem Drehstromgenerator ausgerüstet, der von der Kurbelwelle über den Keilrippenriemen angetrieben wird. Dabei dreht sich der Läufer mit der Erregerwicklung innerhalb der feststehenden Ständerwicklung mit etwa doppelter Motordrehzahl.

Über Kohlebürsten und Schleifringe fließt der Erregerstrom durch die Erregerwicklung. Dabei bildet sich ein Magnetfeld. Die Lage des magnetischen Feldes zur Ständerwicklung ändert sich ständig, entsprechend der Umdrehung des Läufers. Dadurch wird in der Ständerwicklung ein Drehstrom erzeugt.

Da die Batterie aber nur mit Gleichstrom geladen werden kann, wird der Drehstrom durch Gleichrichter in der Diodenplatte in Gleichstrom umgewandelt. Der Spannungsregler verändert den Ladestrom durch Ein- und Ausschalten des Erregerstromes, entsprechend dem Ladezustand der Batterie. Gleichzeitig hält der Regler die Betriebsspannung konstant bei ca. 14 Volt, unabhängig von der Drehzahl.

Sicherheitshinweise bei Arbeiten am Drehstromgenerator

Bei Arbeiten am Drehstromgenerator sind verschiedene Punkte zu beachten, um Schäden an der Anlage zu vermeiden. Das komplette Zerlegen und Überholen des Drehstromgenerators sollte von einer Fachwerkstatt durchgeführt werden.

- Wenn eine zusätzliche Batterie (z. B. als Starthilfe) angeschlossen wird, unbedingt darauf achten, daß die gleichen Batteriepole miteinander verbunden werden.
- Motor nicht ohne Batterie laufen lassen.
- Klemmen am Drehstromgenerator und am Regler niemals kurzschließen.
- Kabel an Spannungsregler und Generator **nicht** vertauschen. Kabel vor dem Abklemmen mit Tesaband kennzeichnen.
- Werden am Fahrzeug elektrische Schweißarbeiten durchgeführt, müssen unbedingt die Batterie und der Spannungsregler am Generator abgeklemmt werden.

Generator-Ladespannung prüfen

- Voltmeter zwischen Plus- und Minuspol der Batterie anschließen.
- Motor starten. Die Spannung darf beim Startvorgang bis 8 Volt (bei +20° C Außentemperatur) absinken.
- Motordrehzahl auf 3000/min erhöhen. Die Spannung soll dann 13,5 bis 14,8 Volt betragen. Dies ist ein Beweis, daß Generator und Regler arbeiten. Die Generatorspannung (Bordspannung) muß höher als die Batteriespannung sein, damit die Batterie im Fahrbetrieb wiederaufgeladen wird.
- Regelstabilität prüfen. Dazu Fernlicht und Gebläse einschalten und Messung bei 3000/min wiederholen. Die gemessene Spannung soll 13,5 bis 14,8 Volt betragen.
- Liegen die gemessenen Werte außerhalb der Sollwerte, Generator von Fachwerkstatt überprüfen lassen.

Generator aus- und einbauen

Achtung: Den Generator gibt es mitunter auch als Austauschteil. Das bedeutet, daß ein defekter Generator bei Kauf eines überholten oder neuen Generators vom Hersteller in Zahlung genommen wird, daher das Altteil zum Händler mitnehmen.

Ausbau

- **Wichtig:** Batterie-Massekabel (–) von der Batterie abklemmen. **Achtung:** Dadurch werden die elektronischen Speicher gelöscht, wie zum Beispiel der Radiocode. Vor dem Abklemmen der Batterie sollten auch die Hinweise im Kapitel »Batterie aus- und einbauen« durchgelesen werden.

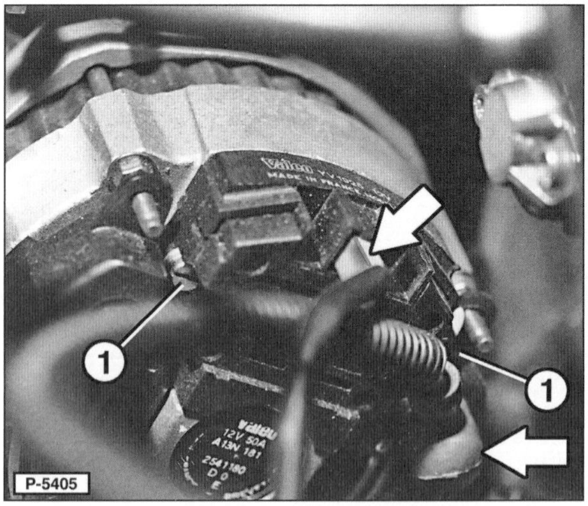

- Dicke (B+) und dünne (D+) -Leitung –Pfeile– an der Generator-Rückseite abschrauben, beziehungsweise abziehen. 1 – Befestigungsschrauben.

1,4-/1,6-l-Benzinmotor (E7J/K7M)

- Rechtes Vorderrad zur Radnabe mit Farbe kennzeichnen. Dadurch kann das ausgewuchtete Rad wieder in derselben Position montiert werden. Radschrauben bei auf dem Boden stehendem Fahrzeug lösen. Fahrzeug vorn aufbocken und Vorderrad abnehmen.

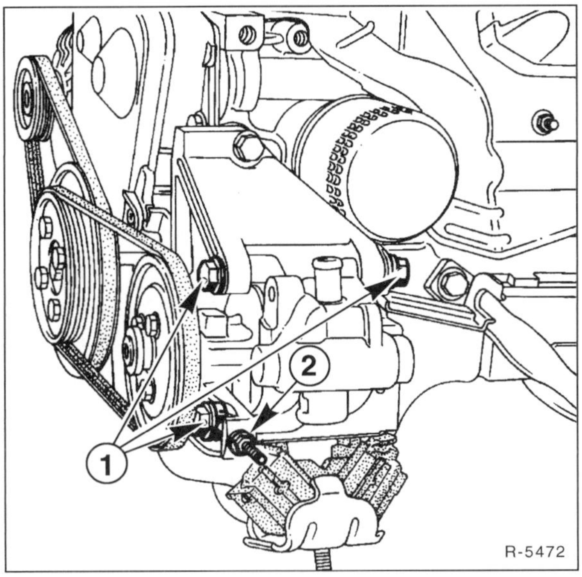

- 3 Schrauben –1– der Lenkhilfepumpe lösen, nicht abschrauben. Keilrippenriemen an Mutter –2– entspannen und abnehmen. Keilriemen bei Fahrzeugen mit Klimaanlage ausbauen, siehe Seite 54.

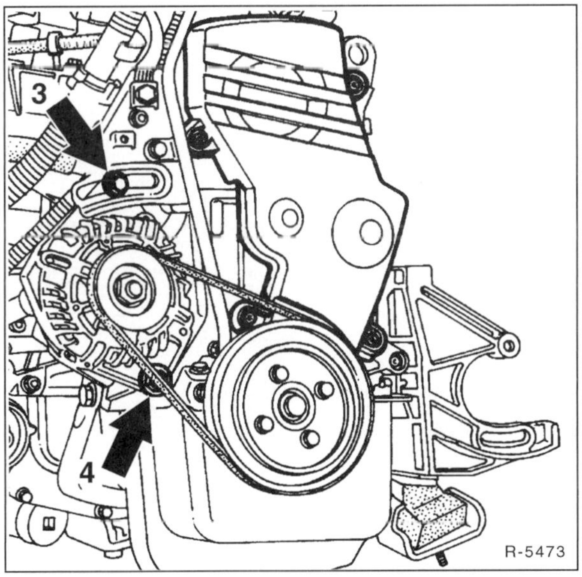

- Klemmschraube –3– herausdrehen, Lagerschraube –4– lösen und Generator zum Motor schwenken. Keilriemen abnehmen.

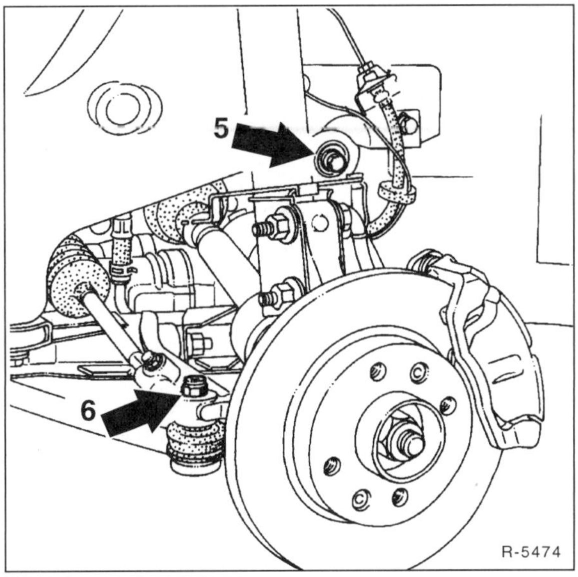

- Lagerschraube –4– durch die Öffnung –5– im rechten Radkasten herausnehmen.
- Mutter –6– für Spurstangengelenk abschrauben und Spurstangenkopf ausdrücken, siehe Seite 153.
- Vorderachse am Querlenker abstützen, damit die Gelenkwelle nach Ausbau des Federbeins nicht nach unten durchhängt. Dazu geeigneten Stützbock oder Hydraulikheber unter dem Querlenker postieren.

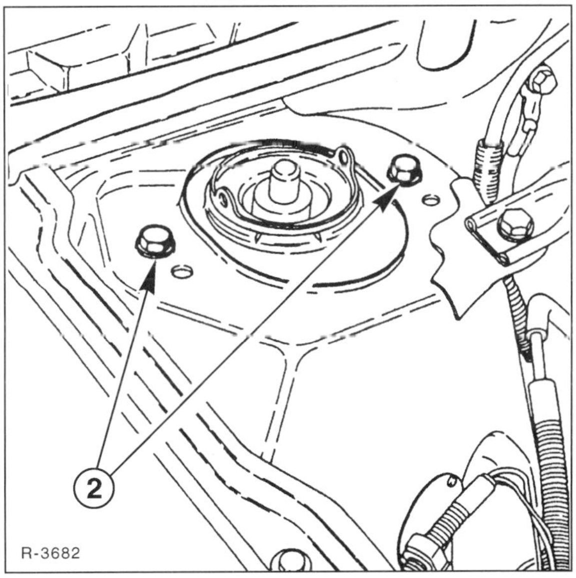

- Schrauben –2– für Federbein am Federbeindom abschrauben. Für den leichteren Einbau, vorher Schraubenköpfe mit Farbstift umkreisen.
- Federbein mit Radträger soweit wie möglich absenken, ohne daß die Gelenkwellengelenke auf Anschlag gehen, damit der Generator über den rechten Radkasten herausgenommen werden kann.
- Generator herausnehmen.

Einbau

- Generator einsetzen, Schrauben –3– und –4– einsetzen und noch nicht festziehen, siehe Abbildung R-5473.
- **Neuen** Keilrippenriemen für Generator und Lenkhilfe auflegen und spannen, siehe Seite 54.
- Dicke (B+) und dünne (D+) -Leitung hinten am Generator anschließen, siehe unter »Ausbau«.
- Federbein in gleicher Position wie vor dem Ausbau einsetzen. Federbein oben am Federbeindom mit **30 Nm** anschrauben, siehe Seite 130.
- Spurstangengelenk am Achsschenkelträger eindrücken und mit **neuer, selbstsichernder Mutter** und **35 Nm** anschrauben.
- Vorderrad anschrauben. Radschrauben nicht ölen oder fetten. Rad so ansetzen, daß die beim Ausbau angebrachte Markierung übereinstimmt. Fahrzeug ablassen, Radschrauben über Kreuz mit **90 Nm** festziehen.

Speziell 1,4-/1,6-l-Benzinmotor (K4J/K4M)

- Rechtes Vorderrad zur Radnabe mit Farbe kennzeichnen. Dadurch kann das ausgewuchtete Rad wieder in derselben Position montiert werden. Radschrauben bei auf dem Boden stehendem Fahrzeug lösen. Fahrzeug vorn aufbocken und Vorderrad abnehmen.
- Gegebenenfalls rechten Innenkotflügel/Schmutzfänger abschrauben und abnehmen, siehe Seite 192.
- Keilrippenriemen ausbauen, siehe Seite 54.
- Wenn nötig, Halterung der Servolenkung am Kühlerventilator abziehen. Kühlerventilator etwas wegdrücken.
- Dicke (B+) und dünne (D+)-Leitung an der Generatorrückseite abschrauben beziehungsweise abziehen, siehe Abbildung P-5405.

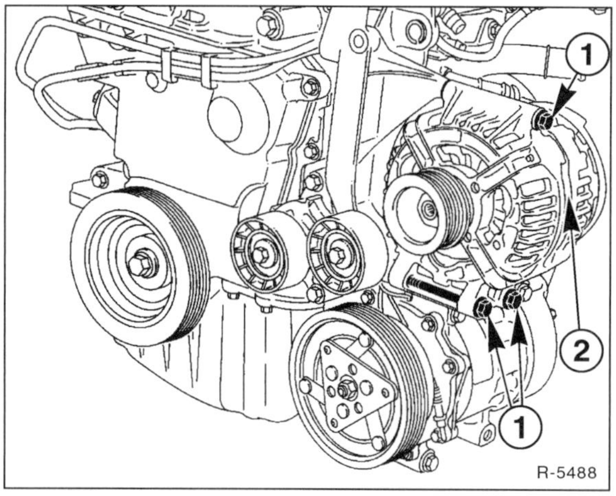

R-5488

- 3 Schrauben –1– herausdrehen und Generator –2– herausnehmen.

Einbau

- Generator einsetzen und mit 3 Schrauben und **21 Nm** anschrauben.
- Keilrippenriemen einbauen, siehe Seite 54.
- Gegebenenfalls Kühlerventilator in korrekte Lage bringen. Halterung der Servolenkung am Kühlerventilator befestigen.
- Dicke (B+)-Leitung und dünne (D+)-Leitung am Generator anschrauben beziehungsweise aufschieben.
- Falls ausgebaut, rechten Innenkotflügel/Schmutzfänger einsetzen und anschrauben, siehe Seite 192.
- Vorderrad anschrauben. Radschrauben nicht ölen oder fetten. Rad so ansetzen, daß die beim Ausbau angebrachte Markierung übereinstimmt. Fahrzeug ablassen, Radschrauben über Kreuz mit **90 Nm** anziehen.

Speziell 2,0-l/113 PS-Benzinmotor

Ausbau

- Keilrippenriemen ausbauen, siehe Seite 54.

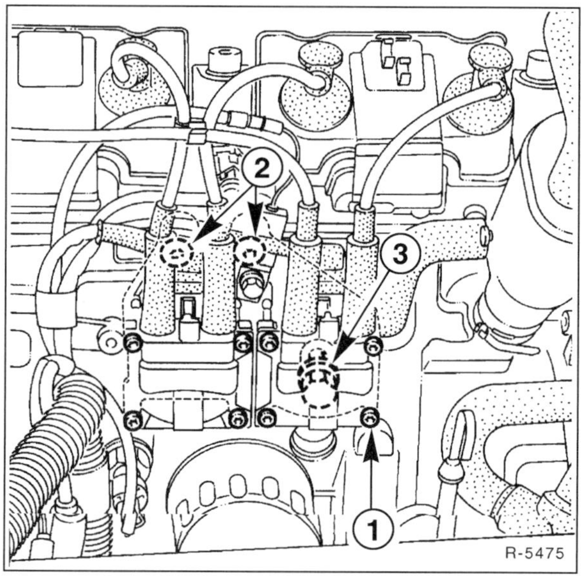

R-5475

- Um die Lagerschraube für den Generator zu lösen, müssen die Zündspulen mit Halterung ausgebaut werden, dazu Schrauben in Reihenfolge –1– bis –3– abschrauben. Halterung nach unten schieben.
- Generator oben und unten abschrauben und herausnehmen.

Einbau

- Generator einsetzen und anschrauben.
- **Neuen** Keilrippenriemen einbauen und spannen, siehe Seite 54.
- Dicke (B+) Leitung hinten am Generator anschrauben, dünne (D+) Leitung aufstecken.
- Zündspulen einbauen, siehe Seite 80.

Speziell 2,0-l-16V-Benzinmotor (150 PS)

Ausbau

- Rechtes Innenkotflügel-Vorderteil ausbauen, siehe Seite 192.

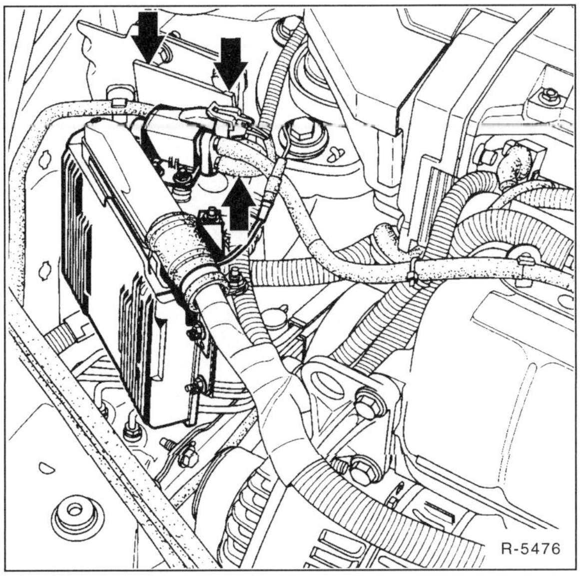

- Schlauch für Aktivkohlefilter abziehen und Steuergerät der Benzin-Einspritzung am Halter abschrauben –Pfeile–. Steuergerät mit angeschlossenem Stecker auf dem Motor ablegen.
- Keilrippenriemen ausbauen, dabei muß der Riemenspanner mit einem Dorn fixiert werden, siehe Seite 54.
- Riemenspanner entspannen, indem der Dorn abgezogen wird.

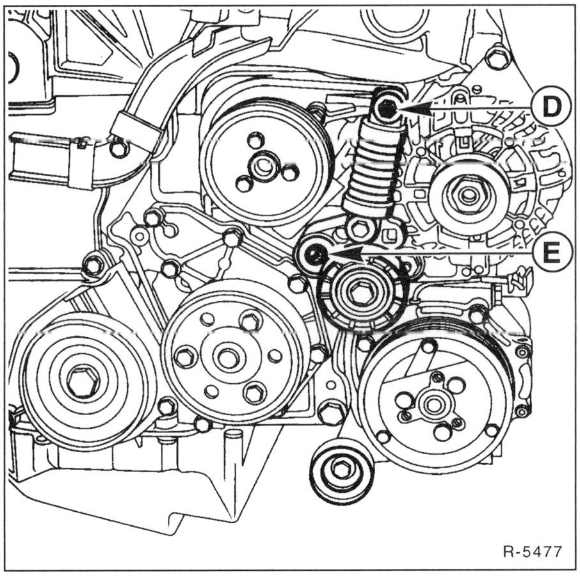

- Schrauben –D– und –E– abschrauben und Spanner abnehmen. Bei Schraube –E– darauf achten, daß die Unterlegscheibe zwischen Spanner und Motor nicht verlorengeht.
- Dicke (B+) Leitung hinten am Generator anschrauben, dünne (D+) Leitung aufstecken.
- Ausgleichbehälter für Servolenkung von der Halterung abschrauben und mit angeschlossenen Leitungen zur Seite hängen.
- Generator abschrauben und herausheben. Zum Lösen der Schrauben wird ein etwa 20 cm langer Steckschlüssel mit 10mm-Sechskant benötigt.

Einbau

- Generator einsetzen und anschrauben.
- Ausgleichbehälter für Servolenkung an Halterung anschrauben.
- Riemenspanner einsetzen und mit folgenden Anzugsmomenten anschrauben: Schraube –D– mit **25 Nm**, Schraube –E– mit **65 Nm** festschrauben. Unterlegscheibe zwischen Riemenspanner und Motor bei Schraube –E– nicht vergessen.
- **Neuen** Keilrippenriemen einbauen, siehe Seite 54.
- Schlauch am Aktivkohlefilter aufstecken und Steuergerät der Benzin-Einspritzung am Halter anschrauben.
- Elektrische Leitungen am Generator anschließen, siehe unter »Ausbau«.
- Innenkotflügel einbauen.

Speziell Dieselmotor

Ausbau

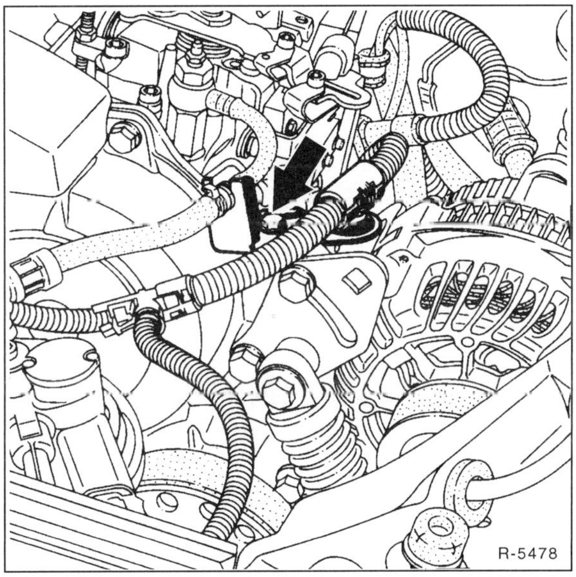

- Halterung für Diesel-Kraftstoffschlauch abschrauben.

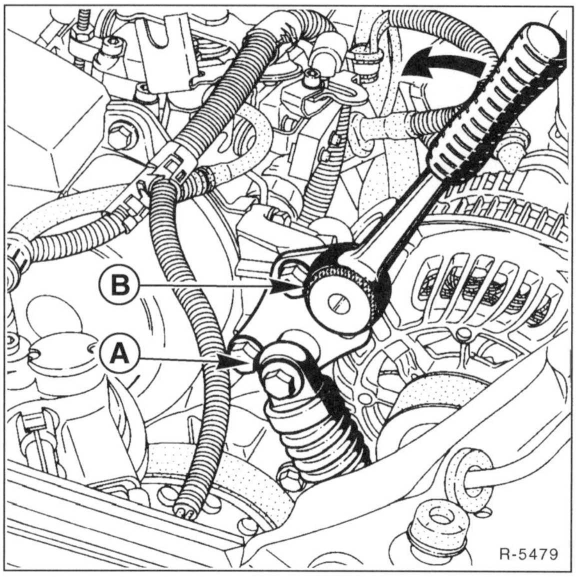

- Riemenspanner mit 9mm-Vierkantschlüssel halten. Dabei Schraube –A– und dann Schraube –B– bis zum Überstand des Bundes lösen. Anschließend Schlüssel in Pfeilrichtung schwenken und Riemen abnehmen.
- Rechten Innenkotflügel ausbauen, siehe Seite 192.
- Generator abschrauben und herausheben.

Einbau

- Generator einsetzen und anschrauben.
- **Neuen** Keilrippenriemen auflegen und spannen, siehe Seite 54.
- Dicke (B+) Leitung hinten am Generator anschrauben, dünne (D+) Leitung aufstecken.
- Innenkotflügel einbauen.

- Batterie-Massekabel (–) anklemmen. Zeituhr einstellen. Radiosender programmieren.

Spannungsregler/Kohlebürsten für Generator ersetzen

Der Spannungsregler ist im Kohlebürstenhalter des Generators integriert. Die Kohlebürsten können nicht einzeln ersetzt werden. Die Kohlebürsten verschleißen recht langsam; im Schnitt sind sie nach etwa 120.000 km abgenutzt. Es empfiehlt sich, sie vorsorglich etwas früher auszuwechseln.

Ausbau

- Der Ausbau ist bei eingebautem Generator möglich.
- Batterie-Massekabel (–) abklemmen. **Achtung:** Dadurch werden elektronische Speicher gelöscht, wie zum Beispiel der Radiocode. Hinweise im Kapitel »Batterie aus- und einbauen« beachten.

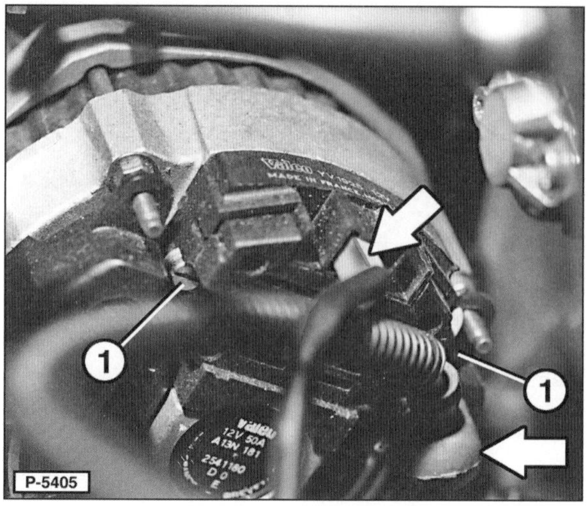

- 2 Befestigungsschrauben –1– abschrauben, Spannungsregler an der Rückseite des Generators herausziehen.
- Stecker vom Spannungsregler abziehen.

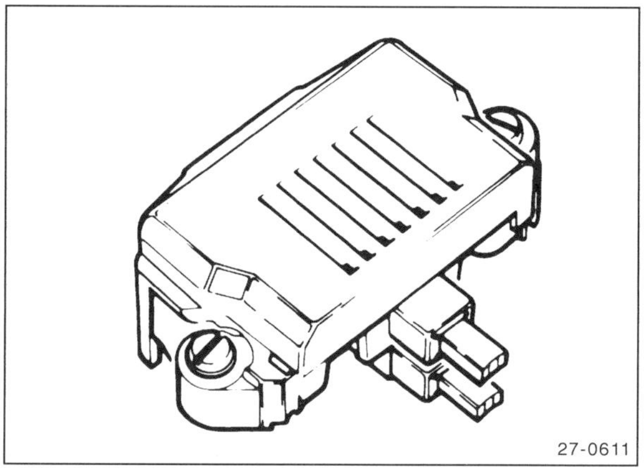

- Spannungsregler ersetzen, wenn die Länge der Bürsten 5 mm oder weniger beträgt.
- Schleifringe am Generatoranker auf Verschleiß prüfen, gegebenenfalls feinstüberdrehen und polieren lassen.

Einbau

- Neuen Spannungsregler mit Montagekappe aufsetzen und leicht anschrauben.
- Montagekappe nach oben abziehen.
- Beiliegende Abdeckkappe aufsetzen und M4-Befestigungsschrauben mit 2 Nm, M5-Schrauben mit 4 Nm festziehen.
- Batterie-Massekabel (–) anklemmen. Zeituhr einstellen, wo vorhanden, Diebstahlcode für Radio eingeben.

Störungsdiagnose Generator

Störung	Ursache	Abhilfe
Ladekontrollampe brennt nicht bei eingeschalteter Zündung.	Batterie leer.	■ Laden.
	Kabel an Generator locker oder korrodiert.	■ Kabel auf einwandfreien Kontakt prüfen, Schraube festziehen.
	Ladekontrollampe durchgebrannt.	■ Ersetzen.
	Regler defekt.	■ Regler prüfen, gegebenenfalls austauschen.
	Unterbrechung in der Leitungsführung zwischen Generator, Zündschloß und Kontrollampe.	■ Mit Ohmmeter nach Stromlaufplan untersuchen.
	Steckverbindungen zwischen Gleichrichterplatte und Spannungsregler nicht gesteckt.	■ Generator demontieren, gegebenenfalls Stecker ersetzen.
	Kohlebürsten liegen nicht auf dem Schleifring auf.	■ Freigängigkeit der Kohlebürsten und Mindestlänge (5 mm) prüfen.
	Erregerwicklung im Generator durchgebrannt.	■ Läufer austauschen.
Ladekontrollampe verlöscht nicht bei Drehzahlsteigerung.	Keilrippenriemen locker.	■ Keilrippenriemen spannen.
	Kohlebürsten abgenutzt.	■ Kohlebürsten sichtprüfen, gegebenenfalls austauschen.
	Spannungsregler defekt.	■ Regler prüfen, gegebenenfalls austauschen.
	Leitung zwischen Drehstromgenerator und Regler defekt.	■ Leitung und Kontakte prüfen, ggf. Leitungsstrang ersetzen.
Ladekontrollampe brennt bei ausgeschalteter Zündung.	Plusdiode hat Kurzschluß.	■ Dioden prüfen, gegebenenfalls Diodenplatte austauschen.

Der Anlasser

Zum Starten des Verbrennungsmotors ist ein kleiner elektrischer Motor, der Anlasser, erforderlich. Damit der Motor überhaupt anspringen kann, muß der Anlasser den Verbrennungsmotor auf eine Drehzahl von mindestens 300 Umdrehungen in der Minute beschleunigen. Das funktioniert aber nur, wenn der Anlasser einwandfrei arbeitet und die Batterie hinreichend geladen ist.

Der Anlasser besteht aus einem Antriebs-, Pol- und Kollektorgehäuse. In dem Pol- und Kollektorgehäuse sind Anker und Kollektor gelagert sowie der Bürstenhalter. Im Bürstenhalter befinden sich Kohlebürsten, die sich zwar langsam, aber stetig abnutzen. Bei hoher Abnutzung der Kohlebürsten kann der Anlasser nicht mehr einwandfrei arbeiten.

In dem vorderen Antriebsgehäuse ist der Ritzelantrieb untergebracht. Wenn der Anlasser über den Zündanlaßschalter Spannung erhält, wird über den Magnetschalter, der auf dem Anlassergehäuse sitzt, das Ritzel auf einem Steilgewinde gegen den Zahnkranz des Motor-Schwungrades geschoben. Sobald das Ritzel bis zum Anschlag auf der Spindel vorgelaufen ist, ist es formschlüssig mit dem Schwungrad verbunden. Nun kann der Anlasser den Motor auf die erforderliche Anlaßdrehzahl bringen. Wenn der Verbrennungsmotor anläuft, wird das Ritzel vom Motor her beschleunigt, es läuft also kurzzeitig schneller als der Anlassermotor und spurt aus, wodurch die Verbindung zum Verbrennungsmotor aufgehoben ist.

Da zum Starten eine hohe Stromaufnahme erforderlich ist, ist im Rahmen der Wartung auf eine einwandfreie Kabelverbindung zu achten. Korrodierte Anschlüsse säubern und mit Polschutzfett einstreichen.

Achtung: Den Anlasser gibt es je nach Typ auch als Austauschteil. Das bedeutet, daß ein defekter Anlasser unter Umständen bei Kauf eines überholten oder neuen Anlassers vom Hersteller in Zahlung genommen wird, daher Altteil zum Händler mitnehmen.

Magnetschalter prüfen/ aus- und einbauen

Bei einem Defekt des Magnetschalters wird das Ritzel im Anlasser nicht gegen den Zahnkranz des Schwungrades gezogen. Dadurch kann der Anlasser den Motor nicht durchdrehen. Dieser Defekt tritt häufiger auf als daß der Anlassermotor selbst schadhaft ist. Der Magnetschalter sitzt als kleineres zylindrisches Teil neben dem Anlassermotor.

Prüfen

- Anlasser ausbauen.
- Anlasser an geladene Autobatterie anschließen: Klemme für dickes Pluskabel des Anlassers mit Hilfskabel an Pluspol, Anlassergehäuse mit Minuspol der Batterie verbinden. Als Leitungen eignen sich Starthilfekabel.
- Klemme für dickes Pluskabel und dünnes Kabel (für Zündschloß) am Anlasser kurz mit einem Metallstück überbrücken. Das Anlasserritzel muß nach vorne schnellen (klicken) und der Anlasser anlaufen. Schnellt das Ritzel nicht nach vorn, Magnetschalter erneuern.
- Schnellt das Ritzel nach vorne, ohne daß der Anlasser anläuft, Anlassermotor von einer Werkstatt überholen lassen.

Ausbau

- Kabel zum Anlasser am Magnetschalter abschrauben. Magnetschalter mit 2 Schrauben abschrauben und abnehmen.

Einbau

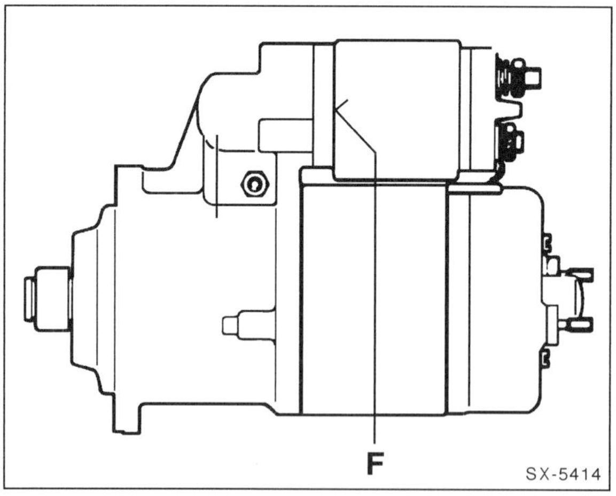

- Trennfuge –F– zum Anlasser mit geeignetem Dichtmittel abdichten.
- Magnetschalter an Gabelhebel im Anlasser einhängen, dann anschrauben.
- Kabel für Anlasser am Magnetschalter anschrauben.
- Anlasser erneut prüfen, wie oben beschrieben.
- Anlasser einbauen.

Anlasser aus- und einbauen

Achtung: Der Aus- und Einbau des Anlassers wird ausführlich für die Motoren E7J, K7M, F3R, F7R, F8Q und F9Q. Spezielle Angaben zu den **1,4-/1,6-l-Benzinmotoren K4J/ K4M** stehen am Ende des Kapitels. Vor Beginn der Arbeiten ist in jedem Fall die Batterie abzuklemmen.

- **Wichtig: Batterie-Massekabel (–) von der Batterie abklemmen. Achtung:** Dadurch werden elektronische Speicher gelöscht, zum Beispiel der Radiocode. Vor Abklemmen der Batterie Hinweise im Kapitel »Batterie aus- und einbauen« durchlesen.

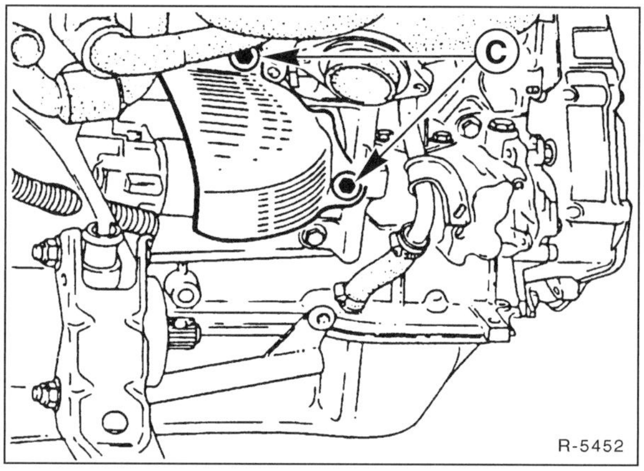

- Falls vorhanden, Hitzeschutzblech für Anlasser abschrauben –C–.

150-PS-Benzinmotor:

- Halterung des Abgaskrümmers abschrauben.

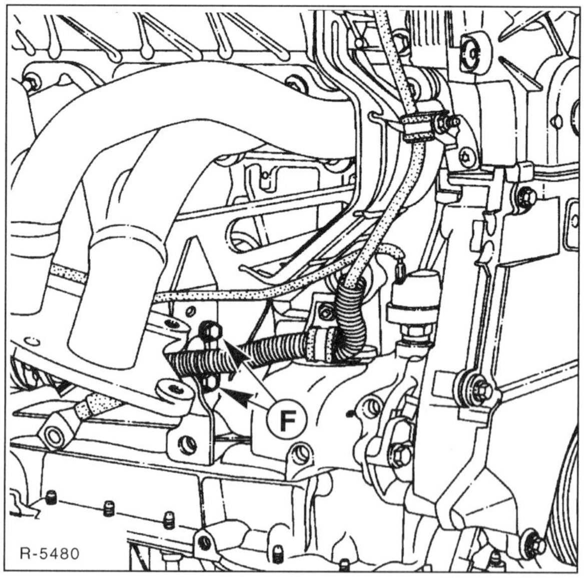

- Schrauben –F– für hinteren Anlasserhalter abschrauben.

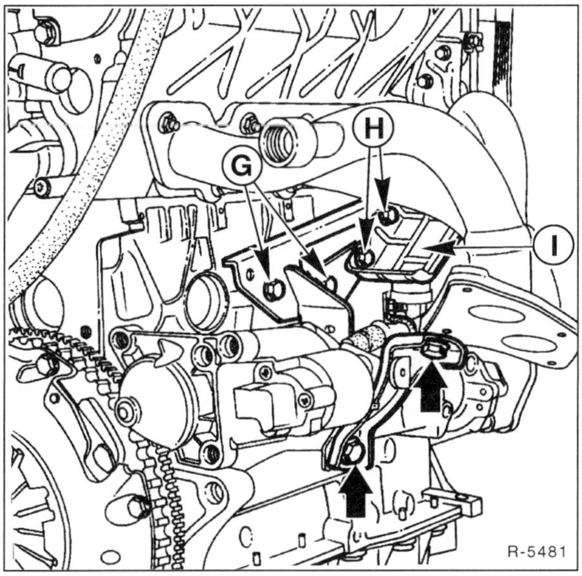

- Schrauben –G– vom hinteren Anlasserhalter abschrauben.
- Schrauben –H– der Abdeckung –I– der Kraftstoffleitungen abschrauben.

Alle Motoren:

- Dickes Pluskabel (Klemme 30) und dünnes Kabel (für Zündschloß, Klemme 50) hinten am Anlasser abschrauben.

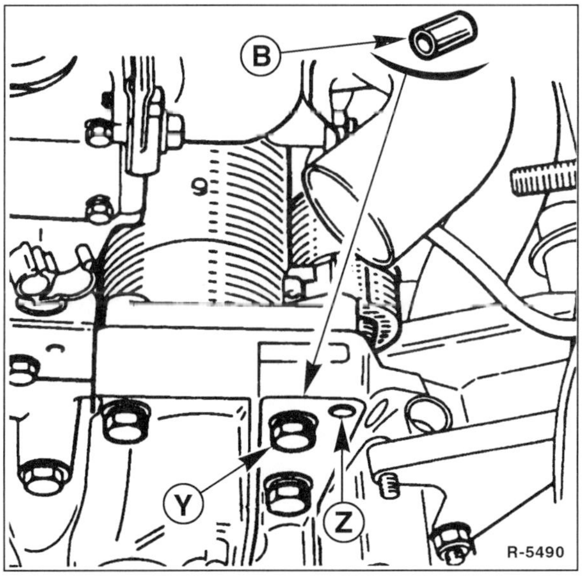

- 3 Schrauben herausdrehen. **Achtung:** Sitz der Zentrierhülse –B– des Anlassers mit Farbstift markieren. Die Hülse sitzt bei den 1,4-l- und 1,6-l-Motoren an Stelle –Y– in der Bohrung der Schraube, bei den 2,0-l- und Dieselmotoren in Bohrung –Z–.
- Anlasser nach oben herausnehmen.

Einbau

- Sicherstellen, daß die Zentrierhülse –B– eingesetzt ist.
- Anlasser einsetzen und mit 3 Schrauben anschrauben.
- Elektrische Leitungen am Anlasser anschrauben.
- 150-PS-Benzinmotor: Hinteren Anlasserhalter und Abdeckung der Kraftstoffleitungen anschrauben, siehe Abbildungen unter »Ausbau«.
- 150-PS-Benzinmotor: Halterung für Abgaskrümmer anschrauben.
- Wo vorhanden, Hitzeschutzblech anschrauben.
- Batterie-Massekabel (–) anklemmen. Zeituhr einstellen. Radiosender programmieren.

Speziell 1,4-/1,6-l-Benzinmotor (K4J/K4M)

- Rechtes Vorderrad zur Radnabe mit Farbe kennzeichnen. Dadurch kann das ausgewuchtete Rad wieder in derselben Position montiert werden. Radschrauben bei auf dem Boden stehendem Fahrzeug lösen. Fahrzeug vorn aufbocken und Vorderrad abnehmen.
- Gegebenenfalls rechten Innenkotflügel/Schmutzfänger abschrauben und abnehmen, siehe Seite 192.
- Gegebenenfalls untere Motorabdeckung abschrauben und abnehmen.
- Spannstift der rechten Gelenkwelle ausbauen, siehe Kapitel »Gelenkwelle aus- und einbauen«.
- Untere Stoßdämpferbefestigungsschrauben abschrauben und Achsschenkelträger nach unten kippen. Gelenkwelle lösen.
- Luftresonator ausbauen. Der Resnator befindet sich im Verlauf der Luftansaugung, vor dem Luftfilter.

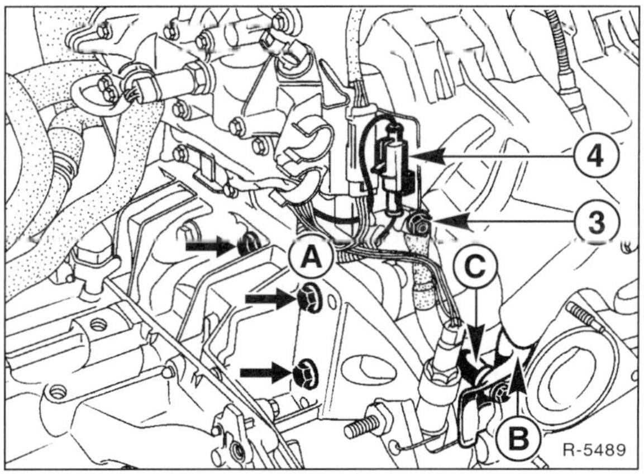

- Mutter –3– für Kabelklemme abschrauben. Stecker –4– trennen.
- Das Hitzeschutzschild –B– und die untere Befestigung des Tragrahmens –C– abschrauben und ausbauen.
- Den Ölstandgeber ausbauen.
- Befestigungsschrauben –A– des Anlassers herausdrehen und den Anlasser herausnehmen.
- Der Einbau erfolgt sinngemäß in umgekehrter Ausbaureihenfolge.

Störungsdiagnose Anlasser

Wenn ein Anlasser nicht durchdreht, ist zunächst zu prüfen, ob an der Klemme 50 des Magnetschalters die zum Einziehen benötigte Spannung von mindestens 8 Volt vorhanden ist. Liegt die Spannung unter dem genannten Wert, dann müssen die Leitungen, die zum Anlasserstromkreis gehören, nach dem Stromlaufplan überprüft werden. Ob der Anlasser bei voller Batteriespannung einzieht, kann folgendermaßen geprüft werden:

- Anlasser ausbauen und mit Starthilfekabeln an die Fahrzeugbatterie anschließen.
- Mit einer Leitung (Querschnitt mindestens 4 mm^2) die Klemmen 30 und 50 am Anlasser überbrücken, siehe auch Stromlaufplan.

Spurt der Anlasser dabei einwandfrei ein, so liegt der Fehler in der Leitungsführung zum Anlasser, zum Beispiel ist das Motor-Masseband oder Batterie Pluskabel an den Anschlüssen korrodiert oder das Zündschloß defekt.

Störung	Ursache	Abhilfe
Anlasser dreht sich nicht beim Betätigen des Zündanlaßschalters.	Batterie entladen.	■ Batterie laden.
	Klemmen 30 und 50 am Anlasser überbrücken: Anlasser läuft an. Leitung 50 zum Zündanlaßschalter unterbrochen, Anlaßschalter defekt.	■ Unterbrechung beseitigen, defekte Teile ersetzen.
	Kabel oder Masseanschluss ist unterbrochen, oder die Batterie ist entladen.	■ Batteriekabel und Anschlüsse prüfen. Batteriespannung messen, ggf. laden.
	Ungenügender Stromdurchgang infolge lockerer oder oxydierter Anschlüsse.	■ Batteriepole und -klemmen reinigen. Stromsichere Verbindungen zwischen Batterie, Anlasser und Masse herstellen.
	Keine Spannung an Klemme 50 (Magnetschalter).	■ Leitung unterbrochen Zündanlaßschalter defekt.
Anlasser dreht sich zu langsam und zieht den Motor nicht durch.	Batterie entladen.	■ Batterie laden.
	Kein Mehrbereichsöl im Motor.	■ Mehrbereichsöl einfüllen.
	Ungenügender Stromdurchgang infolge lockerer oder oxydierter Anschlüsse.	■ Batteriepole und -klemmen und Anschlüsse am Anlasser reinigen, Anschlüsse festziehen.
	Kohlebürsten liegen nicht auf dem Kollektor auf, klemmen in ihren Führungen, sind abgenutzt, gebrochen, verölt oder verschmutzt.	■ Kohlebürsten überprüfen, reinigen bzw. auswechseln. Führungen prüfen.
	Ungenügender Abstand zwischen Kohlebürsten und Kollektor.	■ Kohlebürsten ersetzen und Führungen für Kohlebürsten reinigen.
	Kollektor riefig oder verbrannt und verschmutzt.	■ Kollektor abdrehen oder Anker ersetzen.
	Spannung an Klemme 50 fehlt (mind. 10 Volt).	■ Zündanlaßschalter oder Magnetschalter überprüfen.
	Magnetschalter defekt.	■ Schalter auswechseln.
Anlasser spurt ein und zieht an, Motor dreht nicht oder nur ruckweise.	Ritzelgetriebe defekt.	■ Ritzelgetriebe ersetzen.
	Ritzel verschmutzt.	■ Ritzel reinigen.
	Zahnkranz am Schwungrad defekt.	■ Zahnkranz nacharbeiten, falls erforderlich, Schwungrad erneuern.
Ritzelgetriebe spurt nicht aus.	Ritzelgetriebe oder Steilgewinde verschmutzt bzw. beschädigt.	■ Ritzelgetriebe reinigen, ggf. ersetzen.
	Magnetschalter defekt.	■ Magnetschalter ersetzen.
	Rückzugfeder schwach oder gebrochen.	■ Rückzugfeder erneuern.
Anlasser läuft weiter, nachdem der Zündschlüssel losgelassen wurde.	Magnetschalter hängt, schaltet nicht ab.	■ Zündung sofort ausschalten, Magnetschalter ersetzen.
	Zündschloß schaltet nicht ab.	■ Sofort Batterie abklemmen, Zündschloß ersetzen.

Beleuchtungsanlage

Zur Beleuchtungsanlage zählen: Hauptscheinwerfer, Heckleuchten, Bremsleuchten, Rückfahrscheinwerfer, Blinkleuchten, Nebelschlußleuchten, Kennzeichenleuchten und Innenleuchten. Die Instrumentenbeleuchtung wird im Kapitel »Armaturen« abgehandelt.

Glühlampen verschleißen mit der Zeit. Etwa alle 2 Jahre sollten sie deshalb ausgewechselt werden, auch wenn sie noch intakt sind. Dies gilt nicht für Halogenlampen, wie sie beispielsweise in den Hauptscheinwerfern verwendet werden. Sie halten normalerweise wesentlich länger und müssen erst bei einem Defekt gewechselt werden. Eine Glühlampe mit verminderter Leuchtkraft erkennt man auch an schwarzen Ablagerungen auf dem Glaskolben.

Vor dem Auswechseln einer Glühlampe Schalter des betreffenden Verbrauchers ausschalten. **Achtung: Glaskolben nicht mit bloßen Fingern anfassen.** Der Fingerabdruck würde verdunsten und sich – aufgrund der Wärme – auf dem Reflektor niederschlagen und diesen erblinden lassen. Grundsätzlich Glühlampe nur durch eine gleiche Ausführung ersetzen. Versehentlich entstandene Berührungsflecken mit sauberem, nicht faserndem Tuch und Spiritus entfernen.

Lampentabelle

Um jederzeit eine Lampe auswechseln zu können, sollte stets ein Kasten mit Ersatzlampen im Fahrzeug mitgeführt werden. Der RENAULT-Kundendienst führt solche Ersatzlampenboxen. Im folgenden die wichtigsten Lampen:

12-V-Glühlampe für:	Typ	Leistung
Fernlicht, Abblendlicht (Lim.)	H4	60/55 W
Fernlicht, Abblendlicht (Coach)	H1	60/55 W
Blinkleuchten vorn/hinten	P (orange)	21 W
Bremslicht/Schlußlicht	P	21/5 W
Nebelschlußlicht/Rückfahrlicht	P	21 W
Kennzeichenleuchte	Sofitte	5 W
Blinkleuchten seitlich	W	5 W
Standlicht, Innenleuchte vorn	W	5 W
Gepäckraum, Handschuhfach	Sofitte	7 W
Innenleuchte hinten	Bajonett	5 W

Glühlampen auswechseln

- Schalter der betreffenden Lampe ausschalten.

Scheinwerfer:

Achtung: Die Halogenlampen für Fern-, Abblend- und Nebellicht stehen unter Druck, daher Augen- und Handschutz tragen. Bei Beschädigung der Lampe besteht sonst Verletzungsgefahr. **Glaskolben nicht mit bloßen Fingern anfassen.**

- Motorhaube öffnen.
- **Doppelscheinwerfer ab 9/99:** Die Doppelscheinwerfer sind prinzipiell wie die Einfachscheinwerfer aufgebaut. Beim Auswechseln der Glühlampen ist entsprechend vorzugehen, siehe »Einfachscheinwerfer«. Auf der Rückseite befinden sich allerdings 2 Abdeckungen, die abgedreht werden müssen.

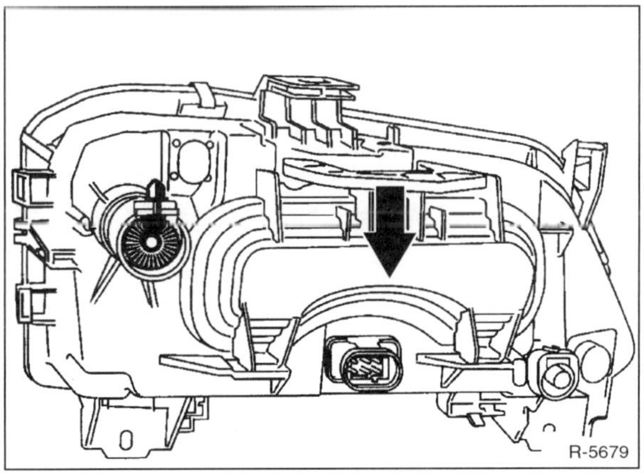

- **Doppelscheinwerfer bis 8/99:** Bügel an der Scheinwerferrückseite nach unten klappen und Abdeckung abnehmen –Pfeil–.

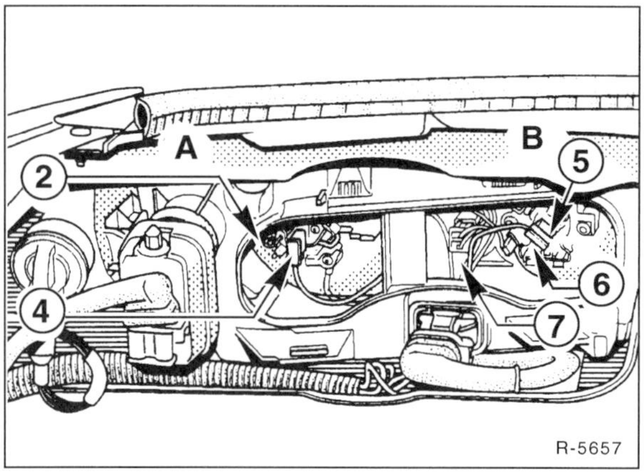

- Leuchte für Fern- oder Abblendlicht wechseln: Klemmfeder –2– beziehungsweise –5– nach außen klappen. Beide Scheinwerfer –A– und –B– haben H1-Glühlampen.
- Stecker –4– beziehungsweise –6– von der Glühlampe abziehen.
- Glühlampe für Fern-/Abblendlicht so einsetzen, daß die Nase am Lampensockel in die entsprechende Aussparung am Gehäuse paßt. Anschließend Federbügel nach innen klappen und einhaken. Stecker aufschieben.
- Die Stand- beziehungsweise Parkleuchte zum Wechseln am Lampensockel –7– aus dem Reflektor herausziehen.

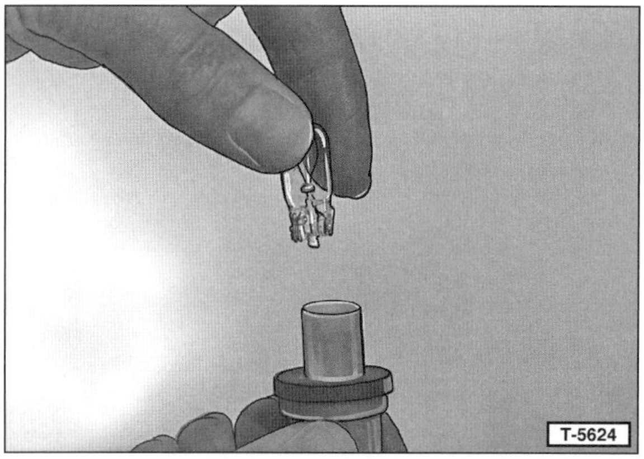

- Standlichtlampe aus der Fassung gerade herausziehen.
- Neue Standlichtlampe in die Fassung eindrücken.
- Fassung der Standlichtlampe in den Reflektor einsetzen. Stecker aufschieben.
- Scheinwerferdeckel ansetzen und mit Bügel sichern.

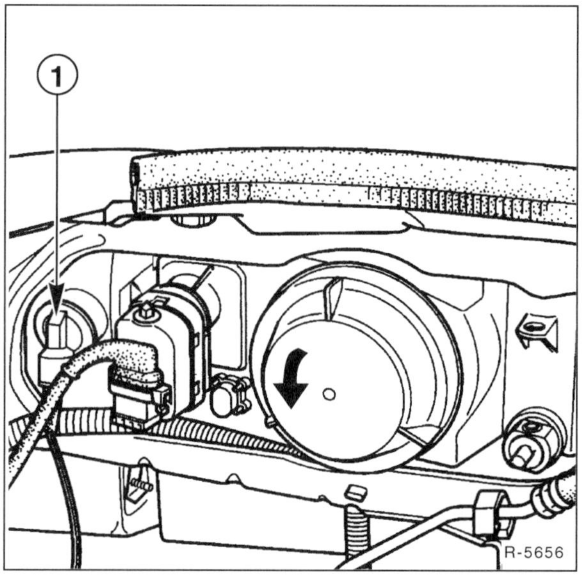

- **Einfachscheinwerfer:** Deckel an Scheinwerferrückseite um ¼ Umdrehung linksherum drehen –Pfeil– und abnehmen. (1– Blinklichtfassung)

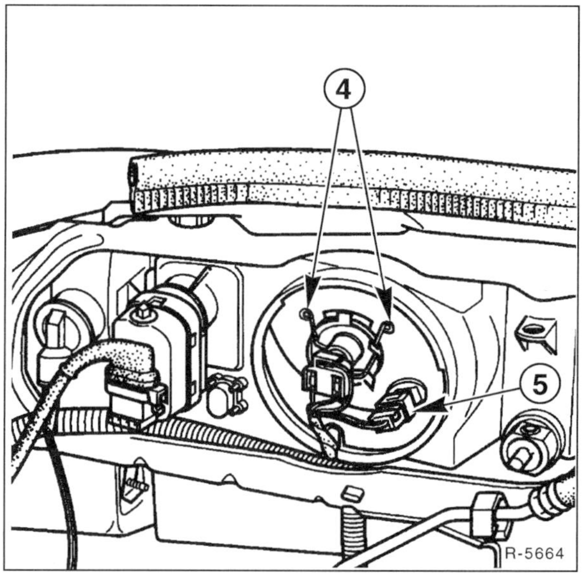

- Leuchte für Fern-/Abblendlicht wechseln: Stecker abziehen. Klemmfeder –4– nach außen klappen.
- Glühlampe für Fern-/Abblendlicht so einsetzen, daß die Nase am Lampensockel in die entsprechende Aussparung am Gehäuse paßt. Anschließend Federbügel nach innen klappen und einhaken. Stecker aufschieben.
- Die Stand- beziehungsweise Parkleuchte –5– zum Wechseln am Lampensockel aus dem Reflektor herausziehen.
- Standlichtlampe aus der Fassung gerade herausziehen.
- Neue Standlichtlampe in die Fassung eindrücken.
- Fassung der Standlichtlampe in den Reflektor einsetzen. Stecker aufschieben.

- Scheinwerferdeckel ansetzen und durch Rechtsdrehung befestigen.

Blinkleuchte vorn

- Stecker an Lampentassung –1– abziehen, siehe Abbildung R-5656.
- Fassung um ¼ Umdrehung linksherum drehen und abnehmen.
- Glühlampe etwas in die Fassung eindrücken, nach links drehen und herausnehmen.
- Neue Glühlampe in die Fassung eindrücken, nach rechts drehen und einrasten. Fassung einsetzen und durch Rechtsdrehung befestigen.

Seitliche Blinkleuchte

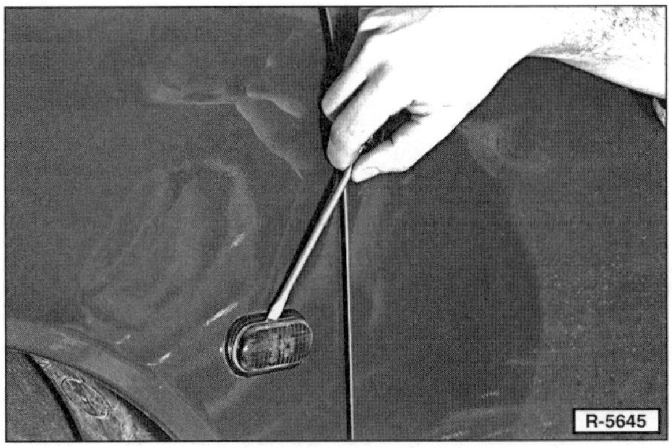
R-5645

- Zum Ausbau der Glühlampe Lampenglas mit flachem Schraubendreher nach außen hebeln. **Achtung:** Lackierung mit Papierklebestreifen vor Kratzern schützen.

R-5646

- Lampenfassung im Leuchtenglas ¼ Umdrehung verdrehen, bis sie ausrastet. Fassung abziehen.
- Lampe aus der Fassung ziehen und ersetzen.
- Fassung mit eingesetzter Lampe auf Leuchtenglas aufstecken und verriegeln.
- Leuchtenglas in die Karosserie eindrücken, bis es einrastet. Falls vorhanden, Dichtung vorher zwischenlegen.

Nebelscheinwerfer

alle Modelle, außer SCENIC

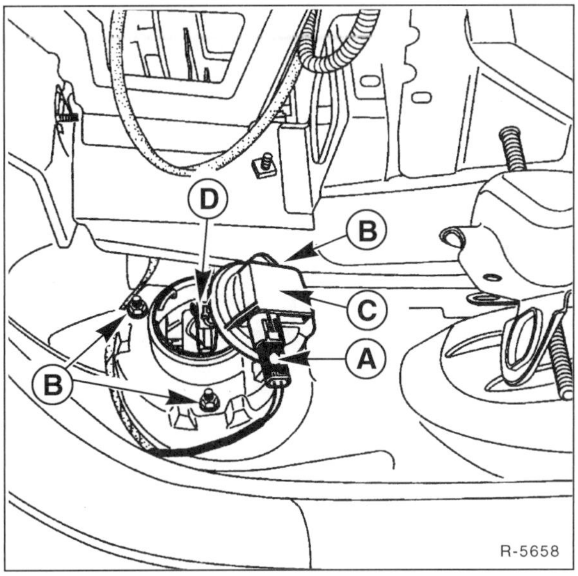

R-5658

- Deckel –C– an Scheinwerferrückseite um ⅛ Umdrehung linksherum drehen und abnehmen. (A– Stecker, B– Befestigungen Nebelscheinwerfer).
- Stecker –D– abziehen. Klemmfeder nach außen klappen.
- Glühlampe so einsetzen, daß die Nase am Lampensockel in die entsprechende Aussparung am Gehäuse paßt. Anschließend Federbügel nach innen klappen und einhaken. Stecker aufschieben.

Nebelscheinwerfer SCENIC

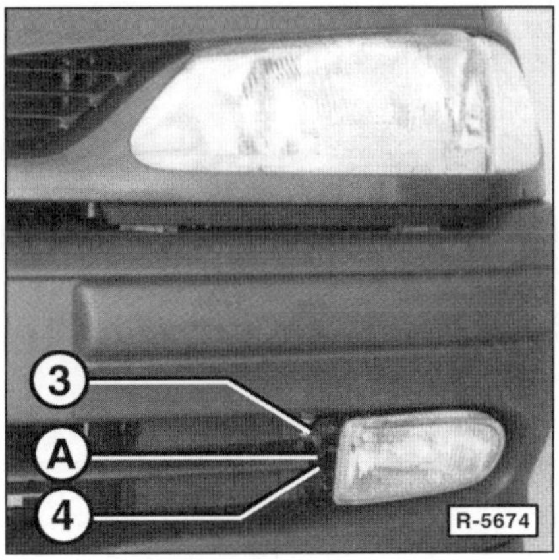

R-5674

- Abdeckung ausclipsen. Die Abdeckung befindet sich an Stelle –A– und ist in der Abbildung nicht dargestellt.
- Schrauben –3– und –4– herausdrehen. Nebelscheinwerfer nach vorne herausnehmen.
- Kabel am Nebelscheinwerfer abziehen.
- Der Wechsel der Glühlampe erfolgt sinngemäß wie bei den anderen Modellen.
- Der Einbau erfolgt in umgekehrter Ausbaureihenfolge.

Heckleuchten im Seitenteil, alle Modelle außer SCENIC

- Heckklappe öffnen.

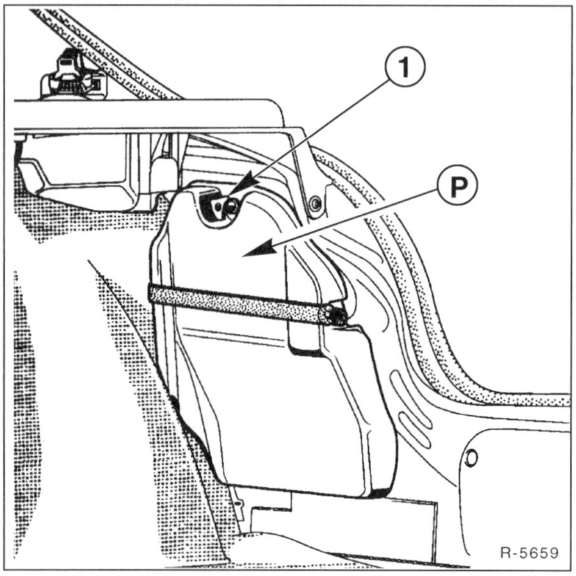

- Drehgriff –1– linksherum abschrauben und Abdeckung –P– abnehmen.

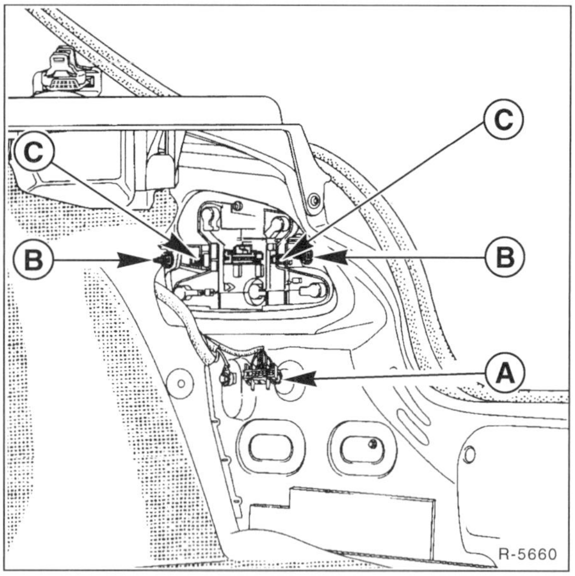

- Lampenträger abnehmen, dazu die beiden Laschen –C– zusammendrücken. (A– Kabelstecker für Heckleuchte, B– Befestigungsschrauben Heckleuchte)
- Defekte Lampe leicht in den Lampenträger drücken, nach links drehen und herausnehmen.
- Neue Lampe einsetzen, etwas in den Lampenträger drücken, nach rechts drehen und einrasten.
- Lampenträger einrasten. Abdeckung ansetzen und Drehgriff anschrauben.

Heckleuchten im Seitenteil, SCENIC

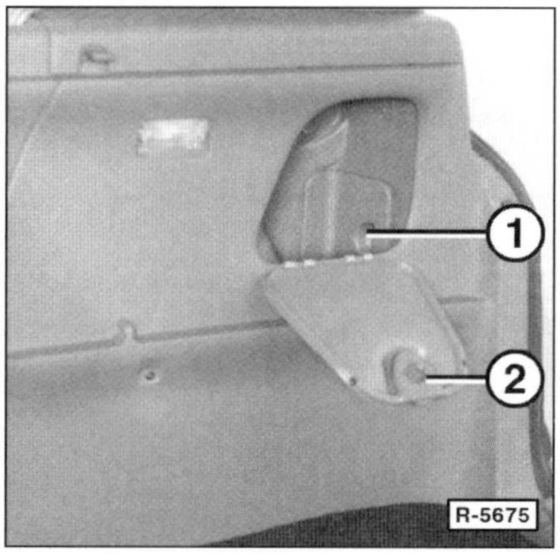

- Klappe –2– durch Verdrehen des Riegels öffnen. **Hinweis:** Die Klappe ist nicht immer vorhanden.
- Klappe –1– ausrasten und abnehmen.
- Den darunterliegenden Lampenträger durch Drücken der Federlaschen auslösen und etwas herausziehen.

- Defekte Glühlampe leicht in den Lampenträger drücken, nach links drehen und herausziehen. 1 – Blinklampe, 2 – Lampe für Rückfahrleuchte, 3 – Schluß- und Bremsleuchtenlampe.
- Lampenträger einsetzen und einrasten.
- Abdeckungen anbringen. Die innere Abdeckung wird eingerastet, die äußere wird hochgeklappt und mit dem Riegel fixiert.

Nebelschlußleuchten in der Heckklappe, COACH und SCENIC:

- Heckklappe öffnen.

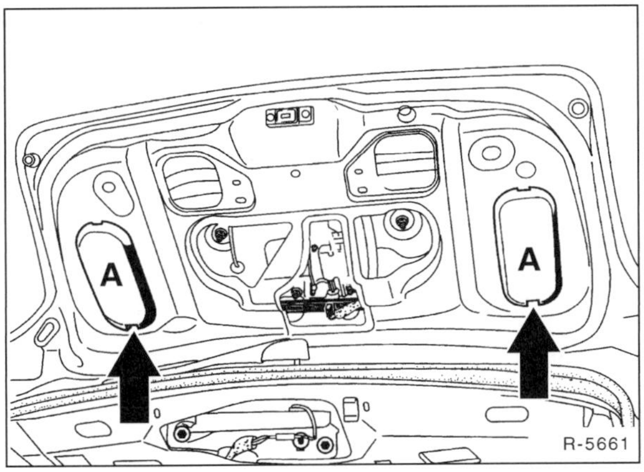

- Schwarze Kunststoffabdeckung –A– an der Innenseite der Heckklappe mit Schraubendreher herausclipsen –Pfeile–.
- Lampenhalter nach links drehen und herausnehmen.
- Lampe leicht in den Halter drücken, nach links drehen und herausnehmen.
- Neue Lampe einsetzen, etwas in den Halter drücken, nach rechts drehen und einrasten.
- Lampenhalter ansetzen und durch Rechtsdrehen befestigen.
- Kunststoffabdeckung einclipsen.

Mittlere Bremsleuchte:

- Heckklappe öffnen.

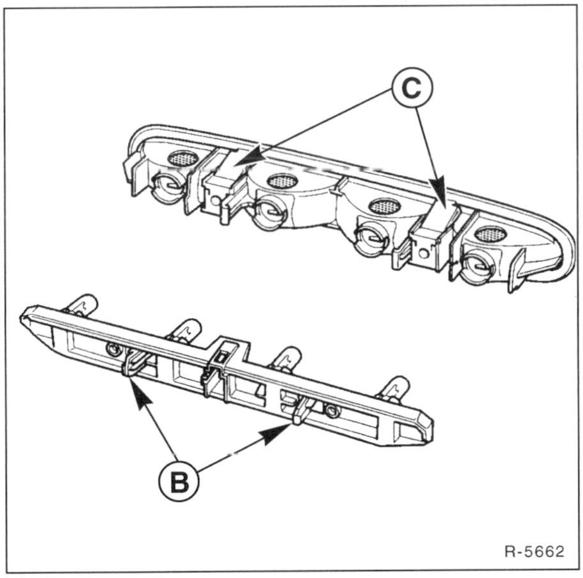

- Lampenhalter an Laschen –B– zusammendrücken und herausnehmen. (C– Befestigungslaschen für Leuchte).
- Lampe leicht in den Halter drücken, nach links drehen und herausnehmen.
- Neue Lampe einsetzen, etwas in den Halter drücken, nach rechts drehen und einrasten.
- Lampenhalter ansetzen und einclipsen.

Kennzeichenleuchte/Innenleuchte/Gepäckraumleuchte:

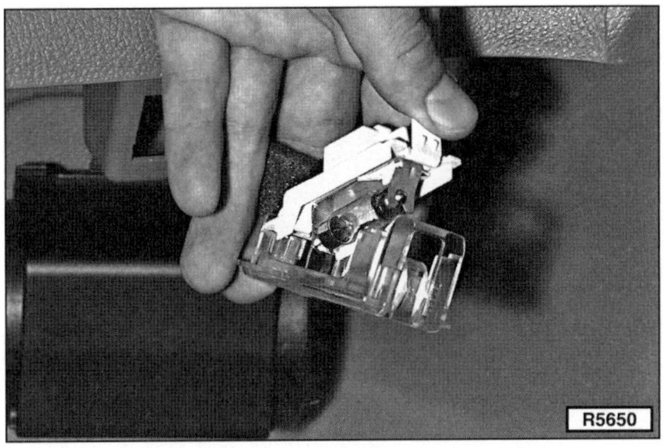

- Leuchte abhebeln, Lampenglas entriegeln (Abbildung) und Soffittenlampe ersetzen. Gegebenenfalls Kontaktzungen für Soffittenlampe nachbiegen.

Lesespot/Handschuhfachleuchte:

- Leuchte seitlich mit kleinem Schraubendreher heraushebeln.

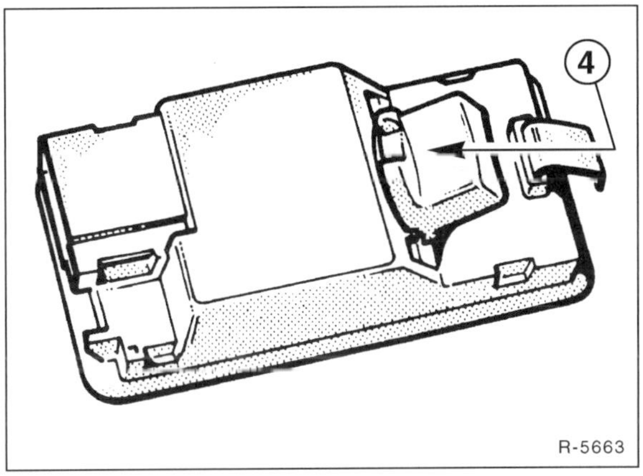

- Lampenfassung –4– um ¼ Umdrehung drehen und abnehmen.
- Lampe herausziehen und ersetzen.
- Lampenfassung mit ¼ Umdrehung in Leuchte einsetzen, Leuchte in Aussparung einclipsen.

Blinkleuchte vorn aus- und einbauen

Fahrzeuge bis 8/99

Hinweis: Beim MÉGANE ab 9/99 sind Scheinerfer und Blinkleuchte zu einer Einheit zusammenfaßt, siehe Kapitel »Scheinwerfer aus- und einbauen«.

Ausbau

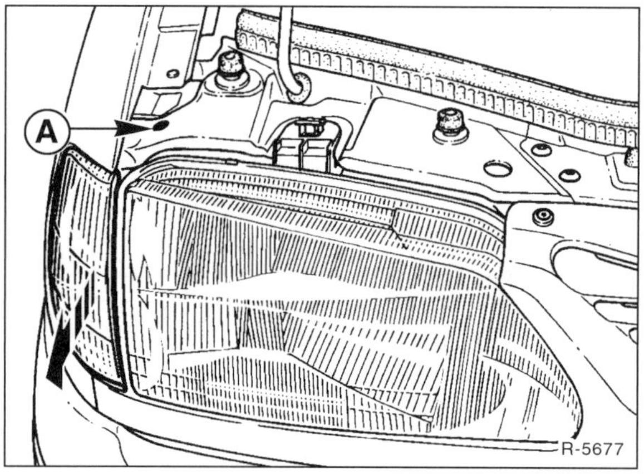

- Motorhaube öffnen. Einen Schraubendreher durch die Öffnung –A– führen und die Befestigungsschraube des Blinkers herausschrauben.
- Den Blinker entlang des Scheinwerfereinsatzes nach außen schieben und herausziehen.
- Lampenfassung um ¼ Umdrehung drehen und aus der Blinkleuchte herausnehmen.

Einbau

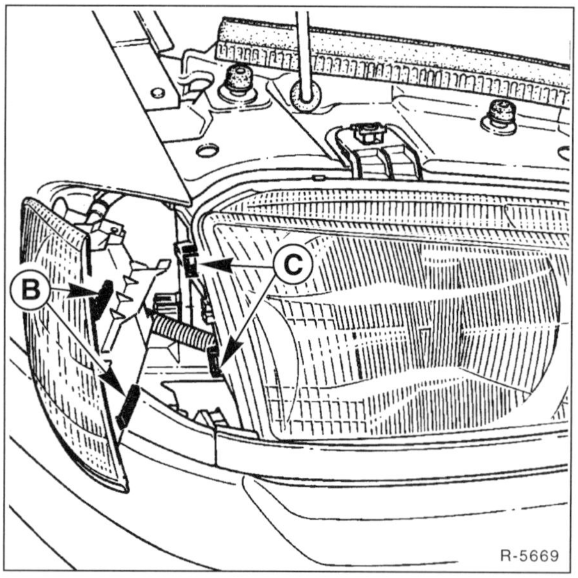

- Blinkleuchte mit 2 Laschen –B– in die Halterungen –C– am Scheinwerfer schieben und die Befestigungsschraube des Blinkers einschrauben.

Motor für Leuchtweitenregulierung aus- und einbauen

Ausbau

- Motorhaube öffnen.

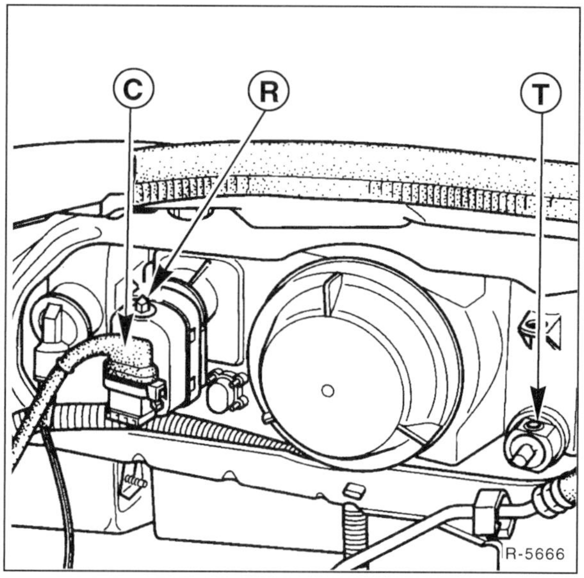

- Stecker –C– des Scheinwerferverstellmotors abziehen. (–R– und –T–: Einstellschrauben).
- Scheinwerferverstellmotor um ⅛ Umdrehung linksherum drehen, um ihn vom Scheinwerfer zu lösen.
- Kugelbolzen des Motors am Scheinwerferreflektor ausclipsen und Motor abnehmen.

Einbau

- Deckel an Scheinwerferrückseite abnehmen, siehe Kapitel »Glühlampen auswechseln«.

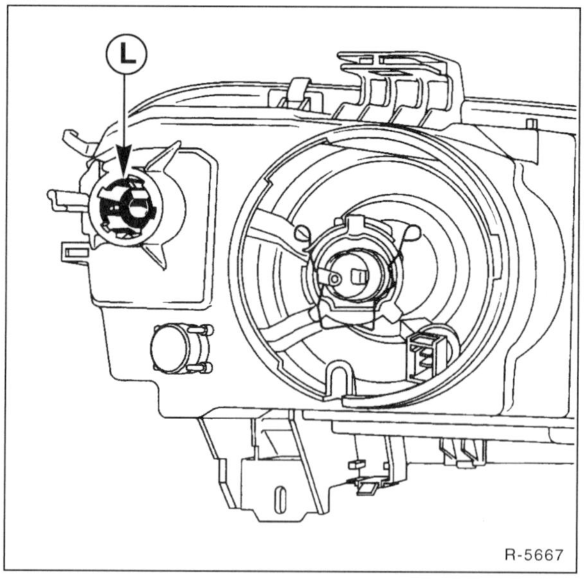

- Reflektor am Glühlampensockel nach hinten ziehen, dabei Kugelbolzen in die Halterung –L– einclipsen.

● Scheinwerferverstellmotor einsetzen und um 1/8 Umdrehung rechtsherum drehen.

● Scheinwerferdeckel wieder befestigen.

● Kabel am Verstellmotor aufstecken.

● Scheinwerfereinstellung prüfen lassen.

Scheinwerfer einstellen

Für die Verkehrssicherheit ist die richtige Einstellung der Scheinwerfer von großer Bedeutung. Die exakte Einstellung der Scheinwerfer ist nur mit einem Spezialeinstellgerät möglich. Es wird deshalb nur beschrieben, wo der Scheinwerfer eingestellt werden kann und welche Bedingungen zum richtigen Einstellen der Scheinwerfer erfüllt sein müssen.

■ Reifen müssen den vorgeschriebenen Reifenfülldruck haben.

■ Das Fahrzeug muß vollgetankt sein. Falls der Tank nur halbvoll ist, muß ein Gewicht von ca. 30 kg in den Kofferraum gelegt werden.

■ Das unbeladene Fahrzeug muß mit 75 kg (eine Person) auf dem Fahrersitz belastet sein.

■ Fahrzeug auf ebene Fläche stellen.

■ Vorderwagen mehrmals kräftig nach unten drücken, damit die Federung der Vorderradaufhängung sich setzt.

■ Leuchtweitenregulierung an der Schalttafel auf »0« drehen.

■ Die Fernscheinwerfer dürfen nur bei eingeschaltetem Abblendlicht eingestellt werden. Das Neigungsmaß beträgt für Normalscheinwerfer 13 cm auf 10 m Entfernung (= 1,3%), bei Nebelscheinwerfern 20 cm auf 10 m Entfernung.

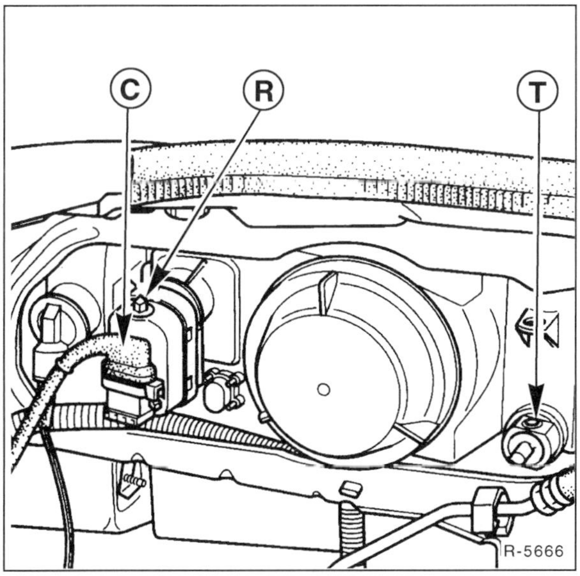

■ Lage der Einstellschrauben der Scheinwerfers:
T = Schraube für Seitenverstellung
R = Schraube für Höhenverstellung

■ An den Nebelscheinwerfern ist nur die Höheneinstellung möglich, dazu Schraube –C– verdrehen, siehe Abbildung R-5671 auf Seite 266.

Scheinwerfer aus- und einbauen

Fahrzeuge bis 8/99, außer SCENIC

Ausbau

● Blinkleuchte ausbauen, siehe Seite 264.

● Kühlergrill ausbauen, siehe Seite 190.

● Sämtliche Stecker hinten am Scheinwerfer abziehen.

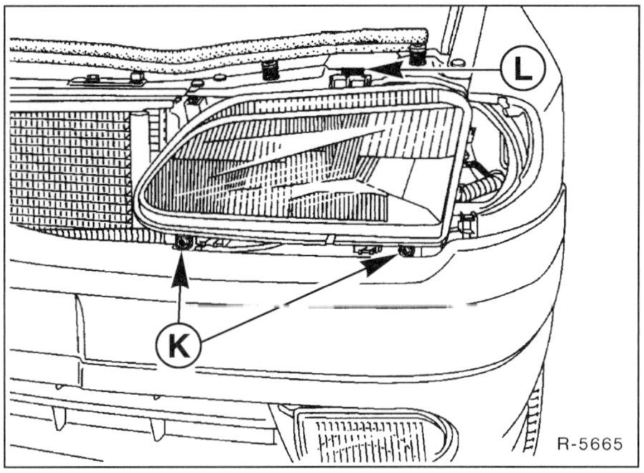

● Lage des Scheinwerfers an den beiden Befestigungswinkeln –K– mit Farbstift markieren, bevor die beiden Schrauben entfernt werden, damit der Scheinwerfereinsatz beim Einbau wieder korrekt ausgerichtet werden kann.

● Obere Schraube –L– abschrauben und Scheinwerfer herausnehmen. Dabei die Metallklammern an den Scheinwerfern nicht verlieren.

Einbau

● Um den Scheinwerfer besser am Fahrzeug ausrichten zu können, Scheinwerfer und Blinker vor dem Einbau der Einheit in das Fahrzeug zusammenbauen, siehe Kapitel »Blinkleuchte aus- und einbauen«.

● Scheinwerfer nach den beim Ausbau angebrachten Markierungen an den beiden Befestigungswinkeln –K– ausrichten.

● Obere Schraube –L– anschrauben.

● Stecker an den Scheinwerfer-Glühlampen aufstecken und Scheinwerfer-Abdeckung anbringen, siehe Seite 259.

● Stecker am Motor für Leuchtweitenregulierung aufstecken.

● Kühlergrill einbauen, siehe Seite 190.

● Scheinwerfereinstellung prüfen lassen.

Fahrzeuge ab 9/99, außer SCENIC

Blinkleuchte und Scheinwerfer sind zu einer Einheit zusammengefaßt.

Ausbau

- Kabel vom Scheinwerfer abziehen.
- Stoßfänger vorn ausbauen, siehe Seite 187.

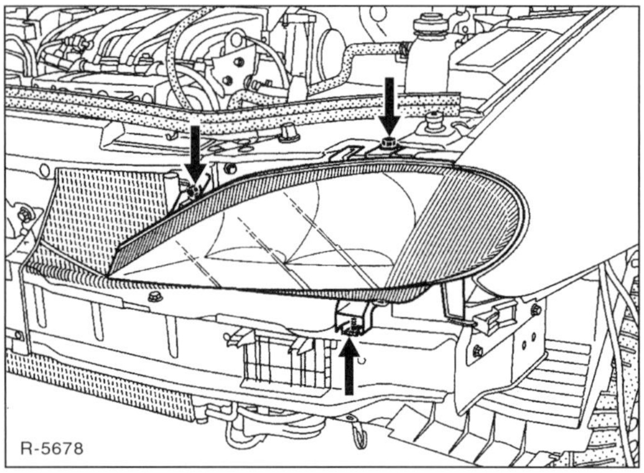

R-5678

- 3 Befestigungsschrauben –Pfeile– herausdrehen.
- Scheinwerfer nach vorn kippen und abnehmen.

Hinweis: Die Scheinwerfer der Fahrzeuge ab 9/99 sind mit klaren Kunststoff-Streuscheiben ausgestattet. Streuscheiben nur mit Seifenwasser und Baumwolltüchern reinigen. Keine alkoholhaltigen Reinigungsmittel verwenden.

Einbau

- Scheinwerfer einsetzen und mit 3 Schrauben anschrauben.
- Stoßfänger vorn einbauen, siehe Seite 187.
- Anschlusskabel am Scheinwerfer aufschieben.
- Scheinwerfer einstellen lassen (Werstattarbeit).

Nebelscheinwerfer aus- und einbauen

Hinweis: Beim MÉGANE COACH muß der Nebelscheinwerfer von der Stoßfängerrückseite aus abgeschraubt werden, siehe Abbildung R-5658 auf Seite 261.

Ausbau, Limousine bis 8/99 und SCENIC

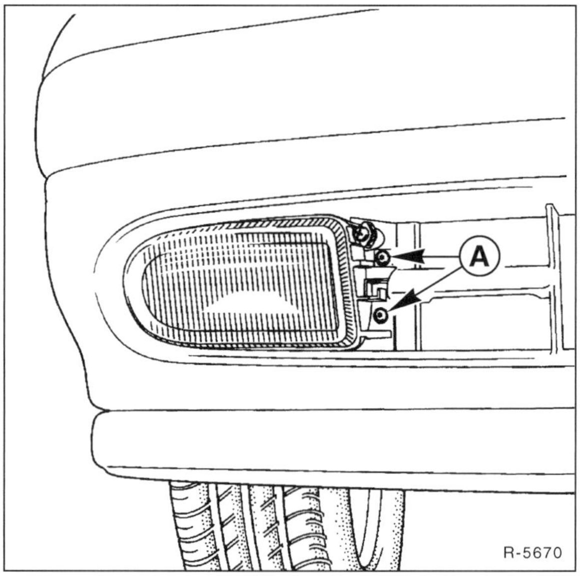

R-5670

- Kunststoffabdeckung der beiden Schrauben –A– nach vorn abnehmen und Schrauben ausschrauben.

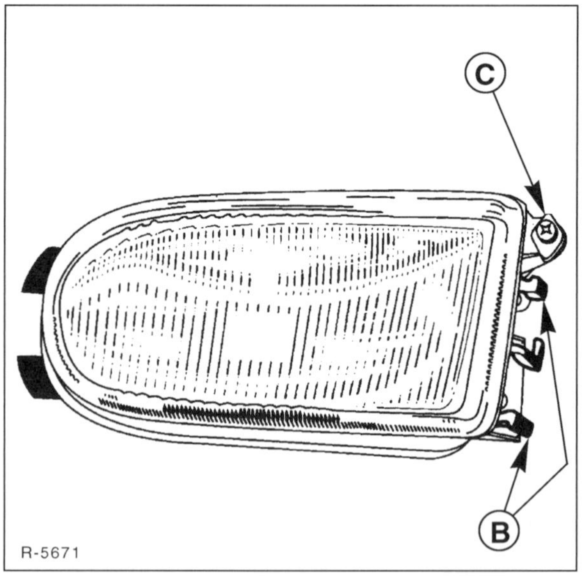

R-5671

- Klammern –B– lösen und dabei Scheinwerfer nach vorn ziehen.
- Kabelstecker an der Rückseite des Scheinwerfers abziehen.

Einbau

- Kabel an der Leuchte aufstecken.
- Scheinwerfer einsetzen und Klammern –B– einclipsen.
- Schrauben –A– anschrauben und Schutzabdeckung einsetzen.
- Einstellung des Nebelscheinwerfers prüfen lassen. Die Höheneinstellung erfolgt an Schraube –C–.

Heckleuchte aus- und einbauen

Ausbau

- Heckklappe öffnen. Abdeckung von der Heckleuchten-Innenseite am Schraubgriff abschrauben.

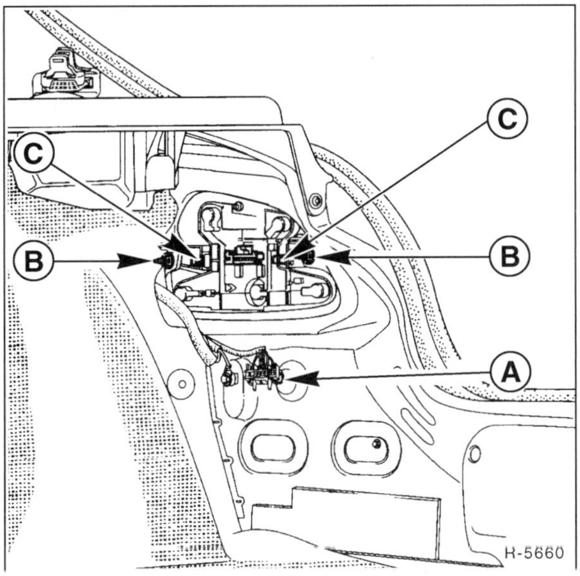

- Stecker –A– abziehen. Gegebenenfalls Lampenträger abnehmen, dazu Clips –C– zusammendrücken.
- Muttern –B– abschrauben und Leuchtenglas nach außen herausdrücken. Beim Modell COACH sind 4 Muttern –B– zu lösen.

Hinweis: Beim COACH sind Rückleuchten in der Heckklappe vorhanden, der Ausbau wird in Kapitel »Heckklappenzierleiste ausbauen« beschrieben, siehe Seite 199.

Einbau

- Dichtung auf Beschädigung prüfen, gegebenenfalls ersetzen.
- Leuchtenglas ansetzen und anschrauben.
- Lampenträger und Abdeckung einbauen.

Armaturen

Die Instrumente sind in einem Schalttafeleinsatz zusammengefaßt. Der Schalttafeleinsatz muß beispielsweise ausgebaut werden, wenn Glühlampen der Instrumentenbeleuchtung ersetzt werden sollen. **Achtung:** Sind einzelne Instrumente defekt, muß der gesamte Schalttafeleinsatz ersetzt werden, da er nicht zerlegbar ist. Nur die durchsichtige Kunststoffscheibe darf ausgetauscht werden.

Schalttafeleinsatz aus- und einbauen

Ausbau

- Batterie-Massekabel (–) abklemmen. **Achtung:** Dadurch werden elektronische Speicher gelöscht, wie zum Beispiel der Radiocode. Hinweise im Kapitel »Batterie aus- und einbauen« beachten.

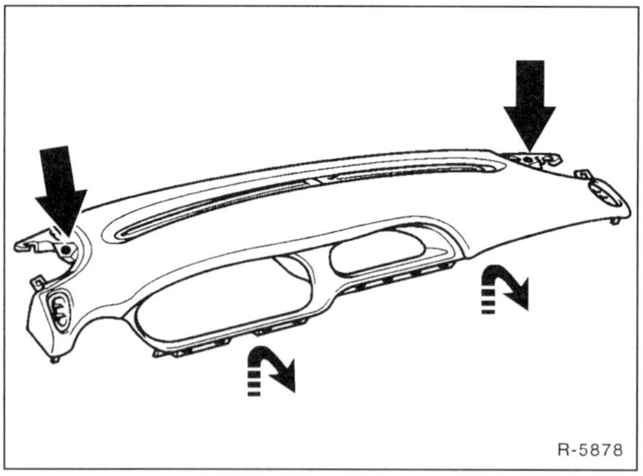

- Lautsprechergitter oben links und rechts an der Schalttafel mit schmalem Schraubendreher abhebeln. 2 Schrauben –A– links und rechts abschrauben, siehe folgende Abbildung.
- Obere Abdeckung der Armaturentafel vorn in Pfeilrichtung anheben und herausziehen.

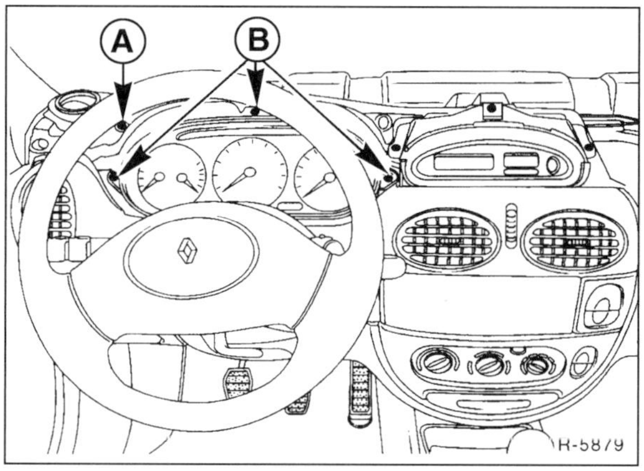

- 3 Schrauben –B– für Schalttafeleinsatz abschrauben.

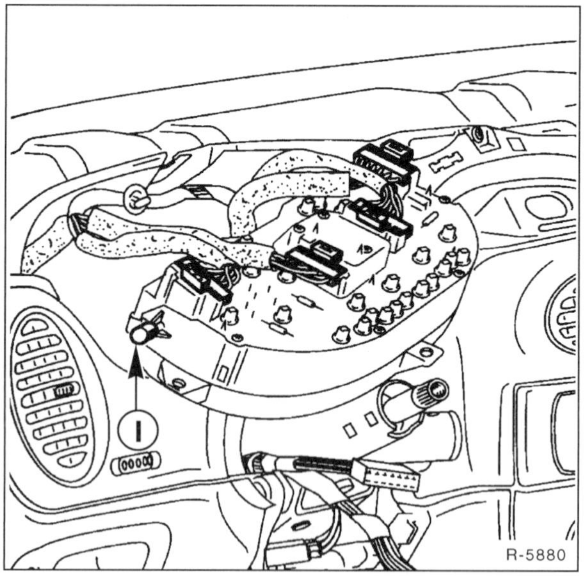

- Schalttafeleinsatz herausheben und Stecker abziehen. Zum Abziehen der Stecker die jeweilige Verriegelungstaste drücken.

Achtung: Gummistücke –I– links und rechts nicht verlieren.

Einbau

- Alle Stecker auf Schalttafeleinsatz aufschieben und einrasten lassen.
- Schalttafeleinsatz einsetzen und mit 3 Schrauben –B– befestigen.
- Obere Abdeckung der Armaturentafel einsetzen und anschrauben. Lautsprechergitter einsetzen.
- Batterie-Massekabel (–) anklemmen. Zeituhr einstellen. Radiosender programmieren.
- Alle elektrischen Funktionen für Schalttafeleinsatz überprüfen.

Zeituhr/Radio-Display aus- und einbauen

Ausbau

- Batterie-Massekabel (–) abklemmen. **Achtung:** Dadurch werden elektronische Speicher gelöscht, wie zum Beispiel der Radiocode. Hinweise im Kapitel »Batterie aus- und einbauen« beachten.
- Obere Abdeckung der Armaturentafel ausbauen, siehe Kapitel »Schalttafeleinsatz aus- und einbauen«.

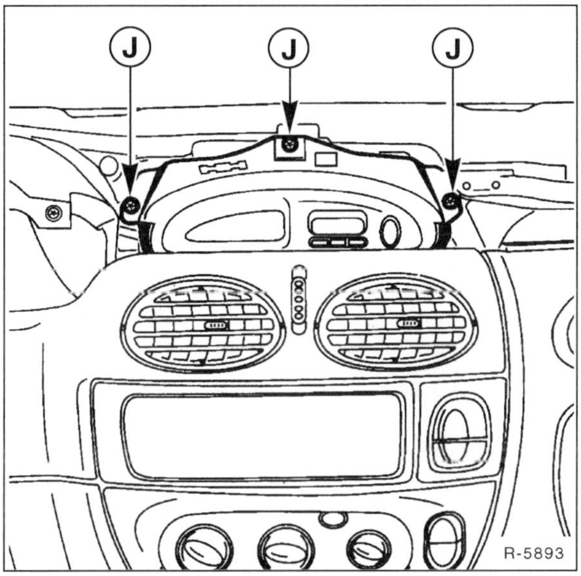

- Die Uhr von der Halterung abschrauben –J–. Mehrfachstecker an der Rückseite abziehen.

Einbau

- Mehrfachstecker an der Uhr aufschieben. Uhr anschrauben.
- Obere Abdeckung der Armaturentafel einsetzen und anschrauben. Lautsprechergitter einsetzen.
- Batterie-Massekabel (–) anklemmen. Zeituhr einstellen. Radiosender programmieren.

Lenkstockschalter aus- und einbauen

Die Schalter für Blinker, Außenbeleuchtung sowie Scheibenwischer sind sogenannte Lenkstockschalter.

Ausbau

- Batterie-Massekabel (–) abklemmen. **Achtung:** Dadurch werden elektronische Speicher gelöscht, wie zum Beispiel der Radiocode. Hinweise im Kapitel »Batterie aus- und einbauen« beachten.
- Lenkrad ausbauen. **Achtung:** Dabei Hinweise für Airbag beachten, siehe Seite 150.

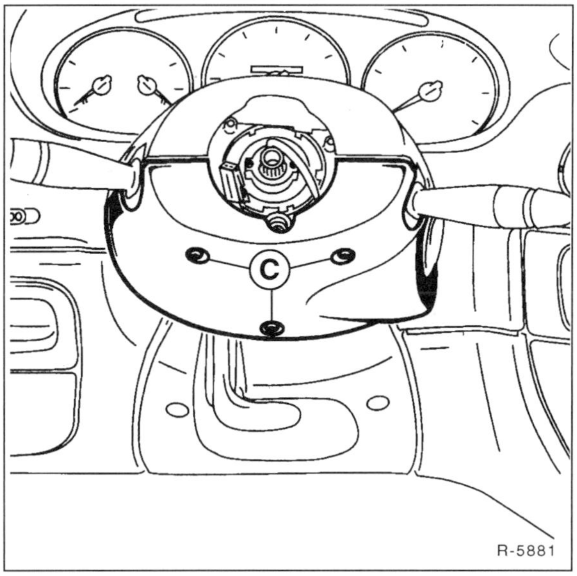

- Lenksäulenverkleidungen ausbauen. Dabei zuerst die untere Hälfte mit 3 Schrauben –C– abschrauben, vorsichtig lösen und nach unten abziehen.

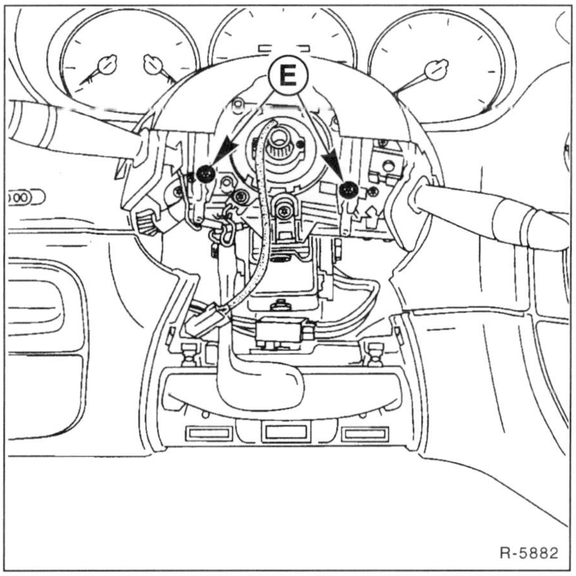

- Obere Verkleidung abschrauben –E– und abnehmen.

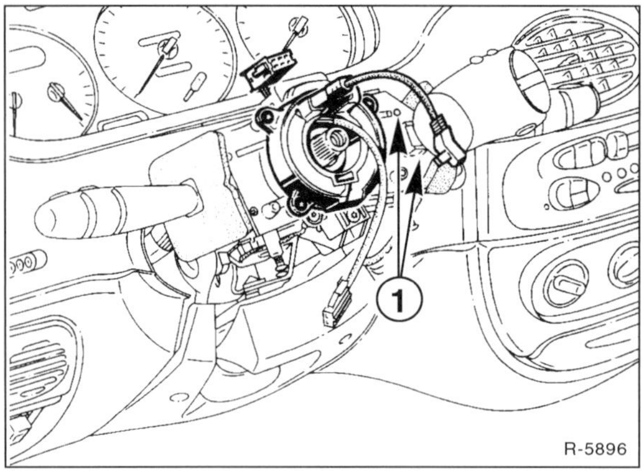

- Scheibenwischerschalter ausbauen: Stecker abziehen. Schrauben –1– ausbauen und Schalter nach rechts vom Halter schieben.

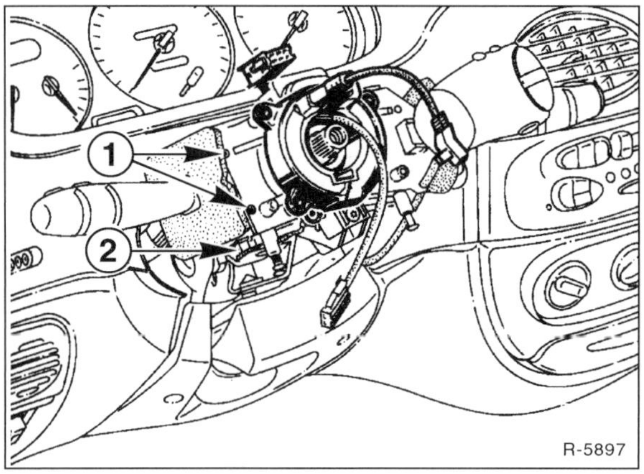

- Schalter für Blinker/Beleuchtung ausbauen: Stecker –2– abziehen. Schrauben –1– abschrauben und Schalter nach links vom Halter schieben.

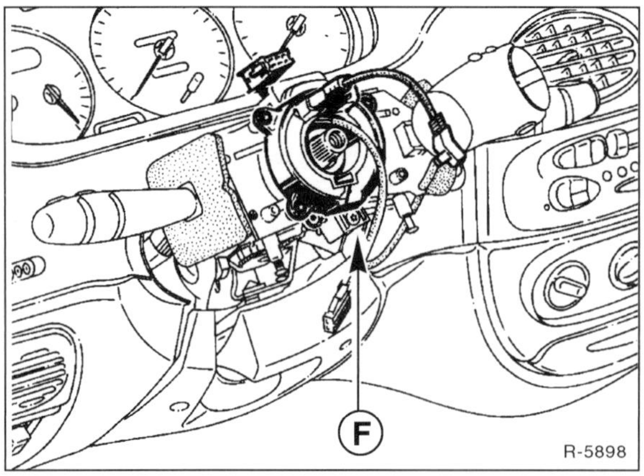

- Halterung ausbauen: Schraube –F– herausdrehen. Lenkstockhebel mit Lenkrad-Spiralverbindung über die Lenksäule abziehen.

Einbau

- Halterung über die Lenksäule schieben und mit Schraube –F– befestigen.
- Lenkstockschalter an der Halterung anschrauben.
- Mehrfachstecker aufschieben.
- Lenksäulenverkleidungen einbauen.
- Lenkrad einbauen, dabei Hinweise beachten, siehe Seite 151.
- Batterie-Massekabel (–) anklemmen. Zeituhr einstellen. Radiosender programmieren.
- Alle elektrische Funktionen für Lenkstockschalter überprüfen.

Steckerbelegung Lenkstockschalter

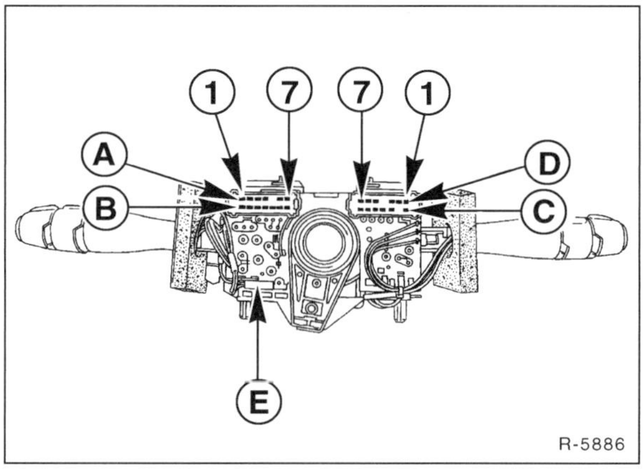

Schalter für Scheibenwischer

Steckerleiste **A**
A1 – Intervallschalter vorn
A2 – Schnelle Wischgeschwindigkeit
A3 – Langsame Wischgeschwindigkeit
A5 – Frei
A6 – Frontscheibenwischer-Endstellung
A7 – Plus für Frontscheibenwischer

Steckerleiste **B**
B1 – Pumpe Heckscheibenwaschanlage
B2 – Intervallschalter hinten
B3 – Frei
B4 – Plus für Heckscheibenwischer
B5 – Masse Wählschalter Bordcomputer
B6 – Frei
B7 – Wählschalter Bordcomputer/Nullstellung des Tageskilometerzählers

Hinweis: Der Regelwiderstand der Intervallschaltung kann zwischen den Anschlüssen A1 und A7 überprüft werden.

Positionen: Ruhestellung ≈ 10 kΩ
1.Stufe ≈ 8 kΩ
2.Stufe ≈ 5 kΩ
3.Stufe ≈ 2,5 kΩ
4.Stufe ≈ 0 Ω

- Korrekten Anschluß des 2poligen Steckers –E– überprüfen.

Schalter für Fahrzeugbeleuchtung, Blinker und Hupe

Steckerleiste **C**
C1 – Nebelscheinwerfer
C2 – Frei
C3 – Nebelschlußleuchte
C4 – Signalhorn
C5 – Blinker rechts
C6 – Warnblinkanlage
C7 – Blinker links

Steckerleiste **D**
D1 – Standlicht
D2 – Dauerstrom Standlicht
D3 – Dauerstrom Abblendlicht
D4 – Frei
D5 – Abblendlicht
D6 – Dauerstrom Fernlicht
D7 – Fernlicht

Zündschloß aus- und einbauen

Ausbau

- Batterie-Massekabel (–) abklemmen. **Achtung:** Dadurch werden elektronische Speicher gelöscht, wie zum Beispiel der Radiocode. Hinweise im Kapitel »Batterie aus- und einbauen« beachten.
- Lenkrad ausbauen. **Achtung:** Dabei Hinweise für Airbag beachten, siehe Seite 151.

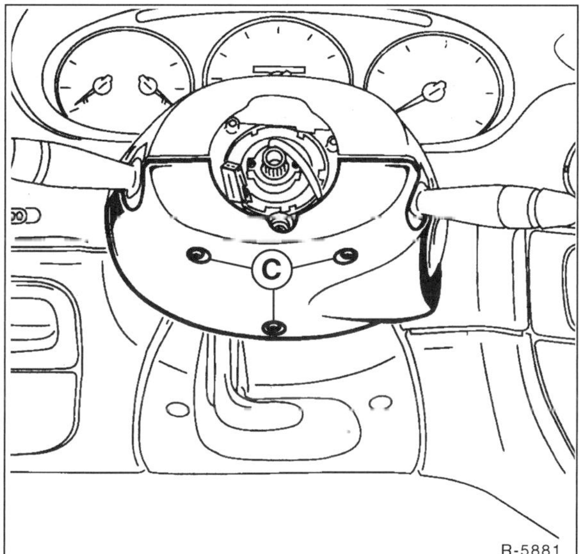

R-5881

- Untere Lenksäulenverkleidung mit 3 Schrauben –C– abschrauben, vorsichtig lösen und nach unten abziehen.

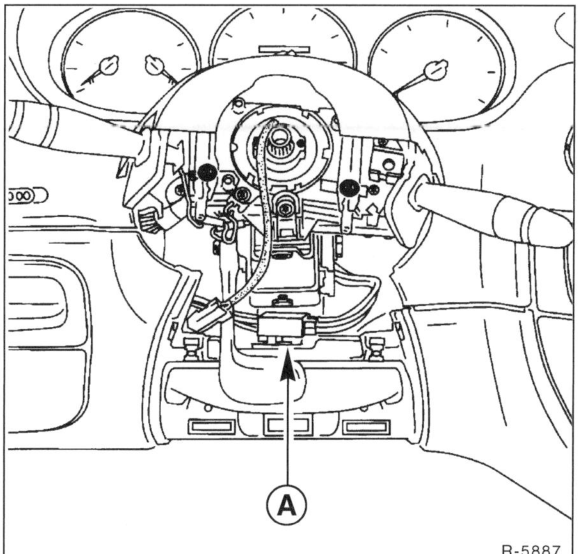

R-5887

- Den Stecker vom Zündschloß kippen und von der Halterung –A– abnehmen, dann abziehen.
- Klemmschelle für Zündschloß aufschrauben.

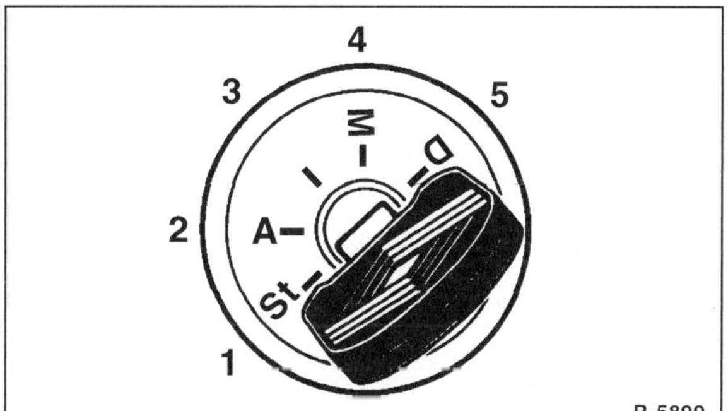

R-5899

- Zündschlüssel einstecken und auf Position –3– stellen.
- Am Schließzylinder befindet sich seitlich eine Schraube. Schraube abschrauben und Schließzylinder herausziehen.

Einbau

- Zündschloß mit Zündschlüssel auf Position –3– einsetzen. Klemmschelle und seitliche Schraube festziehen.
- Anschlußkabel verlegen, gegebenenfalls mit neuen Kabelbindern an umliegenden Teilen befestigen.
- Stecker für Zündschloß verbinden und in Halterung einclipsen.
- Lenksäulenverkleidung anschrauben.
- Lenkrad einbauen, dabei Hinweise beachten, siehe Seite 151.
- Batterie-Massekabel (–) anklemmen. Zeituhr einstellen. Radiosender programmieren.
- Alle elektrische Funktionen für Zündschloß überprüfen.

Steckerbelegung Zündschloß

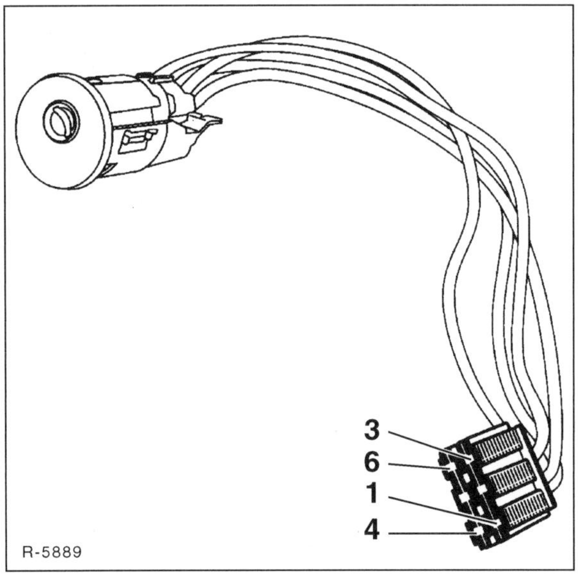

1 – Plusstrom eingeschaltet
3 – Zubehör (Kabel 5 mm^2)
4 – Dauerstrom
6 – Anlasser

Schalter in Armaturenbrett und Tür aus- und einbauen

Ausbau

- Zündung ausschalten.

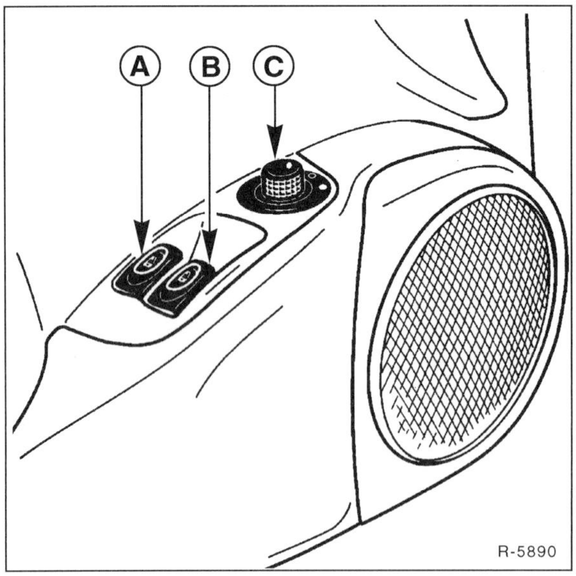

- Schalter –A/B– für elektrische Fensterheber sowie –C– für Außenspiegel ausbauen: Türfach ausbauen, siehe Seite 203.
- Schalter von der Rückseite des Türfachs herausdrücken, dabei Klammern zusammendrücken. Stecker abziehen.

Hinweis: Eine Aufschrift auf jedem Schaltergehäuse weist auf die Farbe des anzuschließenden Steckers hin, damit sie nicht vertauscht werden.

- Schalter für Warnblinkanlage/Heckscheibenheizung ausbauen: Hinter Armaturenbrett greifen und Stecker von Schalter abziehen. Schalter nach vorn herausdrücken. Damit man hinter die Schalter greifen kann, zuvor Bedienung für Heizung ausbauen, siehe Seite 226.
- Schalter für elektrische Fensterheber hinten ausbauen, siehe Seite 203.

Einbau

- Der Einbau erfolgt in umgekehrter Ausbaureihenfolge.

Türkontaktschalter aus- und einbauen

Die Türkontaktschalter liefern die Information für offene/geschlossene Türen zur Steuerung von Innenbeleuchtung, Türverschlußanzeige und Alarmanlage.

Ausbau

- Tür öffnen, Gummikappe vom Türkontaktschalter abziehen.

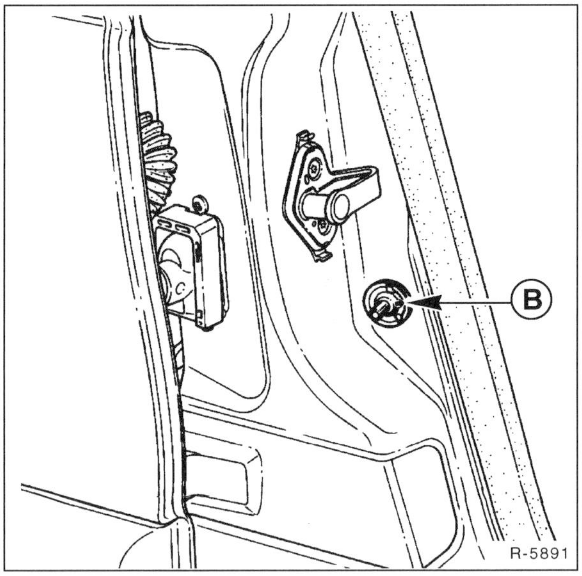

- Türkontaktschalter verdrehen, daß Markierung –B– zum Fahrzeugheck hin zeigt.
- Schalter verkanten, daß die erste Lasche aus der Karosserie ausclipst. Dann die Markierung nach unten drehen und Schalter herausziehen.
- Stecker abziehen.

Einbau

- Der Einbau erfolgt in umgekehrter Ausbaureihenfolge. Gummikappe einknöpfen.

Zigarettenanzünder/Glühlampe aus- und einbauen

Ausbau

- Zündung ausschalten.
- Aschenbecherhalterung ausbauen, dazu 2 Schrauben lösen.
- Das Heizteil des Zigarettenanzünders herausnehmen. Den Stecker abziehen.

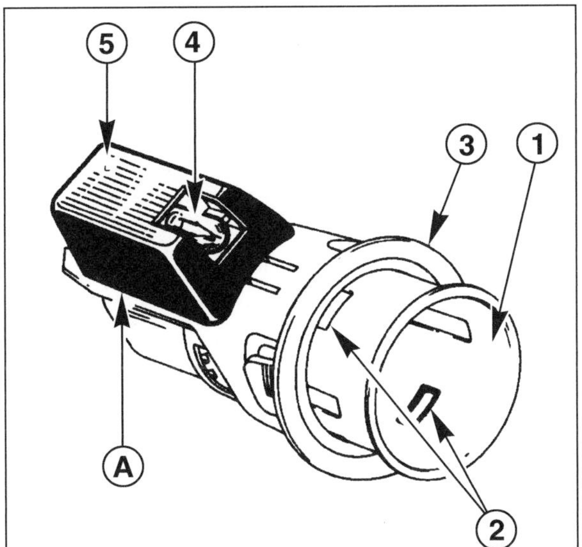

R-5892

- 2 Nasen –2– nach hinten schieben und Zigarettenanzünder –1– herausziehen. Kunststoffring –3– abziehen.
- Schild –5– an Stelle –A– mit Schraubendreher abhebeln und Glühlampe –4– ersetzen.

Einbau

- Der Einbau erfolgt in umgekehrter Ausbaureihenfolge.

Radio aus- und einbauen

Die vom Werk eingebauten Radiogeräte sind mit einer Einschubhalterung ausgestattet, die den schnellen Ein- und Ausbau des Radios ermöglicht. Allerdings gelingt das nur mit einem Spezialwerkzeug, welches beim Kauf des Radios beigelegt oder im Fachhandel erhältlich ist. Ob ein Radio mit Einschubhalterung eingebaut ist, erkennt man in der Regel an den 2 beziehungsweise 4 Bohrungen in der Frontplatte. Je nach Anzahl der Bohrungen wird ein anderes Ausziehwerkzeug benötigt.

Ausbau

- Batterie-Massekabel (–) abklemmen. **Achtung:** Dadurch werden elektronische Speicher gelöscht, wie zum Beispiel der Radiocode. Hinweise im Kapitel »Batterie aus- und einbauen« beachten.
- Beide Auszieher links und rechts in die Öffnungen der Frontplatte einführen und einrasten.

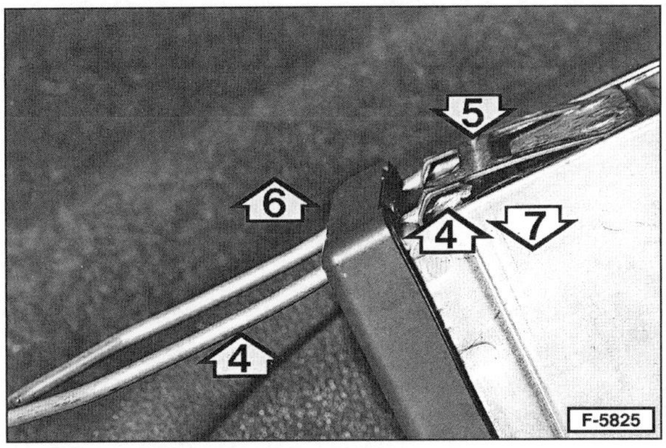

F-5825

- Auszieher –4– leicht nach außen drücken –6–, dadurch werden die Haltelaschen –5– nach innen gedrückt –7–. In dieser Stellung Radio gleichmäßig herausziehen. Radio beim Herausziehen nicht verkanten.
- Steckverbindungen für Lautsprecher mit Tesaband kennzeichnen (links/rechts) und abziehen. Stecker für Antennenleitung herausziehen. Steckverbindung für Batterie-Plus (+) und Masse abziehen.

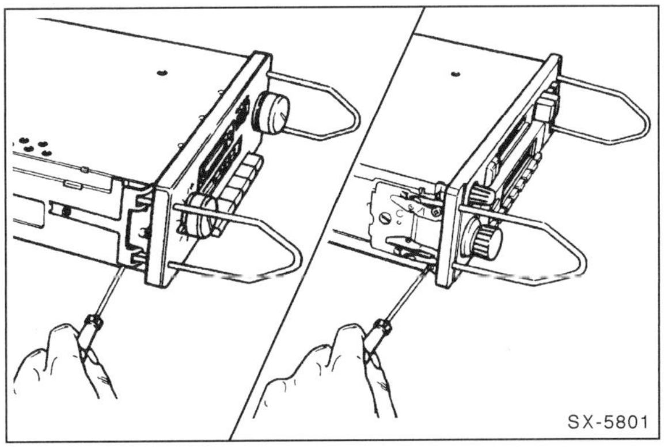

SX-5801

- Auszieher abnehmen. Dazu Halteclipse mit kleinem Schraubendreher zusammendrücken.

Einbau

- Elektrische Anschlüsse und Antenne an der Rückseite des Radiogerätes anbringen.
- Radio so weit in die Armaturentafel eindrücken, bis die Haltefedern einrasten.
- Batterie-Massekabel (–) anklemmen.
- Radio einschalten und Funktion überprüfen. Falls das Radio mit einer Radiocode-Diebstahlsicherung ausgerüstet ist, Code neu eingeben. Nach Wiederherstellen der Stromzufuhr funktioniert das Gerät erst wieder, wenn der richtige Code eingegeben wurde, siehe Bedienungsanleitung des Radios.

Hinweise für den nachträglichen Radioeinbau

Serienmäßig sind bereits die Kabel zum Anschluß des Radios, Kabel für je 2 Lautsprecher im Armaturenbrett und Wagenheck und das Antennenkabel (zum Antennensockel in der Dachmitte) im Fahrzeug verlegt.

Achtung: Wird das serienmäßige Anschlußkabel nicht verwendet, unbedingt darauf achten, daß keine unisolierten Kabel frei herumliegen. Ein sonst möglicher Kurzschluß kann zu einem Kabelbrand führen.

Zum Einbau des Radios wird die Abdeckung oberhalb der Heizungsbedienung ausgehebelt, dahinter befinden sich die Anschlußkabel. Die vorgesehenen Lautsprecher von RENAULT können nach Ausbau der Lautsprechergitter eingesetzt werden.

- Das Fahrzeug ist serienmäßig bereits entstört.
- Radio auf Antenne abstimmen. Dazu schwachen Mittelwellensender etwa bei 1400 KHz einstellen. Ist kein Sender vorhanden, kann auch das Rauschen zum Abstimmen verwendet werden. Antennenabgleichschraube (vorn links im Radiogehäuse) mit kleinem Schraubendreher verdrehen, bis der beste Empfang oder der höchste Rauschpegel erreicht ist. **Achtung:** Dabei Abgleichschraube nur maximal ½ Umdrehung verdrehen.

Antenne aus- und einbauen

Verlegung Antennenkabel

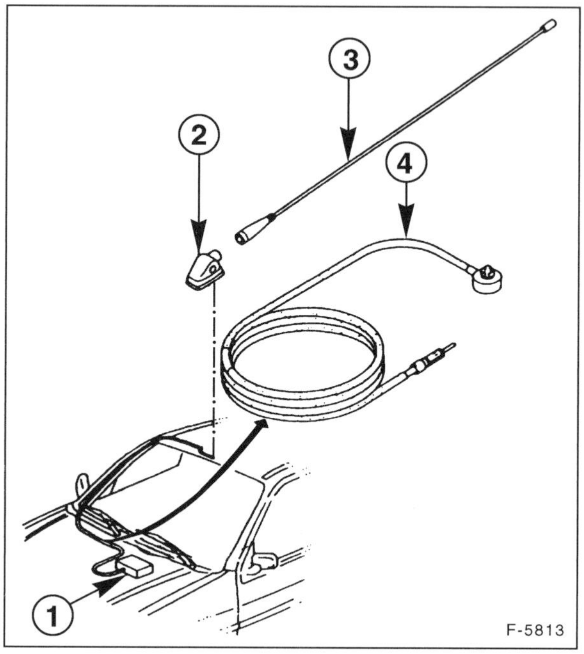

1 – Radio
2 – Antennenfuß
3 – Antennenteleskop
4 – Antennenkabel

Ausbau

- Innenraumleuchte am vorderen Teil mit den Fingern herunterziehen und ausclipsen. **Achtung:** Die Kunststoff-Befestigungshaken können leicht abbrechen.
- Durch die Öffnung für die Innenraumleuchte Antennenfuß abschrauben.
- Antenne mit Antennenfuß abnehmen.

Einbau

- Antenne auf dem Dach ansetzen und Antennenfuß von unten festschrauben.
- Antenne auf Funktion prüfen.
- Innenraumleuchte einclipsen.

Scheibenwischanlage

Der vordere Scheibenwischerantrieb befindet sich im Wasserkasten unterhalb der Windschutzscheibe. Die Scheibenwischeranlage sowie die Wisch-Wasch-Anlage werden je nach Modell und Ausstattung von der Zentralelektrik in Abhängigkeit von der Fahrzeuggeschwindigkeit gesteuert.

- Bei Fahrzeugstillstand wird die Wischgeschwindigkeit um eine Stufe zurückgenommen und beim Anfahren wieder erhöht.
- Die Wisch-Wasch-Anlage führt bei kurzem Antippen des Schalters nur eine, bei längerem Druck drei Wischbewegungen aus.
- Mit steigender Fahrzeuggeschwindigkeit steigt der Winddruck auf die Wischerarme. Ist die zweite Wischerstufe eingeschaltet, schaltet die Elektronik automatisch auf die erste Stufe zurück, damit die Scheiben besser gewischt werden.
- Beim mechanischen Blockieren der Scheibenwischer, beispielsweise wenn sie angefroren sind, unterbricht das System die Stromzufuhr, damit der Scheibenwischermotor nicht durchbrennt.
- Der Heckscheibenwischer schaltet sich beim Einlegen des Rückwärtsgangs automatisch ein, wenn der Frontscheibenwischer bereits eingeschaltet ist.

Scheibenwischergummi ersetzen

Die Scheibenwischergummis sind bei schlechtem Wischbild zu ersetzen. Im Handel werden sowohl komplette Scheibenwischerblätter (Wischergummi mit Träger) als auch einzelne Wischgummis angeboten. Wird nur das Wischgummi ersetzt, darauf achten, daß der Träger nicht verbogen wird.

Ausbau

Achtung: Bei Arbeiten an der Wischeranlage den Zündschlüssel abziehen. Durch Bewegungen am Wischerarm oder Wischergestänge kann ab Zündschlüsselstellung »1« die Parkstellungsautomatik angeregt werden. Das heißt, der Wischer läuft los, bis er sich in Endabstellung befindet. **Verletzungsgefahr!**

- Wischerblatt hochklappen und einrasten.
- Wischerblatt senkrecht zum Wischerarm stellen.

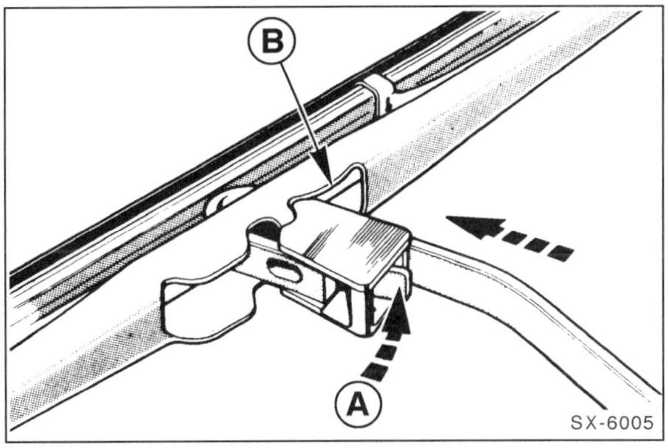

- Federklammer –A– niederdrücken und Wischerblatt nach unten aus dem Haken am Wischerarm schieben.
- Wischerblatt nach oben schieben und durch die Öffnung –B– vom Haken des Wischerarms abnehmen.

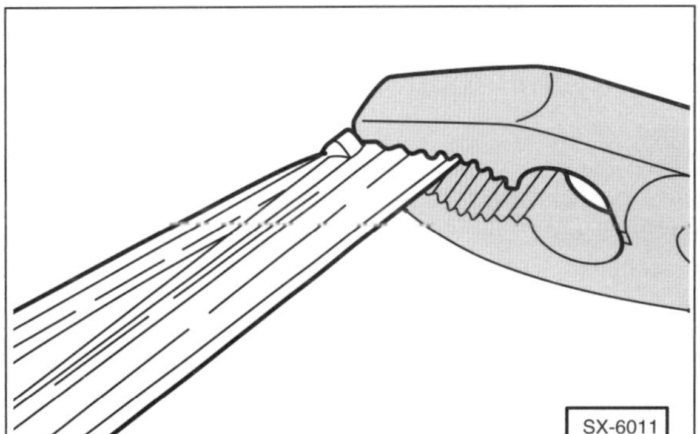

- An der geschlossenen Seite des Wischgummis beide Stahlschienen mit Kombizange zusammendrücken, seitlich aus der oberen Klammer herausnehmen und Gummi komplett mit Schienen aus den restlichen Klammern des Wischerblattes herausziehen.

Einbau

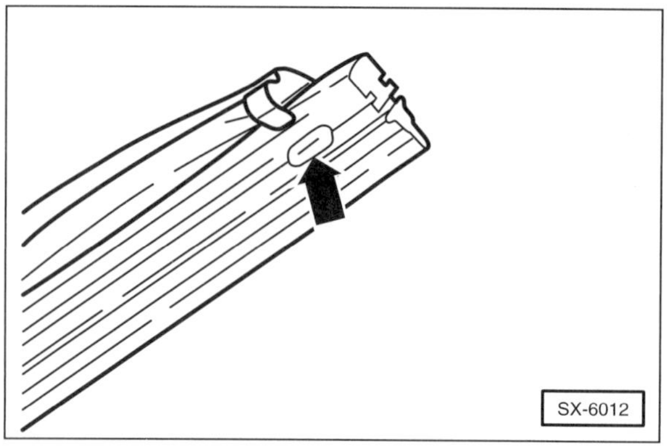

- Neues Wischgummi ohne Halteschienen in die unteren Klammern des Wischerblattes lose einlegen.
- Beide Schienen so in die erste Rille des Wischergummis einführen, dass die Aussparungen zum Gummi zeigen und in die Gumminasen der Rille einrasten. **Achtung:** Die Schienen sind leicht gebogen. Schienen so einsetzen, dass der Bauch des Bogens vom Wischerblatt weg gerichtet ist.
- Wischergummi an der geschlossenen Seite mit Seifenwasser bestreichen, damit es besser in die Haltebügel gleitet.
- Beide Stahlschienen und das Gummi mit Kombizange zusammendrücken und so in die obere Klammer einsetzen, daß die Klammernasen beidseitig in die Haltenuten –Pfeil– des Wischgummis einrasten.
- Wischerblatt über den Wischerarm schieben und Federklammer in den Haken des Wischerarms einclipsen.
- Wischerarm zurückklappen. Darauf achten, daß das Wischgummi überall an der Scheibe anliegt.

Scheibenwischerarm aus- und einbauen

Ausbau

- Scheibe mit Wasser benetzen. Scheibenwischer kurz laufen lassen und mit dem Scheibenwischerschalter abschalten. Dadurch läuft der Wischer in die Endstellung.
- Ruhestellung des Wischerblatts auf der **Frontscheibe** mit Klebeband markieren. Dazu einen Streifen Klebeband direkt neben das Wischerblatt auf die Scheibe kleben. Beim Einbau wird der Wischerarm wieder so auf die Verzahnung gesetzt, daß sich das Wischerblatt direkt neben dem Klebestreifen befindet.
- Bei der **Heckscheibe** ist oben links auf der Heckscheibe bereits eine Markierung angebracht, dort muß sich der Wischer in Ruhestellung befinden.

- Kunststoffabdeckung mit Schraubendreher nach oben abhebeln. Befestigungsmutter –Pfeil– abschrauben und Wischerarm von der Lagerachse abziehen. Beim Frontscheibenwischer Mutter an der anderen Wischerachse ebenfalls abschrauben.

Achtung: Wischerarm durch seitliche Bewegungen vom Konus der Achse lösen. Festsitzenden Wischerarm mit Schlagauszieher 1966-5 von HAZET abziehen.

Einbau

- Wischerarm in Endablagestellung aufschieben und die Mutter mit Federscheibe und **15 Nm** anziehen.
- Abdeckung für Mutter aufstecken.

Scheibenwaschdüsen einstellen

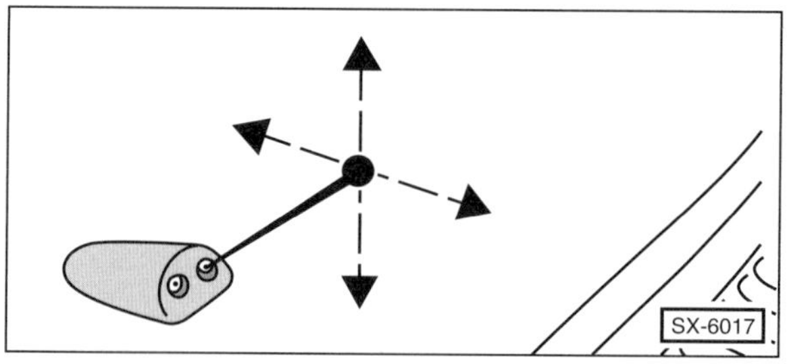

- Die Spritzrichtungen der Düsen können gegebenenfalls mit einem Spezialwerkzeug (HAZET Nr. 4850-1) korrigiert werden. Behelfsmäßig kann auch eine Nadel verwendet werden. Im Stand soll der Spritzstrahl an der Oberkante des Wischfelds auftreffen.
- An der Heckscheibe kann die Spritzdüse an der Wischerachse mit einem Schraubendreher verstellt werden.

Scheibenwischermotor vorn aus- und einbauen

Achtung: Es wird der Ausbau des Motors, ohne Gestänge, beschrieben. Ausbau des Gestänges mit Motor, siehe folgendes Kapitel.

Ausbau

- Windschutzscheibe mit Wasser benetzen. Scheibenwischeranlage kurz laufen lassen und mit dem Scheibenwischerschalter abschalten. Dadurch läuft der Wischer in die Endstellung.
- Batterie-Massekabel (–) abklemmen. **Achtung:** Dadurch werden elektronische Speicher gelöscht, wie zum Beispiel der Radiocode. Hinweise im Kapitel »Batterie aus- und einbauen« beachten.

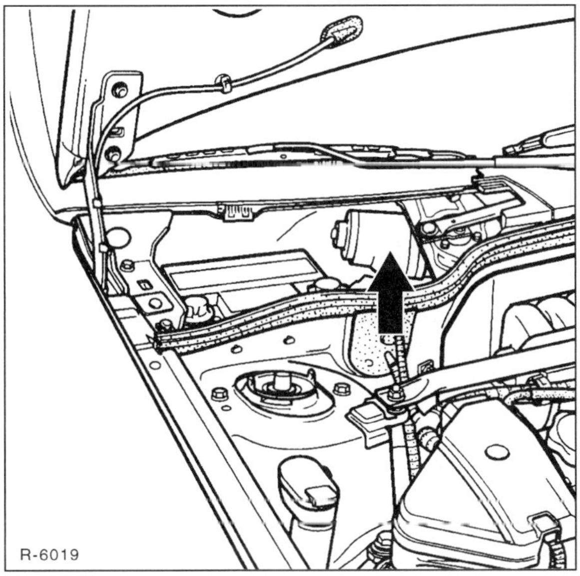

- Der Scheibenwischermotor sitzt im Wasserkasten, neben der Batterie.

- Stellung der Kurbel –4– mit Farbstift auf dem Halter markieren, damit sie in gleicher Stellung wie ausgebaut wieder aufgesetzt wird. Wischerachse von der Kurbel abschrauben –5–.
- 3 Befestigungsschrauben –6– für Wischermotor herausdrehen und Motor vom Wischergestänge abnehmen.

Einbau

- Wischermotor am Wischergestänge anschrauben, Kurbel noch nicht anschrauben.
- Batterie-Massekabel (–) anklemmen.
- Wischermotor vor dem Aufsetzen der Kurbel in Endstellung bringen. Dazu Mehrfachstecker anschließen und Wischermotor laufen lassen. Motor mit Wischerschalter ausschalten und in Endstellung laufen lassen.
- Kurbel nach Markierung aufsetzen. Sie muß mit dem Gestänge fluchten (auf einer Linie liegen) und die Scheibenwischer müssen sich in Endstellung befinden. Kurbel mit **25 Nm** festziehen.
- Windlaufgitterhälfte einsetzen und anschrauben.
- Zeituhr einstellen. Radiosender programmieren.

Scheibenwischerantrieb vorn aus- und einbauen

Ausbau

- Wischerarme ausbauen, siehe Seite 276.
- Heizungsgebläsemotor ausbauen, siehe Seite 227.

Achtung: Bei Fahrzeugen mit Klimaanlage muß zum Ausbau des Gebläsemotors der Kältemittelkreislauf entleert werden, nach dem Einbau aufgefüllt werden, daher unbedingt Fachwerkstatt aufsuchen. Erfrierungsgefahr durch austretendes Kältemittel!

- Stecker vom Wischermotor abziehen.

Alle Modelle, außer SCENIC

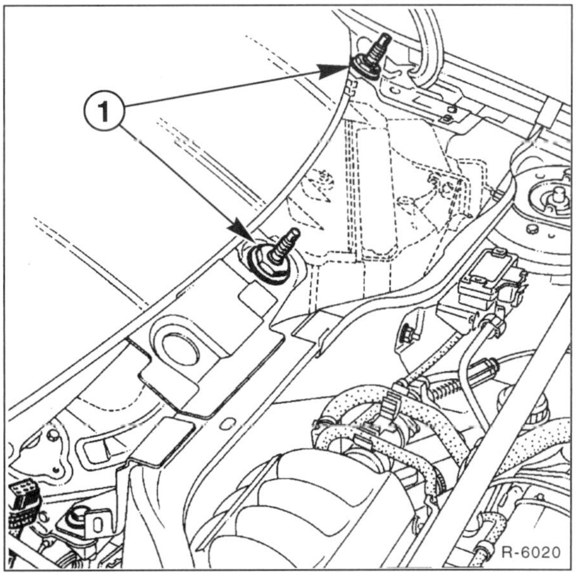

- Scheibenwischergestänge mit 2 Muttern –1– abschrauben und herausnehmen.

SCENIC

- Windlaufgitter ausbauen, siehe Seite 191.

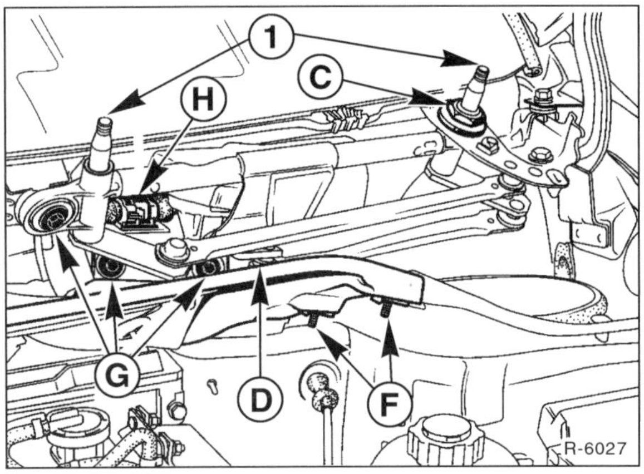

- Staubmanschetten von den Scheibenwischerwellen –1– abnehmen. Mutter –C– abschrauben.
- 4 Befestigungen –F– links und rechts abschrauben. In der Abbildung sind nur die beiden linken Befestigungen dargestellt.
- Teil –D– der Wasserkastentrennwand herausnehmen.
- 3 Schrauben –G– herausdrehen. Die linke Scheibenwischerwelle (bei Mutter –C–) nach unten aus der Halterung herausziehen und Scheibenwischerantrieb herausnehmen. H – Stecker für Elektromotor, abziehen.

- Gegebenenfalls Motor vom Gestänge abschrauben, siehe Kapitel »Scheibenwischermotor ausbauen«.

Einbau

- Wischermotor am Wischergestänge anschrauben, siehe Seite 277.
- Scheibenwischergestänge einsetzen und anschrauben.
- Mehrfachstecker am Scheibenwischermotor aufschieben und einrasten.

SCENIC

- Die Mutter an der linken Scheibenwischerwelle aufschrauben und anziehen.
- Das ausgebaute Teil der Wasserkastentrennwand einsetzen und mit 4 Schrauben/Muttern befestigen.
- Staubmanschetten an den Scheibenwischerwellen anbringen.
- Windlaufgitter einbauen, siehe Seite 191.

Alle Modelle, außer SCENIC

- Heizungsgebläsemotor einbauen, siehe Seite 227.

- Scheibenwischerarme einbauen, siehe Seite 276.

Scheibenwischermotor hinten aus- und einbauen

Hinweis: Die Beschreibung gilt für alle Modelle mit Heckscheibenwischer. Die Heckklappe des SCENIC und der Heckwischermotor unterscheiden sich im Aussehen von der Darstellung. Der Aus- und Einbau erfolgt aber prinzipiell auf die gleiche Weise. Entsprechend vorgehen.

Ausbau

- Heckscheiben-Wischerarm abbauen, siehe Seite 276.

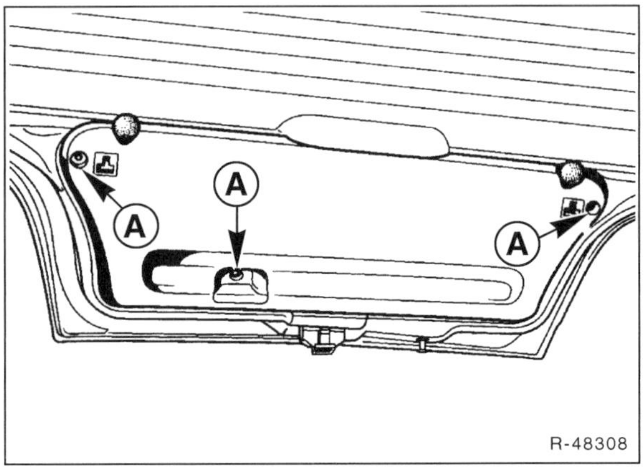

- Innenverkleidung für Heckklappe abschrauben –A– und anschließend mit breitem Keil abhebeln, dabei rasten die Befestigungsclips aus.

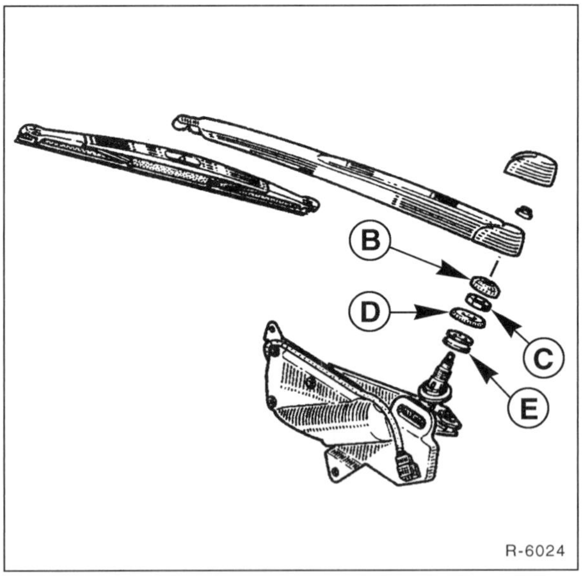

- Modell COACH und SCENIC: Abdeckung –B– abnehmen und Mutter –C– abschrauben. Buchse –D– und Dichtung –E– abnehmen. **Achtung:** Der Heckwischermotor des SCENIC sieht anders aus, entsprechend vorgehen.

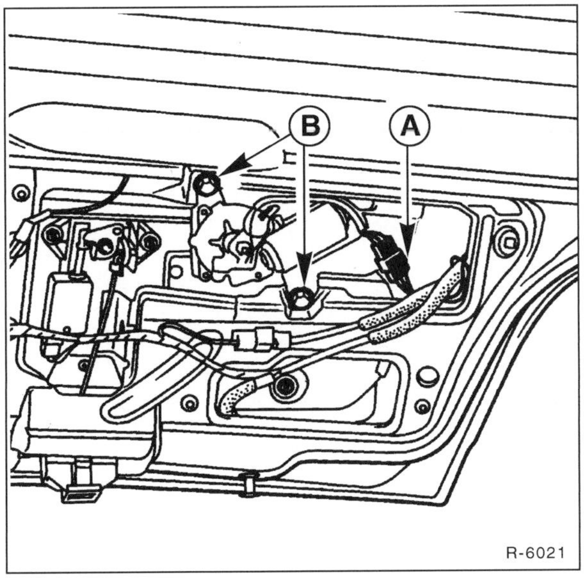

- Mehrfachstecker –A– trennen.
- Wischermotor mit Halter abschrauben –B– und herausnehmen. **Achtung:** Beim SCENIC befinden sich die Schrauben an anderen Positionen.

Einbau

- Mehrfachstecker anschließen.
- Wischermotor anschrauben und Stecker zusammenfügen.
- COACH und SCENIC: Dichtung und Buchse einsetzen, Mutter aufschrauben, Abdeckung auflegen, siehe Abbildung R-6024.
- Bei Einbau eines neuen Motors Batterie-Massekabel (–) anklemmen. Wischermotor kurz laufen lassen und mit Wischerschalter abschalten, damit der Motor in Endstellung stehenbleibt.
- Wischerarm einbauen, siehe Seite 276.
- Verkleidung für Heckklappe einclipsen und anschrauben.
- Batterie-Massekabel (–) anklemmen. Vorhandene Zeituhr einstellen und Diebstahlcode für Radio eingeben.

Scheibenwaschbehälter / Scheibenwaschpumpe aus- und einbauen

Je nach Drehrichtung der Pumpe wird das Waschwasser entweder zur Windschutzscheibe oder zur Heckscheibe gefördert. Zur Änderung der Drehrichtung wird der Motor umgepolt. **Achtung:** Elektromotor der Scheibenwaschpumpe prüfen, siehe Seite 237.

Achtung: Hinweise für den SCENIC am Ende des Kapitels beachten.

Ausbau

- Innenkotflügel am rechten Vorderrad ausbauen, siehe Seite 192.

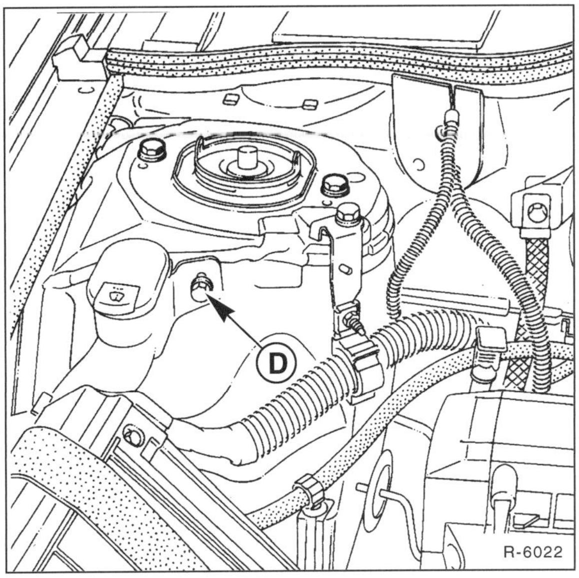

- Motorhaube öffnen und Einfüllstutzen abschrauben –D–.

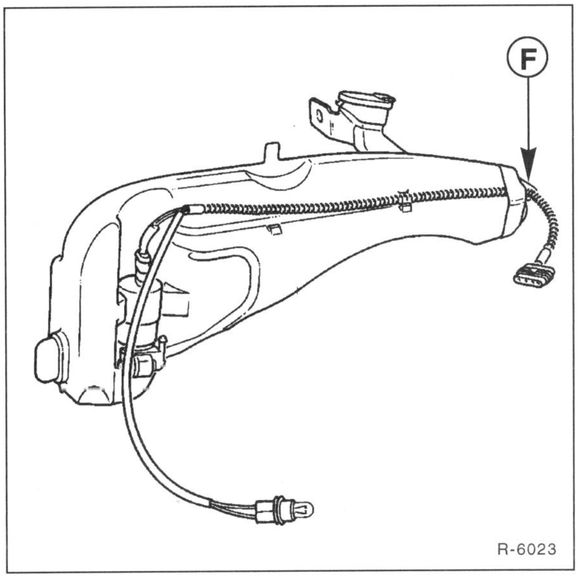

- Vom Radkasten her Kabel am Stecker trennen und Behälter an Stelle –F– abschrauben.
- Schäuche zu den Anschlußstutzen mit Farbstift markieren, damit sie an gleicher Stelle wieder aufgesteckt werden. Schläuche von der Waschpumpe abziehen.
- Stecker von der Waschpumpe abziehen. Die Waschpumpe ist in den Scheibenwaschbehälter eingesteckt.
- Pumpe etwas zur Seite ziehen und aus dem Behälter herausziehen.

Einbau

- Waschpumpe in den Behälter einstecken.
- Schläuche nach Markierung auf Pumpe aufstecken, mit Schellen sichern.

- Mehrfachstecker aufschieben.
- Scheibenwaschbehälter in Radkasten einsetzen und anschrauben.
- Einfüllstutzen im Motorraum anschrauben.
- Innenkotflügel einbauen, siehe Seite 192.

SCENIC

Aus- und Einbau des Waschwasserbehälters erfolgen auf die gleiche Weise wie bei den anderen Modellen. In diesem Abschnitt stehen nur abweichende Hinweise.

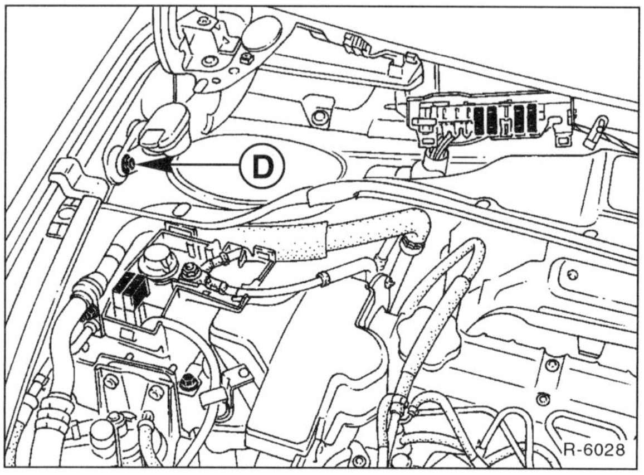

- Der Waschwasserbehälter ist mit der Mutter –D– befestigt. Zum Ausbau die Mutter abschrauben.

Störungsdiagnose Scheibenwischergummi

Wischbild	Ursache	Abhilfe
Schlieren.	Wischgummi verschmutzt.	■ Wischgummi mit harter Nylonbürste und einer Waschmittellösung oder Spiritus reinigen.
	Ausgefranste Wischlippe, Gummi ausgerissen oder abgenutzt.	■ Wischgummi erneuern.
	Wischgummi gealtert, rissige Oberfläche.	■ Wischgummi erneuern.
Im Wischfeld verbleibende Wasserreste ziehen sich sofort zu Perlen zusammen.	Windschutzscheibe durch Lackpolitur oder Öl verschmutzt.	■ Windschutzscheibe mit sauberem Putzlappen und einem Fett-Öl-Silikonentferner reinigen.
Wischerblatt wischt einseitig gut - einseitig schlecht, rattert.	Wischgummi einseitig verformt, »kippt nicht mehr«.	■ Neues Wischgummi einbauen.
	Wischerarm verdreht, Blatt steht schief auf der Scheibe.	■ Wischerarm vorsichtig verdrehen, bis richtige, senkrechte Stellung erreicht ist.
Nicht gewischte Flächen.	Wischgummi aus der Fassung herausgerissen.	■ Wischgummi vorsichtig in die Fassung einsetzen.
	Wischerblatt liegt nicht mehr gleichmäßig an der Scheibe an, da Federschienen oder Bleche verbogen.	■ Wischerblatt ersetzen. Dieser Fehler tritt vor allem bei unsachgemäßem Montieren eines Ersatzblattes auf.
	Anpreßdruck durch Wischerarm zu gering.	■ Wischerarmgelenke und Federlager leicht einölen oder neuen Arm einbauen.

Wagenpflege

Werkzeug

Fahrzeug waschen

Aus Umweltschutzgründen ist in den meisten Gemeinden die Wagenwäsche auf öffentlichen Plätzen verboten. Inzwischen gibt es an vielen Tankstellen die Möglichkeit, dort seinen Wagen auch von Hand zu waschen. Da an diesen Tankstellen garantiert ist, daß das Schmutzwasser nicht in der Erde versickert, sollte die Wagenwäsche dort durchgeführt werden.

- Verschmutzten Wagen möglichst umgehend waschen.
- Tote Insekten **vor** der Wagenwäsche einweichen und abwaschen.
- Reichlich Wasser verwenden.
- Weichen Schwamm oder sehr weiche Waschbürste mit Schlauchanschluß benutzen.
- Lackierung nicht scharf abspritzen, sondern nur abbrausen und Schmutz aufweichen lassen.
- Aufgeweichten Schmutz von oben nach unten mit reichlich Wasser abwaschen.
- Schwamm oft ausspülen.
- Zum Abtrocknen sauberes Leder verwenden.
- Nur gute, rückfettende Markenwaschmittel verwenden (falls überhaupt). Mit klarem Wasser gründlich nachspülen, um die Reste des Waschmittels zu entfernen.
- Zum Schutz der Lackierung kann dem Waschwasser ein Waschkonservierer beigegeben werden.
- Bei regelmäßiger Benutzung von Waschmitteln muß öfter konserviert werden.
- Wagen niemals in der Sonne waschen oder trocknen. Wasserflecken auf der Lackierung sind sonst unvermeidlich.
- Durch Streusalze besonders gefährdet sind alle innenliegenden Falze, Flansche und Fugen an Türen und Hauben. Diese Stellen müssen deshalb bei jedem Wagenwaschen – auch nach der Wäsche in automatischen Waschstraßen – mit einem Schwamm gründlich gereinigt und anschließend abgespült und abgeledert werden.

Achtung: Nach der Wagenwäsche ergibt sich eine verringerte Bremswirkung durch Nässe. Deshalb Bremsscheiben kurz trockenbremsen.

Lackierung pflegen

Konservieren: So oft wie nötig soll die sauber gewaschene und getrocknete Lackierung mit einem Konservierungsmittel behandelt werden, um die Oberfläche durch eine porenschließende und wasserabweisende Wachsschicht gegen Witterungseinflüsse zu schützen.

Übergelaufenen Kraftstoff, übergelaufenes Öl oder Fett, beziehungsweise übergelaufene Bremsflüssigkeit **sofort entfernen,** sonst kommt es zu Lackverfärbungen.

Das Konservieren muß wiederholt werden, wenn Wasser nicht mehr vom Lack abperlt, sondern großflächig verläuft. Regelmäßiges Konservieren bewirkt, daß der ursprüngliche Glanz der Lackierung sehr lange erhalten bleibt.

Eine weitere Möglichkeit, den Lack zu konservieren, bieten Waschkonservierer. Waschkonservierer schützen die Lackierung jedoch nur ausreichend, wenn sie bei **jeder** Wagenwäsche verwendet werden und der zeitliche Abstand zwischen 2 Wäschen nicht mehr als 2 bis 3 Wochen beträgt. Nur Lackkonservierer verwenden, die Carnauba- oder synthetische Wachse enthalten.

Nach dem Anwenden von Waschmitteln (Schaumwäsche) ist eine Nachbehandlung mit einem Konservierungsmittel besonders zu empfehlen (Gebrauchsanweisung beachten).

Polieren: Das Polieren der Lackierung ist nur dann erforderlich, wenn der Lack infolge mangelhafter Pflege unter der Einwirkung von Straßenstaub, industriellen Abgasen, Sonne und Regen unansehnlich geworden ist und sich durch eine Behandlung mit Konservierungsmitteln kein Glanz mehr erzielen läßt. Zu warnen ist vor stark schleifenden oder chemisch stark angreifenden Poliermitteln, auch wenn der erste Versuch damit noch so sehr zu überzeugen scheint.

Vor jedem Polieren muß der Wagen sauber gewaschen und sorgfältig abgetrocknet werden. Im übrigen ist nach der Gebrauchsanweisung für das Poliermittel zu verfahren.

Die Bearbeitung soll in nicht zu großen Flächen erfolgen, um ein vorzeitiges Eintrocknen der Politur zu vermeiden. Bei manchen Poliermitteln muß anschließend noch konserviert werden. Nicht in der prallen Sonne polieren! Matt lackierte Teile dürfen nicht mit Konservierungs- oder Poliermitteln behandelt werden.

Teerflecke entfernen: Teerflecke fressen sich innerhalb kurzer Zeit in den Lack ein und können dann nicht mehr vollkommen entfernt werden. Frische Teerflecke können mit einem in Waschbenzin getränkten weichen Lappen entfernt werden. Notfalls kann auch Tankstellenbenzin, Petroleum oder Terpentinöl verwendet werden. Sehr gut gegen Teerflecke eignet sich auch ein Lackkonservierer. Bei Verwendung dieses Mittels kann auf ein Nachwaschen verzichtet werden.

Insekten entfernen: Die Reste von Insektenleichen tragen Stoffe in sich, die den Lackfilm beschädigen können, wenn sie nicht innerhalb kurzer Zeit entfernt werden. Einmal festgeklebt, lassen sie sich durch Wasser und Schwamm allein nicht entfernen, sondern müssen mit schwacher, lauwarmer Seifen- oder Waschmittel-Lösung abgewaschen werden. Es gibt auch spezielle Insekten-Entferner.

Baumaterial-Spritzer entfernen: Spritzer jeglichen Baumaterials mit einer lauwarmen Lösung neutraler Waschmittel abwaschen. Nur leicht reiben, da sonst die Lackierung zerkratzt werden kann. Nach dem Waschen sorgfältig mit klarem Wasser nachspülen.

Kunststoffteile pflegen: Kunststoffteile, Kunstledersitze, Himmel, Leuchtengläser sowie mattschwarz gespritzte Teile mit Wasser und eventuell einem Shampoo-Zusatz säubern, Himmel nicht durchfeuchten. Kunststoffteile gegebenenfalls mit Kunststoffreiniger behandeln. Keinesfalls Lösungsmittel wie Nitroverdünner, Kaltreiniger oder Kraftstoff verwenden.

Scheiben reinigen: Fensterscheiben innen und außen mit sauberem, weichem Lappen abreiben. Bei starker Verschmutzung helfen Spiritus oder Salmiakgeist und lauwarmes Wasser, oder auch ein spezieller Scheibenreiniger. Beim Reinigen der Windschutzscheibe Scheibenwischerarm nach vorn klappen.

Bei der Reinigung der Windschutzscheibe auch die Wischerblätter säubern.

Achtung: Bei Verwendung silikonhaltiger Mittel dürfen die zur Reinigung der Lackierung verwendeten Waschbürsten, Schwämme, Lederlappen und Tücher nicht für die Scheiben verwendet werden. Beim Einsprühen der Lackierung mit silikonhaltigen Pflegemitteln sollten die Scheiben mit Pappe oder anderem Material abgedeckt werden.

Gummidichtungen pflegen: Von Zeit zu Zeit Gummidichtungen durch Einpudern der Dicht- und Gleitflächen mit Talkum oder Besprühen mit Silikonspray geschmeidig halten. So werden auch quietschende oder knarrende Geräusche beim Türenschließen vermieden. Auch das Einreiben der betreffenden Flächen mit Schmierseife beseitigt die Geräusche.

Leichtmetall-Scheibenräder mit Felgenreiniger besonders während der kalten Jahreszeit pflegen, jedoch keine aggressiven, säurehaltigen, stark alkalischen und rauhen Reinigungsmittel oder Dampfstrahler über +60° C verwenden.

Sicherheitsgurte nur mit milder Seifenlauge in eingebautem Zustand säubern, nicht chemisch reinigen, da dadurch das Gewebe zerstört werden kann. Automatikgurte nur in trockenem Zustand aufrollen. Gurtband nicht bei einer Temperatur von über +80° C oder direkter Sonneneinstrahlung trocknen.

Unterbodenschutz/ Hohlraumkonservierung

Die gesamte Bodenanlage ist mit PVC-Unterbodenschutz beschichtet. Die besonders stark gefährdeten Bereiche in den Radläufen sind mit Kunststoffschalen gegen Steinschlag geschützt. Hohlräume sind mit Spezialwachs beschichtet. Darüber hinaus sind einige Karosserieteile aus verzinktem Blech hergestellt. Vor der kalten Jahreszeit und nach einer Unterbodenwäsche sollte der Unterbodenschutz kontrolliert und mit einem Unterbodenschutzwachs nachkonserviert werden.

Im Schleuderbereich der Räder können sich Staub, Lehm und Sand ablagern. Das Entfernen des angesammelten Schmutzes, der während der Winterzeit auch noch mit Salz angereichert sein kann, ist besonders wichtig.

Motorraum konservieren: Zur Verhinderung von Korrosion am Vorderwagen (z. B. Seitenteile, Längsträger oder Abschlußblech) und des Antriebaggregates muß der Motorraum einschließlich der im Motorraum befindlichen Teile der Bremsanlage sowie der Vorderachselemente und der Lenkung mit einem hochwertigen Konservierungswachs eingesprüht werden. Vor allen Dingen natürlich nach einer Motorwäsche. **Achtung:** Vor der Motorwäsche, die zum Beispiel mit Kaltreiniger und einem Dampfstrahlgerät durchgeführt werden kann, sind Generator, Sicherungskasten und Bremsflüssigkeitsbehälter mit Plastikhüllen abzudecken.

Polsterbezüge pflegen

Textilbezüge: Polsterbezüge mit Staubsauger absaugen oder mit einer nicht zu weichen Bürste ausbürsten. Bei starker Verschmutzung Textilbezüge mit Trockenschaum reinigen.

Fett- und Ölflecke mit Reinigungsbenzin oder Fleckenwasser behandeln. Das Reinigungsmittel darf aber nicht unmittelbar auf den Stoff gegossen werden, da sich sonst unweigerlich Ränder bilden. Fleck durch kreisförmiges Reiben von außen nach innen bearbeiten. Andere Verschmutzungen lassen sich meistens mit lauwarmem Seifenwasser entfernen.

Lederbezüge: Bei starker Sonneneinstrahlung und längerer Standzeit Sitze abdecken, damit sie nicht ausbleichen.

Trikot- oder Wollappen mit Wasser leicht anfeuchten und Lederflächen säubern, ohne das Leder oder die Nahtstellen zu durchfeuchten. Anschließend das getrocknete Leder mit einem sauberen und weichen Tuch nachreiben.

Stärker verschmutzte Lederflächen können mit einem milden Feinwaschmittel ohne Aufheller (2 Eßlöffel auf 1 Liter Wasser) gereinigt werden. Fett- und Ölflecke vorsichtig ohne Reiben mit Reinigungsbenzin abtupfen.

Die gereinigten (lackierten) Lederpolster sollten anschließend mit einem handelsüblichen Pflegemittel für Lederflächen behandelt werden. Solche Mittel sind bei den Fachwerkstätten und im Autofachhandel erhältlich. Das Mittel vor Gebrauch gut schütteln und mit einem weichen Lappen dünn auftragen. Nach dem Eintrocknen mit einem sauberen und weichen Tuch nachreiben. Diese Behandlung empfiehlt sich bei normaler Beanspruchung alle 6 Monate.

Werkzeugausrüstung

Langfristig zahlt es sich immer aus, wenn man qualitativ hochwertiges Werkzeug kauft. Neben einer Grundausstattung mit Maul- und Ringschlüsseln in den gängigen Größen und verschiedenen Torxschraubendrehern sowie einem Satz Steckschlüssel empfiehlt sich auch der Kauf eines Drehmomentschlüssels. Darüber hinaus ist bei manchen Arbeitsgängen der Einsatz von Spezialwerkzeug zwingend erforderlich.

Gutes und stabiles Werkzeug wird von der Firma HAZET (42804 Remscheid, Postfach 100461) angeboten. In den Tabellen sind die Werkzeuge mit der HAZET-Bestellnummer aufgeführt. Vertrieben wird das Werkzeug über den Fachhandel.

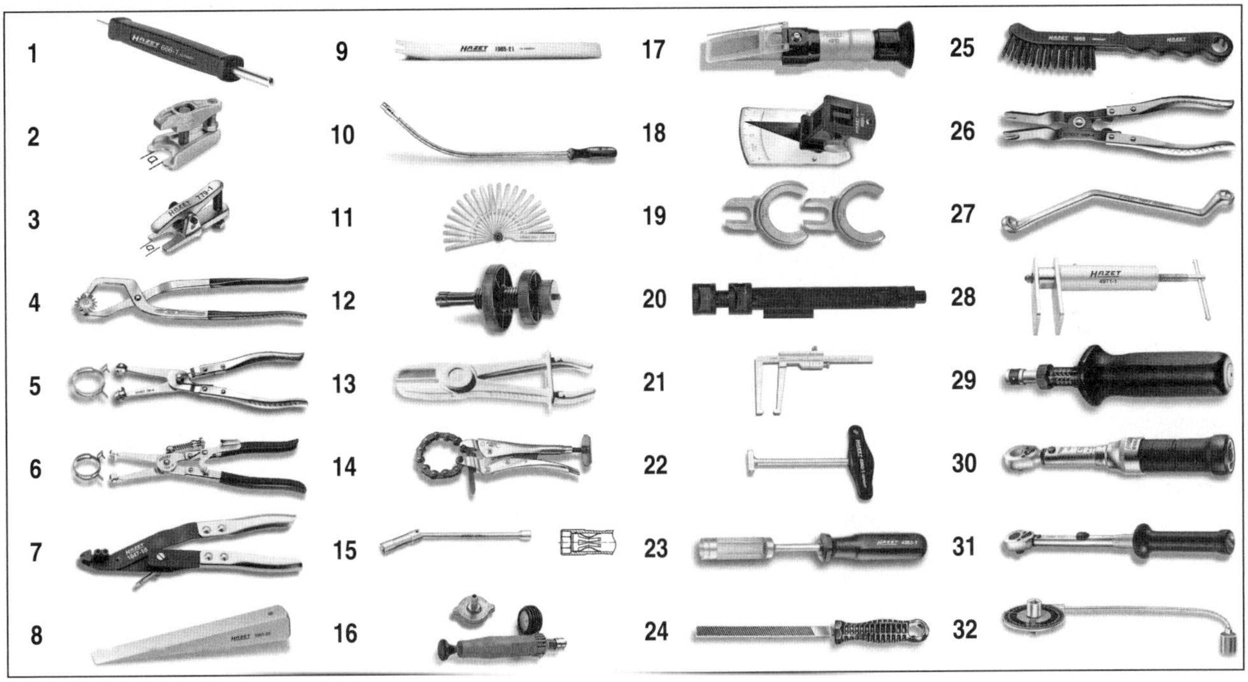

Abb.	Werkzeug	Hazet-Nr.
1	Ventildreher für Reifenventile	666-1
2	Kugelgelenk-Abdrücker (18 - 22 mm)	1779-1
3	Kugelgelenk-Abdrücker (20 - 22 mm)	1790-7
4	Bremsfedernzange	797
5	Zange für Federbandschellen der Kühlmittelschläuche	798-6
6	Zange für Federbandschellen der Kühlmittelschläuche	798-12
7	Spannzange für Federbandschellen der Achsmanschetten	1847-10
8	Montagekeil	1965-20
9	Kombinations-Montagekeil	1965-21
10	Magnet-Sucher	1976
11	Fühlerblattlehre 0,05 - 1,0 mm	2147
12	Kupplungs-Zentrierwerkzeug	2174
13	Abklemmzangen-Satz	4590/2
14	Ketten-Abgasrohrschneider	4682
15	Zündkerzenschlüssel	4766-1
16	Pumpe und Aufsatz um das Kühlsystem auf Dichtheit prüfen	4800-1,-10
17	Meßgerät für Säuredichte und Frostschutzanteil	4810 B

Abb.	Werkzeug	Hazet-Nr.
18	Spritzdüseneinsteller für Scheibenwaschanlage	4850-1
19	Winkeleinsteller für Scheibenwischerarme	4851-1
20	Federspanner-Spannplatten-Paar	4900-11
21	Spanngerät für Schraubenfedern der Federbeine	4900-2A
22	Bremsscheiben-Meßschieber	4956-1
23	Niederdrücker für Haltefedern der Bremsbacken	4963-1
24	Bremssattelfeile	4968-1
25	Bremssatteldrahtbürste	4968-3
26	Zange für Handbremsseil der Trommelbremse	4968-4
27	Entlüftungsschlüssel Bremse	4968-7-9,11
28	Rücksetzvorrichtung für Scheibenbremse vorn	4971-1
29	Drehmomentschlüssel 1 – 6 Nm	6003 CT
30	Drehmomentschlüssel 4 – 40 Nm	6109-2 CT
31	Drehmomentschlüssel 40 – 200 Nm	6122–1CT
32	Winkelscheibe für drehwinkelgesteuerten Schraubenanzug	6690

Motorstarthilfe

Fahrzeug abschleppen

Starthilfe-Sicherheitshinweise:
Werden die vorgeschriebenen Anschlußhinweise nicht genau eingehalten, besteht die Gefahr der Verätzung durch austretende Batteriesäure. Außerdem können Verletzungen oder Schäden durch eine Batterieexplosion entstehen oder Defekte an der Fahrzeugelektrik auftreten.

- Batterieflüssigkeit von Augen, Haut, Gewebe und lackierten Flächen fernhalten. Die Flüssigkeit ist ätzend. Säurespritzer sofort mit klarem Wasser gründlich abspülen. Gegebenenfalls einen Arzt aufsuchen.
- Keine Funken oder offenen Flammen in Batterienähe, da aus der Batterie brennbare Gase austreten können.
- Augenschutz tragen.
- Darauf achten, daß die Starthilfekabel nicht durch drehende Teile wie zum Beispiel den Kühlerventilator beschädigt werden.

- Die Starthilfekabel sollten einen Leitungsquerschnitt von 25 mm^2 aufweisen und mit isolierten Kabelzangen ausgestattet sein. In der Regel ist der Leitungsquerschnitt auf der Packung der Starthilfekabel angegeben.
- Bei beiden Batterien muss die Spannung 12 Volt betragen. Die Kapazität der stromgebenden Batterie darf nicht wesentlich unter der der entladenen Batterie liegen.
- Eine entladene Batterie kann bereits bei –10° C gefrieren. Vor Anschluß der Starthilfekabel muß eine gefrorene Batterie unbedingt aufgetaut werden.
- Die entladene Batterie muß ordnungsgemäß am Bordnetz angeklemmt sein.
- Wenn möglich, Säurestand der entladenen Batterie prüfen, gegebenenfalls destilliertes Wasser auffüllen und Batterie verschließen.
- Fahrzeuge so weit auseinanderstellen, daß kein metallischer Kontakt besteht. Andernfalls könnte bereits beim Verbinden der Pluspole ein Strom fließen.
- Bei beiden Fahrzeugen Handbremse anziehen. Schaltgetriebe in Leerlaufstellung, automatisches Getriebe zusätzlich in Parkstellung »P« schalten.
- Alle Stromverbraucher ausschalten.
- Grundsätzlich Motor des Spenderfahrzeuges ca. 1 Minute vor dem Startvorgang und während des Startvorganges mit Leerlaufdrehzahl drehen lassen. Dadurch wird eine Beschädigung des Generators durch Spannungsspitzen beim Startvorgang vermieden.
- Starthilfekabel in folgender Reihenfolge anschließen:
  1. Rotes Kabel –1– an den Pluspol (+) der entladenen Batterie –Fahrzeug A– anklemmen.
  2. Das andere Ende des roten Kabels an den Pluspol (+) der stromgebenden Batterie –Fahrzeug B– anklemmen.
  3. Schwarzes Kabel –2– an den Minuspol (–) der stromgebenden Batterie anklemmen.

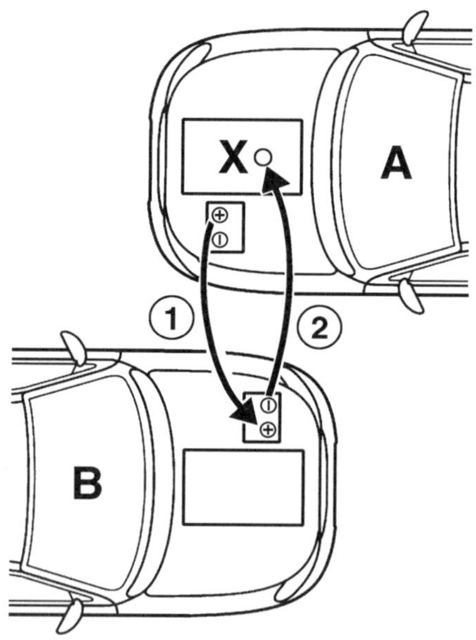

SX-6803

4. Das andere Ende des schwarzen Kabels an eine gute Massestelle –X– des Empfängerfahrzeuges anschließen. **Achtung: Nicht an den Minuspol (–) der leeren Batterie.** Am besten eignet sich ein mit dem Motorblock verschraubtes Metallteil. Unter ungünstigen Umständen könnte beim Anschließen des Kabels an den Minuspol der leeren Batterie, durch Funkenbildung und Knallgasentwicklung, die Batterie explodieren.

Hinweis: In Abbildung SX-6803 sind die Starthilfe-Positionen schematisch dargestellt . Für die tatsächliche Einbauposition der Fahrzeug-Batterie im RENAULT MÉGANE/SCÉNIC siehe Kapitel »Batterie aus- und einbauen« auf Seite 244.

Achtung: Die Klemmen der Starthilfekabel dürfen bei angeschlossenen Kabeln nicht in Kontakt miteinander kommen, beziehungsweise die Plusklemmen dürfen keine Massestellen (Karosserie oder Rahmen) berühren – Kurzschlußgefahr!

- Motor des Empfängerfahrzeuges (leere Batterie) starten und laufen lassen. Beim Starten Anlasser nicht länger als 10 Sekunden ununterbrochen betätigen, da sich durch die hohe Stromaufnahme Polzangen und Kabel erwärmen. Deshalb zwischendurch eine »Abkühlpause« von mindestens ½ Minute einlegen.
- Bei Startschwierigkeiten nicht unnötig lange den Anlasser betätigen. Während des Anlassens wird permanent Kraftstoff eingespritzt. Fehlerursache ermitteln und beseitigen.
- Nach erfolgreichem Start beide Fahrzeuge mit der »Strombrücke« noch 3 Minuten laufen lassen.
- Um Spannungsspitzen beim Trennen abzubauen, im Fahrzeug mit der leeren Batterie Gebläse und Heckscheibenheizung einschalten. Nicht das Fahrlicht einschalten. Glühlampen brennen bei Überspannung durch.
- **Nach der Starthilfe** Kabel in **umgekehrter** Reihenfolge abklemmen: Zuerst schwarzes Kabel –2– (–) am Empfängerfahrzeug, dann am stromgebenden Fahrzeug abklemmen. Rotes Kabel –1– zuerst am stromgebenden und dann am Empfängerfahrzeug abklemmen.

Abschleppen

Fahrzeug anschleppen (Notstart des Motors durch das rollende Fahrzeug)

Achtung: Das Fahrzeug darf **nicht** angeschleppt werden, da sonst die Gefahr von Katalysatorschäden besteht.

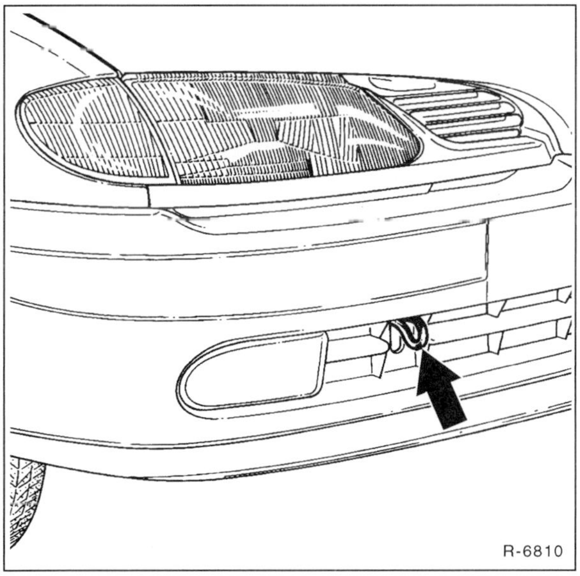

- Die Abschleppöse vorn –Pfeil– befindet sich, in Fahrtrichtung gesehen, rechts unterhalb vom Stoßfänger.

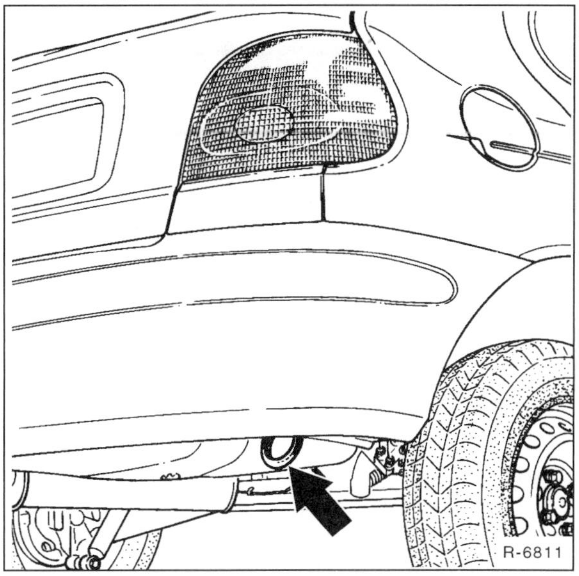

- Die Abschleppöse hinten –Pfeil– befindet sich, in Fahrtrichtung gesehen, rechts unterhalb vom Stoßfänger.

Regeln beim Abschleppen

- Zündschlüssel auf Stellung »M« drehen, damit das Lenkrad nicht blockiert ist, Beleuchtung/Bremsleuchten funktionieren und Blinker sowie Scheibenwischer betätigt werden können.
- Getriebe in Leerlaufstellung bringen.
- Warnblinkanlage bei ziehendem und gezogenem Fahrzeug einschalten.
- Da der Bremskraftverstärker und die Servolenkung nur bei laufendem Motor arbeiten, müssen bei nicht laufendem Motor das Bremspedal und das Lenkrad entsprechend kräftiger betätigt werden!
- **Empfehlenswert ist die Verwendung einer Abschleppstange.** Die Gefahr des Auffahrens ist bei Verwendung eines Abschleppseils groß. Ein Abschleppseil soll elastisch sein, damit das schleppende und das gezogene Fahrzeug geschont werden. Nur Kunstfaserseile oder Seile mit elastischen Zwischengliedern verwenden.

Besonderheiten bei Fahrzeugen mit Getriebeautomatik

Wählhebelstellung: »**N**«
Maximale Schleppgeschwindigkeit: **40 km/h!**
Maximale Schleppentfernung: **50 Kilometer!**

- **Bei defektem Getriebe**, höherer Geschwindigkeit oder längerer Schleppstrecke Fahrzeug mit den Antriebsrädern anheben. Grund: Das Getriebe wird für höhere Drehzahlen und längere Laufstrecken nicht ausreichend geschmiert.
- **Bei Einsatz eines Abschleppwagens:** Das Fahrzeug darf nur mit angehobenen Antriebsrädern abgeschleppt werden.

Fahrzeug aufbocken

Bei Arbeiten unter dem Fahrzeug muß dieses, falls es nicht auf einer Hebebühne steht, auf zwei oder vier stabilen Unterstellböcken stehen. **Auf keinen Fall dürfen Arbeiten unter dem Fahrzeug ausgeführt werden, wenn dieses nicht ausreichend gesichert ist oder nur mit dem Wagenheber abgestützt wird. Lebensgefahr!**

- Das Fahrzeug nur in unbeladenem Zustand auf ebener, fester Fläche aufbocken.
- Die Räder, die beim Anheben auf dem Boden stehen bleiben, mit Keilen gegen Vor- oder Zurückrollen sichern. Nicht auf die Feststellbremse verlassen, diese muß bei einigen Reparaturen gelöst werden.
- Fahrzeug mit Unterstellböcken so abstützen, daß jeweils ein Bein seitlich nach außen zeigt.

Achtung: Durch eine geeignete Gummi- oder Holzzwischenlage werden beim Anheben Beschädigungen am Unterbau vermieden.

Anheb- und Aufbockpunkte:

Bordwagenheber/Werkstattwagenheber/Unterstellböcke

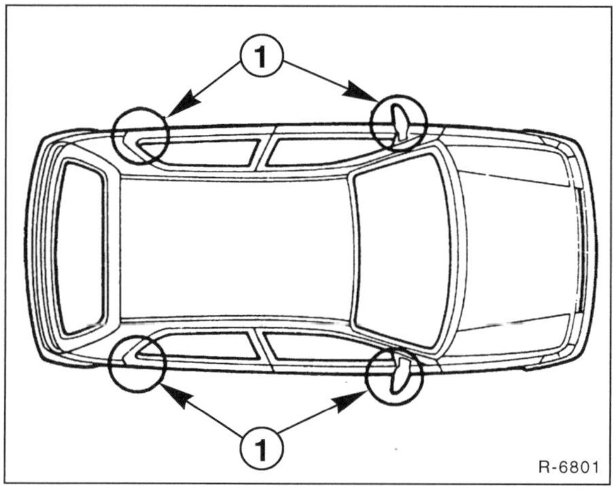

- Bordwagenheber links oder rechts nur im Bereich der Verstärkung vorn und hinten am Längsträger ansetzen –1–. Dabei muß der Längsträger in die Aufnahme des Wagenhebers eingreifen. An den Stellen –1– werden auch die Unterstellböcke angesetzt.

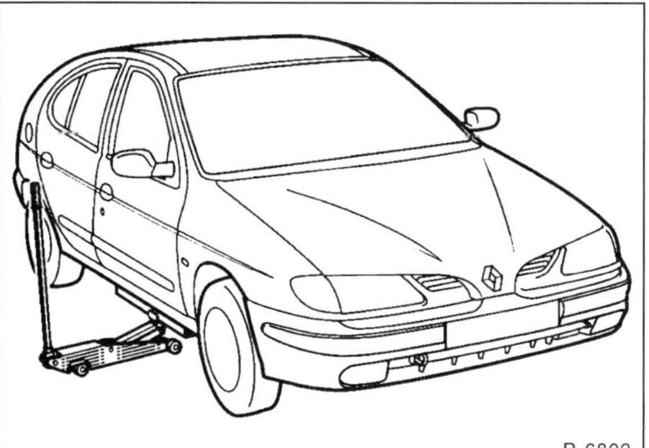

R-6802

- Werkstattwagenheber: Fahrzeug seitlich am Schweller in Höhe der Tür anheben, hierzu einen Holzbalken zwischenlegen, in den eine Nut für den Schweller eingearbeitet ist. Immer zusätzlich Unterstellböcke verwenden!

Hebebühne

- Ausleger der Hebebühne, beziehungsweise Unterstellböcke, links und rechts an den Schwellerkanten im Bereich der Räder ansetzen und Fahrzeug anheben.

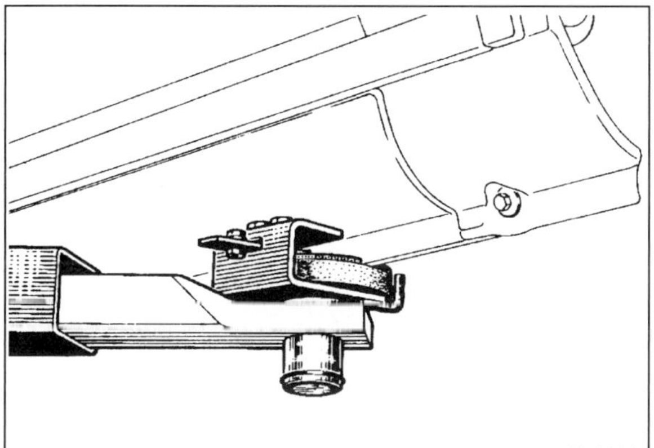

R-6812

- Wenn die Motor/Getriebeeinheit aus- oder eingebaut wird, schreibt RENAULT bei Verwendung einer Zweisäulen-Hebebühne spezielle Aufsätze zur Fixierung des Fahrzeugs vor, die im Fachhandel erhältlich sind. Die Laschen werden zur Sicherung gegen Abheben des Fahrzeugs durch die Bohrungen am Schweller gesteckt. Die Türschwellerkanten müssen in den Nuten der Aufsätze liegen.

W Wartungsplan RENAULT MÉGANE RENAULT SCÉNIC

Fahrzeuge **bis 3/01:** Die Wartung ist beim **Dieselmotor alle 10.000 km** und beim **Benzinmotor alle 15.000 km,** beziehungsweise mindestens **einmal jährlich** durchzuführen. Bei erschwerten Betriebsbedingungen, wie überwiegend Stadt- und Kurzstreckenverkehr, häufigen Gebirgsfahrten, Anhängerbetrieb und staubigen Straßenverhältnissen, Wartung entsprechend öfter durchführen.

Fahrzeuge **seit 4/01:** Wartung alle **2 Jahre** oder nach **30.000 km** durchführen. **Einmal im Jahr** müssen sämtliche Flüssigkeitsstände, die Bremsbelagdicke sowie die Reifen und der Reifenfülldruck geprüft werden.

Motor

- Motoröl: Wechseln, Hauptstromölfilter ersetzen.
- Motor: Sichtprüfung auf Ölundichtigkeiten.
- Kühl- und Heizsystem: Flüssigkeitsstand prüfen, Konzentration des Frostschutzmittels prüfen. Sichtprüfung auf Undichtigkeiten und äußere Verschmutzung des Kühlers.
- Abgastest durchführen (Leerlaufdrehzahl, Abgasreinigung prüfen, Fehlerspeicher abfragen) – Werkstattarbeit.
- Dieselmotor: Kraftstoffilter entwässern.

Vorderachse und Lenkung

- Servolenkung: Flüssigkeitsstand prüfen, gegebenenfalls Hydrauliköl auffüllen.

Getriebe und Achsantrieb

- Schaltgetriebe: Ölstand prüfen, gegebenenfalls auffüllen.
- Automatikgetriebe/Achsantrieb: Öl wechseln. Ölstand im Achsantrieb nur prüfen.

Aufbau und Innenraum

- Unterbodenschutz und Lackierung: Prüfen und gegebenenfalls ausbessern.
- Dieselmotor: Reinluftfilter der Heizung erneuern.
- Sicherheitsgurte: Auf Beschädigungen prüfen.
- Türscharniere, Motorhaubenschloß: Fetten.

Bremsen, Reifen, Räder

- Bremsanlage: Leitungen, Schläuche, Bremszylinder und Anschlüsse auf Undichtigkeiten und Beschädigungen prüfen. Bremsflüssigkeitsstand prüfen, auffüllen.
- Scheibenbremse: Belagstärke der Bremsbeläge prüfen.
- Bereifung: Profiltiefe und Reifenfülldruck prüfen; Reifen auf Verschleiß und Beschädigungen (einschließlich Reserverad) prüfen. Radschrauben mit **90 Nm** anziehen.

Elektrische Anlage

- Alle Stromverbraucher: Funktion prüfen.
- Beleuchtungsanlage: Prüfen, ggf. Scheinwerfer einstellen.
- Signalhorn: Prüfen.
- Scheibenwischer: Wischergummis auf Verschleiß prüfen.
- Scheibenwaschanlage: Funktion prüfen, Düsenstellung kontrollieren, Flüssigkeit nachfüllen.
- Batterie: Spannung und Säurestand prüfen.

Folgende Arbeiten zusätzlich durchführen:

Bis 3/01 alle 30.000 km, **ab 4/01** alle 60.000 km

- Benzinmotor: Zündkerzen ersetzen.
- Luftfilter: Filtereinsatz erneuern (Benzinmotor).
- Keilriemen: Spannung und Zustand prüfen, ggf. ersetzen.
- Benzinmotor: Reinluftfilter erneuern.
- Abgasanlage: Auf Beschädigungen prüfen.

Alle 3 Jahre

- Bremsflüssigkeit: Wechseln.

Bis 3/01 alle 3 Jahre oder 60.000 km,
seit 4/01 alle 4 Jahre oder 60.000 km

- Kraftstoffilter ersetzen.
- Luftfilter: Filtereinsatz erneuern (Dieselmotor).
- Bremsflüssigkeit: Wechseln.
- Trommelbremsen: Bremstrommel abnehmen, Belagstärke prüfen.
- Gelenkschutzhüllen: Auf Undichtigkeiten und Beschädigungen prüfen.
- Spurstangenköpfe: Spiel und Befestigung prüfen, Staubkappen prüfen.
- Lenkung: Faltenbälge auf Undichtigkeiten und Beschädigungen prüfen.

Alle 85.000 km, mindestens alle 6 Jahre

- 1,4-/1,6-l-Benzinmotor (K4J/K4M) bis 9/99: Zahnriemen erneuern.

Alle 120.000 km

- Alle, außer K4J/K4M bis 9/99: Zahnriemen erneuern.

Achtung: Die Wartungs- und Wechselintervalle können vom Werk auch nachträglich geändert werden. Es empfiehlt sich daher, insbesondere hinsichtlich des Zahnriemenwechsels, die aktuellen Wechselintervalle bei der Werkstatt nachzufragen.

Wartungsarbeiten

Hier werden, nach den verschiedenen Baugruppen des Fahrzeugs aufgeteilt, alle Wartungsarbeiten beschrieben, die gemäß dem Wartungsplan durchgeführt werden müssen. Auf die erforderlichen Verschleißteile sowie das möglicherweise erforderliche Sonderwerkzeug wird jeweils hingewiesen.

Es empfiehlt sich, Reifendruck, Motorölstand und Flüssigkeitsstände für Kühlung, Wisch-/Wasch-Anlage etc. mindestens alle 4 bis 6 Wochen zu prüfen und gegebenenfalls zu ergänzen.

Achtung: Beim **Einkauf von Ersatzteilen** ist zur Identifizierung des Fahrzeuges unbedingt der **KFZ-Schein** mitzunehmen, denn nur durch die Fahrzeug-Identnummer ist eine eindeutige Zuordnung von Ersatzteil und Fahrzeugmodell möglich. Sinnvoll ist es auch, das Altteil zum Ersatzteilhändler mitzunehmen, um es dort mit dem Neuteil vergleichen zu können.

Motor und Abgasanlage

Folgende Wartungspunkte müssen nach dem Wartungsplan durchgeführt werden:

- Motor: Ölwechsel, Sichtprüfung auf Ölundichtigkeiten.
- Abgastest durchführen (Leerlaufdrehzahl, Abgasreinigung prüfen, Fehlerspeicher abfragen) – Werkstattarbeit.
- Kühl- und Heizsystem: Konzentration des Frostschutzmittels prüfen. Sichtprüfung auf Undichtigkeiten und äußere Verschmutzung des Kühlers.
- Zündkerzen: erneuern.
- Keilriemen: Zustand und Spannung prüfen.
- Kraftstoffilter ersetzen beziehungsweise entwässern (Diesel).
- Abgasanlage: Auf Beschädigungen prüfen.
- Luftfiltereinsatz erneuern.
- Zahnriemen ersetzen.

Motorölwechsel

Zum Motorölwechsel ist folgendes Werkzeug erforderlich:

- Eine Grube oder einen hydraulischen Wagenheber mit Unterstellböcken beziehungsweise ein Ölabsauggerät.
- Ein Spezialwerkzeug zum Lösen des Ölfilters (Ölfilterzange, Spannbandschlüssel oder HAZET-Werkzeug 2172 bzw. beim Dieselmotor Stecknuß SW 27).
- 8mm-Vierkantschlüssel zum Lösen der Ölablaßschraube sowie eine Ölauffangschale (wenn Öl nicht abgesaugt wird), die mindestens 6 Liter Öl faßt .

Erforderliche Verschleißteile:

- Nur wenn Öl nicht abgesaugt wird: Aluminium- oder Kupfer-Dichtring für die Ölablaßschraube (wird manchmal mit dem Ölfilter mitgeliefert).
- Öl-Filterpatrone.
- Je nach Motor 3,0 bis 6,0 Liter Motoröl. Nur von RENAULT freigegebenes Motoröl verwenden, siehe Seite 59.

Ölwechselmenge (mit Filterwechsel)**:**

1,4-l-Benzinmotor (E7J): . . . .3,0 Liter;
1,6-l-Benzinmotor (K7M): . . . .3,25 Liter;
1,4-/1,6-l-Benzinmotor (K4J/K4M) . . . . . . .4,0 Liter;
2,0-l-Benzinmotor: . . . . .6,0 Liter;
1,9-l-Dieselmotor:(F8Q) . . . . .5,0 Liter;
1,9-l-Dieselmotor:(F9Q) . . . . .5,5 Liter;

- Die Mengendifferenz zwischen der »Mini«- und »Maxi«-Markierung am Ölpeilstab beträgt ca. **1,5 l**, beim 16V-Motor **0,6 l**. Der Ölstand sollte zwischen den Markierungen sein. Bei Fahrzeugen mit Ölstandanzeige wird der Ölstand dem Fahrer nach dem Einschalten der Zündung für etwa 30 Sekunden am Instrument für Kühlmitteltemperatur angezeigt.

Der Ölwechsel ist alle 15.000 km, beim Dieselmotor alle 10.000 km durchzuführen. Falls sehr wenig gefahren wird, Ölwechsel einmal im Jahr vornehmen. Dabei wird gleichzeitig die Filterpatrone gewechselt.

Bei erschwerten Einsatzbedingungen wie Kurzstreckenverkehr, häufigem Kaltstart und sehr staubigen Straßenverhältnissen, sollten Motoröl und Ölfilter in kürzeren Abständen gewechselt werden.

Das Motoröl darf auch mittels einer Sonde (an der Tankstelle) über das Ölmeßrohr abgesaugt werden. Allerdings muß das neue Öl dann meistens bei der betreffenden Tankstelle gekauft werden.

Achtung: Die Öl-Verkaufsstellen nehmen die entsprechende Menge Altöl kostenlos entgegen, daher beim Ölkauf Quittung und Ölkanister für spätere Altölrückgabe aufbewahren! Altöl kann unter Umständen auch bei den Altöl-Sammelstellen abgegeben werden. Gemeinde- und Stadtverwaltungen informieren darüber, wo sich die nächste Altöl-Sammelstelle befindet. **Keinesfalls darf Altöl einfach weggeschüttet oder dem Hausmüll mitgegeben werden.** Größere Umweltschäden wie beispielsweise Grundwasserverseuchung wären sonst unvermeidbar.

Motoröl ablassen

- Motor auf Betriebstemperatur bringen. Dazu Motor warmfahren, bis die Kühlmittel-Temperaturanzeige normale Betriebstemperatur des Kühlmittels signalisiert. Anschließend noch mindestens 5 km weiterfahren, damit auch eine ausreichende Motoröltemperatur sichergestellt ist.
- Fahrzeug waagerecht aufbocken.
- Gegebenenfalls untere Motorraumabdeckung ausbauen.

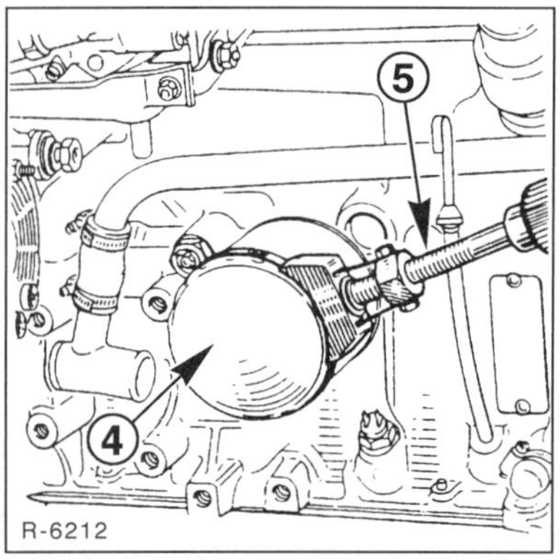

- Ölfilter –4– abschrauben. Der Ölfilter sitzt, in Fahrtrichtung gesehen, vorn am Motorblock. Zum Abschrauben des Ölfilters gibt es spezielle Werkzeuge –5–, zum Beispiel HAZET 2169. Man kann auch einen spitzen Schraubendreher seitlich in den Ölfilter eintreiben. Es läuft dann allerdings Öl aus – Gefäß unterstellen. Beim Dieselmotor Filter mit Stecknuß SW 27 am Sechskant des Filtergehäuses abschrauben. **Hinweis:** Je nach Motorisierung kann der Ölfilter im Aussehen von der Darstellung abweichen.
- Gefäß zum Auffangen des Altöls unter die Ölwanne stellen.

1,4-/1,6-l-Benzinmotor (E7J/K7M)

16V-Motoren

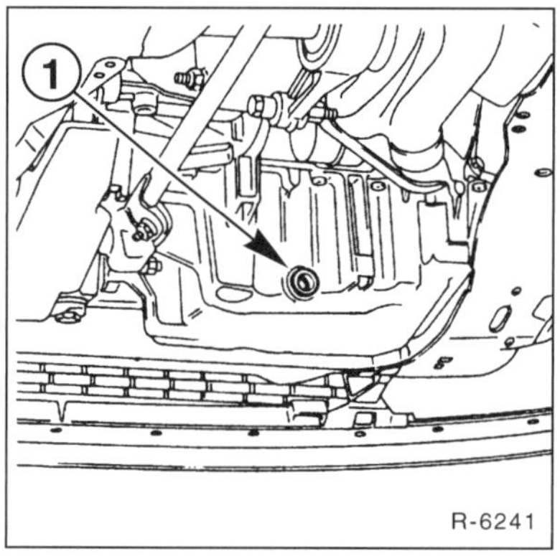

2,0-l-Benzinmotor, 1,9-l-Dieselmotor

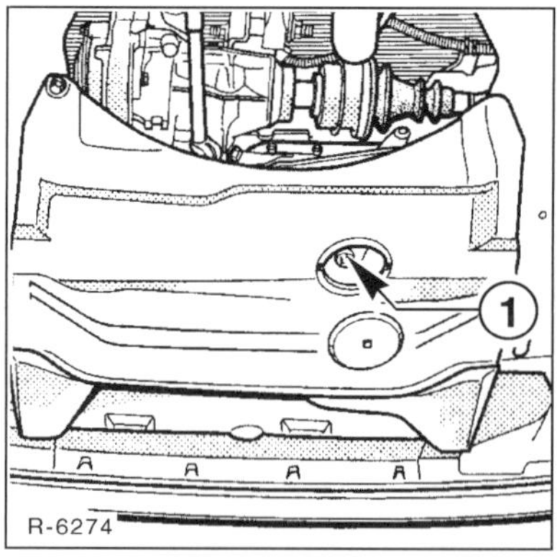

- Ölablaßschraube –1– unten an der Ölwanne herausdrehen und Altöl ganz ablassen. Für die Ölablaßschraube ist ein Innenvierkantschlüssel, Schlüsselweite 8 mm, erforderlich. Beim 2,0-l-Benziner sowie dem Dieselmotor muß vorher die Abdeckung aus dem Motorunterschutz herausgenommen werden.

Achtung: Werden im Motoröl Metallspäne und Abrieb in größeren Mengen festgestellt, deutet dies auf Freßschäden hin, zum Beispiel Kurbelwellen- oder Pleuellagerschäden. Um Folgeschäden zu vermeiden, müssen nach der Motorreparatur die Ölkanäle sorgfältig gereinigt werden.

Auffüllen

- Ölablaßschraube mit neuem Dichtring einschrauben. Anzugsdrehmoment **30 Nm.**
- Fahrzeug ablassen.
- Ölfilterflansch am Motorblock mit Kraftstoff reinigen. Eventuell dort verbliebene Filterdichtung abnehmen.

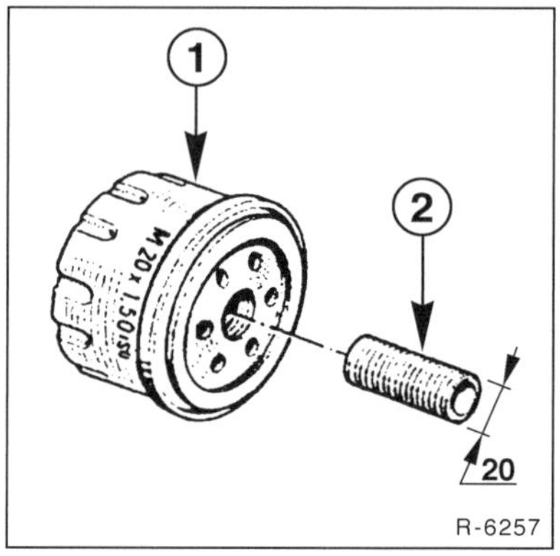

- Prüfen, ob der Gewindestutzen bis zum Anschlag eingeschraubt ist. **Achtung:** Falls sich der Gewindestutzen gelöst hat, Gewinde reinigen und mit Sicherungsmittel »LOCTITE FRENETANCH« einsetzen.
- Gummidichtring am Ölfilter leicht mit sauberem Motoröl bestreichen.
- Neuen Ölfilter nur mit der Hand festschrauben. Wenn die Filterdichtung am Motorblock anliegt, Filter noch um ½ Umdrehung weiterdrehen. Hinweise auf dem Ölfilter beachten.
- Neues Öl am Einfüllstutzen des Zylinderkopfdeckels einfüllen. Anschließend Ölstand mit Meßstab kontrollieren.

Achtung: Grundsätzlich empfiehlt es sich, zunächst ½ Liter Motoröl weniger einzufüllen, den Motor warmlaufen zu lassen und nach einigen Minuten den Ölstand mit dem Meßstab zu kontrollieren und gegebenenfalls zu ergänzen. Zuviel eingefülltes Motoröl muß wieder abgesaugt werden, da sonst die Motordichtungen und der Katalysator beschädigt werden können.

- Nach Probefahrt Dichtigkeit der Ablaßschraube und des Ölfilters überprüfen, gegebenenfalls vorsichtig nachziehen.
- Betriebswarmen Motor abstellen und Ölstand nach ca. 2 Minuten nochmals prüfen, gegebenenfalls korrigieren.

- Um die Betriebsverhältnisse des Motors besser überwachen zu können, soll beim Ölwechsel immer ein Öl gleichen Typs und möglichst auch gleicher Marke verwendet werden. Daher ist es zweckmäßig, bei jedem Ölwechsel ein Hinweisschild am Motor zu befestigen, auf dem Marke und Viskosität des Öles vermerkt sind.
- Wahllos abwechselnder Gebrauch verschiedener Öltypen ist ungünstig. Motorenöle gleichen Typs, aber verschiedener Marken sollen möglichst nicht gemischt werden. Motorenöle gleichen Typs und gleicher Marke, aber verschiedener Viskosität können im Bedarfsfall während jahreszeitlicher Überschneidung ohne weiteres nachgefüllt werden.

Sichtprüfung auf Ölverlust

Bei ölverschmiertem Motor und hohem Ölverbrauch überprüfen, wo das Öl austritt. Dazu folgende Stellen überprüfen:

- Öleinfülldeckel öffnen und Dichtung auf Porosität oder Beschädigung prüfen.
- Belüftungsschläuche vom Zylinderkopfdeckel zum Luftfilter auf festen Sitz prüfen.
- Zylinderkopfdeckel-Dichtung.
- Zylinderkopf-Dichtung.
- Trennstelle am Zündverteilerflansch (1,4-l-Benzinmotor E7J).
- Ölfilterdichtung: Ölfilter am Ölfilterflansch.
- Ölablaßschraube (Dichtring).
- Ölwannendichtung.
- Trennstelle zwischen Motor und Getriebe (Dichtung an Schwungrad oder Getriebewelle).

Da sich bei Undichtigkeiten das Öl meistens über eine größere Motorfläche verteilt, ist der Austritt des Öls nicht auf den ersten Blick zu erkennen. Bei der Suche geht man zweckmäßigerweise wie folgt vor:

- Motorwäsche durchführen. Motor mit handelsüblichem Kaltreiniger einsprühen und nach einer kurzen Einwirkungszeit mit Wasser abspritzen. Vorher Zündkabel, Generator und gegebenenfalls Zündverteiler mit Plastiktüte abdecken.
- Trennstellen und Dichtungen am Motor von außen mit Kalk oder Talkumpuder bestäuben.
- Ölstand kontrollieren, gegebenenfalls auffüllen.
- Probefahrt durchführen. Da das Öl bei heißem Motor dünnflüssig wird und dadurch schneller an den Leckstellen austreten kann, sollte die Probefahrt über eine Strecke von ca. 30 km auf einer Schnellstraße durchgeführt werden.
- Anschließend Motor mit Lampe absuchen, undichte Stelle lokalisieren und Fehler beheben.

Motorölstand prüfen

Etwa alle 1000 km sollte der Ölstand des Motors überprüft, gegebenenfalls ergänzt werden. Auf 1000 Kilometer soll der Motor nicht mehr als 1,0 Liter Öl verbrauchen. Mehrverbrauch ist ein Anzeichen für verschlissene Ventilschaftabdichtungen und/oder Kolbenringe beziehungsweise Öldichtungen.

- Das Fahrzeug muß beim Messen auf einer waagerechten Fläche stehen.
- Der Motor muß betriebswarm sein.
- Nach Abstellen des Motors mindestens 3 Minuten lang warten, damit sich das Öl in der Ölwanne sammelt.
- Ölmeßstab am Motor herausziehen und mit sauberem Lappen abwischen.
- Anschließend Meßstab bis zum Anschlag einführen und wieder herausziehen. Der Ölstand muß zwischen den beiden Markierungen liegen.
- Neues Öl erst nachfüllen, wenn sich der Ölstand der unteren Marke nähert. Die Ölmenge von der MINI- bis zur MAXI-Markierung beträgt etwa **1,5 l**, nur beim 2,0-l-16V-Motor **0,6 l**.
- Nachgefüllt wird am Verschluß des Zylinderkopfdeckels. Beim Nachfüllen richtige Ölsorte verwenden, keine Ölzusätze verwenden.

Achtung: Nicht Öl über die obere Markierung einfüllen. Es wird sonst vermehrt Öl verbraucht, außerdem können Schäden an Motor und Katalysator auftreten.

Kühlmittelstand prüfen

Der Kühlmittelstand sollte in regelmäßigen Abständen – etwa alle vier Wochen – geprüft werden, zumindest aber vor jeder größeren Fahrt.

Zum Nachfüllen – auch in der warmen Jahreszeit – nur eine Mischung aus Kühlerfrostschutzmittel und kalkarmem, sauberem Wasser verwenden.

Achtung: Um die Weiterfahrt zu ermöglichen, kann auch, insbesondere im Sommer, reines Wasser nachgefüllt werden. Der Kühlerfrostschutz muß dann jedoch baldmöglichst korrigiert werden.

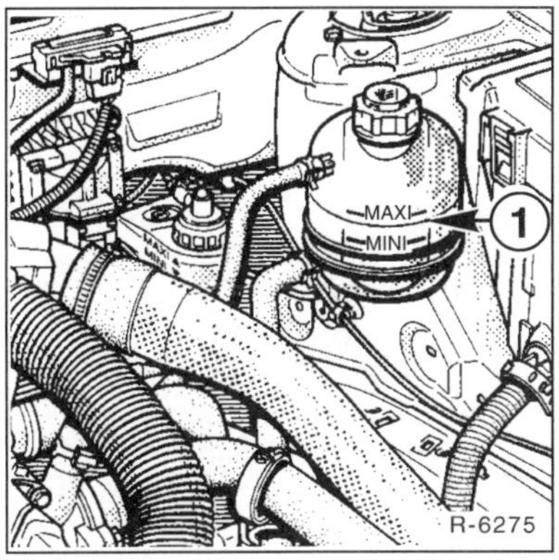

- Der Kühlmittelstand –1– soll bei kaltem Motor (Kühlmitteltemperatur ca. +20° C) zwischen der MAXI- und der MINI-Markierung am Ausgleichbehälter liegen.
- Wenn der Kühlmittelstand bei kaltem Motor die MINI-Markierung erreicht, Kühlmittel nachfüllen.
- **Kaltes** Kühlmittel nur bei **kaltem Motor** nachfüllen, um Motorschäden zu vermeiden.

Achtung: Verschlußdeckel nicht bei heißem Motor öffnen. Verbrühungsgefahr! Verschlußdeckel nur bei einer Kühlmittel-Temperatur unter +60° C öffnen. Beim Öffnen Lappen über den Verschlußdeckel legen.

- Verschlußdeckel beim Öffnen zuerst etwas aufdrehen und Überdruck entweichen lassen. Danach Deckel weiterdrehen und abnehmen.
- Prüfung auf Dichtheit durchführen, wenn der Kühlmittelstand in kurzer Zeit absinkt, siehe Seite 70.

Frostschutz prüfen

Erforderliches Prüfwerkzeug:

- Eine Prüfspindel, die es preiswert im Zubehörhandel zu kaufen gibt und auch oft an Tankstellen zur Benutzung vorliegt.

Regelmäßig vor Winterbeginn sollte sicherheitshalber die Konzentration des Frostschutzmittels geprüft werden, insbesondere wenn zwischendurch reines Wasser nachgefüllt wurde.

- Motor warmfahren, bis der obere Kühlmittelschlauch zum Kühler ca. handwarm ist.
- Verschlußdeckel am Ausgleichbehälter vorsichtig öffnen. **Achtung:** Nicht bei heißem Motor öffnen, siehe unter »Kühlmittelstand prüfen«.

- Mit Meßspindel Kühlflüssigkeit ansaugen und am Schwimmer Kühlmitteldichte ablesen. Der Frostschutz soll in unseren Breiten bis –25° C reichen, bei extrem kaltem Klima bis –40° C.

RENAULT-Kühlkonzentrat ergänzen

Achtung: Da Kühler und Wärmetauscher aus Aluminium gefertigt sind, darf nur ein dafür geeignetes und von RENAULT freigegebenes Frost- und Korrosionsschutzmittel verwendet werden.

Beispiel: Die Frostschutz-Messung mit der Spindel ergibt am 1,6-l-Benzinmotor einen Frostschutz bis – 10° C. In diesem Fall aus dem Kühlsystem 2,2 l Kühlflüssigkeit ablassen und dafür 2,2 l reines Frostschutzkonzentrat auffüllen. Dadurch wird ein Frostschutz bis –35° C erreicht.

Gemess. Wert in °C	-5	-10	-20
Motor	Differenz/Liter		
1,4-/1,6-l-Benziner	2,6	2,2	1,4
2,0-l-Benziner 1,9-l-Diesel (90/98 PS)	3,0	2,6	2,1
1,9-l-Diesel (64 PS)	3,2	2,7	2,2

Achtung: Die Werte gelten bei einer Kühlflüssigkeitstemperatur von +20° C.

- Verschlußdeckel am Kühler verschließen und nach Probefahrt Frostschutz erneut überprüfen.

Kühlsystem-Sichtprüfung auf Dichtheit

- Kühlmittelschläuche durch Zusammendrücken und Verbiegen auf poröse Stellen untersuchen, hartgewordene Schläuche ersetzen.
- Die Schläuche dürfen nicht zu kurz auf den Anschlußstutzen sitzen.
- Festen Sitz der Schlauchschellen kontrollieren. Gegebenenfalls neue Schraubschellen anstelle der bisherigen Klemmschellen einbauen.

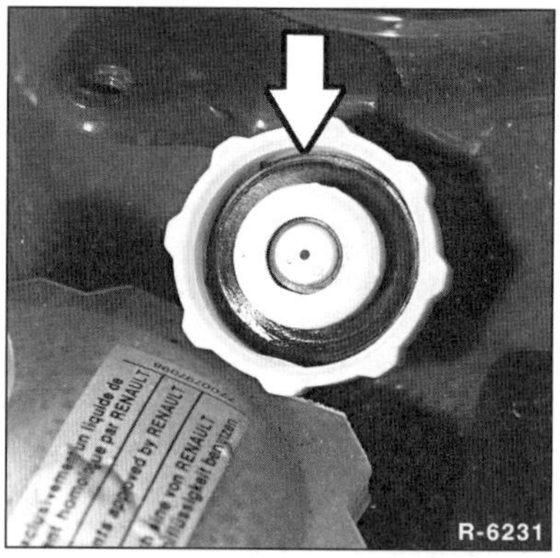

- Dichtung des Verschlußdeckels für den Ausgleichbehälter auf Beschädigungen überprüfen.

Achtung: Ein zu niedriger Kühlmittelstand kann auch von einem nicht richtig aufgeschraubten Verschlußdeckel herrühren.

- Wenn der Kühlmittelstand häufig absinkt, ohne daß eine undichte Stelle lokalisiert werden kann, Kühlsystem bei warmem Motor prüfen. Dazu Motor warmfahren und im Leerlauf so lange drehen lassen, bis der Lüfter einschaltet. Darauf achten, ob Kühlflüssigkeit im Bereich der Kühlmittelpumpe austritt.
- Deutlicher Kühlmittelverlust und/oder Öl in der Kühlflüssigkeit sowie weiße Abgaswolken bei warmem Motor deuten auf eine defekte Zylinderkopfdichtung hin.

Achtung: Mitunter ist es schwierig, die Leckstelle ausfindig zu machen. Dann empfiehlt sich eine Druckprüfung durch die Werkstatt (Spezialgerät erforderlich). Hierbei kann ebenfalls das Überdruckventil des Verschlußdeckels geprüft werden, siehe auch Seite 70.

Zündkerzen ersetzen

Benzinmotoren

Erforderliches Spezialwerkzeug:

- Ein 16mm-Zündkerzenschlüssel, der im Zubehörhandel zu kaufen ist.

Folgende Verschleißteile müssen gekauft werden:

- Die richtigen Zündkerzen, siehe Seite 83.

Ausbau

- Motor muß mindestens auf Handwärme abgekühlt sein.

2,0-l-16V-Motor:

- Verstärkungsstrebe zwischen den Stoßdämpferdomen abschrauben.

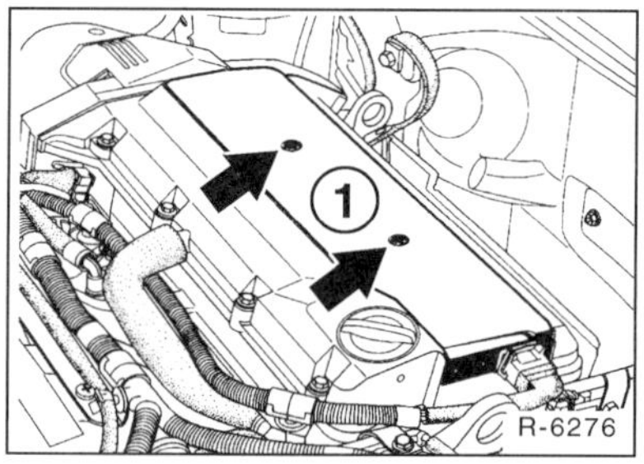

- Motorabdeckung –1– mit 2 Schrauben abschrauben.

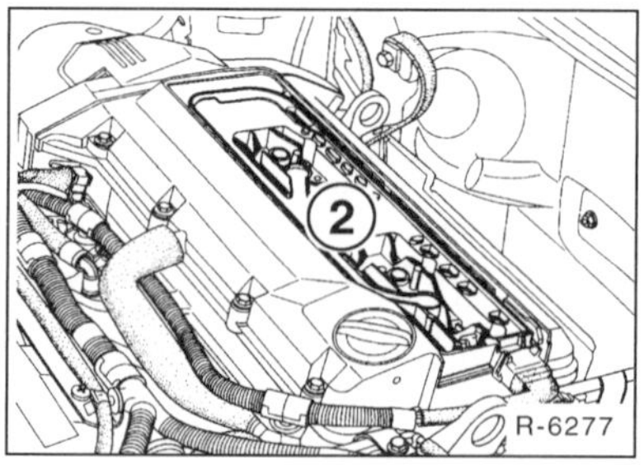

- Zündspulen –2– mit 7 Schrauben abschrauben und herausziehen.

- **1,4-/1,6-l-Benzinmotor (K4J/K4M):** Zündspulen ausbauen, siehe Seite 80.

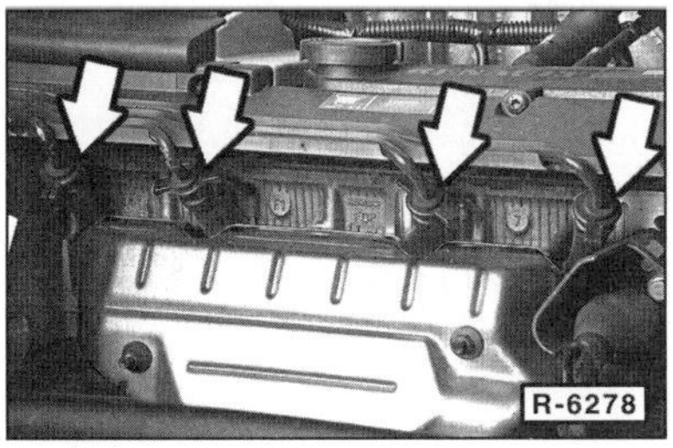
R-6278

- **Alle, außer K4J/K4M:** Zündkerzenstecker –Pfeile– abziehen. Dabei an den Steckern, nicht an den Kabeln ziehen.
- Zündkerzen mit Zündkerzenschlüssel herausschrauben und den Zustand der Kerze (sogenanntes »Zündkerzengesicht«) prüfen. Mit einiger Erfahrung lassen sich daraus Rückschlüsse auf den Betriebszustand des Motors ziehen. Es gelten folgende Regeln:

Elektroden und Isolierkörper

- Mittelgrau = Richtiges Arbeiten der Zündkerze und richtiges Gemisch
- Schwarz = Gemisch zu fett
- Hellgrau = Gemisch zu mager
- Verölt = Aussetzen der betreffenden Zündkerze oder schlecht abdichtende Kolbenringe (Kompression prüfen).

- Isolatoren der Zündkerzen auf Kriechströme untersuchen. Kriechströme zeigen sich als dünne, unregelmäßige Spuren auf der Oberfläche. Falls Kriechstromspuren vorhanden sind, prüfen ob der Zündkerzenstecker undicht ist, gegebenenfalls austauschen.

Einbau

- Zündkerzengewinde mit sauberem Lappen reinigen.
- Zündkerzen von Hand bis zur Anlage am Zylinderkopf einschrauben. **Achtung:** Dabei Kerzen nicht verkantet ansetzen.
- Zündkerzen mit **25 Nm** festziehen. **Achtung:** Steht kein Drehmomentschlüssel zur Verfügung, neue Zündkerzen mit Kerzenschlüssel um ca. 1/4 Umdrehung) anziehen. Gebrauchte Zündkerzen nur ca. 15° anziehen. Zu fest angezogene Zündkerzen können beim Herausschrauben abreißen oder das Gewinde im Zylinderkopf beschädigen. In diesem Fall Kerzengewinde mit UTC- oder Heli-Coil-Einsätzen reparieren.
- **Alle, außer K4J/K4M:** Zündkerzenstecker aufstecken.

- **1,4-/1,6-l-Benzinmotor (K4J/K4M):** Zündspulen einbauen, siehe Seite 80.
- **2,0-l-16V-Motor:** Zündspulen und Motorabdeckung sowie Verstärkungsstrebe einbauen, siehe Abbildungen unter »Ausbau«.

Luftfiltereinsatz wechseln

Kein Sonderwerkzeug erforderlich.

Folgendes Verschleißteil muß gekauft werden:

- Luftfiltereinsatz. Beim Ersatzteilkauf beachten, daß ein Luftfiltereinsatz entsprechend der Motorleistung erforderlich ist.

Ausbau

1,4-l-Benzinmotor (E7J)

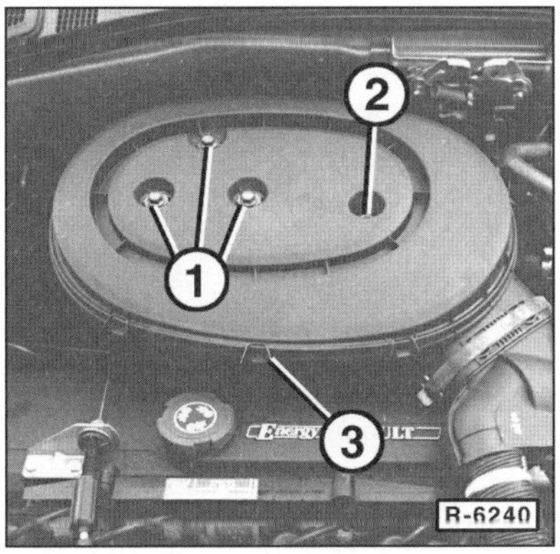

R-6240

- 3 Sechskantschrauben –1–, 1 Kreuzschlitzschraube –2– herausdrehen.
- Schnellverschlüsse –3– öffnen und Filterdeckel abnehmen.

1,6-l-Benzinmotor (K7M) und 90 PS Turbodiesel

R-6279

- 4 Schrauben herausdrehen und Filterdeckel hochziehen. Die Abbildung zeigt den 1,6-l-Motor.

2,0-l-Benzinmotor und 64 PS Diesel

(außer 2,0-l-16V-Benzinmotor)

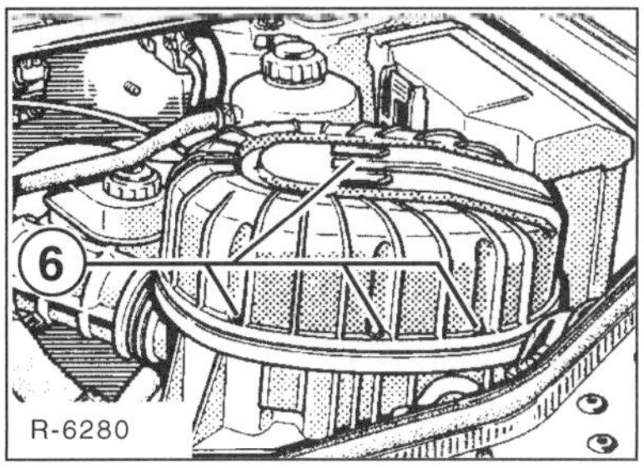

R-6280

- 9 Schrauben –6– herausdrehen und Filterdeckel abnehmen.

2,0-l-16V-Benzinmotor

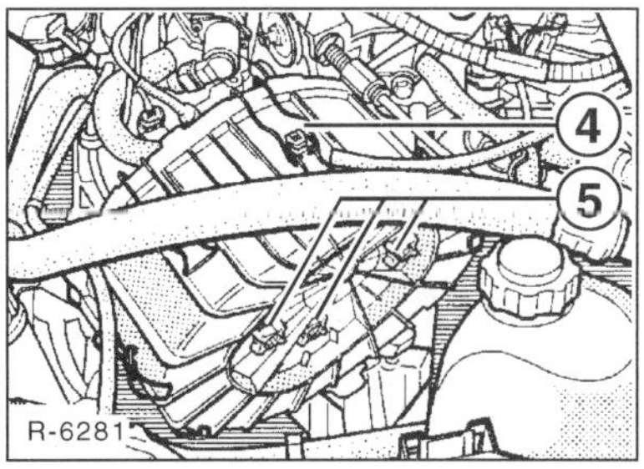

R-6281

- 7 Schnellverschlüsse –4– öffnen, 3 Kunststoffschrauben –5– abschrauben. Luftfilterdeckel abnehmen.

1,4-/1,6-l-Benzinmotor (K4J/K4M)

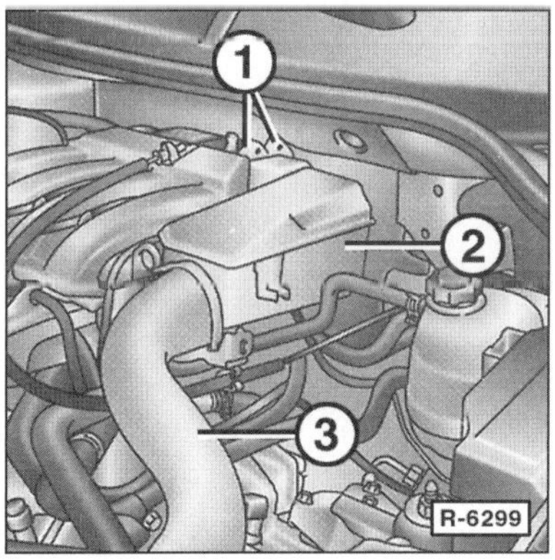

R-6299

- Luftschlauch –3– lösen und abziehen.
- Schrauben –1– herausdrehen.
- Gehäuse –2– abnehmen.

- Luftfiltereinsatz herausnehmen.
- Filtergehäuse mit einem Lappen auswischen.

Einbau

- Neuen Filtereinsatz in das Luftfiltergehäuse einlegen.
- Deckel ansetzen und anschrauben beziehungsweise Schnellverschlüsse zuschnappen lassen.

Kraftstoffilter entwässern/ ersetzen

Kein Sonderwerkzeug erforderlich.

Folgendes Verschleißteil muß gekauft werden:

- Kraftstoffilter für den jeweiligen Motor.
- Diesel: Klammern Mot. 1311-06 zum Lösen der Kupplungen für Kraftstoffleitungen.
- Benziner: Spezialzange Mot. 1265 zum Lösen der Kraftstoffleitungen am Filter.

Hinweis: Die RENAULT-Sonderwerkzeuge sind bei der Firma FACOM erhältlich, siehe Seite 283.

Kraftstoffilter Dieselmotor entwässern/ersetzen

Zum Auffangen des Wassersatzes ist ein geeignetes Auffanggefäß erforderlich. **Achtung:** Auslaufender Dieselkraftstoff muß besonders von Gummiteilen (Kühlmittelschläuche) sofort abgewischt werden, sonst werden die Gummiteile im Lauf der Zeit zerstört.

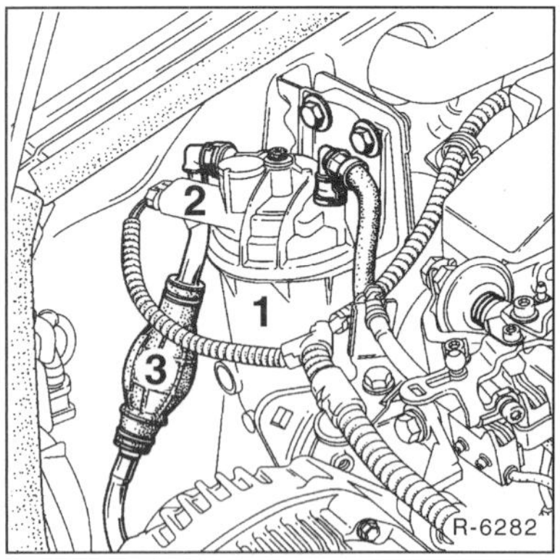

Der Kraftstoffilter –1– befindet sich im Motorraum am rechten Kotflügel. Er hat eine elektrische Vorwärmeinrichtung –2–, um Versulzen des Dieselöls bei niedrigen Außentemperaturen zu verhindern. Zum Entlüften des Kraftstoffsystems ist eine Handpumpe –3– vorhanden.

Entwässern

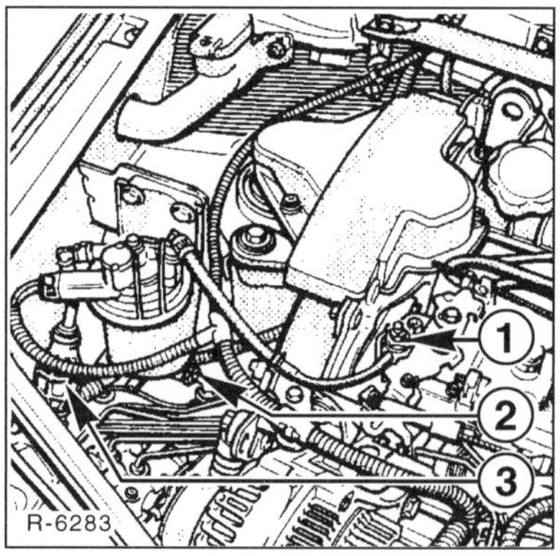

- Geeignete Auffangwanne unter den Ablaßstutzen –2– stellen.
- Ablaßstutzen –2– etwas lösen (aufschrauben).
- Handpumpe –3– etwa 10mal betätigen (zusammendrücken), dabei tritt Kraftstoff aus. Die gesamte Flüssigkeit aus dem Filter in das Auffanggefäß ablaufen lassen.
- Ablaßstutzen –2– wieder festziehen.
- Kraftstoffanlage entlüften.

Kraftstoffanlage entlüften

- Entlüfterschraube –1– in der Filter-Zuleitung lösen, siehe Abbildung.
- Handpumpe –3– betätigen, bis der Kraftstoff blasenfrei austritt. Kraftstoff in Auffanggefäß auffangen.
- Entlüfterschraube –1– festziehen und weiterpumpen, bis ein deutlicher Widerstand beim Pumpen spürbar ist.
- Gaspedal vollständig niedertreten und Anlasser – ohne vorzuglühen – ca. 15 Sekunden betätigen.
- Springt der Motor nicht an, einige Sekunden warten, dann Motor normal vorglühen und anschließend starten.
- Kraftstoffanlage auf Dichtheit sichtprüfen, insbesondere an den Anschlüssen des Kraftstoffilters.

Filterwechsel

- Gesamte Flüssigkeit wie beim »Entwässern« aus dem Kraftstoffilter ablaufen lassen.

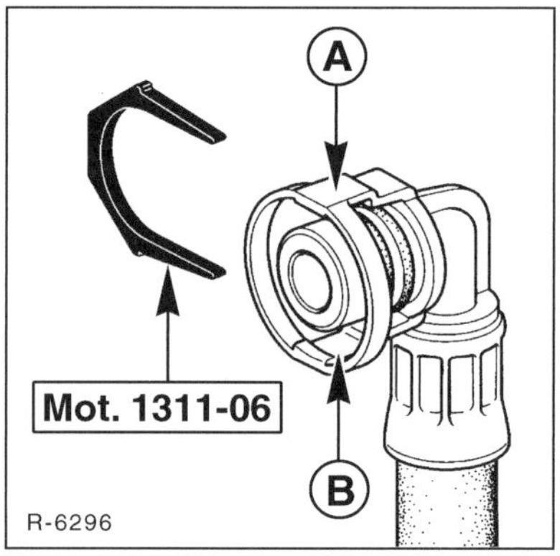

- Kraftstoffleitungen vom Filter abziehen. Zum Lösen der Schnellkupplungen seitlich auf den Verschluß drücken und dadurch die Haltelaschen –A– und –B– anheben. Befindet sich das Ausbauwerkzeug nicht am Schlauchanschluß, Spezialwerkzeug Mot.1311-06 seitlich in den Verschluß einstecken und andrücken.
- Elektrisches Anschlußkabel für Filterheizung abziehen.
- Filterhalter abschrauben und in Schraubstock einspannen. Kraftstofffilter am Halter abschrauben.
- Neuen Filter randvoll mit Diesel füllen und anschrauben, vorher Dichtung mit Dieselkraftstoff benetzen.
- Filter mit Halter anschrauben.
- Kabel für Filterheizung aufstecken.
- Kraftstoffschläuche aufschieben und einrasten. Es wird kein Werkzeug benötigt.
- Kraftstoffanlage entlüften, siehe unter »Entwässern«.
- Nach Probefahrt Dichtigkeit der Kraftstoffanlage überprüfen.

Benzinmotoren

Der Kraftstoffilter sitzt am Fahrzeugunterboden vor dem Kraftstofftank. Er ist mit einer Klemmschelle befestigt. Zum Wechsel sind ein Wagenheber sowie Unterstellböcke erforderlich. **Achtung:** Die Zu- und Ablaufleitungen des Filters dürfen nicht zusammengedrückt werden, um ein Auslaufen von Kraftstoff zu vermeiden.

Ausbau

Achtung: Kein offenes Feuer, nicht rauchen, Brandgefahr! Stets für gute Belüftung des Arbeitsplatzes sorgen. Benzindämpfe sind gesundheitsschädlich! Feuerlöscher bereitstellen.

- Batterie-Massekabel (–) abklemmen. **Achtung:** Dadurch werden elektronische Speicher gelöscht, wie zum Beispiel der Radiocode. Hinweise im Kapitel »Batterie aus- und einbauen« beachten.
- Fahrzeug hinten aufbocken.

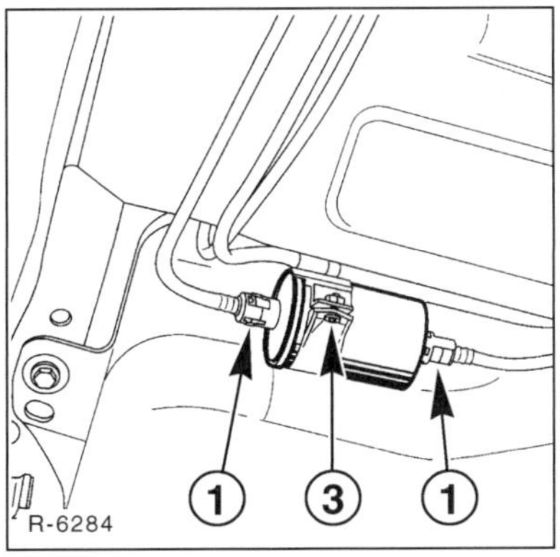

- Geeigneten Auffangbehälter unter den Kraftstoffilter halten.

Achtung: Die Kraftstoffleitungen dürfen nicht abgeklemmt werden, da sie dadurch beschädigt werden könnten. Es kann also Kraftstoff auslaufen. Kraftstoff mit dickem Lappen auffangen.

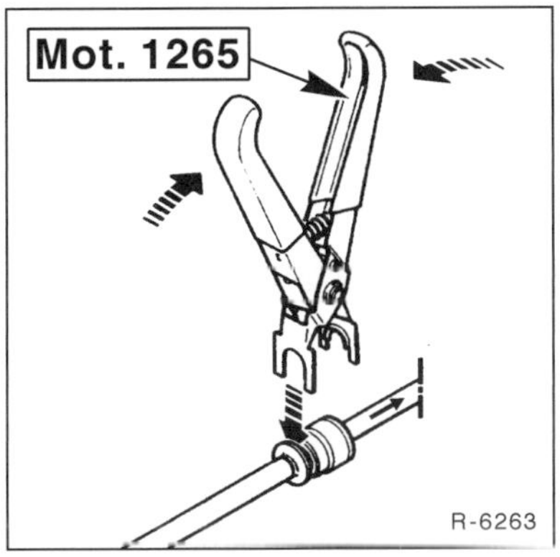

- Die Kraftstoffleitungen –1– (siehe Abbildung R-6284) mit der Spezialzange abziehen. Zange an Kupplung –2– einsetzen und Leitung abdrücken. **Achtung:** Es ist nicht möglich, die Leitungen ohne die Spezialzange abzuklemmen.
- Klemmschraube –3– lösen und Filter aus der Halterung herausziehen.

Achtung: Der Kraftstoffilter ist auch nach dem Lösen der Leitungen mit Benzin gefüllt.

Einbau

- Kraftstoffilter so einbauen, daß die Pfeile auf dem Gehäuse in Durchflußrichtung zeigen, also vom Tank zum Motor.
- Kraftstoffilter in den Halter einsetzen und Klemmschraube festziehen.
- Kraftstoffleitungen am Filter von Hand aufstecken und einrasten.
- Fahrzeug ablassen.
- Batterie-Massekabel (–) anklemmen. Zeituhr einstellen. Radiosender programmieren.
- Nach Probelauf des Motors Dichtheit der Kraftstoffanschlüsse kontrollieren.

Keilriemen prüfen/spannen

Erforderliche Sonderwerkzeuge:

- Die RENAULT-Werkstatt prüft die Keilriemenspannung mit einem Spezialgerät. Steht das Prüfgerät nicht zur Verfügung, »Daumenprobe« durchführen.

Erforderliche Verschleißteile:

- Keilriemen oder Keilrippenriemen. Die Länge ist von Ausstattung und Modell abhängig.

Achtung: 1,4-/1,6-l-Motoren mit Klimaanlage, sowie alle 1,9-/2,0-l-Motoren haben einen breiten Keilrippenriemen.

Der Keilrippenriemen ist breiter als der Keilriemen und hat Rippen auf der Lauffläche. Er treibt sämtliche Nebenaggregate an. Da die Riemenspannung durch eine automatische Spannrolle konstant gehalten wird, braucht der Keilrippenriemen nicht nachgespannt zu werden und ist nahezu wartungsfrei.

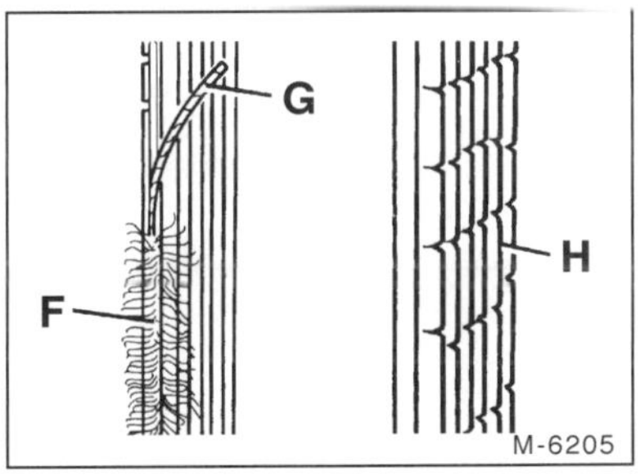

- Keilriemen und Keilrippenriemen müssen ersetzt werden bei: Übermäßiger Abnutzung, ausgefransten Flanken, Ölspuren, Porosität, Querschnittbrüchen, Einlagerungen von Schmutz und kleinen Steinen zwischen den Rippen. Die Abbildung zeigt Verschleißbilder eines Keilrippenriemens: Ausfransungen der Zugstränge –F–, Rippen herausgerissen –G–, Querrisse –H– in mehreren Rippen. Tritt eines oder mehrere dieser Anzeichen auf, muß der Keilrippenriemen erneuert werden.
- Spannung des Keilriemens prüfen, und zwar durch kräftigen Daumendruck in der Mitte zwischen den beiden Riemenscheiben, die den größten Abstand voneinander haben.
- **1,4-/1,6-l-Motoren mit Klimaanlage, sowie alle 1,9-/2,0-l-Motoren:** Wird die Spannung eines längere Zeit gelaufenen Keilrippenriemens geprüft, Riemen nur nachspannen, wenn er sich bei der Prüfung mehr als 6 mm durchdrücken läßt.
- **1,4-/1,6-l-Motoren ohne Klimaanlage:** Durchbiegung des Keilriemens abschätzen. Der Keilriemen darf sich um ca. 3 mm durchdrücken lassen. Zu niedrige Keilriemenspannung führt zum erhöhten Verschleiß oder Ausfall des Keilriemens. Bei zu hoher Spannung können Lagerschäden an den betreffenden Aggregaten auftreten.
- **Keilriemen/Keilrippenriemen ersetzen beziehungsweise spannen, siehe Seite 53/54.**

Zahnriemen ersetzen

Da die Arbeit, falsch ausgeführt, zu erheblichen Motorschäden führen kann, ist auf eine exakte Arbeitsweise zu achten. Der Zahnriemenwechsel wird im Kapitel »Motor« beschrieben.

Sichtprüfung der Abgasanlage

- Fahrzeug aufbocken.
- Befestigungsschellen auf festen Sitz prüfen.
- Abgasanlage mit Lampe auf Löcher, durchgerostete Teile sowie Scheuerstellen absuchen.
- Stark gequetschte Abgasrohre ersetzen.
- Gummihalterungen durch Drehen und Dehnen auf Porosität überprüfen und gegebenenfalls austauschen.
- Fahrzeug ablassen.

Getriebe/Achsantrieb

- Getriebe: Sichtprüfung auf Dichtheit.
- Schaltgetriebe: Ölstand prüfen, gegebenenfalls auffüllen.
- Achswellen: Gelenkschutzhüllen auf Undichtigkeiten und Beschädigungen prüfen.
- Automatik-Getriebe und Achsantrieb: Ölstand prüfen/Öl wechseln.

Achtung: Altöl muß auf jeden Fall bei den Altöl-Sammelstellen abgegeben werden. In der Regel nehmen die Verkaufsstellen für neues Getriebeöl das Altöl kostenlos entgegen. Außerdem informieren Gemeinde- und Stadtverwaltungen darüber, wo sich die nächste Altöl-Sammelstelle befindet. **Keinesfalls darf Altöl einfach weggeschüttet oder dem Hausmüll mitgegeben werden.** Größere Umweltschäden wie beispielsweise Grundwasserverseuchung wären sonst unvermeidbar.

Sichtprüfung auf Dichtheit

Folgende Leckstellen sind möglich:

- Trennstelle zwischen Motorblock und Getriebe (Schwungraddichtung/Wellendichtung-Getriebe).
- Öleinfüllschraube/Ölablaßschraube.
- Gelenkwelle an Getriebe.

Bei der Suche nach der Leckstelle folgendermaßen vorgehen:

- Getriebegehäuse mit Kaltreiniger reinigen.
- Ölstand kontrollieren, ggf. auffüllen.
- Mögliche Leckstellen mit Kalk oder Talkumpuder bestäuben.
- Probefahrt durchführen. Damit das Öl besonders dünnflüssig wird, sollte die Probefahrt auf einer Schnellstraße über eine Entfernung von ca. 30 km durchgeführt werden.
- Anschließend Fahrzeug aufbocken und Getriebe mit einer Lampe nach der Leckstelle absuchen.
- Leckstellen umgehend beseitigen.

Schaltgetriebe: Ölstand prüfen

Kein Sonderwerkzeug erforderlich.

Erforderliche Verschleißteile:

- Getriebeöl der Norm API GL5 oder MIL L 2105 C oder D. Das Öl muß von RENAULT freigegeben sein, beispielsweise ist das Öl »ELF TRX 75W 80W« geeignet.

Prüfen

- Fahrzeug waagerecht aufbocken.
- Falls vorhanden, Motor- und Getriebeabdeckung abnehmen.

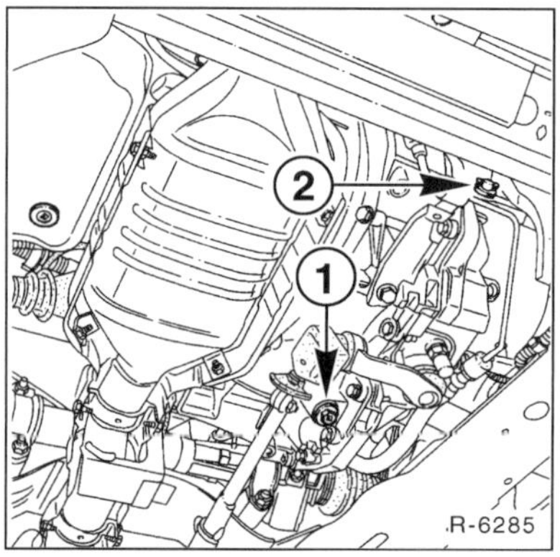

- Die Öleinfüll- und Ölstandkontrollschraube –2– befindet sich auf der Vorderseite des Getriebegehäuses. 1 – Ölablaßschraube. Die Abbildung zeigt den 1,4-/1,6-l-Motor, bei den anderen Modellen liegen die Einfüll- und Ablaßschrauben an entsprechender Stelle.

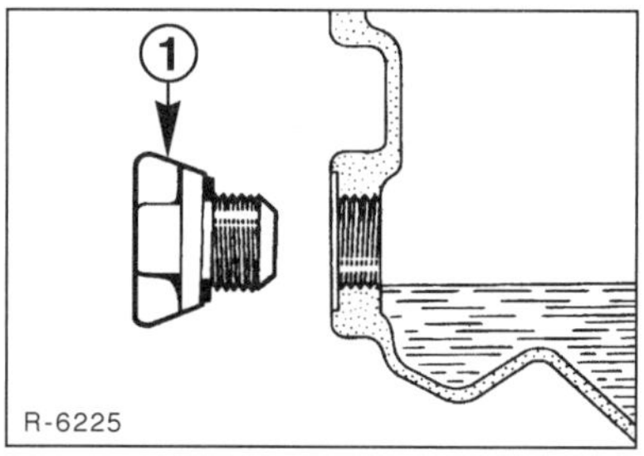

- Öleinfüll- und Ölstandkontrollschraube –1– herausdrehen und mit dem Finger Ölstand prüfen. Der Ölstand soll in Höhe der Einfüllbohrung liegen. Gegebenenfalls Getriebeöl nachfüllen.

Achtung: Zum Nachfüllen wird eine Ölspritzkanne benötigt. Beim Nachfüllen Gefäß unterstellen und überschüssiges Öl ablaufen lassen. Nicht zuviel Öl auf einmal nachfüllen. Getriebeöl ist ziemlich zähflüssig, daher dauert es einige Zeit, bis es nach unten fließt und sich sammelt.

Gesamtfüllmenge: ca. 3,40 l (2,0-l-16V-Motor: 3,1 l)

- Falls vorhanden, Motor- und Getriebeabdeckung einbauen.
- Fahrzeug ablassen.

Automatik-Getriebe: Öl wechseln

Erforderliches Sonderwerkzeug:

- Öldienstschlüssel mit dreieckigem Ansatz, zum Beispiel »FACOM B.Vi. 1213«.

Achtung: Es wird zur korrekten Befüllung des Getriebes die Getriebeöltemperatur gemessen. Die RENAULT-Werkstatt schließt dazu ein Diagnosegerät an. Wir empfehlen daher, die Arbeit in einer Fachwerkstatt vornehmen zu lassen.

Verschleißteile:

- Getriebeöl »ELF RENAULTMATIC D2 (D20104)« oder »MOBIL ATF 220 D (D20104 oder D21412)« oder »TEXAMATIC 4011«.
- Fahrzeug waagerecht aufbocken.
- Falls vorhanden, Motor- und Getriebeabdeckung abnehmen.

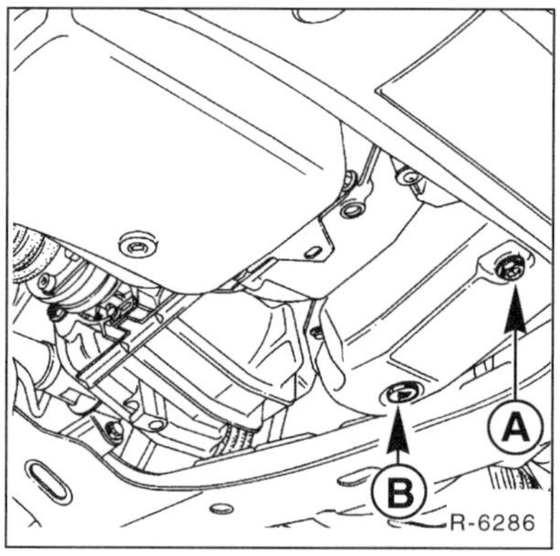

- Stopfen –B– herausdrehen und Öl ablaufen lassen. Dabei das Öl so lange wie möglich herauslaufen lassen, dann Stopfen wieder einschrauben.

Achtung: Schraube –A– noch nicht ausschrauben.

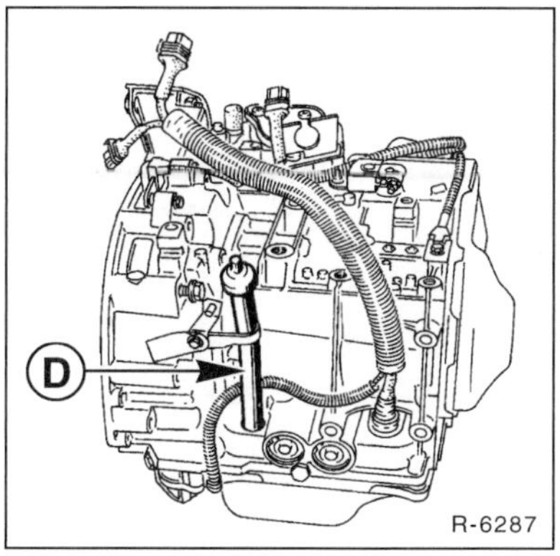

- Am Rohr –D– die Kappe abnehmen und einen Trichter mit feinmaschigem Sieb ansetzen. Das Sieb ist wichtig, damit keine Verunreinigungen ins Getriebe gelangen. Die Abbildung zeigt das Automatikgetriebe »AD4«.
- Ca. **3,5 Liter** Automatik-Getriebeöl auffüllen.

Achtung: Die Gesamtfüllmenge beträgt beim Automatikgetriebe AD4 ca. 5,7 l und beim (neueren) Automatikgetriebe DP0 ca. 6,0 l. Beim Ölwechsel werden aber nur ca. 3,5 l benötigt, da die restliche Ölmenge im Drehmomentwandler verbleibt.

- Motor anlassen, Wählhebel steht in Stellung »P«. Das Automatikgetriebe muß kalt sein (ca. 20° C).
- Motor laufen lassen, bis eine Getriebeöltemperatur von **+60° C** erreicht ist. Die RENAULT-Werkstatt mißt dies mit einem Diagnosegerät, das am Diagnoseanschluß (am Sicherungskasten) angeschlossen wird.
- Bei dieser Getriebeöltemperaur bei laufendem Motor die Schraube –A– entfernen, siehe Abbildung R-6286. **Achtung:** Öl fließt aus, geeignetes Gefäß unterstellen. Das überschüssige Öl etwa 20 Sekunden lang abfließen lassen, es muß mehr als 0,1 Liter sein.
- Die Schraube –A– wieder anschrauben.
- Wenn die aufgefangene Ölmenge weniger als 0,1 Liter beträgt, ist der Ölstand nicht korrekt. In diesem Fall **1 Liter** Getriebeöl nachfüllen und warten, bis das Getriebe abgekühlt ist. Gesamten Vorgang der Ölstandkontrolle wiederholen.
- Falls vorhanden, Motor- und Getriebeabdeckung einbauen.

Automatik-Getriebe: Ölstand im Achsantrieb prüfen

Automatikgetriebe AD4

Kein Sonderwerkzeug erforderlich.

Erforderliche Verschleißteile:

- Getriebeöl der Norm API GL5 oder MIL L 2105 C oder D. Das Öl muß von RENAULT freigegeben sein (steht auf der Öldose), beispielsweise ist das Öl »ELF TRX 75W 80W« geeignet.

Prüfen

- Fahrzeug waagerecht aufbocken.
- Falls vorhanden, Motor- und Getriebeabdeckung abnehmen.

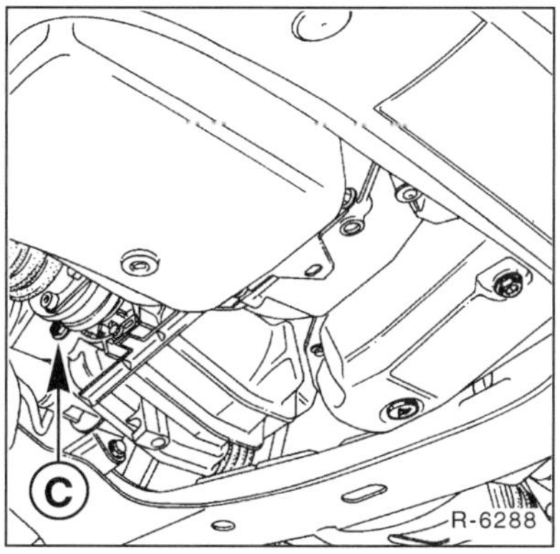

- Öleinfüll- und Ölstandkontrollschraube –C– herausdrehen und mit dem Finger Ölstand prüfen. Der Ölstand soll in Höhe der Einfüllbohrung liegen. Gegebenenfalls Getriebeöl nachfüllen.

Achtung: Zum Nachfüllen wird eine Ölspritzkanne benötigt. Beim Nachfüllen Gefäß unterstellen und überschüssiges Öl ablaufen lassen. Nicht zuviel Öl auf einmal nachfüllen. Getriebeöl ist ziemlich zähflüssig, daher dauert es einige Zeit, bis es nach unten fließt und sich sammelt.

- Falls vorhanden, Motor- und Getriebeabdeckung einbauen.

Gummimanschetten der Gelenkwellen prüfen

- Fahrzeug aufbocken.

- Auf sichtbare Fettspuren an den Manschetten –1– und in deren Umgebung achten.
- Festen Sitz der Klemmschellen –2– prüfen.
- Gummi der Manschette mit Lampe auf Porosität und Risse untersuchen. Eingerissene Gelenkschutzhüllen umgehend erneuern.
- Sollte die Manschette durch Unterdruck im Gelenk nach innen gezogen oder defekt sein, so ist sie umgehend auszutauschen.

Bremsen/Reifen/Räder

- Bremsanlage: Leitungen, Schläuche, Bremszylinder und Anschlüsse auf Undichtigkeiten und Beschädigungen prüfen.
- Bremsanlage: Bremsflüssigkeitsstand und Dicke der Bremsbeläge prüfen.
- Bremstrommel ausbauen und sichtprüfen, riefige Bremstrommeln ausdrehen lassen oder erneuern. Dieser Wartungspunkt ist im Kapitel »Bremsanlage« beschrieben.
- Bremsflüssigkeit: Wechseln.
- Bereifung: Profiltiefe und Reifenfülldruck prüfen; Reifen auf Verschleiß und Beschädigungen (einschließlich Reserverad) prüfen.
- Radschrauben: Festen Sitz prüfen, gegebenenfalls mit **90 Nm** über Kreuz nachziehen. Radschrauben nicht ölen oder fetten.

Sichtprüfung der Bremsleitungen

- Fahrzeug aufbocken.
- Bremsleitungen mit Kaltreiniger reinigen.

Achtung: Die Bremsleitungen sind zum Schutz gegen Korrosion mit einer Kunststoffschicht überzogen. Wird diese Schutzschicht beschädigt, kann es zur Korrosion der Leitungen kommen. Aus diesem Grund dürfen Bremsleitungen nicht mit Drahtbürste, Schmirgelleinen oder Schraubendreher gereinigt werden.

- Bremsleitungen vom Hauptbremszylinder zu den einzelnen Radbremszylindern mit Lampe überprüfen. Der Hauptbremszylinder sitzt im Motorraum unter dem Vorratsbehälter für Bremsflüssigkeit.
- Bremsleitungen dürfen weder geknickt noch gequetscht sein. Auch dürfen sie keine Rostnarben oder Scheuerstellen aufweisen. Andernfalls Leitung bis zur nächsten Trennstelle ersetzen.
- Bremsschläuche verbinden die Bremsleitungen mit den Radbremszylindern an den beweglichen Teilen des Fahrzeugs. Sie bestehen aus hochdruckfestem Material, können aber mit der Zeit porös werden, aufquellen oder durch scharfe Gegenstände angeschnitten werden. In einem solchen Fall sind sie sofort zu ersetzen.

- Bremsschläuche mit der Hand hin- und herbiegen, um Beschädigungen festzustellen. Schläuche dürfen nicht verdreht sein, farbige Kennlinie beachten, falls vorhanden!
- Lenkrad nach links und rechts bis zum Anschlag drehen. Die Bremsschläuche dürfen dabei in keiner Stellung Fahrzeugteile berühren.
- Anschlußstellen von Bremsleitungen und -schläuchen dürfen nicht durch ausgetretene Flüssigkeit feucht sein.

Achtung: Wenn der Vorratsbehälter und die Dichtungen durch ausgetretene Bremsflüssigkeit feucht sind, so ist das nicht unbedingt ein Hinweis auf einen defekten Hauptbremszylinder. Vielmehr dürfte die Bremsflüssigkeit durch die Belüftungsbohrung im Deckel oder durch die Deckeldichtung ausgetreten sein.

- Fahrzeug ablassen.

Bremsflüssigkeitsstand/ Warnleuchte prüfen

Der Vorratsbehälter für die Bremsflüssigkeit befindet sich im Motorraum. Er hat zwei Kammern, je eine für jeden Bremskreis. Der Schraubverschluß hat eine Belüftungsbohrung, die nicht verstopft sein darf.

Der Vorratsbehälter ist durchscheinend, so daß der Bremsflüssigkeitsstand jederzeit von außen überwacht werden kann. Es ist ratsam, regelmäßig einen Blick auf den Vorratsbehälter zu werfen.

- Der Flüssigkeitsstand soll, bei geschlossenem Deckel, nicht höher als die MAXI-Markierung und nicht unterhalb der MINI-Marke liegen.
- Nur Bremsflüssigkeit der Spezifikation **SAE J 1703, DOT 3 oder DOT 4** einfüllen.
- Durch die stetige Abnutzung der Scheibenbremsbeläge und der Bremsscheiben entsteht ein geringfügiges Absinken der Bremsflüssigkeit. Das ist normal.
- Sinkt die Bremsflüssigkeit jedoch innerhalb kurzer Zeit stark ab, ist das ein Zeichen für Bremsflüssigkeitsverlust.
- Die Leckstelle muß dann sofort ausfindig gemacht werden. In der Regel liegt es an verschlissenen Manschetten in den Radbremszylindern. Sicherheitshalber sollte die Überprüfung der Anlage von einer Fachwerkstatt durchgeführt werden.

Warnleuchte prüfen

- Zündung einschalten, Feststellbremse lösen.
- Kontakt im Verschlußdeckel des Bremsflüssigkeitsbehälters mit dem Finger nach unten drücken. **Achtung:** Die Feststellbremse darf **nicht** angezogen sein.
- Ein Helfer kontrolliertb gleichzeitig, ob die Warnleuchte im Schalttafeleinsatz aufleuchtet. Falls nicht, elektrische Zuleitung gemäß Schaltplan prüfen.

Bremsbelagdicke prüfen

- Stellung der Vorderräder zur Radnabe mit Farbe kennzeichnen. Dadurch kann das ausgewuchtete Rad wieder in derselben Position montiert werden. Radschrauben bei auf dem Boden stehendem Fahrzeug lösen. Fahrzeug vorn aufbocken und Vorderräder abnehmen.

R-6253

- Belagdicke – mit metallner Rückenplatte – von vorn durch den Bremsträger sichtprüfen. Im Zweifelsfall Bremsbeläge ausbauen und Belagdicke mit Schieblehre messen.
- Verschleißgrenze der **Scheibenbremsbeläge,** siehe Tabelle auf Seite 157.

R-6290

- An den hinteren Bremsträgern Gummikappe –Pfeil– vom Schauloch abnehmen und mit Taschenlampe durch die Öffnung leuchten. Die Verschleißgrenze ist erreicht, wenn der Belag eine Stärke von **0,6 mm** (ohne Trägerbacke) hat. Im Zweifelsfall Bremstrommel ausbauen und Belagstärke messen.
- Ist die Verschleißgrenze erreicht, Bremsbeläge auswechseln. Grundsätzlich alle Beläge einer Achse erneuern.

Hinweis: Nach einer Faustregel entspricht 1 mm Bremsbelag einer Fahrleistung von mindestens 1000 km. Diese Faustregel gilt unter ungünstigen Bedingungen. Im Normalfall halten die Beläge viel länger.

Bremsflüssigkeit wechseln

Erforderliches Sonderwerkzeug:

- Ringschlüssel für Entlüfterschrauben.

Erforderliche Verschleißteile:

- Bremsflüssigkeit der Spezifikation **SAE J 1703, DOT 3 oder DOT 4**.

Die Bremsflüssigkeit nimmt durch die Poren der Bremsschläuche sowie durch die Entlüftungsöffnung des Vorratsbehälters Luftfeuchtigkeit auf. Dadurch sinkt im Laufe der Betriebszeit der Siedepunkt der Bremsflüssigkeit. Bei starker Beanspruchung der Bremse kann es deshalb zu Dampfblasenbildung in den Bremsleitungen kommen, wodurch die Funktion der Bremsanlage stark beeinträchtigt wird. **Die Bremsflüssigkeit soll alle 3 Jahre, möglichst im Frühjahr, erneuert werden.**

- Vorsichtsmaßregeln beim Umgang mit Bremsflüssigkeit beachten, siehe Seite 172.
- Mit einer Absaugflasche aus dem Bremsflüssigkeitsbehälter Bremsflüssigkeit bis zu einem Stand von ca. 10 mm absaugen.

Achtung: Vorratsbehälter nicht ganz entleeren, damit keine Luft in das Bremssystem gelangt.

- Vorratsbehälter bis zur Max-Marke mit **neuer** Bremsflüssigkeit füllen.
- Die Reihenfolge des Ablassens der Bremsflüssigkeit (außer bei Fahrzeugen mit ABS): 1. Hinterradbremse rechts, 2. Vorderradbremse links, 3. Hinterradbremse links, 4. Vorderradbremse rechts.

Achtung: Bei Fahrzeugen mit ABS (**Antiblockiersystem**) von der Herstellerfirma **TEVES** unbedingt folgende Reihenfolge einhalten:

1. Vorderradbremse links, 2. Hinterradbremse rechts, 3. Vorderradbremse rechts, 4. Hinterradbremse links.

Ist ein **Antiblockiersystem** des Herstellers **BOSCH** eingebaut, ist die folgende Reihenfolge einzuhalten.

1. Hinterradbremse rechts, 2. Hinterradbremse links, 3. Vorderradbremse links, 4. Vorderradbremse rechts.

- Am 1. Bremszylinder sauberen Schlauch auf Entlüfterventil aufschieben, geeignetes Gefäß unterstellen.

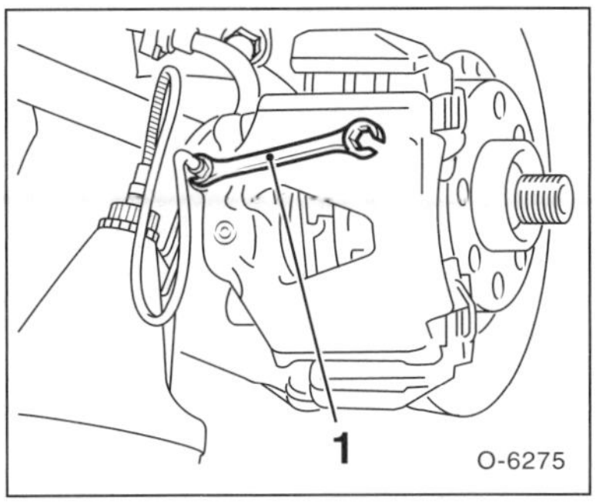

0-6275

- Von Helfer das Bremspedal mehrmals durchtreten lassen, bis sich ein Gegendruck aufgebaut hat. Bremspedal getreten lassen, gleichzeitig Entlüfterventil mit Ringschlüssel –1– öffnen und Bremsflüssigkeit durch den durchsichtigen Schlauch herausströmen lassen. Entlüfterventil schließen, wenn das Pedal am Bodenblech anstößt, Fuß vom Pedal nehmen lassen. Dieser Vorgang ist solange zu wiederholen (ca. 10 mal), bis nur noch neue Bremsflüssigkeit heraustritt. Neue Bremsflüssigkeit ist an der helleren Farbe zu erkennen.
- Entlüfterventil vorsichtig schließen, Staubkappe aufsetzen, Vorratsbehälter mit **neuer** Bremsflüssigkeit auffüllen.
- Auf die gleiche Weise alte Bremsflüssigkeit aus den anderen Radbremsen herauspumpen. Reihenfolge beachten.

Achtung: Die abfließende Bremsflüssigkeit muß in jedem Fall klar und blasenfrei sein.

- Alte Bremsflüssigkeit bei der örtlichen Deponie für Sondermüll abgeben. **Achtung:** Alte Bremsflüssigkeit niemals in Trinkgefäßen und für Kinder erreichbar aufbewahren. **Vergiftungsgefahr**.

Reifenfülldruck prüfen

- Reifenfülldruck nur am kalten Reifen prüfen. Muß der Fülldruck oft ergänzt werden, Reifenventil prüfen beziehungsweise Reifen prüfen lassen.
- Reifenfülldruck einmal im Monat sowie im Rahmen der Wartung prüfen. Maßgebend für den Reifenfülldruck ist das Reifenfülldruck-Schild, welches am Fahrertürrahmen oder auf der Fahrertürinnenkante angeklebt ist. Fülldrucktabelle, siehe Seite 179.
- Zusätzlich sollte der Fülldruck vor längeren Autobahnfahrten kontrolliert werden, da hierbei die Temperaturbelastung für den Reifen am größten ist.

Reifenventil prüfen

- Staubschutzkappe abschrauben.

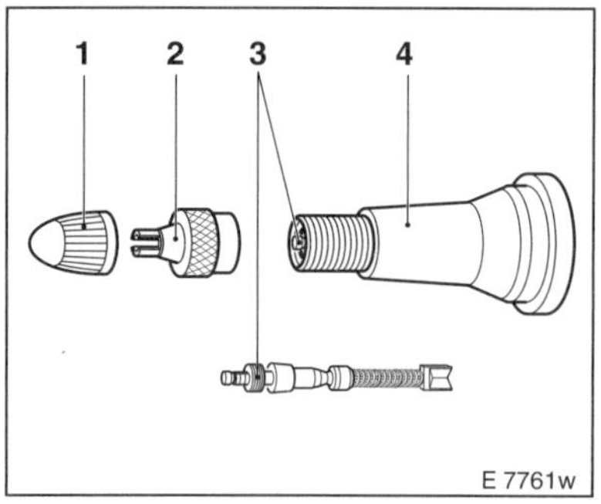

- Etwas Speichel oder Seifenwasser auf das Ventil geben. Wenn sich eine Blase bildet, Ventileinsatz –3– mit umgedrehter Schutzkappe –2– festdrehen.

Achtung: Zum Anziehen des Ventileinsatzes kann nur eine Metallschutzkappe –2– verwendet werden. Metallschutzkappen sind an der Tankstelle erhältlich. 1 – Gummischutzkappe, 4 – Ventil.

- Ventil erneut prüfen. Falls sich wieder Blasen bilden oder sich das Ventil nicht weiter anziehen läßt, Ventileinsatz oder Ventil erneuern (Werkstattarbeit).
- Grundsätzlich Schutzkappe wieder aufschrauben.

Reifenprofil/Radbefestigung prüfen

Die Reifen ausgewuchteter Räder nutzen sich bei gewissenhaftem Einhalten des vorgeschriebenen Fülldrucks und bei fehlerfreier Radeinstellung und Stoßdämpferfunktion auf der gesamten Lauffläche annähernd gleichmäßig ab. Bei ungleichmäßiger Abnutzung, siehe Störungsdiagnose im Kapitel »Reifen«. Im übrigen läßt sich keine generelle Aussage über die Lebensdauer bestimmter Reifenfabrikate machen, denn die Lebensdauer hängt von unterschiedlichen Faktoren ab:

- Fahrbahnoberfläche
- Reifenfülldruck
- Fahrweise
- Witterung

Vor allem sportliche Fahrweise, scharfes Anfahren und starkes Bremsen fördern den schnellen Reifenverschleiß.

Achtung: Der Gesetzgeber legt fest, daß Reifen bis zu einer Profiltiefe von minimal 1,6 mm abgefahren werden dürfen, und zwar müssen die Profilrillen auf der gesamten Lauffläche noch mindestens 1,6 mm Tiefe aufweisen. Es empfiehlt sich jedoch, sicherheitshalber die Reifen bereits bei einer Mindestprofiltiefe von 2 mm auszutauschen.

Nähert sich die Profiltiefe der gesetzlich zulässigen Mindestprofiltiefe, das heißt, weisen die mehrmals am Reifenumfang angeordneten, 1,6 mm hohen, Verschleißanzeiger kein Profil mehr auf, müssen die Reifen gewechselt werden. Die Verschleißanzeiger sind über den gesamten Umfang des Reifens verteilt. Die jeweilige Position ist mit der seitlichen Aufschrift »TWI« und »▲« gekennzeichnet. TWI = Tread wear indicator.

Achtung: M + S-Reifen (Winterreifen) haben auf Matsch und Schnee nur ausreichende Wirkung, wenn ihr Profil noch mindestens 4 mm tief ist.

Achtung: Reifen auf Schnittstellen untersuchen und mit kleinem Schraubendreher Tiefe der Schnitte feststellen. Wenn die Schnitte bis zur Karkasse reichen, korrodiert durch eindringendes Wasser der Stahlgürtel. Dadurch löst sich unter Umständen die Lauffläche von der Karkasse, der Reifen platzt. Deshalb: Bei tiefen Einschnitten im Profil aus Sicherheitsgründen Reifen austauschen.

- Sämtliche Radschrauben über Kreuz mit **90 Nm** nachziehen. Radschrauben nicht ölen oder fetten.

Lenkung/Vorderachse

- Achsgelenke/Spurstangenköpfe: Staubkappen prüfen.
- Lenkung: Faltenbälge auf Undichtigkeiten und Beschädigungen prüfen.
- Servolenkung: Flüssigkeitsstand prüfen, gegebenenfalls Hydrauliköl auffüllen. Lenkgetriebe, Hydraulikpumpe und alle Leitungen und Anschlüsse auf Dichtigkeit kontrollieren.

Staubkappen für Spurstangen-/Achsgelenke prüfen

- Fahrzeug vorn aufbocken.

Spurstangengelenk

Achsgelenk

- Staubkappen links und rechts mit Lampe anstrahlen und auf Beschädigungen überprüfen, dabei auf Fettspuren an den Manschetten und in deren Umgebung achten.
- Bei beschädigter Staubkappe, sicherheitshalber entsprechendes Gelenk mit Schutzkappe auswechseln. Eingedrungener Schmutz zerstört mit Sicherheit das Gelenk.

Ölstand für Servolenkung prüfen

Kein Sonderwerkzeug erforderlich.

Erforderliche Verschleißteile:

- Öl »ELF RENAULTMATIC D2« oder »MOBIL ATF 220 D«.
- Ölstand für die Lenkhilfe im Vorratsbehälter bei abgestelltem und kaltem Motor (Umgebungstemperatur, ca. +20° C) prüfen.

Hinweis: Der Vorratsbehälter der Servolenkung kann motorisierungs- und ausstattungsabhängig in Aussehen und Einbaulage von der Darstellung abweichen.

1,4-/1,6-l-Motor:

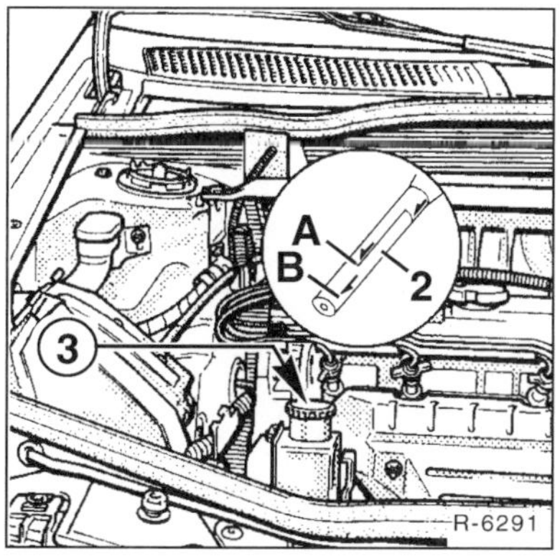

- Am Verschlußdeckel –3– befindet sich ein Ölmeßstab –2– (Abbildung). Der Ölstand muß zwischen den Marken –A– und –B– stehen.

2,0-l- und Dieselmotor:

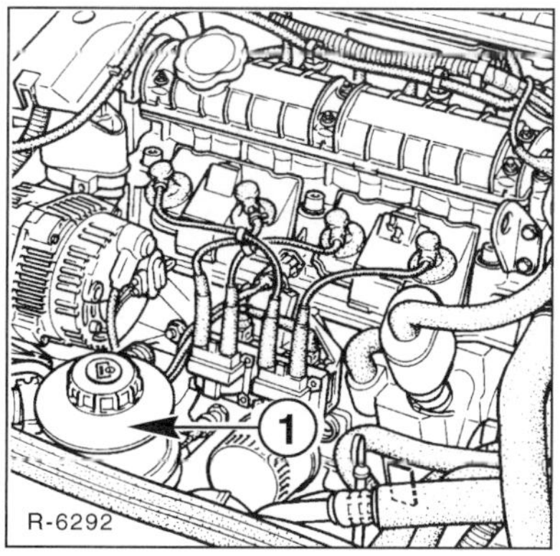

16V-Motor:

- Der Ölstand muß bei den Motoren ab 1,9 l Hubraum von außen sichtbar zwischen den Marken »MINI« und »MAXI« stehen. Die »MINI/MAXI«-Markierungen sind außen am Vorratsbehälter –1– angebracht.
- Andernfalls Hydrauliköl nachfüllen. Nur das angegebene Öl verwenden. Grundsätzlich nur **neues Öl** nachfüllen, da selbst kleinste Verunreinigungen zu Störungen an der hydraulischen Anlage führen können.
- Vorratsbehälter verschließen.
- Falls Hydrauliköl nachgefüllt wurde, Motor starten und bei laufendem Motor das Lenkrad mehrmals von Anschlag zu Anschlag bewegen, dadurch entlüftet sich die Anlage.
- Falls Öl nachgefüllt wurde, Lenksystem auf Dichtheit prüfen.

Elektrische Anlage

- Beleuchtungsanlage: Sämtliche Scheinwerfer, Schlußleuchten und Blinklampen prüfen, gegebenenfalls Scheinwerfer einstellen, siehe Seite 265.
- Alle Stromverbraucher auf Funktion prüfen.
- Signalhorn: Prüfen.
- Scheibenwischer: Wischergummis auf Verschleiß prüfen, gegebenenfalls ersetzen, siehe Seite 275.
- Scheibenwaschanlage: Funktion prüfen, Düsenstellung kontrollieren, Flüssigkeit nachfüllen.
- Batterie: Spannung und Säurestand prüfen, siehe auch Seite 247.
- Infrarot-Fernbedienung der Zentralverriegelung/Diebstahlwarnanlage: Batterien wechseln, wenn die rote Kontrollampe an der Schlüssel-Fernbedienung beim Betätigen nicht mehr aufleuchtet.

Achtung: Altbatterien nicht dem Hausmüll mitgeben, sondern bei einer Batterie-Sammelstelle entsorgen.

Batterie-Säurestand prüfen

Hinweis: Die Batterie des SCENIC befindet sich im Fahrzeug-Innenraum, unter dem vorderen Beifahrersitz. Um an die Batterie zu gelangen, ist der Beifahrersitz nach hinten zu klappen und die Abdeckung auszubauen, siehe Kapitel »Batterie aus- und einbauen«.

Die Batterie des SCENIC ist wartungsfrei, der Säurestand muß nicht geprüft werden.

Kein Sonderwerkzeug erforderlich.

Erforderliches Verschleißteil:

- Destilliertes oder entmineralisiertes Wasser.

Alle außer SCENIC

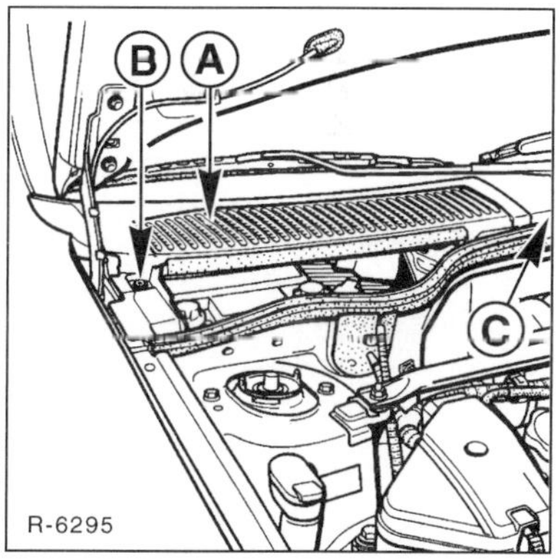

- Rechte Windlaufgitterhälfte –A– ausbauen. Dazu Schraube –B– abschrauben. Gitter in der Mitte –C– lösen und durch Kippen zur Ecke des Windschutzscheibenrahmens herausnehmen.

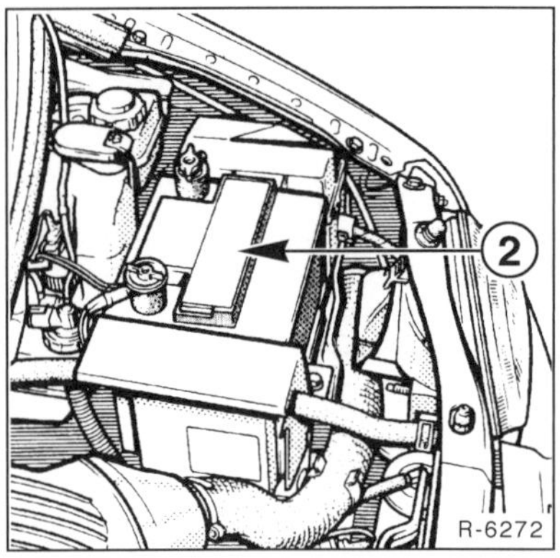

- Verschlußdeckelleiste –2– nach oben mit Schraubendreher abhebeln und von oben in die Öffnungen schauen. Der Säurestand muß ca. 15 mm über den Platten in jeder Batteriezelle liegen, die Plattenränder dürfen keinesfalls aus der Säure ragen. Andernfalls destilliertes Wasser bis maximal 15mm über den Platten in die betreffende Batteriezelle einfüllen. (Die Abbildung zeigt die Batterie nicht im MÉGANE).
- Deckelleiste aufdrücken.
- Windlaufgitterhälfte einsetzen und anschrauben.

Infrarot-Fernbedienung: Batterien wechseln

Batterien wechseln, wenn die rote Kontrollampe an der Schlüssel-Fernbedienung beim Betätigen nicht mehr aufleuchtet. Die Batterie-Lebensdauer beträgt ca. 2 Jahre.

- Schraube am Schlüsselgriff herausdrehen und Deckel abnehmen.

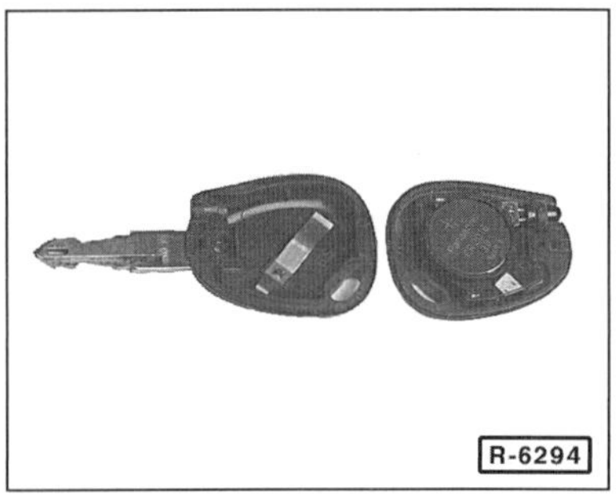

- Batterien durch neue gleicher Ausführung (Typ CR 2016) ersetzen, dabei auf »+/–«-Lage achten. Batterien in gleicher Lage wie die ausgebauten einsetzen.
- Deckel hörbar einrasten und anschrauben.

Karosserie/Innenausstattung

- Sicherheitsgurte: Auf Beschädigungen prüfen.
- Türfeststeller, Türscharniere, Motorhaubenschloß: Mit Mehrzweckfett fetten.
- Unterbodenschutz und Lackierung: Sichtprüfen, Beschädigungen ausbessern.
- Reinluftfilter für Heizung/Klimaanlage ersetzen, siehe Seite 231.

Hinweis: Geringerer Luftdurchsatz als normal deutet auf die Notwendigkeit eines vorzeitigen Filterwechsels hin, sonst Filter im Wartungszyklus wechseln.

Sicherheitsgurte sichtprüfen

Da es sich bei den Sicherheitsgurten um sicherheitsrelevante Teile handelt, müssen sie bei fehlerhafter Funktion oder Beschädigung umgehend erneuert werden.

Achtung: Geräusche, die beim Aufrollen des Gurtbandes entstehen, sind funktionsbedingt. Bei störenden Geräuschen kann nur der Sicherheitsgurt ausgetauscht werden. Auf keinen Fall darf zur Behebung von Geräuschen Öl oder Fett verwendet werden. Der Aufrollautomat darf nicht zerlegt werden, da hierbei die vorgespannte Feder herausspringen kann. Unfallgefahr!

- Sicherheitsgurt ganz herausziehen und Gurtband auf durchtrennte Fasern prüfen. Beschädigungen können zum Beispiel durch Einklemmen des Gurtes oder durch brennende Zigaretten entstehen. In diesem Fall Gurt austauschen.
- Sind Scheuerstellen vorhanden, ohne daß Fasern durchtrennt sind, braucht der Gurt nicht ausgewechselt zu werden.

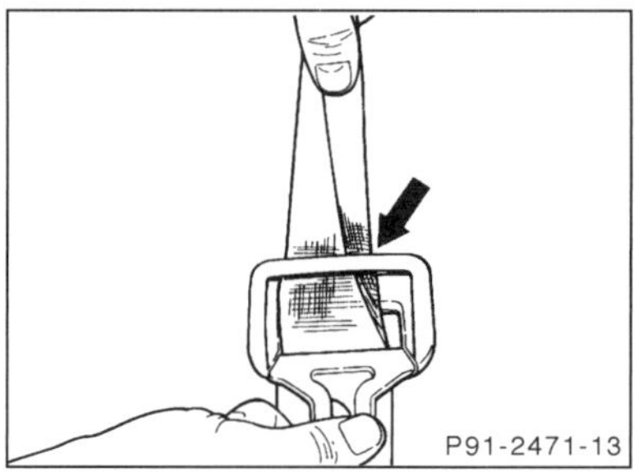

- Schwergängigen Gurt auf Verdrehungen prüfen, gegebenenfalls Verkleidung an der Mittelsäule ausbauen.
- Wenn die Aufrollautomatik nicht mehr funktioniert, Gurt auswechseln.
- Gurtbänder nur mit Seife und Wasser reinigen, keinesfalls Lösungsmittel oder chemische Reinigungsmittel verwenden.

Sichtkontrolle Unterboden/ Karosserie

Bei der regelmäßigen Pflege Augenmerk auf Lackbeschädigungen legen und auch Unterboden öfters reinigen, dabei auch auf Beschädigung des Unterbodenschutzes achten, gegebenenfalls ausbessern.

Schaltpläne

Der Umgang mit dem Schaltplan

In einem Personenwagen werden je nach Ausstattung bis zu 1000 Meter Leitungen verlegt, um alle elektrischen Verbraucher (Scheinwerfer, Radio usw.) mit Strom zu versorgen.

Will man einen Fehler in der elektrischen Anlage aufspüren oder nachträglich ein elektrisches Zubehör montieren, kommt man nicht ohne Schaltplan aus; anhand dessen der Stromverlauf und damit die Kabelverbindungen aufgezeigt werden. Grundsätzlich muß der betreffende Stromkreis geschlossen sein, sonst kann der elektrische Strom nicht fließen. Es reicht beispielsweise nicht aus, wenn an der Plusklemme eines Scheinwerfers Spannung anliegt, wenn nicht gleichzeitig über den Masseanschluß der Stromkreis geschlossen ist.

Deshalb ist auch das Massekabel (–) von der Batterie mit der Karosserie verbunden. Mitunter reicht diese Masseverbindung jedoch nicht aus, und der betreffende Verbraucher bekommt eine direkte Masseleitung, deren Isolierung in der Regel schwarz eingefärbt ist. In den einzelnen Stromkreisen können Schalter, Relais, Sicherungen, Meßgeräte, elektrische Motoren oder andere elektrische Bauteile integriert sein. Damit diese Bauteile richtig angeschlossen werden können, haben die einzelnen Kabel entsprechende Nummern. Elektrische Bauteile werden in den Schaltplänen als **Organe** bezeichnet.

Die wichtigsten Kabelfarben sind:

Rote Leitungen führen immer Strom, sobald die Batterie ordnungsgemäß angeschlossen ist. Anschlüsse dieser Leitungen werden auch mit »Dauerstrom (+)« oder »Klemme 30« bezeichnet.

Gelbe Leitungen führen nur bei eingeschalteter Zündung Strom. Anschlüsse dieser Leitungen werden auch mit »Geschaltetes Plus (+)« oder »Klemme 15« bezeichnet.

Blaue Leitungen dienen zum Anschluß von Standlicht, Schlußleuchten und Kennzeichenleuchten.

Schwarze Leitungen sind mit Karosserie-Masse verbunden. Anschlüsse dieser Leitungen werden auch mit »Minus (–)« oder »Klemme 31« bezeichnet.

Im Schaltplan sind die einzelnen Leitungen mit Zahlen-Buchstabenkombinationen versehen.

Beispiel: 133 OR/NO

133 = Kabelnummer (intern)
OR = Kabel-Grundfarbe (hier: orange)
NO = Kabel-Zusatzfarbe (hier: schwarz)

Schlüssel für Leitungsfarben

BA = weiß	JA = gelb	RG = rot
BE = blau	MA = braun	SA = rosa
BJ = beige	NO = schwarz	VE = grün
CY = farblos	OR = orange	VI = violett
GR = grau		

Hinweis: Die Kennbuchstaben für die Kabelfarben beziehen sich auf die französischen Farbbezeichnungen.

Aufbau der Schaltpläne

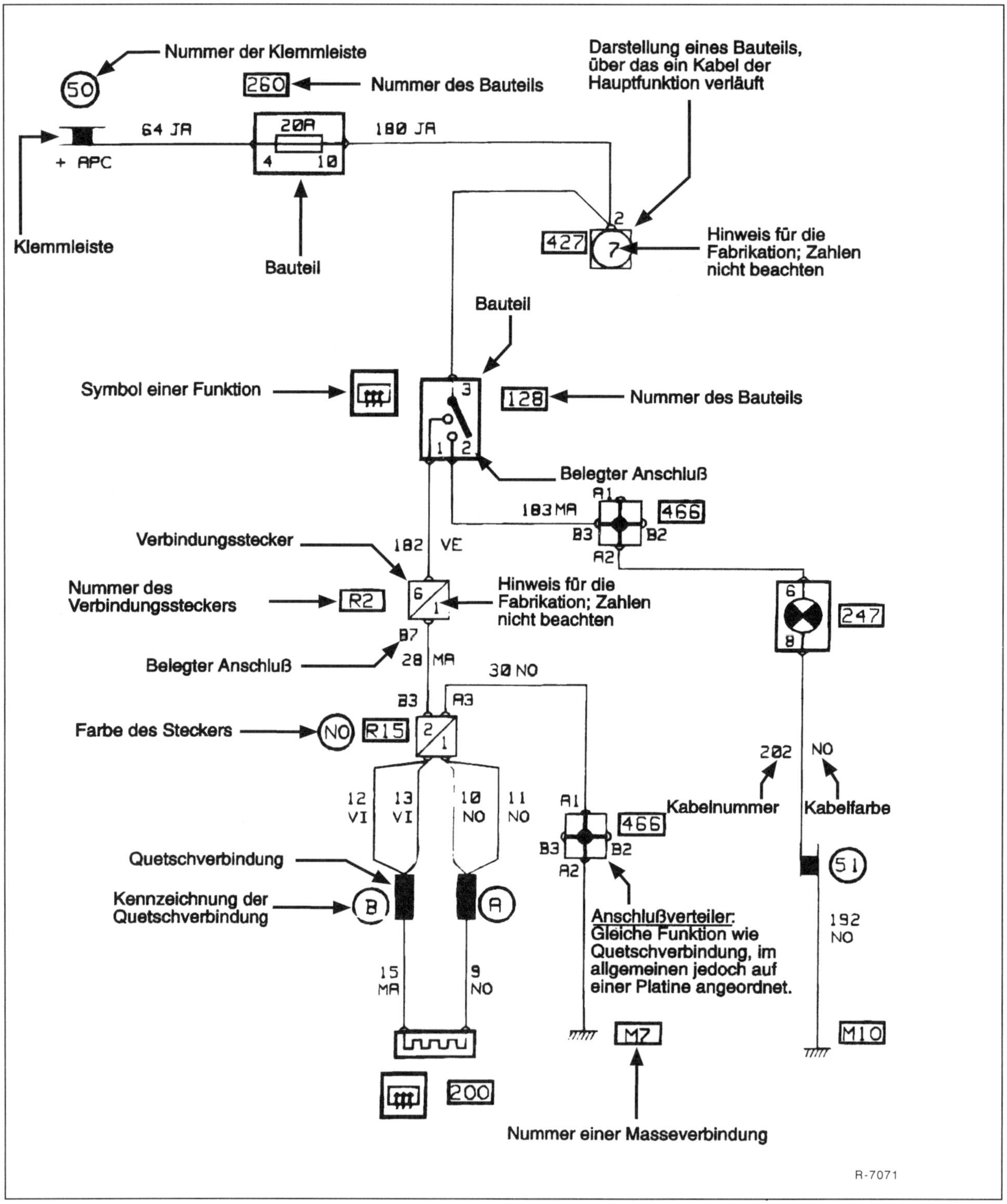

Hinweis: Die Masse-Anschlußverteiler werden immer mit »X8« ober »X9« bezeichnet. X8 = Anschlußverteiler linke Seite, X9 = Anschlußverteiler rechte Seite. Diese Anschlußverteiler sind sichtbar.

Die anderen Anschlußverteiler (W1, W2 ..., X1, X2 ..., Y1, Y2 ...etc.) sind Anschlußverteiler bestimmter Funktionen. Sie befinden sich ebenso wie Klemmleisten **in dem Kabelstrang.**

Schaltplan-Übersicht

MÉGANE Limousine, Modelljahr 1996

Aus Platzgründen kann nicht jeder Schaltplan für die einzelnen Motor- und Modellvarianten sowie aus jedem Modelljahr berücksichtigt werden. In der Regel kann man sich auch an den Schaltplänen älterer Modelljahre orientieren, da die Änderungen in der Regel nur Teilbereiche betreffen.

■ Sicherungen/Relaisbelegung, siehe Seite 243.

– 1 – Kabellagepläne

Motorraum 1,6-l-/90-PS-Motor

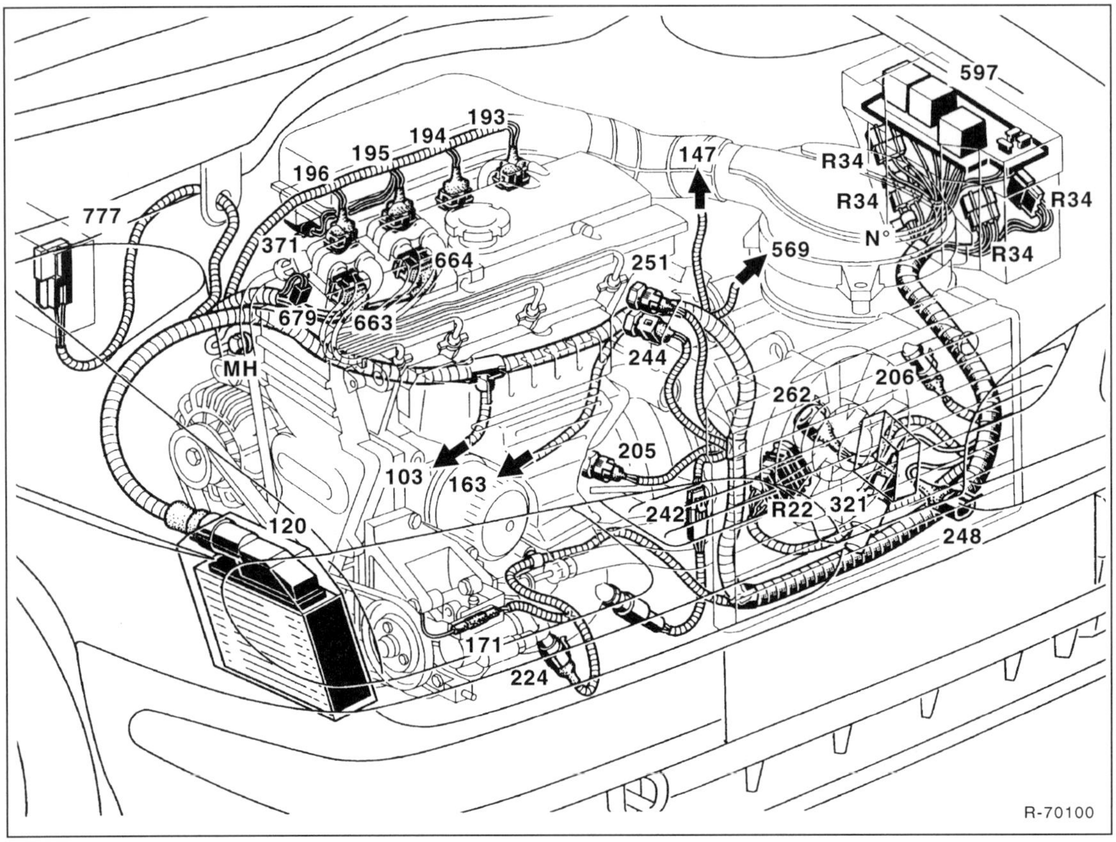

Instrumententafel

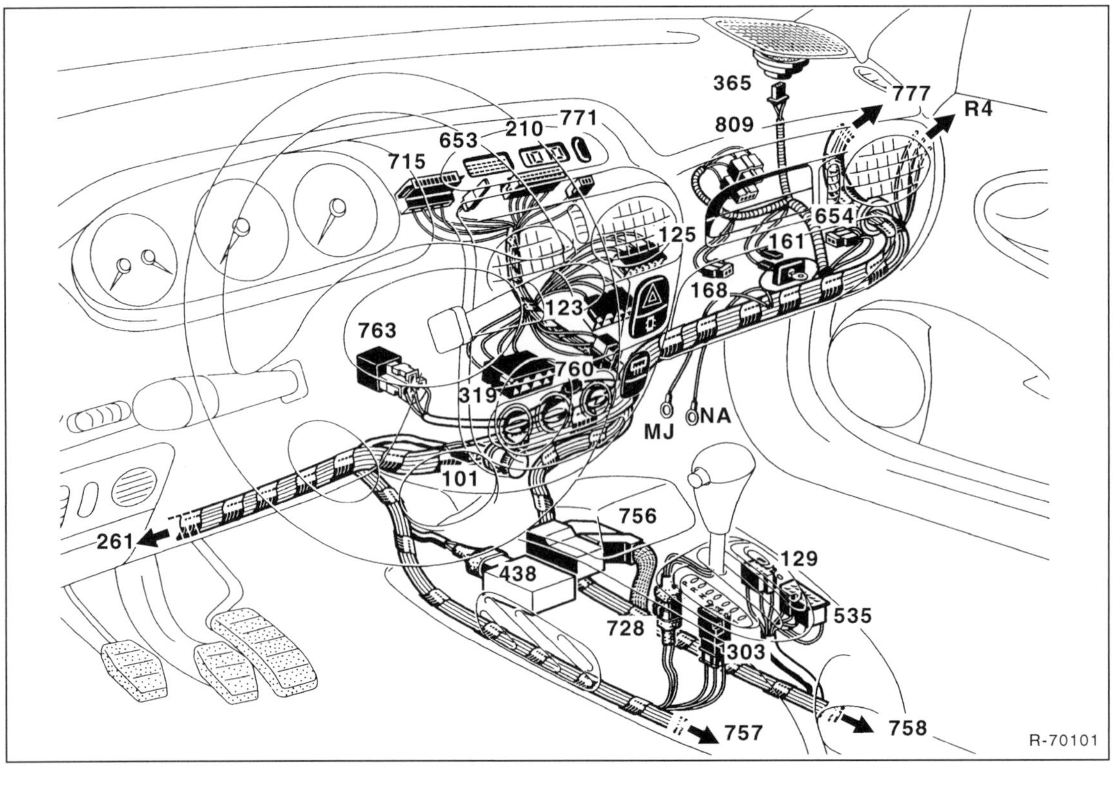

Fahrertür

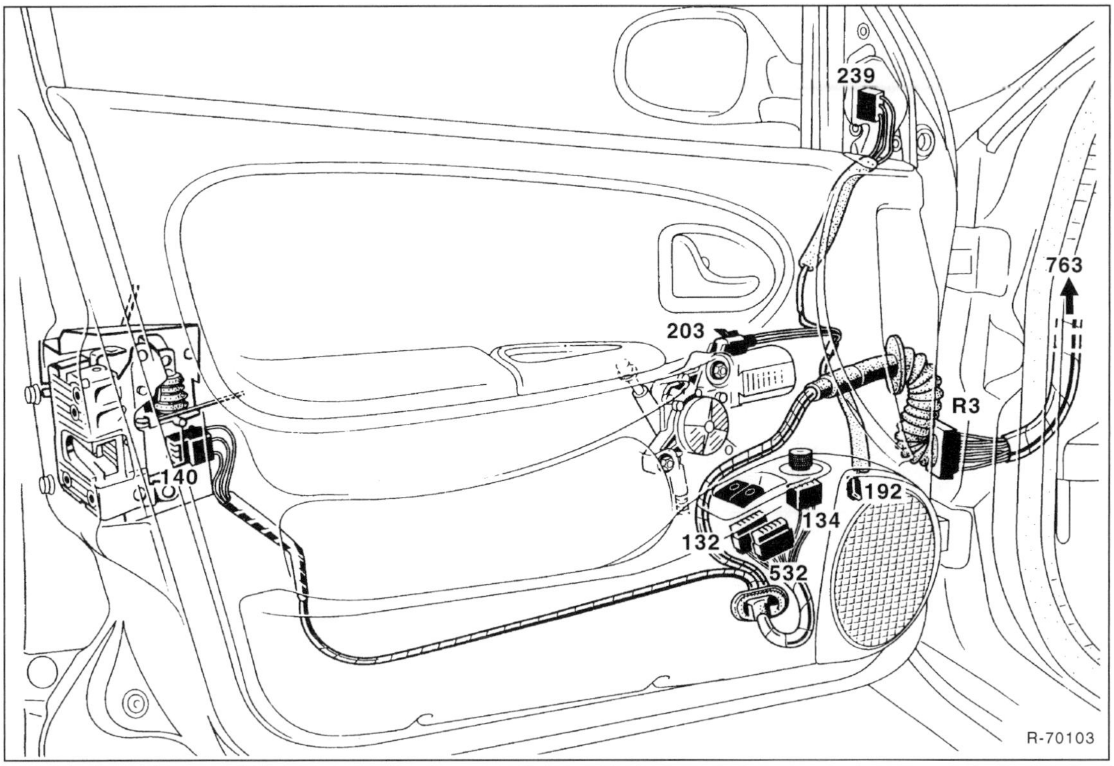

– 2 – Massepunkte

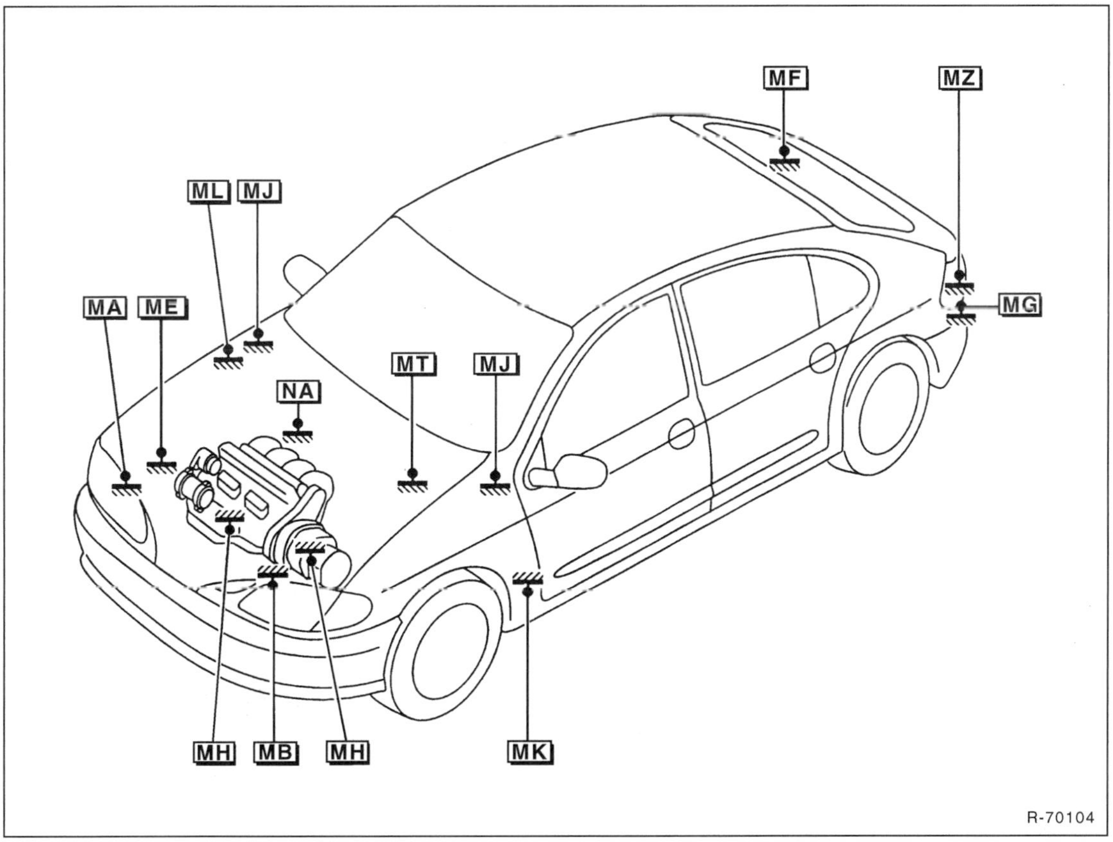

– 3 – Abblendlicht (Einfachscheinwerfer)

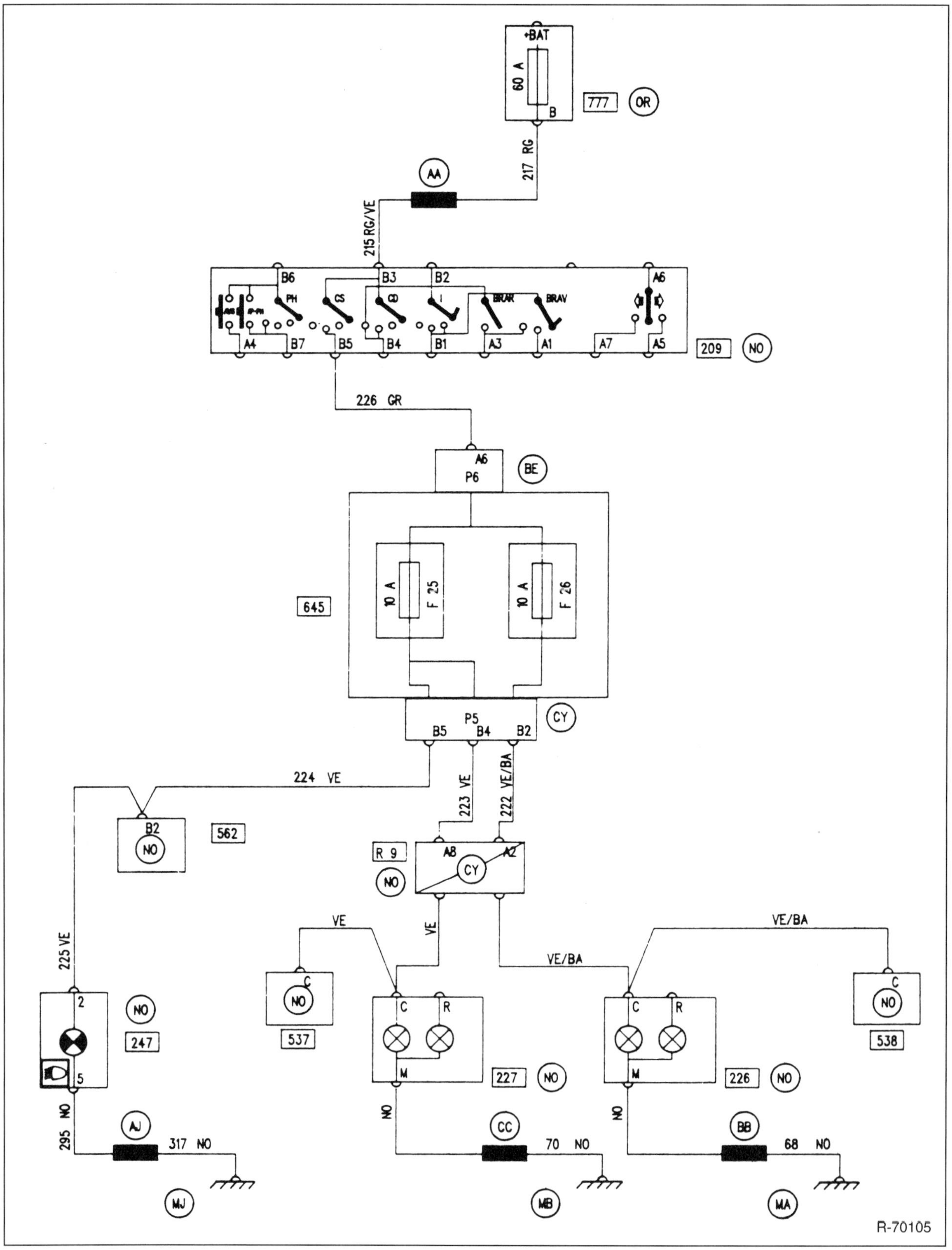

–4– Anlasser (Schaltgetriebe, Benziner)

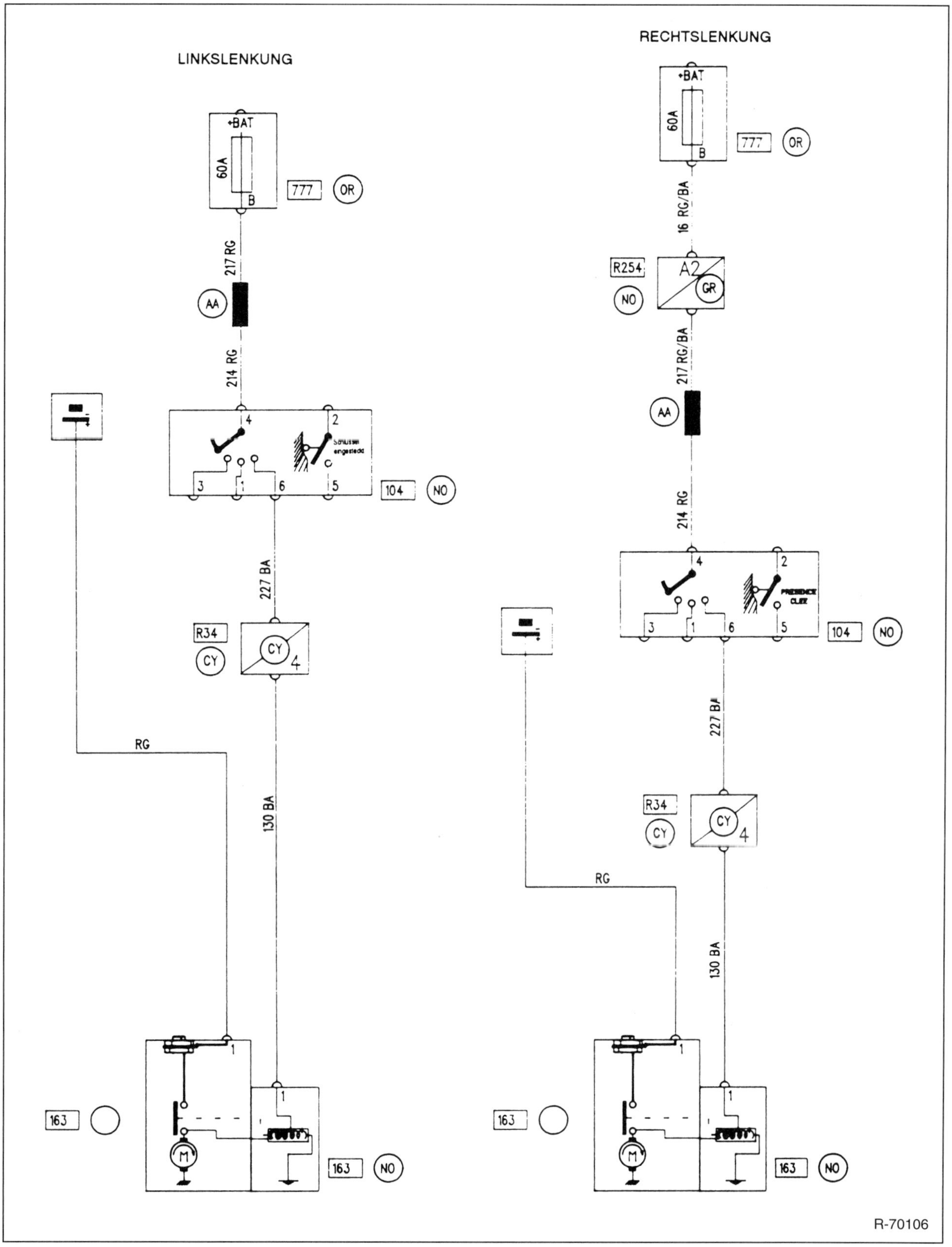

–5– Bremslicht

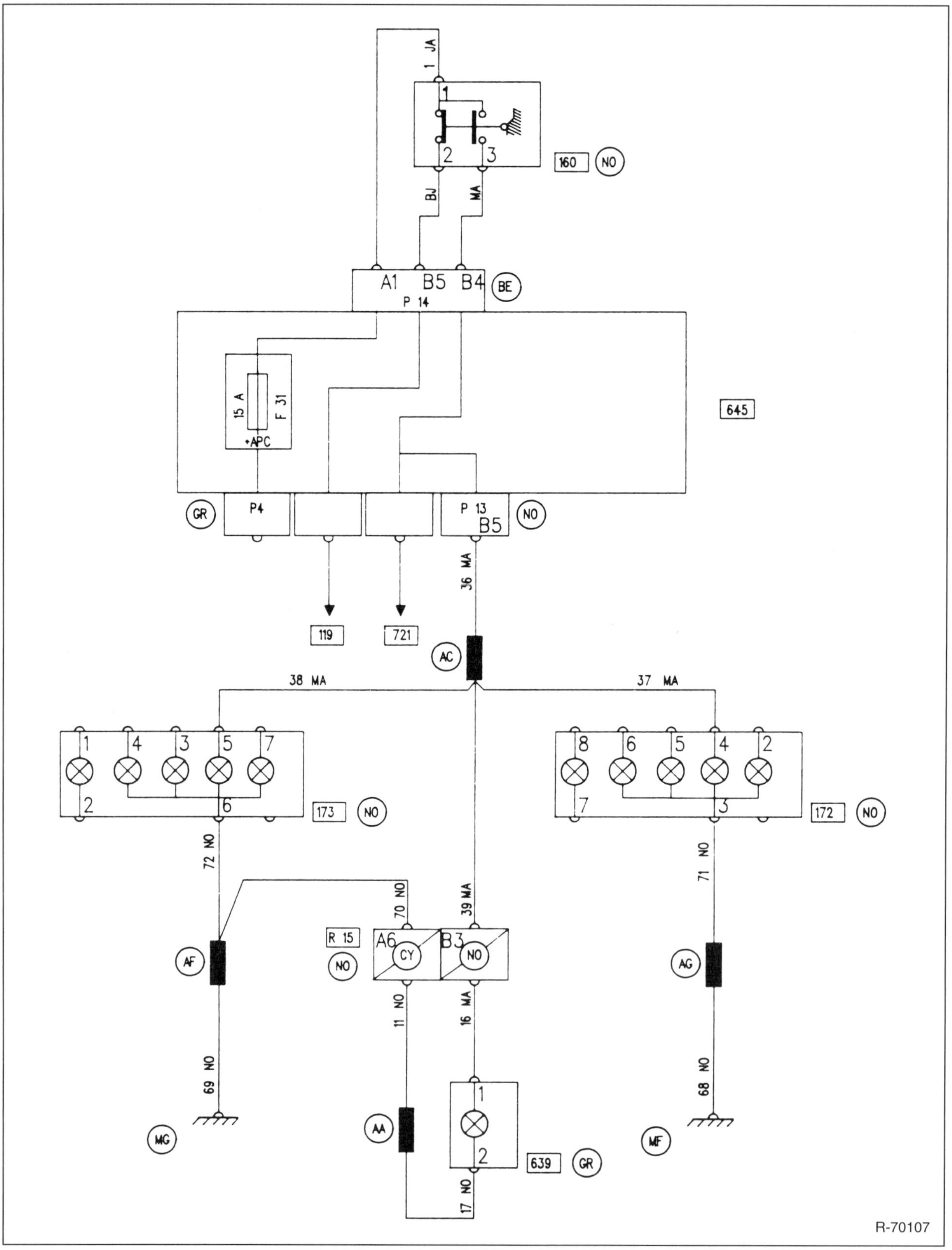

–6– Fernlicht

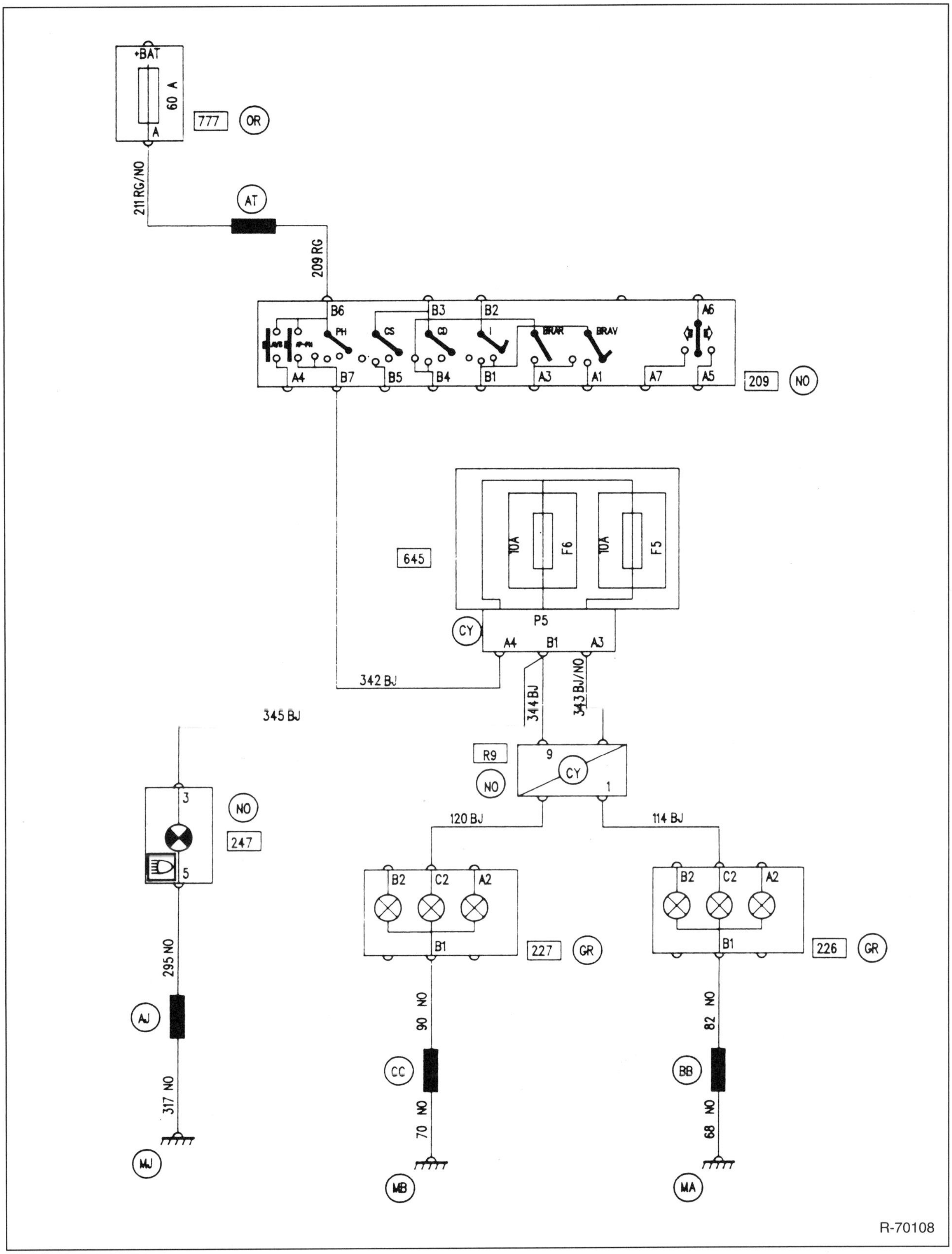

+BAT
60 A
A
777
OR
211 RG/NO
AT
209 RG
B6
B3
B2
A6
PH
CS
CD
I
BRAR
BRAV
A4
B7
B5
B4
B1
A3
A1
A7
A5
209
NO
645
10A
F6
10A
F5
CY
P5
A4
B1
A3
342 BJ
344 BJ
343 BJ/NO
345 BJ
R9
NO
9
CY
1
3
NO
247
5
120 BJ
114 BJ
B2
C2
A2
B1
227
GR
B2
C2
A2
B1
226
GR
295 NO
AJ
317 NO
MJ
90 NO
CC
70 NO
MB
82 NO
BB
68 NO
MA
R-70108

–7– Frontscheiben-Wisch-Waschanlage (mit festem Intervall)

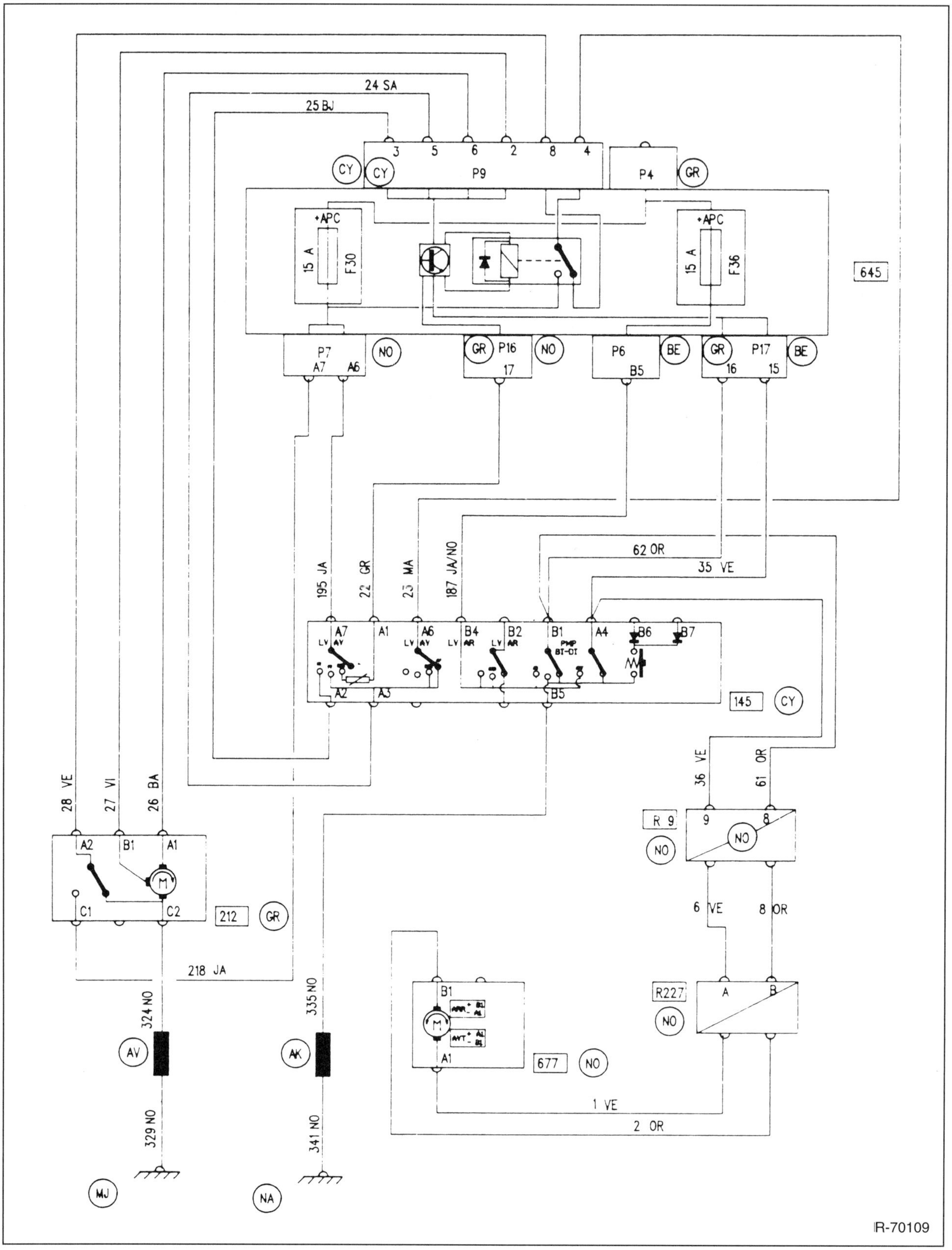

– 8 – Hauptmasseverbindungen Frontteil, Scheibenwischer

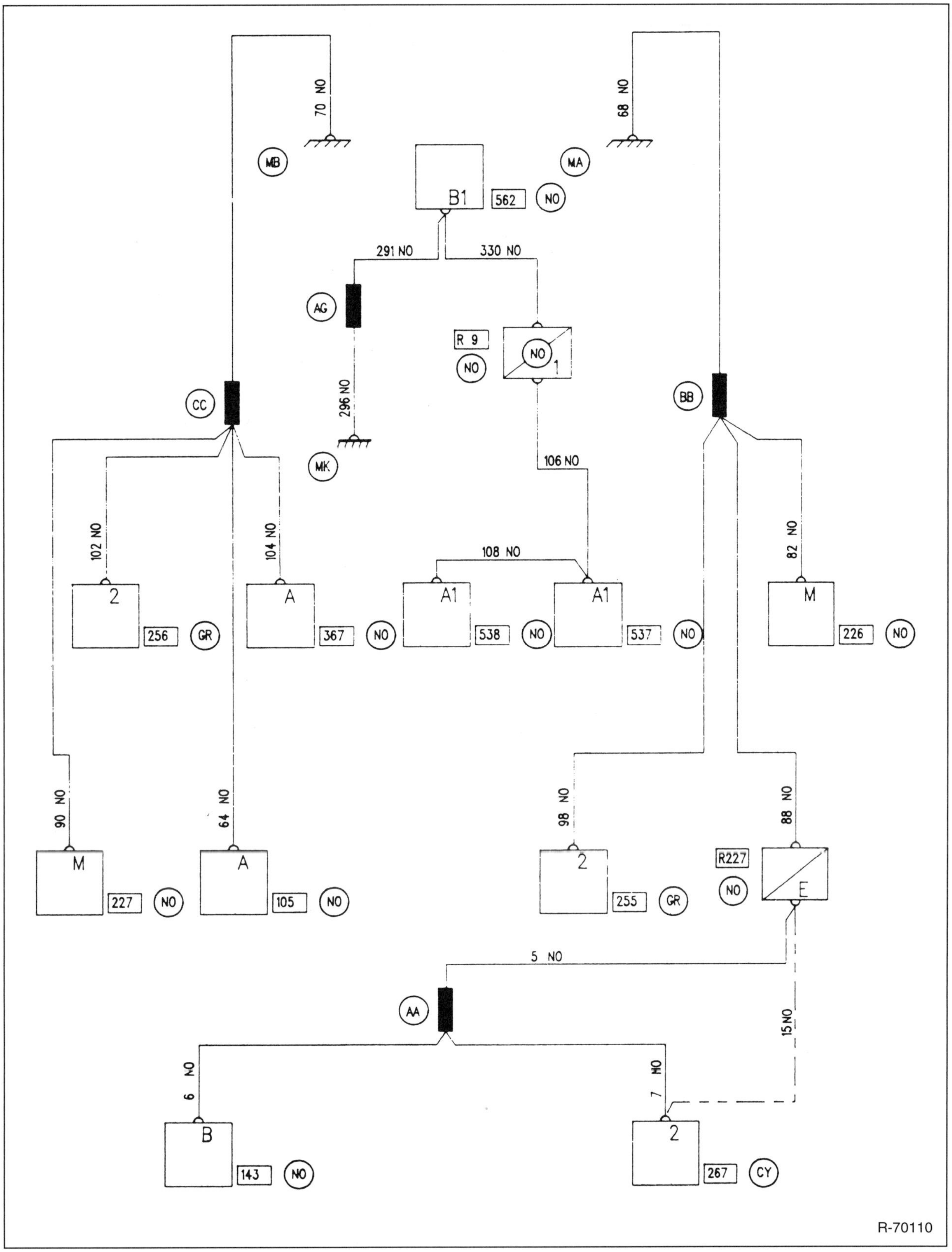

– 9 – Heckscheibenheizung und Außenspiegelheizung

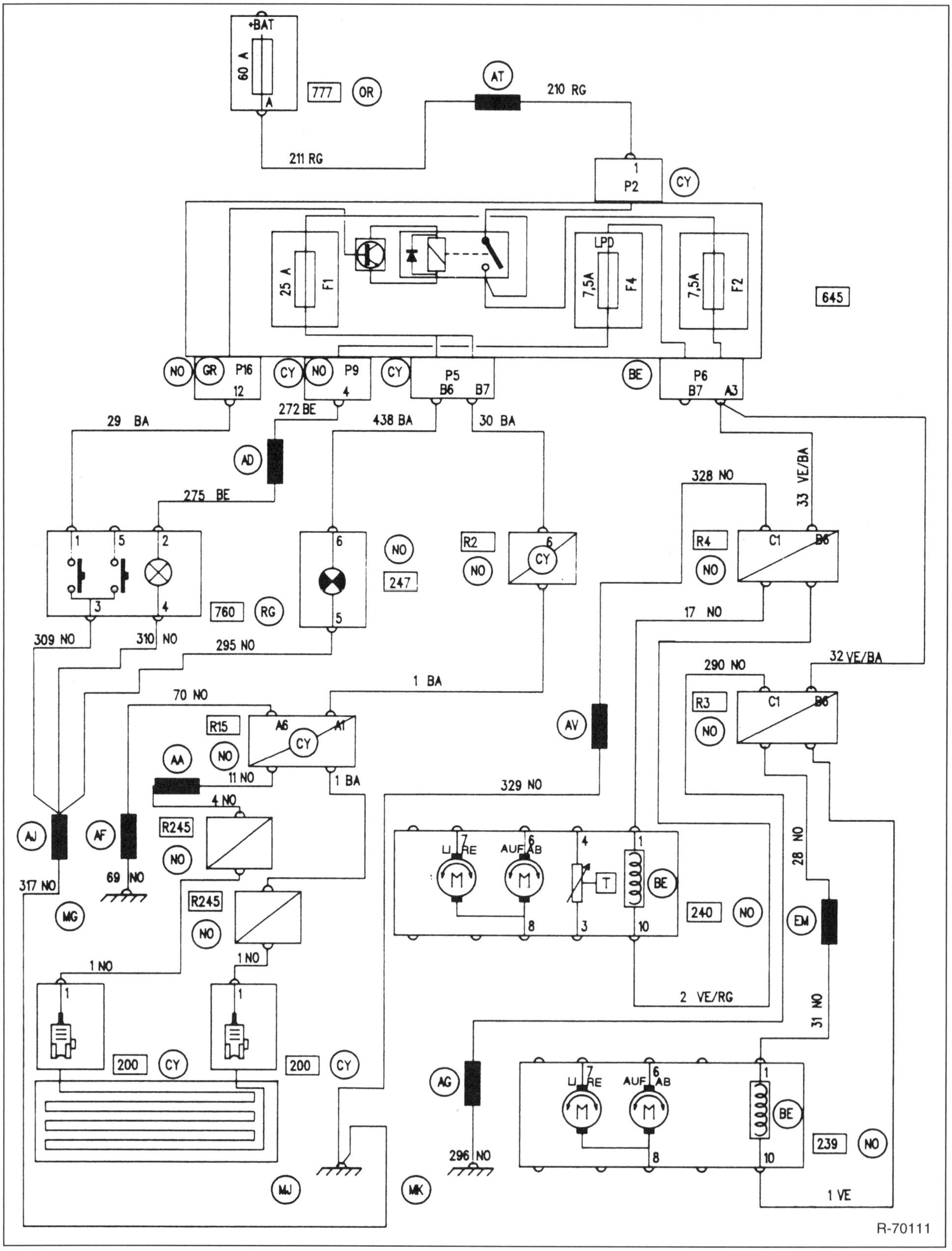

–10– Heckscheibenwisch-/waschanlage

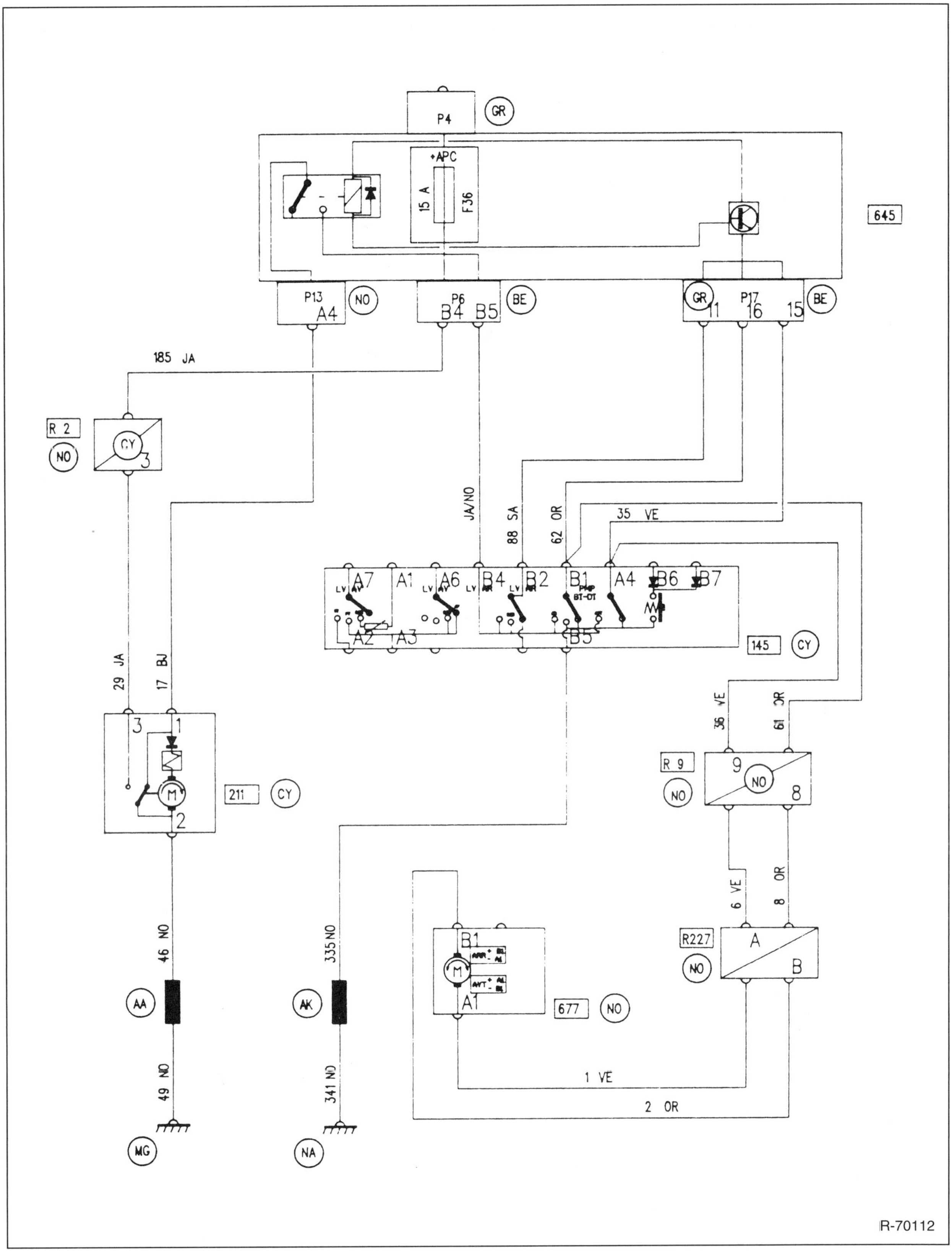

–11– Heizung (gehobene Ausstattung)

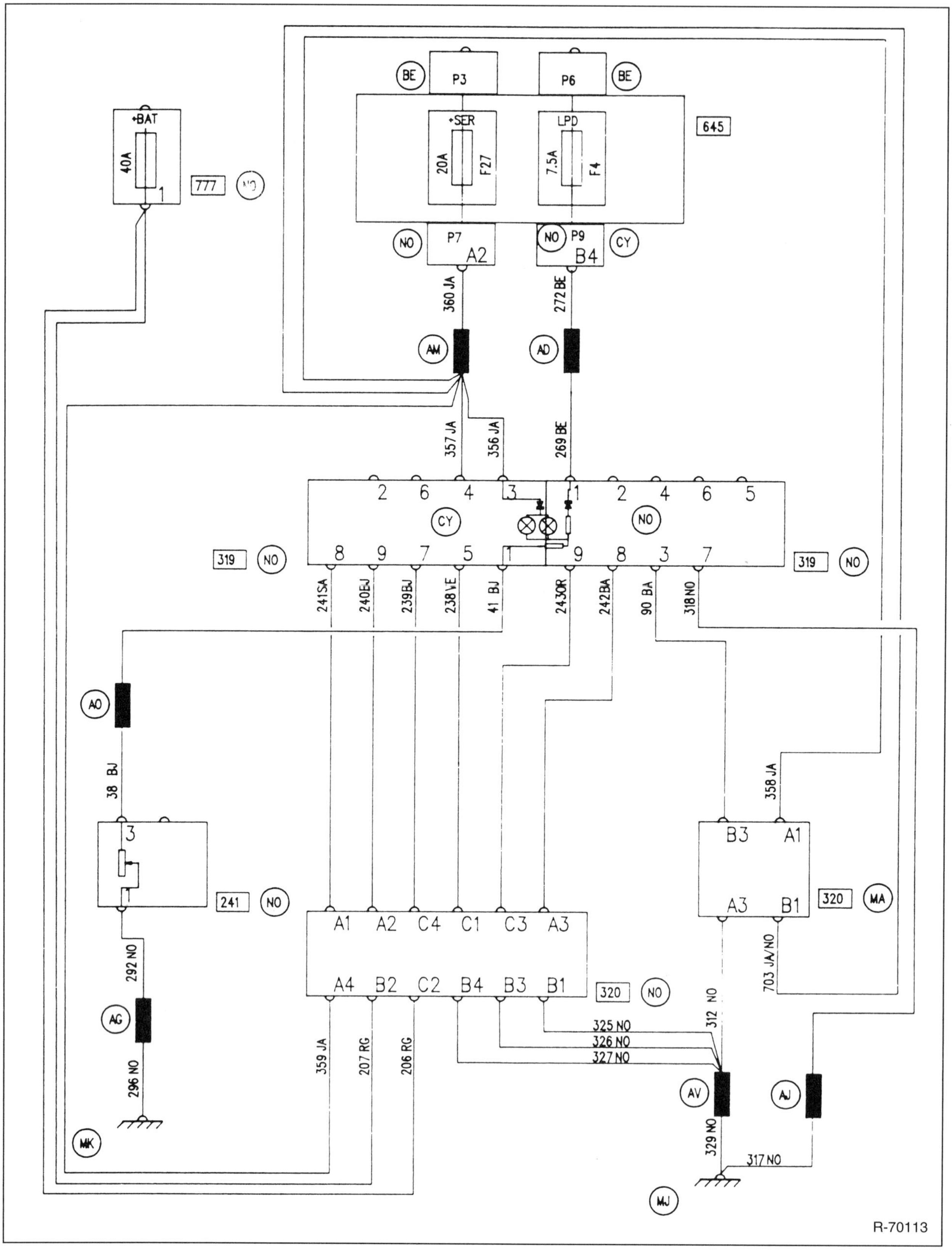

–12– Innenbeleuchtung (ohne Zeitschaltung)

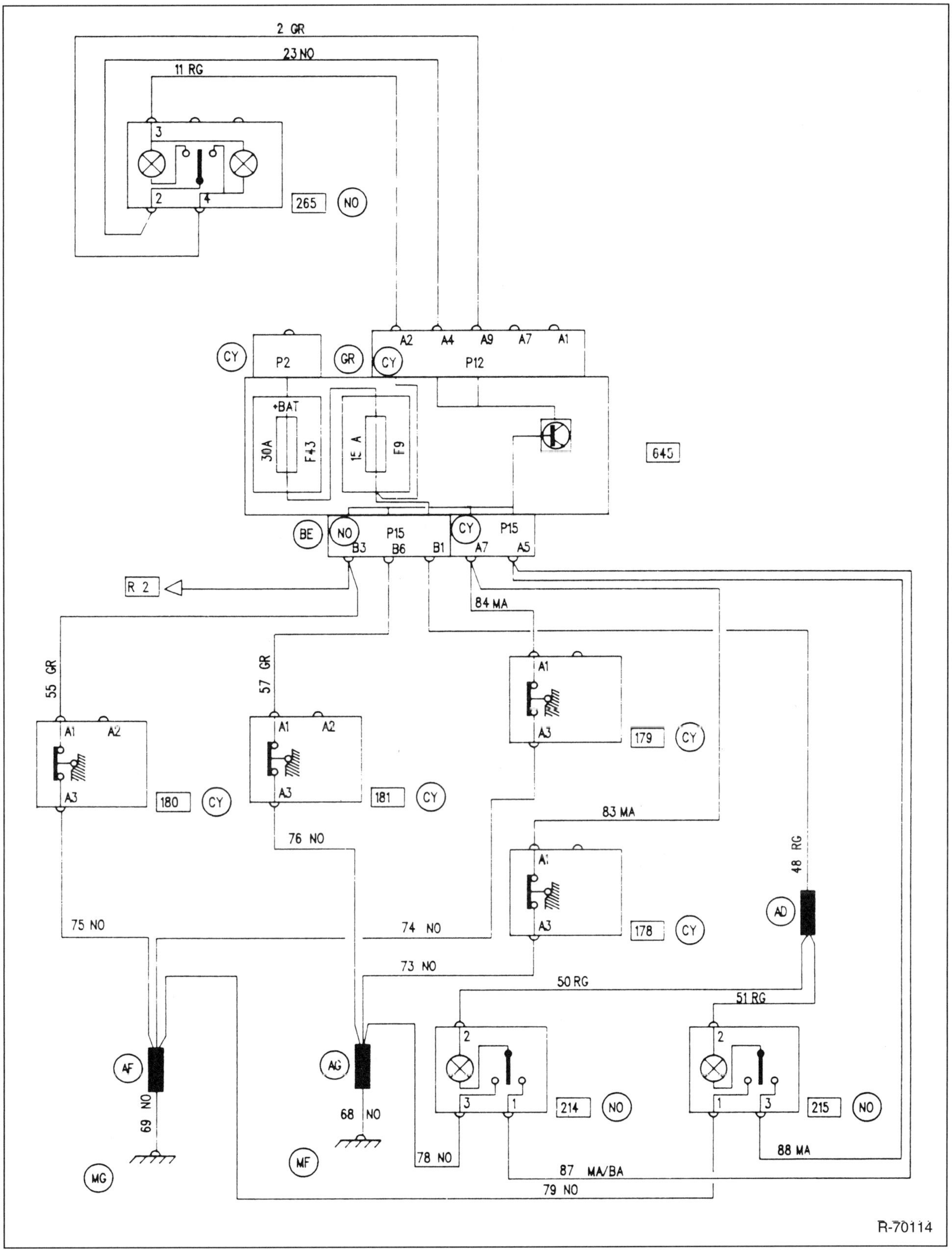

– 13 – Kontrollampe Bremsbelagverschleiß

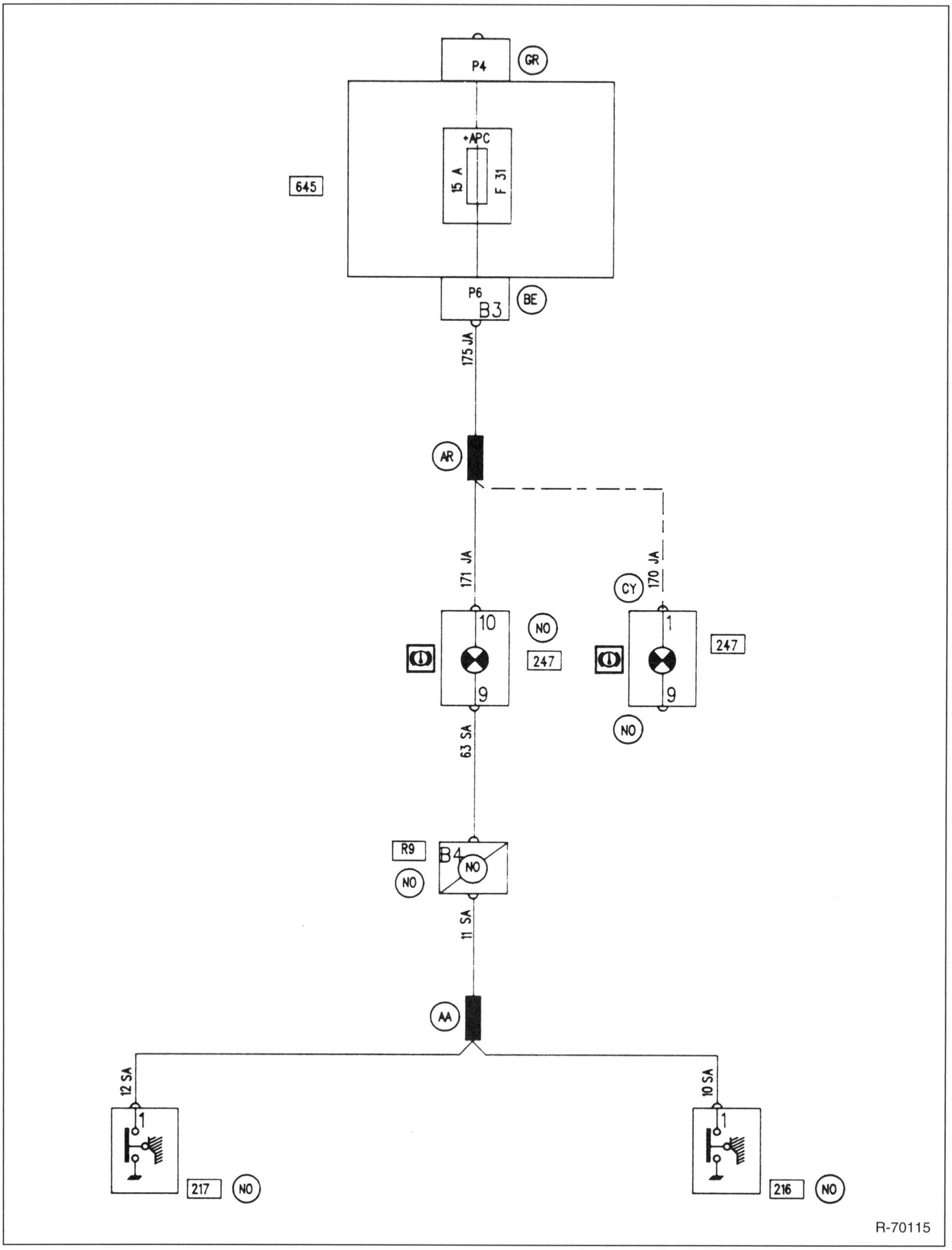

– 14 – Kraftstoffvorratsanzeige

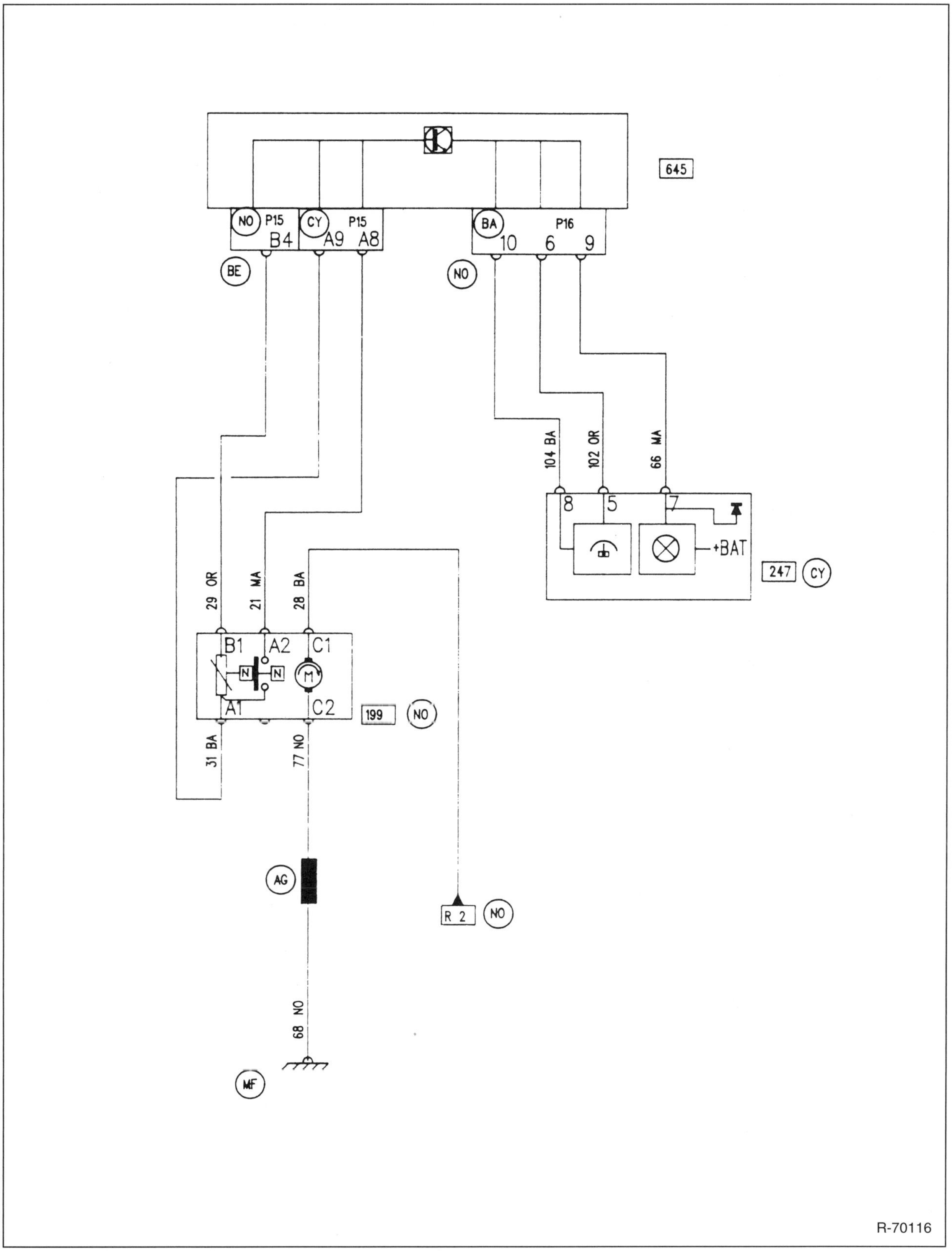

–15– Kühlerventilator 100 W (ohne Klimaanlage)

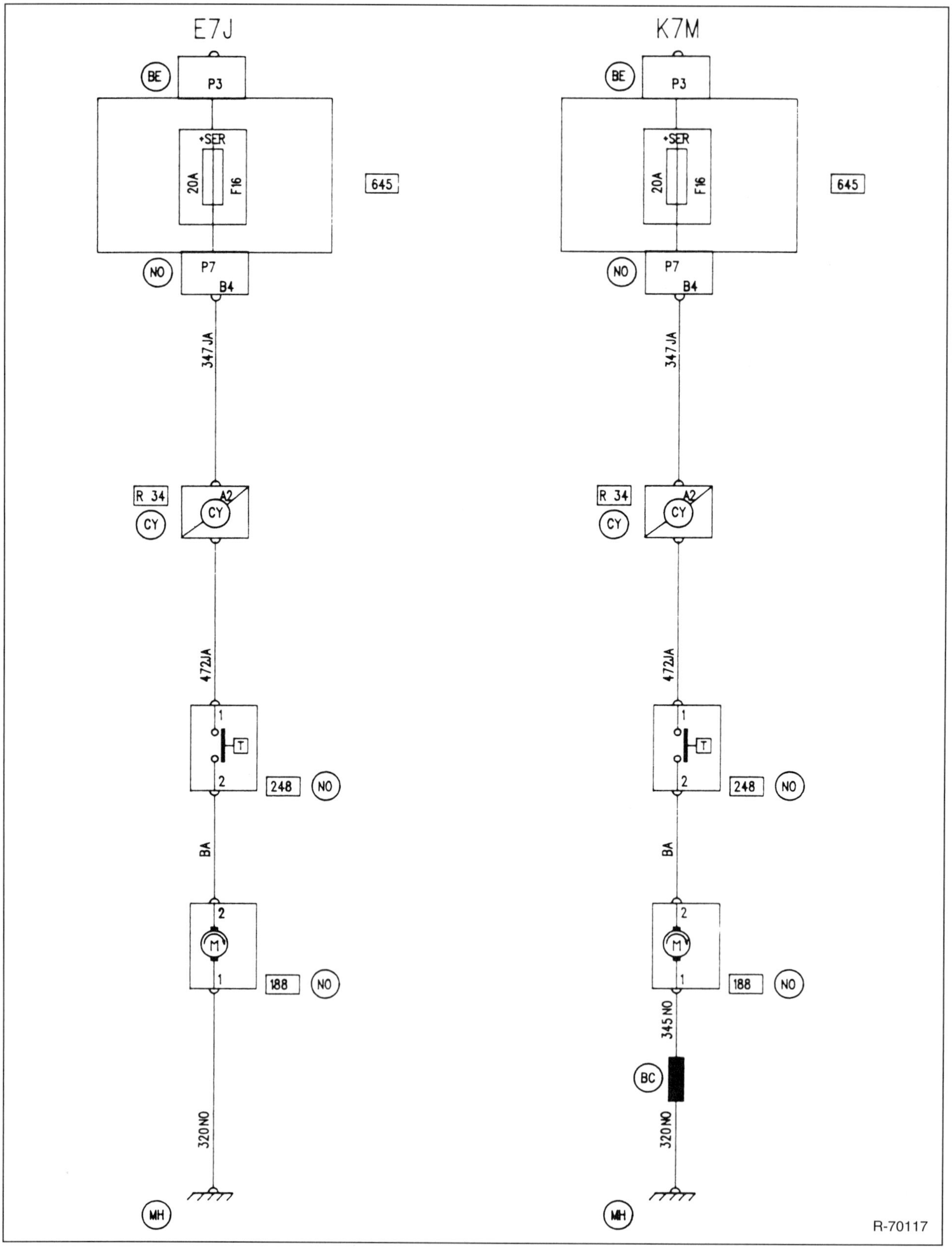

–16– Ladestromkreis 1,4-/1,6-l-Motoren

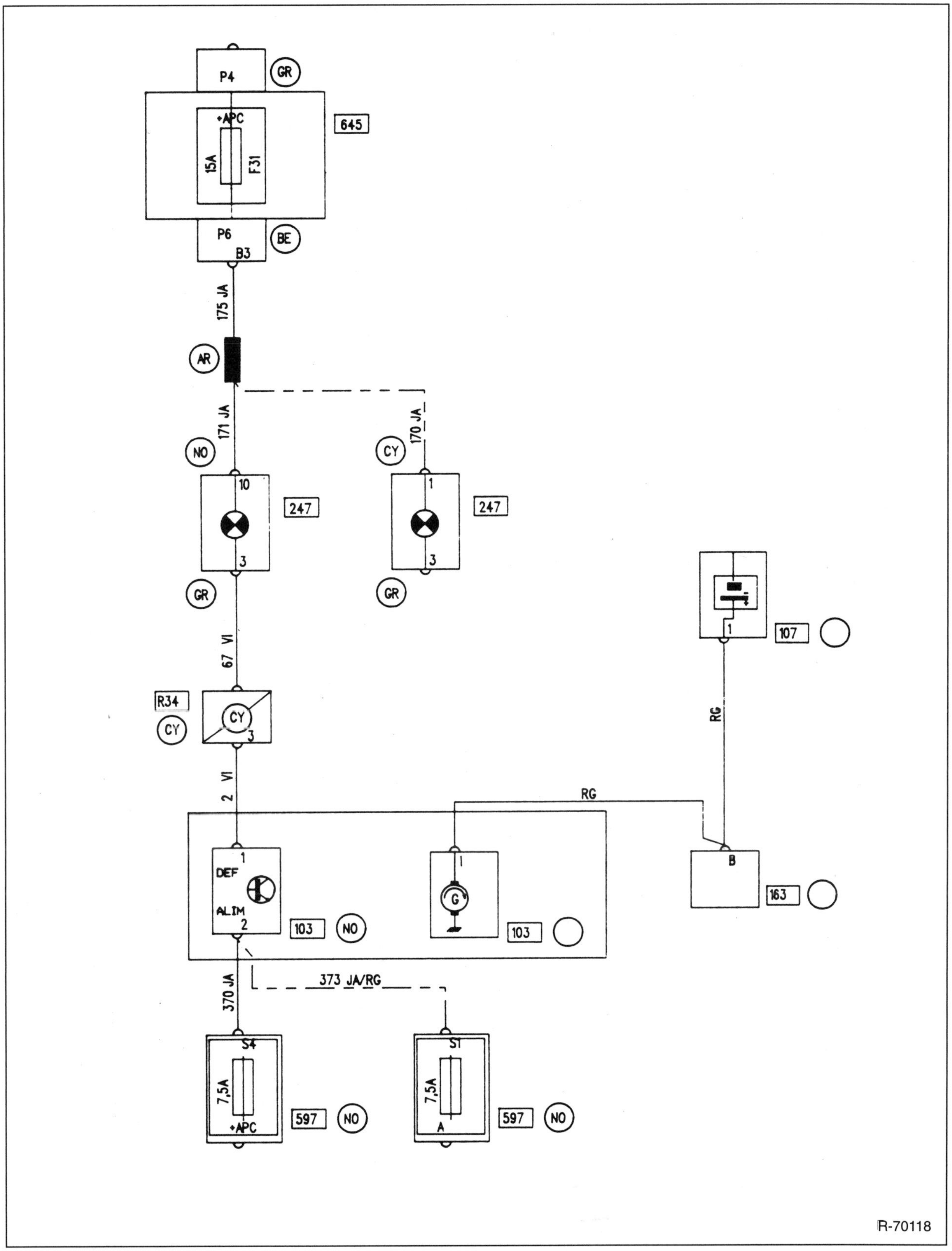

R-70118

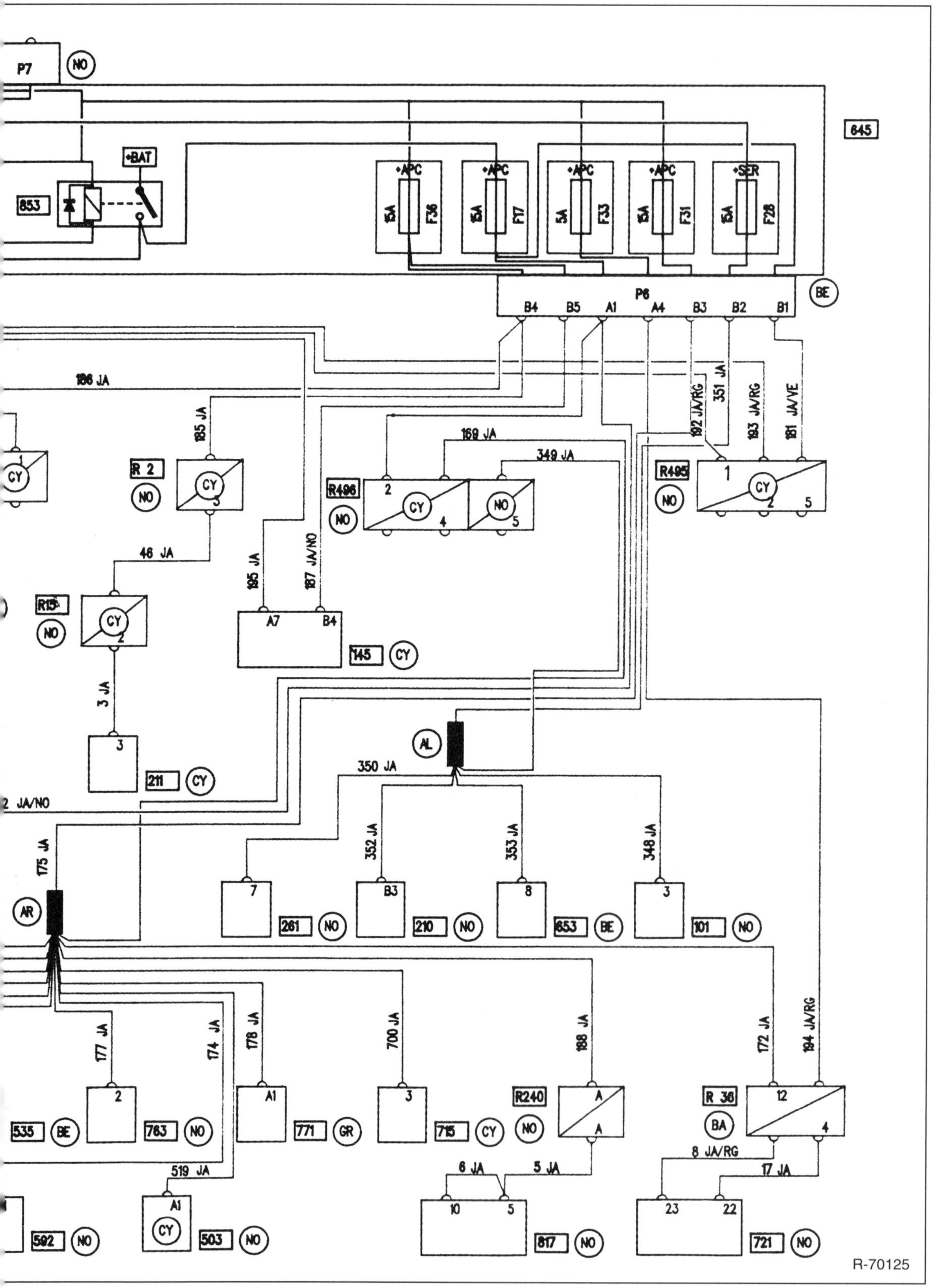

P7
NO
645
+BAT
853
+APC
15A
F36
F17
5A
F33
F31
+SER
F28
P6
BE
B4 B5 A1 A4 B3 B2 B1
186 JA
185 JA
192 JA/RG
351 JA
193 JA/RG
181 JA/VE
169 JA
349 JA
R 2
CY
R496
R495
46 JA
R15
195 JA
187 JA/NO
A7
B4
145
3 JA
211
AL
350 JA
2 JA/NO
175 JA
352 JA
353 JA
348 JA
AR
261
210
653
101
177 JA
174 JA
178 JA
700 JA
188 JA
172 JA
194 JA/RG
R240
R 36
BA
535
763
771
GR
715
519 JA
8 JA/RG
6 JA
5 JA
17 JA
592
503
817
721

R-70125

– 17 – Kontrollampe Motoröldruck

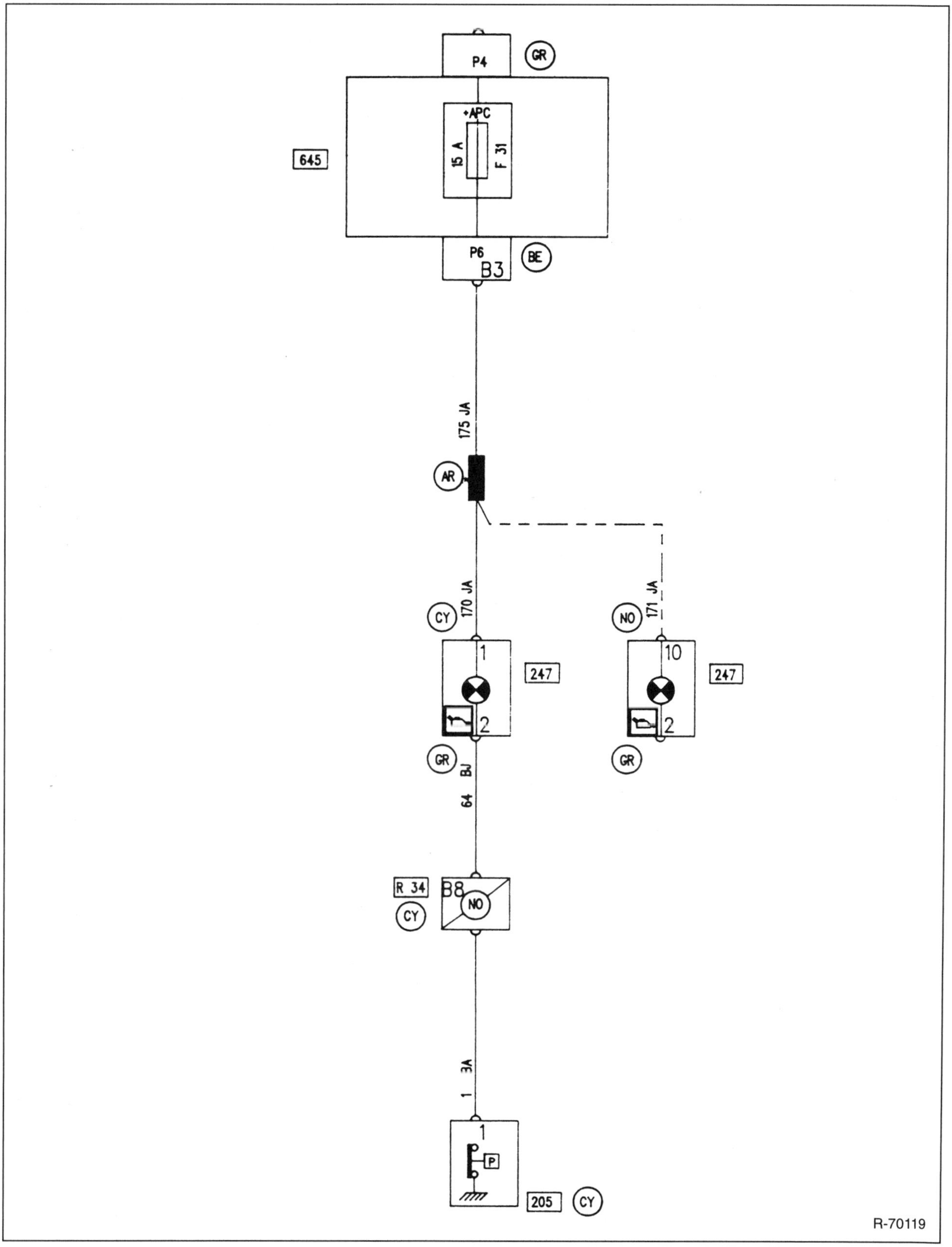

–23– Hauptstromversorgung Stromverteilerplatte

(Plusstrom bei »Zündung Ein«)

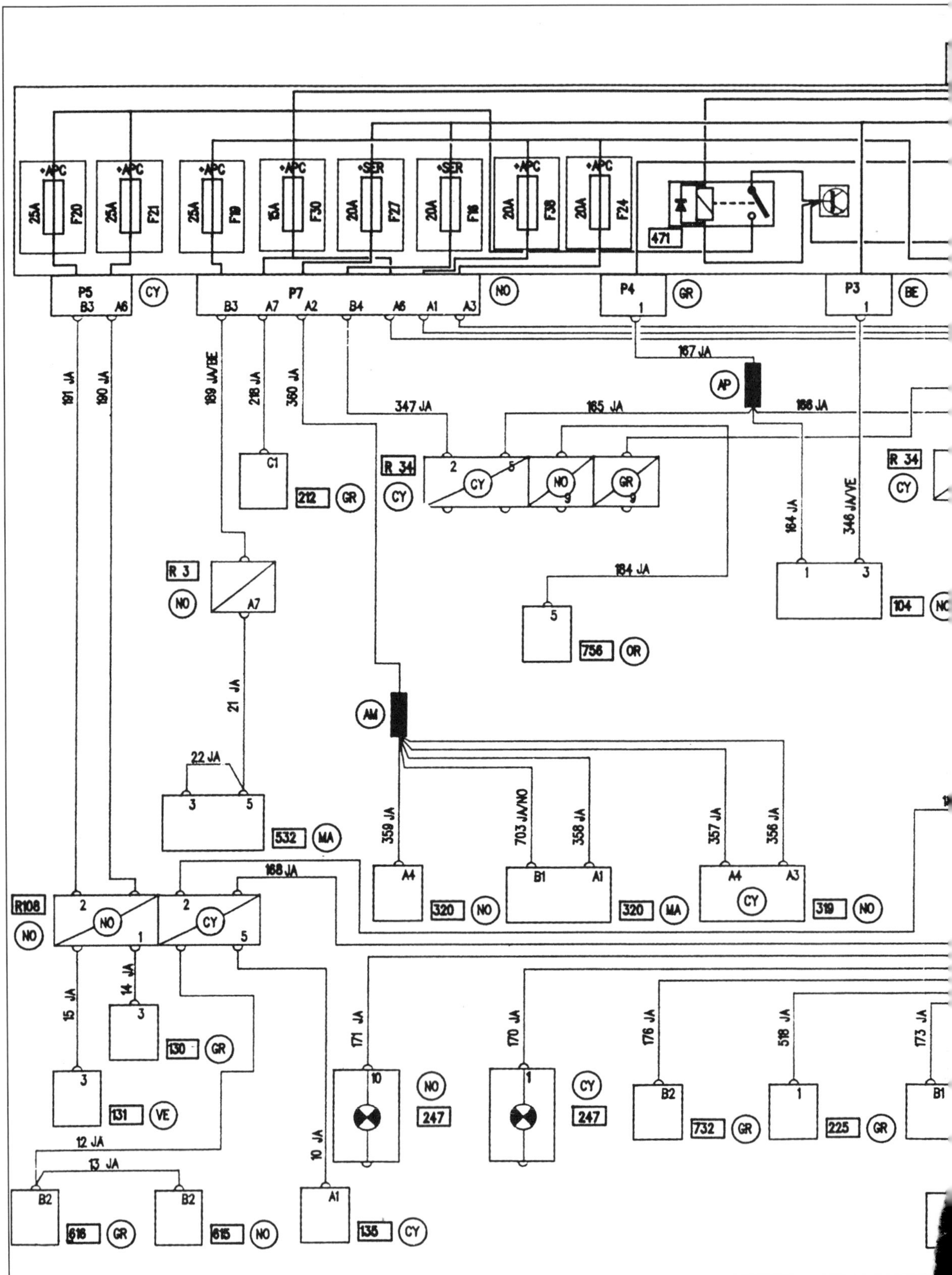

– 18 – Nebelscheinwerfer

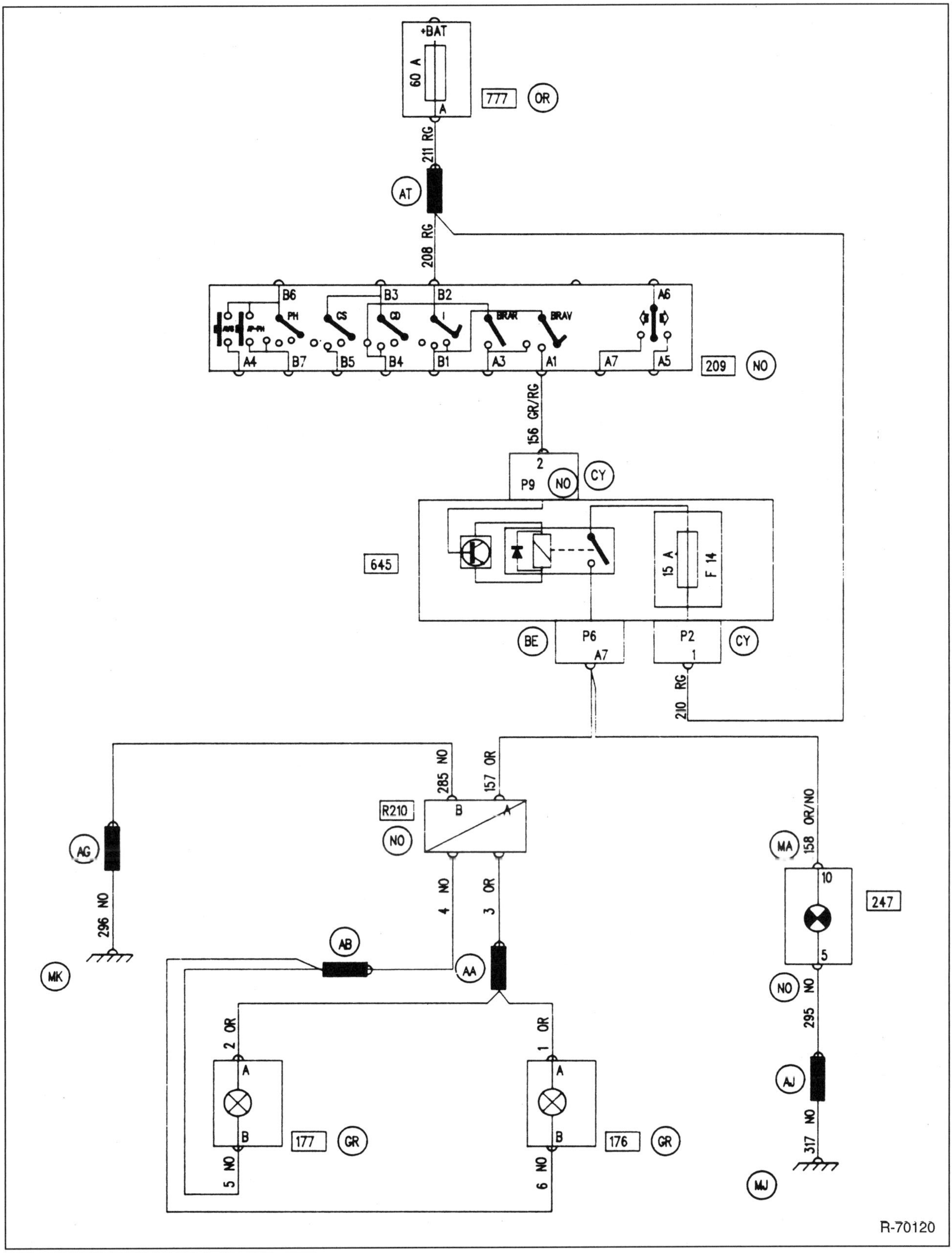

R-70120

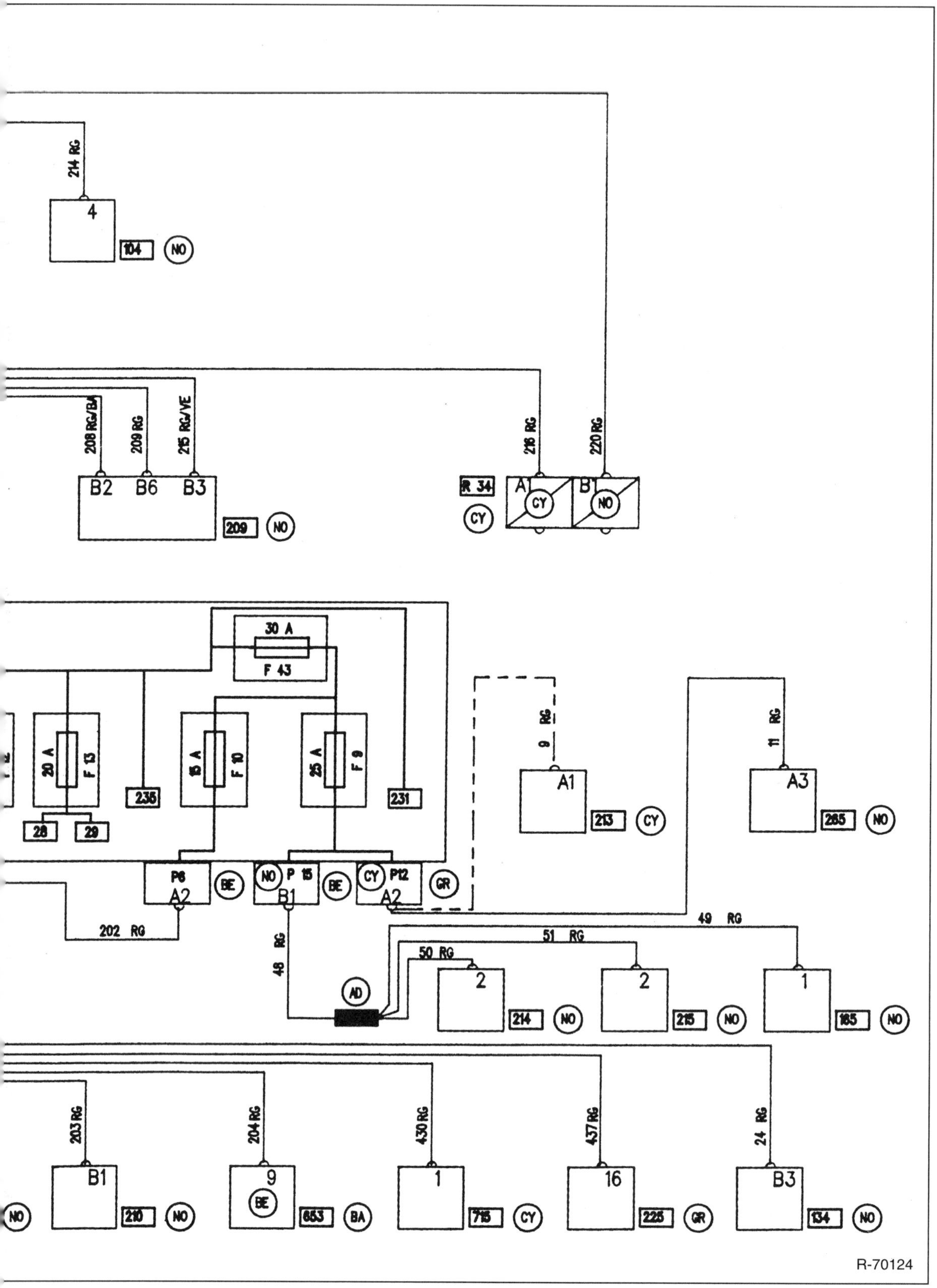

214 RG
4
104
NO
208 RG/BA
209 RG
215 RG/VE
B2
B6
B3
209
NO
216 RG
220 RG
R 34
A1
B1
CY
NO
CY
30 A
F 43
20 A
F 13
15 A
F 10
25 A
F 9
235
231
28
29
9 RG
A1
213
CY
11 RG
A3
265
NO
P6
A2
BE
NO
P 15
B1
BE
CY
P12
A2
GR
202 RG
48 RG
AD
49 RG
51 RG
50 RG
2
214
NO
2
215
NO
1
165
NO
203 RG
204 RG
430 RG
437 RG
24 RG
NO
B1
210
NO
9
BE
653
BA
1
715
CY
16
225
GR
B3
134
NO

R-70124

– 19 – Nebelschlußlicht

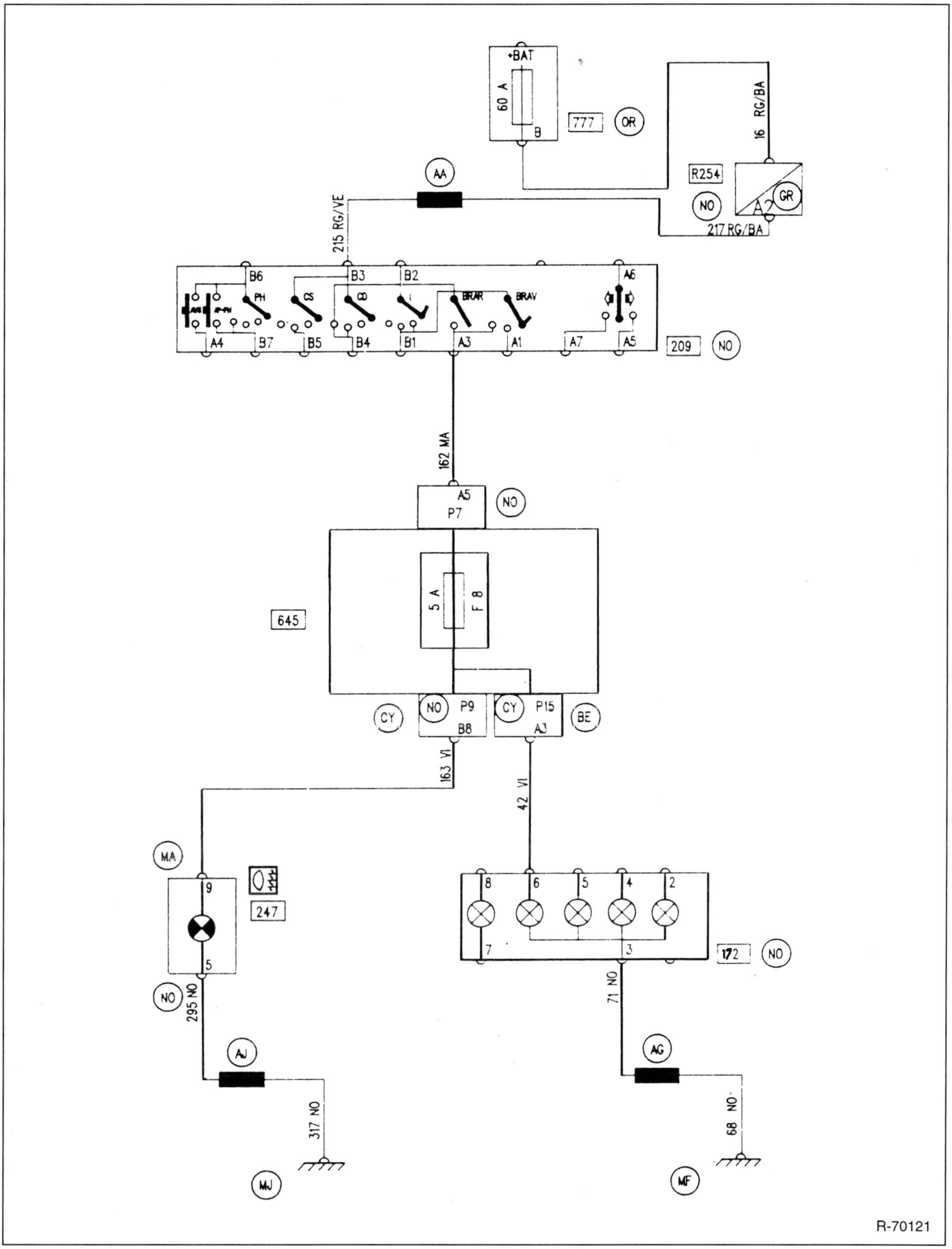

– 22 – Hauptstromversorgung Fahrgastraum

(Dauer- Plusstrom)

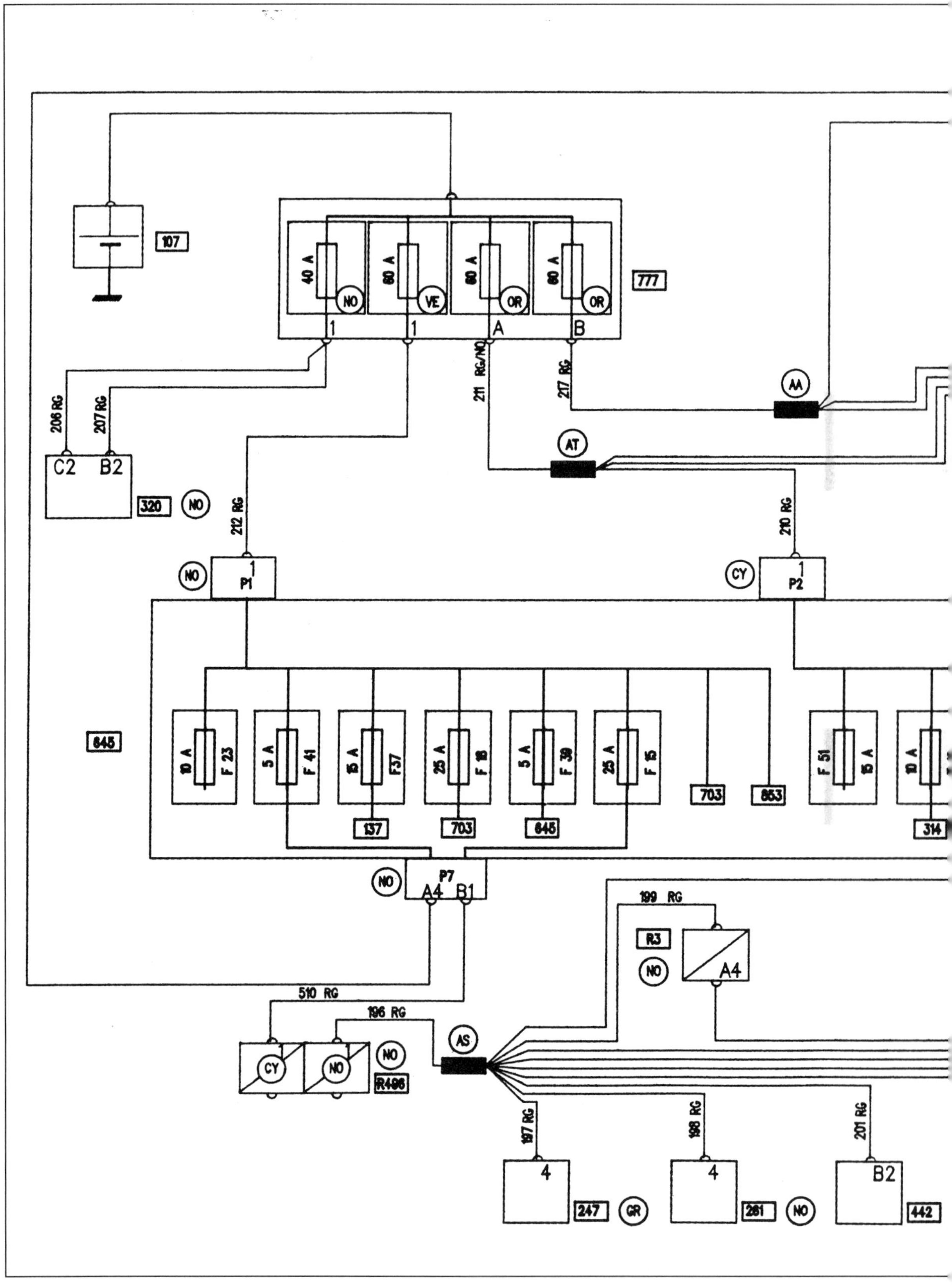

–20– Radio

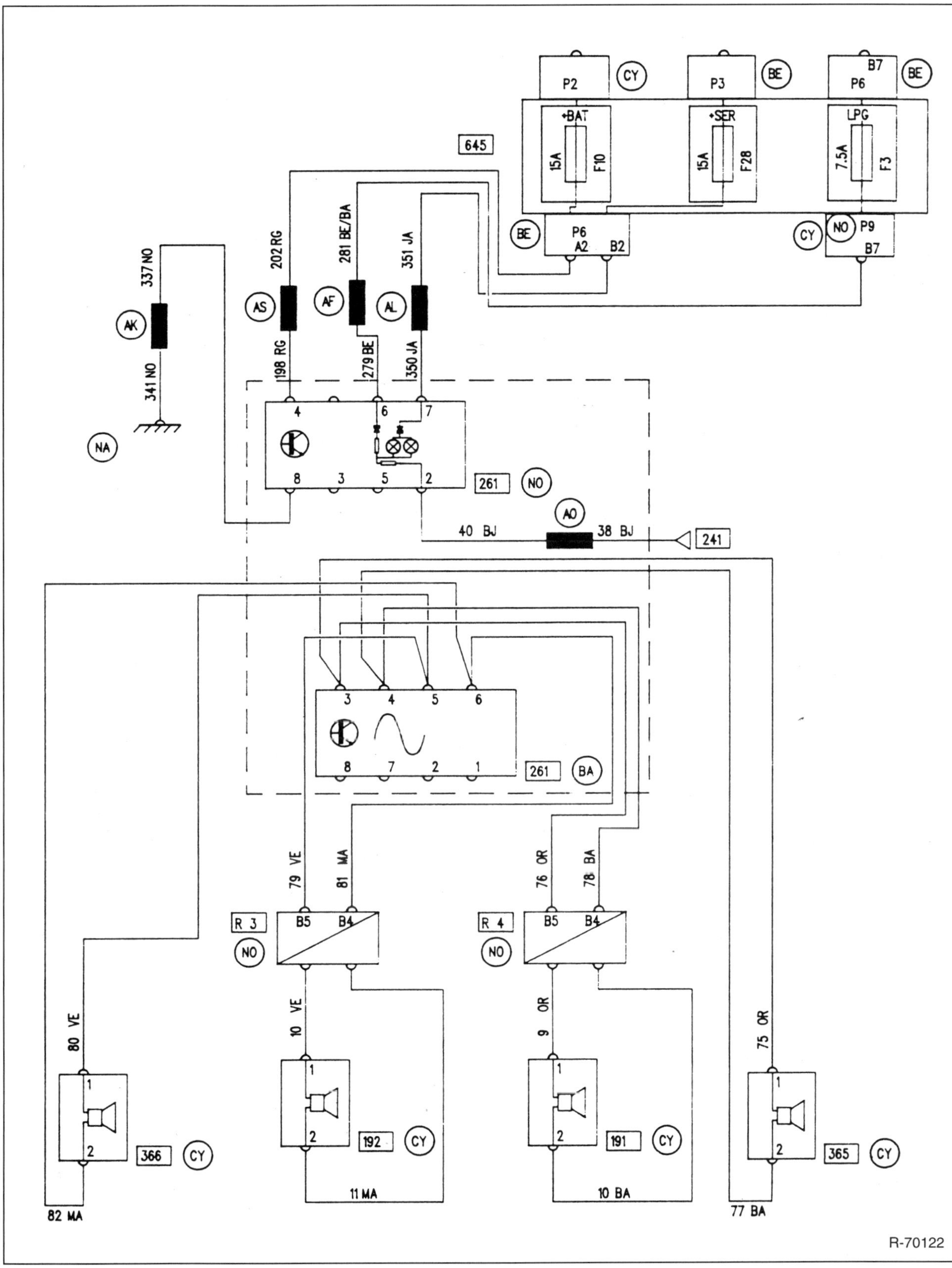

P2
CY
P3
BE
B7
P6
BE
+BAT
15A
F10
+SER
15A
F28
LPG
7.5A
F3
645
BE
P6
A2
B2
CY
NO
P9
B7
337 NO
202 RG
281 BE/BA
351 JA
AK
AS
AF
AL
341 NO
198 RG
279 BE
350 JA
NA
4
6
7
8
3
5
2
261
NO
AO
40 BJ
38 BJ
241
3
4
5
6
8
7
2
1
261
BA
79 VE
81 MA
76 OR
78 BA
R 3
B5
B4
NO
R 4
B5
B4
NO
80 VE
10 VE
9 OR
75 OR
1
2
366
CY
1
2
192
CY
1
2
191
CY
1
2
365
CY
82 MA
11 MA
10 BA
77 BA
R-70122

– 21 – Zigarettenanzünder

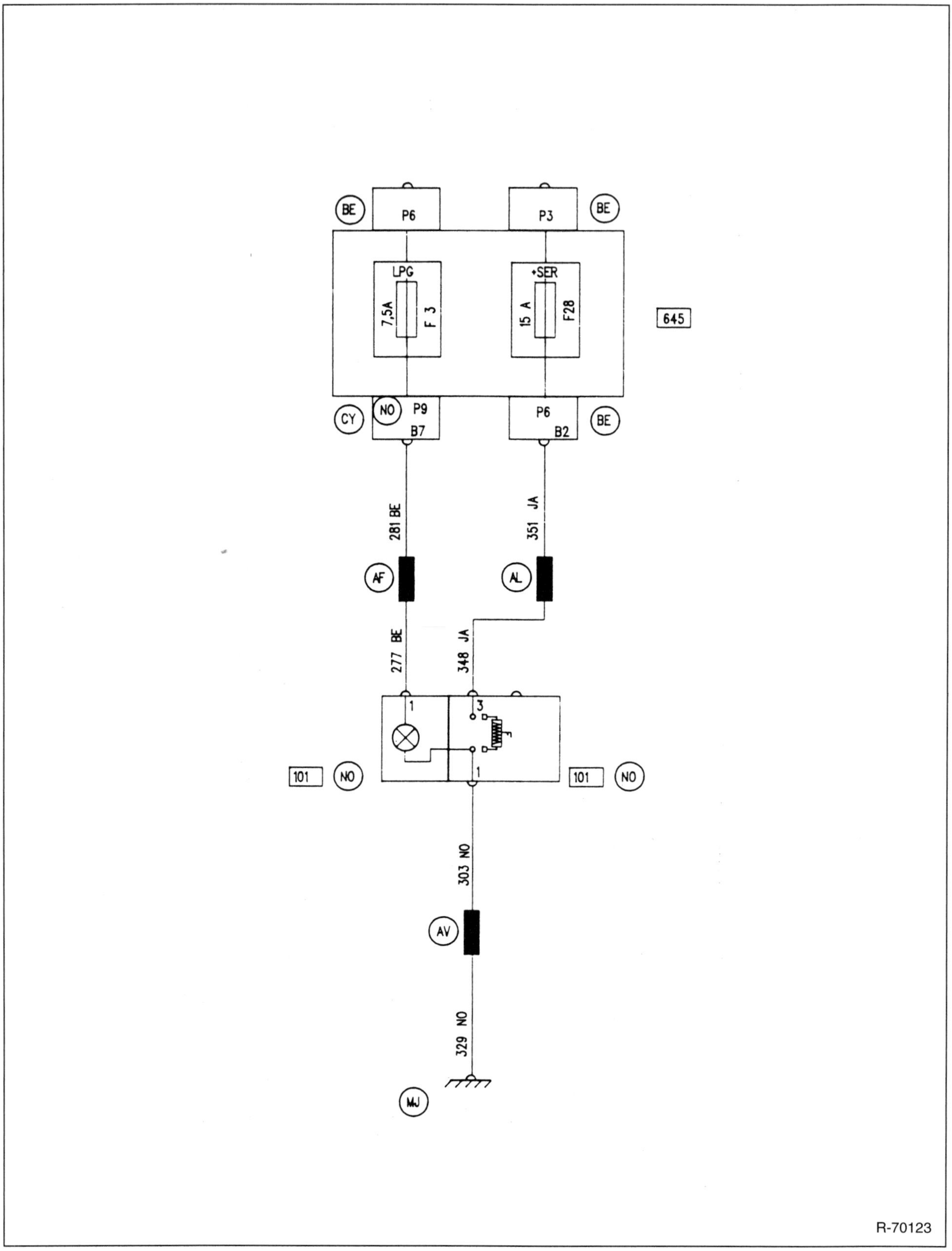

–24– Hauptstromversorgung Standlicht

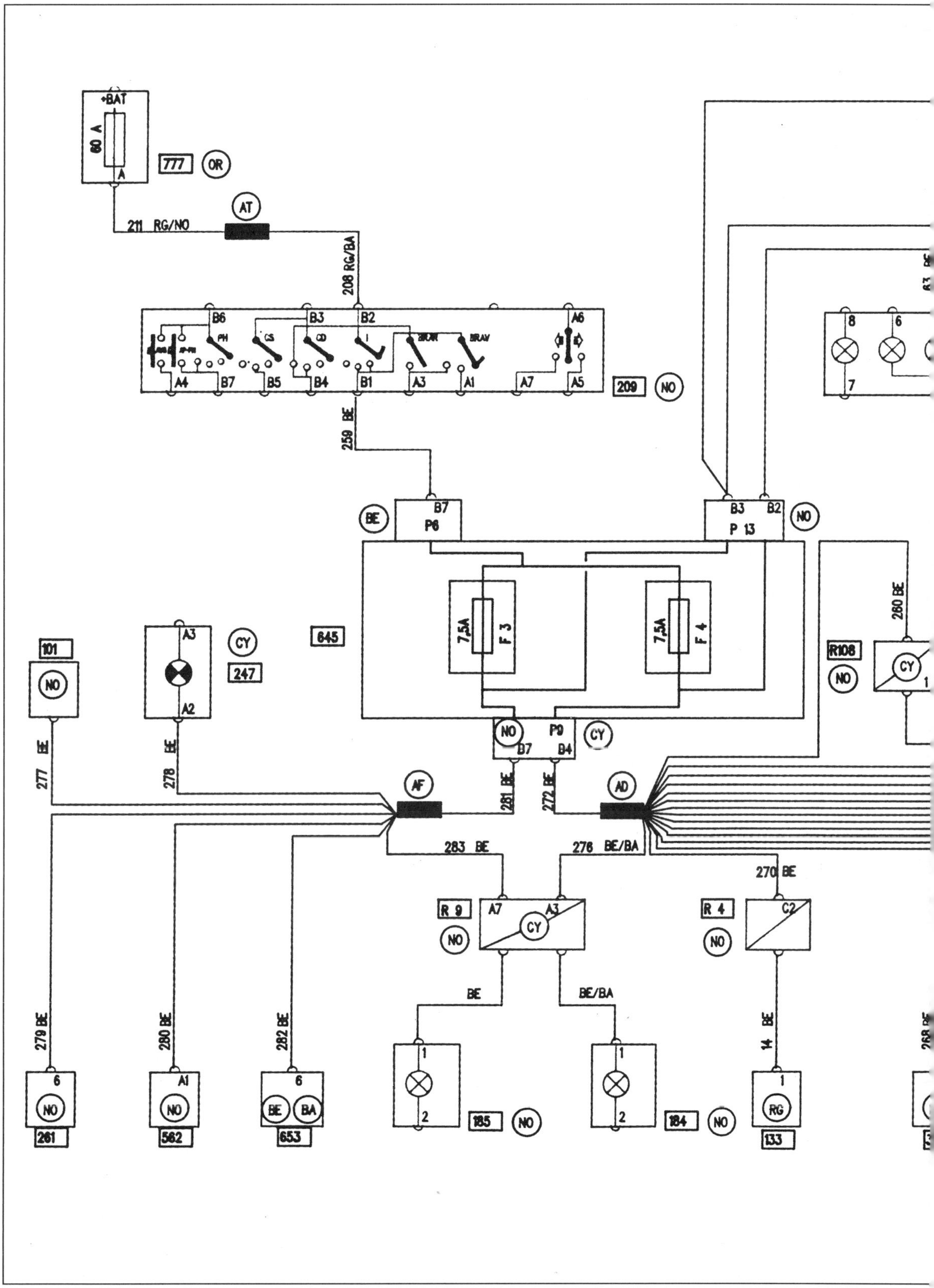

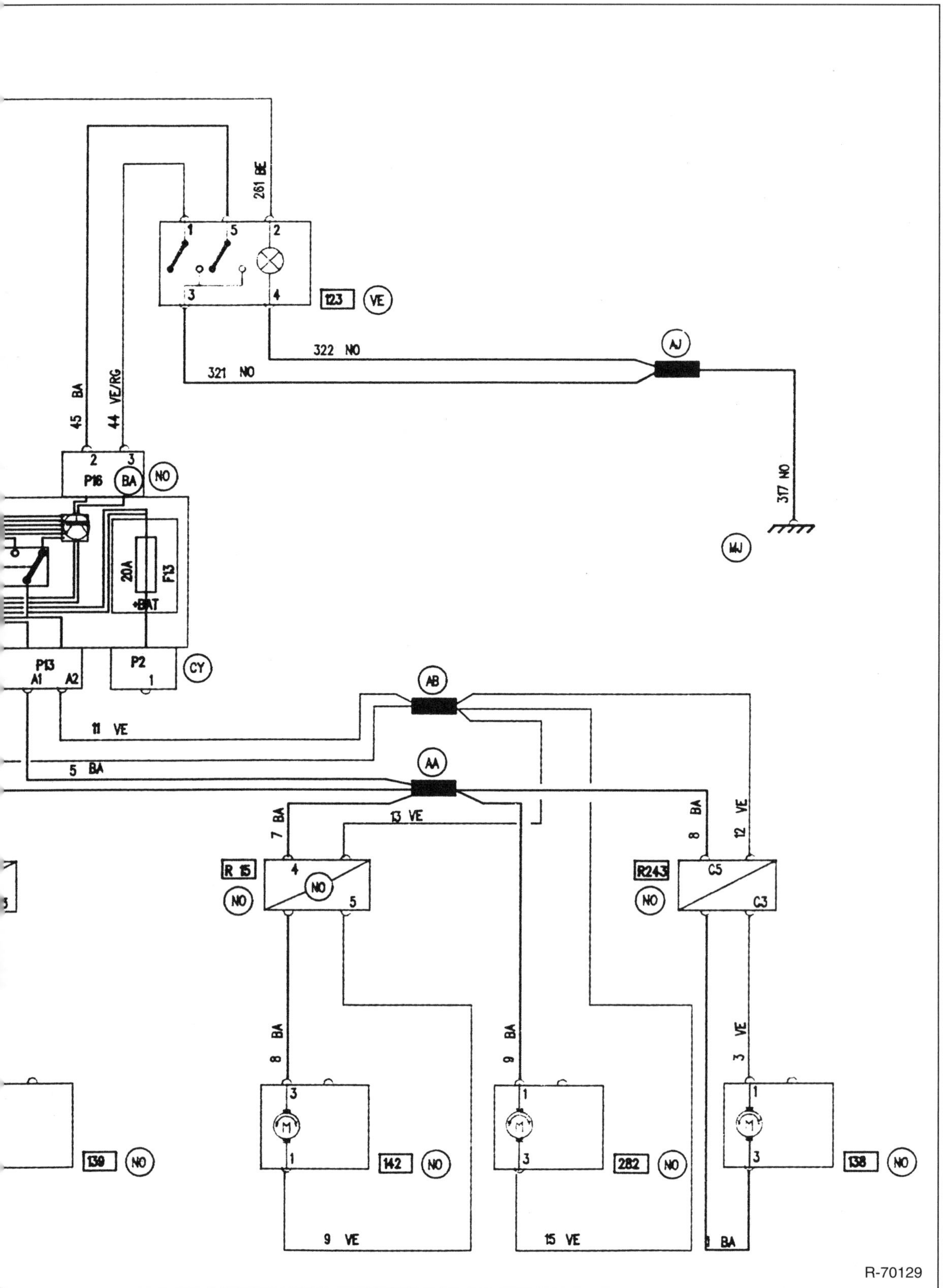
261 BE
123
VE
322 NO
321 NO
AJ
45 BA
44 VE/RG
P16
BA
NO
317 NO
MJ
20A
F13
+BAT
P13
A1
A2
P2
CY
AB
11 VE
5 BA
AA
7 BA
13 VE
8 BA
12 VE
R 15
NO
R243
C5
C3
8 BA
9 BA
3 VE
139
142
282
138
9 VE
15 VE
BA
R-70129

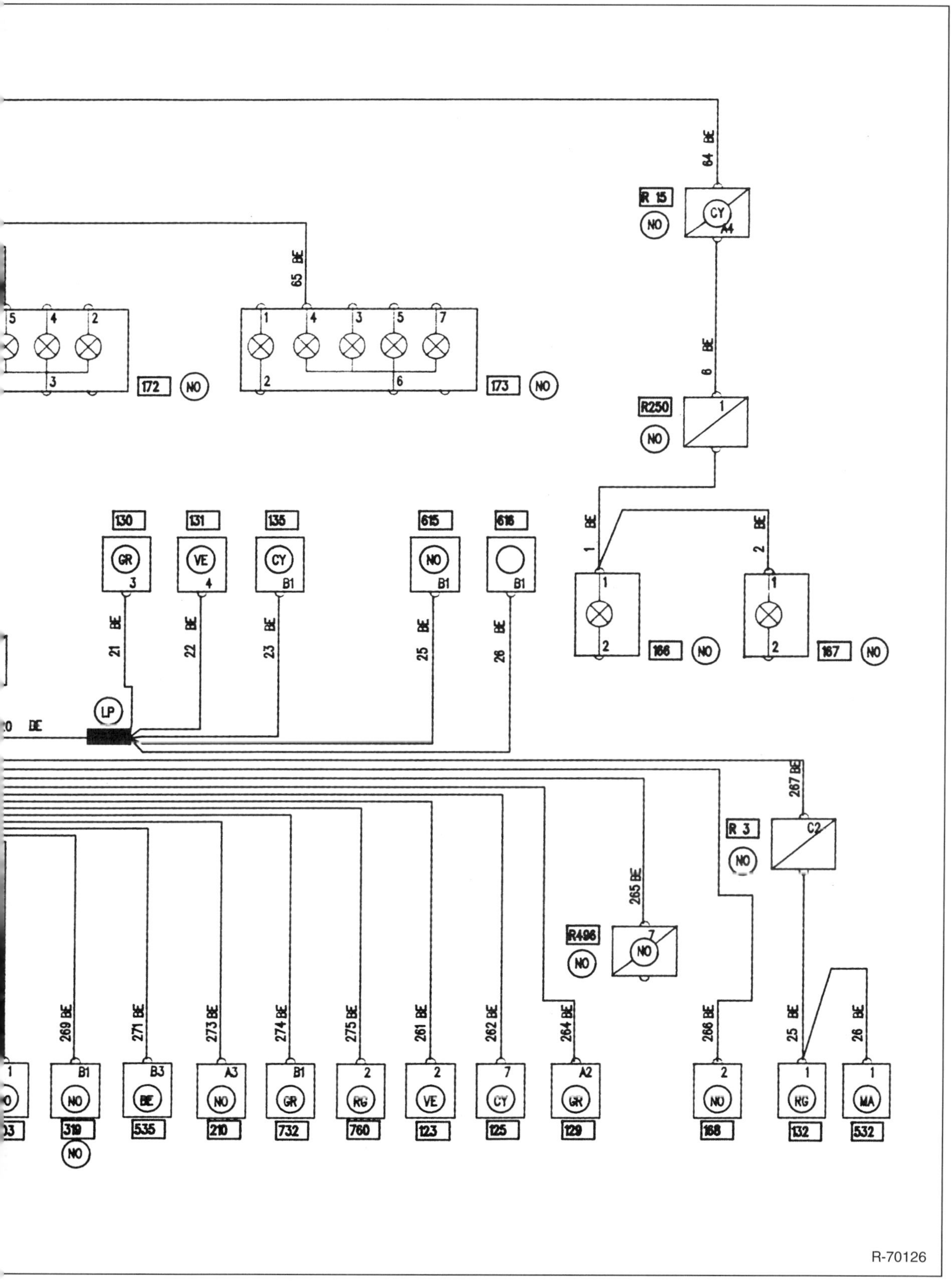

R-70126

– 27 – Zentralverriegelung

Fahrzeuge mit Schiebedach

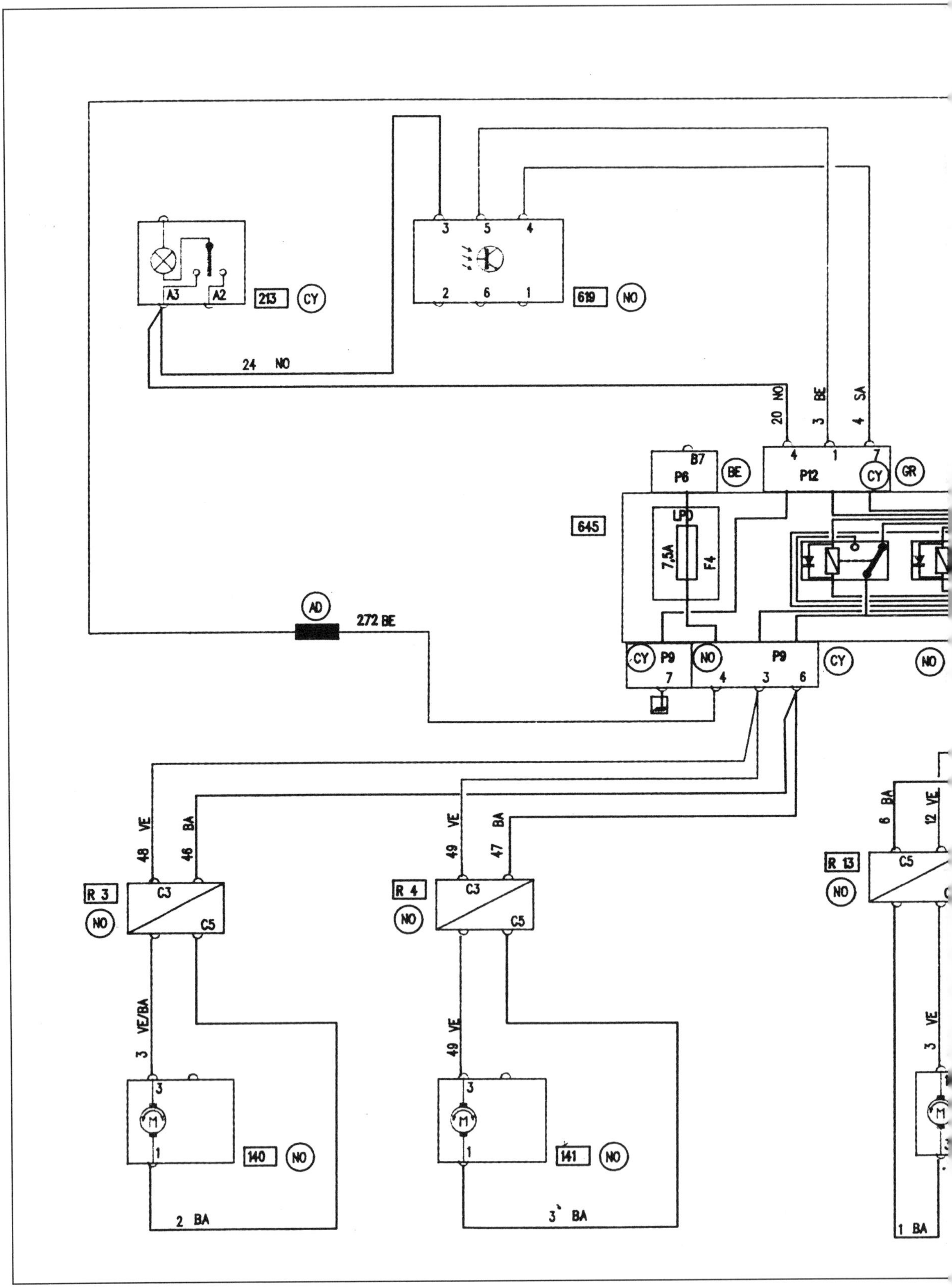

–25– Blinkleuchten und Warnblinkanlage

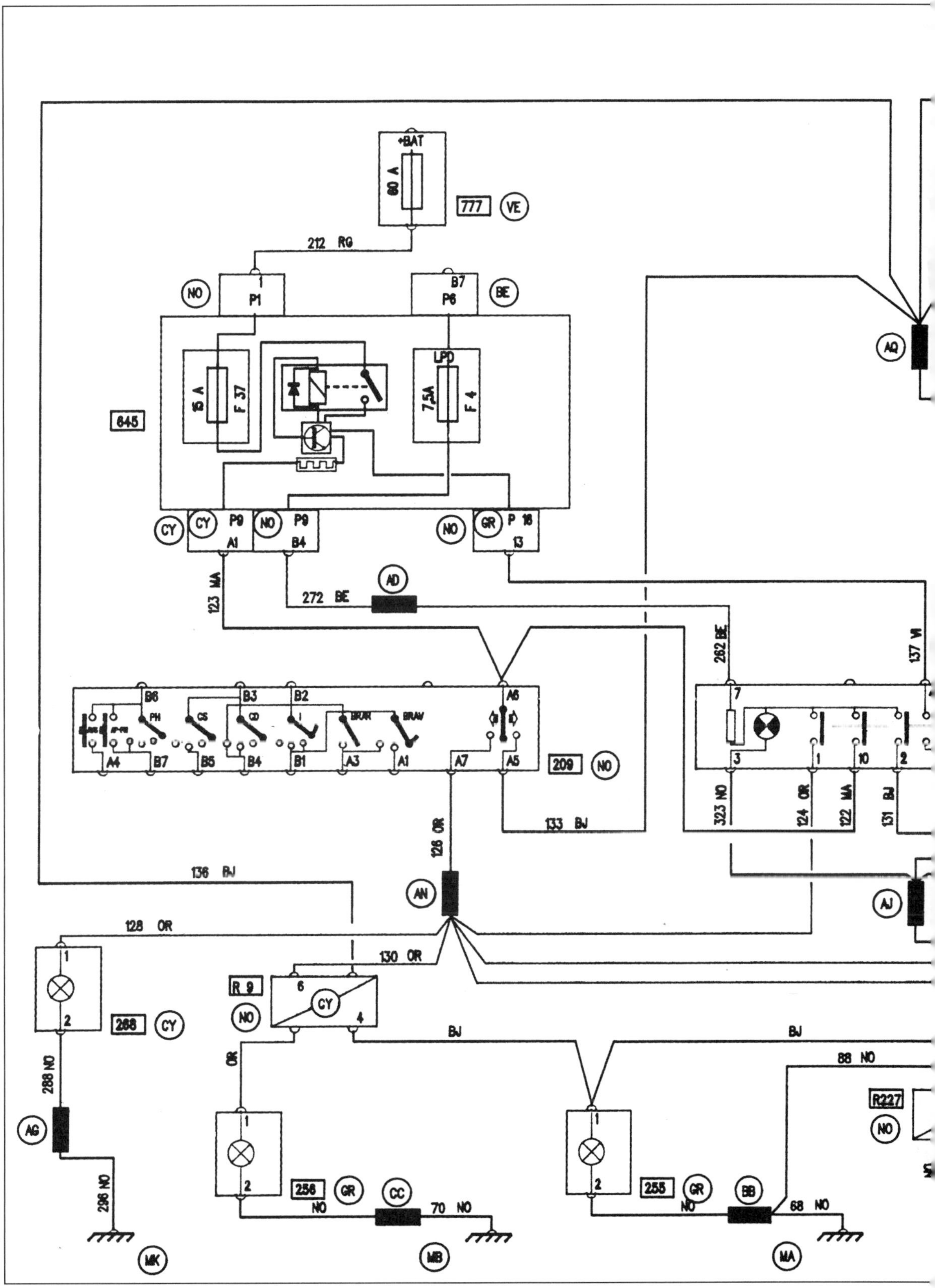

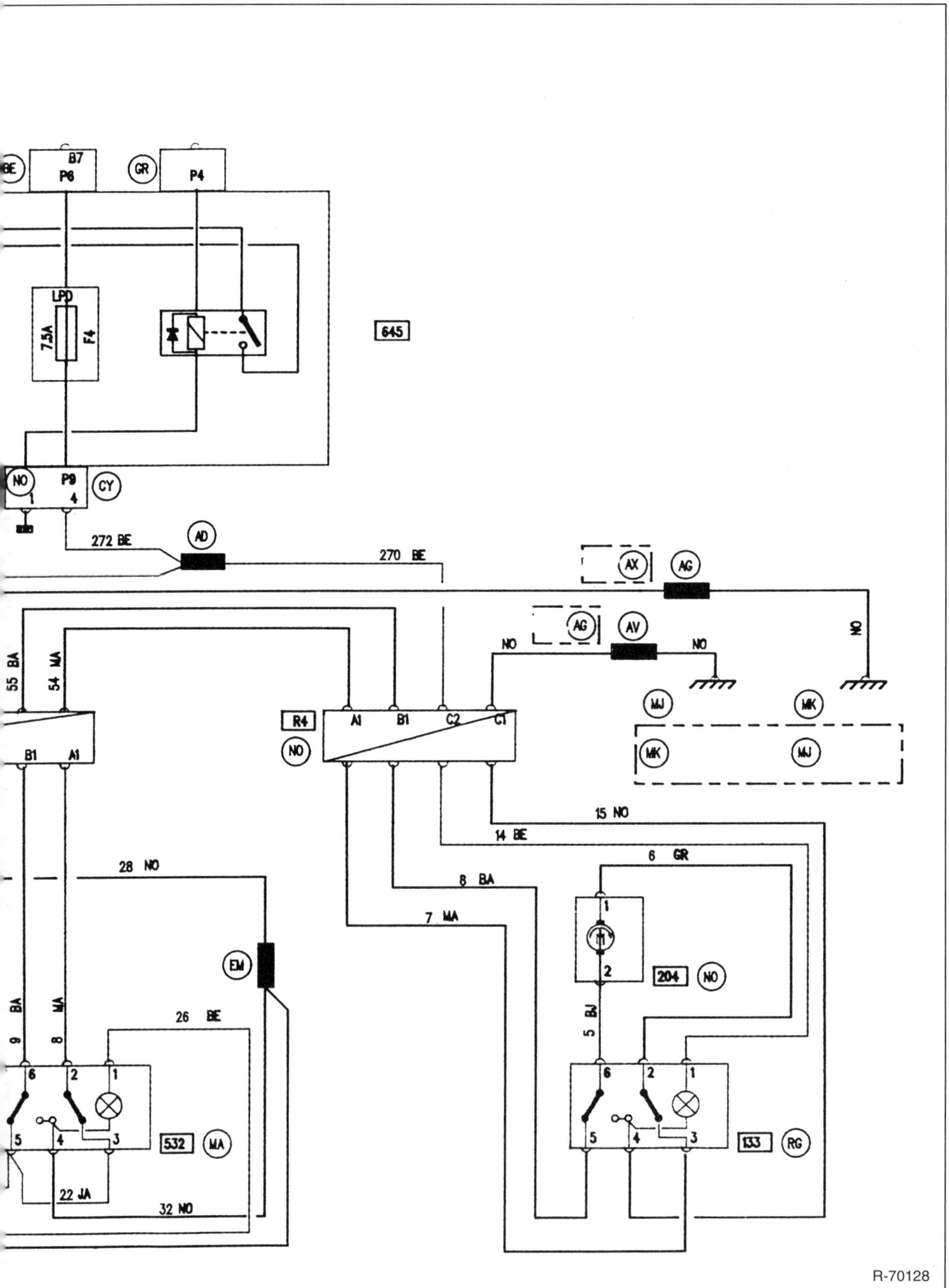

BE
B7
P6
GR
P4
LPD
7.5A
F4
645
NO
P9
CY
1
4
272 BE
AD
270 BE
AX
AG
AG
AV
NO
NO
NO
55 BA
54 MA
MJ
MK
MK
MJ
R4
NO
A1
B1
C2
C1
B1
A1
15 NO
14 BE
6 GR
28 NO
8 BA
7 MA
EM
204
NO
5 BJ
9 BA
8 MA
26 BE
6
2
1
5
4
3
532
MA
133
RG
22 JA
32 NO

R-70128

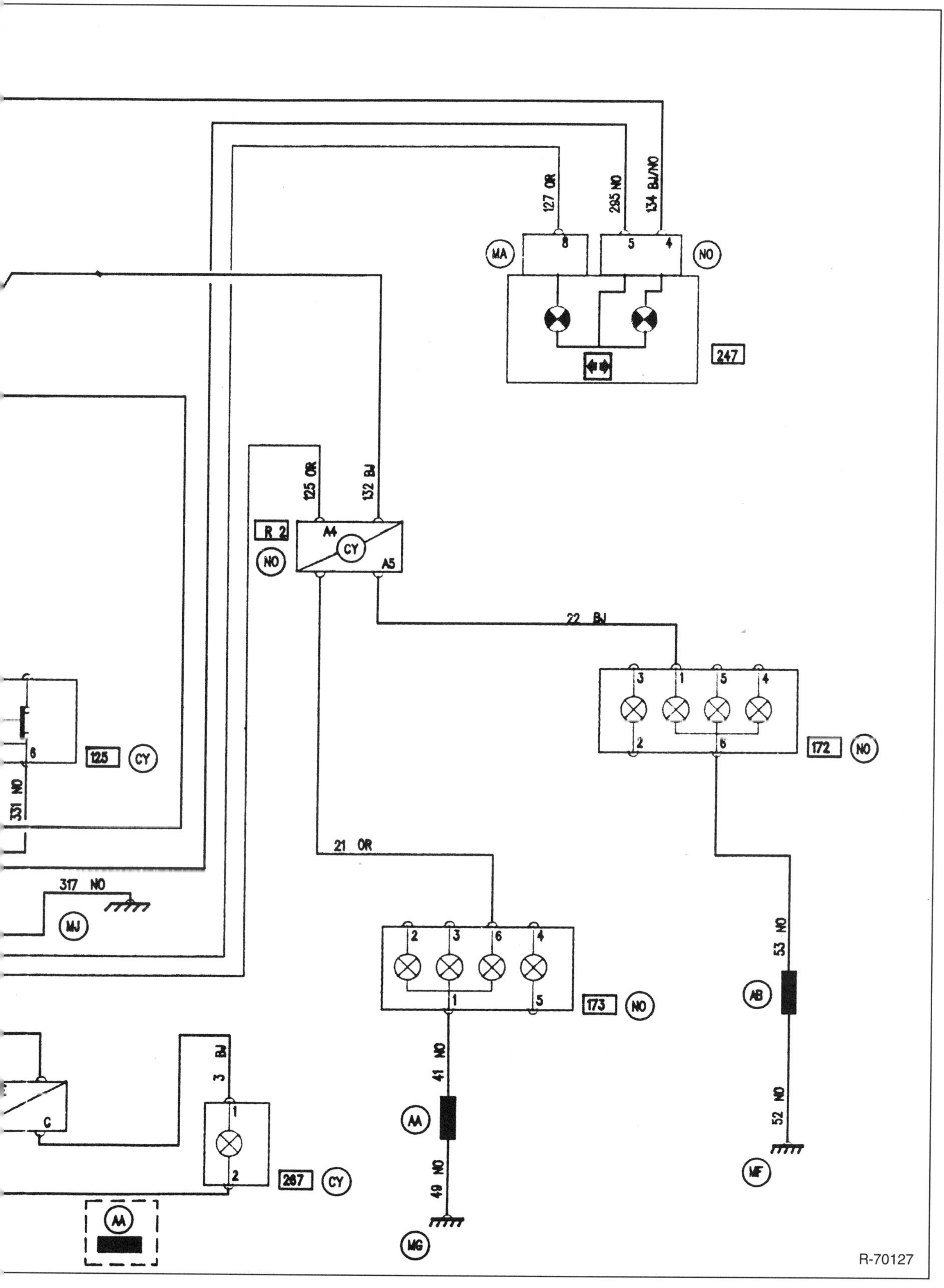
127 OR
285 NO
134 BJ/NO
MA
8
5
4
NO
247
125 OR
132 BJ
R 2
NO
A4
CY
A5
22 BJ
3
1
5
4
2
6
172
NO
125
CY
331 NO
21 OR
317 NO
MJ
2
3
6
4
1
5
173
NO
53 NO
AB
52 NO
MF
41 NO
AA
49 NO
MG
3 BJ
C
1
2
287
CY
AA

R-70127

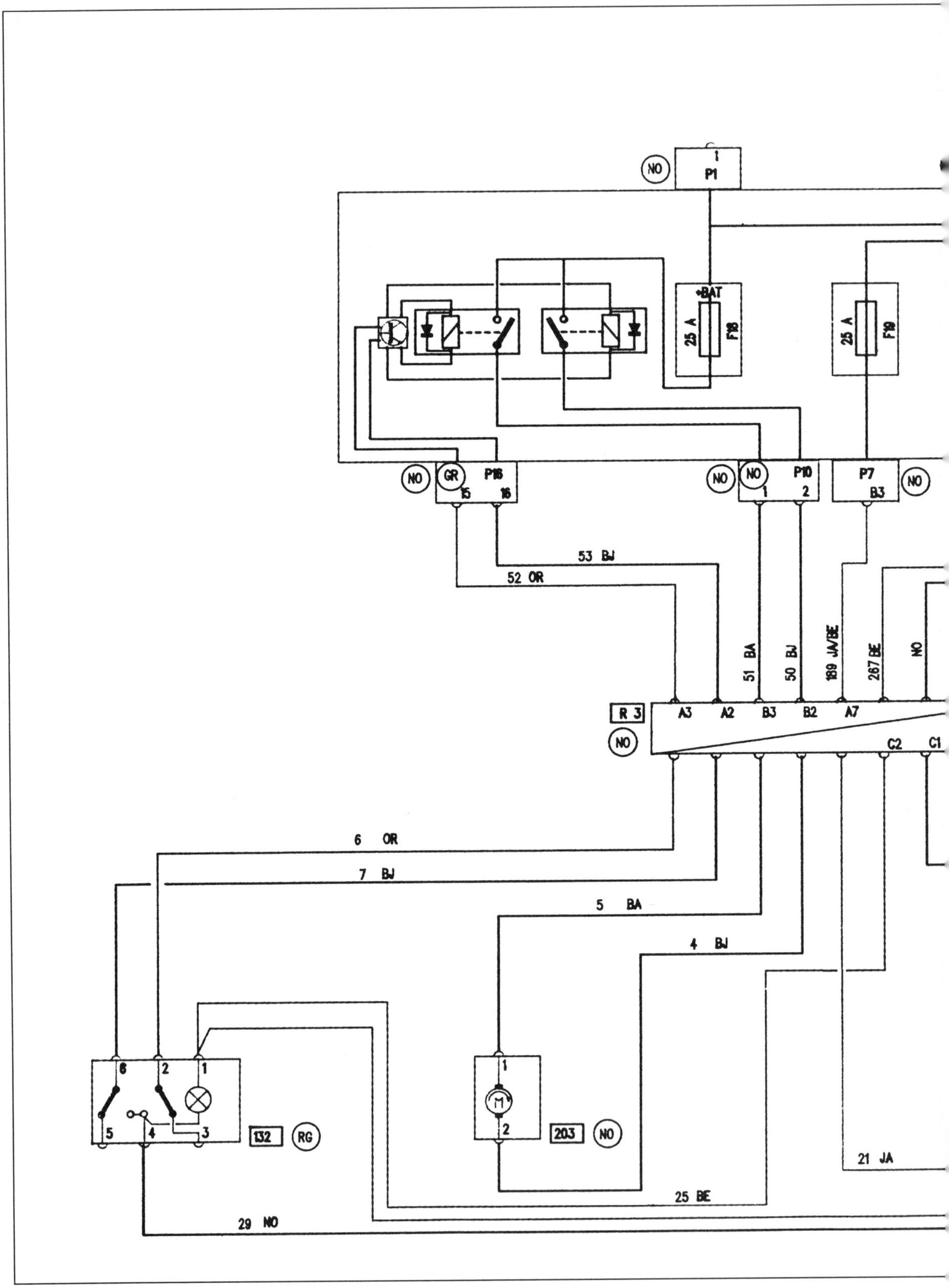
NO
1
P1
+BAT
25 A
F18
25 A
F19
NO
GR
P18
15
16
NO
NO
P10
1
2
P7
B3
NO
53 BJ
52 OR
51 BA
50 BJ
189 JA/BE
267 BE
NO
R 3
NO
A3
A2
B3
B2
A7
C2
C1
6 OR
7 BJ
5 BA
4 BJ
6
2
1
5
4
3
132
RG
1
M
2
203
NO
21 JA
25 BE
29 NO

– 28 – Abkürzungen

AKF	AKTIVKOHLEFILTER
APC	GESCHALTETES PLUS
AKF	AKTIVKOHLEFILTER
ARF	ABGASRÜCKFUHRUNG
AS	AUSSENSPIEGEL
AUTOMATIK	AUTOMATIKGETRIEBE
AVC	DAUERSTROM
BCP	DAUERSTROM, GESICHERT ÜBER UNTERBRECHERRELAIS FÜR STROMVERBRAUCHER
BEH.	BEHEIZUNG
BEIF.	BEI FAHRER, BEI FAHRERSEITE
BEL.	BELEUCHTUNG
BVA	AUTOMATIKGETRIEBE
BVM	SCHALTGETRI EBE
DREHGEN.	DREHSTROMGENERATOR
DRUCKSCH.	DRUCKSCHALTER
EINSPR.	EINSPRITZANLAGE
ENDST.	ENDSTELLUNG
E-VENTIL	ELEKTROVENTIL
FAHRG.	FAHRGASTRAUM
FH	FENSTERHEBER
FRONTSCH.W.	FRONTSCHEIBENWISCHER
F.SEITE	FAHRERSEITE
FSW	FRONTSCHEIBENWISCHER
F.TÜR	FAHRERTUR
GEPÄCKRAUML.	GEPÄCKRAUMLEUCHTE
GESCHW.	GESCHWINDIGKEiT
GETR.	GETRIEBE
HANSCHUHFACHL.	HANDSCHUHFACHLEUCHTE
HECKSCH.	HECKSCHEIBE
HI	HINTEN
I-BEL.	INNENBELEUCHTUNG
INNENL.	INNENLEUCHTE(N)
I-TAFEL	INSTRUMENTENTAFEL
KA	KLIMAANLAGE
K-LAMPE	KONTROLLAMPE
KÜHLFL.TEMP.	KÜHLFLÜSSIGKEITSTEMPERATUR
KV	KÜHLERVENTILATOR
LI	LINKS
LL	LEERLAUF
NEBELSCHLUSSL.	NEBELSCHLUSSLICHT
NSL	NEBELSCHLUSSLEUCHTE
NSW	NEBELSCHEINWERFER
POTI	POTENTIOMETER
PPE	PUMPE
RE	RECHTS
REGELWID.	REGELWIDERSTAND
REL.	RELAIS
S	STROMVERTEILERPLATTE
SCHEINW.	SCHEINWERFER
SICH.	SICHERUNG
SL	SERVOLENKUNG
SERVOL.	SERVOLENKUNG
STEUERG.	STEUERGERÄT
STRG	STEUERUNG
STROMZUF.	STROMZUFUHR
TEMP.	TEMPERATUR
U-RELAIS	UNTERBRECHERRELAIS FÜR STROMVERBRAUCHER
VERB.STECKER	VERBINDUNGSSTECKER
VO	VORNE
WEGF.	WEGFAHRSPERRE
ZV	ZENTRALVERRIEGELUNG
ZW.KABELSTRANG	ZWISCHENKABELSTRANG

– 29 – Legende für alle Schaltpläne: Verzeichnis der Bauteil-Nummern

In den Schaltplänen steht bei jedem Bauteil eine Kenn-Nummer. Mit ihrer Hilfe ist es möglich, das Bauteil zu identifizieren, selbst wenn keine (oder die französische) Bezeichnung danebensteht.

1 Fahrlehrer-Steuerpult (nur Frankreich)
2 Batterie-Hauptschalter
3 Fahrtenschreiber
4 Türschalter ZV rechts
5 Türschalter ZV links
6 Steuergerät Klimaanlage bzw. Temperaturregelautomatik
7 Steuerwiderstand Zündmodul
8 Systemdruckgeber Automatikgetriebe
9 Abschaltventil LDA
10 1.Gang-Schalter
11 Schalter Hinterachsantrieb
12 Entiastungrelais Fahrlicht (N+S)
13 Schalter der Diebstahlwarnanlage
14 Schalter Verriegelung Hintertüren
15 Kontrollstift Verriegelung Hintertüren
16 Relais Elektroventil Spritzverstellung
17 Thermokontakt E-Ventil Spritzverstellung
18 Fühler für Gebläselufttemperatur
19 Elektronischer Thermostat
20 Beleuchtung Ascher vorne
21 Kontrolldiode Diebstahlwarnanlage
22 Aufstellbügel der Heckklappe
23 Relais Dekodierung Turen und Hauben
24 Geber für Querbeschleunigung (ABS)
25 Motor Entriegelung Tür rechts
26 Motor Entriegelung Tür links
27 Relais Funktionsausfall Kühlerventilatoren
28 Relais Schloß rechts
29 Relais Schloß links
30 Kontrolidiode Türen und Hauben
31 Diode Nebelschlußleuchte
32 Diode Aktivkohlefilter
33 Zeitrelais Steuergerät Kraftstoffvoratgeber
34 Dachleuchte
35 Niveaugeber
36 Kompressoreinheit Niveauregulierung
37 Zentralelektronik
38 Steuergerät versenkbare Scheinwerfer
39 Stellmotor versenkbare Scheinwerfer rechts
40 Stellmotor versenkbare Scheinwerfer links
41 Steuergerät Niveauregulierung
42 Steuergerät Elektroventil ARF
43 Kontrollampe Kaltstartautomatik
44 Kontrollampe Sitzbeheizung
45 Steuergerät Kaltstartautomatik
46 Elektroventil Kaltstartautomatik (Dieseleinspritzung)
47 Steuergerät Olstandanzeige
48 Scheinwerfer Fernlicht rechts
49 Scheinwerfer Fernlicht links
50 ScheinwerferAbblendlicht rechts
51 Scheinwerfer Abblendlicht links
52 Klinkenstecker Diebstahlwarnanlage
53 Diode Kühlerventilator
54 Entstörfilter Scheibenwischermotor (Radio)
55 Relais der versenkbaren Scheinwerfer
56 Schalter für Beleuchtungs-Rheostat

R163 Einspritzanlage/Zwischenkabelstrang Schalter Dach
R164 Kühlerventilator/Armaturenbrett
R165 Kühlerventilator/Kraftstoffpumpe
R166 Motor/Bremsbelagverschleiß
R167 Vor Motor/Zündanlage
R168 Motor/Schlußleuchten
R169 Schlußleuchten/Bremskraftbegrenzer
R170 Schlußleuchten/Kennzeichenleuchten
R171 Feststellbremse/Vor Motor
R 172 Scheibenwaschanlage/ Armaturenbrett
R173 Armaturenbrett/Bedienungspult
R174 Vor Motor/Radio
R175 Vor Motor/Zwischenkabelstrang Automatikgetriebe
R176 Armaturenbrett/Handschuhfach
R177 Hinten links/Zwischenkabelstrang vor Motor
R178 Zwischenkabelstrang vor Motor/ Heckklappe
R179 ABS/Kotflügel vorne links
R180 Fahrgastraum/Betätigung Servolenkung + elektronisch gesteuerte Fahrwerkabstimmung
R181 Fahrgastraum/Pedalwerk
R182 Fahrgastraum/Radio
R183 Fahrgastraum/ABS
R184 Leerlaufanreicherung/Motor
R 185 Kennzeichenleuchten/ Zwischenkabelstrang Kennzeichenleuchten
R186 Armaturenbrett/Zwischenkabelstrang Nebelscheinwerfer
R187 Fahrgastraum/Mittlere Innenleuchte
R188 Vergaser/Motor
R189 Stoßfänger/Kotflügel vorne links
R190 Kotflügel vorne rechts/Fahrgeschwindigkeitsregler
R191 Vorne/Scheinwerfer-Waschanlage
R192 Zwischenkabelstrang Gebläse System gegen Dampfblasenbildung/Motor
R193 Zwischenkabelstrang Hecktür/Hinten rechts
R194 Kraftstoffpumpe/Hinten rechts
R195 Heckscheibenwischer(L)
R196 Bremsflüssigkeits-Mindeststand
R197 SchalterSitzbeheizung/Armaturenbrett
R198 Dachkonsole
R199 Vorderer Querträger/Kotflügel rechts
R200 Heckklappe/halbautomatische Verriegelung
R201 Fahrgastraum/Handschuhfachleuchte
R202 Hinten rechts/Zwischenkabelstrang 3. Bremsleuchte
R203 Fahrgastraum/Zigarrenanzünder
R204 Motor/Brücke Lambda-Sonde
R205 Brücke Pumpe Scheinwerferwascher/ Vorderer Querträger
R206 Fahrgastraum/Leuchte Motorhaube
R207 Scheinwerfer links/Zusatzscheinwerfer
R208 Kotflügel vorne links/Frontscheibenbeheizung
R209 Elektroventil elektronische Fahrwerkabstimmung
R210 Armaturenbrett/Stoßfänger
R211 Pedalwerk/Vor Motor
R212 Motor/Fahrgastraum
R213 Geber Fahrgeschwindigkeit Servolenkung/Fahrgastraum
R214 Gestängetunnel/Zwischenkabelstrang Gestängetunnel
R215 ZwischenkabelstrangGestängetunnel/ Gestängetunnel
R217 Zwischenkabelstrang Kraftstoffvorratgeber/Fahrgastraum
R218 Kraftstoffpumpe
R219 Armaturenbrett/Tür hinten links
R220 Armaturenbrett/Tür hinten rechts
R221 Armaturenbrett/Hauptkabelstrang
R222 Kabelstrang hinten rechts/ Stoßdämpferregulierung
R223 Drosselklappenpotentiometer
R224 Masse Klopfkorrektur
R225 Armaturenbrett/Pedalwerk Fahrlehrer
R226 Elektroventil Abgasrückführung und Kaltstartbeschleuniger (Diesel)
R227 Fronteinheit/Zwischenkabelstrang Scheinwerfer-Waschanlage
R228 Fahrgastraum/Rückschaltkontakt
R229 Armaturenbrett/Zwischenkabelstrang beheizbare Scheibenwascherdüse
R230 Kommunikationseinheit (Radio/Telefon)
R231 Innenleuchte/Make-up-Spiegel
R232 Kabelstrang hinten links/hinten rechts
R234 Armaturenbrett/Beschleunigungsgeber
R237 ABS Motorraumseite/ABS Radkastenseite
R240 Windschutzscheibenbeheizung/ Armaturenbrett
R243 Tür hinten rechts/Kabelstrang hinten links
R244 Hinten links/Heckklappe
R245 Heckklappe/Heckscheibenbeheizung
R249 Automatikgetriebe A 4/System-druckgeber
R250 Heckklappe/Kennzeichenbeleuchtung
R254 Armaturenbrett/Motorraum batterieseitig
R255 ABS/Motorraum batterieseitig
R256 Windschutzscheibenbeheizung/Motorraum batterieseitig
R282 Motor/Zusatzheizung
R283 Motor/Batteriekoffer
R284 Motor/Ladestecker
R285 Armaturenbrett/Umschalter Antriebsrichtung
R288 Hochspannungsverteilung/Elektrische Kontrolleinheit
R289 Hochspannungsverteilung/Wandler
R442 Sirene/Kotflügel vorne rechts
R495 Fahrgastraum/Gurtstraffer Beifahrerseite
R496 FahrgastraumlGurtstraffer Fahrerseite
R620 Hinten links/Zwischenkabelstrang Heckklappe links
R621 Zwischenkabelstrang hinten links/ Heckklappe links
R900 Armaturenbrett/Zusatzkabelstrang vor Motor
R981 Fahrgastraum/Fahrerleitsystem
R982 Fahrerleitsystem/Hintere Sensoren

–31– Verzeichnis der Masseverbindungen

M1 Masse vorne rechts
M2 Masse vorne links
M3 Masse Getriebe
M4 Masse Karosserie
M5 Masse Heckklappe
M6 Masse Schlußleuchte rechts
M7 Masse Schlußleuchte links
M8 Masse Einspritzanlage
M9 Masse A-Säule rechts
M10 Masse A-Säule links
M11 Masse Armaturenbrett
M12 Masse Lenkungs-Halterung
M13 Masse Mitteltunnel
M14 Masse Signalhornbefestigung
M15 Masse vor Motor
M16 Masse Motor/Karosserie
M17 Masse Karosserie/Motor
M18 Masse ABS
M19 Elektronikmasse ABS
M20 Masse Heckscheibenbeheizung
M21 Masse Zündverstellung in Richtung früh (VEZ)
MM Masse Steuergerät
MAC Masse ABS
MAD Masse Kraftstoffvorratgeber und Kaftstoffpumpe
MA Masse vorne rechts
MB Masse vorne links
MC Masse Automatikgetriebe
MD Masse hintere Ablage
ME Masse Karosserie
MF Masse hinten rechts
MG Masse hinten links
MH Masse Motor
MJ Masse A-Säule rechts
MK Masse A-Säule links
ML Masse Batterie
MM Masse Lenkungs-Halterung
MN Masse Mitteltunnel
MP Masse Signalhornbefestigung
MQ Masse vor Motor
MR Elektronikmasse Getriebe
MS Masse Halterung Elektropumpeneinheit
MT Masse Radio
MU Massegitter
MV Masse Stereogerät
MW Masse Frontteil
MX Masse Funktelefon
MY Masse Gepäckraum
MZ Masse Heckblech links
NA Elektronikmasse A-Säule rechts
NB Elektronikmasse vor Motor
NC Elektronikmasse A-Säule links
ND Elektronikmasse ABS
NE Elektronikmasse hinten links
NF Elektronikmasse Motor
NH Elektronikmasse
NJ Elektronikmasse A-Säule rechts
NQ Elektronikmasse vor Motor
NR Elektronikmasse Motor

57 Relais Kühlerventilator über Bauteil 37
58 Endkontaktschalter
59 Steilmotor Luftverteilerklappe
60 Stellmotor Luftklappe Scheibenentfrostung
61 Anschluß Steuergerät Einspritzanlage
62 Mikroschalter Abgasrückführung 1 (bei Vorglüh-Abschaltverzögerung)
63 Mikroschalter Abgasrückführung 2 (bei Vorglüh-Abschaltverzögerung)
64 Thermoschalter Einspritzunterbrechung 110/115°
65 Elektroventil Luftumwälzung
66 Relais Schiebedach
67 Relais Steuerung Belüftung
68 Relais 4. Stufe Belüftung
69 Temperaturfühler
70 Steuergerät Fühler »Wasser im Dieselkraftstoff«
71 Stellmotor ZV Flügeltür
72 Stellmotor ZV Schiebetür
73 Leuchtdiode Wegfahrsperre
74 Relais Innenbeleuchtung
75 CD-Wechsler
76 Kontrollstecker
77 Hauptrelais Dieseleinspritzanlage
78 Thermoelement Abschaltung Kaltstartbeschleuniger
101 Zigarrenanzünder
102 Zündverteiler (kontaktgesteuert)
103 Drehstromgenerator
104 Zündschloß
105 Signalhorn
106 Signalhorn (Fanfare)
107 Batterie
108 Zündspule
109 Bordcomputer
110 Rückförderpumpe (ABS)
111 Zündmodul
112 Intervallrelais Heckscheibenwischer
113 Intervallrelais Frontscheibenwischer
114 Abblendlichtregler (nur Rechtslenker)
115 Steuergerät für Elektropumpe
116 Zeitschalter Scheinwerfer-Waschanlage
117 Warnsummer „Licht an"
118 Steuergerät ABS
119 Steuergerät Automatikgetriebe
120 Steuergerät Benzineinspritzanlage
121 Schalter Nebelschlußleuchte
122 Schalter Nebelscheinwerfer
123 Innenschalter ZV
124 Betätigungseinheit Heizung/Belüftung
125 Schalter Warnblinkanlage
126 Stufenschalter Heizungsgebläse
127 Schalter Heckscheibenwischer
128 Schalter Heckscheibenbeheizung
129 Programmschalter Automatikgetriebe
130 Schalter Fensterheber hinten rechts
131 Schalter Fensterheber hinten links
132 Schalter Fensterheber Fahrerseite
133 Schalter Fensterheber Beifahrerseite
134 Schaltereinheit Außenspiegel
135 Sperrschalter für Fensterheber hinten
136 Schalter Choke-Betätigung
137 Blinkrelais
138 Stellmotor ZV hinten rechts
139 Stellmotor ZV hinten links
140 Stellmotor ZV Fahrerseite
141 StellmotorZV Beifahrerseite
142 Stellmotor ZV Heckklappe
143 Schalter Waschwasser-Mindeststand
144 Schalter Kühlflüssigkeits-Mindeststand
145 Schaltereinheit Frontscheiben-Wisch-Wascher
146 Klopfsensor
147 Saugrohrdruckfühler
148 Öldruckgeber (Motoröl)
149 Impulsgeber Motordrehzahl/OT-Geber
150 Raddrehzahlgeber hinten rechts
151 Raddrehzahlgeber hinten links
152 Raddrehzahlgeber vorne rechts
153 Raddrehzahlgeber vorne links
154 Schalter Gepäckraumleuchte
155 Schalter Rückfahrscheinwerfer
156 Schalter Feststellbremse
157 Schalter Bremspedal
158 Vollastschalter
159 Leerlaufschalter
160 Bremslichtschalter
161 Schalter Handschuhfachbeleuchtung
162 Kraftstoffmengenmesser (Bordcomputer)
163 Anlasser
164 Heizungsgebläse
165 Gepäckraumleuchte
166 Kennzeichenleuchte rechts
167 Kennzeichenleuchte links
168 Handschuhfachleuchte
169 Unterdruck-Steuerventil (ARF+AKF)
170 Steuerventil Servolenkung
171 Magnetkupplung Kompressor (KA)
172 Schlußleuchte rechts
173 Schlußleuchte links
174 Nebelschlußleuchte rechts
175 Nebelschlußleuchte links
176 Zusatzscheinwerfer rechts
177 Zusatzscheinwerfer links
178 Türkontaktschalter hinten rechts
179 Türkontaktschalter hinten links
180 Kontaktschalter Fahrertür
181 Kontaktschalter Beifahrertür
182 Rückfahrscheinwerfer rechts
183 Rückfahrscheinwerfer links
184 Standlichtleuchte rechts
185 Standlichtleuchte links
186 Elektropumpe Servolenkung
187 Heizungsgebläse
188 Kühlerventilator
189 Lautsprecher hinten rechts
190 Lautsprecher hinten links
191 Türlautsprecher vorne rechts
192 Türlautsprecher vorne links
193 Einspritzventil 1
194 Einspritzventil 2
195 Einspritzventil 3
196 Einspritzventil 4
197 Einspritzventil 5
198 Einspritzventil 6
199 Kraftstoffvorratgeber
200 Heckscheibenbeheizung
201 Fensterhebermotor hinten rechts
202 Fensterhebermotor hinten links
203 Fensterhebermotor Fahrertür
204 Fensterhebermotor Beifahrertür
205 Öldruckschalter (Motoröl)
206 Druckschaltereinheit KA
207 Geber Bremsflüssigkeits-Mindeststand
208 Zündmodul
209 Kombischalter
210 Uhr
211 Heckscheibenwischermotor
212 Frontscheibenwischermotor
213 Innenleuchte vorne
214 Innenleuchte hinten rechts
215 Innenleuchte hinten links
216 Verschleißkontakt Bremsbelag vorn re.
217 Verschleißkontakt Bremsbelag vorn links
218 Kraftstoffpumpe
219 Wascherpumpe Scheinwerfer
220 Wascherpumpe Heckscheibe
221 Wascherpumpe Frontscheibe
222 Drosselklappen-Potentiometer
223 Leerlaufgemisch-Potentiometer
224 Druckschalter Servolenkung
225 Diagnosestecker
226 Scheinwerfer rechts
227 Scheinwerfer links
228 Leerlaufregulierventil
229 Relais Signalhorn (Fanfare)
230 Relais Nebelschlußleuchte
231 Relais Nebelscheinwerfer
232 Relais Anlaßsperre
233 Relais Heizungsgebläse
234 Relais Kühlerventilator
235 Relais Heckscheibenbeheizung
236 Relais Kraftstoffpumpe/Einspritzventile
237 Relais Doppelscheinwerfer
238 Schutzrelais Einspritzanlage
239 Elektrisch verstellbarer Außenspiegel (Fahrerseite)
240 Elektrisch verstellbarer Außenspiegel (Beifahrerseite)
241 Regelwiderstand Instrumentenbeleuchtung bzw. Brücke
242 Lambda-Sonde
243 Geber Motorölstand
244 Fühler Kühlflüssigkeitstemperatur (Einspritzanlage)
245 Fühler Außentemperatur
246 Elektromagnet. Abschaltventil (Diesel)
247 Instrumententafel
248 Stufen-Thermoschalter Kühlerventilatoren
249 Infrarotmodul
250 Impulsgeber Motordrehzahl/Fahrgeschwindigkeit
251 Stufen-Thermoschalter Kühlerventilatoren
252 Entstörfilter Funktelefon
253 Lautsprecher vorne rechts
254 Lautsprecher vorne links
255 Blinkleuchte rechts
256 Blinkleuchte links
257 Glühsteuergerät
258 Glühkerzen
259 Thermoschalter

– 30 – Verzeichnis der Kabelstecker

R1 Armaturenbrett/Hinten rechts
R2 ArmaturenbrettHinten links
R3 Armaturenbrett/Fahrertür
R4 Armaturenbrett/Beifahrertür
R5 Armaturenbrett/Vor Motor
R6 Armaturenbrett/Mitteltunnel
R7 Armaturenbrett/Radio
R8 Armaturenbrett/Dach rechts
R9 Armaturenbrett/Frontteil
R10 Armaturenbrett/Längsträger rechts
R11 Armaturenbrett/Längsträger links
R12 Hinten rechts/Seitentür hinten rechts
R 13 Hinten links/Seitentür hinten links
R14 Hinten rechts/Heckklappe rechts
R15 Hinten links/Heckklappe links
R16 Hinten links/Hinterer Querträger
R17 Vor Motor/Motor
R18 Vor Motor/Anlasserkabel+
R19 Vor Motor/Masse Motor
R20 Motor/Zündanlage
R21 Motor/Kühlerventilator
R22 Motor/Automatikgetriebe
R23 Motor/Abgasentgiftungssystem
R24 Motor/Einspritzanlage
R25 Motor/Anlasserkabel+
R26 Motor/Masse Motor
R27 Motor/Längsträger rechts
R28 Motor/Längsträger links
R29 Motor/System gegen Dampfblasenbildung
R30 Mitteltunnel/Sitz vorne rechts
R31 Mitteltunnel/Sitz vorne links
R32 Frontteil/Scheinwerfer-Wisch-Waschanlage
R33 Frontteil/Stoßfänger
R34 Motor/Armaturenbrett
R35 Pedalwerk/Armaturenbrett
R36 ABS/Armaturenbrett
R37 Motor/Einspritzanlage
R38 Armaturenbrett/Dach links
R39 Hinten links/Hinterer Querträger
R40 Hinten rechts/Hinterer Querträger
R41 Hinterer Querträger/Heckklappe
R42 Frontteil/Seitliche Blinkleuchte rechts
R43 Frontteil/Seitliche Blinkleuchte links
R44 Armaturenbrett/Masse rechts
R45 Armaturenbrett/Masse links
R46 Motor/Masse Karosserie
R47 Frontteil/Masse rechts
R48 Frontteil/Masse links
R49 Hinten rechts/Masse hinten rechts
R50 Hinten rechts/Masse hinten links
R51 Motor/Masse Motor
R52 Karosserie/Masse Motor
R53 Karosserie/Masse Karosserie
R54 Vor Motor/Schaltgetriebe
R55 Schalter Motorhaubenschließvorrichtung/Vor Motor
R56 Motorhaube/Motor
R57 Bodengruppe/Armaturenbrett
R58 Kühlerventilator/Längsträger rechts
R59 Kühlerventilator/Einspritzanlage
R60 ABS/Längsträger rechts
R61 Fahrgeschwindigkeitsregler/Längsträger rechts
R62 Einspritzanlage/Drehzahlreguliervorrichtung
R63 Längsträger links/Einspritzanlage
R64 Einspritzanlage/Platine Automatic
R65 Einspritzanlage/Vor Motor
R66 Einspritzanlage/Längsträger rechts
R67 Vor Motor/Motor
R68 Einspritzanlage/Temperaturfühler
R69 Karosserie/ABS
R70 Einspritzanlage/Wasserpumpe Turbolagerkühlung
R71 Fahrgeschwindigkeitsregler/Vor Motor
R72 Armaturenbrett/Elektrische Antenne
R73 Kühlerventilator/Zusatzkabel Zündanlage (VEZ)
R74 Motor/Olstand-Öldruckanzeige
R75 Masse Kühlerventilator/Kühlerventilator
R76 Seitliche Blinkleuchte/Scheinwerfer links
R 77 Seitliche Blinkleuchte/Scheinwerfer rechts
R78 Zusatzscheinwerfer/Längsträger links
R79 Einspritzventile/Einspritzanlage
R80 Vor Motor/ABS
R81 Vor Motor/Längsträger links
R82 Motor/Klimaanlage
R83 Zusatzscheinwerfer/Längsträger rechts
R84 Einspritzanlage Fahrgastraumseite/Einspritzanlage Motorraumseite
R85 Motor/Rückfahrscheinwerfer
R86 Vor Motor/Kraftstoffpumpenwiderstand
R87 Vor Motor/Scheinwerferwischer
R88 Längsträger links/Diode Kaltstartvorrichtung
R89 Armaturenbrett/Bremsbelagverschleiß
R90 Vor Motor/Einspritzanlage Fahrgastraumseite
R91 Vor Motor/Bedienungseinheit
R92 Vor Motor/Gebläse
R93 Vor Motor/Klimaanlage
R94 Vor Motor/Relais Kraftstoffpumpenwiderstand
R95 Vor Motor/Automatikgetriebe
R96 Hinten rechts/Kraftstoffzusatzpumpe
R97 Heizung-Belüftung/Fensterheber vorne
R98 Längsträger rechts/Scheinwerfer- Wisch-Waschanlage
R99 Armaturenbrett/Heizung-Belüftung
R100 ABS/Längsträger links
R101 Längsträger rechts/Scheinwerfer rechts
R102 Längsträger links/Scheinwerfer links
R103 Heckklappe/Betätigung Heckklappe
R104 Vor Motor/Zündspule
R105 Brücke Heckscheibenbeheizung/Karosserie
R106 Vor Motor/Stoßfänger
R107 Armaturenbrett/Motor
R108 Armaturenbrett/Konsole
R109 Hinten rechts/Kennzeichenleuchte
R110 Motor/Zusatzkabelstrang vor Motor
R111 Armaturenbrett/Zusatzkabelstrang vor Motor
R112 Vor Motor/Karosserie
R113 Kabelstrang Masse Motor Batterie Karosserie/Karosserie
R114 Kabelstrang Masse Motor Batterie Karosserie/Motor
R115 Motor/Kabelstrang Motor
R116 Motor/Kraftstoflpumpe
R117 Hinten rechts/Seitentür hinten links
R118 Hinten rechts/Karosserie
R119 Vorne links/DWA Schiebedach
R120 Heizungstrennwand/DWA Taxi
R121 Vorne rechts/Schiebedach
R122 Armaturenbrett/Nebellampen
R123 Mitteltunnel/Radio
R124 Armaturenbrett/Brücke Radio
R125 Radio/Brücke Radio
R 126 Kühlerventilator/Unterbrecherrelais Klimaanlage
R 127 Einspritzanlage/Unterbrecherrelais Klimaanlage
R128 Karosserie/Masse Kühlerventilator
R129 Karosserie/Signalhorn-Kompressor
R130 Längsträgerlinks/Signalhorn-Kompressor
R131 Kabelstrang Motor/Signalhorn-Kompressor
R132 Armaturenbrett/Fahrlicht
R133 Vorne links/Elektroventil Aktivkohlefilter
R134 Armaturenbrett/Zusatzkabelstrang Anhängerbetrieb
R135 Zusatzkabelstrang hinten rechts/Armaturenbrett
R136 Seitentür hinten links/Zusatzkabelstrang hinten rechts
R137 Seitentür hinten rechts/Zusatzkabelstrang hinten rechts
R138 Vor Motor/ABS
R139 Motor/ABS
R140 Platine Automatikgetriebe/Automatikgetriebe
R141 Innenleuchte/Vor Motor
R142 Motor/Einspritzpumpe Diesel
R143 Seitliche Blinkleuchte/Längsträger rechts
R144 Seitliche Blinkleuchte/Längsträger links
R145 PlatineAutomatikgetriebe/Kraftstoffpumpenwiderstand
R146 Armaturenbrett/Sitze vorne
R147 Stoßfänger/Kotflügel vorne links
R 148 Kühlerventilator/Kotflügel vorne links
R 149 Motor/Kotflügel vorne links
R150 Fahrgastraum/Kotflügel vorne links
R151 Motor/Kotflügel vorne rechts
R152 Fahrgastraum/Kofflügel vorne rechts
R153 Fahrgastraum/Fahrertür
R154 Fahrgastraum/Beifahrertür
R155 Fahrgastraum/Seitentür hinten links
R156 Fahrgastraum/Seitentür hinten rechts
R157 Fahrgastraum/Heckklappe
R158 Fahrgastraum/Dach rechts
R159 Fahrgastraum/Gestängetunnel
R160 Zwischenkabelstrang Automatikgetriebe /Einspritzan!age
R161 Einspritzanlage/Ölkühler
R162 Sitze mit Memory-Einrichtung/Geber

260 Sicherungskasten/Stromverteilerplatte
261 Radio
262 Kuhlerventilator (Klimaanlage)
263 Doppelschalter für Heckscheibenwischer/ Heckscheibenbeheizung
264 Zeitschaltung Zentralverriegelung
265 Umschalter Innenleuchte/Spot
266 Drosselklappenschalter
267 Seitliche Blinkleuchte rechts
268 Seitliche Blinkleuchte links
269 Leerlaufabschaltventil (Vergaser)
270 Thermoschalter 8°
271 Temperaturfühler
272 Fühler Ansauglufttemperatur
273 Geber Drehzahl Getriebeausgangswelle (Automatic)
274 Elektroventil Leerlaufanhebung (KA)
275 Zeitrelais Zusatz-Kraftstoffpumpe
276 Impuls-Steuergerät Fensterheber
277 Glühlampen- Kontrollgerät (DEFIL)
278 Klopfsensor Nr. 2
279 Relais System gegen Dampfblasenbildung
280 Relais Zündunterbrechung (Turbo)
281 Relais Abblendlicht
282 Elektromotor Tankklappenverriegelung
283 Zusatz- Kraftstoffpumpe
284 Motor Scheinwerferwischer rechts
285 Motor Scheinwerferwischer links
286 Schalter Heckscheibenwascher
287 Relais Kraftstoffpumpenwiderstand
288 Relais Fahrlicht-Dauerschaltung (N+S)
289 Relais Standlicht-Dauerschaltung (N+S)
290 Relais Abblendlicht-Dauerschaltung (N+S)
291 Elektroventil Leerlaufanhebung Vergaser
292 Relais Regelwiderstand Beleuchtung
293 Dauerstromanschluß
294 Zeitrelais Heckscheibenbeheizung
295 Instrumenteneinheit rechts bzw. Bedienungseinheit Differentialsperre
296 Relais Nebelscheinwerfer
297 Brücke (anstelle Nebelscheinwerfer)
298 Heizungsgebläseeinheit
299 Stromverteilerplatte
300 Innenleuchte hinten
301 Relais Elektropumpe ABS
302 Relais geschwindigkeitsabhängige Servolenkung
303 Beleuchtung Fahrstufenanzeige
304 Schiebedach
305 Elektroventil Zündverstellung
306 Thermoschalter Zündverstellung
307 Masse Anschlußverteiler
308 Zeitschaltung Entlüftung Aktivkohlefilter
309 Warnsummer (Multifunktion)
310 Zündmodul
311 Zeitschaltung Innenleuchte
312 Unterbrecherrelais für Stromverbraucher
313 Drehzahlabhängiges Impulsrelais
314 Relais Scheinwerferwischer
315 Relais 2. Scheibenwischerstufe
316 Relais Zündkorrektur 4°
317 Schalter Schiebedach
318 Widerstand am Vergasersockel
319 Bedienungseinheit Heizung/Klimaanlage
320 Haupt-Kühlerventilator (bei Klimaanlage)
321 Widerstand des Kühlerventilators (bei Klimaanlage)
322 Diode Klimaanlage/Servolenkung
323 Diode Elektroventil Klimaanlage/ Servolenkung
324 Relais für überhöhte Fahrgeschwindigkeit (nur Arabien)
325 Fernbedienung Radio
326 Warnsignal für überhöhte Fahrgeschwindigkeit
327 Elektronisches Steuergerät Kraftstoffvorratgeber
328 Innenleuchte vorne links
329 Innenleuchte vorne rechts
330 Zigarrenanzünder
331 Schalter Fahrgeschwindigkeitsregler
332 Impulsschalter Fensterheber
333 Kontaktschalter Sicherheitsgurt
334 Thermoschutzschalter
335 Relais 1. Stufe Kühlerventilator
336 Relais 2. Stufe Kühlerventilator
337 Relais 3. Stufe Kühlerventilator
338 Ladedruckregler
339 Kaltstartventil
340 Thermozeitschalter
341 Leerlaufregulierventil
342 Ladedruckschalter zur Unterbrechung der Einspritzung
343 Öltemperaturfühler
344 Pneumatische Pumpe Fahrgeschwindigkeitsregler
345 Sicherheitsventil Fahrgeschwindigkeitsregler
346 Elektroventil Pumpe Fahrgeschwindigkeitsregler
347 Stromzufuhr Radio
348 Schalter Fensterheber mit Impulsschalter
349 Zündverteiler
350 Bremsbelag hinten links
351 Bremsbelag hinten rechts
352 Stellmotor 1 Sitzrückenlehne vorne links
353 Stellmotor 2 Sitzrückenlehne vorne links
354 Stellmotor Höhe Sitz vorne links
355 Stellmotor vor/zurück Sitz vorne links
356 Stellmotor 1 Sitzrückenlehne vorne rechts
357 Stellmotor 2 Sitzrückenlehne vorne rechts
358 Stellmotor Höhe Sitz vorne rechts
359 Stellmotor vor/zurück Sitz vorne rechts
360 Schalter Sprachsynthesizer
361 Elektropumpe ABS
362 Hauptschmelzsicherung
363 Sprachsynthesizer
364 Lautsprecher Sprachsynthesizer
365 Hochtonlautsprecher (Tweeter) rechts
366 Hochtonlautsprecher (Tweeter) links
367 Motorhaubenkontaktschalter rechts
368 Motorhaubenkontaktschalter links
369 Elektrische Wasserpumpe
370 Widerstand Abblendlichtregler (N+S)
371 Aktivkohlefilter
372 Steuergerät Heckklappenver-/ entriegelung
373 Steuergerät Fahrgeschwindigkeitsregler
374 Schalter Rückenlehnenverstellung vorne links
375 Schalter Rückenlehnenverstellung vorne rechts
376 Schalter Sitzlängsverstellung vorne links
377 Schalter Sitzlängsverstellung vorne rechts
378 Schalter Sitzhöhenverstellung vorne links
379 Relais Leerlaufanhebung
380 Impulsformer für Bordcomputer
381 Vergaser
382 Relais Ansaugkrümmer
383 Thermoschalter am Ansaugkrümmer
384 Krümmervorwärmung
385 Beheizbarer Fahrersitz
386 Beheizbarer Beifahrersitz
387 Geber für Öldruck 2 bar
388 Umschalter/Kontrollampe 4x4
389 Lautsprecher (Mitte)
390 Brücke Nebelschlußleuchte
391 Intervallschaltung Heckscheibenwischer
392 Wählschalter des Bordcomputers
393 Elektroventil Klimaanlage/Servolenkung
394 Elektrische Antenne
395 Bremslichtschalter (bei Automatikgetriebe)
396 Vollastschalter
397 Gebläse System gegen Dampfblasenbildung
398 Elektroventil Abgasrückführung
399 Relais Abgasentgiftungssystem
400 Diode Abgasentgiftungssystem
401 Elektroventil Abgasentgiftungssystem
402 Thermoschalter Öltemperatur
403 Elektromagnetisches Signalhorn
404 Elektroventil Verstellung Einspritzpumpe
405 Lastschalter
406 Thermoschalter Glühverstellung
407 Schalter Luftumwälzung
408 Fühler Verdampfer
409 Relais Elektropumpe Servolenkung
410 Leerlaufabschaltventil
411 Druckschalter Klimaanlage
412 Elektroventil Leerlaufanhebung
413 Schalter Sitzbeheizung mit Kontrollampe
414 Fühler »Wasser im Dieselkraftstoff«
415 Elektroventil Scheinwerferwaschanlage
416 Kondensator Leerlaufabschaltventil
417 Relais Luftumwälzung (Klimaanlage)
418 Gebläse des Fühlers für Fahrgastraumtemperatur
419 Überwachungsgerät Klimaanlage
420 Luft-Mischklappe
421 Schalter Kupplungspedal
422 Schalter 1 des Fahrgeschwindigkeitsreglers am Lenkrad
423 Schalter 2 des Fahrgeschwindigkeitsreglers am Lenkrad
424 Drehzahlbegrenzer Fahrgeschwindigkeitsregler
425 Platine ABS
426 Elektroventil Ladedruck (waste-gate)
427 Steuergerät Diebstahlwarnanlage
428 Hauptrelais ABS
429 Zusatzrelais ABS
430 Diodeneinheit ABS

753 Relais Pumpe Scheinwerferwaschanlage
754 Schnittstelle Elektrik/Hydraulik
755 Steuerung Bodenhaftung
756 Steuergerät Airbageinheit
757 Gurtstraffer Fahrerseite
758 Gurtstraffer Beifahrerseite
759 Kontakt Raste 1 Heckklappe/Gepäckraumhaube
760 Schalter Heck- und Frontscheibenbeheizung
761 Relais Generatorentlastung
762 Relais Elektropumpe Kupplungssteuerung
763 Warnsummer Kupplungssteuerung
764 Relais Stromversorgung Luftpumpe und Elektroventil Luftpumpe
765 Motor Luftpumpe
766 Elektroventil Luftpumpe
768 Elektroventil Saugrohrumschaltung
771 Warnmodul Öffnungen/Sicherheitsgurt
772 Relais Vorwärmvorrichtung
773 Vorwärmvorrichtung
774 Steuergerät Gurtstraffer
775 Automatikgetriebe (Volvo)
776 Anlaßhilfsrelais für 238
777 Sicherungsplatine Hauptstromversorgung
778 Vierfach- Zündmodul
779 Mehrzweckschalter Automatikgetriebe
780 Geber Fahrgeschwindigkeit bzw. Dreh zahl Antriebseinheit Automatikgetriebe
781 Systemdruckgeber
800 Steuerrelais Gebläse
804 Schutzrelais
805 Relais Frontscheibenbeheizung
807 Zeitschaltung Abgasrückführung
809 Beifahrer-Airbag
813 Leistungsstufe Doppelzündspule Nr. 1
814 Leistungsstufe Doppelzündspule Nr. 2
817 Platine mit 2 Relais der Windschutzscheibenbeheizung
818 Öffnungsrelais Wasserpumpe Heizbeschleunigung
835 Druckschalter elektro- hydraulische Kupplung
837 Abschaltrelais Ladekontrollampe
838 Abschaltrelais Reglererregung
839 Sperrdiode Steuergerät Einspritzanlage, elektrohydr. Kupplung, Leerlaufregulierventil
840 Zeitschaltung Abschaltrelais Ladekontrollampe
841 Ausstellmotor Seitenfenster links
842 Ausstellmotor Seitenfenster rechts
843 Schalter Ausstellung Seitenfenster
852 Zeitschalter Fensterheber
853 Relais Geschaltetes Plus/Dauerstrom
854 SimultanschaHer Fensterheber
860 Drehspirale unter Lenkrad
861 Beifahrer-Airbag
886 Antennenverstärker
890 Relais Elektroventil Vorglühwiderstand
891 Vorglührelais
892 Elektroventil Vorglühwiderstand
893 Vorglühwiderstand
899 Fahrerairbag
900 Ventilator Batteriekoffer
901 Steuergerät Isolationskontrolle
902 Schaltkontakt Batteriekofferabdeckung
903 Elektromagnetischer Unterbrecher
904 Antriebs-Elektromotor
905 Kühlerventilator Antriebs-Elektromotor
906 Schaltkontakt Mindeststand Heizungs-Kraftstoff
907 Vakuumpumpe
908 Schalter »Störung Bremskraftunterstützung (0,5 bar)«
909 Heizungs-Dosierungspumpe
910 Relais Ventilator Batteriekoffer
911 Relais Ladungsunterbrechung
912 Lade- Thermoschalter
913 Temperaturfühler Batteriekoffer
914 Steuerrelais Magnetventilschalter
915 Relais »Funktionsausfall Batteriekoffer«
916 Ladestecker
917 Kontrollstecker
918 Not- Aus-Schalter
919 Wahlschalter Vorwärts-/Rückwärtsgang
920 Bremspedalpotentiometer
921 Gaspedalpotentiometer
922 Relais Kühlerventilator Antriebs-Elektromotor
923 Heizungsschalter
924 Heizungs- Kontrollampe
925 Heizungs-Einheit
926 Anzeige Elektrik-Kontrolleinheit
927 Aufprallsensor
928 Batteriestromsensor
929 Ladegerät mit Belüftung
930 Statischer Wandler
931 Alarm-Lautsprecher Elektrik-Kontrolleinheit
932 Potentiometer Fahrtrichtungssteuerung
933 Druckschalter Vakuumpumpensteuerung
934 Steuerrelais kleine Stufe Innenraumgebläse
935 Heizungs-Programmierrelais
936 Ladesteckerhalterung
937 Wandler-Gebläse
938 Antriebsbatterie
939 Steuergerät Heizung
940 Schnittstelle Kraftstoffvorratgeber
941 Hochspannungssicherung
942 Mikroschalter Hochspannungssicherung
943 Relais Kontrollampentest
944 Thermoschalter Antriebsmotor-Temperatur
945 Temperaturfühler Heizung
946 Elektrik- Kontrolleinheit
947 Ladeablauf-Kontrollampe
972
973
974
975 CD-ROM-Laufwerk
976
977 Batterie-Wasserpumpe
978 Stellmotor Verriegelung Ladestecker-Abdeckung

431 Rückstellung Bordcomputer auf Null
432 Haupt-Elektroventil ABS
433 Ultraschallmodul
434 Sicherheitsdruckschalter ABS
435 Elektroventileinheit ABS
436 Betätigung waste-gate (Turbo)
437 Vorwärmvorrichtung für Drosselklappengehäuse
438 Kontaktschalter Motorhaube
439 Relais Steuergerät ABS
440 Schalter Sitzbeheizung
441 Automatikgetriebe
442 Sirene mit eigener Energiequelle (Diebstahlwarnanlage)
443 Elektro- Steuerventil (Automatikgetriebe)
444 Spot
445 Vorwiderstand Kraftstoffpumpe
446 Beleuchtung Scheinwerfer-Einstellknopf
447 Relais Schalter Nebelschlußleuchte
448 Klemmieiste (geschaltetes Plus)
449 Widerstand Diesel-Vorwärmvorrichtung
450 Relais Diesel-Vorwärmvorrichtung
451 Thermoschalter Diesel-Vorwärmung
452 Öffnungsmelder (Diebstahlwarnanlage)
453 Bewegungsmelder (Diebstahlwarnanlage)
454 Ultraschall-Sender/Empfänger (Diebstahlwarnanlage)
455 Diode Elektroventil Abgasentgiftungssystem
456 Relais Kraftstoffpumpenwiderstand
457 Kontakt Türraste 1
458 Nebelschlußleuchte/Rückfahrscheinwerfer
459 Zeitschaltung Heckscheibenwischer
460 Schalter Hinterachsantrieb
461 Sicherheitsrelais ABS
462 Kennzeichenleuchte an Heckklappe
463 Leuchte an hinterer Seitenwand
464 Schalter Innenleuchte
465 Zeitrelais fur elektrische Wasserpumpe
466 Anschlußverteiler
467 Relais Abblendlicht/Standlicht
468 Diode Abblendlicht (Fahrschulausrüstung)
469 Schalter für Fahrlehrer
470 Relais schnelle Scheibenwischerstufe (Fahrschulausrüstung)
471 Relais Schalter Fensterheber
472 Relais Stummschaltung Stereogerät
473 Test- Schalter Sprachsynthesizer
474 Steuerrelais Kompressor Klimaanlage
475 Motor Luftumwälzung
476 Getriebe permanenter Allradantrieb
477 Schalter 1. Gang
478 Heizungspumpe
479 Thermoschalter Heizungspumpe
480 Thermoschalter Motorraumtemperatur
481 Warmluft-Absauggebläse
482 Elektroventil für Zuschaltung des Hinterachsantriebs
483 Beschleunigungsgeber
484 Elektroventil Kraftübertragung 4x4
485 Mehrzweckschalter
486 Kontaktschalter Beifahrer-Sicherheitsgurt
487 Elektro-Anreicherungsventil
488 Thermoschalter Anreicherung
489 Kontakt Türraste 1 hinten links
490 Kontakt Türraste 1 vorne rechts
491 Kontakt Türraste 1 vorne links
492 Funktelefon 493 Sitz hinten links
494 Sitz hinten rechts
495 Sitz vorne rechts
496 Sitz vorne links
497 Beschleunigungsmesser ABS 4x4
498 Geber für Vertikalbeschleunigung
499 Geber für Längsbeschleunigung
500 Geber für Querbeschleunigung
501 Positionsspeicher (Sitze/Außenspiegel)
502 Steuergerät geschwindigkeitsabhängige Servolenkung
503 Steuergerät Wegfahrsperre
504 Lesespot hinten rechts
505 Lesespot hinten links
506 Steckdose für Zubehöranschluß
507 Schalter Nebelscheinwerfer/Nebelschlußleuchte/Warnblinkanlage
508 Gepäckraumieuchte rechts
509 Gepäckraumieuchte links
510 Geber Sitz mit Memory-Einrichtung
511 Zentralschalter Innenleuchten
512 Schalter Lesespot
513 Schalter »Aufpumpen Sitz- Luftkissen«
514 Luftpumpe für Sitze
515 Steuergerät Memory-Sitze
516 Speichertastatur Memory-Sitze
517 Funktionstasteneinheit Memory-Sitze
518 Impulsgeber
519 Leuchte Türrahmen vorne links
520 Leuchte Türrahmen vorne rechts
521 Leuchte Türrahmen hinten rechts
522 Leuchte Türrahmen hinten links
523 Leuchte Fahrertür
524 Leuchte Beifahrertür
525 Leuchte Tür hinten rechts
526 Leuchte Tür hinten links
527 Schalter Fensterheber hinten links (Fahrerplatz)
528 Schalter Fensterheber hinten rechts (Fahrerplatz)
529 Innenleuchte Fahrzeugmitte
530 Bremspedalschalter (Fahrgeschwindigkeitsregler)
531 Schalter Kupplung (Fahrgeschwindigkeitsregler)
532 Schalter Fensterheber Beifahrerseite (Fahrerplatz)
533 Schalter Niveauregulierung
534 Schalter-/Kontrolleuchteneinheit elektronische Fahrwerkabstimmung
535 Kontrollampe Programm Automatikgetriebe
536 Steckdose für Kopfhörer
537 Motor Leuchtweitenregulierung links
538 Motor Leuchtweitenregulierung rechts
539 Schalter Motorraumbeleuchtung
540 Motor geschwindigkeitsabhängige Servolenkung
541 Make-up-Spiegel mit Beleuchtung
542 Steuergerät Niveauregulierung
543 Steuergerät elektronische Fahrwerkabstimmung
544 Relais Niveauregulierung
545 Sicherheitsrelais Niveauregulierung
546 Kompressoreinheit Niveauregulierung
547 Elektroventil Stoßdämpfer hinten links
548 Elektroventil Stoßdampfer hinten rechts
549 Elektroventil Stoßdampfer vorne links
550 Elektroventil Stoßdampfer vorne rechts
551 Niveaugeber vorne links
552 Niveaugeber vorne rechts
553 Niveaugeber hinten rechts
554 Niveaugeber hinten links
555 Elektroventile Niveauregulierung
556 Öffnungsschalter halbautomatische Heckklappenverriegelung
557 Motor halbautomatische Heckklappenverriegelung
558 Schalter Aus/Ein Heckklappenverriegelung
559 Steuergerät halbautomatische Heckklappenverriegelung
560 Verriegelungsschalter halbautomatische Heckklappenverriegelung
561 Signalhorn-Kompressor
562 Schalter Leuchtweitenregulierung
563 Ölkühlerventilator
564 Relais Ölkühlerventilator
565 Drosselklappeneinheit
566 Thermoschalter Zeitschaltung des Systems gegen Dampfblasenbildung
567 Elektrische Wasserpumpe
568 Zeitrelais für elektrische Wasserpumpe
569 Rückschaltkontakt Automatikgetriebe A4
570 Relais Elektroventil 1. Stufe
571 Relais Elektroventil 2. Stufe
572 Diode Servolenkung
573 Ansteuerungsrelais Zeitschaltung
574 Diode elektrische Wasserpumpe
575 Anschlußstecker für Motoreinstellung
576 Öffnungsrelais System gegen Dampfblasenbildung
577 Steuergerät Funktelefon
578 Elektroventil Abgasrückführung Diesel
579 Schalter Elektroventil Abgasrückführung
580 Öffnungsrelais Wasserpumpe Turbo-Lagerkühlung
581 Sperrdiode Klimaanlage/Wasserpumpe
582 Thermoschalter Wasserpumpe
583 Geber für Lenkradwinkelstellung
584 Relais Magnetkupplung Klimaanlage
585 Druckschalter fur Info Fahrzeugbeladung
586 Schalter Warnblinkanlage
587 Längsbeschleuniger ABS
588 Leuchte Make-up-Spiegel Fahrerseite
589 Einspritzpumpe Diesel
590 Schalter Diebstahlwarnanlage
591 Temperaturfühler Katalysator
592 Steuergerat Katalysator-Temperatur
593 Sicherheitsrelais geschwindigkeitsabhängige Servolenkung
594 Diode Leuchte Katalysator-Temperatur
595 Öffnungsrelais Elektropumpengruppe
596 Sperrdiode ABS
597 Sicherungskasten Motor
598 Elektroventil Drehmomentreduzierung
599 Verzögerungsrelais Wasserpumpe
600 Motor Umwälzpumpe Wärmetauscher

601 Thermoschalter Umwälzpumpe Wärmetauscher
602 Relais Rückfahrscheinwerfer
603 Regulierschalter Lenksäulenposition (Fahrerpositionsspeicher)
604 Motor Lenksäulenverstellung (Fahrerpositionsspeicher)
605 Öffnungsrelais Vergasersockelvorwärmung
606 Relais Vergasersockelvorwärmung
607 Thermoschalter Vergasersockelvorwärmung
608 Fühler Gebläse System gegen Dampfblasenbildung
609 Steuergerat Kühlflüssigkeitstemperatur
610 Diagnose-Stecker ABS
611 Windschutzscheibenbeheizung links
612 Relais Windschutzscheibenbeheizung links
613 Schaltereinheit Windschutzscheibenbeheizung
614 Schaltereinheit Fensterheber/Impulsschalter
615 Schalter Fahrersitzbeheizung
616 Schalter Beifahrersitzbeheizung
617 Dimmerwiderstand
618 Dachkonsole
619 Infrarot-Ultraschallmodul
620 Potentiometer Drosselklappe (Doppelfunktion)
621 Relais Shunt Thermoschalter Kühlflüssigkeitstemperatur
622 Zeitschalter System gegen Dampfblasenbildung
623 Elektroventil Entlüftung Aktivkohlefilter
624 Sitzrückenlehne hinten rechts
625 Sitzrückenlehne hinten links
626 Beleuchtung Fahrstufenanzeige (Automatic)
627 Hauptschalter Aus/Ein Fahrgeschwindigkeitsregler
628 Fahrgeschwindigkeitsgeber für geschwindigkeitsabhängige Servolenkung
629 Relais Windschutzscheibenbeheizung rechts
630 Windschutzscheibenbeheizung rechts
631 Fühler Außentemperatur
632 Glühkerzen 1 und 3
633 Glühkerzen 2 und 4
634 Geber Kupplung
635 Zeitschalter Sperre Kompressor (Klimaanlage)
636 Sperrdiode Bremsleuchten
637 Sperrdiode Bremsleuchten/Kupplung
638 Relais Summer/Kontrollampe Fahrschulausrüstung
639 3. Bremsleuchte
640 Anlaßhilfsrelais für 232
641 Sperrdiode Kühisystem/Zeitschalter
642 Sperrdiode Klimaanlage/Vorglühanlage (Diesel)
643 Widerstand System gegen Dampfblasenbildung
644 Steuergerät elektronische Fahrwerkabstimmung
645 Kabelverteiler im Fahrgastraum
646 Relais Windschutzscheibenbeheizung
647 Windschutzscheibenbeheizung
648 Diode Einspritzanlage
649 Schritt-Motor
650 Relais Kontrolleuchte Sitzbeheizung
651 Instrumententafel (elektronisch)
652 Relais Steuerung Klimatisierung über Automatikgetriebe
653 Kombi-Instrument (Uhr/Außentemperatur/Anzeige Funktelefon)
654 Schlüssel Wegfahrsperre
655 Impulsgeber Motordrehzahl
656 --
657 --
658 Kombischalter pneumatischer Steuerung + Elektroventil Fahrgeschwindigkeitsregler
659 Trenndiode Klimaanlage/Kühlsystem
660 Thermoschutzschalter Klimaanlage
661 Steuerrelais Unterbrechung Klimaanlage
662 Elektronisches Steuergerät Fahrerleitsystem
663 Doppelzündspule Nr. 1
664 Doppelzündspule Nr. 2
665 Doppelzündspule Nr. 3
666 Zündmodul Nr. 2
667 Geber Pedalweg
668 Geber Vertikalbeschleunigung vorne links
669 Geber Vertikalbeschleunigung vorne rechts
670 Geber Vertikalbeschleunigung hinten links
671 Geber Vertikalbeschleunigung hinten rechts
672 Widerstands-Einheit
673 Sicherheitsschalter elektrische Fensterheber
674 Doppelschalter Nebelschlußleuchte/Heckscheibenbeheizung
675 Schalter Kupplungspedal
676 Schalter Gaspedal
677 Scheibenwascherpumpe vorne/hinten
678 Thermoschalter Abgasrückführung
679 Radio-Entstörkondensator
680 Gluhkerze Nr. 1
681 Glühkerze Nr. 2
682 Glühkerze Nr. 3
683 Glühkerze Nr. 4
684 CD-Spieler
685 Elektroventile Fahrgeschwindigkeitsregler
686 Relais Elektroventil Servolenkung
687 Dioden-Einheit
688 Gebereinheit Ölstand/Öltemperatur
689 Schleifkontakte Fahrgeschwindigkeitsregler und Airbag
690 Relais Klimaanlagen-Thermostat
691 Bildschirm Fahrerleitsystem
692 Kommunikationseinheit (Radio/Telefon)
693 Lautsprecher Kommunikationseinheit
694 Beheizbare Scheibenwascherdüse links
695 Beheizbare Scheibenwascherdüse rechts
696 Brücke
697 Isolierdiode geschaltetes Plus/Stromverteilerplatte
698 Isolierdiode Stromverteilerplatte/Geschaltetes Plus
699 Brücke Fahrgeschwindigkeitsregler/Automatikgetriebe
700 Relais für Gebläsestufe 1 des Systems gegen Dampfblasenbildung
701 Pumpenrelais des Systems gegen Dampfblasenbildung
702 Wasserpumpe Zeitrelais (18 min) des Systems gegen Dampfblasenbildung
703 Relais Fensterheber
704 Warnsummer Faltverdeck
705 Relais Heckscheibengebläse (Faltverdeck)
706 Kontaktschalter Faltverdeck
707 Kontaktschalter Faltverdeck-Abdeckung
708 Heckscheibengebläse (Faltverdeck)
709 Schutzdiode Servolenkung
710 Sicherung Einspritzanlage
711 Kraftstoffpumpe (Diesel)
712 Kühlbox
713 Anhänger-Steckverbindung
714 Trenndiode Abgasentgiftungssystem/Klimaanlage F8Q
715 Schnittstelle Kommunikationseinheit (Radio/Telefon)
716 Stoßdämpfer vorne rechts
717 Stoßdämpfer vorne links
718 Stoßdämpfer hinten rechts
719 Stoßdämpfer hinten links
720 Sicherheitsrelais Klimaanlage
721 Steuergerät/Hydraulikaggregat ABS
722 Doppelschalter Front-/Heckscheibenbeheizung
723 Schutzdiode elektro-hydraulische Kupplung
724 Elektropumpe elektro-hydraulische Kupplung
725 Magnetventilschalter elektrohydraulische Kupplung
726 Geber »Gang eingelegt«
727 Geber Kupplungsposition
728 Geber Schalthebelposition
729 Geber Gaspedalstellung
730 Steuergerät elektro-hydraulische Kupplung
731 Zeitrelais Frontscheibenbeheizung
732 Schalter überhöhte Fahrgeschwindigkeit
733 Elektronisches Steuergerat überhöhte Fahrgeschwindigkeit/Warnsummer »Licht an«
734 Fensterheber mit Impulsschaltung (Fahrerseite)
735 Warnsummer »Sicherheitsgurt anlegen«
736 Magnetometer
737 Geber Fahrgeschwindigkeit
738 Nadelbewegungsfühler (Dieseleinspritzung)
739 Geber Waschwasser- Mindeststand
740 Trenndiode Direktstrom/+ Stromverteilerplatte
741 Atmosphärendruckkapsel
742 Elektroventil Frühzündungsrücknahme
743 Relais Atmosphärendruck (Diesel)
744 Relais Stromversorgung Glühsteuergerät/Elektroventil Abgasrückführung
745 Steuerrelais Dieselvorwärmung
746 O.T.- Geber 1. Zylinder
747 Schalter Hintersitz links
748 Schalter Hintersitz rechts
749 Schalter Kopfstütze vorne links
750 Kinder- Sicherheitsrelais
751 Relais geschaltetes Plus Nr. 1
752 Relais geschaltetes Plus Nr. 2